国家出版基金项目
NATIONAL PUBLICATION FOUNDATION

SYNTHETIC BIOLOGY ENGINEERING TECHNOLOGY SERIES

合成生物学工程技术丛书

李 春 丛书主编

细胞特性表征与高通量筛选技术

张 翀◎主 编

杨 松◎副主编

CELL CHARACTERISTICS CHARACTERIZATION AND HIGH-THROUGHPUT SCREENING TECHNOLOGY

化学工业出版社

·北京·

内容简介

《细胞特性表征与高通量筛选技术》内容涵盖了细胞培养技术，光学、测序和质谱等细胞性能表征技术，单细胞高通量筛选技术，微孔板培养高通量筛选技术，微流控培养高通量筛选技术，实验室适应性进化技术，平行发酵与平行细胞培养技术等，全面介绍这些技术的操作规程与过程、应用过程常遇到的问题、解决思路及应用实例。

本书实用性和对实际工作的指导性较强，可供合成生物学、工程生物学、生物制造等领域的科研工作者、产业技术人员及相关专业的师生等阅读参考。

图书在版编目（CIP）数据

细胞特性表征与高通量筛选技术 / 张翀主编 ; 杨松副主编. -- 北京 : 化学工业出版社, 2025. 12.
(合成生物学工程技术丛书). -- ISBN 978-7-122-49224-1

Ⅰ. Q81

中国国家版本馆CIP数据核字第2025XR9684号

责任编辑：傅四周　赵玉清
文字编辑：刘洋洋　张熙然
责任校对：宋　玮
装帧设计：王晓宇

出版发行：化学工业出版社
（北京市东城区青年湖南街13号　邮政编码100011）
印　　装：北京瑞禾彩色印刷有限公司
787mm×1092mm　1/16　印张22　字数488千字
2026年1月北京第1版第1次印刷

购书咨询：010-64518888
售后服务：010-64518899
网　　址：http://www.cip.com.cn
凡购买本书，如有缺损质量问题，本社销售中心负责调换。

定　　价：199.00元

《合成生物学工程技术丛书》
编 委 会

《细胞特性表征与高通量筛选技术》
分 册 编 委

序言

Forword

合成生物学、人工智能及其赋能的生物制造发展得如火如荼。合成生物学是一个融合理论与方法论的学科领域，涵盖合成生物学基础理论原理和技术研发策略，其核心理念是：以工程化思想开展生命系统自下而上或自上而下的理性设计，通过标准化生物元件、基因线路、底盘生物重编程，构建可定量、可预测和可工程化的合成生物系统，赋予其全新功能或对已有功能进行变革性优化。合成生物系统可以是细胞、组织或生物个体，也可以是生物大分子、无细胞体系和人工类细胞等。合成生物系统的应用涉及物质加工制造、生物医学诊疗、农业、食品、能源、环境保护、信息科学、国防科技等领域。近年来，合成生物学发展迅速，颠覆性技术创新层出不穷，受到各国政府、学术界、产业界的高度关注。

目前，已有清华大学李春教授主编的《合成生物学》《细胞工程设计原理》，以及中国科学院深圳先进技术研究院、深圳理工大学合成生物学院张先恩教授领衔组织编写的《合成生物学丛书》，系统论述和阐明了合成生物学的基本理论和应用，对高校及相关研究院所的合成生物学人才培养和全社会科学普及起到了重要作用。然而，以“建物致知、建物致用”为理念的合成生物学，系统开展合成生物系统工程设计与构建所需的工具和方法却零散分布在科研文献和部分教科书中，不便于查询和应用。为此，我们组织了来自清华大学、天津大学、中国科学院深圳先进技术研究院、中国农业科学院农业基因组研究所、浙江大学、江南大学、北京化工大学等国内合成生物学研究优势团队的一线青年学者，编著了这套《合成生物学工程技术丛书》，将开发合成生物系统涉及的生物元件设计、基因线路与基因组设计、底盘生物设计、快速构建与高通量检测以及合成系统调控优化等技术归纳总结，结合自身实践与创新经验，为合成生物学研究一线科技工作者提供快捷、方便的工程技术查询手册。

《合成生物学工程技术丛书》聚焦合成生物学自下而上或自上而下的工程设计理念与工程学特性，重点围绕如何实现合成生物系统“设计—构建—测试— 学习”的迭代循环，从可操作、可实现的层面，对“基因组设计合成与功能化技术”“基因线路设计与构建技术”“细胞工厂设计与应用技术”“无细胞合成生物学技术”“合成生物系统调控与优化技术”“细胞特性表征与高通量筛选技术”等的发展历程、核心原理、技术操作规程、操作常见问题与解决方案进行整理总结。同时，对同一内容衍生的不同技术进行对比，通过成功案例强化技术操作规程的实践价值。编者作为合成生物学领域的一线实践者和创新者，在合成生物系统设计与构建层面拥有亲身体验，尤其将技术操作层面的常见问题分析与解决方案纳入书中，这是本丛书的最大亮点之一，也是未来读者最能受益之处之一。

《合成生物学工程技术丛书》由若干分册组成，李春教授、戴俊彪研究员、刘立明教授、张翀教授、卢元副教授、司同研究员等分别担任分册主编。内容除涵盖基因、基因线路、基因组、细胞系统和无细胞系统的设计与全自动构建技术，以及合成生物系统的高通量快速检测等实验技术和相关模拟计算技术外，还包括技术发明者的创新思路与逸闻趣事，增强了工程技术丛书的趣味性。党的二十大报告指出：“加快实现高水平科技自立自强。以国家战略需求为导向，集聚力量进行原创性引领性科技攻关，坚决打赢关键核心技术攻坚战。”《合成生物学工程技术丛书》正是由多项国家重点研发计划项目、国家自然科学基金重点项目及国家级、省部级奖励等成果孕育，经编者深度分析、提炼与总结而成，具有突出的原创性特点。

诚然，合成生物学及其工程技术发展迅速，特别是新概念、新技术不断涌现。尽管编者已精心总结，但由于时间紧迫、学识有限，不妥之处在所难免，恳请读者在使用过程中多提宝贵意见。最后，特别感谢国家出版基金项目的资金支持！特别感谢化学工业出版社的大力支持！

李　春

2025 年 6 月

Preface

前言

细胞是由膜包围着含有核（或拟核）的原生质所构成的单位，是生物体结构和功能的基本单位，也是生命活动的基本单位。细胞亦是生物技术产品生产的关键执行单元，其高效选育不仅可以提高目的产物的产量、降低生产成本、提高经济效益，还可以减少副产物、提高产品质量。合成生物学技术的快速发展使得细胞基因型的理性构建性显著增加，但是，如何从海量候选细胞库中高通量筛选到能够应用于规模生产的细胞及快速获得新菌种的高质量生产工艺仍是一个技术挑战。随着科学技术的迅速发展，细胞的表征和高通量筛选技术不断革新。目前，单细胞筛选、液滴微流控、自动化移液工作站、平行微型生物反应器等高通量筛选技术的进步，同时结合光学、测序和质谱等细胞特性表征技术，为细胞筛选在通量和效率两个重要指标方面的提升奠定了基础。

本书内容涵盖了细胞培养技术，光学、测序和质谱等细胞特性表征技术，单细胞高通量筛选技术，微孔板培养高通量筛选技术，微流控培养高通量筛选技术，实验室适应性进化技术，平行发酵与平行细胞培养技术等九个细胞性能表征与高通量筛选技术，全面介绍其操作规程与过程、应用过程中常遇到的问题、解决思路及应用实例，旨在为合成生物学领域的研究人员和学生提供一部有针对性的实用工具书。

由于写作时间有限，加之各领域技术更新很快，书中可能存在不妥之处，请读者批评指正。

主编　张翀

2025 年 6 月

Contents

目录

1
绪论

李梅，张翀
清华大学化学工程系

1.1 细胞的发现及微生物细胞的应用历史

1.1.1 细胞的发现

细胞是由膜包围着含有核（或拟核）的原生质所构成的单位，是生物体的结构和功能的基本单位，也是生命活动的基本单位。细胞能够通过分裂而增殖，是生物体个体发育和系统发育的基础。细胞或是独立作为生命单位，或是多个细胞组成群体、组织、器官和机体；细胞是遗传的基本单位，并具有遗传的全能性（王金发等，2005）。高等生物包括人类都是由一个基本细胞生长、分裂发育而来。动物、植物、部分真菌和部分原生生物都是由具有特定功能的单个细胞通过错综复杂的信息系统协调组成的大型细胞群落。

今天的技术使我们能够揭示细胞功能和结构的原理，但细胞生物学诞生初期是没有这些工具的，早期的细胞生物学家是通过观察简单的组织细胞开始的，他们对所看到的景象感到无比困惑——这些微小的、几乎看不见的物体，它们与生命物质属性的关系似乎是一个无法破解的谜。然而，这种观察探索是通向理解的第一步，是细胞生物学研究的基础。基本上，细胞都非常小，以至于肉眼无法看到。直到 17 世纪光学显微镜被发明，此后几百年，所有关于细胞的发现都是通过光学显微镜实现的。虽然显微镜变得越来越复杂，但光学本身的性质限制了显微镜的分辨率。20 世纪 30 年代电子显微镜的发明打破了这种限制，用电子束代替光束作为仪器光源，使我们能看到更精细的细胞结构，甚至可以看到部分生物大分子。

显微镜的发展依赖玻璃镜片制作技术的进步，17 世纪，玻璃镜片越来越精细，可以用来制作简单的光学显微镜。英国学者罗伯特 · 胡克（Robert Hooke）用简单的显微镜观察到软木切片类似蜂巢状的结构，他在 1665 年向英国皇家学会的报告中描述了软木由大量微小的小室构成，他把这些小室称为“cell”，胡克当时观察到的只是死细胞的细胞壁。后来与他同时代的荷兰学者列文虎克（Antonie van Leeuwenhoek）观察到了活细胞，发现了前所未见的充满活动的微观有机体的新世界，列文虎克研究的内容包括种子、骨骼、皮肤、鱼鳞、牡蛎壳、舌头、神经、肌肉纤维、鱼类循环系统、昆虫眼睛、寄生虫、蜘蛛生理学、螨虫繁殖、绵羊胎儿、水生植物等，可以说他发现了原生动物、细菌、细胞液泡和精子（Alberts, 2004）。此后近两百年间，显微镜一直是只有富有阶层可以使用的时髦物品，直到 19 世纪，显微镜才被广泛用于观察细胞。在 1831 年，英国植物学家罗伯特 · 布朗（R. Brown）首次在植物表皮细胞中观察到了细胞核的存在，并将其命名为“nucleus”，他认为一切细胞均有细胞核。1839 年浦肯野（J. E. Purkinje）提出了细胞原生质的概念，并认为原生质是细胞内化学成分的总称（Wollman et al, 2015）。

1838 年，德国植物学家施莱登（M. J. Schleiden）发表了《植物发生论》，指出细胞是构成植物的基本单位。翌年，德国动物学家泰奥多尔·施旺（Theodor Schwann）提出，所有动物组织均由细胞构成，这一观点对施莱登关于所有植物均由细胞组成的理论进行了补充。施旺的这一贡献，与施莱登的理论相结合，共同奠定了“细胞学说”（cell theory）的基础。1858 年，德国病理学魏尔肖（R. C. Virchow）提出“所有的细胞都来源于先前存在的细胞”的著名论断，使细胞学说得到完善。细胞学说的提出对生物科学的发展具有重大意义。人们通常称 1838—1839 年施旺和施莱登确立的细胞学说、1859 年达尔文确立的进化论和 1866 年孟德尔确立的遗传学为现代生物学的三大基石（Alberts, 2004; 翟中和 , 2011）。

1.1.2 微生物细胞的应用历史

人类在日常及生产活动中逐渐认识到微生物的生命活动及其所带来的影响。1865 年法国微生物学家巴斯德（Louis Pasteur）开始研究防止啤酒变酸的问题，他通过在显微镜下观察，发现未变质的啤酒液体中有一种球状酵母菌，啤酒变酸后，酒液里有很多棒状乳酸杆菌，乳酸杆菌在啤酒中大量繁殖，是啤酒变酸的原因。他把密封的啤酒瓶泡在加热到不同温度的热水中，试图杀死乳酸杆菌，而又不把啤酒煮坏，经过多次试验，发现把酒放在五六十摄氏度的热水中保持半小时，就可以杀死乳酸杆菌，从而发明了著名的“巴氏消毒法”，这个方法一直沿用至今，这可以算作现代微生物资源开发利用的真正开始。1897 年德国人布赫纳（Eduard Buchner）将干酵母细胞、石英和硅藻土混合，然后用杵和砂浆将酵母细胞粉碎制成无细胞提取物。酵母细胞内容物流出细胞后这些混合物变得潮湿。然后这些潮湿的混合物通过压榨产生“压榨汁”，压榨汁中加入葡萄糖、果糖或麦芽糖后会产生二氧化碳，有时可以持续数天。显微镜观察显示这些提取物中没有活酵母细胞。有趣的是布赫纳假设酵母细胞分泌蛋白质到环境中实现糖发酵，而不是在酵母细胞内发酵，而这正是实际发生机制。这一发现首次将微生物的生命活动与酶化学紧密联系起来，从而开启了微生物进化研究的新纪元，布赫纳于 1907 年获诺贝尔化学奖。1881 年德国医生和细菌学家科赫（Robert Koch）创立了固体培养基划线分离纯种法，第一次培养和分离出炭疽杆菌，又在 271 号样品中发现了结核分枝杆菌，并认为该菌是引起各型结核病的病原，1890 年他发现了结核菌素，1905 年发表了控制结核病的论文，并获得诺贝尔生理学或医学奖（施巧琴等 , 2013）。

在 1929 年，英国的弗莱明（Alexander Fleming）注意到了一个引人入胜的现象：在一个金黄色葡萄球菌培养皿中意外地落入了一种丝状真菌（成丽芸，2010）。令人惊奇的是，在这种真菌的周围，形成了一圈透明的区域，显示出抑菌效果。弗莱明成功地将这种丝状真菌分离出来，并将其命名为点青霉（*Penicillium notatum*）。随后，他将这种具有显著抗菌活性的物质命名为青霉素（penicillin）（Fleming, 1932；成丽芸，2010）。第二次世界大战初期，人们在探索新型抗感染药物的过程中，重新审视了弗莱明的学术论文。澳大利亚生理学家弗洛里（H. W. Florey）和英国生物化学家钱恩（E. B. Chain）用冷冻干燥法提取了青霉素晶体，并证实它的临床效果显著，经过后续研究，人们发现青霉素之所以能够消灭病原体而不伤害动物细胞，是因为其含有的青霉烷成分能够干扰病原体细胞壁的合成过程，从而导致病原体细胞溶解并死亡。相比之下，人类和动物的细胞并不具备细胞壁，因此不会受到青霉素的损害（Chain et al, 1993）。但是青霉素会引起少数人发生过敏反应，因此在应用青霉素前需要做皮试。1942 年美国制药企业开始对青霉素进行大批量生产，世界上真正有临床价值的抗生素从此诞生。由于发现了青霉素及其在临床治疗中的效用，弗莱明、弗洛里和钱恩共同荣获了 1945 年诺贝尔生理学或医学奖。

1940 年美国著名微生物学家瓦克斯曼（Selman A. Waksman）和同事伍德鲁夫（H. B. Woodruff）分离出第一种放线菌产生的抗生素——放线菌素（actinomycin），可惜毒性太强，价值不大。1943 年瓦克斯曼从链霉菌中分离得到链霉素（streptomycin），它有抗结核分枝杆菌的特效，1944 年美国和英国开始大规模临床试验，证实链霉素对肺结核的治疗效果非常好。由于当时结核病对人类的威胁很大，因而链霉菌的发现在社会上引起很大反响，瓦克斯曼也因此获得了 1952 年诺贝尔生理学或医学奖。青霉素和链霉素的发现并实用化，极大地推动了抗生素研究的发展。此后一段时期开启了寻找微生物有益代谢物的热潮，人们陆续发现氯霉素（1947 年）、多黏菌素（1947 年）、金霉素（1948 年）、新霉素（1949 年）、制霉菌素（1950 年）、土霉素（1950 年）、红霉素（1952 年）、四环素（1953 年）等等。现代微生物资源开发利用经历一个多世纪已经取得了巨大的经济效益和社会效益（魏明英，2020）。

1.2 微生物细胞改造技术发展历程

工业微生物菌种的主要来源，一是从自然界筛选和分离样本获得；二是通过对现有菌种人工诱变筛选获得遗传性状改良的菌种。前者作为获取工业菌株的基础，是目前生物产业获取菌株的关键方法；而后者作为提升工业菌株性能的必要手段，是当前改造工业菌株的主要方式。现在，微生物菌种的建立和形成，主要工作集中在对已有微生物菌株的遗传育种上。主要采用的方法有随机诱变、基因工程改造和基于理性设计的代谢工程改造等。

1.2.1 随机诱变

微生物菌种在生物技术产品的生产中扮演着至关重要的角色。通过精心选育菌种，不仅可以显著提升目标产物的产量，大幅降低生产成本，从而提高经济效益，还能减少副产品的生成，并提升产品的质量。在工业生产中，许多菌株是通过诱变技术加速基因突变过程，再定向筛选得到的。一个典型的例子就是青霉素的工业生产，最早弗莱明发现的原始菌株点青霉（*Penicillium notatum*）只产生 1 ～ 2 U/mL 的青霉素，后来用深层培养法产生 1000 U/mL

的青霉素。后经过一系列诱变选育，加上培养条件的改善，青霉素产量上升到 3 万～ 4 万 U/mL，其发酵单位提高了上万倍。此外链霉素、金霉素、土霉素和红霉素等，也相继用同样的方法加以改良，产量也提高了几十到上百倍（魏明英 , 2020）。

微生物在漫长的进化过程中，经过自然选择，能适应周围环境，维持其生存和繁衍。但野生型微生物往往不能按人的意志生产人们需要的物质，因此需对微生物菌种进行改良。细胞在 DNA 复制过程中错配会导致基因突变，大肠杆菌 DNA 复制错误率约为 5.4×10^{-10}。自发突变速度慢、时间长、突变频率低，为了增加突变率人为用诱变剂去处理微生物引起突变，可将其突变频率增加 1000 倍以上。诱变剂种类繁多，基本可以分为化学诱变剂和物理诱变剂两大类。

化学诱变剂是一类能够作用于 DNA，改变其结构，并导致遗传变异的化学物质。自 20 世纪中后期，已经试验了数千种化学物质，虽然可以起诱变作用的物质很多，但效果较好的只是少数。根据作用方式，化学诱变剂可以分为三类：碱基类似物、烷化剂、移码突变剂。碱基类似物有 5-溴尿嘧啶、5-氟尿嘧啶、2-氨基嘌呤和 6-巯基嘌呤等，碱基类似物通过掺入细菌 DNA 分子中，取代核酸分子中的碱基，再通过 DNA 复制引起突变。烷化剂属于一类极为有效的化学诱变剂，它们通过活性烷化基团替换 DNA 分子中的活泼氢原子，导致 DNA 分子上的碱基或磷酸基团发生烷化作用（李刚，2014）。在 DNA 复制过程中，这种烷化作用会引起碱基配对错误，从而引发突变。移码突变剂主要包括吖啶黄、吖啶橙、原黄素等化合物，移码突变剂与 DNA 相互作用结合引起碱基增加或缺失，在 DNA 复制时造成点突变以后的所有碱基都往后或往前移动，引起全体三联密码转录、翻译错误而突变，故称这种突变为移码突变。化学诱变剂的优点是用量较少，所需设备简单，因而发展较快，并且至今依然是工厂中进行日常菌株保藏和筛选工作的首选方法。但是化学诱变剂大都有毒，而且很多又是致癌物，其残留物、挥发物或者蒸气等均会对操作者的身体和周围环境造成危害（施巧琴等 , 2013）。

物理诱变剂种类很多，主要包括紫外线、X 射线、γ 射线等。紫外线是非离子射线，其诱变有效范围为 200 ～ 300 nm，其中又以 260 nm 左右效果最好，因为此波段和核酸的吸收光谱一致，能量能直接被 DNA 吸收，发生光化学反应，形成嘧啶二聚体和链间交联，造成 DNA 分子损伤。紫外线诱变效果比较好，操作也方便，因而一直沿用至今。紫外线诱变的缺点是有些微生物对紫外线非常敏感，致死效应远大于诱变效应；很多工业微生物都已经经过了多次紫外线诱变，重复进行，效果有限，而且微生物通常具有修补紫外线造成的基因损伤的功能，比如暗突变回复等。X 射线和 γ 射线属于电离辐射，以量子为单位发射能量。X 射线的波长为 0.06 ～ 136 nm，γ 射线的波长为 0.006 ～ 1.4 nm。X 射线不能直接引起物质电离，当与原子或分子发生碰撞时，电子会将部分或全部能量转移给这些原子，从而产生具有高能量的次级电子。这些次级电子能够引起电离，并具有诱变作用（Li et al, 2008）。

离子束注入突变是一种创新的生物诱变技术，由我国的科研人员在过去二十年中开发，并已成功应用于植物和微生物的诱变育种以及转基因技术。通过精确控制离子束的质量、电荷和能量参数，可以实现高度定向和可控的诱变效果。此外，这种联合效应产生的生物学影响比单一辐射更为多样化，为筛选有益的突变菌株提供了更广阔的可能性（陈恒雷等，2008）。其核心原理涉及使用能量约为 100 keV 的离子束轰击目标材料。在此过程中，离子束与材料内的原子或分子发生一系列物理和化学的相互作用。随着入射离子逐渐耗散能量，它们最终嵌入材料内部，导致材料表面的成分、结构以及性能发生变化。这一技术可以用来改善材料表面的性能，或者赋予材料一些新的、卓越的特性（郝丁，2004）。离子束注入也存在一些先天性的缺点：首先为了获得高能量的离子束，操作必须在真空腔中完成，而抽真空的过程对微生物有很大的破坏作用；高能离子束的温度很高，需要用制冷设备制冷，但制冷后的离子束温度也常达到 600 K 以上，同样会对微生物的生存造成很大的危害；真空设备和制冷设备以及离子束发生设备等一系列设备均很庞大，不仅成本高，而且既不便于操作，也不便于运输。上述缺点，在一定程度上限制了离子束注入的实际应用，目前其在植物种子的育种方面取得的效果明显优于在微生物中的应用（Zhang et al, 2014）。

等离子体不同于固体、液体、气体，是一种原子或分子被电离，形成的带正电和带负电粒子基本相等的电中性的导电介质，被称为物质的第四态。等离子体的分类多种多样，依据其气体温度的不同，可以将其划分为高温等离子体和低温等离子体两大类。进一步细分，低温等离子体又可以分为热等离子体（其气体温度大约为 10000 K）以及冷等离子体（其气体温度接近室温）。各种等离子源中，大气压非平衡冷等离子体由于去除了昂贵的真空系统，成本低廉，操作简单，并且对处理材料无热损伤，受到了越来越多的关注。将基于裸露金属电极结构的大气压射频辉光放电（RF-APGD）等离子体射频源应用到生物诱变领域（Li et al, 2008），由于其大气压下放电均匀性高、温度可控制在室温范围、适于生物诱变，基于 RF-APGD 的常压室温等离子体（atmospheric and room temperature plasma, ARTP）诱变育种仪得到广泛应用。研究表明，相较于其他传统诱变技术，ARTP 诱变育种技术具有显著优势。它不仅操作简便、设备要求不高、条件温和、安全性高，而且诱变速度快，同时具备高突变率和大突变库容的特性。这些特点使得 ARTP 成功应用于众多微生物的诱变育种实践中（Zhang et al, 2015）。特别值得注意的是，ARTP 技术允许对工作气源种类、流量、放电功率和处理时间等关键参数进行精确控制。通过调整这些操作条件，可以显著提升菌株的突变强度和突变库的容量。ARTP 诱变育种仪能够满足多样化的应用需求，并已成功应用于改造超过 100 种不同类型的微生物，包括细菌、放线菌、真菌、酵母和微藻等。

1.2.2 基因工程改造

基因工程和许多新的重组 DNA 技术的发展使我们具备了设计、修改和改造天然生物分子的能力。1973 年斯坦福大学的 S. Cohen 和 H. Boyer 首次成功完成了 DNA 分子的体外重组实验，揭开基因工程（gene engineering）的序幕，也为微生物育种带来了一场革命（宋新妥，2011）。与传统育种方法相比，基因工程育种能够跨越物种界限，实现真正意义上的远缘杂交。利用基因工程方法人们可以随心所欲地进行遗传组合，创造全新的物种，这是一种理性的、可以事先设计和控制的育种技术。

相比于完全随机诱变，基因改造针对靶标进行变异。考虑每个氨基酸有19种选择，构建一个全面的突变库覆盖蛋白质的整个突变空间是不现实的。对单个基因进行随机诱变，可以达到最佳效果。无须深入掌握酶的序列和结构，仅需借助随机突变和片段重组技术来模拟自然界的进化过程。1978年，Michael Smith首次提出了定点突变技术，这一创新为蛋白质的改造与设计领域开启了新的篇章（曲戈等，2018）。随后，一系列革命性的基因突变技术相继被开发并投入使用，这些技术主要包括饱和突变、易错PCR以及DNA重组等。20世纪80年代Well等提出寡核苷酸饱和突变，可实现单点饱和突变。1989年Goeddel团队首次开发了易错PCR技术（error-prone PCR，epPCR），至今仍是最常用的随机试验诱变方法。其核心原理涉及采用低保真度的DNA聚合酶，并通过提高镁离子浓度、添加锰离子以及调整不平衡的脱氧核苷三磷酸（dNTP）浓度，来增加碱基的随机错配率。这样做能够引发多个点突变，进而生成具有序列多样性的突变体库。

1994年，Stemmer开发了DNA重排（DNA shuffling）技术，该技术主要应用于单基因或多基因的重组。它不仅能够加速有益突变的累积，还能将两个或多个突变体的优化参数进行组合（曲戈等, 2018; Chen et al, 2020）。与易错PCR突变相反，DNA重组允许更直接地重组任何一轮的所有有益突变，以产生具有显著改善表型的多步突变。DNA重组技术与成熟的选择程序相结合，使人们能够快速开发出适用于多种工业应用的基因。

1985年，Smith首次将外源基因整合到丝状噬菌体f1的基因Ⅲ中，使得目标基因编码的多肽能够以融合蛋白的形式展示在噬菌体表面，这一创新之举催生了噬菌体展示技术（李壮林等，2014）。该技术的基本原理是在丝状噬菌体表面展示与小外壳蛋白（基因Ⅲ蛋白片段）的羧基末端结构域融合的肽库，然后使目标分子直接检测和筛选表达的肽库。噬菌体外壳上展示的肽表型通过噬菌体表面与封装的基因型直接连接有两个优点：首先，通过感染大肠杆菌进行扩增，可以从数百万个克隆池中选择特定的克隆；其次，通过破译噬菌体基因组相关部分的DNA序列，可以很容易确定噬菌体上显示的多肽的氨基酸序列。噬菌体展示技术广泛应用于搜索各种生物分子包括抗体、受体和酶等（Clackson et al, 1991; Mccafferty et al, 1990）。

1998年，Zhang及其同事发现，大肠杆菌Rac原噬菌体上的操纵子*recE*/*recT*所编码的蛋白质能够高效地促进体内同源重组的进行。随后，Muyers等人揭示了源自大肠杆菌的Redα/Redβ蛋白也具备类似的同源重组介导能力，与RecE/RecT蛋白的功能相似。基于这些发现，Stewart等人将Redα/Redβ和RecE/RecT重组酶系统合并，并将其命名为Red/ET重组技术（袁姚梦等, 2020）。与体内自然发生的同源重组相比，Red/ET重组系统只需40～50bp同源臂就能实现高效的同源重组。2009年，George M. Church团队提出了多元自动化基因组工程（multiplex automated genomic engineering，MAGE）技术（Isaacs et al, 2011; Wang et al, 2009），通过对Red/ET同源重组的参数进行优化并提出一套自动化装置，将单次ssDNA重组效率提高到约30%。利用这一技术同时将靶向基因组上多个位点的ssDNA文库转入细胞中，能够实现基因型的大规模并行改造。2010年，Ryan T. Gill团队提出了可追踪多重重组技术（trackable multiplex recombineering，TRMR），通过在引入的

DNA 中插入特异性标签（barcode），在实现基因组改造的同时，还可通过后续的标签测序反向追踪特定基因型。尽管 MAGE 和 TRMR 的出现极大地提高了微生物功能基因组学研究的通量，然而，高效同源重组工具只存在于少数模式微生物中，难以推广到更多具有应用价值的非模式微生物中。

值得注意的是，研究人员基于 MAGE 技术开发了相应的专业化设备（Klein-Marcuschamer et al., 2010; Wang et al., 2009），原始大肠杆菌经过 MAGE 仪器的自动化操作，结合特定的筛选模型，可最终进化为具有目的表型（例如高产番茄红素）的大肠杆菌。这一设备是世界上首台针对微生物基因组操作和分子育种的自动化设备，开创了微生物育种设备化研发的新方向。然而，MAGE 通过在特定途径上的多变基因操作，实现对目标产物的定向进化，但是其操作是建立在对菌株基因组、代谢组清晰认识的基础上的，目前只适用于特定的模式菌株，对大量的工业菌株并不适用。

近年来，成簇规律间隔短回文重复（CRISPR）基因编辑技术的飞速发展为基因组编辑带来了新的机遇。CRISPR-Cas 系统中的 sgRNA 能够特异性靶向目标 DNA 序列，根据不同需要引入 Cas 蛋白及其突变体或具有特定功能的融合蛋白，就能够实现目标基因的切割、抑制、激活、编辑和突变。这类技术的可推广性远远高于前述的同源重组技术，目前已经被证明适用于包括古菌在内的十余种重要的模式微生物。由于 sgRNA 只有 20 bp 长，其本身就可以作为目标基因的特异性标签，实现混合文库中特定基因型的反向追踪。利用这一特性，结合 DNA 合成和下一代测序（NGS）技术，能够实现 sgRNA 文库的定制化合成和后续基于 NGS 的低成本扩增子测序，从而极大地提高了功能基因组学研究的通量和便捷性（袁姚梦等 , 2020; Cong et al, 2013; Jinek et al, 2012）。CRISPR 作为一种高效率、方便操作、多位点与无痕的基因组编辑技术，可以在构建所设计的遗传操作方面发挥关键性的作用，这一点突出表现为 CRISPR 基因编辑为很多遗传操作工具相对匮乏的宿主提供了一个新选择。此外，CRISPRi 技术能够可控地下调基因表达，从而定量研究基因表达下调对代谢表型的影响。更重要的是，相比于 RBS（核糖体结合位点）与启动子工程等需要通过基因编辑来调控基因表达的策略，CRISPRi 仅仅需要向宿主中导入表达 dCas9 与 sgRNA 的质粒，从而极大地简化了操作流程。基于这一特点，CRISPRi 可以在短时间内平行研究数十个基因表达下调对代谢表型的影响，从而扩大设计步骤所能考虑的目标范围，催化“设计—构建—测试—学习”（DBTL）循环的加速。最后，基于 CRISPRi 混合筛选的新一代微生物功能基因组学方法可以在全基因组范围内寻找影响溶剂耐受性、噬菌体抗性等重要表型的关联基因，进一步结合生物传感器、流式分选以及微流控等手段，可以自然地将这一方法推广到以目标代谢产物胞内浓度或关键蛋白表达量为筛选目标，为在基因组范围内进行 DBTL 循环进而优化微生物细胞工厂的效率提供了一个理想的适配工具。

伴随基因组学、DNA 合成、合成生物技术、高通量测序以及生物信息学等支持性技术的发展，微生物代谢工程领域取得了较大进步。例如，Keasling 教授实验室以酿酒酵母为宿主菌株，成功构建了由葡萄糖至青蒿酸（重要抗疟疾药物青蒿素的前体）的生物合成途径，并完成了大规模的商业级发酵生产（Paddon et al, 2013）；Stephanopoulos 教授实验室以大肠杆菌为宿主菌株，重构了紫杉二烯（重要抗癌药物紫杉醇的前体）的生物合成途径，产量达到了 g/L 级别（Metallo et al, 2012）；James Liao 教授实验室以大肠杆菌为宿主菌株，在其天然存在的氨基酸合成途径中巧妙地引入了一个分支途径，将氨基酸合成的前体酮酸类物质转化为重要的生物能源分子——丁醇类化合物，其转化率接近该途径的理论转化率（Atsumi et al, 2008）；Smolke 教授实验室以酿酒酵母为宿主菌株，构建了由糖类分子蒂巴因与氢可酮（均为类鸦片化合物，是医疗中重要的止痛药物）的生物合成途径，该途径首次实现完整的异源重构与表达（Galanie et al, 2015）。上述案例表明，通过合理设计以及代谢改造，微生物细胞工厂能够作为传统化学合成路线的替代方案，为关键化学物质的合成提供一种全新的手段。

代谢工程理性设计基于对代谢网络的理解，在宿主菌株中表达异源途径，改造宿主本身的代谢网络，从而将代谢流导向目标产物的合成途径。理性设计的主要方法包含异源途径的重构、转运蛋白改造、关键调控因子表达量的调节、竞争途径的敲除以及辅因子合成水平的控制等。以上述策略为基本方法论，发展了基于设计—构建—测试—学习循环的闭环迭代优化流程，用来使所构建微生物细胞工厂的效率最大化。基于上述方法论，代谢工程领域在过去十年之内取得了较快发展。然而，越来越多的研究表明生物系统具有高度复杂性，宿主基因组中存在许多理性设计无法覆盖的靶点，这些位点同样能够对目标产物的合成造成显著影响。近年来不同层次的组学技术与生物信息学的高速发展，逐渐揭示了许多此类位点，例如潜在的别构抑制区域、高度复杂的转录调控网络、未知的旁支竞争途径以及许多未知功能的基因等。上述研究表明，代谢工程的目标产物合成途径能够与宿主本身的代谢及调控网络产生复杂的相互作用，这类相互作用中相当一部分无法由目前对生物系统的理解得知。因此，将合成生物学、高通量测序以及生物信息学等技术结合起来，将上述以优化微生物细胞工厂效率为目的的 DBTL 循环拓展到基因组范围内，用来更广泛地探索对细胞代谢具有重要影响的基因型空间，将是代谢工程领域发展的重要趋势（Wang et al, 2018）。

1.3
细胞高通量表征与筛选技术

诱变和基因工程手段为高效获取微生物基因型多样性奠定了基础，然而，如何从海量候选菌株库中高通量筛选到能够应用于规模生产的工业菌种及快速获得新菌种的高质量生产工艺一直是一个重要的技术挑战。

传统的细胞筛选流程一般是基于摇瓶、多孔板和固体平板等培养方法，定时取样检测相关数据来对比菌株的性能。该过程操作烦琐，人力、物力消耗高，且通量低（10^2 ～ 10^3），平行性也较差（图 1-1）。

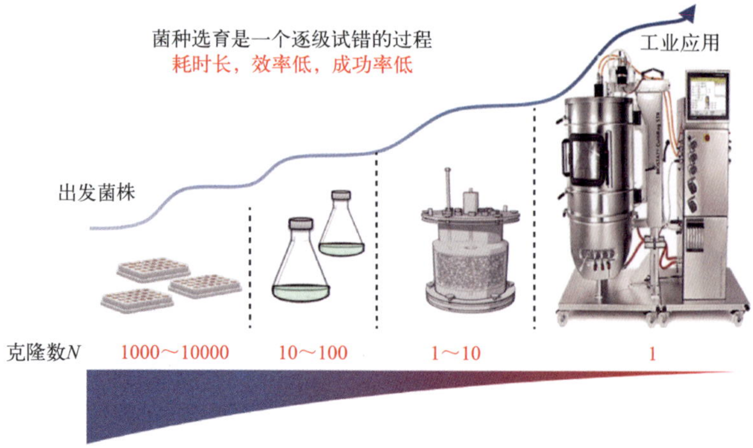

图 1-1　工业菌种高通量选育技术现状与挑战

为应对传统方法的挑战，研究者开发了一系列高通量培养方法来提高筛选效率。其中，自动化是高通量筛选（HTS）的一个显著特征，是微量定量实验和大规模分析的基础。经典菌种 HTS 集成了一系列连续的自动化实验操作，涉及的设备主要包括菌落单克隆自动挑取仪、液体处理系统和多功能酶标仪，可在软件系统的控制下连接和操作。近年来，基于荧光激活细胞分选技术（FACS）和微流体技术建立了不同的自动化筛选流程，用于选择高性能工业生产菌株。液滴微流控技术是一种非连续流微流控技术，它通过利用两种互不相溶的液相来生成分散的微液滴，并对这些微液滴进行精确操作。微液滴具有体积小、比表面积大、独立无交叉污染等特点，再结合液滴可控性强、通量高等优势，已经有研究将其用于微生物的高通量培养、驯化、筛选等方面，展现出重要的应用潜力（郭肖杰等，2021）。由于出色的高通量性能和检测效率，液滴微流控系统将成为一种有效的工业菌种高通量筛选平台，用于高效率地评价菌种生长和生产潜力。但是，液滴微流控系统在实际运用中仍然存在一系列的问题，如操作烦琐精细，技术要求和门槛高，且由于液滴体积极小（pL ～ μL），面向微生物传代、进化和分选等基本操作的自动化液滴精确操控与实时在线检测实现难度大，难以形成一体化装备系统，液滴微流控系统在微生物研究中的应用推广仍存在较大难度。此外，目前对液滴可进行的培养参数操作和可在线检测的参数太少，较难对微生物进行生长和生产能力的同步评价筛选（Kerk et al, 2021）。

不管是传统诱变育种还是现代基因工程育种，都需要将目标菌种表型从数量庞大的突变库中筛选出来，筛选环节的效率往往受限于仪器分析表型的能力。作为目标代谢产物检测黄金标准的色谱与质谱检测的通量最高仅能达到每台仪器每天检测约 10^3 个样品的水平，限制了微生物细胞工厂构建的速度和成功率。

极少数的目标产物分子，如类胡萝卜素家族，由于具有独特的颜色，可以通过比色法对微生物细胞工厂生产性能进行测试。Church 实验室通过自主研发的 MAGE 自动化设备实现了每天 10^8 个基因组突变体的多样性构建，并于 3 天内完成了其中 10^5 个突变体的液体培养和番茄红素产量检测（Rogers et al, 2016）。通过机器人检测可以实现更高通量（约 10^6）的固体平板比色法检测（但受到菌落间生长形态及产能差异的影响，平板检测的灵敏度普遍较低）。

除了比色法，能够产生荧光信号的检测体系可以利用流式细胞术进行分析，FACS 检测的通量可以高达每批实验 10^9 个突变体，成为代表性的高通量测试技术（Dietrich et al, 2010）。除此之外，生长偶联的方法也可以提高测试环节的通量：少数待检测的目标性状（通常为底物利用效率或者菌株抗逆性）对菌株的生长速率或者耐受环境压力的适应性有直接助益，通过人为制造压力培养环境，就能够通过实验室适应性进化（adaptive laboratory evolution）富集适应性强的突变体菌株。一般而言，如此富集得到的优势菌株即为目标性状有显著提升的突变体。这一生长选择过程的通量取决于液体培养的体积，通常可以达到每批实验 10^{10} 个突变体甚至更高。然而绝大多数有生产价值的目标产物既没有明显的颜色或者荧光信号，又不是菌体生长或者耐受环境压力所必需的物质。因此，如何将没有任何易筛特点的目标代谢产物的浓度信息转换为光学信号或者菌株的适应性，就成为提高测试环节通量、加速微生物细胞工厂构建和工业化应用的关键（Dragosits et al, 2013）。

目前，自动化移液工作站、液滴微流控、平行微型生物反应器、在线检测技术的进步，为菌种筛选在筛选通量和效率两个重要指标方面的提升奠定了基础。由于菌种筛选涉及两个关键指标——“生产潜力”和“生长能力”，工业菌种的生产潜能必须通过细胞生长与培养过程条件的协同作用来评估（白仲虎等，2023）。所以该技术路线尚有一个不可回避的关键问题——如何在筛选策略上解决下列问题：“菌种培养通量越高，培养体积就越小，可检测和精准控制的过程参数数据越少，所获得的生长性能信息越少；培养体积越大，就越容易模拟规模化培养的条件开展菌种筛选，但是筛选培养通量就要降低”。另外，工业环境下生产菌种的开发有较严苛的时效性和成本控制要求，如何在单位时间内完成筛选工作，并在筛选进程中以数据驱动的方式获取候选菌种在规模化反应器内的表现，也是一个提高筛选效率与成功性的技术策略问题。

鉴于此，目前国内外对高通量工业菌种筛选的研究主要集中在三个方面：①高通量微小体积培养装备、单细胞水平的在线检测技术与操作自动化辅助设备；②平衡培养通量、培养体积和过程参数获取程度的筛选策略与理念创新；③多个平行微小型生物反应器培养过程大数据的处理与过程模型的建立。通过这些努力，以期建立普适的菌种高通量筛选技术平台，丰富针对不同菌种和产品的筛选模型，实现涵盖特征筛选、评价筛选和过程工程筛选的“快速从单克隆到规模化生产工艺”的工业菌种筛选策略（图 1-2）（Li et al, 2020）。

图 1-2　以高通量筛选装备为基础，筛选模型为切入点，基于菌种筛选“三段论”策略，快速实现从单克隆到成熟工艺的开发

参考文献

白仲虎，任和，聂简琪，等，2023. 高通量平行发酵技术的发展与应用 [J]. 合成生物学，4(05):904-915.

陈恒雷，武宝山，吕杰，等，2008. 离子束注入阿魏菇生物效应及诱变育种方法 [J]. 生物技术，(04):38-40.

成丽芸，2010. 急性毒性藻红外测试中抗生素的敏感藻确定 [D]. 重庆：重庆大学 .

郭肖杰，王立言，张翀，等，2021. 高通量自动化微生物微液滴进化培养与筛选技术及其装备化 [J]. 生物工程学报，37(03):991-1003.

郝丁，2004. 时效后 GH4169 小孔丝锥的设计 [J]. 工具技术，(08):50.

李刚，2014. 桑丁香假单胞菌稳产冠菌素关键技术的研究 [D]. 镇江：江苏科技大学 .

李壮林，姚雪静，2014. 单克隆抗体药物研究进展 [J]. 药物生物技术，21(05): 456-461.

曲戈，赵晶，郑平，等，2018. 定向进化技术的最新进展 [J]. 生物工程学报，34(01):1-11.

施巧琴，吴松刚，2013. 工业微生物育种学 [M]. 4 版 . 北京：科学出版社 .

宋新妥，2011. 高产油脂酵母菌株 T2-6-2-4 的选育及发酵条件研究 [D]. 西安：西北大学 .

王金发，刘兵，2005. 英汉细胞生物学词典 [M]. 北京：科学出版社 .

魏明英，2020. 发酵微生物 [M]. 2 版 . 北京：科学出版社 .

袁姚梦，邢新会，张翀，2020. 微生物细胞工厂的设计构建：从诱变育种到全基因组定制化创制 [J]. 合成生物学，1(06):656-673.

翟中和，2011. 细胞生物学 [M]. 4 版 . 北京：高等教育出版社 .

Alberts B, 2004. Essential cell biology[M]. New York: Garland Science.

Atsumi S, Hanai T, Liao J C, 2008. Non-fermentative pathways for synthesis of branched-chain higher alcohols as biofuels[J]. Nature, 451(7174): 13-86.

Chain E, Florey H W, Adelaide M B, et al, 1993. Penicillin as a chemotherapeutic agent[J]. Clinical Orthopaedics and Related Research, (295): 3-7.

Chen L, Xin Q, Ma L, et al, 2020. Applications and research advance of genome shuffling for industrial microbial strains improvement[J]. World Journal of Microbiology & Biotechnology, 36: 1-8.

Clackson T, Hoogenboom H R, Griffiths A D, et al, 1991. Making antibody fragments using phage display libraries[J]. Nature, 352(6336): 624-628.

Cong L, Ran F A, Cox D, et al, 2013. Multiplex genome engineering using CRISPR/CAS systems[J]. Science, 339(6121): 819-823.

Dietrich J A, Mckee A E, Keasling J D, 2010. High-throughput metabolic engineering: advances in small-molecule screening and selection[J]. Annual Review of Biochemistry, 2010, 79: 563-590.

Dragosits M, Mattanovich D, 2013. Adaptive laboratory evolution-principles and applications for biotechnology[J]. Microbial Cell Factories, 12:64.

Fleming A, 1932. On the specific antibacterial properties of penicillin and potassium tellurite-incorporating a method of demonstrating some bacterial antiagonisms[J]. Journal of Pathology and Bacteriology, 35(6): 831-842.

Galanie S, Thodey K, Trenchard I J, et al, 2015. Synthetic biology complete biosynthesis of opioids in yeast[J]. Science, 349(6252): 1095-1100.

Isaacs F J, Carr P A, Wang H H, et al, 2011. Precise manipulation of chromosomes *in vivo* enables genome-wide codon replacement[J]. Science, 333(6040): 348-353.

Jinek M, Chylinski K, Fonfara I, et al, 2012. A programmable dual-RNA-guided DNA endonuclease in adaptive bacterial immunity[J]. Science, 337(6096): 816-821.

Kerk Y J, Jameel A, Xing X, et al, 2021. Recent advances of integrated microfluidic suspension cell culture system[J]. Engineering Biology, 5(4): 103-119.

Klein-Marcuschamer D, Stephanopoulos G, 2010. Method for designing and optimizing random-search libraries for strain improvement[J]. Applied And Environmental Microbiology, 76(16): 5541-5546.

Li G, Li H P, Wang L Y, et al, 2008. Genetic effects of radio-frequency, atmospheric-pressure glow discharges with helium[J]. Applied Physics Letters, 92,221504.

Li L, Xing X, Zhang C, 2020. Chapter 7 high-throughput screening for improving cellular and enzymatic properties[M]// Liu L, Du G, Liu Y. Systems and synthetic metabolic engineering.New York: Academic Press: 153-181.

McCafferty J, Griffiths A D, Winter G, et al, 1990. Phage antibodies-filamentous phage displaying antibody variable domains[J]. Nature, 348(6301): 552-554.

Metallo C M, Gameiro P A, Bell E L, et al, 2012. Reductive glutamine metabolism by idh1 mediates lipogenesis under hypoxia[J]. Nature, 481(7381): 166-380.

Paddon C J, Westfall P J, Pitera D J, et al, 2013. High-level semi-synthetic production of the potent antimalarial artemisinin[J]. Nature, 496(7446): 528.

Rogers J K, Taylor N D, Church G M, 2016. Biosensor-based engineering of biosynthetic pathways[J]. Current Opinion in Biotechnology, 42: 84-91.

Schatz A, Bugie E, Waksman S A, 1944. Streptomycin, a substance exhibiting antibiotic activity against gram positive and gram-negative bacteria[J]. Proceedings of the Society for Experimental Biology and Medicine, 55(1): 66-69.

Wang H H, Isaacs F J, Carr P A, et al, 2009. Programming cells by multiplex genome engineering and accelerated evolution[J]. Nature, 460(7257): 133-894.

Wang T, Guan C, Guo J, et al, 2018. Pooled crispr interference screening enables genome-scale functional genomics study in bacteria with superior performance[J]. Nature Communications, 9(1):2475.

Wollman A J M, Nudd R, Hedlund E G, et al, 2015. From animaculum to single molecules: 300 years of the light microscope[J]. Open Biology, 5(4):150019.

Zhang X, Zhang C, Zhou Q, et al, 2015. Quantitative evaluation of dna damage and mutation rate by atmospheric and room-temperature plasma (ARTP) and conventional mutagenesis[J]. Applied Microbiology And Biotechnology, 99(13): 5639-5646.

Zhang X, Zhang X, Li H, et al, 2014. Atmospheric and room temperature plasma (ARTP) as a new powerful mutagenesis tool[J]. Applied Microbiology And Biotechnology, 98(12): 5387-5396.

SYNTHETIC
BIOLOGY
ENGINEERING
TECHNOLOGY
SERIES

合成生物学
工程技术丛书

2
细胞培养技术

马增新，宋琳，于浩，杨松
青岛农业大学

广义的细胞培养包括微生物、植物和动物的细胞培养，不论对整个生物工程技术，还是生物克隆技术来说，细胞培养都是一个必不可少的过程，细胞培养本身就是细胞的大规模克隆。利用细胞培养技术可以将一个细胞培养成为简单的单细胞或极少分化的多细胞，这是克隆技术必不可少的环节。通过细胞培养可得到大量的细胞或其代谢产物。因为生物产品都是从细胞得来，所以可以说细胞培养技术是生物技术中的核心和基础技术。

2.1 细胞培养技术的原理和原则

2.1.1 微生物细胞的培养原理与基本原则

微生物在工业、农业、环境及医学等不同领域的广泛应用有着悠久的历史和越来越重要的作用，是现代工业生物技术的核心，而微生物的培养作为生物技术应用的前提显得格外重要。微生物培养就是通过人为提供满足微生物营养（培养基）和生长的环境条件（温度、氧气、水分、酸碱度等），在避免杂菌污染的情况下使微生物迅速生长增殖，表现其生理作用或产生某种代谢产物的操作技术。

微生物培养的基本原则如下。

（1）目的明确

培养微生物细胞的首要原则就是要根据培养的目的进行培养基以及下游实验的设计，需要首先明确培养微生物的种类、培养的目的（为了获得菌体还是代谢产物）、培养的规模（实验研究还是大规模生产）、生产代谢物的种类（是合成含氮量低的代谢物还是高氮代谢物）等等。一般来说，自养型的微生物具有较强的合成能力，所以培养自养型微生物的培养基完全由简单的无机物组成，如蓝藻的培养基 BG-11 仅由少量无机盐、微量金属元素以及缓冲成分组成。异养微生物的合成能力较弱，培养基中至少要有一种有机成分，通常是葡萄糖作为主要碳源；有的异养微生物需要多种生长因子，因此常采用天然有机物，如酵母粉、蛋白胨等。如果为了获得菌体或作为种子培养基用，培养基的营养成分应当丰富一些以利于微生物的快速生长和繁殖；如果为了获得代谢产物或用作发酵培养基，则培养基应当含氮量低些，以避免生长过旺而有利于代谢产物的积累。

（2）营养协调

培养基中需要含有维持微生物最适生长所需的一切营养物质，且其浓度和配比需要适宜，可以参考微生物细胞物质组成的含量（表 2-1）。微生物所需的营养物质之间应有适当的比例，其中碳源和氮源的比例在发酵过程中尤其重要。不同的微生物种类、不同的发酵产物所要求的碳氮比是不同的。菌体在不同生长阶段，对其碳氮比的最适需求也不一样。培养基的碳氮比不仅会影响微生物菌体的生长，同时也会影响发酵的代谢途径。由于碳源既作为化合物的骨架又作能源，所以用量要比氮多。从元素分析来看，酵母细胞中碳氮比约为100∶20，霉菌约为100∶10。一般发酵工业中培养基碳氮比约为100∶(0.2～2.0)，但在氨基酸发酵中，因为产物中含有氮，所以碳氮比就相对低一些。如谷氨酸发酵的碳氮比为100∶(15～21)，若碳氮比为100∶(0.2～2.0)，则会出现只长菌体、几乎不产谷氨酸的现象。一般情况下，碳氮比偏小，能导致菌体旺盛生长，易造成菌体提前衰老自溶，影响产物的积累；碳氮比过大，菌体繁殖数量少，不利于产物的积累；碳氮比较合适，但碳源、氮源浓度高，仍能导致菌体的大量繁殖，增大发酵液黏度，影响溶解氧浓度，容易引起菌体的代谢异常，影响产物合成；碳氮比较合适，但碳源、氮源浓度过低，会影响菌体的繁殖，同样不利于产物的积累。除了大量元素外，一些微量元素含量的变化也会影响细胞的生长，例如，微量元素钴含量的缺乏会严重影响甲基杆菌一碳中心代谢途径中的乙基丙二酰-辅酶A歧化酶的活性，从而影响关键中心代谢产物乙醛酸的生成，降低菌株在甲醇中的生长速率（Kiefer et al，2009）；一些研究表明，光照可能会使培养基中的EDTA金属元素螯合物解离，释放出的微量金属元素会进一步促进甲基杆菌的生长（Chou et al，2009），可见微量元素含量的变化也可能会对微生物的中心代谢途径产生影响从而抑制或促进细胞的生长。

表2-1　微生物细胞中各种成分的含量（以干重计）

成分	细菌/%	真菌/%
碳	46～52	45～55
氮	10～14	4～7
蛋白质	50～60	25～40
糖类	6～15	40～55
脂质	5～10	5～10
核酸	15～25	2～8
灰分	4～10	4～10

（3）理化条件适宜

在培养过程中需要给微生物提供适宜的温度、溶解氧、pH和氧化还原电势等理化条件。

温度对微生物生长的影响主要是通过影响酶的活性来实现，随着温度升高，酶反应速率增大，呼吸代谢加强，微生物生长繁殖加快，但酶自身失活的速率也在加快，蛋白质变性加快。各种微生物在一定条件下都有最适生长温度，大多数微生物的最适生长温度在25～37℃。由于不同微生物种类不同，所具有的酶系及其性质不同，需要的温度也不同。一般来说，细菌的最适温度大多比霉菌要高，个别细菌最适温度甚至达到50℃左右，例如甲醇芽孢杆菌（*Bacillus methanolicus*）就可以在这么高的温度下生长和生产，其野生型菌株在流加批次发酵下可以合成58 g/L的L-谷氨酸，在高温条件下进行发酵，可显著降低冷却系统能耗成本，同时避免染菌，在工业生物技术领域具有较高的开发应用潜力（Brautaset et al，2007）。温度除了直接影响反应速率外，还可能改变发酵液的物理性质，如氧的溶解度和基质传质速率间接影响产物的合成。例如，在金色链霉菌发酵过程中，当温度低于 30 ℃，合成金霉素的能力较强；随着温度升高，合成四环素的比例升高，当温度大于 35 ℃，该菌种则只产生四环素而金霉素合成几乎停止。

溶解氧是需要发酵控制的重要参数之一。氧在水中的溶解度很小，需要不断通风和搅拌才能满足不同发酵过程对氧的需求，溶解氧的变化对菌体生长和产物的形成会产生不同的影响。例如，在谷氨酸棒状杆菌发酵生产谷氨酸过程中，当供氧不足时，谷氨酸积累会明显减少，产生大量乳酸和琥珀酸。需要注意的是，不是溶解氧维持越高越好，即使专性好氧菌，过高的溶解氧对生长也可能不利，高氧条件下产生的一些活性氧物质比如超氧化物自由基、羟基自由基等会破坏细胞组分。

pH 是微生物生长和产物合成非常重要的状态参数，是代谢活动的综合指标，必须掌握其变化规律及时检测和调控，使其处于生长的最佳状态。pH 的变化会影响酶活性、菌对基质的利用速率和细胞结构，从而影响菌的生长和产物合成。例如，产黄青霉的细胞壁厚度随着 pH 的增加而减小；当 pH 低于 6 时，菌丝长度缩短，直径为 2 ～ 3 μm；当 pH 大于 7 时，直径为 2 ～ 18 μm，酵母状膨胀菌丝的数目增加。pH 还会对某些生物合成途径产生显著影响，例如，丙酮-丁醇发酵中，细菌增殖的 pH 以 5.5 ～ 7 为宜，发酵后期 pH 为 4.3 ～ 5.3 时积累丙酮、丁醇，pH 升高则产量减少，而丁酸、乙酸含量增加。选择最适 pH 的原则是既有利于菌体的生长繁殖，又最大限度地获得高产量。通常将发酵培养基调节成不同的起始 pH，在发酵过程中定时测定并不断调节，以维持其 pH 或者利用缓冲试剂来维持稳定，当菌体生长达到最大值时即为菌体生长最佳 pH。菌体生长过程中可以通过添加无机酸（如盐酸等）和碱（如氢氧化钠等）对发酵液的 pH 进行调控，一些菌体在培养过程中也会添加有机酸（如甲酸、乙酸等）或氨水作为 pH 调节剂，在调控 pH 的同时，补充了碳源或氮源。例如，在甲基杆菌培养过程中，添加甲酸、丙酸和丁酸等有机酸调控 pH 的同时提供了碳源，提高了某些羟基脂肪酸的产量（Yoon et al，2021）。

氧化还原电势是衡量系统中还原剂释放电子或氧化剂接受电子趋势的一种指标，是指以氢电极为标准时某氧化还原系统的电极电位值。不同微生物对其培养基的氧化还原电势有不同的要求，一般好氧菌生长氧化还原电势在 +0.3 ～ +0.4 V；兼性厌氧菌在 +0.1 V 以上时进行好氧呼吸产能，在 +0.1 V 以下时则进行发酵产能；而厌氧菌仅能在 +0.1 V 以下的环境中生长。为了培养严格厌氧菌，除了驱走空气中的氧以外，还应在培养基中加入适量的还原剂，包括巯基乙酸、维生素 C、半胱氨酸等，以降低培养基的氧化还原电势，例如，加有铁屑的培养基，其电势可降至−0.4 V 的水平。

（4）原料来源的选择做到经济节约

在配制培养基时应尽量利用廉价且易于获得的原料作为培养基成分，特别是在发酵工业中，培养基用量很大，利用低成本的原料更体现出其经济价值。随着合成生物学技术的发展，人们不断开发微生物使其可以利用价格低廉、来源广泛的原料生长或生产，例如，开发嗜甲烷菌转化温室气体甲烷合成乳酸、脂肪酸等化工产品（郭树奇等，2021）；利用梭状芽孢杆菌转化合成气中的碳一气体（CO 和 CO_2）制造乙醇和高级醇等产品（Henstra et al，2007）；利用皮状丝孢酵母可以转化木质素合成油脂等（Hu et al，2018）。

（5）灭菌处理

要获得纯培养微生物，必须避免杂菌污染，因此要对所用器材及工作场所进行消毒与灭菌。对培养基而言，更是要进行严格的灭菌。

2.1.2 植物细胞的培养原理与基本原则

植物不仅为人类生存提供了食物，还提供了丰富的天然次级代谢产物资源，在已知的现代药物中有 25% 来自天然产物，而其中有超过 80% 的天然产物来源于植物（Elkordy et al，2021）。尽管全世界有 5 万多种植物可用于开发生产药物，但其中的有效成分低于整个植物组织质量的 1%，这就导致了过量开采甚至个别濒危品种的灭绝（Bhaskar et al，2021）。随着生物技术的发展，人们开发植物细胞培养技术替代传统的药用植物开发方法，特别是以植物细胞悬浮培养技术（plant cell suspension culture, PCSC）为代表的生产方式可以提高单位体积下的产品产量，并进行规模化的放大培养，极大地提高了植物来源次级代谢产物的生产效率，节约了成本（表 2-2）（Motolinía-Alcántara et al，2021）。

表2-2 植物细胞培养与天然提取活性物质产量比较

化合物	植物来源	生物活性	产量比较	
			植物提取 /（mg/g）	细胞培养 /（mg/g）
紫草素	紫草或蓝蓟	抗肿瘤、抗菌、消炎、抗氧化	10 ～ 20	150 ～ 200
蒽醌	檄树或茜草	抗菌、防真菌、降血压、镇痛、保肝	3	100 ～ 200
迷迭香酸	罗勒、彩叶草或牛至	抗氧化、消炎、抗病毒	8 ～ 30	20 ～ 360
黄连素	唐松草或黄连	抗肿瘤、降血脂、降血糖、消炎	1 ～ 40	100 ～ 180
人参皂苷	人参	抗肿瘤、防治糖尿病、保护心血管	0.02 ～ 8	10 ～ 100
薯蓣皂素	三角叶薯蓣或火索麻	抗血栓、消炎、抗病毒、延缓衰老	1 ～ 5	3.5 ～ 70
阿吗碱	长春花	降血压	3	10 ～ 60
紫杉醇	红豆杉	抗癌	0.02	1.5
鬼臼毒素	圆柏	抗病毒、抗癌	0.5 ～ 1.6	2 ～ 190
青蒿素	黄花蒿	治疗疟疾	1 ～ 15	9 ～ 110

植物细胞悬浮培养技术是将植物活体组织或离体组织培养物（如愈伤组织、胚状体等）转移至适宜的液体培养基中，在特定的培养条件下进行悬浮培养，经过定期的继代培养和筛

选后形成稳定均匀的悬浮细胞系（戴雪梅等，2013）。由于植物细胞具有分散性好、生长迅速、重复性好、易于控制以及细胞形状及细胞团大小均一性较好等优点，其被广泛应用于细胞学、生理学、发育生物学、生物化学等领域的研究。植物细胞悬浮培养技术不仅可直接用于原生质体分离、培养和杂交，还可以短期内在细胞水平上对突变体进行筛选，进而生产具备药效成分的次生代谢产物（董燕等，2011）。目前，植物细胞悬浮培养技术已应用于 200 余种植物，例如人参（黄景嘉等，2014）、甘草（李雅丽等，2015）、红豆杉（王沐兰等，2016）等，现今的植物细胞大规模生产技术，能够满足人参皂苷等次级代谢产物的市场需求。与传统植物资源开发技术相比，植物细胞悬浮培养技术具有如下优势：突破了植物自身生长环境的限制，如地理、季节、气候等因素的限制，不占用耕地等；摆脱了复杂环境因素对植物生长的影响和干扰；极大地缩短了次级代谢产物的生产周期，从按年计算到按天计算；能够持续、稳定、高产地获得目标产品；下游提取工艺更加简单，节约了生产成本；可以更充分地利用植物细胞培养的副产物，比如目标代谢产物的前体物质，实现深度加工；有利于生态环境的保护，符合可持续发展的目标等。因此，利用植物细胞悬浮培养技术生产天然产物具有巨大的发展潜力，是非常具有应用前景的植物资源替代技术之一（董艳山，2015）。

植物悬浮细胞的制备是建立良好培养体系的基础，需要遵循的基本原则包括选择适宜的外植体、筛选胚性愈伤组织、确定合适的培养条件（图 2-1）。具体内容如下：

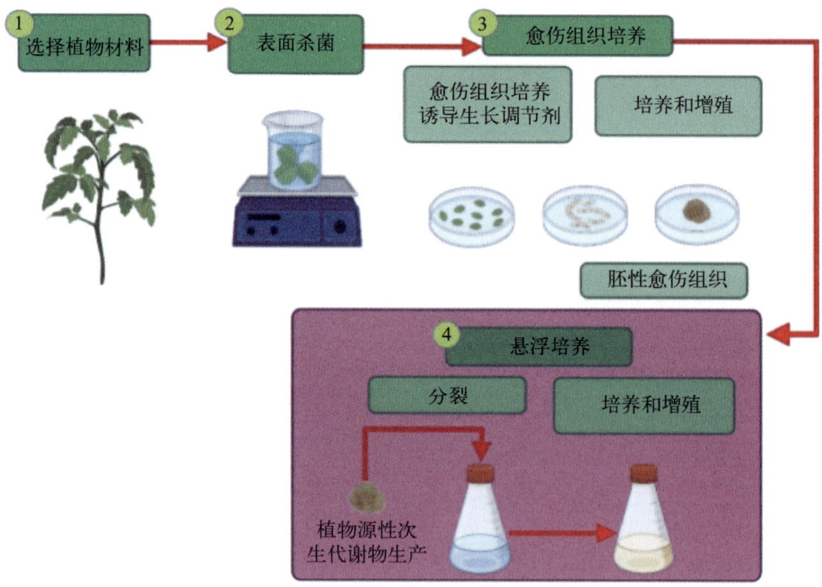

图 2-1　植物细胞悬浮培养的基本流程

（1）从健康的和具有活力的植物中筛选适宜的外植体

外植体的年龄及其生理状态在诱导胚性愈伤组织中往往起着决定性的作用。选择合适的外植体以及适当的外植体发育时期是诱导和长期保持植物胚性愈伤组织的关键（邵宏波等，

1990），通常能最有效诱导胚性愈伤组织形成的是处于某一特定发育阶段的未成熟的分生组织，而对于不同的植物外植体的选择差异较大。一般来说，草本植物大多使用根、茎尖、嫩叶、叶柄等，木本植物使用较多的是嫩茎、下胚轴、未成熟花药、内珠被等。只有选择合适的外植体才能获得良好的胚性愈伤组织，才能更快速地建立高效的植物细胞悬浮培养体系（方文娟等，2005）。

（2）筛选胚性愈伤组织

一般植物外植体经诱导后通常可产生 3 种类型的愈伤组织：①质地柔软、含水量高、形状不规则或棉絮状的白色愈伤组织，这种类型的愈伤组织为典型的非胚性愈伤组织，在继代培养过程中极易褐化死亡，或经长期继代后仍不发生明显变化，不适用于悬浮培养（Matsuda et al，1996）；②质地坚硬、块状、颜色鲜黄的愈伤组织，经过较长时期的继代培养后，可转变为易碎、透明的胚性愈伤组织，这类愈伤组织在进行悬浮培养后往往需经较长时间的继代筛选才有可能建立均一稳定的细胞系（Conceição et al，1998）；③质地疏松易碎、小颗粒状、不分泌黏液、颜色呈白色或黄色的愈伤组织，在继代培养过程中表现为分裂能力强、增殖速度快且具有较强胚胎发生能力，这种类型的愈伤组织为典型的胚性愈伤组织，是最适合用于启动悬浮培养并且能快速建立稳定悬浮细胞系的愈伤组织（陈婷等，2000）。胚性和非胚性愈伤组织除了存在上述外形上的差异外，在细胞形态上也表现出明显的不同。一般来说，非胚性愈伤组织的细胞特征为细胞较大、外形不规则、高度液泡化、细胞结构松散、胞间隙大、细胞核小或不明显；而胚性愈伤组织则表现为细胞较小、近圆形，具有较高的核质比，液泡小，细胞质浓厚，且单个的胚性细胞团常常围以加厚的外壁，将其与非胚性组织明显分开（Vasil et al，1982）。研究者需要根据以上细胞形态上的差异，甄别和挑选出良好的胚性愈伤组织，为悬浮培养提供相对可靠的细胞。

（3）合适的培养条件

主要包括适宜的培养基成分、起始接种密度和继代培养周期等方面。在对良好的胚性愈伤组织进行细胞悬浮培养时，培养基的基本成分及外源激素会首先影响悬浮细胞系建立的成败。通常大多使用 MS 培养基作为基本培养基，并附加特定的植物外源激素，主要包括生长素类（如萘乙酸、2,4-二氯苯氧乙酸等）和细胞分裂素类（如 6-苄氨基嘌呤、激动素等）（赖钟雄等，2007），也有采用 N6 和 B5 基本培养基并添加合适的外源激素的情况（李建安等，2006）。基本培养基的作用主要是为细胞生长提供必需的碳源、大量元素和微量元素，在没有特殊需求的情况下，不同物种可以用多种基本培养基培养，如烟草、水稻和拟南芥等。除此之外，培养基中的生长素类植物激素主要起促进细胞扩大和增殖的作用，细胞分裂素类则在促进细胞发生有丝分裂、诱导细胞分化等方面起重要作用，两者必须通过实验摸索和优化后确定合适的浓度和恰当的比例配合使用，才能更好地促进悬浮细胞的分散和快速生长（孙敬三等，2006）。

选定合适的培养基后，愈伤组织的起始接种密度对悬浮细胞的生长也有较大的影响。在进行植物细胞悬浮培养时，起始接种必须达到一定的有效密度才能维持细胞的正常分裂和生长（吴春霞，2006）。如果接种密度过低，悬浮细胞生长滞后缓慢，极易导致细胞褐化甚至死亡。接种密度过高，培养基中的养分消耗迅速，细胞生长发育受限且更易进入老化阶段，需要更频繁地进行培养基的更换，造成人力和物资的浪费。只有采取合适的接种密度，才能既充分利用培养基中的营养物质，又使细胞的分裂和生长达到相对理想的状态。

最后，适宜的继代培养周期对维持悬浮细胞的正常生长也起着重要作用。例如，对草莓悬浮细胞系的研究结果表明，太短的继代周期会造成细胞生长速度减慢，而继代周期过长，悬浮细胞由于培养基中的养分消耗殆尽而进入饥饿状态，表现为细胞内含物变少、液泡变大（周春江等，2002）。此外，继代更新液体培养基时保留一定比例的旧培养液能使细胞更快恢复生长，这是因为悬浮培养的细胞在生长过程中能分泌某些有促进细胞分裂作用的特殊物质。但由于旧培养液营养成分已消耗殆尽，同时含有一些有害成分，因此，在更换培养基时，旧培养液所占的比例必须适度，最多不能超过总体积的一半。例如，大麦胚性悬浮细胞系建立的研究表明，当旧培养液所占比例小于总体积的十分之一时，细胞容易褐化，难以恢复生长；而保留太多的旧培养液时，细胞易呈饥饿状态而变得不致密，影响其后的生长和分化能力（黄纯农等，1995）。

2.1.3 动物细胞的培养原理与基本原则

动物细胞培养既有别于植物细胞培养，又与微生物的培养完全不同。所谓动物细胞培养是指在无菌条件下，从机体中取出组织或细胞，模拟体内正常生理状态下生存的基本条件，让其在培养器皿中继续生存、生长和繁殖的方法，在此过程中细胞不再形成组织。体外培养的细胞可分为原代细胞和传代细胞。我们将培养 10 代以内的培养称为原代培养，10 代以后的称为传代培养。培养 10 ～ 50 代的细胞称为细胞株。当培养超过 50 代时，大多数细胞已经衰老死亡，但仍有部分细胞发生了遗传物质的改变出现了无限传代的特性，此时的细胞被称为细胞系。动物细胞培养给细胞生物学的研究带来了极大的方便，解决了以人的活细胞材料作为研究对象或研究工具的问题；并且可以通过动物细胞培养生产一些在医学上有重要诊断和治疗价值的蛋白质、病毒等产品。

培养的动物细胞与体内细胞不同，这是由其环境制约下的生长和增殖原理决定的。体内细胞生长在动态平衡环境中，而组织培养细胞的生存环境是培养瓶、培养皿或其他容器，生存空间和营养是有限的。当细胞增殖达到一定密度后，则需要分离出一部分细胞和更新营养液，否则将影响细胞的继续生存，这一过程叫传代（passage 或 subculture）。每次传代以后，细胞的生长和增殖过程都会受一定的影响。另外，很多细胞在体外的生存也不是无限的，存在着一个发展过程。所有这一切，使组织细胞在培养中有着一系列与体内不同的生存特点。做好动物细胞体外培养首先要了解其细胞生长机制。

2.1.3.1 培养细胞生命期

所谓培养细胞生命期（life span of culture cells），是指细胞在培养中持续增殖和生长的时间。体内组织细胞的生存期与完整机体的死亡衰老基本一致。人胚二倍体成纤维细胞培养，在不冻存和反复传代条件下，可传 30 ～ 50 代，相当于 150 ～ 300 个细胞增殖周期，能维持一年左右的生存时间，最后衰老凋亡（apoptosis）。如供体为成体或衰老个体，则生存时间较短；如培养的为其他细胞，如肝细胞或肾细胞，生存时间更短，仅能传几代或十几代。只有当细胞发生遗传性改变，如获永生性或恶性转化时，细胞的生存期才可能发生改变。正常细胞培养时，不论细胞的种类和供体的年龄如何，在细胞全生存过程中，大致都经历以下三个阶段。

（1）原代培养（primary culture）期

原代培养也称初代培养，即从体内取出组织接种培养到第一次传代阶段，一般持续 1 ～ 4 周。此期细胞活跃移动，可见细胞分裂，但不旺盛。初代培养细胞与体内原组织在形态结构和功能活动上相似性大。细胞群是异质的（heterogeneous），即各细胞的遗传性状互不相同，细胞相互依存性强。

（2）传代期

初代培养细胞一经传代后便改称细胞系（cell line）。在全生命期中此期的持续时间最长。在培养条件较好的情况下，细胞增殖旺盛，并能维持二倍体核型，呈二倍体核型的细胞称二倍体细胞系（diploid cell line）。为保持二倍体细胞性质，细胞应在初代培养期或传代后早期冻存。当前世界上常用细胞均在不出十代内冻存。如不冻存，则需反复传代以维持细胞的适宜密度，以利于生存。但这样就有可能导致细胞失掉二倍体性质或发生转化。一般情况下当传代 10 ～ 50 次，细胞增殖逐渐缓慢，以至完全停止，细胞进入第三期。

（3）衰退期

此期细胞仍然生存，但增殖很慢或不增殖；细胞形态轮廓增强，最后衰退凋亡。

在细胞生命期阶段，少数情况下，在以上三期任何时间（多发生在传代末或衰退期），由于某种因素的影响，细胞可能发生自发转化（spontaneous transformation）。转化的标志之一是细胞可能获得永生性（immortality）或恶性（malignancy）。细胞永生性也称不死性，即细胞获持久性增殖能力，这样的细胞群体称无限细胞系（infinite cell line），也称连续细胞系（continuous cell line）。无限细胞系的形成主要发生在第二期末，或第三期初。细胞获不死性后，核型大多变成异倍体（heteroploid）。细胞转化亦可用人工方法诱发，转化后的细胞也可能具有恶性性质。细胞永生性和恶性非同一性状。

2.1.3.2 组织培养细胞一代生存期

所有体外培养细胞，包括初代培养及各种细胞系，当生长达到一定密度后，都需做传代处理。传代的频率或间隔与培养液的性质、接种细胞数量和细胞增殖速度等有关。接种细胞数量大、细胞基数大、相同增殖速度条件下，细胞数量增加与饱和速度相对要快（实际上细胞接种数量大时细胞增殖速度比接种量少时要快）。连续细胞系和肿瘤细胞系比初代培养细胞增殖快，培养液中血清含量多时细胞增殖比少时快。以上情况都会缩短传代时间。细胞传一代后，一般要经过以下三个阶段。

（1）潜伏期（latent phase）

细胞接种培养后，先经过一个在培养液中呈悬浮状态的悬浮期。此时细胞胞质回缩，胞体呈圆球形。接着是细胞附着或贴附于底物表面上，称贴壁，悬浮期结束。各种细胞贴附速度不同，这与细胞的种类、培养基成分和底物的理化性质等密切相关。初代培养细胞贴附慢，可长达 10 ～ 24 h 或更长；连续细胞系和恶性细胞系快，10 ～ 30 min 即可贴附。细胞贴附现象是一个非常复杂且与多种因素相关的过程。支持物能影响细胞的贴附；底物表面不洁不利贴附，底物表面带有阳性电荷利于贴附。另外在贴附过程中，有一些特殊物质如纤连蛋白 [fibronectin，又称大分子外部转化物质（LETS，larger external transformation substance）]、细胞表面蛋白（cell surface protein，CSP）等也参与贴附过程。这些物质都是蛋白质类成分，它们有的存在于细胞膜的表面（如 CSP），有的则来自培养基中的血清（如 LETS）。近年又从各种不同组织和生物成分中提取出了很多促贴附物质。贴附是贴附类细胞生长增殖条件之一。

细胞贴附于支持物后，除先经过前述延展过程变成极性细胞，还要经过一个潜伏阶段，才进入生长和增殖期。细胞处在潜伏期时，可有运动活动，基本无增殖，少见分裂相。细胞潜伏期与细胞接种密度、细胞种类和培养基性质等密切相关。初代培养细胞潜伏期长，24 ～ 96 h 或更长，连续细胞系和肿瘤细胞潜伏期短，仅 6 ～ 24 h；细胞接种密度大时潜伏期短。当细胞分裂相开始出现并逐渐增多时，标志细胞已进入指数增生期。

（2）指数增生期（logarithmic growth phase）

这是细胞增殖最旺盛的阶段，细胞分裂相增多。指数增生期细胞分裂相数量可作为判定细胞生长旺盛与否的一个重要标志。一般以细胞分裂指数（mitotic index，MI）表示，即细胞群中每 1000 个细胞中的分裂相数。体外培养细胞分裂指数受细胞种类、培养液成分、pH、培养箱温度等多种因素的影响。一般细胞的分裂指数介于 0.1% ～ 0.5%，初代细胞分裂指数低，连续细胞和肿瘤细胞分裂指数可高达 3% ～ 5%。pH 和培养液血清含量变动对细胞分裂指数有很大影响。指数增生期是细胞一代中活力最好的时期，因此是进行各种实验最好的和最主要的阶段。在接种细胞数量适宜情况下，指数增生期持续 3 ～ 5 d 后，随细胞数量不断增多，生长空间渐趋减少，最后细胞相互接触汇合成片。细胞相互接触后，如培养的是正常细胞，细胞的相互接触能抑制细胞运动，这种现象称接触抑制（contact inhibition）。而恶性细胞则无接触抑制现象，因此接触抑制可作为区别正常与肿瘤细胞的标志之一。肿瘤细胞由于无接触抑制能继续移动和增殖，细胞向三维空间扩展，使细胞发生堆积（piled up）。细胞接触汇合成片后，虽发生接触抑制，但只要营养充分，细胞仍然能够进行增殖分裂，因此细胞数量仍在增多。但当细胞密度进一步增大、培养液中营养成分减少、代谢产物增多时，细胞因营养的枯竭和代谢物的影响，则发生密度抑制（density inhibition），导致细胞分裂停止。因此细胞接触抑制和密度抑制是两个不同的概念，不应混淆。

（3）停滞期（stagnate phase）

细胞数量达饱和密度后，细胞遂停止增殖，进入停滞期。此时细胞数量不再增加，故也称平顶（plateau）期。停滞期细胞虽不增殖，但仍有代谢活动，继而培养液中营养渐趋耗尽，代谢产物积累、pH 降低。此时需做分离培养即传代，否则细胞轻则中毒，发生形态改变，重则从底物脱落死亡，故传代应越早越好。传代过晚（已有中毒迹象）能影响下一代细胞的机能状态。在这种情况下，虽进行了传代，因细胞已受损，需要恢复，至少还要再传 1 ～ 2 代，通过换液淘汰掉死细胞和使受损轻微的细胞得以恢复后，才能再用。结果反而耽误了时间，这是在实验中应特别注意的。

整个动物细胞培养标准及过程如图 2-2 所示。

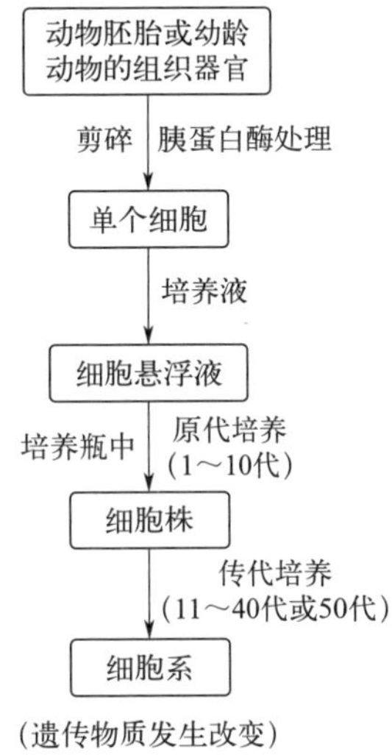

图 2-2 动物细胞培养标准及过程

2.1.3.3 动物细胞培养的基本原则

动物细胞的分离和传代是建立良好细胞系的基础，除了遵循合适温度、渗透压等常见的培养条件外还要注意动物细胞的特殊培养条件。具体内容如下。

（1）动物细胞培养的一般条件

① 温度：温度过低时细胞生长缓慢甚至不生长。利用冷冻保藏细胞可保持细胞的原有分裂分化能力。温度过高导致细胞死亡。这主要是由酶和蛋白质所需要的最适温度决定的。

② pH：过酸或过碱可导致细胞死亡。这主要与蛋白质的变性和细胞膜的结构受损有关。

③ 渗透压：细胞内外可溶于水的物质比例和种类决定细胞的膨胀与收缩程度，因为细胞膜是半透膜，只允许对自己有利的物质通过。同一物质在细胞内外的分布数量不同，当某一种极易溶于水的物质在细胞外浓度过大时，有可能导致细胞干瘪死亡，这些物质在细胞内过多时导致细胞过量吸水膨胀。

④ 营养物：营养物和水一起，又叫细胞培养液，培养液中含有细胞增殖和生长所需要的各种物质。营养物包括：N 源、C 源（这些物质与提供能量有关），无机盐、维生素、激素（这些物质与代谢调节控制有关）。

⑤ 水：水是细胞需要数量最大的物质，不同的物种、不同部位、不同生长期的细胞含水量差别相当大。水的需求量一般随同细胞培养液一起考虑。

⑥ 无菌条件：体外细胞培养仅仅是对所需的细胞进行培养，但环境中有各种其他微生物，必须对所需细胞进行无杂菌的隔离培养。无菌条件是细胞离体培养最基本的条件。

⑦ 气体：动物细胞需要不断供给氧气和排出二氧化碳。

（2）动物细胞培养的特殊条件

在所有的细胞培养中，最困难的是动物细胞培养。它所需要的特殊条件如下。

① 血清：目前用于组织培养的血清主要是牛血清，培养某些特殊细胞也用人血清、马血清等。选择用牛血清培养细胞的原因是来源充足、制备技术成熟、经过长时间的应用人们对其有比较深入的理解。牛血清对绝大多数哺乳动物细胞都是适合的，但并不排除在培养

某种细胞时使用其他动物血清更合适的情况。牛血清分为小牛血清、新牛血清、胎牛血清。胎牛血清应取自剖宫产的胎牛；新牛血清取自出生 24 h 之内的新生牛；小牛血清取自出生 10 ～ 30 d 的小牛。显然，胎牛血清是品质最高的，因为胎牛还未接触外界，血清中所含的抗体、补体等对细胞有害的成分最少。

② 支持物：大多数动物细胞有贴壁生长的习惯。离体培养常用玻璃、塑料等作为支持物。

③ 气体交换：二氧化碳和氧气的比例要在细胞培养过程中不断进行调节，不断维持所需要的气体条件，每一次开箱操作后的快速恢复对设备的要求较高，由此决定了动物细胞离体培养设备要求高、投资大。

2.1.3.4 合成生物学中动物细胞的应用

在合成生物学中最常见细胞系为 CHO（Chinese hamster ovary）细胞，CHO 是一种哺乳动物细胞系，也就是来源于中国仓鼠（*Cricetulus griseus*）卵巢的细胞。CHO 细胞具有很高的生长速率和蛋白质生产能力，是目前最为常用的生产重组蛋白的细胞系之一。CHO 细胞可以通过基因工程技术引入外源基因并表达目的蛋白，因此被广泛用于生物制药、疫苗制备、基因治疗等领域。

CHO 细胞的生物学特性使其在生产大规模重组蛋白时具有很大的优势。首先，CHO 细胞具有良好的稳定性和遗传性，因此在长时间的培养过程中，细胞很少发生变异或突变。其次，CHO 细胞能够快速生长，通常在 24 h 至 48 h 内繁殖一倍。此外，CHO 细胞能够高效地表达外源基因，并且能够进行正确的蛋白质翻译和加工，从而使得生产的蛋白质具有较高的活性和稳定性。

在生产重组蛋白的过程中，通常通过质粒转染、病毒载体介导的转染或基因编辑技术对 CHO 细胞进行基因改造，以表达目的蛋白。同时，为了提高 CHO 细胞的蛋白质生产能力，研究人员还通过对细胞培养条件的优化和基因组学等方法对 CHO 细胞进行了改进。CHO 细胞在合成生物学方面的应用非常广泛，包括基因表达调控、代谢工程、糖基化工程、信号通路调控和细胞工程等方面。

除了 CHO 细胞，还有许多其他的动物细胞系被广泛应用于合成生物学研究中。以下是一些常用的动物细胞系及其应用。

HEK293（human embryonic kidney 293）细胞：是人胚肾细胞株，被广泛应用于重组蛋白质表达和生产、病毒疫苗制备、基因治疗等方面。

BHK（baby hamster kidney）细胞：是幼仓鼠肾细胞株，用于病毒疫苗生产、基因治疗等领域。

NS0 细胞：是小鼠骨髓瘤细胞株，常用于重组蛋白质表达和生产、单克隆抗体生产等领域。

Sp2/0 细胞：是小鼠骨髓瘤细胞株，常用于单克隆抗体生产和重组蛋白质表达及生产等领域。

CHO-S 细胞：是 CHO 细胞的一个亚型，具有更高的细胞密度和蛋白质表达能力，被广泛应用于蛋白质生产领域。

2.2
细胞培养技术的方法介绍

2.2.1 微生物细胞的培养方法与常用培养基介绍

目前微生物的培养方法根据培养基的状态可以分为固体培养和液体培养，根据所培养微生物对氧气的需求不同，厌氧菌和好氧菌的培养方式又存在进一步的差别。

2.2.1.1 好氧菌的固体培养

主要用到试管斜面、培养皿琼脂平板以及较大型的克氏扁瓶、茄子瓶等进行平板培养。

2.2.1.2 厌氧菌的固体培养

厌氧菌除了需要特殊的培养装置或器皿外，首先应配制特殊的培养基，除了保证 6 种营养要素外，还要加入适当的还原剂以及刃天青等氧化还原电势指示剂，具体培养方法如下。

（1）高层琼脂柱法

把含有还原剂的固体或半固体培养基装入试管，灭菌后除表层残留部分溶解氧外，深层的氧化还原电势较低有利于厌氧菌生长，可以用于厌氧菌的稀释、分离以及计数。

（2）厌氧培养皿法

有的利用特制皿盖创造狭窄空间，再配合还原性培养基的使用达到厌氧的目的，如 Brewer 皿；有的利用特制皿底（有两个相互隔开的空间），其中一个放入焦性没食子酸，另一个放入氢氧化钠溶液，待在皿盖的平板上接入厌氧菌后，密闭摇动，两种试剂接触后发生反应，形成无氧环境，例如 Bray 皿（图 2-3）。

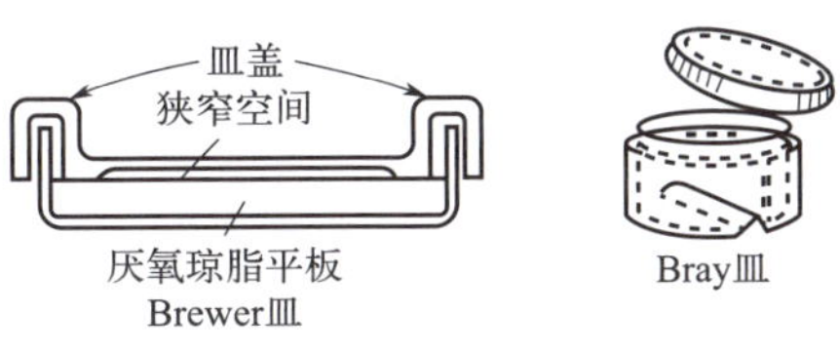

图 2-3 常用的厌氧培养皿

（3）亨盖特滚管法（Hungate roll-tube technique）

此方法由美国微生物学家 R. E. Hungate 于 1950 年设计发明，其主要原理是利用除氧铜柱（玻璃柱内有密集铜丝，加热至 350 ℃，可使通过的不纯氮气中的氧与铜发生反应而去除）来制备高纯氮，再利用高纯氮去除培养基配制、分装过程中容器和小环境中的空气，使得整个培养基在配制、分装、灭菌和储存以及菌种接种、稀释、培养等操作过程中全程处于高度无氧条件，从而保证各类厌氧菌的存活。用严格厌氧法配制的培养基被称为预还原无氧灭菌培养基（PRAS 培养基）。在进行产甲烷菌等严格厌氧菌的分离时，可先用该法将菌液稀释，并用注射器接种到装有融化的PRAS琼脂培养基的试管中，该试管用丁基橡胶塞塞住后平放，置于冰浴中滚动，使得含菌培养基布满试管表面。该技术的优点是试管内壁上的琼脂层有很大的表面积可供厌氧菌长出单菌落，但管口的面积和试管腔体积小，有利于避免与氧的接触（图 2-4）。

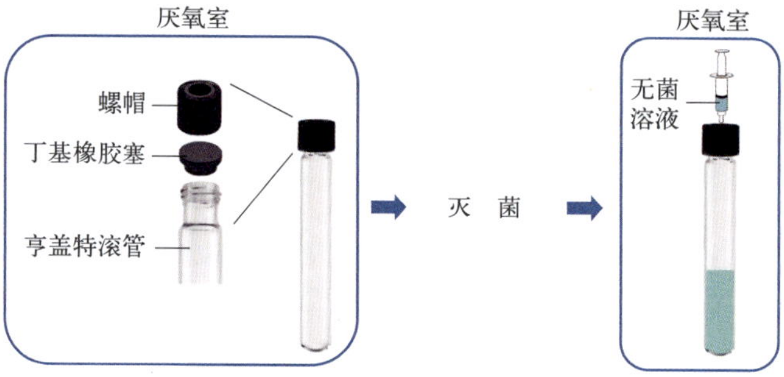

图 2-4　亨盖特滚管法示意图

（4）厌氧罐培养法

这是一种经常使用的厌氧菌培养技术。厌氧罐的类型和大小多样，一般都有一个用聚碳酸酯制成的圆柱形透明罐体（内部可以放 10 个常规培养皿），其上有一个可用螺旋夹紧密夹牢的罐盖，盖内的中央有一个用不锈钢丝织成的催化剂室（内部放有钯催化剂），罐内还放有一种含有亚甲基蓝溶液的氧化还原指示剂。使用时，先装入接种后的培养皿或试管菌样，然后密闭罐盖，接着可采用抽气换气法彻底驱除罐内原有空气。一般操作包括：抽真空、灌入氮气、抽真空、灌入氮气、抽真空、灌入混合气（氮气∶二氧化碳∶氢气，体积比为 80∶10∶10），最后，罐内少量剩余氧气又在钯催化剂的作用下，与罐内的混合气中氢气还原成水而去除，从而形成良好的无氧状态，这时亚甲基蓝指示剂从蓝色变为无色。目前已有商品化的内源性产气袋（GasPak）来取代上述烦琐的抽气换气法，只要把这种产气袋剪去一角并注入适量水后投入厌氧罐，立即封闭，就会自动缓慢释放出足够的二氧化碳和氢气。

（5）厌氧手套箱法

厌氧手套箱是一种用于无氧操作和培养严格厌氧菌的箱形密闭装置，箱体结构严密、不透气，其内部始终充满混合惰性气体（氮气、二氧化碳和氢气），并有钯催化剂保证箱内处于高度无氧状态，通过橡胶手套对箱内进行操作，此外箱内还设有接种装置和恒温培养箱，以随时进行厌氧菌的接种和培养，外界物品进出箱体可通过密闭和有抽气换气装置的交换室进行。

2.2.1.3 好氧菌的液体培养

由于大多数微生物是好氧菌，且一般只能利用溶于水中的氧气，所以保持培养液中有较高的溶解氧尤为重要。必须设法增加培养液与氧的接触面积或提高氧分压来加快溶解氧速率，比如通过在摇床上进行摇瓶培养，或者在深层液体底部通入压缩空气等。好氧菌的液体培养具体如下。

（1）微孔板液体培养

这是一种常见的高通量培养方法，利用不同规格的微孔板进行培养（依据孔的尺寸，可盛放的液体样品体积从数十纳升至数毫升），可以对微生物细胞的生理状态进行评测。聚苯乙烯是最常见的材质，可以用于大多数光学检测。通过添加二氧化钛做成白色，可以进行光吸收或化学发光检测，也可以添加炭黑做成黑色，用于荧光检测。微孔板培养方式可以与自动化检测系统匹配组合，开发成微生物生长曲线自动分析仪，对微生物的生长状态进行实时定量检测，但过小的反应体系导致氧的传质受限，较常用于酵母菌等兼性厌氧微生物的高通量培养（Warringer et al，2003）。对于好氧微生物来说需要选择较大单孔体积的微孔板进行检测，例如，研究人员通过培养基的设计优化、菌株改造优化（纤维素酶合成基因的敲除）等，开发出了适合好氧微生物甲基杆菌的微孔板液体培养方法，可以用 48 孔板对菌株的生长情况进行实时评测，平行性得到了较大提高（Delaney et al，2013）。

（2）试管液体培养

通气效果不理想，较适合用于初始种子液的培养或兼性厌氧菌的培养。

（3）摇瓶培养

又称振荡培养，将装有培养基的锥形瓶瓶口用纱布包扎，以利于通气和防止杂菌污染，减少瓶内的装液量，在往复或旋转摇床上有节奏振荡，以提高溶解氧含量，目前广泛用于菌种筛选、生理生化、发酵等多领域的研究。

（4）通气搅拌发酵罐

目前广泛应用于饮料、化工、乳品、佐料、酿酒、制药等行业。罐体主要用来培养发酵各种菌体，密封性要好（防止菌体被污染），罐体中有搅拌桨，用于发酵过程中不停搅拌；底部有通气管，用来通入菌体生长所需要的空气或氧气，罐体的顶盘上有控制传感器，最常用的有 pH 电极和 DO 电极，用来监测发酵过程中发酵液 pH 和 DO（溶解氧）的变化。尾气分析仪可以对微生物发酵的尾气成分进行分析，实时计算出氧转移速率（OTR），控制器用来显示和控制发酵条件。通气搅拌发酵罐可以对整个发酵过程进行实时监测和调控，通过营养物质的不断流加，避免出现底物限制和高浓度底物抑制，使微生物处于适宜生长状态，易获得较高的产量和产率。例如，甲基杆菌利用通气搅拌发酵罐进行批次补料培养，对甲醇添加进行精确控制（可精确到 0.01 g/L），并根据 OTR 的检测进行微量金属元素的适时添加，获得了较高的生物量及单细胞蛋白（生物量干重大于 100 g/L）和 PHB（聚 β-羟基丁酸酯）产量（占干重 40% 以上）（Bourque et al，1995）；对一些嗜甲烷甲基营养菌（如 *Methylomicrobium buryatense*）由于其甲烷氧化过程中需要大量氧气，且甲烷和氧在水中的溶解度均较低，需要通过较高的转速在持续搅拌反应器（CSTR）中进行培养，研究人员利用这种培养方法对 *M. buryatense* 5GB1 进行发酵，实现了甲烷向生物质和油脂的高效转化（Fei et al，2018）；为了进一步提高甲烷的利用效率，研究人员通过开发新型的 U-loop 型反应器加大了气体在发酵液中的保留时间以及利用率，实现了甲烷蛋白的商业化生产（图 2-5）。

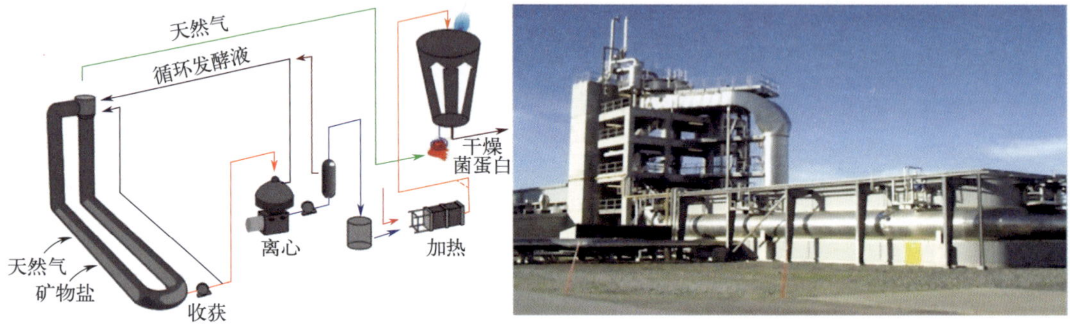

图 2-5　U-loop 型反应器及商业化装置（Olsen et al，2010）

2.2.1.4　厌氧菌的液体培养

在进行厌氧菌的液体培养时，如果放入厌氧手套箱中进行培养不需要提供额外的培养措施，如果单独放入有氧环境下培养，需要在培养基中加入巯基乙醇、半胱氨酸、维生素 C 或庖肉等有机还原剂，或者加入铁丝等能显著降低氧化还原电势的无机还原剂，在此基础上，再用深层培养或在液面上封一层石蜡油，保证培养基的氧化还原电势适合厌氧菌的生长。

虽然我们根据微生物对氧气需求的不同将微生物分成了好氧菌和厌氧菌，并给予不同的培养模式。但某些微生物存在灵活的代谢途径，既可以在有氧和有机物存在的环境里进行异养生长，又可以在有光缺氧的条件下进行自养生长，例如，紫色非硫菌沼泽红假单胞菌（*Rhodopseudomonas palustris*）就属于此类微生物，依靠其灵活的代谢途径，在生物技术领域有着广泛的应用，如用于生物制氢、生物燃料电池、环境污染物的生物降解等（Li et al，2022）。

19 世纪末，德国科学家科赫成功制备了固体培养基，从此微生物的分离和培养成为了可能。培养基含有多种营养物质，其主要成分有碳源、氮源、无机盐、微量元素和生长因子，其中常用碳源物质有葡萄糖、蔗糖、乳糖、淀粉等，常用的氮源物质有蛋白胨、玉米粉、酵母粉、尿素和氨水等，常用无机盐物质有硫酸铵、硫酸镁、硫酸铁、氯化钠、磷酸氢二钠、磷酸氢二钾等，常用的微量元素包括铁、锌、铜等金属元素，常用生长因子有维生素、嘌呤和嘧啶等。在微生物实验室培养过程中，常用牛肉膏蛋白胨培养基培养细菌，用高氏 I 号合成培养基培养放线菌，培养酵母菌一般用麦芽汁培养基，培养霉菌则一般用察氏合成培养基。

不同的微生物所需营养不同，培养基成分也大不相同，但培养基的选择要根据以下原则进行：首先，营养成分要满足微生物的生长需求，不同类型的微生物对营养成分的需求不同，应根据微生物对营养物质的代谢能力进行选择，例如，大肠杆菌可以利用葡萄糖、乳糖、木糖等多种碳源，而甲烷氧化菌只能在仅以甲烷或甲醇为碳源的培养基上生长，但在含牛肉膏蛋白胨等的复杂培养基上却不能生长。其次，营养成分的含量及物质配比要适当，如果营养物质含量太少，则无法满足微生物生长需要，含量太多反而会抑制微生物的繁殖，例如，甲基杆菌 AM1 培养基常用的甲醇浓度低于 0.5%，随着甲醇浓度的升高菌体生长将会受到影响，甲醇含量超过 6% 菌体生长将受到严重抑制，钠、钾、镁、磷等生长必需的大量元素和微量元素含量过高也不利于甲基杆菌的生长（Kim et al，2003）。在进行培养基成分设计时，同时要考虑各营养成分之间的相互作用，例如，蛋白胨和酵母粉在有磷酸盐成分和高温条件下，会与培养基中的钙离子或镁离子发生反应形成沉淀，需要分别灭菌后再配制。最后，在选择规模化生产用的培养基时，要尽可能选择价格便宜的原料，例如用糖蜜取代蔗糖，以红薯粉代替淀粉，以工业级无机盐代替试剂级原料，在保证微生物正常生长的前提下降低培养成本，提高效益。

2.2.2 植物细胞的培养方法与常用培养基介绍

为了进一步促进植物细胞培养过程中次生代谢产物的合成，在植物悬浮细胞培养的基础上进一步开发了多种植物细胞培养方法，包括两步培养法、固定化培养法、两相培养法、毛状根培养法以及冠瘿培养法等。

（1）两步培养法

两步培养法是根据植物细胞生长及代谢的需求，调整培养基组分和培养条件，使生长和代谢均能在最适的条件下进行，更好地解决了植物细胞生物量增长与次生代谢产物积累之间的矛盾，从而大大提高目的产物的合成效率。例如，在新疆紫草细胞两步培养过程中，第一步培养利用生长培养基使细胞干重迅速增加，第二步培养切换成 M9 培养基，细胞生长速率明显减慢，但细胞内色素含量积累显著提高 10 倍以上，通过两步培养法显著提高了胞内色素的合成效率。

（2）固定化培养法

植物细胞固定化培养是将植物细胞包裹于一些多糖（如海藻酸、琼脂等）或其他多聚化合物（如聚氨基甲酸乙酯、中空纤维等）中进行培养并生产有用代谢产物的技术，通过固定化培养提高了代谢产物的合成效率、延长反应时间以及增加产物生产的稳定性。在 M9 培养基中利用固定化培养法对硬紫草细胞进行培养，可以在 80 天的培养周期内不断合成色素，而悬浮细胞培养则在 40 天培养周期内细胞就基本解体，不再产生色素。

（3）两相培养法

两相培养法是指在植物细胞培养体系中加入水溶性或脂溶性的有机化合物，或者具有吸附作用的多聚化合物，使得培养体系由于分配系数不同形成上下两相，细胞在其中一相中生长并合成代谢产物，这些产物通过主动或被动运输方式释放到胞外，被另一相所吸附，通过产物的不断释放与回收，大大减少了产物积累在胞内形成的反馈抑制，从而有利于提高产物含量，实现植物细胞的连续培养，降低了生产以及下游回收成本。例如，孔雀草细胞在合成噻吩过程中，如果利用两相培养法，在培养体系中添加正十六烷，可以促使 30% ～ 70% 的噻吩从胞内分泌出来，而对照组只有 1% 左右可以分泌到培养基中。

（4）毛状根培养法

毛状根是双子叶植物的器官受到发根农杆菌感染后所产生的病态组织，感染过程中发根农杆菌的 Ti 质粒上的 T-DNA 转移并整合到植物基因组中，具有增殖速度快、代谢产物含量高、合成稳定等特点。发状根在不添加外源激素和暗培养的情况下，不仅生长迅速分枝多，次生代谢产物含量一般远高于悬浮培养的细胞，且含量稳定、易产生新颖化合物、易于分离和获得再生植株，该培养方法兴起于 20 世纪 80 年代，目前被普遍认为是获取次生代谢产物优良的原材料。

（5）冠瘿培养法

冠瘿培养法是利用根癌农杆菌感染植物产生冠瘿瘤，然后进行细胞培养的技术。冠瘿瘤具有植物激素非依赖性生长能力、冠瘿碱合成能力，其遗传性状稳定、生长迅速；冠瘿组织离体培养时也具有激素自主性、增殖速率较常规细胞培养快等特点，其次生代谢产物合成能力与稳定性较强，该技术在次生代谢产物的生产中也有着良好的开发前景。

植物细胞培养基成分主要包括基础培养基组分、植物生长物质、前体物质和诱导子，在建立或优化植物悬浮细胞培养体系时，主要就其中的植物生长物质和诱导子的种类和浓度进行优化，而常见的基础培养基种类包括 MS、White、B5 和 N6 培养基等，其中 MS 培养基是目前应用最为广泛的一种培养基，其特点是无机盐浓度较高，具有高含量的氮（铵盐和硝酸盐）和钾，能够满足植物细胞迅速增殖对营养元素的需求，有加速愈伤组织生长的作用，但不适合生长缓慢或对无机盐浓度要求较低的植物，尤其是对高浓度铵盐不耐受的植物；与 MS 培养基不同，White 培养基是一个低盐培养基，其使用比较广泛，对生根培养及一般植物组织培养都有很好的效果；B5 培养基的主要特点是含有较低浓度的铵盐，而硝酸盐和盐酸硫胺素含量较高，比较适合某些双子叶植物特别是木本植物细胞的培养；N6 培养基是由我国学者朱至清等人为水稻等禾谷类植物花药培养而设计的一类培养基，其特点是硝酸钾和硫酸铵含量高，不含有钼盐，目前广泛用于小麦、水稻等植物的花粉培养。培养基组分是影响细胞生长和次生代谢物产生最直接最重要的因素，其中的碳源、氮源、生长调节剂不仅是植物细胞生长以及营养物质合成的物质基础，有些组分还能够促进次生代谢产物的积累。以碳源为例，有研究发现不同种类的碳源对悬浮细胞合成迷迭香次生代谢产物影响显著，葡萄糖和蔗糖培养下产量显著高于麦芽糖培养下上百倍。以氮源为例，硝态氮和铵态氮的比例也会影响某些次生代谢产物的积累，例如铵态氮的比例较小时更有利于人参皂苷的合成。

2.2.3 动物细胞的培养方法与常用培养基介绍

动物细胞培养分为从组织分离出来的细胞原代培养和稳定细胞系传代培养两种。

（1）原代细胞培养

组织块的分离方法：非酶消化法和酶消化法。非酶消化法包括直接分离法（可分为机械法和 EDTA 螯合法）和组织块培养法。酶消化法包括胰酶消化和胶原酶消化法。直接分离法得到的细胞较酶法少，但可满足一般实验的要求，优点是操作流程短，不需要复杂的仪器和昂贵的胶原酶（吴喜贵等，1996）。组织块培养法多用于新生动物或动物胚胎的肝细胞培养（张蒙等，2002）。胰酶消化法具有分离效果好、操作简单和酶的价格便宜的特点，但未被广泛应用，因为胰酶消化的条件很难掌握（罗树宏等 , 1994）。改良的柠檬酸钠-胰酶消化 BHK21 细胞连续传代超过百代，细胞形态一致，活力良好。将柠檬酸钠-胰酶用于牛、羊睾丸细胞以及地鼠肾和鸡胚细胞等原代细胞的制备都取得了良好的结果。胶原酶消化法具有分离效果好、细胞产量高、即时存活率高、对细胞损伤小、维持细胞特异性功能的时间长等优点。单层细胞培养：将取下的组织块无菌剪切，或用机械法分散后，用 0.25% 胰酶消化，使细胞分离，再用无菌 Hanks 液或 0.85%NaCl 溶液洗涤后，置培养皿或培养瓶中培养。悬浮培养：悬浮培养的细胞多取材于血液或体腔液，一般采用离心法分离细胞，低速 500 ～ 1000 r/min 离心 5 ～ 10 min 即可。培养时只要取适当浓度的细胞悬液接种于完全培养液中，细胞就能增殖。

（2）传代细胞培养

细胞在原代培养 1 ～ 4 周后，需要进行分离培养，否则细胞会因生存空间不足或由于细胞密度过大引起营养枯竭，影响细胞的生长繁殖（罗德生等，1995）。贴壁型细胞的传代：传代时需要用胰酶将细胞消化，使其从支持物上脱落，或用 0.02%EDTA 溶液与 0.25% 胰酶液按体积比 1∶1 或 1∶2 混合联合使用过滤除菌后，小量分装，保存于 20 ℃。消化时吸去培养瓶内的培养液，加入适量的 EDTA 溶液与胰酶液的混合液，以能覆盖细胞层为度，将培养瓶平放，37 ℃作用 3 ～ 5 min，加入 Hanks 液，1000 r/min 离心 5 min 即可除去消化液，洗 1 ～ 2 次后加入完全培养液，计数，置培养皿或培养瓶中培养（石凯等，2002；唐孟萱等，2005；张莉萍等，2004）。悬浮型细胞的传代：传代时用吸管将细胞吹打均匀，特别是一些成团生长的细胞，应将细胞团块打散。根据细胞生长状况的不同，用吸管将细胞悬液吸去适当的量，然后再加入完全培养液至原体积。

根据实验要求培养基可以分为添加血清培养基和无血清培养基两种。

（1）牛血清培养基

牛血清培养基是细胞培养中用量最大的天然培养基，含有丰富的细胞生长必需的营养成分，具有极为重要的功能。其对细胞生长所提供的支持有：提供维持细胞指数生长的激素，基础培养基中没有或量很少的营养物，以及主要的低分子营养物；提供结合蛋白，能识别维生素、脂类、金属和其他激素等，能结合或调控它们所结合的物质活力；有些情况下结合蛋白能与有毒金属和热原质结合，起到解毒作用；是细胞贴壁、铺展在塑料培养基质上所需因子来源；起酸碱度缓冲液作用；提供蛋白酶抑制剂，在细胞传代时使剩余胰蛋白酶失活，保护细胞不受伤害。

牛血清是一种复杂的混合物，其组成成分虽大部分已为人所知，但还有一部分尚不清楚，而且血清组成及含量常随供血动物的性别、年龄、生理条件和营养条件不同而异。其成分主要有：①蛋白质，包括促进细胞贴壁的纤维粘连蛋白、激素类蛋白、白蛋白、球蛋白、

α2 巨球蛋白等；②多肽，包括促细胞增殖的血小板促生长因子、表皮细胞生长因子、神经细胞生长因子等；③激素，如胰岛素、类胰岛素生长因子、促生长激素、氢化可的松等。这些成分均起到天然的促进细胞附着增殖的作用。

（2）无血清培养基

血清的主要作用在于向细胞提供生长增殖所需的激素、生长因子和其他营养物质，但每个批次的血清之间存在批次间差异，且血清价格昂贵，容易被病毒和支原体污染，此外血清中大量成分复杂的蛋白质给疫苗、细胞因子和单克隆抗体等细胞产品的分离纯化带来很大的困难。基于这些不利因素，无血清培养基被研发出来，替代血清中各成分在细胞培养中的作用。无血清培养可完全采用已知分子结构或构型组分的蛋白质，甚至完全不采用蛋白质组分，因此被广泛应用于细胞工程领域。在细胞工程中用于生产疫苗、单克隆抗体和生物活性蛋白等生物制品是无血清培养基最重要同时也是最有发展前途的应用。这是因为一方面无血清培养基的成分相对明确、质量一致且蛋白质含量低，因而有利于提高细胞产品生产的稳定性并使细胞产品易于纯化；更为重要的一方面是可以通过对无血清培养基成分的优化，使不同的细胞能各自在最有利于其生长或最有利于表达目的产物的环境中持续高密度培养。在含血清的合成培养基中，往往不能较长时间维持细胞高密度培养（> 10^7 个 /mL），而需定期减少细胞的培养密度。同时衰老死亡的细胞可把细胞内的蛋白酶释放到培养基中，导致蛋白质类目的产物的降解。这对蛋白质类生物制品的生产是极为不利的。而无血清培养基可通过延长细胞的 G1 期或迫使细胞处于 G0 期而较长时间维持细胞高密度培养，从而尽可能地生产目的产物。表 2-3 列出了部分已用无血清培养基进行生产的生物制品。

表2-3 部分已用无血清培养基进行生产的生物制品

生物制品	细胞系	培养方式
EPO（促红细胞生成素）	CHO	贴壁培养
HBsAg（乙型肝炎表面抗原）	CHO	贴壁培养
IFN-β（干扰素 β）	CHO	贴壁培养
MAb（单克隆抗体）	骨髓瘤	悬浮培养
tPA（组织型纤溶酶原激活剂）	骨髓瘤	悬浮培养
IFN-γ（干扰素 γ）	CHO	悬浮培养
hGH（人生长激素）	CHO	贴壁培养
β-GAL（*β*-半乳糖苷酶）	Sf9	悬浮培养

目前有相当多的研究都是针对 CHO 工程细胞株无血清培养基的优化，以获得高表达量的目的蛋白。Sung 等（2004）对产血小板刺激因子的 CHO 工程细胞株进行无血清悬浮培养时，向无血清培养基中添加了酵母水解物，结果发现添加量为 5 g/L 时血小板刺激因子的产量达到了 40.41 μg/mL，是未添加酵母水解物时的 11.5 倍。

CHO 细胞是合成生物学研究和工业应用中最重要的细胞之一。下面是 CHO 细胞在工业合成生物学中的常用培养条件。

培养基：CHO 细胞的常用培养基包括 DMEM/F12、Ham's F-12、RPMI-1640 等，通常添加 10%（体积分数）胎牛血清（FBS）作为细胞生长和代谢所需的营养物质来源。此外，培养基还应添加必要的氨基酸、维生素、糖、盐和缓冲剂等成分。

pH 值：CHO 细胞培养的最适 pH 范围为 7.0 ～ 7.4。pH 值不合适会影响细胞生长和代谢，因此需要定期检查和调整培养基的 pH 值。

温度和湿度：CHO 细胞生长的最适温度范围为 37 ℃。细胞的生长和代谢需要适当的湿度，培养室应保持 60% ～ 80% 的湿度。

CO_2 浓度：CHO 细胞需要适当的 CO_2 浓度来维持细胞培养环境。通常使用 5% 的 CO_2 浓度来维持培养环境。

细胞密度：CHO 细胞需要在适当的细胞密度下培养才能保持最佳生长状态。通常细胞密度控制在 2×10^6 ～ 8×10^6 个 /mL 之间。

补充剂：为了提高 CHO 细胞的生长和表达效率，常在培养基中添加一些补充剂，如抗生素、谷胱甘肽、钙离子等。

搅拌速度：CHO 细胞的培养需要适当的搅拌速度来保持培养基中的营养物质均匀分布，一般搅拌速度控制在 50 ～ 150 r/min 之间。

2.3 细胞培养过程中的常见问题及应对措施

2.3.1 微生物细胞培养过程中的常见问题及应对措施

2.3.1.1 噬菌体感染问题及应对措施

以细菌培养为基础的生物技术在蓬勃发展的同时不断受到噬菌体感染的威胁，噬菌体感染也成为微生物发酵过程中的顽疾。从 1935 年发现至今该问题仍然没有有效解决的策略，感染后的菌体大量死亡，发酵长时间停滞甚至彻底失败，更糟糕的是，一旦发生感染就会在工厂中迅速爆发扩散，不仅要对所有设备进行彻底消毒，还要对菌种进行重新选育，往往导致工厂长时间停产甚至关闭。微生物发酵尤其是大宗化学品的发酵每一批次的规模都高达成百上千立方米，每次感染倒罐都给发酵企业带来巨大经济损失。

噬菌体的以下几个特点决定了细菌培养过程发生噬菌体感染的普遍性和顽固性：首先，噬菌体在自然界中存在着极高的丰度和多样性，其数量比细菌高 10 倍以上（Paez-Espino et al, 2016）；此外，除了以游离态存在于环境的外源噬菌体外，细菌染色体上还存在着内源性噬菌体，这也是常见的感染形式；噬菌体体积小，可以顺利通过一般的膜过滤系统，易于扩散；噬菌体具有较快的增殖速度，一次感染可以繁殖几十甚至几百个子代噬菌体（Delbrück, 1945），能够通过突变或重组快速适应多种不利因素；而且在漫长的自然进化过程中，噬菌体已经形成了针对细菌抗性系统的逃逸机制（Samson et al, 2013）。

为了避免噬菌体感染给细菌培养和发酵过程造成损失，人们目前从控制感染源、菌株轮换以及基因工程等方面阻止噬菌体的增殖或避免感染的出现。

感染源的控制是预防噬菌体感染的关键。为了控制噬菌体的来源，首先要保证环境的清洁，最好选在实验菌种丰度较低的环境进行培养或生产，并对所有培养及发酵相关的设备和管路进行灭菌处理，尤其要注意空气系统的灭菌处理，因为噬菌体体积小，常用的膜过滤系统不能有效去除空气中的噬菌体。另外，要建立噬菌体的日常检查制度，及时发现感染，避免大规模爆发。

菌株轮换也是工业上避免发生噬菌体爆发的常用策略。通过不同噬菌体敏感类型菌株的轮换使用，降低噬菌体感染和爆发的风险。但该策略随机性很大，存在一定的盲目性，选育的抗噬菌体菌株生产能力可能降低或丢失，而且噬菌体在进化过程中容易通过变异导致对抗性菌出现耐受。

随着分子生物学技术的发展，人们可以利用基因工程的策略在噬菌体感染的各个阶段采取相应的方法阻止噬菌体的增殖（Sturino et al, 2006），通过对宿主菌噬菌体受体的修饰可以阻断吸附过程，也可以通过人工表达一些超感染排斥蛋白来阻止噬菌体 DNA 的注入，还可以通过人工构建的流产感染系统阻断噬菌体的增殖。例如，在嗜热链球菌中，利用高拷贝质粒表达超感染排斥蛋白 ORF203 可以使菌株对噬菌体的抗性水平显著增强（Bruttin et al, 2002）；在乳酸链球菌中通过表达一个自杀性的流产感染系统，可以显著提高菌株对噬菌体抗性，噬菌体侵染使该系统得到激活，从而使噬菌体感染失败（Djordjevic et al, 1997）。以上策略基于对噬菌体和宿主的相互作用关系有深入的认识，但噬菌体仍然可以通过其基因组的快速突变适应这些抗性系统，给传统的噬菌体抗性菌株构建带来巨大困难。

在自然界中，噬菌体与宿主总是共同存在和进化的，两者之间存在复杂的抗性和逃逸机制，深入理解噬菌体与宿主之间的相互作用关系是解决噬菌体污染这一问题的关键。合成生物学技术的不断发展，极大地促进了我们对噬菌体的理解和防御，由于噬菌体的繁殖依赖于宿主的蛋白质合成系统，一旦宿主的密码子和噬菌体不匹配，将能成功阻断噬菌体的增殖。已有研究发现将大肠杆菌的所有终止密码子 UAG 替换成 UAA 可以显著增强宿主对 T7 噬菌体的抗性，如果更大范围地改变宿主的密码子或许能从根本上避免噬菌体的感染（Ostrov et al，2016）。

2.3.1.2 杂菌污染的问题及应对措施

大规模的微生物工业发酵多为纯种培养方式，要求在没有杂菌污染的条件下进行。自从纯种培养以来，发酵产率有了很大的提高。但发酵生产过程所涉及的操作较多，不可避免地与外界接触，从而给发酵污染杂菌带来很大可能性。染菌现象一旦发生，需要尽快找出染菌的原因，并采取有效措施及时处理，使染菌造成的经济损失降到最低限度。

发酵过程污染杂菌往往造成培养参数异常的现象，包括 pH、温度、溶解氧、排气中的

CO_2 含量、泡沫、发酵液颜色、气味以及菌体形态等方面的异常。当发酵中大量感染杂菌时，由于菌体浓度增大，表现为OD值比正常情况高，营养成分消耗速率加快；发热量较大，表现为温度升高；如果杂菌是好氧微生物，培养液中的溶解氧下降较快；若杂菌是产酸微生物，pH出现明显下降趋势，有时还会出现发酵液泡沫增多、颜色改变、气味异常的现象，通过显微镜观察会发现杂菌的存在。在发酵过程中及早发现杂菌的污染并及时采取控制措施，是避免造成严重损失的重要手段，目前常用的方法有：显微镜镜检法、平板划线培养法或斜面培养检查法、肉汤培养检查法等。采用培养检查法检查杂菌一般需要 8 ～ 16 h 才能进行判断，有时为了缩短时间，可以向检查培养基中加入赤霉素、对氨基苯甲酸等生长激素以促进杂菌的生长。在杂菌检查中，如果采用肉汤培养检查法，肉汤连续三次发生变色反应（由红色变为黄色）或产生浑浊，可以判断为杂菌污染。如果肉汤培养反应不够明显，需要结合显微镜检查法或平板划线培养法进行进一步确认。其中，显微镜检查法是最为简单、省时、直接的检查方法，用革兰氏染色法对样品进行涂片、染色，然后在显微镜下观察微生物的形态特征，根据生产菌与杂菌的特征进行区别，可以判断是否发生染菌。在染菌初期，要从显微镜中发现杂菌是比较困难的，必要时还要进行芽孢染色或鞭毛染色，再进行检查，若能从视野中发现杂菌，表明染菌程度已经非常严重了。

如果出现发酵染菌的问题，必须找出染菌的原因，以便进行必要的检查和改正措施，防止后续继续出现染菌的问题。造成染菌的原因较多，主要包括发酵罐及其附属设备渗漏、空气过滤器失效、种子带菌、设备与培养基灭菌不彻底、技术管理不完善、环境条件差等原因，表 2-4 是日本工业技术院发酵研究所对抗生素发酵染菌原因进行的统计分析。为了缩短染菌原因的分析时间，根据生产实践的经验总结，可以从以下几个方面入手进行染菌原因分析：①从染菌类型分析，如果污染的杂菌是耐热芽孢杆菌，很有可能是培养基或设备灭菌不彻底、存在设备灭菌死角所致；若污染的杂菌是球菌、无芽孢杆菌等不耐热杂菌，有可能是由于种子带菌、空气过滤系统失效等原因。②从染菌时间分析，如果是发酵前期染菌，可能是培养基灭菌不彻底或种子罐带菌，或是接种管道灭菌不彻底造成。如果发酵中后期染菌，应重点分析冷却盘管是否渗漏、空气过滤系统是否失效，以及补料系统是否携带杂菌等。③从染菌规模进行分析，如果多数发酵罐染菌，杂菌主要来源于公共系统，应重点检查空气过滤系统是否失效、连消系统是否渗漏，同时也要注意种子罐、接种管道以及补料系统；如果是个别发酵罐连续染菌，应重点检查单个发酵罐及其附属设备，例如，发酵罐的冷却盘管、阀门等设备是否渗漏，空气过滤器是否失效，接种、连续灭菌系统以及补料的分管道是否渗漏等。

表2-4　日本工业技术院发酵研究所对抗生素发酵染菌原因的分析

染菌原因	染菌概率 /%	染菌原因	染菌概率 /%
外界带入杂菌	8.2	种子带菌	0.6
设备穿孔	7.6	违规操作	1.6
空气过滤系统失效	26	蒸汽量不足	0.6
接种操作	11	管理问题	7.1
停电罐压迅速下降	1.6	不明原因	35

发酵过程一旦染菌，应根据污染微生物的种类、染菌时间以及杂菌的危害程度进行挽救或处理。①种子培养期染菌的处理。一旦发生种子受到杂菌污染，该种子不能再接入发酵罐中进行发酵，应灭菌后弃之，并对种子罐、管道进行仔细检查和彻底灭菌。同时采用备用种子，选择生长正常无染菌的种子接入发酵罐。如无备用种子，可以选择具有适当菌龄的发酵罐内的发酵液作为种子，接入新鲜的培养基中进行发酵，以保证生产的正常进行。②发酵前期染菌的处理。当发酵前期发生染菌，培养基中的碳、氮源含量还比较高时，终止发酵，将培养基加热至规定温度，重新灭菌处理后再接入种子进行发酵。如果此时染菌已造成较大危害，培养基中营养消耗量较多，则可放掉部分料液，补充新鲜的培养基，重新进行灭菌处理后，再接入种子进行发酵。也可采取降温培养、调节 pH、调整补料量、补加培养基等处理措施。③发酵中后期染菌处理。发酵中后期或发酵前期轻微染菌而发现较晚时，可以加入适当的杀菌剂或抗生素以及正常的发酵液，以抑制杂菌的生长，也可以采取降低培养温度、减少通气量、停止搅拌、少量补糖等措施。如果发酵过程的产品已达一定水平，只要明确是染菌也可以放罐。对于没有提取价值的发酵罐，废弃前应加热到 120 ℃以上、保持 30 min 后才能排放。染菌后的发酵罐在重新使用前，必须在放罐后进行彻底清洗，空罐加热灭菌后才能使用，也可以采用甲醛熏蒸或甲醛溶液浸泡 12 h 以上等方法进行处理。

2.3.1.3 起泡的问题及应对措施

在大多数微生物培养或发酵过程中，由于培养基中含有蛋白质类表面活性剂，在剧烈搅拌以及通气条件下，培养基中就形成了泡沫。泡沫是气体分散在少量液体中形成的胶体体系，气液之间被一层液膜隔开，彼此不连通。发酵过程产生泡沫的多少一方面与搅拌、通风有关；另一方面与培养基成分和性质有关。如蛋白胨、玉米浆、酵母粉等蛋白质原料是主要的发泡剂，糊精含量过多也会引起泡沫的形成。发酵过程中产生少量的泡沫是正常现象，但起泡过多会带来许多不利因素，如发酵罐的装料系数减小、氧传递系数减小等，剧烈起泡会造成大量逃液而增加染菌机会，严重时会阻碍通气搅拌，阻遏菌体呼吸，从而导致代谢异常或菌体自溶。所以，控制泡沫是保证发酵正常的基本条件。

泡沫的控制可以采用以下途径：首先可以通过调整培养基中的成分，如少加或缓加易起泡的原材料，通过改变培养过程中的某些物理化学参数（如 pH 值、温度、通气或搅拌转速等），或者通过改变发酵工艺（如采用分批投料）来进行控制，可以减少泡沫形成的机会。对于已形成的泡沫，可以采用机械消泡或消泡剂消泡的方式进行控制。还可以通过菌种选育的方法，筛选出不产生流态泡沫的菌种，从源头上对泡沫的产生进行控制，例如通过杂交的方法选出不产生泡沫的土霉素生产菌株。

2.3.2 植物细胞培养过程中的常见问题及应对措施

大规模植物细胞悬浮培养过程中除了存在与其他细胞发酵过程类似的污染和发泡问题

外，还存在植物细胞特有的褐化问题以及培养过程中的遗传变异或细胞分化的问题。

2.3.2.1 植物细胞褐化问题及应对措施

褐化是植物细胞培养过程中一种常见的现象，主要表现为植物细胞在生长或组织培育过程中产生了褐色的物质，从而影响了细胞或组织的生长，进一步导致死亡。褐化问题在植物细胞培养领域非常普遍，许多植物种类的细胞培养在应用或研究过程中都存在褐化的现象，例如，葡萄细胞、烟草细胞、高粱细胞、红豆杉细胞、甘草细胞、长春花细胞等。而且从愈伤组织诱导、继代培养、悬浮体系建立、摇瓶培养、小试反应器培养到大规模发酵培养的整个植物细胞放大培养过程中，褐化问题都普遍存在，最终会导致生物量降低和产物产量的减少，严重制约着植物细胞培养的研发和应用。

褐化问题包括非酶促褐变和酶促褐变。非酶促褐变是细胞受胁迫或其他不利条件影响，导致细胞程序化死亡或自然发生的细胞死亡所形成的褐变现象，并不涉及酚类物质的产生。植物细胞死亡后，其细胞结构丢失，胞内物质外泄，产生黑色物质，最终发生褐变反应。很多不利的细胞生长条件都可以造成细胞的程序化死亡，这种褐变一般采取适当措施后或者细胞适应了胁迫环境就不再发生。酶促褐变反应主要是由植物细胞内的酚类物质被多酚氧化酶（PPO）氧化所引起，PPO 定位于叶绿体或其他质体中，而酚类物质存在于液泡中，当细胞受到损伤结构分区遭到破坏（例如，细胞在反应器培养的过程中，由于搅拌桨切割产生机械损伤），就会导致 PPO 和酚类物质相互接触，在氧的参与下诱发酶促褐变反应。一些 PPO 能够氧化单羟基酚类物质转变为邻位二羟基酚类物质，进一步氧化为醌类物质，随后发生非酶促的聚合反应，形成褐色、黑色等深色的聚合物，并扩散到培养液中，其具有较强的生物活性，可与蛋白质结合引起蛋白质变性，抑制细胞内其他酶的活性，进而影响细胞的正常代谢，甚至导致细胞死亡。

为了应对并减少培养过程中褐变现象的产生，主要有以下两种方法：在培养基中添加防褐变剂和选择适宜的培养基和培养条件。防褐变剂一般可分为防止酚类物质氧化的抗氧化剂和吸收醌类物质的吸附剂两类，常用的抗氧化剂有抗坏血酸、硫代硫酸钠、柠檬酸、L-半胱氨酸、谷胱甘肽、芸香苷、二硫苏糖醇等，常用的吸附剂有聚乙烯吡咯烷酮、活性炭等。培养过程中通过添加防褐变剂可以有效减少红豆杉、烟草等愈伤组织的褐变问题。选择适宜的培养基和培养条件也可以降低褐变的风险。例如，降低无机盐浓度，降低微量元素锰的含量，筛选合适的植物激素种类和浓度均可以减轻外植体的褐变（许庆芬等，2008）。优化培养基组分中的碳源种类和浓度，采用适宜的培养光照、温度、周期等也能够对褐变起到一定的防止效果。除此之外，通过更换新鲜的培养基对细胞进行洗涤可以防止悬浮细胞培养初期褐变现象的发生，但该方法操作烦琐，成本较高，不适用于大规模产业化应用。目前国际上通用的方法主要是添加 PPO 的抑制剂或者褐色物质的吸附剂，以及缩短继代培养的时间来降低褐变发生的频率。添加一些能抑制或阻断酚类物质合成的竞争性抑制剂也能够抑制褐变现象的发生，但可能会对植物细胞次级代谢的途径造成影响，导致最终产物产量的降低。

2.3.2.2 植物细胞遗传变异或分化的问题及应对措施

随着继代培养时间的延长，植物悬浮细胞会产生一定的遗传变异，如胚胎发生能力逐渐下降甚至完全丧失等问题，这是目前植物，尤其是单子叶植物细胞悬浮培养中存在的主要问题，也是建立并维持悬浮细胞来源的原生质体培养植株再生体系的瓶颈所在。例如，对橡胶树的原生质体分离和培养过程中，只有用 3 ～ 18 个月龄的胚性细胞系才能得到具有再生能力的原生质体，18 个月以上的悬浮细胞系分离的原生质体再生率很低，或者只能诱导出畸形的体细胞胚，很难进一步发育成完整植株，类似的问题在水稻、玉米、小麦和香蕉等作物中也普遍存在。目前，常用的防止悬浮细胞系在继代培养过程发生遗传变异和保持悬浮细胞系胚胎发生能力的方法主要有如下几种。最简单直接的方法是使用新建立的悬浮细胞系。例如，在使用胡萝卜悬浮细胞系进行转基因生物制药时，长期继代的悬浮细胞产量明显下降，而使用新建立的悬浮细胞系则能获得持续高效的产量（Mikschofsky et al，2009）。另一种方法是对悬浮细胞系进行超低温保存。有研究表明采用玻璃化法对葡萄的胚性悬浮细胞系进行超低温保存，结果经冻存和解冻后的细胞在继代培养 2 次后即可恢复生长，且其生长速度和胚性能力与未冻存的细胞无明显差异（Wang et al，2004）。而采用逐步冷冻法对烟草的悬浮细胞进行超低温保存，细胞经解冻后培养 7 天即可恢复生长，且冻存细胞的形态和生长状态与对照没有任何差异（Kobayashi et al，2005）。此外，悬浮培养的植物细胞在培养过程中部分细胞会出现分化，这与培养基中添加的植物生长调节剂有关。例如，生长素与细胞分裂素浓度比例高，会诱导甘草细胞形成根，而比例低则会诱导芽的产生，只有当比例适当时，只诱导愈伤组织而不产生根或芽。因此，在细胞培养时，需要不断调整添加的植物激素种类和比例，才能保证细胞在整个生长周期正常分裂增殖。

2.3.3 动物细胞培养过程中的常见问题及应对措施

2.3.3.1 培养液pH值变化太快及应对措施

造成 pH 值变化的原因主要有 CO_2 张力不对，培养瓶盖拧得太紧，$NaHCO_3$ 缓冲系统缓冲力不足，培养液中盐浓度不正确，细菌、酵母或真菌污染等。解决方法可以尝试下列几种措施。

① 按培养液中 $NaHCO_3$ 浓度增加或减少培养箱内 CO_2 浓度，2.0 ～ 3.7 g/L $NaHCO_3$ 对应 CO_2 浓度为 5% ～ 10%。

② 改用不依赖 CO_2 培养液。

③ 松开瓶盖 1/4 圈。

④ 加 HEPES 缓冲液至 10 ～ 25 mmol/L 终浓度。

⑤ 在 CO_2 培养环境中改用基于 Earle's 盐配制的培养液，在大气培养环境中培养改用

Hanks 盐配制的培养液。

⑥ 丢弃培养物或用抗生素除菌。

2.3.3.2 培养液出现沉淀但pH值不变及应对措施

该问题产生的原因可能为：用洗涤剂清洗后，残留的磷酸盐将培养基成分沉淀下来；冰冻保存培养液。可以尝试采取下列几种措施解决：

① 用去离子水反复冲洗玻璃器皿，然后除菌。

② 将培养液加热到 37 ℃，摇动使其溶解，如沉淀仍然存在，丢弃培养液。

2.3.3.3 培养液出现沉淀同时pH发生变化及应对措施

该问题产生的原因可能为细菌或真菌污染。可以尝试丢弃培养物或用抗生素除菌。

2.3.3.4 培养细胞不贴壁及应对措施

该问题产生的原因可能为胰蛋白酶消化过度，支原体污染，培养液中无贴壁因子。可以尝试采取下列几种措施解决：

① 缩短胰蛋白酶消化时间或降低胰蛋白酶浓度。

② 分离培养物，检测支原体。清洁支架和培养箱。如发现支原体污染，丢弃培养物。

2.3.3.5 悬浮细胞成簇及应对措施

该问题产生的原因可能为培养液中含钙、镁离子，支原体污染、蛋白酶过度消化使得细胞裂解释放 DNA。可以尝试采取下列几种措施解决：

① 用无钙镁平衡盐溶液洗涤细胞，轻轻吹吸细胞获得单细胞悬液。

② 分离培养物，检测支原体。如发现支原体污染，丢弃培养物。

③ 用 DNase Ⅰ 处理细胞。

2.3.3.6 培养细胞死亡及应对措施

该问题产生的原因可能为培养箱内无 CO_2，培养箱内温度波动太大，细胞冻存或复苏过程中损伤，培养液渗透压不正确，培养液中有毒代谢产物堆积。可以尝试采取下列几种措施解决：

① 检测培养箱内 CO_2。

② 检查培养箱内温度。

③ 取新的保存细胞种。

④ 检测培养液渗透压，注意大多数哺乳动物细胞能耐受的渗透压为 260 ～ 350 mOsm/kg[1]。

⑤ 加入额外试剂如 HEPES 或药物都有可能影响培养液渗透压。

⑥ 换入新鲜培养液。

---

❶ 在人体生理学标准条件（37 ℃）下，对于非电解质，1mOsm/kg≈2577Pa。

2.4 细胞培养技术在特性表征与高通量筛选中的应用

2.4.1 微生物培养技术在特性表征与高通量筛选中的应用

传统的微生物培养技术在高通量筛选中的应用主要依赖于琼脂平板培养筛选和微孔板（MTP）培养筛选。琼脂平板培养筛选法操作简单，但难以精确定量，主要用于突变库的初筛。微孔板培养筛选方法能够精确定量，可以准确评价突变体的性能，但通量较低，虽然自动化液体处理设备的应用使得微孔板筛选通量有所提升，但仍然无法满足海量微生物突变体库对快速筛选的需求。近年来，随着微生物培养反应器的微型化以及精密仪器与光电技术的发展，人们能够更好地在微观和介观尺度上操控流体，从而实现可操控单细胞的皮升级微生物微液滴培养，通过 FACS 和基于微流控芯片和分选设备的液滴微流控分选（DMFS）技术进一步大幅度提高了筛选通量（图 2-6）。

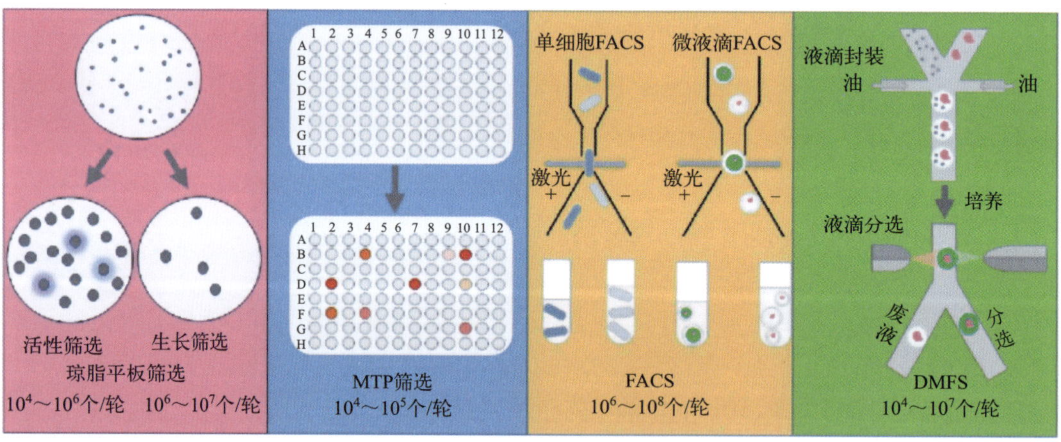

图 2-6 不同高通量筛选方法的比较

（1）基于琼脂平板培养的高通量筛选

琼脂平板培养法是一种简单直接的筛选方法，已用于多种水解酶（如脂肪酶、酯酶、蛋白酶等）或产生颜色圈的代谢产物（如番茄红素、虾青素或β-胡萝卜素等）的筛选中，可分为表型活性筛选和表型生长筛选法。表型活性筛选利用菌落周围产生的水解圈、颜色圈或荧光产物等进行酶活性或目标产物的筛选，表型生长筛选根据细胞对抗生素或其他有害物质的抗性或营养缺陷型互补，在选择培养基中依据生长情况进行筛选，例如，在筛选耐受高浓度甲醇的甲基杆菌时，可以利用含有高浓度甲醇的平板对突变菌株进行初筛，生长较大的菌落可能对甲醇的耐受和代谢能力增强。但是琼脂平板法对突变体间差异可视化较弱，仅适用于突变库的初步筛选，筛选后的突变体仍需要其他检测方法如微孔板法进行准确定量。

（2）基于微孔板培养的高通量筛选

微孔板筛选方法通过检测微孔板中底物或目标产物所引起的吸光度或荧光变化对其进行定量分析，可以保证筛选的精确性和灵敏度，是目前最常用的筛选方法。反应体积一般在 100 ～ 200 μL，反应液用量较少从而节约试剂成本。目前常用的微孔板一般为 96 孔板，可以与自动单克隆采集系统和液体自动处理系统兼容，能够提高筛选通量最高达到 10^4 克隆 /d。此外为增加筛选通量并节省筛选时间，384 孔、1536 孔、3456 孔微孔板也已应用于目标代谢产物和酶的筛选，进一步减少底物的使用。例如，结合常压室温等离子体（ARTP）诱变技术和微孔板高通量筛选策略，研究人员对三孢布拉霉（*Blakeslea trispora*）进行了诱变和筛选，使得其番茄红素的产量出现了大幅度提高（Wang et al，2020）。关于微孔板筛选的其他详细介绍以及应用，请参考本书第 7 章的内容。

（3）基于微流控微生物培养的高通量筛选

在微生物微型生物反应器中，可通过取样至微孔板进行荧光检测或通过在线检测的方式实现高通量检测。虽然这种检测方式的通量较传统检测方式有所提高，但是一些微弱的信号容易被忽视，难以实现单细胞水平的分析。借助 FACS 和 DMFS 技术，微生物微型生物反应系统能够实现微生物的高通量分选，例如，通过传感器辅助的转录调控子工程策略（SATRE），研究人员对甲基杆菌 AM1 中的转录因子 QscR 突变体库进行了 FACS 筛选，使得中心代谢物乙酰辅酶 A 代谢流量增强，进而产品甲羟戊酸产量有了大幅度提高（Liang et al，2017）。关于微流控微生物培养高通量筛选的详细介绍，请进一步参考本书第 8 章的内容。

2.4.2 植物细胞培养技术在特性表征与高通量筛选中的应用

植物细胞培养技术在特性表征与高通量筛选中的应用主要表现在高产次级代谢产物植物细胞系的筛选。高产细胞系的筛选需经过愈伤组织培养、悬浮细胞培养及单细胞培养等几个阶段，每个阶段选择合适的培养方法非常重要，这样可使群体之间的变异性充分表现出来（图 2-7）。

愈伤组织培养阶段主要采用目视法，以愈伤组织的形状、颜色、大小等外部形态来初步判断其某些代谢产物的含量高低（如花青素、叶绿素等显色次生代谢产物）。例如，对铁海棠的培养细胞中高产花青素的细胞系进行筛选，首先对铁海棠进行愈伤组织诱导，然后把愈伤组织分成许多小区块并培养于相同的培养基上，各小区块长大的愈伤组织中其中的一半用于分析，另一半继续继代培养，选择颜色最红的区块继续分离和分析，这样反复筛选了近 30 代，在第 23 代之后细胞中的色素含量保持稳定，并比原细胞株含量高 7 倍以上（Yamamoto et al，1982）。在红豆杉愈伤组织的诱导过程中，也发现愈伤组织的生长速率和紫杉醇的含量与其颜色和质地有一定的关系。颜色浅、质地松散的愈伤组织生长快、含水量高，但紫杉醇的含量低。相反，颜色深、质地较结实的愈伤组织生长较慢、含水量较低，但紫杉醇含量较高（周忠强等，2004）。虽然目视法筛选方便迅速，但该方法相对粗放，且存在筛选细胞系不是由遗传变异而是生理原因导致的产量不稳定等问题。

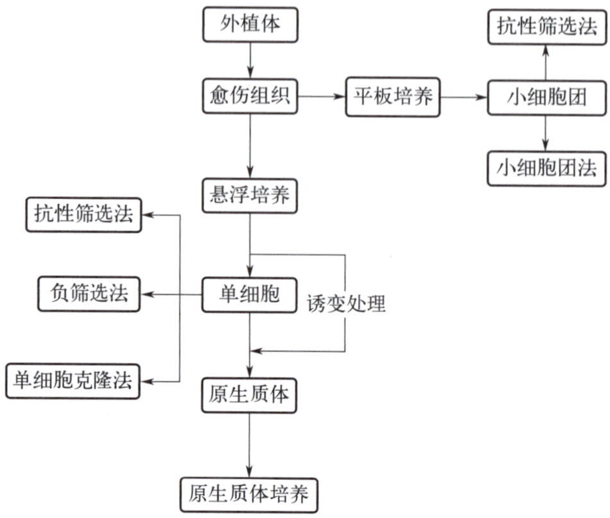

图 2-7　高产植物细胞系筛选整体思路

与之相比，更精确的方法是从分散性较好的愈伤组织或悬浮培养物中获得单个细胞进行培养，但单细胞培养的自然突变率很低，一般在 $10^{-7}\sim10^{-6}$ 之间。采用物理的（如紫外线、放射线、ARTP 等）或化学的方法进行处理，诱导使之分裂、增殖，突变率可提高到 10^{-3} 左右。在诱导处理的基础上，再采用平板培养、条件培养、看护培养、微室培养等方法进行单细胞培养，可得到单细胞无性繁殖系，用于高产细胞系的筛选，方法包括抗性筛选法、放射免疫法、酶联免疫法、流式细胞测定法等。其中抗性筛选法是比较常用的方法，用氨基酸作为选择剂，可以筛选出相应的氨基酸合成过量的抗性突变体。例如，L-苯丙氨酸作为合成紫杉醇的前体物质，以 L-苯丙氨酸为选择剂，可以从红豆杉细胞株中筛选出抗苯丙氨酸的紫杉醇高产细胞系（梅兴国等，2001）。与之类似，很多植物细胞能利用庚二酸和丙氨酸合成生物素，但高浓度的庚二酸对细胞有很大毒性，以此作为选择剂可以筛选出具有很好抗性的生物素高产细胞系。放射免疫法敏感度和精确度较高，通过比较一个未知的没有标记的抗原对放射性标记抗原与特定抗体结合的抑制效应和已知标准物的抑制效应，可以从无数微量细胞样品中迅速地定量测定特殊成分。但由于仪器贵、合成放射性标记抗原困难、安全性差等原因，使用并不广泛。酶联免疫法是一种结合抗原抗体反应特异性和酶与底物反应的特异性和敏感性的筛选方法，该方法测定方便、快速、灵敏，具有同放射免疫法一样的灵敏度，在大规模筛选上具有广阔应用前景。

2.4.3 动物细胞培养技术在特性表征与高通量筛选中的应用

动物细胞培养技术在特性表征与高通量筛选中的应用主要体现在基于细胞模型的药物和

酶蛋白等靶标筛选。基于细胞的筛选是在细胞模型上进行的，特别适用于功能蛋白难以分离、生化分析不能完成的复杂靶标（这些靶标可能涉及受体或细胞因子间复杂的相互作用）或多靶标的研究。而且，根据细胞的初步反应还可以获得部分药物毒副反应信息（图 2-8）。

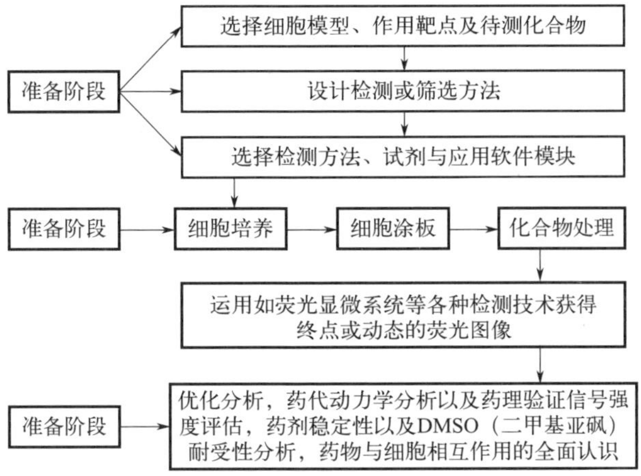

图 2-8 基于动物细胞模型的高通量药物筛选流程

基于细胞模型的高通量筛选模型根据作用方式的不同，可以分为基于靶标（位于细胞膜上或者细胞内）的筛选与基于细胞整体活性或功能变化的筛选。其中前者作用位点明确、机制清楚，但前提是必须确切地了解靶标的生理功能及相应的检测方法；后者则能直接反映整体细胞对药物作用的反应，其缺点是对药物的作用靶标、途径不明。以下为 4 种常见模型，前 3 种是基于确定靶标的筛选，第 4 种是基于细胞整体活性或功能变化的筛选。

（1）离子通道筛选模型

离子通道（ion-channel）是一类通过调节细胞内离子水平而发挥信息作用的大分子膜蛋白，其结构和功能正常是细胞进行生命活动的基础。目前，已知一些疾病的发生与离子通道的改变有关。如高血压是由于血管平滑肌上的钙通道关闭不全，过多的钙离子进入平滑肌细胞与钙调蛋白结合，平滑肌过度紧张引发的一种疾病。钙通道阻滞剂可阻止钙内流，解除平滑肌持续紧张状态，有望治疗高血压。钙通道阻滞剂的筛选依赖于离子通道筛选模型。除此之外，癫痫、高血钾性周期性麻痹、阿尔茨海默病、偏头痛等诸多疾病与离子通道也有一定的关系。因此，以离子通道为靶标筛选药物将有助于寻找治疗这些疾病的高效药物。此外，该筛选模型还有一些其他应用，如 1998 年 Young 等利用酵母双杂交系统干扰 N 型钙离子通道，寻找新型钙离子通道拮抗剂（Young et al, 1998）。2004 年 Zaks-Makhina 等在酵母中寻找新型钾离子通道抑制剂（Zaks-Makhina et al, 2004）。

（2）受体筛选模型

受体（receptor）是位于细胞膜表面或细胞内具有特异识别和结合功能的蛋白质组分。与激素、神经递质、药物或自身活性物质等相互作用，转导细胞间信号，进而触发细胞内相应的生物效应。受体正常的调节及变化是维持细胞内环境稳定的重要因素，而受体的异常变化则会导致疾病的发生。但是，由其他原因发生的疾病也可表现为受体的改变。某些癌基因的表达产物就是以异常受体的形式出现，除此之外，某些病理变化也可诱导组织表达该组织以前不表达的新受体，这些受体都可以作为筛选药物的新靶点，为疾病治疗提供新的线索。例如，血小板活化因子（platelet activating factor, PAF）受体拮抗剂的筛选（Dhainaut et al, 1994），而 PAF 能引起很多疾病，如同种移植排斥、胃肠道出血、心律失常、蛋白尿、心脏功能衰竭等，但是 PAF 只有与其特异的受体结合后，才会引起疾病，因此建立 PAF 受体细胞模型，从药库中寻找高效抑制 PAF 与其受体相结合的药物，就能抑制相关疾病的发生。

（3）报告基因筛选模型

报告基因（reporter gene）是一种编码可被检测的蛋白质或酶的基因，此类基因所表达的蛋白质活性已被确认。报告基因筛选模型是利用基因工程技术将疾病相关基因与报告基因相嵌合，导入模型细胞，观察药物对该基因表达的影响来筛选有效药物。随着生物学的发展，越来越多的孤儿受体被发现，这些受体有可能成为新的药物筛选靶点，对这些受体的配体及其信号转导的了解都有赖于报告基因筛选模型。例如，Nagy 等介绍了 Ah 受体（一个配基依赖的转录E-GFP因子）激动剂的筛选，用一个包含完整Ah受体应答绿色荧光蛋白（green fluorescent protein，GFP）报告基因的 HepG2 细胞系，可筛选此受体的激动剂（Nagy et al, 2002）。Sharif 等利用荧光素酶报告基因技术，筛选出了针对人体细胞瘤的抗蛋白激酶 C 增殖抑制剂（Sharif et al, 1998; Sharif et al, 1999）。

（4）细胞增殖筛选模型

细胞培养法通常是将不同稀释度的药物样品或药物标准品与特定依赖细胞株在一定条件下共同培养一段时间，然后检测增殖细胞数。因其与药物的药理活性成正比，所以以细胞增殖数为量效指标的这种促进特定依赖细胞株增殖的方法称为细胞增殖法（cell proliferation assay）。细胞增殖筛选模型主要反映的是药物对细胞整体的作用，无需详细知道药物的作用靶标、作用途径以及相关的细胞因子。因此，该模型能用于靶标不明的药物筛选。例如，Bedard 等人利用细胞增殖法高通量筛选出人类巨细胞病毒的抑制剂（Bedard et al, 1999）。除此之外，该模型主要用于抗肿瘤药物筛选。

参考文献

陈婷 , 栾恒淳 , 李力 , 等 , 2000. 水稻悬浮体细胞胚胎发生及其特异蛋白 [J]. 东北师大学报 (自然科学版),32(4):52-58.

戴雪梅 , 华玉伟 , 李哲 , 等 ,2013. 植物悬浮细胞培养的关键技术及存在问题 [J]. 热带生物学报 ,4(4):83-87.

董艳山 , 2015. 红豆杉细胞培养过程中褐化机理及其控制 [D]. 武汉 : 华中科技大学 .

董燕 , 刁玲武 , 周联 , 2011. 药用植物细胞悬浮培养的影响因素 [J]. 中医药信息 , 28(3): 36-40.

方文娟 , 韩烈保 , 曾会明 , 2005. 植物细胞悬浮培养影响因子研究 [J]. 生物技术通报 (5): 11-15.

郭树奇 , 费强 , 2021. 甲烷生物利用及嗜甲烷菌的工程改造 [J]. 生物工程学报 , 37(3): 816-830.

黄纯农 , 王君晖 , 颜秋生 , 等 , 1995. 大麦胚性悬浮细胞系的快速建立及其超低温保存 [J]. 中国农业科学 , 28(3):21-27.

黄景嘉 , 罗眺 , 汤钦 , 等 , 2014. 药用植物人参愈伤组织的诱导培养与悬浮细胞体系建立 [J]. 生命科学研究 , 18(2): 121-123.

赖钟雄 , 黄浅 , 林秀莲 , 等 , 2007. 荔枝胚性悬浮细胞系的快速建立及其体胚植株的再生 [J]. 中国农学通报 , 23(1):28-32.

李建安 , 胡芳名 , 2006. 拟南芥悬浮细胞生长特性及其继代培养条件 [J]. 经济林研究 , 24(1):26-29.

李雅丽 , 孟婷婷 , 王毛毛 , 等 , 2015. 甘草细胞在搅拌式生物反应器中的放大培养 [J]. 植物生理学报 , 51(3): 302-306.

罗德生 , 马涧泉 , 顾熊飞 , 1995. Ca^{2+}/CaM 在植物血凝素促淋巴细胞分裂中的分子调节机理 : (-)Ca^{2+} 对 PHA 有丝分裂原活性的影响 [J]. 医学新知杂志 , 5(5): 53-56.

罗树宏 , 刘多 , 舒衡平 , 等 , 1994. 人胚胎肝细胞的体外培养及其生物学特性 [J]. 湖南医科大学学报 , 19(1): 57-59.

梅兴国 , 董妍玲 , 潘学武 , 2001. 红豆杉抗苯丙氨酸细胞系的筛选及悬浮培养特性 [J]. 天然产物研究与开发 , 13(5):4-8.

邵宏波，初立业，1990. 禾本科植物细胞悬浮培养和影响胚胎发生的几个因素 [J]. 生物技术通报，(3)：1-5.
石凯，熊晓辉，许建生，2002. 固定化动物细胞大规模培养技术研究进展 [J]. 化工进展，21(8): 556-559.
孙敬三，朱至清，2006. 植物细胞工程实验技术 [M]. 北京：化学工业出版社.
唐孟萱，周万军，胡元佳，等，2005. HepG2 细胞培养方法与条件的探讨 [J]. 实用预防医学，12(1): 71-73
王沐兰，杨生超，郁步竹，等，2016. 红豆杉高产悬浮细胞系建立及其紫杉醇诱导的研究进展 [J]. 广西植物，36(9): 1137-1146.
吴春霞，2006. 植物细胞悬浮培养的影响因素 [J]. 安徽农业科学，(1):36-38.
吴喜贵，许霖水，1996. 肝细胞的直接分离技术 [J]. 第三军医大学学报，18(2): 169-170.
许庆芬，杨艳华，王明明，2008. 组培过程中的难点及解决办法 [J]. 河北农业科学，12(8):3-5.
张莉萍，康格非，2004. 原代肝细胞培养的研究现状 [J]. 国外医学：临床生物化学与检验学分册，25(3): 193-196
张蒙，陈壁，2002. 大鼠传代培养肝细胞的形态学观察 [J]. 第四军医大学学报，22(16): 1443-1445.
周春江，李卫东，葛会波，2002. 草莓悬浮细胞系的建立及某些影响因素 [J]. 植物生理学通讯，38(1):22-24.
周忠强，梅兴国，2004. 红豆杉细胞培养生产紫杉醇的研究进展 [J]. 中南民族大学学报 (自然科学版), 23(1): 21-25.
Bedard J, May S, Barbeau D, et al, 1999. A high throughput colorimetric cell proliferation assay for the identification of human cytomegalovirus inhibitors[J]. Antiviral Res,41 (1): 35.
Bhaskar R, Xavier L S E, Udayakumaran G, et al, 2021. Biotic elicitors: a boon for the *in-vitro* production of plant secondary metabolites[J]. Plant Cell, Tissue and Organ Culture (PCTOC):1-18.
Bourque D, Pomerleau Y, Groleau D, 1995. High-cell-density production of poly-β-hydroxybutyrate (PHB) from methanol by *Methylobacterium extorquens*: production of high-molecular-mass PHB[J]. Applied Microbiology and Biotechnology, 44(3-4):367-376.
Brautaset T, Jakobsen Ø M, Josefsen K D, et al, 2007. *Bacillus methanolicus*: a candidate for industrial production of amino acids from methanol at 50℃ [J]. Applied Microbiology and Biotechnology, 74: 22-34.
Bruttin A, Foley S, Brüssow H, 2002. DNA-binding activity of the *Streptococcus thermophilus* phage Sfi21 repressor[J]. Virology, 303(1): 100-109.
Chou H H, Berthet J, Marx C J, 2009. Fast growth increases the selective advantage of a mutation arising recurrently during evolution under metal limitation[J]. PLoS Genetics, 5(9): e1000652.
Conceição A S, Matsumoto K, Bakry F, et al, 1998. Plant regeneration from long-term callus culture of AAA-group dessert banana[J]. Pesquisa Agropecuária Brasileira, 33(8):1291-1296.
Delaney N F , Kaczmarek M E , Ward L M , et al, 2013. Development of an optimized medium, strain and high-throughput culturing methods for *Methylobacterium extorquens*[J]. Plos One, 8(4):e62957.
Delbrück M, 1945. The burst size distribution in the growth of bacterial viruses (bacteriophages)[J]. Journal of Bacteriology, 50(2): 131-135.
Dhainaut J F, Tenaillon A, Hemmer M. et al, 1994. Confirmatory platelet-activating factor receptor antagonist trial in patients with severe gram-negative bacterial sepsis: a phase III-randomized, double-blind-placebo-controlled-multicenter trial. BN 52021 Sepsis Investigator Group[J]. Crit Care Med,22(11): 1720.
Djordjevic G M, O'sullivan D J, Walker S A, et al, 1997. A triggered-suicide system designed as a defense against bacteriophages[J]. Journal of Bacteriology, 179(21): 6741-6748.
Elkordy A A, Haj-Ahmad R R, Awaad A S, et al, 2021. An overview on natural product drug formulations from conventional medicines to nanomedicines: Past, present and future[J]. Journal of Drug Delivery Science and Technology, 63(1):102459.
Fei Q, Puri A W, Smith H, et al, 2018. Enhanced biological fixation of methane for microbial lipid production by recombinant *Methylomicrobium buryatense*[J]. Biotechnology for Biofuels, 11(1): 1-11.
Henstra A M, Sipma J, Rinzema A, et al, 2007. Microbiology of synthesis gas fermentation for biofuel production[J]. Current Opinion in Biotechnology, 18(3): 200-206.
Hu M, Wang J, Gao Q, et al, 2018. Converting lignin derived phenolic aldehydes into microbial lipid by *Trichosporon cutaneum*[J]. Journal of Biotechnology, 281: 81-86.
Kiefer P, Buchhaupt M, Christen P, et al, 2009. Metabolite profiling uncovers plasmid-induced cobalt limitation under methylotrophic growth conditions[J]. PLoS One, 4(11): e7831.
Kim P, Kim J H, Oh D K, 2003. Improvement in cell yield of *Methylobacterium* sp. by reducing the inhibition of medium components for poly-β-hydroxybutyrate production[J]. World Journal of Microbiology and Biotechnology, 19: 357-361.
Kobayashi T, Niino T, Kobayashi M, 2005. Simple cryopreservation protocol with an encapsulation technique for tobacco BY-2 suspension cell cultures[J]. Plant Biotechnology, 22(2): 105-112.
Li M J, Ning P, Sun Y, et al, 2022. Characteristics and application of *Rhodopseudomonas palustris* as a microbial cell factory[J]. Frontiers in Bioengineering and Biotechnology, 10:897003.
Liang W F, Cui L Y, Cui J Y, et al, 2017. Biosensor-assisted transcriptional regulator engineering for *Methylobacterium extorquens* AM1 to improve mevalonate synthesis by increasing the acetyl-CoA supply[J]. Metabolic Engineering, 39: 159-168.
Matsuda Y, Adachi T, 1996. Plant regeneration via embryogenesis in commercial cultivars of Chinese chive (*Allium tuberosum* Rottl.)[J]. Plant Science, 119(1-2):149-156.
Mikschofsky H , Hammer M , Schmidtke J , et al, 2009. Optimization of growth performance of freshly induced carrot suspensions concerning PMP production[J]. *In Vitro* Cellular & Developmental Biology-Plant, 45(6):740-749.
Motolinía-Alcántara E A, Castillo-Araiza C O, Rodríguez-Monroy M, et al, 2021. Engineering considerations to produce bioactive compounds from plant cell suspension culture in bioreactors[J]. Plants, 10(12): 2762.
Nagy S R, Liu G, Lam K S, et al, 2002. Identification of novel Ah receptor agonists using a high-throughput green fluorescent protein-based recombinant cell bioassay [J]. Biochemistry, 41(3): 861.
Olsen D F, Jørgensen J B, Villadsen J, et al, 2010. Modeling and simulation of single cell protein production[J]. IFAC Proceedings Volumes, 43(6): 502-507.

Ostrov N, Landon M, Guell M, et al, 2016. Design, synthesis, and testing toward a 57-codon genome[J]. Science, 353(6301): 819-822.

Paez-Espino D, Eloe-Fadrosh E A, Pavlopoulos G A, et al, 2016. Uncovering Earth's virome[J]. Nature, 536(7617): 425-430.

Samson J E, Magadán A H, Sabri M, et al, 2013. Revenge of the phages: defeating bacterial defences[J]. Nature Reviews Microbiology, 11(10): 675-687.

Sharif T R, Sharif I V L, 1998. A novel for examining the anti-proliferative effect of protein kinase C inhibitors against human astrocytoma cells[J']. Int J Oncol,13(4): 685-777.

Sharif T R, Sharif M, 1999. A high throughput system for the evaluation of protein kinase C inhibitors based on EIKl Transcriptional activation in human astrocytoma cells [J]. IntJ Oncol,14(2): 327.

Sturino J M, Klaenhammer T R, 2006. Engineered bacteriophage-defence systems in bioprocessing[J]. Nature Reviews Microbiology, 4(5): 395-404.

Sung Y H, Lim S W, Chung J Y, 2004. Yeast hydrolysate as a low-cost additive to serum-free medium for the production of human thrombopoietinin suspension cultures of Chinese hamster ovary cells [J]. Applied Microbiology and Biotechnology, 63(5): 527-536.

Vasil V, Vasil I K, 1982. Characterization of an embryogenic cell suspension culture derived from cultured inflorescences of *Pennisetum americanum* (pearl millet, Gramineae) [J]. American Journal of Botany, 69(9):1441-1449.

Wang Q, Chen Y, Fu J, et al, 2020. High-throughput screening of lycopene-overproducing mutants of *Blakeslea trispora* by combining ARTP mutation with microtiter plate cultivation and transcriptional changes revealed by RNA-seq[J]. Biochemical Engineering Journal, 161: 107664.

Wang Q, Mawassi M, Sahar N, et al, 2004. Cryopreservation of grapevine (*Vitis* spp.) embryogenic cell suspensions by encapsulation–vitrification[J]. Plant Cell, Tissue and Organ Culture, 77: 267-275.

Warringer J, Blomberg A, 2003. Automated screening in environmental arrays allows analysis of quantitative phenotypic profiles in *Saccharomyces cerevisiae*[J]. Yeast, 20(1): 53-67.

Yamamoto Y, Mizuguchi R, Yamada Y, 1982. Selection of a high and stable pigment-producing strain in cultured *Euphorbia millii* cells[J]. Theoretical and Applied Genetics, 61: 113-116.

Yoon J, Chang W, Oh S H, et al, 2021. Metabolic engineering of *Methylorubrum extorquens* AM1 for poly (3-hydroxybutyrate-*co*-3-hydroxyvalerate) production using formate[J]. International Journal of Biological Macromolecules, 177: 284-293.

Young K, Lin S, Sun L, et al, 1998. Identification of calcium channel modulator using a high throughput yeast two-hybrid screen[J]. Nat Biotechnol, 16(10): 946.

Zaks-Makhina E, Kim Y, Aizenman E, et al, 2004. Novel neuroprotective K^+channel inhibitor identified by high-throughput screening in yeast[J]. Mol Pharmacol, 65 (1): 214.

SYNTHETIC
BIOLOGY
ENGINEERING
TECHNOLOGY
SERIES

合成生物学
工程技术丛书

3

细胞特性表征——光学技术

于桂洪，王倩文，胡春辉，杨松
青岛农业大学

光学技术具有分析速度快、操作简单、灵敏度高、样品损害小等优势，在生物化学、药物化学、酶动力学和医学等领域的应用越来越广泛。目前常见的光谱学分析方法包括流式细胞荧光分选技术、紫外光谱技术、圆二色谱技术、拉曼光谱技术和红外光谱技术等，可以用于各种细胞性能的表征，如根据细胞及生物分子的特征吸收进行细胞的分选，确定蛋白质与小分子的互相作用，确定细胞代谢产物的结构、绝对构型、优势构象等。

3.1 光学技术的基本原理

3.1.1 流式细胞荧光分选技术

流式细胞荧光分选技术是利用特定的荧光染料对细胞等微小颗粒进行染色后，在压力系统的鞘液包裹下生物颗粒或者非生物颗粒排成单列，由流动室喷嘴高速喷出形成细胞液柱，细胞或颗粒逐个通过检测区，在入射激光束的照射下产生散射光信号和荧光信号，根据散射光信号和荧光信号找到目的细胞，对目的细胞所在液滴进行加电，使用静电分选技术实现特定表型细胞的分离，跟机械法、免疫磁珠法等传统分离方法相比具有分选速度快、分选纯度高、样品量需求少、对细胞的破坏性小、细胞损失少、可直接用于后续实验等优点，受到广泛关注。流式细胞荧光分选技术有以下几个特点：检测速度快，在 1 s 内能检测溶液中十万个单个生物颗粒或其他颗粒，可以在很短的时间内评估大量的粒子，这使得结果在统计上具有很强的说服力，并具有整个种群的代表性；检测参数众多，可同时检测单个生物颗粒的散射光和多种不同的荧光信号，即使粒子检测速度高达每秒 10 万次，每个粒子也可以同时收集和分析多个参数；对单个生物颗粒进行快速分析的同时还能准确地分选，分选是一种细胞颗粒分类的过程，能够以每秒数万个细胞的速度从混合群体中物理分离单个颗粒或细胞，并且细胞分选保留了大多数细胞的生存能力。因此，其强大的分析和分选能力，结合其他分析检测手段，令其在生物学研究领域应用广泛。

流式细胞仪检测的信号主要有散射光信号和荧光信号，其中散射光信号是细胞固有的参数，主要是前向角散射光（FSC）和侧向角散射光（SSC）。FSC 跟细胞或颗粒的大小有关，SSC 跟细胞的颗粒度有关。荧光信号是通过特异的荧光染料标记细胞，通过特定的激发光对荧光染料进行激发，染料接收到能量后会发生电子跃迁，电子在高能级状态下不稳定会自发地从高能态跃迁回低能态，这个过程会释放出能量，产生荧光信号（图 3-1）。荧光染料的选择和标记是流式细胞术分析和分选的关键。流式细胞荧光分选技术中常用的荧光染料多种多样，主要有有机小分子、量子点、金属离子偶联染料、串联染料、多聚染料、荧光蛋白、核酸染料、活性染料和各种指示剂染料。每种荧光染料都有特定的激发波长和发射波长，需要根据其激发波长选择合适的激光器，根据其发射波长选择合适的检测器，同时注意不同荧光染料之间串色的问题。荧光强度是指发射荧光的光量子数，一般比较低，需要特定的光学收集元件（光电倍增管、光电二极管）进行收集和处理。荧光寿命是指电子在激发态的平均滞留时间，当某种物质被一束激光激发后，该物质的分子吸收能量后从基态跃迁到某一激发态上，再以辐射跃迁的形式发出荧光回到基态。当去掉激发光后，分子的荧光强度降到激发时的荧光最大强度 I_0 的 1/e 所需要的时间，称为荧光寿命。不同荧光染料的荧光寿命不同，在实际应用中需要根据荧光寿命的长短确定分选的先后顺序。长时间的激光照射会发生光漂白现象，影响荧光素的稳定性。在进行多色实验时，不同荧光素分子之间会相互作用发生自身荧光猝灭，可使用抗猝灭剂减少自身荧光猝灭对实验结果的影响。

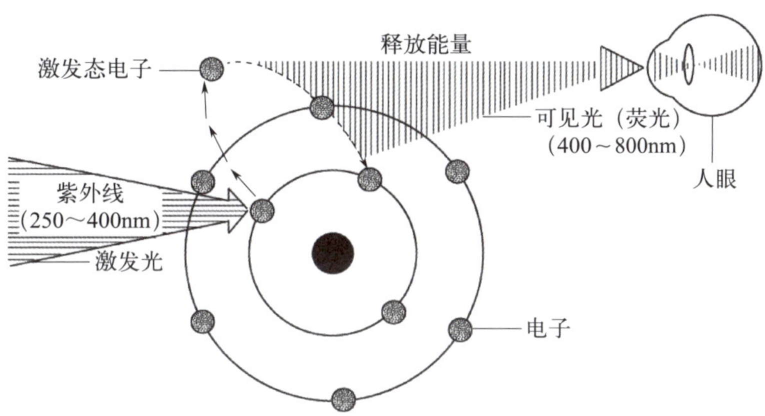

图 3-1　荧光的发光原理

3.1.2　紫外光谱技术

紫外光谱技术是基于 200 ～ 400 nm 光谱区域内测定物质的吸收光谱或在某指定波长处的吸光度，对物质进行定性、定量或结构分析的一种方法。这种光谱可用于含有不饱和键的化合物，尤其是含有共轭体系的化合物的分析和研究。而化合物的紫外光谱特征谱峰及光谱变化趋势是由三种电子共同决定的：形成单键的 σ 电子；形成双键的 π 电子；未共有电子（或称非键电子），一般指分子中氧、氮、硫和卤素等杂原子外层的孤电子对，表示为 n 电子。三种电子可能发生的跃迁方式和所需的跃迁能量如图 3-2 所示。

（1）σ 分子轨道及 $\sigma \rightarrow \sigma^*$ 跃迁

分子轨道是由组成分子的原子的原子轨道相互作用形成。以氢分子（H_2）为例，两个氢原子 H 的 s 轨道相互作用，即构成 H_2 的两个分子轨道，称为 σ 轨道。其中一个分子轨道能量比原来的 s 轨道要低，以 σ 表示，称为分子的成键轨道。另一个比原来的要高，以 σ^* 表示，称为分子的反键轨道。

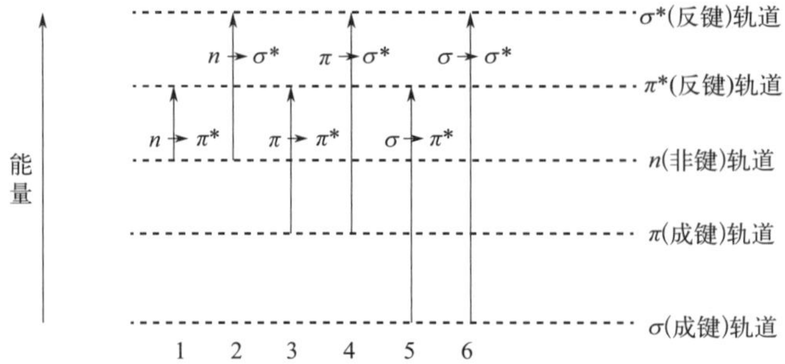

图 3-2　分子的电子能级及电子跃迁

分子轨道中电子的排布与原子结构中一样，在满足泡利原理的条件下，总是分布在尽可能低的能级轨道，这时的电子状态称为分子的电子基态。在氢分子中，两个电子占据能量低的 σ 轨道即成键轨道，由于体系能量较低，比较稳定。在成键轨道上的两个基态电子，如果受到外界供给的适量能量例如光子激发时，其中一个电子就能跃迁到 σ^* 轨道上去，此电子状态称为电子激发态。处于激发态的分子势能较高，不稳定。

分子吸收一定能量，σ 电子从成键轨道跃迁到反键轨道，称为 $\sigma \rightarrow \sigma^*$ 跃迁，常以 $\sigma \rightarrow \sigma^*$ 表示。

（2）π 分子轨道及 $\pi \rightarrow \pi^*$ 跃迁

$\pi \rightarrow \pi^*$ 跃迁发生在任何具有不饱和键的有机化合物分子中，例如含有 C═C、C═O 等基团的化合物。以乙烯为例。在乙烯分子中，两个碳原子都已 sp^2 杂化，碳原子间以一个 sp^2 杂化轨道形成 C—C 间的 σ 键。两个碳原子上剩余的四个 sp^2 杂化轨道各与一个氢原子的 1s 轨道作用，形成四个 C—H 间的 σ 键。这五个 σ 键都处在同一平面，构成了乙烯的分子骨架。每个碳原子上还各有一个未参与杂化的 2p 轨道，这两个 2p 轨道相互平行，以侧面相互交盖形成两个分子轨道，称为 π 轨道。其中能量低的称 π 成键轨道，常用 π 表示，能量高的称 π 反键轨道，用 π^* 表示。两个 π 电子占据 π 轨道，并且自旋相反，这时乙烯的电子状态为基态。处于基态的乙烯分子很稳定。如果乙烯分子吸收适当的能量，π 电子从成键轨道跃迁到反键轨道，这时的电子状态称为激发态。激发态的乙烯分子能量较高，很不稳定。π 电子从基态向激发态跃迁，称为 $\pi \rightarrow \pi^*$ 跃迁，常用 $\pi \rightarrow \pi^*$ 表示。

（3）分子非键轨道及 $n \rightarrow \pi^*$ 跃迁

发生在含有杂原子的不饱和化合物中，这些杂原子包括 N、S、O、P 和卤族元素原子等。以甲醛为例。甲醛分子中的四个原子共有 10 个分子轨道。除了三个 σ 和三个 σ^* 轨道以及 π 和 π^* 轨道以外，还有两对未参与成键的价电子，这些价电子对在甲醛分子中所占据的分子轨道称为非键轨道或未成键轨道，常用 n 表示。这两对价电子分别定域在氧原子的 2s 和 2p 轨道上。在非键轨道上的电子对常称为孤电子对，表示为 n 电子。非键轨道上的 n 电子，跃迁到 π^* 反键轨道上去所吸收的能量最小，这个跃迁常用 $n \rightarrow \pi^*$ 表示。

3.1.3 圆二色谱技术

当平面偏振光（如图 3-3）透过某种物质时，若出射光偏振面和入射光偏振面有了一定的角度旋转，那么这种物质被称为手性物质（chiral substance），或者光学活性物质（optically active substance），使平面偏振光旋转的这种性质则被称为手征性（chirality）或者光学活性（optical activity）（Cahn et al, 1966; 赵霞 , 2016）。手性在自然界的各种物质中广泛存在，也正是由于手性的存在，物质才能够更具有多样性。手性对映异构体物质的分子式是相同的，但是原子的排列方式却不相同，就像人的左右手一样，看似相同，实则互为镜像。一对手性对映异构体分子，由于其分子结构的微小不同，生理作用也常大不同。例如，20 世纪 60 年代前后，欧洲一些国家利用药物沙利度胺（thalidomide）为孕妇减轻孕期反应，但该药物投入市场短短几年内就导致 1.2 万多名畸形的“海豹婴儿”的产生。后期研究发现孕妇服用的是未经拆分的消旋体药物，两种构型的药物作用有很大不同，其中 *R* 型异构体具有镇静、止吐等功效，但 *S* 型异构体却能导致胎儿畸形，这个事件也给药物研究领域敲响了警钟，凸显了物质手性的重要影响。类似的，抗癌药物顺铂具有一定的抗癌功效，而反铂却无此功效。因此，确定物质的手性具有非常重要的意义，近年来，圆二色谱技术在手性确定方面起到了越来越大的作用。

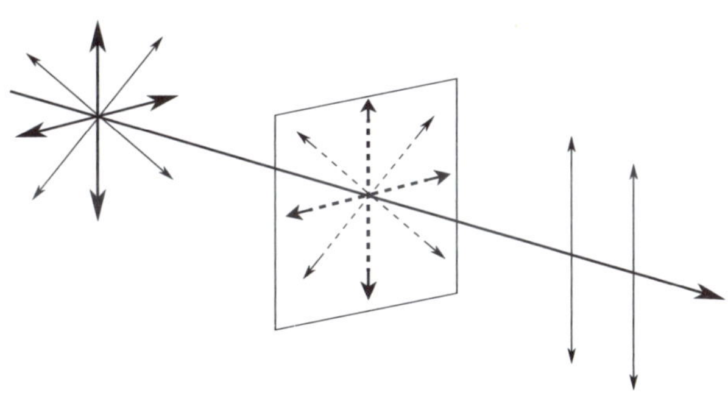

图 3-3 自然光和平面偏振光

除了确定小分子的手性外，圆二色谱还可以测定蛋白质二级结构，研究 DNA 构象随环境条件（如温度、离子强度和 pH）的改变，探索 DNA 与配基（包括小分子和蛋白质等大分子）的相互作用（刘振佳等 , 2010）。DNA 由五碳糖、磷酸和含氮碱基组成，并形成双螺旋结构，其双螺旋结构又具有 A、B 和 Z 等多种构型，其中 B 构型最为常见。DNA 的圆二色谱则是由其结构中的不对称糖分子以及这些糖分子的构型决定的螺旋结构产生的。DNA 的碱基，即腺嘌呤 (A)、胸腺嘧啶 (T)、鸟嘌呤 (G) 和胞嘧啶 (C)，本身并没有手性中心也没有光学活性，但当碱基连接到具有手性的核糖上后，则可以协助核糖产生很强的圆二色谱信号。不同 DNA 的碱基组成、糖的类型不同，使得它们的构象也不同，从而产生特定的圆二色谱图，因此圆二色谱可以用于 DNA 二级结构即构象变化的研究。

圆二色性（circular dichroism, CD），是指平面偏振光通过具有手性的物质时，电磁波的传播速度、传播方向及电矢量的振幅大小都会发生相应的改变。其中，传播方向与速度的改变被称为折射，电矢量的振幅的减小被称为吸收。由于手性物质对平面偏振光所分解成的右旋圆偏振光和左旋圆偏振光的吸收系数不同，射出时电场矢量不是圆偏振光，而是椭圆偏振光，从而产生圆二色性（见图 3-4）（赵霞 , 2016；陈宁等 , 2020）。由于手性化合物对左右圆偏振光吸收系数不同，我们可以测定并绘制吸收系数之差随波长的变化，即 CD 谱图，该谱图则可以用来确定手性化合物的绝对构型。利用 ε_L 和 ε_R 表示左圆偏振光与右圆偏振光的分子吸收系数，用 $\Delta\varepsilon = \varepsilon_L - \varepsilon_R$ 表示吸收差，并用 $\Delta\varepsilon$ 作为纵坐标，用波长作为横坐标，这样就得到相应的 CD 曲线。圆二色谱往往有一些波谷和波峰，这种现象称为科顿（Cotton）效应，当圆二色谱线出现正峰时称为正的 Cotton 效应，圆二色谱曲线出现负峰时称为负的 Cotton 效应。不同结构以及不同构型的化合物均对应特定的 CD 谱图，我们可以根据 CD 谱中的 Cotton 效应的不同来分析并确定手性物质的立体构型和构象。

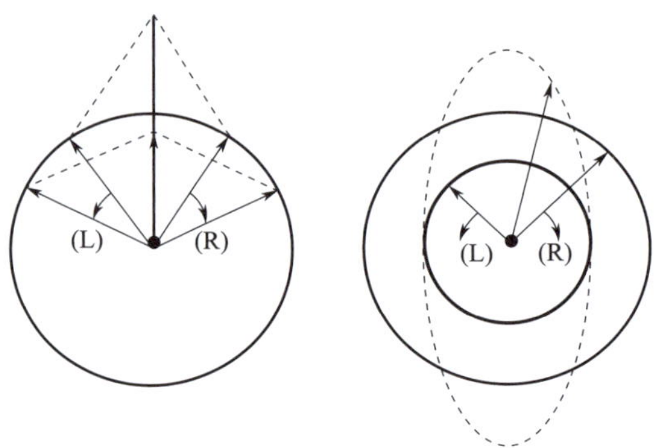

图 3-4　左旋圆偏振光与右旋圆偏振光

3.1.4　拉曼光谱技术

20 世纪 20 年代，根据量子力学理论，Smekal、Heisenbrug 和 Schrodinger 等学者预测，当单色光照射于某一物质时会有与入射光频率不同的散射光产生，即非弹性散射。1928 年，印度物理学家 Raman 和 Krishnan 证实了这种现象（图 3-5），Raman 因此获得了 1930 年的诺贝尔物理学奖，他们发现的这种非弹性散射光谱被称为拉曼光谱（Raman et al, 1928；李津蓉 , 2013）。然而当时激发光源一般使用能量较弱的汞弧灯，以胶片进行检测，曝光时间长达数小时甚至数天，且样品用量极大，极大限制了拉曼光谱的应用。20 世纪 60 年代，激光技术的发明，促进了拉曼光谱技术的进一步发展。激光输出功率大，线偏振性强，单色性和相干性能好，非常适合作为激发光源。此外，高分辨率、低杂散光的单色仪的发明以及高灵敏度光电接收技术的进步也促使了拉曼光谱仪器的操作自动化和数据处理的计算机化。早期，拉曼光谱技术一般仅可以测试较大的宏观物质，共聚焦光学设计和成像技术的出现进一步扩展了拉曼光谱的潜力。1990 年，Puppels 等将拉曼光谱技术与共聚焦显微技术结合，并利用该技术对活细胞及其染色体进行拉曼分析，使得拉曼光谱成像提升到单细胞水平（Puppels et al, 1990）。目前，共聚焦拉曼光谱技术已经成为拉曼光谱中最为常见的分析技术，在二维材料、癌症和蛋白质结构等研究领域得到了广泛的应用（Han et al, 2009；Rauwel et al, 2020；Yin et al, 2020；王敬开 , 2022）。

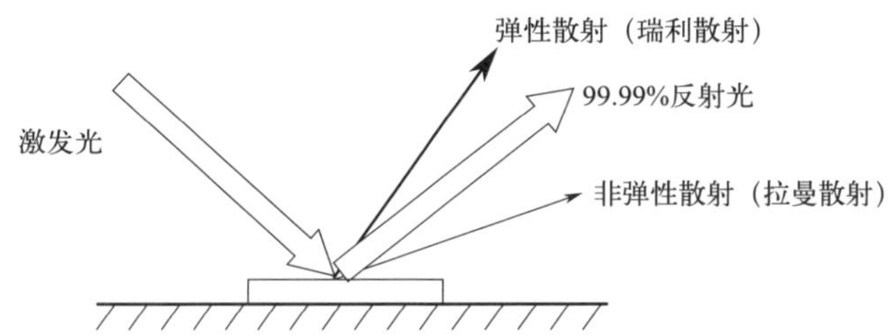

图 3-5　拉曼散射

具体来说，拉曼效应的是指某一固定波长的激发光照射到某物质的表面，形成该物质的分子吸收了部分激发光的能量，产生了振动现象，改变了少量散射光的波长，波长的改变程度由物质的自身特征决定。因此，除了与入射光频率相同的弹性散射，即瑞利散射光之外，出现了一系列微弱的频率改变的非弹性散射，其中频率减小的称为斯托克斯散射光，频率增大的称为反斯托克斯散射光。对于自发拉曼光谱而言，斯托克斯散射光强度大于反斯托克斯散射光，所以拉曼光谱一般测量的是斯托克斯散射光。

拉曼光谱图的纵坐标为散射光的强度，横坐标为拉曼位移，当激发光照射于样品表面时，散射光与激光频率的差值即为拉曼位移（王敬开 , 2022）。拉曼位移一般介于 0 ～ 4200 cm^{-1} 之间，一般大于 1800 cm^{-1} 拉曼位移的特征峰比较少，而小于 100 cm^{-1} 的光谱需要特殊的滤光片才可以检测到，且光谱范围过宽会导致探测器的分辨率变低。

根据散射光的激发原理，拉曼光谱技术可以分为两种，即自发拉曼散射和拉曼散射增强散射。自发拉曼散射是拉曼光谱技术的最基本类型，传递的是分子最本质的特性，是表征分子振动的标准光谱，但自发拉曼散射信号较为微弱，阻碍了其应用。为了识别更低浓度样品的拉曼信号，拉曼散射增强技术得到了发展和关注。目前，拉曼散射增强技术主要包括三种，即共振拉曼散射（resonance Raman scattering）(Rava et al, 1985)、表面增强拉曼散射（surface enhanced Raman scattering）(Matteini et al, 2017) 以及非线性相干拉曼技术，其中后者包括受激拉曼散射（stimulated Raman scattering）和相干反斯托克斯拉曼散射（coherent anti-Stokes Raman scattering）(Maker et al, 1965)。拉曼散射增强技术可以将拉曼散射的信号强度提升几个数量级，在低浓度及痕量样品的拉曼信号检测方面具有重要意义。但是，上述拉曼散射增强技术存在分子选择性强、重复性差、样品制备要求高、信噪比较低等问题，这也制约了该类技术的广泛应用。

3.1.5 红外光谱技术

3.1.5.1 红外光谱的基本原理

红外光谱，又被称为红外吸收光谱，属于分子振动光谱，由分子振动和转动能级的跃迁形成。若采用半经典的理论处理方法，即将组成物质的分子和原子作为量子力学体系来处理，辐射场作为一种经典物理中的电磁波并忽略其光子的特征，则分子红外光谱由分子不停地作振动和转动产生。

3.1.5.2 产生红外吸收的条件

分子的每一个简正振动对应于一定的振动频率，当照射样品分子的红外线的频率与振动频率相同时，分子吸收光子，在红外光谱中就可能出现该频率的谱带。但是，并不是每一种振动都对应有一条吸收谱带。分子吸收红外线必须满足下面两个条件。

① 红外辐射光子的能量必须等于分子振动能级跃迁所需能量，只有这样才能使分子吸收红外辐射产生振动能级跃迁。分子在振动过程中，只有偶极矩发生变化的振动方式才能吸收红外线，从而在红外光谱中出现吸收带。这种振动方式为红外活性的振动方式。反之，在振动过程中偶极矩不发生变化的振动方式是红外非活性的，虽然有分子振动，但不能吸收红外线。分子的对称伸缩振动，在振动过程中，一个原子离开平衡位置的振动刚好被另一原子在相反方向的振动所抵消，所以偶极矩没有变化，始终为零，因此它是红外非活性的。不对称伸缩振动则不同，它在振动时产生瞬间变化偶极矩，因此它可以吸收红外线，出现吸收峰，这种振动是红外活性的。

② 分子振动必须有顺势偶极矩的变化，这样才使分子具有红外活性。振动光谱的跃迁规律是 $\Delta v=\pm1$、$\pm2\cdots$。因此当红外线其能量与振动能级间的跃迁所需能量相当时才会产生吸收谱带。除了由 $v=0$ 跃迁到 $v=1$，或由 $v=0$ 跃迁到 $v=2$ 以外，从 $v=1$ 跃迁到 $v=2$、$v=2$ 跃迁到 $v=3$ 等也是可能的。但是，在常温下绝大多数分子处于 $v=0$ 的振动基态，因此观测到的主要是由 $v=0$ 跃迁到 $v=1$ 的基频吸收带。

3.1.5.3 红外光区的划分

（1）按红外线波长分

① 近红外区：0.78 ～ 2.5 μm(12820 ～ 4000 cm^{-1})，主要用于研究分子中的 O—H、N—H、C—H 键的振动倍频与组频。

② 中红外区：2.5 ～ 25 μm (4000 ～ 400 cm^{-1})，主要用于研究大部分有机化合物的振动基频。

③ 远红外区：25 ～ 300 μm (400 ～ 33 cm^{-1})，主要用于研究分子的转动光谱及重原子成键的振动。

其中，近红外区和中红外区是研究和应用较多的区域。近红外线是一种电磁波，近红外区的信号频率要高于中红外区，比较容易获取，且易于处理。近红外光谱主要是分子振动的非谐振性使分子振动从基态向高能级跃迁时产生的，具有较强的穿透能力。含氢基团 C—H、N—H、O—H 振动有一定的倍频和合频，近红外线主要是对这些基团的振动产生吸收。不同结构的化合物或是同一种化合物在不同的环境中，它们对近红外线吸收有所差异，因此利用近红外光谱能够较好地获取这些结构信息。

中红外光谱指的是物质分子在吸收红外线进行分子振动转动能级提升的同时利用相关仪器所采集到的吸收光谱，主要提炼的是样品中的基团信息。与近红外光谱技术相比，中红外光谱技术的使用历史更长，经验资料积累较多，使用范围也更加广泛，一般我们所说的红外光谱指的就是中红外光谱，可见其在红外光谱分析中的地位。中红外光谱因分子的基频振动光谱谱图中特征基团频率可以指出分子中特殊基团的存在，完整的光谱图则表示整个分子的结构特征。又因中红外波长刚好是一般有机化合物基频振动的频率范围，所以大部分情况下用于有机化合物的定性、定量分析；对已知物质的鉴定用定量分析；对未知物质的测定用定性分析。定性分析是通过对式样谱图、标准谱图进行对比，若两张谱图吸收强度、峰的位置、峰的形状基本相同则为同一化合物。其优点有：中红外光谱有较高的特征性、可以提供的信息丰富、应用广泛、仪器结构简单、操作方便、测试迅速、图谱的重现性好等。

中红外光谱能够分析分子的结构，并且在测定过程中需要的样品量少、操作较为简便。能够测定蛋白质的瞬时结构，并且在测定中，中红外光谱不易受光散射和荧光的影响，因此，在蛋白质结构的测定中，具有一定的作用。

（2）红外光谱区还可以划分为特征区和指纹区

① 特征区：4000 ～ 1250 cm^{-1} 范围，包括：含氢原子的单键、各种三键及双键的伸缩振动基频峰，还包括部分含氢单键的面内弯曲振动的基频峰。特点是吸收峰稀疏、较强，易辨认。

② 指纹区：1250 ～ 400 cm^{-1} 的低频区，包含 C—X(X：O、H、N) 单键的伸缩振动及各种面内弯曲振动。特点是吸收峰密集、难辨认指纹。

3.1.5.4 红外光谱仪发展历程

早在 1800 年，Herschel 通过实验发现了红外线的存在，然而由于技术的限制，红外光谱并未被认为是可用的光谱，直到 1947 年世界上第一台红外光谱仪才出现，这是以人工晶状体棱镜作为色散元件的第一代红外分光光谱仪。随着光栅技术的出现和发展，利用光栅作为单色器，仪器性能有了较大的提高，因此逐渐发展为以光栅为单色器的第二代红外分光光谱仪。到了 20 世纪 70 年代，傅里叶变换红外光谱仪出现，由于它具有扫描速度快、分辨率高、灵敏度高等优点得到了广泛的应用。

3.2
细胞特性的光谱表征方法——样品处理及数据分析

3.2.1 流式细胞仪的使用

3.2.1.1 样品处理

流式细胞分析技术的样本制备主要包括两个部分：第一步是将待测样本制备成单细胞悬液，第二步是对样本进行荧光染色。

根据样本的性质和来源采用不同的方法将待测样本制备成分散的单细胞悬液。对单细胞快速进行各种参数分析必须基于单细胞的基础上，根据各种组织成分的特点，可选择不同的分散细胞方法，以期达到单细胞产额高、损伤少的目的。尽管标本制备已形成了标准化的程序，但实际操作中总会出现各种问题。在实体组织分散为单个细胞过程中，解离的方法可能瞬间或持久地影响细胞的性质、形态、结构、功能等。所以，在对各种不同组织进行分散选择时，应尽量减少对细胞的这种影响。植物样本含有坚硬的细胞壁，一般采用快速切割法，在适宜的缓冲液中用锋利的刀片将植物样本切碎，用 300 目筛网过滤去除杂质获得单细胞悬液。动物组织一般采用酶解的方式获得单细胞悬液。真核微生物一般采用原生质体制备的方法获得单细胞悬液。原核生物的细胞体积较小，可以直接进行后续实验。

在进行多色流式分析时，每个抗体选择何种荧光染料标记是分析能否成功的一个关键影响因素。定量细胞荧光染色，要保证细胞成分染色的均匀性，保证染色做到染料分子数与被染色的某种参量成一定的量效关系。在流式定量分析中，掌握好荧光染色液的浓度非常重要。为了更好地说明这个问题，可以用式（3-1）表示：

$$F=Q\cdot I\cdot(1-\mathrm{e}^{\varepsilon}C^{L}) \tag{3-1}$$

式中，F 表示荧光强度，Q 表示光量子产额，I 表示激发光强度，ε 表示消光系数，C 表示染色浓度，L 表示浓度厚度。当激发光增强时，荧光强度相应按比例增加；当荧光强度达到 1.0 时，继续增强光密度，荧光不仅不会增加，还会造成结合到细胞上的荧光素发生猝灭现象。一个荧光分子发射的荧光，有可能被邻近的分子吸收猝灭。由于这种猝灭现象，再增加荧光染料浓度也不会使荧光强度增大。

在多色实验中需要考虑的因素有：①按照仪器的配置选择荧光染料；②染料的亮度跟抗原表达相匹配，高表达的抗体用弱强度的染料进行染色，低 / 弱表达的抗体用强荧光的染料染色；③荧光染料光谱重叠尽可能小，光谱重叠会导致数据丢失；④同一细胞的抗原可以采用不同的激光器激发以减少光谱重叠现象；⑤避免染料及其衍生物在同一细胞上标记，降低补偿调节带来的假阳性信号的产生。

3.2.1.2 数据分析

目前流式细胞仪数据的存贮方式均采用列表排队（list mode）方式。因为目前流式细胞仪所采用的都是多参数指标，荧光参数标志物如是 4 个，采用 list mode 方式可大量节约内存和磁盘容量。当一个细胞被测 4 个参数，那么获取 10000 个细胞，所占容量为 4×10000 个（字或双字）。同时当只检测 1 个参数时（如 DNA），可灵活地关闭其他 3 个参数，节省 3/4 的空间。数据文件虽然有易于加工处理分析的优点，但缺乏直观性。数据的显示通常有一维直方图、二维点图、等高线图、密度图等几种。

（1）单参数直方图

细胞每一个单参数的测量数据可整理成统计分布，以分布直方图（distribution histogram）来显示。在图中，横坐标表示荧光信号或散射光信号相对强度的值。其单位是道数，横坐标可以是线性的，也可以是对数的，纵坐标一般是细胞数（图 3-6）。

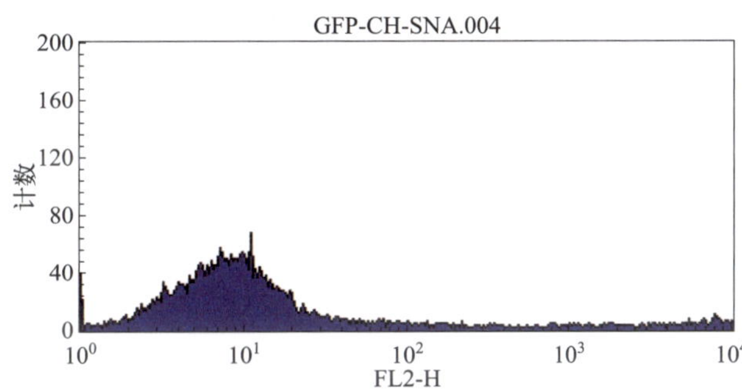

图 3-6 直方图

FL2-H—荧光通道 2 的信号高度

（2）双参数数据的显示

双参数数据的显示是用于表达来自同一细胞两个参数与细胞数量的关系，常用的表达方法有二维点图（dot plot）、等高线图（contour plot）、二维密度图（density plot）。在二维图中，X 坐标为该细胞一参数的相对含量，而 Y 坐标为该细胞另一参数的含量。从双参数图形中可以将各细胞亚群区分开（图 3-7），同时可获得细胞相关的重要信息。通过设“门”分析（gating analysis）得到的 FL1 和 FL2 散点图，设“门”可以是单参数设“门”，也可以是双参数设“门”，通过设“门”可以调出其他参数的相关信息，被调出的信息同样也可以是单参数和双参数。等高线图和地理等高线图的原理类似，它是由不同的点连接成闭合环线，同一条环线上的细胞密度相同，细胞密度变化越快环线越密集。流式的等高线图比流式的散点图更直观展现细胞的分群，尤其是在实际样本的操作过程中不同细胞群体之间的分群界线不清楚的情况下用等高线图能够将其分开。

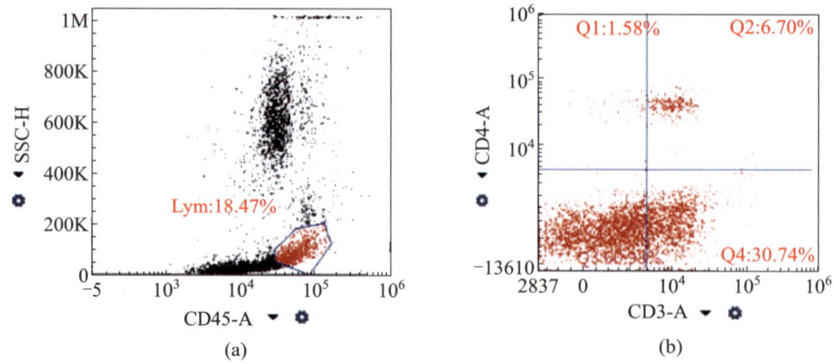

图 3-7　双参数散点图（段萃娟等，2021）

3.2.2　紫外光谱仪的使用

3.2.2.1　定性分析

紫外吸收光谱单独使用很难解决化合物的结构问题，因为紫外光谱的吸收峰数目少，并且宽而平坦，不少化合物尽管结构上相差很大，但只要分子中含有相同的发色团，它们的吸收曲线形状就基本相同。另外，紫外光谱较简单，特征性不强，所以在鉴定有机物官能团方面远不如红外光谱普遍、有效，但是，紫外光谱灵敏度高，在某些方面利用它来鉴定共轭发色团或某些官能团却有独到之处，可以作为其他鉴定方法的补充。下面概括几点，供结构分析时参考。

① 如果化合物的紫外光谱在 220 ～ 400 nm 范围内无吸收峰，说明它不含有共轭双键系统和不含有实原子的发色团，如羰基、硝基、碘基、溴基等取代基。这些化合物可能是脂肪族的烷烃、孤立的烯烃和炔烃、胺、醇、氯代烃、氟代烃等。

② 若在 270 ～ 350 m 间仅出现一个弱的吸收峰，那么这一弱峰很可能是含孤电子对的未共轭发色团，例如 C═O 的 $n \rightarrow \pi^*$ 跃迁引起的。

③ 若在 200 ～ 300 mm 间有一个强吸收峰，说明至少有两个相同或不相同的发色团共轭，例如 a,β-不饱和酮或共轭烯烃等。如果在 210 ～ 300 nm 间有一个中等强度的吸收峰，这个化合物很可能是含有极性取代基的芳烃衍生物。

④ 如果紫外光谱出现几个吸收峰，其中长波带已进入可见区，这可能是含有长共轭链的化合物，或是稠环芳烃。如果化合物有颜色，则至少有 4 ～ 5 个共轭发色团和助色团。但某些含氮化合物，例如硝基、偶氮基、重氮和亚硝基化合物，以及碘仿等化合物除外。

⑤ 综合所得的各种信息，例如紫外光谱、红外光谱、核磁共振波谱、质谱等，确定可能的结构式，然后比较经验规则计算值与实验值。

3.2.2.2　定量分析

目前紫外分光光度法广泛用于微量或痕量分析中，有时试样含量仅为 10^{-7} ～ 10^{-6} mol/L，但依然能够得到满意结果。一般来说，凡是在紫外（或可见）光区有较强吸收的物质，或者试样本身没有吸收，但可以通过化学方法把它转变成在该区有一定吸收强度的物质，那么这些物质都可以进行定量分析。因此紫外（或可见）分光光度法定量测定的必要条件是试样在紫外（或可见）光区有吸收，并且在测量浓度范围内服从朗伯-比尔定律。

朗伯-比尔定律，又称吸收定律，它是光吸收的基本定律，是分光光度法定量分析的基础。如图 3-8 所示为物质吸收光的示意图。

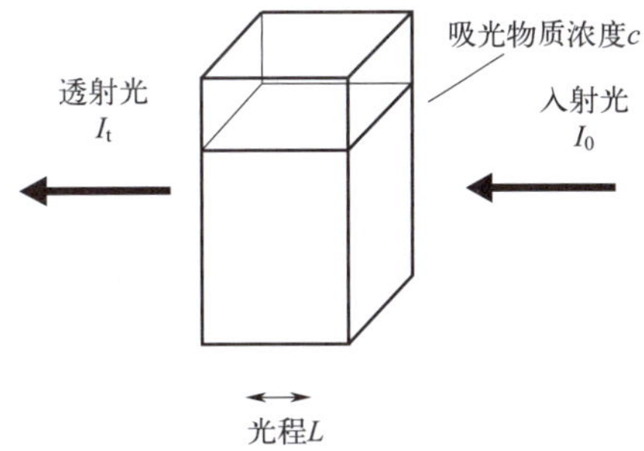

图 3-8　物质吸收光的示意图

其物理意义是，当用适当波长的单色光照射待测吸收物质的溶液时，其吸光度与溶液浓度和透光液层厚度的乘积成正比，朗伯-比尔定律用公式可表示为：

$$A = \lg\frac{I_0}{I_t} = \lg\frac{1}{T} = Kcb \tag{3-2}$$

式中，A 为吸光度值，表示光束在通过溶液时被吸收的程度；I_0 和 I_t 分别表示入射光和透射光的强度；c 为溶液浓度；b 为透光液层的厚度；K 为比例常数。

而且，朗伯-比尔定律的成立是有前提的，即：

① 入射光为平行单色光，但是在实际环境中，单色光是不存在的，因此需要尽量减小入射光的光谱带宽，使入射光尽量靠近单色光；

② 入射光经过的吸光物质为均匀非散射体系；

③ 不同吸光物质之间无相互作用；

④ 入射光与吸光物质之间不存在光化学反应，仅存在光吸收过程。

但在实际测量中，这些条件是难以完全符合的，因为当介质为半透明或浑浊状态（介质组成成分复杂）时，介质的吸光度值与每种组分的浓度之间的对应关系偏离朗伯-比尔定律。因此，需要通过对光谱进行预处理等方法降低介质组分复杂引起的测量光谱与理想光谱之间的误差。

3.2.3　圆二色谱仪的使用

手性物质的圆二色性一般可以用圆二色光谱仪来测试。其工作原理如下（图 3-9）(赵霞，2016)：该装置在氮气保护下工作，以氙灯为光源，氙灯发出的光经过单色器后变为单色光，经偏振器作用后得到的线性偏振光，再经过光电调制器的转化，分成了左右圆偏振光。左右圆偏振光经过手性物质后，由于手性物质对左右圆偏振光的吸收程度不同，从而作用形成了椭圆偏振光，显示出圆二色性，被检测器捕捉后展示出特征的圆二色谱图。由于圆二色光谱仪的高选择性和低干扰性，往往能够检测到手性物质结构的微小不同。

圆二色光谱仪的使用较为简单，用合适的溶剂溶解即可。手性小分子化合物一般用甲醇、DMSO、乙腈等溶剂溶解，约 0.3 mg/mL 即可，可根据测试结果调整。蛋白质往往以稀溶液为检测对象，需完全溶解在缓冲液等溶剂中，一般选择透明性极好的磷酸盐和 Tris-HCl 等作为缓冲液，样品一般不添加保护剂或其他物质，蛋白质 / 多肽的浓度一般不低于 0.5 mg/mL。为保证结果的准确性，测试样品的纯度一般要在 90% 以上。

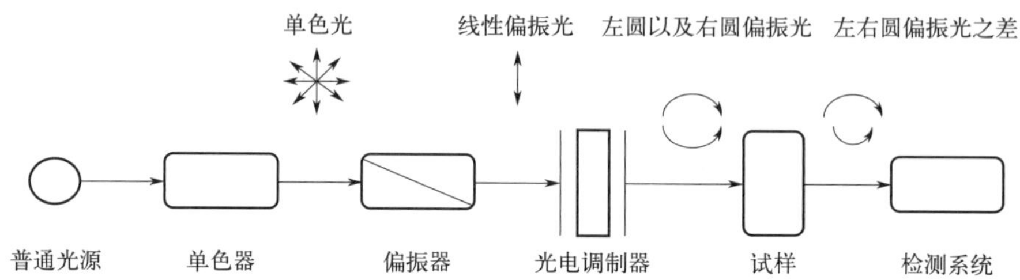

图 3-9　圆二色光谱仪的装置示意图

圆二色谱可分为两种，即测定手性物质紫外吸收的电子圆二色谱（electronic CD，ECD）和测定手性物质红外吸收的振动圆二色谱（vibrational CD，VCD）(陈国栋等 , 2015)。其中，ECD 测试仪器出现相对较早，发展较为成熟，样品用量少易回收，因此随着相应的“八区律”“激子手性”等方法的发现和使用，ECD 被广泛用于手性物质绝对构型确定和蛋白质结构分析等领域。

在采用 ECD 确定小分子手性化合物的绝对构型之前，如果有多个手性中心，一般需要先确定相对构型，然后通过与类似物比较 ECD 或者直接与计算所得 ECD 进行比较即可确定绝对构型。当然也可以对所有可能的相对构型进行计算，然后与测试 ECD 进行比较，来推定其正确的构型。与类似物比较 ECD 时，类似物的选择非常重要，一般所选物质的母核和发色团应该与目标化合物一致，以减少对 ECD 谱图的影响，二者在相应波长的 Cotton 效应正负一致、趋势一致，即可判断为手性一致。若无合适的类似物进行 ECD 比较，可以进行 ECD 计算，获得计算的 ECD 谱图后再与目标物质进行比较，判断其构型。计算 ECD 的步骤一般可以分为构象分析、图谱计算和图谱拟合等 3 个过程 (陈国栋等 , 2015)。构象分析：无论在 ECD 计算中，还是在分子对接、药效团搜索或者构效关系分析等药物创制中，构象分析都是非常重要的前提之一，构象分析的准确与否直接影响了 ECD 计算结果的准确度。除了少数结构较为刚性的化合物外，大部分化合物在溶液中具有多个构象，且往往每个构象产生的 ECD 图谱不同，甚至具有完全相反的 ECD 图谱。圆二色谱仪测试得到的 ECD 图谱则是所有构象产生的图谱进行叠加的结果。化合物的构象情况符合玻尔兹曼（Boltzmann）分布，低能构象占据优势，对 ECD 的贡献较大。因此，通过构象分析获得化合物低能构象是进行 ECD 计算的关键。只有准确地获得手性物质的低能构象，才能保证 ECD 计算值与测试值具有较高的相似度。在化合物的 ECD 计算过程中，一般通过基于分子力场的构象分析和基于量子化学的构象优化来进行构象确定。目前基于分子力场的常用构象分析软件有 CONFLEX、CONFORT、MacroModel、MOE 和 OMEGA 等。由于低能构象对 ECD 的贡献较大，因此在构象搜寻后，一般可取能力较低的构象进行后续计算（如 $\Delta E \leqslant 5$ kcal/mol）。基于分子力场获得低能构象需要进一步基于量子化学方法进行优化，以获得更准确的低能构象。目前基于量子化学进行构象优化的软件主要有 Gaussian、ORCA 与 TURBOMOLE 等，其中 Gaussian 软件在天然产物 ECD 计算中应用最为广泛。在基于量子化学进行计算时，为了提高计算精度，一般认为需要考虑色散效应。在 Gaussian 软件的 03 与 09 D.01 版本中有多种方法考虑了色散效应，而且 Gaussian 09 D.01 版本还包含考虑色散效应的杂化密度泛函 APFD 方法 (陈国栋等 , 2015)。图谱计算：获得低能构象后，可在 Gaussian 软件中计算每个低能构象在相应溶剂中的 UV 和 ECD 图谱。拟合图谱：谱图计算结束后，可根据构象的玻尔兹曼权重因子，利用 GaussSum、SpecDis 等软件拟合低能构象的 UV 和 ECD 谱图。比较 UV 的计算图谱和实测图谱，计算图谱波长平移的数值，并根据这一数值对 ECD 计算图谱进行校正。最后，将校正的 ECD 计算图谱与实测谱图进行比较，根据 Cotton 效应的相同与否确定化合物的绝对构型。

进行 ECD 测试的手性化合物需具有发色团，即能产生紫外吸收，且手性中心需在发色团附近，即能产生 Cotton 效应。在 ECD 谱图中能显示 Cotton 效应的手性物质，也可通过 ECD 计算方法确定化合物的绝对构型。与手性合成、单晶衍射、化学衍生等方法相比，ECD 测试及对应的 ECD 计算方法样品损失少，仅需消耗一些计算时间。同时，通过 ECD 研究手性物质的构型还有助于研究手性物质 ECD 的特征规律以及手性物质 ECD 与绝对构型之间的联系，从而使 ECD 在手性物质的研究中应用更加广泛，研究结果更加准确。当然，ECD 计算仍存在一定的局限，不能完美地解决所有手性物质的绝对构型确定的问题。有些手性物质，如一些饱和脂肪烃类化合物没有双键等发色团，或者发色团与手性中心较远，使得 ECD 谱图中不显示 Cotton 效应或 Cotton 效应太弱，对于这类物质，ECD 计算方法无法发挥作用，不能解决其绝对构型问题，在这种情况下，可以使用其他方法，如 VCD 方法；此外，一些结构柔性过大且柔性基团部分具有手性中心的化合物，在常温下低能构象的个数过多，且每个构象的计算时间都很长，常规配置的计算资源无法满足要求，难以通过 ECD 计算确定绝对构型。手性物质需要在溶液中进行 ECD 谱图的测试，但目前基于量子化学的计算方法在溶剂处理方面仍存在缺陷，因此获得的低能构象可能与真实溶液状态下的低能构象有一定差距，因此可能对 ECD 计算的准确度有一定影响。不过，相信随着计算机技术的不断进步和量子化学理论的不断成熟，ECD 计算技术的应用将会更加广泛，计算结果将会更加准确。

游离核苷酸、单链及大的双链 DNA 片段，在紫外区都具有圆二色信号，然而传统的圆二色光谱仪只能获得 190 nm 波长以上的色谱信号，但其最大的吸收带一般处于真空紫外区域。一些较为先进的圆二色光谱仪可以测试 170 ～ 200 nm 波长范围内的真空紫外区圆二色谱，但空气、溶剂、缓冲盐及吸收池等在该区域的吸收也很强，使得光子通量微弱，信号难以分析。随着同步辐射光源的出现和成熟，真空紫外 / 紫外圆二色谱技术得以发展，光谱的信噪比提高，使得圆二色谱技术在 DNA 结构的研究中更加便捷有效。与传统的圆二色谱技术相比，同步辐射圆二色谱技术 (synchrotron radiation circular dichroism，SRCD)，具有更短的波长截止限、更多的信息量。同步辐射光源波长范围跨度大，可以产生从远红外线到 X 射线范围的连续光谱，具有较高的强度、准直度和极化度，与以氙灯为光源的普通光谱仪相比，能够大大降低噪声水平，提高数据采集速度，解决了常规圆二色谱仪在 170 ～ 200 nm 波长范围内光子通量低的难题（周培培等 , 2015）。

3.2.4 拉曼光谱仪的使用

拉曼光谱仪一般由五个部分组成，包括激发光源、拉曼探头、光谱仪、检测器和分析软件。仪器的基本设计原理如图 3-10 所示 (李津蓉 , 2013) ：由激发光源产生的单色光照射于被测样品激发产生散射光，散射光经拉曼探头聚焦后进入光谱仪，光谱仪滤除瑞利散射后的拉曼散射光到达检测器并被转换为数字信号，最终可以利用分析软件得出分析结果。

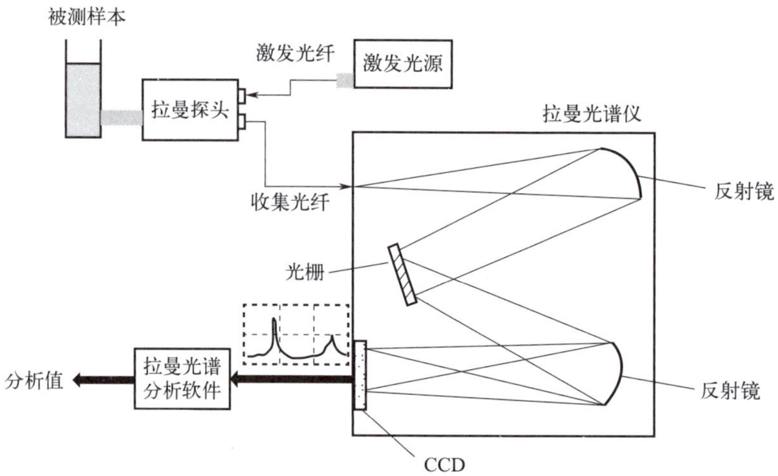

图 3-10　拉曼光谱仪的装置示意图

CCD—荧光电荷耦合元件

按分光的原理，拉曼光谱仪有傅里叶变换拉曼和色散型拉曼两种类型。傅里叶变换（FT）拉曼光谱仪利用双光束干涉仪产生光干涉图，再进行傅里叶积分变换以产生拉曼光谱信号。色散型拉曼光谱仪中利用单色仪的光栅结构对入射光进行色散分光以产生拉曼信号。最初拉曼分析系统使用太阳光和汞灯作为光源，后来输出功率大、单色性和相干性能好、线偏振性强的激光器出现后迅速成为了目前最常用的拉曼光源。在选择激发光波长时，应注意激发光波长是否接近样品分子的共振吸收带，越接近分子的最大吸收峰，拉曼效应越强。FT 拉曼光谱仪一般采用 1064 nm 的半导体激光器作为光源，减少了荧光信号，同时更易与红外光谱仪联用。FT 拉曼光谱仪具有较高的分辨率和准确度，但其缺点是体积较大、测量时间较长、测量颜色较深的样品会产生较大的噪声，因此一定程度上限制了其应用。色散型拉曼光谱仪一般采用 532 nm 或 785 nm 半导体激光器作为光源。同 FT 拉曼光谱仪相比，色散型拉曼光谱仪的测量时间更短，且检测器暗噪声更低和量子效率更高，使其灵敏度更高和检测限更低 (李津蓉 , 2013)。

拉曼光谱数据的分析过程包括光谱预处理、回归模型建立、待测样本分析等过程。拉曼光谱中包含一些干扰信息，如环境影响、荧光背景、激光器功率波动、检测器噪声等，目前，随着技术的发展和优化，仪器所引起的噪声越来越小，但环境和样品本身的干扰信号是难以避免的，因此需要利用数学方法建立校正模型消除各类干扰，突出样本的特征信号，然后再建立回归模型并对拉曼光谱进行分析，得到分析结果。

光谱预处理主要分为三个过程：波段选择、噪声处理和荧光抑制 (李津蓉 , 2013)。

（1）波段选择

拉曼光谱的波段一般在 50 ～ 3500 cm^{-1} 范围内，但特定物质成分的特征拉曼信号往往在某个较窄的波段范围内。因此，在对样品成分进行分析时，首先需要选择特征波段，选择特征波段既可以反映被测样品的特征信息又能排除无关的或相关性不大的波段信息，这样进行进一步的回归建模及数据分析时，可以减少数据量、降低干扰，从而提高分析效率并提高数据的准确度。

选择特征波段最基本的方法就是分析已知光谱数据库和类似样品的特征光谱，总结经验，从而对目标成分的特征波段进行手动截取。此外，还可以通过训练样本集自动进行特征波段选择。目前，样本训练的方法主要包括相关系数法、逐步回归法、无信息变量消除法、间隔偏最小二乘法、基于谱峰识别的波段选择算法以及遗传算法等。其中，遗传算法具有全局最优、易实现等特点，是最常用的波段选择方法。

（2）噪声处理

拉曼光谱中的仪器噪声主要由阵列检测器产生，包含光子散粒噪声和暗噪声。光子散粒噪声是由检测器收集光子时的统计误差造成的，该误差服从泊松分布，而暗噪声则接近正态分布。基于散粒噪声和暗噪声的这种统计学特点，可用平滑谱图信号的方法来减少甚至消除影响。常用的平滑方法包括移动平均平滑法、Savitzky-Golay 卷积平滑和 Kalman 滤波。此外，根据噪声的频率特点，可采用低通滤波器对拉曼光谱信号进行噪声处理。最近发展起来一种去噪工具，即小波分析，可以从时域和频域的双重角度识别噪声并进行消除，逐渐得到了广泛的应用。

（3）荧光抑制

在拉曼信号的检测过程中，若样品的特征振动频率与激光频率相同，且荧光效率较高，则样品会吸收激发光子而发射出荧光，从而使样品的拉曼光谱中出现较强的荧光信号背景，该背景也称为基线。若样品产生的荧光背景强度大于其产生的拉曼信号强度，那么拉曼信号则会完全被荧光背景噪声淹没，产生的拉曼谱图则难以进行分析。因此，在测试样品的拉曼光谱之前，需要对荧光进行抑制。目前抑制荧光的措施包括物理化学处理、设备优化及基线校正等。

物理化学处理方法包括荧光猝灭法和光漂白法。荧光猝灭法是向待测样品中添加荧光猝灭剂来降低样品分子的荧光强度，该方法简单易行、成本低，但可能对样品的拉曼信号产生影响，因此限制了其应用。光漂白法是在测试前利用激光对样品进行预照射，使其中的荧光分子产生光化学变化来降低样品的荧光强度，进而对样品中的目标分子进行拉曼分析。该方法也有一定的局限性，一是导致检测时间延长；二是对样品的长时间激光照射对目标分子的结构也可能造成破坏，从而导致拉曼信号的不准确性。

设备优化方法主要包括红外紫外激发、偏振调制、移频激发、高频调制及门控测光法等。采用红外激发的优点是样品分子很少吸收近红外波段的光子，因此基态电子难以激发，无法产生荧光。采用小波长的紫外线激发的优点是荧光的位移与相应的拉曼位移相差很大，即使有荧光产生，也可对荧光信号和拉曼信号进行区分，缺点是紫外线的能量较大，可能导致样品的分解变质。偏振调制法是根据拉曼光与荧光的偏振特性对两种光进行区分，由于荧光多为非偏振光，而拉曼光则为部分偏振光，因此在拉曼分析仪中添加偏振器，将样品发射的光分成两部分：一路进入单色仪作为检测信号，另外一路作为参考信号，通过锁定放大器进行检测，从而实现荧光和拉曼光的区分。但由于部分荧光为偏振光，因此该方法的使用也有一定的限制。移频激发法是根据激发光波长对拉曼光与荧光的影响程度不同对两种光进行区分。在一定范围内，荧光波数不会随着激发光波长的变化而发生改变，而拉曼光的波数则会发生偏移。移频激发法采用两个波长相近的激发光照射样品获得两组数据，将这两组谱图相减得到差谱，这时差谱中的荧光信号被消除，而对拉曼信号的影响不大。高频调制和门控测光法是根据拉曼光和荧光对高频信号的响应快慢和寿命不同来抑制荧光，这类方法效果较好，但设备成本较高。

基线校正方法是根据荧光与拉曼光产生的谱线形态区别进行处理。一般荧光的谱线较为平缓，而拉曼光的谱线较为尖锐，因此可以利用数值分析方法对拉曼光信号和荧光信号进行分解，一般通过频域滤波、小波变换和曲线拟合等方法进行处理，该类方法是拉曼光谱分析系统中常用的光谱处理方法。

3.2.5 红外光谱仪的使用

3.2.5.1 样品处理技术

（1）固体试样的制备

目前，常用的固体试样的制备方法主要有 KBr 压片法、研糊法、薄膜法、衰减全反射法等。

① KBr 压片法。这是测定固体样品最常用的方法。一般取 1 ～ 2 mg 样品粉末和 100 mg 左右干燥的 KBr 粉末一起放入玛瑙研钵中研细混匀，然后倒入专用的压片器中，一边抽真空，一边加压，制成透明的薄圆片。将此片放入仪器的样品架上便可进行测量。此法因 KBr 吸潮，常常在 3500 cm^{-1} 及 1640 cm^{-1} 附近出现水的干扰吸收峰。纯 KBr 在 4000 ～ 400 cm^{-1} 无吸收，因此压片法可获得样品的红外全图谱。

② 研糊法。大多数固体样品都可以使用研糊法来测定它们的红外光谱，尤其是含羟基的样品，采用此法尤为合适。因为常用的压片法，KBr 吸水后干扰羟基的测定。

将 2 ～ 5 mg 样品充分研细成小于 2 μm 的细小颗粒，滴入 1 ～ 2 滴石蜡油作分散剂进一步研磨，直至呈均匀糊状物，然后将糊状物放在两个盐片之间，压成一薄层物进行测量。也可以用六氯丁二烯或全氟煤油等调糊，它们没有C—H振动吸收的干扰。

对于可溶解的高聚物样品，可以将其溶液倒在玻璃板上，待溶剂挥发后，直接用高聚物薄膜进行测定。

③ 薄膜法。主要用于高分子化合物测定的一种方法，一般是将试样热融后涂膜或者压制成膜，还可以将试样溶于易挥发的溶剂中，然后涂膜，等溶剂挥发完全后再测定。

④ 衰减全反射法。这是近年来发展起来的一项新技术。它利用自物体表面反射出来的红外线进行测量。其原理是当样品薄膜紧贴棱镜（采用KRS-5、AgCl、ZnSe或半导体锗制成，其折射率大于样品）底面时，当红外线入射角大于等于临界角时，入射光入射到样品的一定深度后发生衰减全反射。在样品的透光区，反射光能几乎等于入射光能，而在样品的吸光区，则有部分入射光被吸收，“全反射”是衰减的，其衰减程度与样品的吸光系数的大小有关。当扫描整个红外光区时即可得到类似于通常的透射光谱。对于特别黏稠的液体、不溶性固体、弹性体以及高聚物薄膜等样品都可用这项技术进行测量。

（2）液体试样的制备

对于易挥发性、低沸点的液体试样，一般采取液体池法，就是将试样溶于适当的红外溶剂中，用注射器注入固定液池中测定。对于沸点较高的试样，则要考虑用液膜法进行制样，将试样直接滴入盐片之间，形成液膜，调节试样室螺丝，固定装有试样的盐片，然后进行扫描测定。

（3）气体试样的制备

气体试样可在玻璃气槽中测定，玻璃气槽的两端都密封有NaCl或KBr材质的能透射红外线的窗片，一般是先将玻璃气槽抽成真空，然后再注入试样测定。

3.2.5.2 定性分析

解析红外光谱时，可以按照波段、波数由大到小逐一分析，找出化合物可能存在的官能团的各个相关峰。也可以首先从羰基伸缩振动频率区1870～1650 cm^{-1}查看有无中等宽度的强吸收带。如有，进一步在其他区域查找为哪一类羰基化合物。如没有，则排除化合物中存在羰基，查找其他类化合物存在的官能团。总之，解析谱图没有一个一成不变的解析步骤，只有反复多次解析各类有机物的红外谱图，不断积累经验，才能熟练地进行谱图解析。

无论用哪种方法解析谱图，在确定了化合物类型和可能含有的官能团后，都可以按类查图表，并按照影响基团频率移动的各种因素，进一步分析结构细节。当确定了可能的结构后，应对照有关有机化合物的红外标准谱图或者与已知结构相似的化合物在同样条件下绘制的红外光谱进行对照，并结合核磁共振、质谱及紫外光谱等来确证未知化合物的结构。

解析红外谱图时，应注意下列几点：

① 谱图上某吸收峰不存在，可以确信相对应的某官能团不存在（但要注意处于对称位置的双键或三键的伸缩振动，由于振动过程中偶极矩无变化，不显示吸收峰）。相反，吸收带存在时并不是该官能团存在的确证，应考虑杂质的干扰。

② 如果在4000～400 cm^{-1}间只显示少数几个宽吸收峰的谱图，这很可能是无机化合物的谱图。

③ 解析谱图时，首先要注意强吸收峰，但有些弱峰、肩峰的存在不可忽视，这些峰往往给结构研究提供线索。

④ 解析谱图时，辨认吸收峰的位置无疑是重要的，但吸收峰的强度以及峰形也是红外吸收的重要特点，对确定结构也是很有用的信息。例如，缔合羟基、缔合伯胺基以及炔基，它们在 3000 cm^{-1} 附近的吸收峰位置只是略有差别，不易区分。但吸收峰形很不一样，缔合羟基的吸收峰圆而钝，缔合伯胺基的吸收峰有一个小的分岔，炔基则呈现尖锐的峰形。

⑤ 在一张红外谱图上，并不是所有吸收带都能指出其归属，因为有些谱带是组合频、偶合共振等引起，有些则是多个基团振动吸收的叠加。

3.3 光学技术在细胞性能表征方面的应用

3.3.1 在细胞分选中的应用

3.3.1.1 流式细胞术在细胞分选中的应用

流式细胞术是快速准确的多参数分析方法，同时也是一种快速获得高活性目的细胞的分选手段（图 3-11）。流式细胞仪的分选指标主要包括：分选速度、分选纯度及分选收获率。分选速度指每秒可提取所要细胞的个数，目前台式带分选的仪器，它的分选速度为 300 个 /s，大型机的最高分选速度可达每秒上万个细胞。分选纯度是指被分选出的细胞所占的比例，一般台式机和大型机的分选纯度均可达到 99%。分选收获率是指被分选出细胞占原来溶液中该细胞的比例。通常情况下，分选纯度和收获率是互相矛盾的，纯度提高，收获率降低；反之亦然。这是由于样品在液流中并不是等距离一个接着一个有序排队，而是随机的。因此，一旦两个不同细胞离得很近时，在强调纯度和收获率不同的条件下，仪器会作出取或舍的决定。因此，选择不同模式要视具体实验要求而定。

目前流式细胞术已大量应用于分选基因特异性表达的细胞或微生物。2012 年 Ribelles 等人将绿色荧光蛋白（GFP）基因与 *LysA2* 基因融合表达，利用流式细胞仪直接筛选获得转基因的细菌（Ribelles et al, 2012）。利用小分子重新设计细胞表面的策略已经成为调控和研究体外及体内生物过程的强大工具，Nelson 等人首次证明了金黄色葡萄球菌表面可以被修饰，以结合外源性、非原生小分子的方式，用于快速检测和筛选条件致病菌金黄色葡萄球菌（*Staphylococcus aureus*）（Nelson et al, 2010）。原生质体是真菌遗传育种的重要基础材料，徐丽丽等（2020）探索了卵孢小奥德蘑原生质体的制备和再生方法，利用流式细胞术快速获得有活力的原生质体，为卵孢小奥德蘑的遗传转化和相关功能研究奠定了基础。

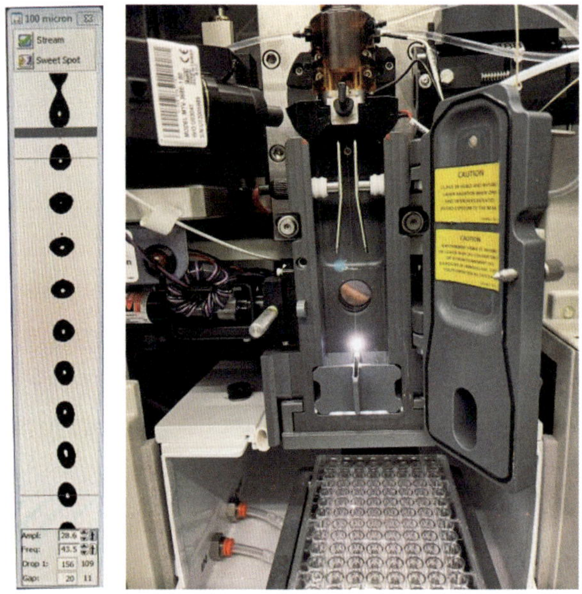

图 3-11　流式分选装置

Liang 等人将流式细胞分选技术应用到代谢工程改造中，设计了甲羟戊酸生物传感器，将目标产物甲羟戊酸作为荧光基因的开关，产生甲羟戊酸时，开关打开，荧光基因表达，根据此原理利用流式细胞分选仪筛选高产甲羟戊酸的菌株（图 3-12），并成功筛选到了一株甲羟戊酸产量提高 60% 的突变株（Liang et al, 2017）。

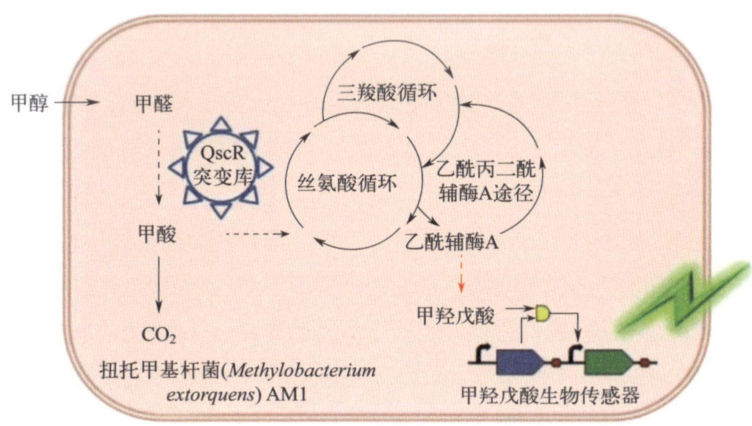

图 3-12　流式细胞分选技术在代谢工程中的应用

3.3.1.2　紫外光谱在细胞分选中的应用

紫外光谱也属于电子光谱，是通过光与分子的相互作用，电子从基态跃迁至激发态的光物理过程。相比于其他方法在针对微生物定量检测上的局限性，紫外光谱技术具有操作简单、无需添加反应试剂等优点，且基于微生物体内氨基酸分子含有共轭结构的特点，以及紫外吸收光谱对共轭结构具有高敏感性的优势，紫外光谱技术在微生物定性、定量检测领域的研究中具有广泛的应用。

国外的学者已较早地将紫外光谱技术应用于微生物领域的检测研究中。2004 年 C. E. Alupoaei 等人首次获取了大肠杆菌在各生长时期的紫外-可见光谱，并构建了微生物紫外-可见光谱的细菌解释模型，为之后的各领域中细菌的光谱研究提供了理论依据（Alupoaei et al, 2004）；Serebrennikova 等利用紫外光谱对疟原虫的三个生长阶段加以研究，建立模型可以准确体现疟原虫各阶段的生长性质（Serebrennikova et al, 2010）。Smith 等利用紫外吸收光谱对 4 种具有临床意义的细菌进行种类鉴定，根据光散射理论、光谱卷积技术以及活体生物体的基本组分的光学性质建立细菌的形态组分模型，结果表明分类模型具有较高准确度（Smith et al, 2012）。

目前，国内已有中国科学院赵南京博士课题组将此技术应用于细菌研究领域，对水体中不同浓度大肠杆菌、肺炎克雷伯菌、金黄色葡萄球菌和鼠伤寒沙门菌的多波长透射紫外-可见光谱进行获取与特征分析，研究表明各细菌浓度与光密度值相关性较好；同时，基于 Mie 散射模型与朗伯-比尔定律，对最佳敏感波段 250 ～ 350 nm 光谱吸收部分进行解析，计算出单个细菌的平均核酸量和蛋白质量，结果表明，紫外可见光谱法在实现水体细菌的定量检测上具有可行性（胡玉霞，2018）。

综上所述，紫外光谱法在细菌的定性与定量检测中均具有较高的准确度。现有的研究都是以水体作为检测背景，检测背景成分组成单一，而食源性致病微生物检出源的成分组成都相对复杂，在光谱中的谱峰极易与微生物的特征谱峰重叠，导致微生物的光谱特征难以拾取，进一步引起其总数的定量检测结果准确性低。因此有必要将检测背景的光谱谱峰与待测微生物的特征谱峰进行分离，消除复杂背景对检测光谱的影响，降低特征波长拾取难度，这对提高微生物菌群数的定量检测结果的准确性具有重要意义。

3.3.1.3 拉曼光谱在细胞分选中的应用

共聚焦显微拉曼光谱仪利用单细胞拉曼光谱技术可实现单细胞拉曼光谱采集、单细胞拉曼分选以及配合荧光探针实现单细胞快速筛选。2009 年，Huang 等人利用拉曼光镊（Raman tweezers）技术，即通过拉曼光谱识别细胞然后使用光学捕获技术来操纵细胞，成功地对酵母菌和细菌的单细胞进行了分选，并对分选的细胞进行了培养和进一步的基因组扩增验证（Huang et al, 2009）。2015 年，Zhang 等利用微流控系统捕获单个细胞，并使其有序地单独定位到检测点进行拉曼测量，利用该方法，成功分选了可以产生类胡萝卜素的酵母（9%）和不能产生类胡萝卜素的酵母（91%）的细胞混合物，前者平均富集到 73%，并显示出亚秒级的快速拉曼细胞分选（图 3-13）（Zhang et al, 2015）。2017 年，Song 等通过拉曼激活细胞弹射（Raman-activated cell ejection）技术获取了水样中高产类胡萝卜素的细菌，并对该细菌单细胞基因组进行了分析，这种与单细胞基因组学相结合的细胞分选是绕过微生物培养和揭示微生物“暗物质”的强大工具（Song et al, 2017）。基于单细胞拉曼光谱的分选技术，实现了单细胞识别、分选和基因获取，为单细胞异质性研究和难培养微生物的研究奠定了基础。2022年，Zhang 等人利用单细胞拉曼分选耦合测序（RACS-Seq）技术实现了高产油微藻的筛选，可以高通量地进行工程藻株、培养条件和培养时间点的筛选和确定（Zhang et al, 2022）。

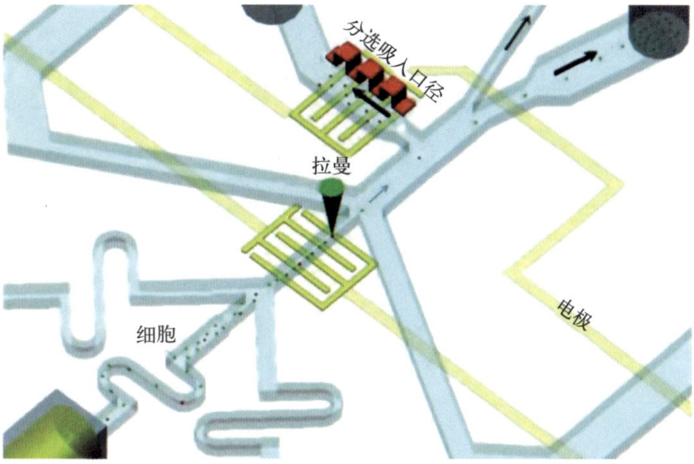

图 3-13　基于微流控系统的拉曼细胞分选（Zhang et al, 2015）

3.3.1.4　红外光谱在细胞分选中的应用

波长范围为 750 ～ 1700 nm 的近红外窗口被称为生物窗口，因为生物组织在该区域的自体荧光、紫外吸收、散射非常低，十分有利于生物成像。因此，除荧光成像共有的特性外，近红外成像还具有高穿透深度、高时空分辨率、超高灵敏度等优势。目前基于纳米尺寸金属-有机框架材料（NMOF）的近红外荧光成像试剂研究主要集中在近红外一区（NIR-Ⅰ，750 ～ 900 nm），近年来，研究重点逐渐转向近红外二区（NIR-Ⅱ，1000 ～ 1700 nm）。由于进一步减少了光子散射、紫外吸收和组织自体荧光，NIR-Ⅱ荧光成像展现出优于 NIR-Ⅰ荧光成像的性质。Petoud 和他的同事设计合成了以镧系金属离子 Yb^{3+} 和敏化剂对苯二甲酸（BDC）为配体的近红外发光 NMOF 结构 nano-Yb-BDC-3，并将其应用于细胞成像，如图 3-14 所示。相比于对照组，nano-Yb-BDC-3 处理后的细胞表现出明显荧光 (Foucault-Collet et al, 2013)。细胞壁上的官能团即羟基、羧基、磺酸基等与金属离子的相互作用叫作生物吸附。韩润平等（2000）通过研究浮萍吸附 $ZnSO_4$ 前后红外光谱的变化，发现结合 $ZnSO_4$ 后细胞的结构发生了变化，羟基在结合 Zn^{2+} 时起重要作用，浮萍与 $ZnSO_4$ 的结合过程是物理吸附和化学吸附共同作用的结果。

基于近红外 NMOFs 的成像试剂虽有报道，但成像结果不尽如人意。如图 3-15 所示，Li 课题组利用一锅法将近红外染料 RhI 和抗癌药物分子 DOX 封装进 ZIF-90 中，而 ZIF-90 结构在肿瘤微环境高浓度 ATP 的作用下坍塌，导致 RhI 释放，从而完成近红外成像（Chen et al, 2022）。

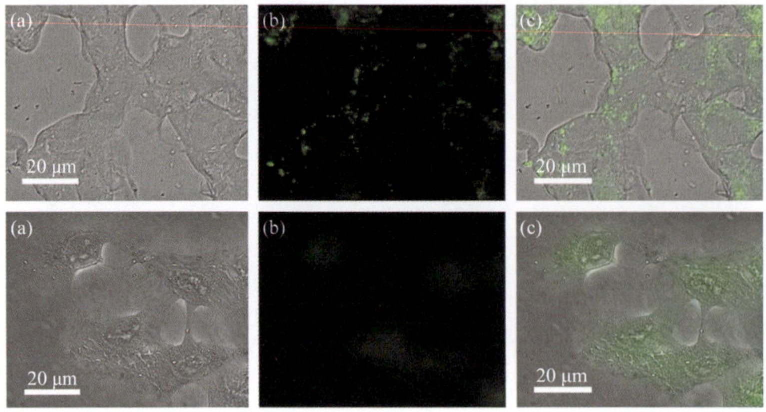

图 3-14　nano-Yb-PVDC-3 处理（上）和未处理（下）后 NIH 3T3 细胞的共聚焦显微图像（Foucault-Collet et al, 2013）

（a）明场图像；（b）H2-PVDC 荧光发射图像（λ_{ex} = 365/12 nm，λ_{em} = 445/50 nm）；（c）合并图像

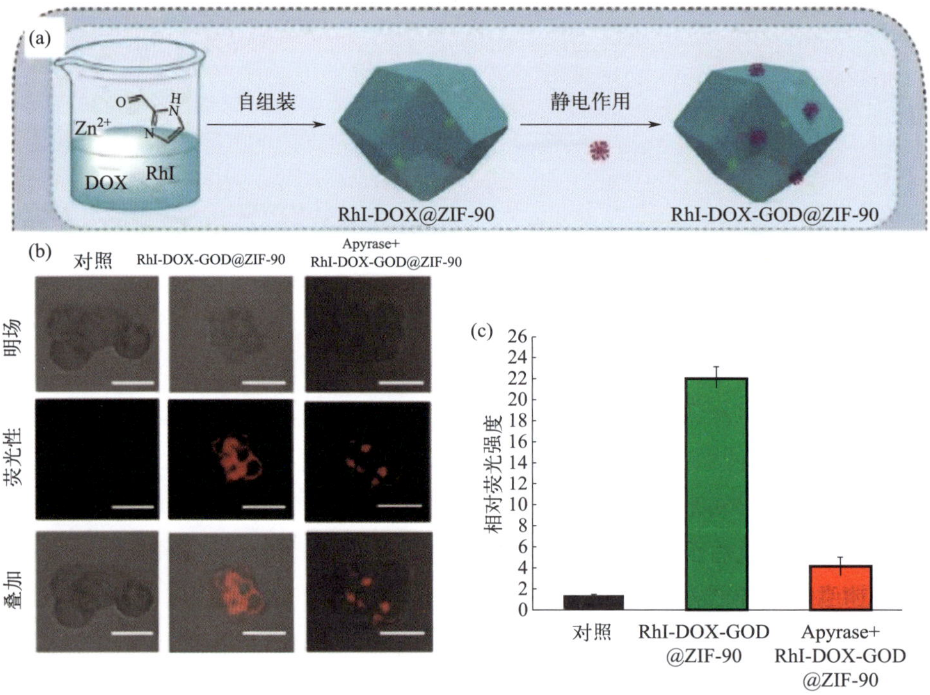

图 3-15　RhI-DOX-GOD@ZIF-90 纳米颗粒的合成示意图（a）和 HCT116 细胞荧光图像（b）及图的相对荧光强度（c）（Chen et al，2022）

对照组：细胞未经处理；RhI-DOX-GOD@ZIF-90 组：RhI-DOX-GOD@ZIF-90 处理后的细胞；Apyrase +RhI-DOX-GOD@ZIF-90 组：先用 Apyrase（三磷酸腺苷双磷酸酶）处理细胞，再用 RhI-DOX-GOD@ZIF-90 处理细胞

红外技术还可以与显微镜联合使用进行细胞的分选。Stiefel 等利用流体力显微镜（fluidic force microscopy, FluidFM）对细菌进行了筛选，他们发现能产生细菌叶绿素的细菌在红外范围内具有特征性荧光，而不产细菌叶绿素的细菌则没有相应荧光，因此可以根据此区别来筛选具有光合作用潜力的细菌（Stiefel et al, 2013）。

3.3.2 在细胞 DNA 及蛋白质表征中的应用

3.3.2.1 紫外光谱在细胞DNA及蛋白质表征中的应用

有些分子与生物分子作用后，它们的吸收光谱会有一定改变，因此紫外光谱仪可以应用于这类相互作用分析中。发生相互作用前后吸收光谱的变化过程可以反映出 DNA 在小分子作用下其结构和构象变化的动态过程。DNA 吸收光谱的减色效应和增色效应是它特有的与其双螺旋结构有关的光谱性质，减色效应是 DNA 分子轴向收缩、构象变化的结果，增色效应则是 DNA 双螺旋结构被破坏的结果。凌连生等用紫外光谱研究了 Ru(Ⅱ)配合物与 DNA 之间的作用，对比了 $Ru(bipy)_2(dppz)^{2+}$ 和 $Ru(bipy)_3^{2+}$ 两种配合物与 DNA 作用后相互之间对紫外吸收光谱的影响，根据吸收光谱的变化，由强减色效应和红移现象常伴随小分子与碱基对的插入键合作用这一理论依据，得出 $Ru(bipy)_2(dppz)^{2+}$ 是通过 dppz 配体插入 DNA 的双螺旋结构中，而 $Ru(bipy)_3^{2+}$ 则不与 DNA 发生作用的结论（凌连生等，2001）。

蛋白质和小分子之间的相互作用可以通过紫外可见吸收光谱的变化来判断。Ghabi 等用紫外光谱法研究咖啡因-水-多肽体系之间的相互作用，结果表明该作用的类型可能取决于多肽的性质（Ghabi et al, 1999）。Ruso 等人曾将紫外示差分光光度技术用于研究普萘洛尔氢氧化物与人血红蛋白和血清白蛋白在水溶液中的相互作用（Ruso et al, 2000）。有人研究了人参皂苷 Rg3 对乳铁蛋白的紫外可见吸收光谱的影响。由于具有酪氨酸（Tyr）、色氨酸（Trp）和苯丙氨酸（Phe）等残基，乳铁蛋白在 280 nm 左右有固定的吸收峰。随着人参皂苷 Rg3 浓度的增加，乳铁蛋白在 280 nm 处的吸光度略有提高，推测乳铁蛋白与人参皂苷 Rg3 之间存在相互作用。这是因为与人参皂苷 Rg3 相互作用后，埋藏在乳铁蛋白内的 Tyr 和 Trp 残基暴露，增加了乳铁蛋白的疏水性，Tyr 和 Trp 结构的极性也被削弱。同时也表明乳铁蛋白的二级结构在结合人参皂苷 Rg3 时发生了变化（Fang et al, 2017）。

3.3.2.2 圆二色谱在细胞DNA及蛋白质表征中的应用

圆二色谱是观察 DNA 结构改变的重要工具，不同结构 DNA 的 CD 谱具有显著差异。DNA 的结构与实验条件息息相关，如溶液的 pH、温度和离子强度等，此外 DNA 序列的差异、碱基组成等因素对其 CD 谱也具有显著影响。DNA 由磷酸、脱氧核糖和碱基组成。一般情况下，两条互补 DNA 单链都是形成标准的右手双螺旋结构（B-DNA），即亲水性的磷酸与核糖形成骨架处于外侧，疏水的碱基两两配对处于内侧，每个螺旋有 10 个碱基对，碱基的平面与双螺旋结构的螺旋轴垂直。碱基之间形成的氢键存在一定角度，使得双螺旋结构中存在大沟和小沟。B-DNA 是最常见的一种 DNA 的构型，其 CD 谱图中，280 nm 附近出现正性带，245 nm 附近出现负性带，谱带与基线轴交会于 260 nm 附近。这种 CD 谱图是由众多碱基之间的电子跃迁偶极矩的耦合形成的。天然的 DNA 包含 4 种不同的碱基，即腺嘌呤

(A)、胸腺嘧啶 (T)、鸟嘌呤 (G) 和胞嘧啶 (C)，总共有 7 种 $\pi \rightarrow \pi^*$ 吸收带，其电子跃迁间的激发态相互作用最终呈现出一正一负的 CD 谱图带。在 DNA 的圆二色谱图中，220 nm 以下的短波长区域信号与 GC 含量有关，CD 信号较强，DNA 二级结构的改变对其影响巨大，可以产生显著改变。天然 DNA 的成分中仅脱氧核糖为不对称结构，为 D 构型，如将其人为地用 L 构型的脱氧核糖代替，则新形成的 DNA 的 CD 谱是天然 DNA 谱图的镜像。DNA 中 4 种碱基之间的电子耦合方式在生物学中也非常重要，已经引起广泛关注。当 DNA 链中存在某些特殊序列或在某些特殊环境中时，其碱基还可以形成一些特殊配对形式，如 DNA 双链与嘧啶碱基含量高的 DNA 单链共存时，可以通过特殊的 C-(C-G)、T-(A-T) 等配对方式形成 DNA 三链，其中 DNA 单链结合在 DNA 双链的大沟内。此外，在某些特殊环境下，高 G 碱基含量的 DNA 序列可进行 G-G-G-G 配对，形成 G-四链体（G-quadruplex）结构，高 C 碱基含量的 DNA 序列可进行 C^+-C 配对，形成 i-motif 形式的 DNA 四链结构。同步辐射圆二色谱技术（SRCD）非常适用于研究 DNA 中碱基之间的电子耦合程度，即激发态电子波函数的电子移位程度。电子激发态与碱基的组成和碱基的序列相关，不同 DNA 结构的电子激发态特性不同，导致 SRCD 谱不同。由于 SRCD 技术目前尚不够普及，利用其研究 DNA 结构的工作一般处于初步阶段，研究进展远远不及对蛋白质及细胞内小分子代谢物的研究。人们对 DNA 特殊结构的研究还不够深入，仅 DNA 双螺旋结构研究较为透彻。随着 SRCD 技术的发展，人们对功能 DNA 的纳米结构的研究将为生物学研究提供颠覆性的认知。目前，对核酸适配体的研究表明，这一类核酸或许可以代替蛋白质的生物功能，进一步研究核酸适配体的独特三维结构将能阐明一种新的生物调控机制，目前尚没有其他合适的技术进行相关研究，SRCD 有望在此领域发挥重要作用。

DNA 是遗传信息的重要载体，很多抗肿瘤、抗病毒和抗菌的药物以 DNA 作为靶点来发挥作用（刘振佳等，2010）。因此，DNA 与药物分子的相互作用对药物的作用机制研究和结构改造研究意义重大。很多与 DNA 结合的药物分子本身无光学活性，而与 DNA 结合并作用后，该分子的构象发生了改变，产生光学活性，药物分子还可以与 DNA 碱基的电子跃迁偶极矩耦合而产生 CD 信号，从而可以测得诱导的圆二色（induced circular dichroism，ICD）谱。在测试过程中如果发现 ICD 信号的出现，则说明小分子与 DNA 产生了相互作用，根据 ICD 的特征，可以判断小分子与 DNA 的作用方式。DNA 嵌入剂一般仅产生较弱的诱导信号，一般不超过 10 L/(mol·cm)，若出现较强的 ICD 信号则说明小分子结合在了 DNA 的小沟（图 3-16）（Garbett et al, 2007）。药物分子与 DNA 的作用除了可以产生在 300 nm 以上的诱导信号外，还可以通过引起 DNA 构象的改变对 DNA 圆二色谱图正、负双信号区域产生影响，相关的影响主要包括以下几个方面：DNA 与小分子化合物结合后，DNA 几何结构的改变或者 DNA 与小分子化合物电子跃迁偶极矩的耦合会引起 DNA 碱基的电子跃迁偶极矩耦合情况的改变，从而导致原有 CD 谱图中的峰强度和峰位置的改变；小分子化合物嵌入 DNA 中后可引起螺旋中碱基数的增加，由于 CD 谱图中在 275 ～ 280 nm 位置出现的正峰的信号强度与 DNA 双螺旋结构中的每个螺旋的碱基数相关，但是螺旋状态对 CD 谱的影响较为复杂，因此该区域的正峰的强度可能出现减弱或增强，也可能变化并不大。此外，小分子对 245 nm 处的负峰的影响也较大，随着化合物在 DNA 分子中的比例增加，该峰强度可能出现增强或减弱。

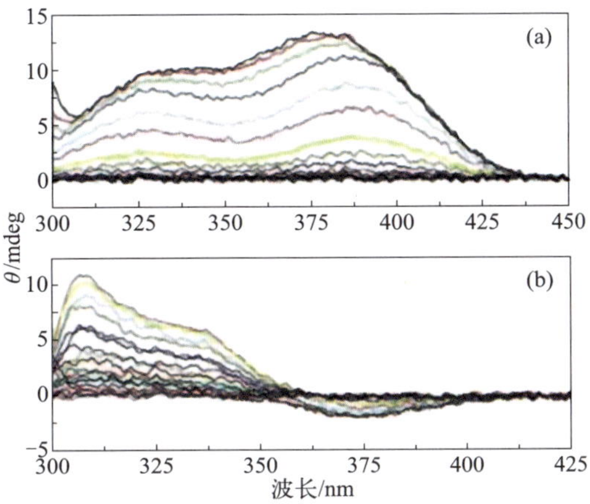

图 3-16 小分子与 DNA 的小沟结合的典型 ICD 谱（385 nm）（a）和小分子与 DNA 发生嵌入结合时的典型 ICD 谱（375 nm）（b）

圆二色谱能够灵敏地检测蛋白质二级结构的变化。在蛋白质中，由于氨基酸排列的不同，不同部分的肽链可以形成各种不对称的立体结构，包括 α 螺旋、β 折叠、β 转角和无规则卷曲等。这些立体结构在紫外 190 ～ 240 nm 的波长范围内对光有吸收能力，在不同的波长下其对光的吸收差值不同，从而导致特征的圆二色谱图。一般来说，α 螺旋的谱图呈双负峰形，β 折叠的谱图呈单负峰形，无规则卷曲则在波长很短的地方显示单峰。蛋白质或多肽链的各种立体结构组合曲线代数加和构成了其对应的圆二色谱，据此可以计算 α 螺旋、β 折叠、β 转角等不同的立体结构的含量（Kamat et al, 2004）。如，Gao 等通过圆二色谱对紫丁香苷与人血清白蛋白（human serum albumin, HSA）的相互作用进行了研究，发现紫丁香苷能够使 HSA 的 α 螺旋结构增多，从而使 HSA 的二级结构发生变化（Gao et al, 2010）（图 3-17）。

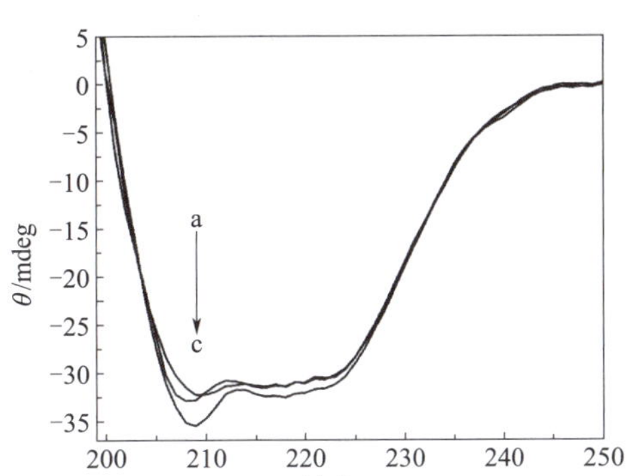

图 3-17 HAS-紫丁香苷相互作用系统的 CD 谱图

a—3.0×10^{-6} mol/L HSA；b 和 c—3.0×10^{-6} mol/L HSA 分别与 3.00×10^{-6} mol/L、12.0×10^{-6} mol/L 的紫丁香苷作用；Tris 缓冲液：pH = 7.40；T = 298 K

3.3.2.3 拉曼光谱在细胞蛋白质表征中的应用

拉曼光谱利用指纹峰来探索蛋白质的分子信息，是非常可靠的方法。其中，表面增强拉曼光谱（SERS）技术能将目标物质的拉曼信号增强 10^3 倍以上，其放大作用主要来自所利用的金属纳米结构的局域表面等离子体激元共振（LSPR）所造成的局部电磁场的增强。目前，表面增强拉曼光谱在检测蛋白质分子方面的探索较多，具有较大的潜力（Han et al, 2009; Bryce et al, 2018; Epstein et al, 2019）。通过蛋白质的增强拉曼光谱可以深入了解其组成、构象、功能以及蛋白质与配体的相互作用（Matteini et al, 2017）。然而，尽管已经进行了大量的尝试，但人们发现使用 SERS 技术直接分析蛋白质的要求很高，SERS 技术距离成为一种成熟的用于实际应用的分析工具还很远。标准化的基于 SERS 技术的蛋白质鉴定的主要关注点包括敏感性、再现性和原生状态的保存。Han 等人以硫酸钠为聚集剂，在酸性条件下对蛋白质分子溶液进行了检测（Han et al, 2009），报道了可重复的 SERS，然而并不能判断在酸性条件下蛋白质是否保持了自然折叠状态，且由于所得信号主要来自氨基酸残基和酰胺骨架，SERS 非常相似，难以区分不同种类的蛋白质。Matteini 等人在生理 pH 条件下使用银纳米粒子成功对蛋白质（如细胞色素 C，cytochrome C）进行了 SERS 定性分析（图 3-18）（Matteini et al, 2017）。黄景林等人利用 SERS 技术对人体唾液中的痕量 SARS-CoV-2 病毒刺突蛋白（S 蛋白）进行了检测，研究表明，含 S 蛋白的唾液样本拉曼谱图中可观察到特征的拉曼谱线，且与对照唾液样本的拉曼谱图具有明显区别，最低检测限可达 10^{-9} g/mL，因此利用该技术可快速识别人唾液中的痕量 S 蛋白，为后续 SERS 技术在病毒快速检测方面的应用奠定了基础（黄景林等, 2020）。

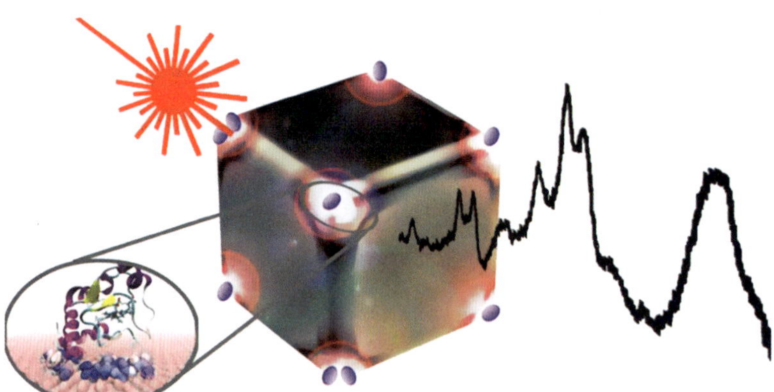

图 3-18　基于银纳米粒子基质的表面增强拉曼光谱技术（Matteini et al, 2017）

3.3.2.4 红外光谱在细胞蛋白质表征中的应用

红外光谱可以提供有关物质结构的数据，反映出分子间相互作用的信息。傅里叶变换红外光谱法（FTIR）多用于蛋白质的二级结构定量研究。周晓等（1999）为探讨镍对红细胞膜损伤作用的机理，利用傅里叶变换红外光谱技术研究氯化镍对人红细胞膜蛋白二级结构的影响，FTIR 去卷积谱表明：在镍作用下的红细胞膜蛋白分子之间形成很强的氢键，使蛋白质发生变性和不可逆聚合。沈玉华等（1999）利用 FTIR 法对牛血清白蛋白（BSA）与羟基磷灰石 [$Ca_{10}(PO_4)_6(OH)_2$] 的作用方式进行了研究，利用红外光谱减法技术处理复合物的特征谱带，在红外差谱中可以看到羟基磷灰石和 BSA 的特征谱带都发生了变化，它们之间存在着强烈的相互作用，在该作用下水溶性的 BSA 进入固体羟基磷灰石的结构，从而形成难溶性的复合物。

红外光谱技术在溶液蛋白的结构和水合研究方面也展现了强大的功能。首先，红外光谱可以直接用于真实生物样本的分析而无需预处理。其次，蛋白质的二级结构信息和水合信息能够在红外光谱中同时体现出来，因为在红外区，由蛋白质和水分子引起的吸收波段是分布在不同位置上的。另外，红外线可以检测到由多种扰动引起的水结构的变化，因此利用水物质在红外光区的吸收波段或者吸收图谱所提供的信息能够获得水结构的信息以及水分子与溶液体系中其他物质的相互作用信息。朱迅涛在研究近红外分析蛋白质的实例，并与传统检测手段测试结果对比的基础上证实了近红外分析技术快速检测火腿肠中蛋白质的可行性（朱迅涛，2002）。李贵杰等使用近红外扫描技术分析花生中蛋白质等营养物质的含量，筛选出了蛋白质含量明显提高的转化体（李贵杰等，2011）。丁雪等利用傅里叶变换红外光谱技术对玉米秸秆不同部位蛋白质分子结构进行研究，发现不同部位的营养价值与其蛋白质分子结构有着一定的相关性（丁雪等，2017）。

3.3.3 在细胞代谢产物表征中的应用

3.3.3.1 紫外光谱在细胞代谢产物表征中的应用

紫外吸收是小分子化合物的重要特征之一，含有双键的物质均具有一定的紫外吸收。基于紫外光谱开发的紫外检测器与高效液相、质谱等仪器联用不仅可以广泛用于细胞代谢产物的定性和定量分析，还可以指导细胞代谢产物的分离纯化。如一些微生物来源的抗生素等活性次级代谢产物以及 3-羟基丙酸、乳酸等高附加值产品都可以基于紫外吸收利用紫外检测器进行检测。

3.3.3.2 圆二色谱在细胞代谢产物表征中的应用

圆二色谱在研究分子的绝对构型、优势构象等各方面应用非常广泛。近些年来，圆二色谱在与手性物质相关的领域发挥着越来越大的作用，如药物化学、酶动力学、生物化学和医学等。微生物的次级代谢产物大都含有手性中心，也正是因为手性中心的立体构型不同使其结构具有多样性和复杂性，不同的构型导致了多种不同的药理性质，在药物研发领域发挥着重要作用。次级代谢产物的绝对构型确定非常重要，但由于大部分次级代谢产物的获得量较少且手性中心较多、结构较为复杂，天然产物绝对构型的确定具有很大挑战性。目前确定绝对构型的方法包括基于核磁谱图观察的 Mosher 法等化学衍生手段、单晶 X 射线衍射技术、不对称合成方法和圆二色谱等手性光学方法等。其中，圆二色谱技术所需样品量少且样品可回收，逐渐发展成为一种研究次级代谢产物绝对构型的成熟工具。此外，随着量子化学相关研究的发展，基于量子化学的 ECD 计算日趋成熟，逐渐应用于手性物质的绝对构型确定中。含有单个手性中心的物质可以直接对两种对映异构体进行 ECD 计算，而含有多个手性中心的物质，则需通过 NOESY 谱图分析等方法确定相对构型后再对两种对映异构体进行 ECD 计算。计算完成后，将实验值与两种对映异构体 ECD 谱图进行对比，根据 ECD 谱图的异同确定手性物质的绝对构型，Cotton 效应一致的构型则为正确的绝对构型。

CD 比较、CD 计算等圆二色谱方法已经被广泛应用于各类型细胞代谢物质绝对构型的研究，包括萜类、聚酮类、甾体类、生物碱类等。柔性键比较少的化合物，如一些环状结构或不饱和度较高的结构，优化所得的低能构象也比较少，计算过程耗费的时间较少，按照常规计算步骤即可顺利完成。但很多化合物柔性较强，如含烷烃链的化合物，低能构象相对较多，计算所需时间相对较多，为了缩短计算时间，可以采用简化结构、结合 NMR 约束低能构象等方法。如，fumiquinazoline 类生物碱 neosartoryadin A（**1**）和 B（**2**）、fiscalin E（**3**）和 F（**4**）的绝对构型就是通过圆二色谱技术确定的（图 3-19）(Yu et al, 2016)。首先，化合物 **1** 和 **2** 具有独特的多环结构，与其他经典的 fumiquinazoline 类生物碱不同，为新颖骨架化合物，没有合适的化合物进行 CD 谱图对比，因此作者通过 NOESY 谱图确定了化合物 **1** 和 **2** 的相对构型后，对化合物 **1** 的 CD 谱图进行了计算，计算所得谱图与测试谱图 Cotton 效应一致，从而确定了化合物 **1** 的绝对构型。由于化合物 **2** 的母核结构与化合物 **1** 的相同，且 CD 谱图 Cotton 信号一致，因此，确定化合物 **2** 的绝对构型与化合物 **1** 相同。此外，作者通过 NOESY 谱图分析推测化合物 **3** 和 **4** 为 C-3 位的差向异构体，在通过单晶测试确定了化合

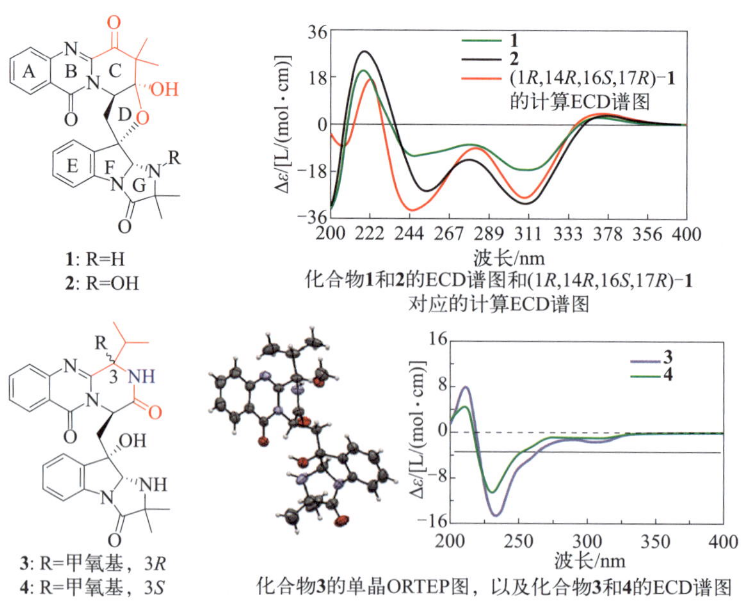

图 3-19 化合物 **1** ～ **4** 的结构及对应的 CD 谱图和单晶谱图

物 **3** 的绝对构型后，比较 **3** 和 **4** 的 CD 谱图确定了化合物 **4** 的绝对构型。作者根据文献总结发现 C-3 的构型变化对 CD 影响不大，由于 **3** 和 **4** 显示一致的 CD 谱图，因此判定化合物 **4** 与 **3** 相比仅 C-3 的构型不同。

3.3.3.3 拉曼光谱技术在细胞代谢产物表征中的应用

目前，除了在细胞分选和蛋白质成分检测方面的应用，拉曼光谱及其衍生技术在单细胞尺度分析方面的应用也非常广泛，包括各种细胞成分的表征、各类细胞过程的监测、研究各种条件对细胞的影响等。Li 等通过共振拉曼散射技术对光合微生物的单细胞 ^{13}C 代谢情况进行了表征，发现了共振拉曼光谱的拉曼位移的红移程度与单细胞中的 ^{13}C 含量成正比（Li et al, 2012）。Sun 等通过 SERS 结合微流控技术，利用银纳米颗粒（AgNPs, 30 nm）修饰的 400 nm Fe_3O_4 磁性微球组成的多功能磁性 SERS 衬底，实现了单细胞水平上多重代谢物的无标签同时分析。这种金属-磁性复合底物有利于单细胞代谢物的高效吸附和与复杂基质的快速分离，具有较高的 SERS 敏感性。此外，由于其体积较大，可以完全防止内吞作用。这项工作基于代谢产物固有的特征 SERS 指纹实现了无标记、无损，同时测定三种单细胞代谢物——丙酮酸、三磷酸腺苷（ATP）和乳酸（Sun et al, 2019）。还有不少研究使用深紫外共振拉曼光谱技术实现了对细胞色素 C（Copeland et al, 1985）、胰岛素（Rava et al, 1985）、多种嘌呤和嘧啶等（Fodor et al, 1985）的识别。不少团队还采用受激拉曼散射和相干反斯托克斯拉曼散射技术对细胞内脂质（Wang et al, 2014）、蛋白质（Wei et al, 2013）、核酸（Lu et al, 2015）与葡萄糖（Li et al, 2013）等分子的代谢情况进行了超快拉曼成像分析。此外，Huang 等发现，将细菌利用 ^{13}C、^{15}N 和 ^{2}H（D）等稳定同位素标记后，使得原有元素所产生的拉曼特征峰发生偏移，出现了新的特征性的拉曼位移（Huang et al, 2009）。例如，氘元素标记的细胞在 2040 ～ 2300 cm^{-1} 处具有较为明显的碳-氘（C-D）拉曼光谱带，该谱带是由 2970 cm^{-1} 处的碳-氢（C-H）键振动信号偏移而来（图 3-20）。能进行代谢活动的细菌可以通过 NADP（H）循环将重水（D_2O）中的氘元素通过生物合成转化到生物分子中，以 C-D 键的形式存在，被氘标记；而没有代谢活动的细胞则无法利用重水中的氘元素，不能进行氘标记。没有被氘标记的生物分子在拉曼光谱中的静默区（2000 ～ 2800 cm^{-1}）一般没有拉曼谱带。因此，若在重水中培养的单细胞在拉曼光谱中具有显著 C-D 拉曼光谱带，则可作为具有代谢活性的重要证据（Berry et al, 2015）。将重水与抗生素联合使用，则可根据拉曼光谱中 C-D 谱带的强度来评价抗生素对微生物的作用。在医疗领域，治疗革兰氏阳性菌与阴性菌感染的抗生素种类一般不同，因此快速准确地进行病原菌的革兰氏染色分类对抗生素的正确应用非常重要，拉曼光谱能够通过细胞成分的谱图差异高效判断，在该领域的应用潜力巨大。Prucek 等人通过以纳米银为底物的表面增强拉曼光谱技术对两种革兰氏阴性菌（粪肠球菌 *Enterococcus faecalis* 和酿脓链球菌 *Streptococcus pyogenes*）和两种革兰氏阳性菌（鲍曼不动杆菌 *Acinetobacter baumannii* 和肺炎克雷伯菌 *Klebsiella pneumoniae*）的细胞裂解物进行了分析，并根据光谱积分强度的差异对革兰氏阴性菌和阳性菌进行了区分（Prucek et al, 2012）。Oliveira 利用拉曼光谱技术对从感染患者中分离的 9 种临床细菌（3 种革兰氏阳性和

6 种革兰氏阴性）进行了分析，根据拉曼光谱的差异，将光谱与每种细菌的化学成分进行相关性分析，并通过判别分析建立分类模型，利用差异最显著的峰对每种细菌进行分类。采用 830 nm 的色散拉曼光谱仪，曝光时间为 50 s，共获得 115 株不同菌株的 475 条光谱。采用单因素方差分析（ANOVA）对各峰强度进行评价，差异显著的峰与菌株生化组成（如肽聚糖、核酸与蛋白质）的差异有关。基于二次距离的判别分析应用于差异最显著的峰值，偏最小二乘的判别分析应用于整个光谱，对所有组的光谱分类的整体精度分别为 89.5% 和 90.1%（de Siqueira et al, 2021）。因此，拉曼光谱是一种很有前途的技术，可用于识别病原微生物生化含量相关的光谱差异，并为传染病的快速诊断提供依据。

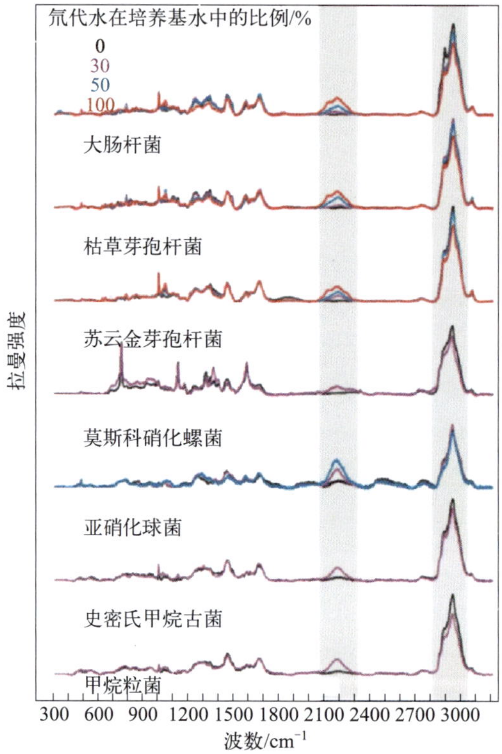

图 3-20 不同微生物拉曼光谱的 C-D 特征区的保守性（Berry et al, 2015）

借助拉曼光谱技术，我们可以无损、直观地分析单细胞的组分分布与变化。同时借助单细胞拉曼光谱结合稳定同位素探针方法，我们也可以对单细胞水平的代谢状态进行监测，甚至可以直接对一些难以培养的微生物或者细胞实现单细胞水平的分析。相比基于荧光标记的间接测量方法，这些拉曼光谱技术不但具有较高的稳定性，也可以突破体外检测的限制实现体内的原位检测。

3.3.3.4 红外光谱在细胞代谢产物表征中的应用

红外光谱在官能团的定性方面具有重要作用，能够辅助分子类型及结构的确定，具有特征性高、耗时短、样品耗费少等优点。可以采用比较法鉴定物质结构，即在谱图库中与标准物质对照，也可以基于红外知识及相关经验进行人工分析。分子中的特征基团或化学键的谱带波数在不同化合物中变化很小，位置较为保守，例如，羰基一般出现在 1600 ～ 1900 cm^{-1} 范围内。仅根据红外谱图很难确定整个分子结构，可以借助其他技术手段，如核磁共振技术、质谱技术、紫外光谱技术等。随着计算机技术的发展，人们对计算机辅助红外解谱已有了比较广泛的研究，可以提高解谱的速度和成功率。

参考文献

陈国栋 , 肖高铿 , 姚新生 , 等 , 2015. 电子圆二色谱计算方法在天然产物绝对构型确定中的应用 [J]. 国际药学研究杂志 ,42 (6):738-743.

陈宁 , 武艺 , 刘冰 , 等 , 2020. 电子圆二色谱技术在微生物次级代谢产物结构研究中的应用研究进展 [J]. 微生物学通报 ,47 (11): 3699-3708.

丁雪 , 张幸怡 , 郝小燕 , 等 , 2017. 玉米秸秆不同部位的蛋白质营养价值与其分子结构相关关系的研究 [J]. 畜牧兽医学报 ,47(8):1592-1600.

段萃娟 , 凌爱琴 , 张翠 , 等 , 2021. 流式细胞仪检测外周血淋巴细胞亚群的常见问题及其解决方案 [J]. 武警医学 , 32(10):832-835.

韩润平 , 李建军 , 杨贯羽 , 等 , 2000. 结合重金属前后浮萍的红外光谱比较 [J]. 光谱学与光谱分析 , 20(4): 489-491.

韩润平 , 李建军 , 杨贯羽 , 等 , 2000. 结合重金属前后浮萍的红外光谱比较 . 光谱学与光谱分析 , (04): 26-28.

胡玉霞 , 2018. 水体细菌微生物多波长透射光谱解析方法研究 [D]. 合肥 : 中国科学技术大学 .

黄景林 , 周民杰 , 乐玮 , 等 , 2020. 表面增强拉曼光谱技术检测新型冠状病毒刺突蛋白 [J]. 强激光与粒子束 ,32 (06):141-142.

李贵杰 , 王秀贞 , 唐月异 , 等 , 2011. 花生高蛋白转化体 T-DNA 整合位点侧翼序列分析 [J]. 花生学报 ,40(3):1-6.

李津蓉 , 2013. 拉曼光谱的数学解析及其在定量分析中的应用 [D]. 杭州 : 浙江大学 .

凌连生 , 杨洸 , 何治柯 , 等 , 2001. $Ru(bipy)_2(dppz)^{2+}$ 与 DNA 相互作用的光谱研究 [J]. 分析科学学报 ,17(1):11-15.

刘振佳 , 司伊康 , 陈晓光 , 2010. 圆二色谱测定技术在小分子化合物与 DNA 相互作用研究中的应用 [J]. 药学学报 ,45 (12):1478-1484.

沈玉华 , 杨展澜 , 吴瑾光 , 1999. BSA-羟基磷灰石可溶性复合物的 FTIR 光谱 [J]. 物理化学学报 (12): 9-14.

王敬开 , 2022. 基于单细胞拉曼光谱技术的体外诊断方法学与应用研究 [D]. 合肥 : 中国科学技术大学 .

徐丽丽 , 王菲 , 胡春辉 , 等 , 2020. 利用荧光染色和流式细胞技术辅助卵孢小奥德蘑原生质体制备与再生研究 [J]. 菌物学报 ,39(7):1356-1367.

赵霞 , 2016. Ni-salen 类配合物电子圆二色谱的理论解析 [D]. 太原 : 山西大学 .

周培培 , 王丽华 , 柳华杰 , 等 , 2015. 同步辐射真空紫外圆二色谱技术在 DNA 结构研究中的应用 [J]. 辐射研究与辐射工艺学报 ,33(3):3-9.

周晓 , 刘世杰 , 陈建文 , 等 , 1999. 氯化镍对人红细胞膜损伤机理的波谱学研究 [J]. 中国药理学与毒理学杂志 (01):66-69.

朱迅涛 , 2002. 近红外分析技术在火腿肠检测中的应用 [J]. 肉类研究 , (2): 42-44.

Alupoaei C E, Olivares J A, Garcıa-Rubio L H, 2004. Quantitative spectroscopy analysis of prokaryotic cells: vegetative cells and spores[J]. Biosens Bioelectron,19 (8): 893-903.

Arnold S A, Harvey L M, McNeill B, 2002. Employing near-infrared spectroscopic methods and analysis for fermentation monitoring and control-Part 1 method development[J]. Biopharm Int,15(11):26.

Berry D, Mader E, Lee T K, et al, 2015. Tracking heavy water (D_2O) incorporation for identifying and sorting active microbial cells[J]. Proc Natl Acad Sci U. S. A.,112 (2):E194-203.

Bryce D A, Kitt J P, Harris J M, 2018. Confocal Raman microscopy for label-free detection of protein-ligand binding at nanopore-supported phospholipid bilayers[J]. Anal Chem,90 (19):11509-11516.

Cahn R S, Ingold C, Prelog V, 1966. Specification of molecular chirality[J]. Angew Chem Int Ed Engl,5 (4):385-415.

Cavinato A G, Mayes D M, Ge Z, et al,1990. Noninvasive method for monitoring ethanol in fermentation processes using fiber-optic near-infrared spectroscopy[J]. Anal Chem,62(18):1977-1982.

Chen X X, Hou M J, Wang W X, et al, 2022. ATP-responsive near-infrared fluorescent nanoparticles for synergistic chemotherapy and starvation therapy[J]. Nanoscale,14(10): 3808-3817.

Copeland R A and Spiro T G, 1985. Ultraviolet resonance Raman spectra of cytochrome c conformational states[J]. Biochemistry,24 (18):4960-4968.

de Siqueira E O F S, da Silva A M, Pacheco M T T, et al, 2021. Biochemical characterization of pathogenic bacterial species using Raman spectroscopy and discrimination model based on selected spectral features[J]. Lasers Med Sci,36 (2):289-302.

Epstein S C, Huff A R, Winesett E S, et al, 2019. Tracking carrier protein motions with Raman spectroscopy[J]. Nat Commun,10 (1):2227.

Fang Q, Mai X, Guo C, et al, 2017. Probing the interaction of doxycycline to trypsin and bovine hemoglobin by using multi-spectral techniques and molecular docking[J]. J Mol Liq,242:497-504.

Fodor S P A, Rava R P, Hays T R, et al, 1985. Ultraviolet resonance Raman spectroscopy of the nucleotides with 266-, 240-, 218-, and 200-nm pulsed laser excitation[J]. J Am Chem Soc,107 (6):1520-1529.

Foucault-Collet A, Gogick K A, White K A, et al, 2013. Lanthanide near infrared imaging in living cells with Yb^{3+} nano metal organic frameworks[J]. Proc Natl Acad Sci U. S. A.,110(43):17199-17204.

Gao W, Li N, Chen Y, et al, 2010. Study of interaction between syringin and human serum albumin by multi-spectroscopic method and atomic force microscopy[J]. J Mol Struct,983 (1):133-140.

Garbett N C, Ragazzon P A, Chaires J B, 2007. Circular dichroism todetermine binding mode and affinity of ligand-DNA interactions[J]. Nat Protoc,2:3166-3172.

Ghabi H, Dhahbi M, 1999. Caffeine-water-polypeptide interaction in aqueous solution[J]. Curr Top Microbiol and Immunol,192(4):119-138.

Han X, Huang G, Zhao B, et al, 2009. Label-free highly sensitive detection of proteins in aqueous solutions using surface-enhanced Raman scattering[J]. Anal Chem,81 (9):3329-3333.

Huang W E, Ward A D, Whiteley A S, 2009. Raman tweezers sorting of single microbial cells[J]. Environ Microbiol Rep,1 (1):44-49.

Kamat B P, Seetharamappa J, 2004. *In vitro* study on the interaction of mechanism of tricyclic compounds with bovine serum albumin[J]. J Pharm Biomed Anal,35 (3):655-664.

Li M, Canniffe D P, Jackson P J, et al, 2012. Rapid resonance Raman microspectroscopy to probe carbon dioxide fixation by single cells in microbial communities[J]. Isme J,6 (4):875-885.

Li M, Huang W E, Gibson C M, et al, 2013. Stable isotope probing and Raman spectroscopy for monitoring carbon flow in a food chain and revealing metabolic pathway[J]. Anal Chem,85 (3):1642-1649.

Liang W F, Cui L Y, Cui J Y, et al, 2017. Biosensor-assisted transcriptional regulator engineering for *Methylobacterium extorquens* AM1 to improve mevalonate synthesis by increasing the acetyl-CoA supply[J]. Metab eng,39:159-168.

Lu F K, Basu S, Igras V, et al, 2015. Label-free DNA imaging *in vivo* with stimulated Raman scattering microscopy[J]. Proc Natl Acad Sci U. S. A.,112 (37):11624-11629.

Maker P D, Terhune R W, 1965. Study of optical effects due to an induced polarization third order in the electric field strength[J]. Phys Rev,137 (3A):A801.

Matteini P, Cottat M, Tavanti F, et al, 2017. site-selective surface-enhanced Raman detection of proteins[J]. ACS Nano,11 (1):918-926.

McGovern A C, Ernill R, Kara B V , et al,1999. Rapid analysis of the expression of heterologous proteins in *Escherichia coli* using pyrolysis mass spectrometry and Fourier transform infrared spectroscopy with chemometrics: application toα2-interferon production[J]. J Biotechnol,72(3):157-168.

Nelson W J, Chamessian G A, McEnaney J P, 2010. A Biosynthetic strategy for re-engineering the *Staphylococcus aureus* cell wall with non-native small molecules[J]. ACS Chem Biol,5(12):1147-1155.

Prucek R, Ranc V, Kvítek L, et al, 2012. Reproducible discrimination between gram-positive and gram-negative bacteria using surface enhanced Raman spectroscopy with infrared excitation[J]. Analyst,137 (12):2866-2870.

Puppels G J, de Mul F F, Otto C, et al, 1990. Studying single living cells and chromosomes by confocal Raman microspectroscopy[J]. Nature,347 (6290):301-303.

Raman C V, Krishnan K S, 1928. A new type of secondary radiation[J]. Nature,121 (3048):501-502.

Rauwel E, Al-Arag S, Salehi H, et al, 2020. Assessing cobalt metal nanoparticles uptake by cancer cells using live Raman spectroscopy[J]. Int J Nanomed,15:7051-7062.

Rava R P, Spiro T G, 1985. Ultraviolet resonance Raman spectra of insulin and alpha-lactalbumin with 218- and 200-nm laser excitation[J]. Biochemistry,24 (8):1861-1865.

Ribelles P, Rodríguez I, Suárez E J, 2012. LysA2, the *Lactobacillus casei* bacteriophage A2 lysin is an endopeptidase active on a wide spectrum of lactic acid bacteria[J]. Appl Microbiol Biotechnol,94:101-110.

Ruso J M, Attwood D, M García, et al, 2000. Interaction of amphiphilic propranolol hydrochloride with haemoglobin and albumin in aqueous solution[J]. Langmuir,16(26):10449-10455.

Serebrennikova Y M, Patel J, Garciarubio L H, 2010. Interpretation of the ultraviolet-visible speetra of malaria parasite *Plasmodium falciparum*[J]. Applied Optics, 49(2):180-188.

Smith J M, Huffman D E, Acosta D, et al, 2012. Reagent-free bacterial identificationusingmultivariate analysis of transmission spectra[J]. J Biomed Opt,17(10):107002-107002.

Stiefel P, Zambelli T, Vorholt J A, 2013. Isolation of optically targeted single bacteria by application of fluidic force microscopy to aerobic anoxygenic phototrophs from the phyllosphere[J]. Appl Environ Microbiol,79(16):4895-4905.

Song Y, Kaster A K, Vollmers J, et al, 2017. Single-cell genomics based on Raman sorting reveals novel carotenoid-containing bacteria in the Red Sea[J]. Microb Biotechnol,10 (1):125-137.

Sun D, Cao F, Tian Y, et al, 2019. Label-free detection of multiplexed metabolites at single-cell level via a SERS-microfluidic droplet platform[J]. Anal Chem,91 (24):15484-15490.

Vaccari G, Dosi E, Campi A L, et al,2010. A near-infrared spectroscopy technique for the control of fermentation processes: An application to lactic acid fermentation[J]. Biotechnol Bioeng,43(10):913-917.

Wang P, Liu B, Zhang D, et al, 2014. Imaging lipid metabolism in live *Caenorhabditis elegans* using fingerprint vibrations[J]. Angew Chem Int Ed Engl,53 (44):11787-11792.

Wei L, Yu Y, Shen Y, et al, 2013. Vibrational imaging of newly synthesized proteins in live cells by stimulated Raman scattering microscopy[J]. Proc Natl Acad Sci. U. S. A.,110 (28):11226-11231.

Yin P, Lin Q, Duan Y, 2020. Applications of Raman spectroscopy in two-dimensional materials[J]. J Innov Opt Heal Sci,13 (05):2030010.

Yu G, Zhou G, Zhu M, et al, 2016. Neosartoryadins A and B, fumiquinazoline alkaloids from a mangrove-derived fungus neosartorya udagawae HDN13-313[J]. Org Lett,18 (2):244-247.

Zhang P, Ren L, Zhang X, et al, 2015. Raman-activated cell sorting based on dielectrophoretic single-cell trap and release[J]. Anal Chem,87 (4):2282-2289.

Zhang P, Xin Y, He Y, et al, 2022. Exploring a blue-light-sensing transcription factor to double the peak productivity of oil in *Nannochloropsis oceanica*[J]. Nat Commun, 13(1):1664.

SYNTHETIC BIOLOGY ENGINEERING TECHNOLOGY SERIES

合成生物学工程技术丛书

4

细胞特性表征——测序技术

莫旭华，张聪，朱丽萍，杨松

青岛农业大学

4.1 基因组测序技术的发展历程

1952 年，Hershey 和 Chase 通过 T_2 噬菌体的侵染实验证明 DNA 是生物的遗传物质。1953 年，Crick 和 Watson 以“双螺旋”为模型阐述了 DNA 的结构。1954 年，Whitfeld 尝试使用色谱法对核酸进行测序。20 世纪 60 年代 Richard Holley 首先测定了酵母丙氨酸 tRNA 的序列，该测序法的基本策略与蛋白质的测序相同，都是利用小片段的重叠，但是这种方法工作量非常大，只能用来测定几十个核苷酸的较小分子，不能用来测定核苷酸数目庞大的 DNA 的序列。1975 年，Fredrick Sanger 突破了 Richard Holley 测序方法的限制，提出了一种新的策略。他并不逐个去测定 DNA 的核苷酸序列，而是设法获得一系列多核苷酸片段，使其末端固定为一种核苷酸，然后通过测定片段的长度来推测核苷酸的序列。后来发展起来的多种 DNA 和 RNA 序列测定方法，也都是以这一原理为基础的（McGinn et al, 2013）。以上理论与技术发现，皆为第一代测序技术的出现奠定了重要的理论与实践基础。1977 年，Maxam 和 Gilbert 首先建立了一种新的 DNA 片段序列测序方法——化学降解法（Maxam-Gilbert method），标志着第一代测序技术的诞生（Stamm et al, 1990）。同年 12 月，Sanger 等发表了另一种 DNA 测序方法——双脱氧链终止法，这就是在 2007 年前一直被广泛使用的 Sanger 法。1977 年，Walter Gilbert 和 Frederick Sanger 发明了第一台测序仪，并应用其测定了噬菌体 ϕX174 的基因组序列。噬菌体 ϕX174 是第一个完成全基因组测序的生物体，其基因组含有 5375 个碱基。20 世纪 80 年代，基于 Sanger 法的理论基础，出现了荧光自动测序技术，使得 DNA 测序的效率和安全性都有了显著的提高。1987 年，Martin 开发出了基于荧光双脱氧链终止法的 DNA 快速自动测序系统。1996 年，第一次通过测序技术得到了真核生物——酿酒酵母的基因组。2001 年初步完成的人类基因组计划（human genome project, HGP）是第一代测序技术在其发展历史上浓墨重彩的一笔。随后水稻、家蚕等基因组图相继发布。

第一代基因组测序不能满足随后越来越多的测序任务如更高的重测序和深度测序的要求，在其他相关学科与技术的支持和推动下，基于边合成边测序思想的通量更高、价格更低的第二代测序技术应运而生。在此期间，大量的微生物、植物和动物的基因组序列得到了解析，海量的基因组数据也为分子生物学、生物育种学、化学生物学、药物化学、合成生物学等相关学科的发展提供了强大的助力。由于第二代测序技术在制备测序文库的时候需要经过 PCR 扩增，而这一 PCR 过程可能引入突变或者改变样品中核酸分子的比例关系。另外，第二代测序的读长普遍偏短，在进行数据拼接和后续的分析时会遇到麻烦。为了克服这样的缺点，业界发展出了以单分子实时测序和纳米孔为标志的第三代测序技术。从 1977 年发明 DNA 测序技术到现在不到 50 年的时间，DNA 测序技术经历了第一代、第二代和第三代技术的发展，其测序准确性、高效性和安全性都有了飞跃式的提高，大大促进了相关学科的发展。

4.2 基因组测序技术原理

4.2.1 第一代 DNA 测序技术原理

第一代 DNA 测序技术包含多种测序技术，一般以 Sanger 法为主要的测序技术，还包括化学降解法、逐步克隆法、全基因组鸟枪测序、焦磷酸测序等方法，每种方法都有各自的原理（Crossley et al, 2020）。

（1）加减法

此方法并不能算作第一代 DNA 测序技术中的测序技术，可以看作 Sanger 法的前身。1975 年，Sanger 最初提出 DNA 测序方法是利用 DNA 聚合酶，以待测序 DNA 样品作为模板，在引物和底物（dNTP）存在的条件下合成一条与模板互补的 DNA 链，DNA 链用同位素标记，并通过“加”和“减”底物来控制合成链各片段的末端核苷酸，故称为加减法。测序反应中 DNA 链的合成是随机的，各种长度的片段都有。随后从反应体系中除去四种 dNTP，并将体系分为两部分，一部分用于“加”系统，分置于四小管内，各加一种核苷酸底物，分别为 +dA、+dG、+dC、+dT；另一部分为“减”系统，也分置四小管内，各加三种核苷酸底物，即减去一种底物，分别为 −dA、−dG、−dC、−dT。在“加”系统中，DNA 聚合酶具有 3′→ 5′ 的外切酶活性，它使已合成的 DNA 链自 3′ 端向 5′ 端方向降解，直至遇到所加入的核苷酸才会停止，底物的存在阻止了降解反应。因此所有片段都以该核苷酸结尾，片段的长度即为该核苷酸在 DNA 链中的位置。在“减”系统中，DNA 聚合酶使链继续延伸，直至遇上所缺核苷酸才停止，这就使各片段长度比所缺核苷酸位置少一个核苷酸。

（2）Sanger 测序

1977 年，Sanger 对 DNA 的加减法测序技术又做出了重要改进，提出双脱氧链终止法。其反应体系也包含待测序的单链 DNA 模板、引物、四种 dNTP（其中一种用放射性同位素标记）和 DNA 聚合酶。共分四组，每组按一定比例加入一种底物类似物 2′,3′-双脱氧核苷三磷酸（ddATP、ddGTP、ddCTP、ddTTP）。它能随机掺入合成的 DNA 链，一旦掺入后 DNA 合成立即终止。于是各种不同大小片段的末端核苷酸必定为该种核苷酸，片段长度也就代表相应核苷酸的位置。将各组样品同时进行含变性剂（8 mol/L 尿素）的聚丙烯酰胺凝胶电泳，从放射自显影的图谱上可以直接读出 DNA 的核苷酸序列。链终止法测序在当时极为方便，发明后就完全取代了加减法，但 Sanger 加减法的巧妙设计仍给人以启示。由于测序技术的改进现已无须制备单链模板，只要有特异引物，可以直接用双链 DNA 进行测序。

（3）自动化 Sanger 测序

按照 Sanger 的链终止法，只要在基因组 DNA 中依次采用适当的引物，就能完成全部序列的测定。为了便于自动读序，用荧光检测来代替放射自显影，将荧光染料标记引物或分别用四种不同发射波长的荧光染料来标记双脱氧底物，使 4 种终止反应中每一种都用不同颜色来表示，例如绿色为 A、红色为 T、橙色为 G、蓝色为 C，聚合反应结束后进行凝胶电泳，使不同大小的片段分开。不同标记物的电泳方式也不同，荧光染料标记引物的 4 组反应物需要在并列的 4 个泳道中电泳，而标记双脱氧底物的四种反应物应合并后在一个泳道中电泳。当携带荧光染料的单链 DNA 片段达到泳道末端的检测窗口时在激光的激发下产生一定波长的荧光电荷耦合元件（charge-coupled device，CCD）迅速将光信号转变为电信号，再输入数据处理系统，由相关软件进行处理，最后通过打印机把各条带波峰或代表核苷酸的字母直接打印出来。

（4）化学降解法

1977 年，Maxam 和 Gilbert 提出化学降解法。与 Sanger 法测序不同，化学降解法并不合成 DNA 链，而是将 5′ 端被标记的目的 DNA 分子分别进行 5 个各自独立的反应，分别用不同的化学试剂将目的 DNA 分子部分打碎成重复的单个碱基片段，化学试剂特异作用于 DNA 分子中不同的碱基（肼和肼-NaCl 作用于嘧啶，硫酸二甲酯或甲酸和哌啶作用于嘌呤），然后进行聚丙烯酰胺凝胶电泳分离，再经过放射自显影，根据不同泳道所显示的条带情况，从而可以获得目的 DNA 分子的碱基序列。

（5）逐步克隆法

20 世纪 80 年代发明，是传统的基因组测序，利用分子标记和遗传图谱，构建大片段克隆物理图谱，然后进行克隆序列拼接获得克隆全长测序，基于所有克隆序列机器连接关系拼接出基因组序列。

（6）全基因组鸟枪法

由 J. C. Venter 等发明，其基本设想是：将基因组 DNA 随机切成数百万个片段，直接克隆测序，借助庞大的计算机运算即可排列出完整的基因组序列 (Zabarovsky et al, 1994)。

（7）焦磷酸测序

引物与模板 DNA 退火后，在 DNA 聚合酶（DNA polymerase）、ATP 硫酸化酶（ATP sulfurylase）、萤光素酶（luciferase）和三磷酸腺苷双磷酸酶（apyrase）4 种酶的协同作用下，将引物上每一个 dNTP 的聚合与一次荧光信号的释放偶联起来，通过检测荧光的释放和强度，达到实时测定 DNA 序列的目的。

4.2.2 第二代测序技术原理

第二代测序技术又称高通量测序，与第一代测序技术相比具有速度快、准确率高、成本低等优点，是基于 PCR 和基因芯片发展而来的 DNA 测序技术。与一代测序的合成终止测序不同，二代测序引入了可逆终止末端，实现了边合成边测序，即在通过聚合酶或连接酶不断延伸引物获得模板序列的同时，对每一轮反应的结果进行荧光图像采集、分析，最后获得全序列的测序结果。通过使用不同颜色荧光标记的 dNTP，当 DNA 聚合酶与待测的单链 DNA 文库合成互补链时，每添加一种 dNTP 就会释放出不同的荧光，根据捕捉的荧光信号并经过特定的计算机软件处理，从而获得待测 DNA 的序列信息。第二代测序技术采用了循环芯片测序法，通过对密布 DNA 样品的芯片进行基于 DNA 聚合酶的链式聚合反应（模板变性、引物退火杂交、延伸），以及基于荧光的信号收集而完成测序 (Shendure et al, 2008)。循环芯片测序法在 2005 年第一次报道后就因其操作简易及成本低廉受到广泛关注，利用第二代测序完成一个人类基因组测序仅需 1 周时间。二代测序以 454 测序技术、Solexa 测序技术以及 SOLID 测序技术为代表。在二代测序中，单个 DNA 分子必须扩增成由相同 DNA 组成的基因簇，然后进行同步复制来增强荧光信号强度从而读出 DNA 序列；而随着读长增长，基因簇复制的协同性降低，导致碱基测序质量下降，这严格限制了二代测序的读长，经过多年发展其读长一般亦不超过 1000 bp，因此，二代测序具有通量高、读长短的特点 (Robasky et al, 2014)。二代测序适合扩增子测序（例如 16S、18S、ITS 的可变区），而基因组、宏基因组 DNA 则需要使用鸟枪法（shotgun）打断成小片段，测序完毕后再使用生物信息学方法进行拼接。以下以三种典型二代测序技术为例，介绍其测序原理。

（1）454 高通量测序

454 高通量测序是一种依靠生物发光进行 DNA 序列分析的新技术（Rothberg et al, 2008）。根据样品种类和实验目的，将 DNA 文库固定在相应的捕获磁珠上，形成油包水混合物，接着经过乳液 PCR 扩增形成单分子多拷贝的分子簇，在 PCR 过程中将 PCR 扩增的单链与引物杂交，并与 DNA 聚合酶、ATP 硫酸化酶、萤光素酶等酶和 5′磷酸硫腺苷共同孵育，这样脱氧核糖核苷三磷酸依次连接到引物上，进行测序反应时每个加入的 dNTP 与待测模板配对，并同时释放出等物质的量的焦磷酸基团，在 ATP 硫酸化酶的催化下形成 ATP，萤光素酶介导的荧光素在 ATP 的驱动下向氧化荧光素转化，同时发出与 ATP 量成正比的可见光信号。随后将乳液体系里释放出来的磁珠放入 VFP 板的小孔，根据可见光信号进行后续的测序，对每个小孔中的 DNA 片段分子进行准确快速的碱基序列分析。454 测序成本较高，限制了该平台的市场化普及。

（2）Solexa 高通量测序

Solexa 高通量测序采用的是边合成边测序的方法，该方法先根据实验需要将目标 DNA 处理成小片段，接着将 DNA 片段回收并通过两个接头（adapter）连接，这两个接头是通用的，之后将其处理成为单链状态，这时就会与芯片表面的碱基进行互补杂交固定在芯片上，另一端随机与相邻的另一个引物结合形成“桥”，重复上述过程 30 次左右则每个分子被放大 1000 倍以上，成为单克隆的 DNA 簇，然后通过荧光标记的 dNTP“可逆终止子”（3′端被一个叠氮基堵住）进行边合成边测序。用不同荧光标记不同碱基则可以激发产生不同颜色的荧光，统计每一轮反应结束后采集到的荧光信号，通过处理就可以知道原来模板 DNA 片段的序列。该平台成本低、性价比高，是主要的二代测序平台。

（3）SOLID 高通量测序

SOLID 高通量测序技术以四色荧光标记寡核苷酸的连续合成为基础，采用 DNA 连接酶实现边合成边测序。该技术可以很大程度上降低错误率。因为测序过程中应用双碱基编码，即每个碱基被重复阅读 2 次，这样就使得 SOLID 系统原始碱基数据的准确度大于 99.94%。

该方法测序时仪器会自动加入带有荧光标记的四种核苷酸探针，加入的探针与引物发生相应的连接反应，之后通过激发末端的荧光标记，识别碱基类型完成测序。SOLID 测序的特点是高通量、高准确度。

4.2.3 第三代测序技术原理

第三代测序技术是指单分子测序技术，也叫从头测序技术。第三代测序技术以 PacBio 公司的 SMRT 和 Oxford Nanopore Technologies（ONT）公司的纳米孔单分子测序技术为代表，与前两代相比，它们最大的特点是 DNA 测序时，DNA 分子不需要经过 PCR 扩增，实现了对每一条 DNA 分子的单独测序 (Kolodziejczyk et al, 20015)。

（1）单分子荧光测序技术

以美国螺旋生物（Helicos）的 SMS 技术和美国太平洋生物 (PacBio) 的 SMRT 测序（single molecule real-time sequencing，单分子实时测序）技术为代表。PacBio SMRT 是该类三代测序平台应用最广泛的技术，PacBio SMRT 技术其实也应用了边合成边测序的思想，并以 SMRT 芯片为测序载体。该技术建立在两项重要的发明基础之上，从而攻克了测序领域测序读长短的重大难题（Rhoads et al, 2015）。

第一，采用零模波导孔技术（zero-mode waveguide，ZMW）将反应信号与周围游离碱基的强大荧光背景区别出来。ZMW 原理如下：如同微波炉壁上可看到的很多密集小孔，如果直径大于微波波长，能量就会在衍射效应的作用下穿透面板而泄漏出来，从而与周围小孔相互干扰；如果孔径小于波长，能量不会辐射到周围，而是保持直线状态（光衍射的原理），从而可起保护作用。同理，在一个反应管（SMRTCell：单分子实时反应孔）中有许多这样的圆形纳米小孔，即 ZMW，外径 100 多纳米，比检测激光波长小（数百纳米），激光从底部打上去后不能穿透小孔进入上方溶液区，能量被限制在一个小范围里，正好足够覆盖需要检测的部分，使得信号仅来自这个小反应区域，孔外过多游离核苷酸单体依然留在黑暗中，从而实现将背景降到最低。另外，可以通过检测相邻两个碱基之间的测序时间，来检测一些碱基修饰情况，即如果碱基存在修饰，则通过聚合酶时的速度会减慢，相邻两峰之间的距离增大，可以用来检测甲基化等信息。

第二，荧光基团结合在核苷酸的磷酸基团上，帮助 DNA 聚合酶完成一个全天然的 DNA 链合成过程。基本原理是：DNA 聚合酶和模板结合，4 色荧光标记 4 种碱基（即 dNTP），在碱基配对阶段，不同碱基的加入，会发出不同荧光，根据荧光的波长与峰值可判断进入的碱基类型。同时这个 DNA 聚合酶是实现超长读长的关键之一，读长主要跟酶的活性保持有关，它主要受激光对其造成的损伤影响。

从测序通量上来说，一个 SMRT Cell 有 15 万个纳米孔，一般有 1/3 ～ 1/2 的纳米孔可以产生有效的 DNA 序列读取，即每个 SMRT Cell 可以得到 50000 ～ 70000 条有效的 DNA 序列。PacBio RS 原始测序读长（read）错误率比较高（这几乎是目前单分子测序技术的通病），约为 15%，主要是插入缺失错误，占总错误的 90% 以上。同时测序产生的错误是随机的，并不会像第二代测序技术那样存在测序错误的偏向，因而可以通过多次测序来进行有效的纠错，这是它与 Illumina 等第二代测序技术之间的一个很大的区别。

基于该原理的具体产品有 PacBio Sequel 测序仪、PacBio Sequel Ⅱ测序仪。PacBio Sequel 测序仪是首个商业化应用的第三代测序技术平台，其打破传统短读长测序诸多技术瓶颈。PacBio Sequel Ⅱ测序仪是 PacBio Sequel 的升级款，可提供 CLR Library 和 CCS library（HIFI）两种测序模式。测序芯片上的导孔（ZMW）由 100 万个提升至 800 万个，理论通量提升 8 倍。CCS read 单碱基准确性有了极大提升，同一片段测序 4 次后，单一读长的准确性可达 99%。

（2）纳米孔测序

纳米孔单分子测序（single-molecule nanopore DNA sequencing）是基于电信号测序的技术，代表性的公司为 Oxford Nanopore Technologies 公司。新型纳米孔测序法是采用电泳技术，借助电泳驱动单个分子逐一通过纳米孔来实现测序的。由于纳米孔的直径非常细小，仅允许单个核酸聚合物通过，而 ATCG 单个碱基的带电性质不一样，通过电信号的差异就能检测出通过的碱基类别，从而实现测序。该技术的关键之一是，他们设计了一种特殊的纳米孔，孔内共价结合有分子接头。当 DNA 碱基通过纳米孔时，它们使电荷发生变化，从而短暂地影响流过纳米孔的电流强度（每种碱基所影响的电流变化幅度是不同的），灵敏的电子设备检测到这些变化从而鉴定所通过的碱基。自 2017 年以后，该纳米孔测序平台主要使用 1D 和 $1D^2$ 两种测序策略，其中 1D 测序原理是：基因组 DNA 或 cDNA 分子经接头帮助到达纳米孔附近，在解旋酶的作用下双链 DNA 分子解开为单链，通过孔道蛋白；传感器检测到不同核苷酸通过所引起的电流变化的差异并将其转换为电信号；最后，根据电信号变化的频谱，应用模式识别算法得到碱基类型。与 1D 测序策略不同的是，$1D^2$ 测序策略在建库时会在两条 DNA 分子上加上一种特殊的接头，使得在读取模板链的同时互补链可以附着到膜上，在第一条链离开纳米孔后不久，互补链就有一定概率接着被测序，两条链的数据相互校正，可以帮助提高测序的准确率。

纳米孔测序的主要特点是：读长很长，大约在几十千碱基对，甚至 100 kb。用 MinION 测序仪，对于 1D read 可以获得 300 kb 长的读长，对于 2D read 可以获得 60 kb 长的读长；错误率目前介于 1% ～ 4%，且是随机错误，而不是聚集在读取的两端；数据可实时读取；通量很高（30X 人类基因组有望在一天内完成）；起始 DNA 在测序过程中不被破坏；样品制备简单且便宜。理论上，纳米孔测序也能直接测序 RNA。因为 ONT 测序技术能够检测 DNA 分子自身的物理化学特性，因此生物基因组上的修饰信息也可以在电信号中反映，这也是纳米孔单分子测序计算的另一大特点。因此，纳米孔单分子测序能够直接读取出甲基化的胞嘧啶，而不必像传统方法那样对基因组进行亚硫酸氢盐处理。目前，纳米孔测序技术可以检测四种胞嘧啶碱基修饰，分别为 5-甲基胞嘧啶、5-羟甲基胞嘧啶、5-甲酰基胞嘧啶和 5-羧基胞嘧啶，这对在基因组水平直接研究表观遗传相关现象有极大的帮助，并且该方法的测序准确性可达 99.8%，一旦发现测序错误也能较容易地进行纠正。

Nanopore 测序因为不需要对 DNA 进行标志，从而使测序成本大为降低，有望成为最便宜的测序技术。Nanopore 测序仪的具体产品种类很多，均为基于 Nanopore 芯片来搭建的平台，大到由多个芯片阵列组成的PromehION、GridION系列测序仪，小到可以连接手机的Type C、电脑USB的MnION系列便携式测序仪。其中PromethION是一款高通量、高样本数的台式系统，基于模块化设计（多达48个测序芯片，各有多达3000个纳米孔通道，总计达144000个），测序芯片既可单独也可同时运行，尤其适合于大样本量、具有庞大数据量的项目。

与前两代测序技术相比，这两类第三代测序平台均具有长读长、无GC偏好性及可直接检测甲基化修饰等优点。相较而言，纳米孔单分子测序技术读长更长，可达到Mb级别；MnION测序仪如手机大小，较为便携；单分子实时测序技术平台，无错误偏好，可通过增加数据纠错以提高测序准确性。

4.3 测序技术操作流程

4.3.1 第一代DNA测序技术操作流程

4.3.1.1 样品准备

DNA测序从提取高纯度DNA开始：任何生物体的DNA，例如动物、人类、植物、细菌或病毒，都可以在从DNA提取开始的同一过程中进行测序。然而，DNA提取技术因生物而异，某些特定样品还需进行特殊预处理如对血浆样品进行离心分离。理想情况下，用于测序的DNA浓度为50～500 ng，纯度约为$A_{260/280}$=1.80。小片段DNA可以在测序过程中进行更为准确读数，因而对于较大序列或基因以及整个基因组，DNA片段化步骤不可缺少。一般来说，进行限制性消化是为了制备1000～10000 bp的片段。可采用酶催化反应、化学或物理处理，将无法测序的大分子量DNA进行片段化处理。

4.3.1.2 化学降解法

化学降解法修改后的基本过程是，先将DNA末端标记，并分成四个组，分别用不同的化学反应作用于各碱基。其中，四组特异反应原理如下。① G反应：在pH8.0时用硫酸二甲酯（dimethyl sulfate, DMS）使鸟嘌呤上N7原子甲基化，结果导致C8—C9化学键和糖苷键易被水解。② A + G反应：用甲酸使嘌呤环上的氮原子质子化，削弱了腺嘌呤脱氧核糖核苷酸和鸟嘌呤脱氧核糖核苷酸中的糖苷键，从而发生脱嘌呤效应。③ C + T反应：用肼（hydrazine）将嘧啶环打开，形成新的开环，C和T均被除去。④ C反应：在1.5 mol/L的NaCl存在时，只有胞嘧啶才能与肼发生反应。

4.3.1.3 Sanger法

传统 Sanger 测序分四步完成。首先将 DNA 碎片化：将提取得到的样品完整 DNA 打碎，形成 DNA 片段，如只是测定单个目的基因的序列，则无须进行 DNA 碎片化。然后进行 PCR 扩增和体外克隆：针对特定目的核酸片段的测序，首先要对目的测序区域进行 PCR 扩增；而针对碎片化 DNA 的测序，则要将碎片化的 DNA 片段通过克隆的方式连接到质粒载体中；对于部分 PCR 产物的测序也可以对其进行克隆，以保证测序样品的纯度和浓度。再进行 ddNTP 法循环测序：向得到的待测样品中分别加入 4 种 dNTP 和 4 种 ddNTP，从而得到不同位置匹配终止的序列。最后利用凝胶电泳获得序列：对得到的序列进行凝胶电泳，根据碱基的顺序和位置确定序列信息。

现阶段，基于 Sanger 测序原理的 ABI 3730XL 测序仪是一种高质量的长片段读取和序列分析的测序平台，应用灵活而广泛，可同时分析 96 个样品。该仪器采用 4 色荧光同时检测，可不间断 24 小时运行，自动灌胶，上样，电泳分离，检测及数据分析。自动 Sanger 法大致可分为七步完成。

第一步是 DNA 的提取，可采用任何方式进行 DNA 的提取，现在一般采用试剂盒提取法，操作快捷便利，毒性弱。此步骤目标是分离高质量的 DNA。选择纯度为 1.8、数量为 100 ng 的 DNA 样品进行下一步操作。

第二步进行 PCR 扩增与电泳。首先配制 25 μL 的体系。在此注意：对 *CEBPA* 和 *NOTCH1* 此类 GC 含量高的基因，将 10×PCR 缓冲液 2.5 μL 换为 2×GC 缓冲液 12.5 μL，H_2O 为 5.2 μL；每次 96 孔板加样后都必须贴封口膜，离心混匀（2000 *g*，1 min），防止挂壁。EP 管与 96 孔板等都为商品型一次性产品，注意标记板号、样本号和引物号。然后设置 PCR 程序：一般程序为 96 ℃预变性 2 min，96 ℃变性 30 s、57 ℃复性 30 s、72 ℃延伸 2 min，35 个循环，72 ℃再延伸 5 min；4 ℃ /15 ℃保温；*CEBPA* 和 *NOTCH1* 的扩增程序：96 ℃预变性 5 min，95 ℃变性 40 s、64 ℃ /66 ℃复性 40 s、72 ℃延伸 1 min，35 个循环，72 ℃延伸 5 min，4 ℃ /15 ℃保温。PCR 结束后，进行琼脂糖凝胶电泳：配制 1.5% 的琼脂糖凝胶，再分别取 2 μL 上样缓冲液与 4 μL DNA 扩增产物混合后进行电泳，160 V、35 min。

第三步进行 PCR 产物的纯化，首先配制消化液：分别取虾碱酶与外切酶 1∶1 混合。PCR 产物离心后，每个孔中加入 1 μL 以上消化液到 PCR 反应液中。然后进行纯化反应，在 PCR 仪上设置 SAP 程序：37 ℃ 60 min，80 ℃ 15 min，4 ℃ /15 ℃保温。

第四步进行测序反应。首先根据 PCR 反应的数量配制混合溶液，按照测序反应表在 96 孔板中加入 3 μL 以上混合物、1 μL 对应引物、1 μL 对应 PCR 产物（注意封膜后要求压膜），离心。测序反应只有一个引物，为避免加样过程中的液体消耗，体系需要超量配制。然后设置 SEQ 程序：96 ℃预变性 2 min，96 ℃变性 10 s、55 ℃复性 5 s、60 ℃延伸 90 s，25 个循环，4 ℃ /15 ℃保温。

第五步进行纯化，将测序反应体系中除目标单链核酸片段之外的杂质尽可能去除，以减少 ABI 3730 毛细管电泳时杂质对峰图质量的影响。测序反应板离心后，每个反应孔加入 EDTA-Na_2 溶液 2.5 μL，85% 乙醇 40 μL，充分振荡 3 min，4 ℃下 3000 *g* 离心 30 min。离心结束后将测序反应板倒置于吸水纸上，倒离心，离心加速度达到 185 *g* 时立即停止。每孔加入 70% 乙醇 50 μL，充分振荡 1 min，4 ℃下 3000 *g* 离心，15 min。离心结束后将测序反应板倒置于吸水纸上，倒离心，离心加速度达到 185 *g* 时立即停止。避光风干 15 ~ 30 min，每孔加入 10 μL HIDI，离心后在 PCR 仪中 96 ℃反应 2 min，降温至 4 ℃后取出。

第六步进行上机测序：上测序仪（ABI 3730）进行测序。

第七步进行结果分析。获得峰图后对其进行改名和分析，判断突变的有无及类别。目前使用软件 Variant Report v1.1 分析。

4.3.1.4 其他测序方法

逐步克隆法：先将染色体 DNA 用超声波或酶法切成大片段，获得大片段克隆，再将大片段切小获得亚克隆，由亚克隆片段切开即可获得测序的模板。其中分子克隆的获取方法为：将 DNA（基因）片段插入复制载体（复制子）中，导入宿主细胞内，DNA 随细胞繁殖而不断复制，由此得到 DNA（基因）的分子克隆。大肠杆菌 F 因子经改造，保留其复制起点，插入克隆位点和选择标记，即可成为克隆 DNA 大片段的载体，称为细菌人工染色体（bacterial artificial chromosome, BAC）。也可以用酵母染色体自主复制序列（autonomously replicating sequence, ARS）、着丝粒（centromere , CEN）和端粒（telomere, TEL）以及选择标记组成酵母人工染色体（yeast artificial chromosome, YAC）。这两种载体都可克隆 100 ~ 200 kb 的 DNA 大片段，用来构建 BAC 文库（library）和 YAC 文库。利用噬菌体和质粒 DNA 可以改建成亚克隆载体，以构建亚克隆文库，用以测序。

全基因组鸟枪法：全基因组鸟枪法的操作主要有以下 6 步。① DNA 提取，提取高纯度 DNA，现在一般使用试剂盒提取法；② DNA 片段化，借助限制性核酸内切酶或物理方法；③连接转化并进行文库制备，将片段连接在载体中，并生成用于各种载体的整个文库；④文库丰富，生成每个文库的多个片段副本；⑤排序，将每个文库单独排序；⑥重叠群的产生和读取，称为重叠群的重叠片段由计算机读取。

焦磷酸测序：在每一轮测序反应中，反应体系中只加入一种 dNTP。如果它刚好能和 DNA 模板的下一个碱基配对，则会在 DNA 聚合酶的作用下，添加到测序引物的 3′末端，同时释放出一个分子的焦磷酸（PPi）。在 ATP 硫酸化酶的作用下，生成的 PPi 可以和 APS 结合形成 ATP，在萤光素酶的催化下，生成的 ATP 又可以和荧光素结合形成氧化荧光素，同时产生可见光。通过微弱光检测装置及处理软件可获得一个特异的检测峰，峰值的高低则和相匹配的碱基数成正比。如果加入的 dNTP 不能和 DNA 模板的下一个碱基配对，则上述反应不会发生，也就没有检测峰。反应体系中剩余的 dNTP 和残留的少量 ATP 在 Apyrase 的作用下发生降解。待上一轮反应完成后，加入另一种 dNTP，使上述反应重复进行，通过获得的峰值图即可读取准确的 DNA 序列信息。

4.3.2 第二代测序技术操作流程和注意事项

第二代测序主要的操作流程包括文库构建、上样测序和数据处理三个阶段（Yegnasubramanian, 2013）。

4.3.2.1 文库构建

（1）末端修复（3′末端添加碱基 A）

建库第一步是使用 *Taq* DNA 聚合酶补齐不平的断裂末端，并在两个末端添加突出的碱基 A，从而产生黏性末端（若使用 *Taq* DNA 聚合酶扩增，则无须末端修饰），产生黏性末端的片段可以添加接头（adaptor）。

（2）添加接头

经过末端修饰后的 PCR 片段末端具有突出的 A 尾，而接头具有突出的 T 尾，可以使用连接酶将接头添加到 DNA 片段两端。接头含有碱基 U 连接的环状结构。还需要将碱基 U 删除从而形成“Y”形接头。每一端接头是两条不互补的序列（每一端都是 Rd1 SP 与 Rd2 SP 交错）。

（3）磁珠纯化

添加接头后的文库体系中含有聚合酶、连接酶等各种酶以及辅助物质，接头的添加也是过量的，而且由于末端的不稳定性，容易形成自连片段，鸟枪法打断的片段中也可能有大片段存在，所以需要特殊磁珠纯化来去除大片段以及各种杂质，从而获得成功添加接头的文库片段。其原理为磁珠可以通过氢键等作用力来吸附 DNA 片段，磁珠本身不具有片段大小选择的能力，但其储存的缓冲液里面含有 20% 的 PEG 8000，PEG 浓度越大则可以吸附的 DNA 片段越小。因此磁珠纯化的时候要根据文库片段不同严格控制磁珠添加量（其实是 PEG 添加量）来实现片段选择。

（4）PCR 扩增

添加了接头的 DNA 片段，可以使用与接头互补的引物来扩增。这个过程非常重要，因为目前所有片段其两端是不互补的 Y 形结构，不能直接进行测序；此外，片段还需要添加用于区分不同文库的特异性标志，以及与测序仪芯片互补的两种寡核苷酸序列（P5/P7）。

（5）第二次磁珠纯化

PCR 后需要将产物 DNA 片段与聚合酶等杂质分离，因此再次进行磁珠纯化，之后进行质量检测，包括 DNA 浓度检测、琼脂糖凝胶电泳和片段长度检测，完成建库。

4.3.2.2 上机测序

（1）以寡核苷酸为引物、文库片段为模板进行 DNA 复制

因为文库稀释后浓度足够低，可以认为文库片段均匀地结合在流通池表面，每个片段结合的位置相距足够远（即每条文库模板有足够的成簇空间），这很重要，否则测序时会导致信号叠加而不能识别。复制完成后解链，将文库片段洗去，留在流通池表面的为与文库模板互补的 DNA 序列。

（2）“桥”式扩增成簇（cluster）

假如第 1 步结合的为寡核苷酸链 P5′，则复制完成洗脱模板后顶端可以与相邻的寡核苷酸链 P7 互补结合形成“桥”，并以寡核苷酸链 P7 为引物进行复制，完成后再次解链并与相

邻不同种接头结合来进行复制，以此类推。25 ～ 28 个循环完成后，原来散布在表面的单核苷酸序列变成散布的 DNA 簇，这一步主要是为后续测序做准备，因为测序时单分子产生的光信号很弱，难以检测。

（3）测序要保证每个片段一致性（都是正向或都是反向）

切割并洗去 P5′ 上的 DNA 链，只留 P7 上的 DNA 单链。Illumina 公司巧妙地利用了甲酰胺基嘧啶糖苷酶 Fpg 对 8-氧鸟嘌呤糖苷 8-oxo-G 的选择性切断作用，在合成的引物链上加入了一个 8-oxo-G，用 Fpg 处理，把带 8-oxo-G 的基团切掉，并把 DNA 链切断，留下一个带不完整糖基的磷酸基。这个磷酸基在接下来的过程中，起到了阻止 P5′ 延伸的作用。此后的双末端测序中需要恢复 3′-OH，则用脱嘌呤 / 嘧啶内切核酸酶（AP-endonuclease）把带不完整糖基的那个磷酸基切掉。

（4）加入测序引物 Read1 SP（Read1 测序引物结合位）和修饰过的 DNA 聚合酶

则在测序引物 3′ 端开始 DNA 复制。在流通池加入可逆终止荧光 dNTP，其 3′-OH 被阻隔（糖基 3′ 连接有叠氮基团，在链延伸时起到了阻止添加下一个 dNTP 的作用，因此在除去阻隔前只能添加一个碱基），4 种 dNTP 在碱基上分别连接有不同颜色的荧光基团（也可以相同颜色荧光标记，但是测序会更慢，每次只能添加一种碱基）。之后洗掉多余的 dNTP，使用激光扫描，收集留在流通池表面的荧光信号。用巯基试剂去掉 3′ 位阻断的叠氮基团，用 TCEP[三 (2-羧乙基) 膦] 去掉荧光基团，进入下一个碱基的测序反应。因为每条 DNA 单链扩增形成的 DNA 簇均固定在表面，随着反应进行，根据相同位置出现的荧光信号情况，就逐渐读出了该位点 DNA 链的序列。

（5）读取标志信息

Read1 测序结束后，解链并洗掉测序中已经合成的部分，加入测序引物标签序列（也即 Read2 SP 互补的寡核苷酸），这时会继续在 3′ 端进行复制，读出接头中标签序列，从而可以确定每个 DNA 簇属于哪个文库。

（6）双末端测序

加入测序引物 Read2 SP，进行另一端的序列读取。洗掉前面复制合成的片段，DNA 单链继续在流通池表面形成桥式连接，这时要用脱嘌呤 / 嘧啶内切核酸酶处理修复 P5′ 的 3′-OH 末端，加入聚合酶，则在 P5′ 末端开始 DNA 复制。十几个循环后，将 P7 上的 DNA 切割并洗掉。Illumina 公司通过在 P7 核酸链中加入一个 U 碱基，用 USER（uracil specific excision reagent，尿嘧啶特异性切除试剂）酶来切割断链。这时只留下 P5′ 上的 DNA 链，与 Read 中方向相反。加入测序引物 Read2 SP，进行另一端的序列读取。

4.3.2.3 测序数据

一般我们接触到的测序数据是 fastq 格式的碱基序列，然而早期 Illumina 平台直接下机数据为 bcl 格式文件，其储存的是显微拍摄得到的荧光信号信息。将相同区域不同时间拍摄的荧光图片按照时间顺序叠加处理，就可以获得该位点结合的 DNA 序列的碱基顺序。

4.3.2.4 第二代测序技术注意事项

第二代测序实验中测序错误主要来自样品制备、文库制备，以及测序和成像。

（1）来源于样品制备的测序错误

① DNA 或 RNA 的降解或变化，如样品保存过程或福尔马林固定石蜡包埋（FFPE）组织制备过程中的核酸降解和交联。

② DNA 浓度：不足量的高浓度 DNA 样品会导致 PCR 过程中的错误并降低测序深度。

③ 异源序列的污染：例如支原体和异种移植的宿主。

（2）来源于文库制备的测序错误

① DNA 片段大小：DNA 片段大小会引起偏好性扩增，影响测序准确性。

② 引物偏好性：例如，结合偏好性、甲基化偏好性、错配导致的偏好性，以及非特异性结合和引物二聚体的形成、发夹结构和干扰环、熔解温度太高或太低引入的偏好性。

③ 条形码和/或适配子错误；例如，适配子污染，缺乏条形码多样性和不兼容的条形码。

④ 嵌合读取。

（3）来源于测序和成像的测序错误

① 移相：例如，DNA 链不完整延伸或多个核苷酸而不是单个核苷酸的添加。

② 荧光基团变化，核苷酸受损导致的荧光变化或重叠信号。

③ DNA 序列背景，例如，富含 GC 区域、同源序列和低复杂度的区域，以及均聚物。

④ 链的偏好性。

4.3.3 第三代测序技术操作流程和注意事项

4.3.3.1 Pacbio测序流程和注意事项

SMRT 测序采用四色荧光标记的 dNTP 和 ZMW 孔完成了对单个 DNA 分子的测序。每个 ZMW 孔中，单个 DNA 分子模板与引物结合，然后结合 DNA 聚合酶后，被固定到 ZMW 孔底部。加入四色荧光标记的 dNTP，DNA 合成开始，连接上的 dNTP 会由于碱基配对在 ZMW 底部停留较长时间，激发后发出对应的荧光信号被识别，返回的荧光信号会形成一个特殊的脉冲波。另一方面由于荧光信号连接在 dNTP 的磷酸基团上，当上一个 dNTP 合成后，磷酸基团自动脱落，保证了检测的连续性，提高了检测速度，每秒钟合成 3 个碱基的速度，配上高分辨率的光学检测系统，实现了实时检测。具体操作流程如下。

（1）样本质检

由于该测序技术不需要对样品 DNA 进行 PCR 的扩增，所以测序结果的好坏在很大程度上取决于样品的质量，因此，对样品 DNA 质量的检测显得尤为重要。主要包括浓度检测和完整性检测两方面。浓度检测以 Qubit 检测的 DNA 浓度为标准（包括后续的整个建库过程），

Nanodrop 辅助检测（要求 $OD_{260}/_{280}$ 在 1.8 ～ 2.0 之间）。若 Nanodrop 测的值大于 Qubit 值的两倍，表明样品所含杂质较多，在建库之前需要对样品进行纯化；假如两者测的值相差不大，一般可直接进行打断建库。DNA 完整性检测采用 1% 的琼脂糖凝胶电泳检测的方法，以此来判断样品 DNA 的完整性。

（2）文库构建流程

利用 PacBio 公司的 SMRT bell 模板制备试剂盒构建文库，文库构建包括 DNA 打断浓缩、DNA 修复（此步骤 DNA 总量不小于 4 μg）、DNA 末端补平并纯化、接头拼接、消化未连接的产物、磁珠纯化等过程。

（3）BluePippin 片段筛选

PacBio 测序的一个最大优点是具有超长的读长，文库片段的大小直接影响着测序结果的平均长度，因此，为了提高测序质量，获得更长的平均插入片段，需要对文库进行 BluePippin（BP）片段选择，以去除短片段的文库分子。

（4）上机测序

通过 BluePippin 筛选后的文库，在库检及格后，根据片段大小，利用 Diffusion 和 MagBead 两种装载方式进行测序。

4.3.3.2 Nanopore测序流程和注意事项

实验流程按照 Oxford Nanopore Technologies 公司提供的标准实验方法执行，包括样品质量检测、文库构建、文库质量检测和文库测序等流程。

（1）样品提取和质量检测

可以采用 SDS 和柱色谱方法提取和纯化核酸样品，提取后的核酸质量用 Qubit 和 Nanodrop 进行检测。

（2）文库构建

使用 ONT 公司试剂盒 SQK-LSK109 和 EXP-NBD104/114 进行文库构建，文库构建包括 DNA 片段化和末端修复、磁珠纯化和 DNA 样品定量、Barcode 标签连接、磁珠再纯化和测序接头连接以及磁珠再纯化等过程。

（3）上机测序

质检合格的文库转载到 R9.4 测序芯片中进行测序。

4.4 测序技术在细胞性能表征上的应用

测序技术经过飞速发展，成本不断降低，同时，测序速度和测序通量有了质的飞跃，大大加速了基因组时代的发展。与第一代测序相比，NGS 测序平台准确性高、速度快、通量高、成本低，科学界基本普遍应用第二代测序技术来解决一些生物学问题。比如全基因组从头（*de novo*）测序，为所研究物种构建参考基因组；全基因组重测序，通过与参考基因组比对检测突变位点，获取个体的差异信息，构建遗传图谱以及进行 GWAS 研究分析等；外显子测序及其目标区域测序，高效经济获取研究目标基因等；小分子 RNA 测序，鉴定新的小 RNA 分子；转录组测序，获取组织样品的转录表达水平，可以进行表达量定量，调控机制研究，以及可变剪接的研究等；特殊处理的 DNA 片段测序，如表观甲基化测序研究甲基化在个体发育及其表达调控中的作用；染色质免疫共沉淀测序（chromatin immunoprecipitation sequencing, ChIP-Seq）高效地在全基因组范围内检测与组蛋白、转录因子等互作的 DNA 区段，Hi-C 和 ChIA-PET（chromatin interaction analysis by paired-end tag sequencing，染色质互作分析双末端标签测序）技术研究全基因组范围内整个染色质 DNA 在空间位置上的关系。而第三代测序技术的出现解决了二代测序读长短、GC 偏好性等缺点，从而促进了对一些大型的、复杂的基因组的解析。而目前这三代测序技术都在被普遍使用，这不仅仅是因为测序成本，主要还是因为它们都有自己的特性，可以解决不同问题和需求。同时它们也很好地进行互补，比如在基因组的组装过程中，三代测序基于读长优势，可以解决复杂、重复序列的问题，二代测序可以帮助解决三代测序的测序错误，同时在 Hi-C 上的应用也能进一步提高基因组的组装水平（Wang et al, 2021; Ogbeide et al, 2022）。在变异检测方面，二代测序数据在 SNP 和小的插入缺失变异方面具有独特的优势，而三代测序在大型结构变异上有着自己的优势（Goenka et al, 2022），而第一代测序技术对一些结构变异的检测验证也是非常必要的。这些都是三代测序能够同时存在并共同发展的主要原因。

4.4.1 测序技术在全基因组测序中的应用

测序技术的快速发展与基因组功能的研究为合成生物学提供了强有力的支持，例如通过大规模基因组的研究，为合成生物学提供更多生物元件，通过转录组学的研究，人们进一步发现了非编码 RNA 对转录的调节、蛋白质活力的调节等具有一定的影响，从而从更高层次认识基因组的生物元件及工作机制。合成生物学无论是改造现有的生物元件还是重新构建新生物元件，都要建立在对现有生物元件充分认识了解的基础之上，测序技术的快速发展可以为之提供海量信息，是合成生物学快速发展的基础。微生物被广泛应用于合成多种化合物，但有些化合物的合成途径在微生物中是不存在的，要用微生物合成这类化合物就需要开发新的反应途径，通过在底盘宿主中引入新的代谢途径、挖掘功能基因等方式开发新的底盘宿主用于生产非天然的化合物，这都需要建立在对基因组充分认识的基础上。随着基因组测序技术的高速发展，大量的基因组信息被公布，在此基础上开发出的基因组水平代谢网络重构可用于更好地理解复杂的代谢模型。

（1）测序技术在微生物基因组测序中的应用

从第一个微生物基因组噬菌体 ϕX174 被测序以来，大量的病毒、原核微生物和真核微生物的全基因组序列得到了测定。2018 年，中国科学院微生物研究所牵头组织发起了全球模式微生物基因组测序计划，从全球微生物资源保藏中心选择目前未进行测序的模式微生物菌株（包括细菌、古菌和可培养真菌），预计 5 年内完成超过 10000 种细菌、真菌、古菌模式菌株的基因组测序，建立全球微生物模式菌株基因组测序合作网络。国家微生物科学数据中心（世界微生物数据中心）已经形成了国际引领的微生物大数据平台体系。其中全球微生物保藏菌种目录（global catalogue of microorganism, GCM）集成了来自全球 50 个国家 133 个微生物资源中心 46 万条微生物菌种资源数据，是目前最大的微生物实物资源数据平台。全球模式微生物基因组数据库（global catalogue of type strain, gcType）整合了 16701 个有效发表的原核生物的超过 13944 个基因组数据，这些微生物基因组信息为合成生物学研究提供了重要的生物资源 (Shi et al, 2021)。第一代测序技术和第二代测序技术在微生物基因组测序中发挥了重要作用。随着第三代测序技术的发展，基于三代测序技术的优点：单分子测序技术的建库和测序步骤比第二代测序更为简便，能够快速地对全基因组序列进行测序拼接，极大地缩短测序时间。高 GC 或 AT 含量的样品由于不易进行 PCR 扩增，进而影响到基因组测序的完整性，但是三代测序技术不需要进行 PCR 扩增，所以能更加方便地对此类样品进行基因组测序，第三代测序逐渐成为微生物基因组测序的主流。

放线菌是一类非常重要的微生物，其能够产生结构多样的活性次级代谢产物，如聚酮类、聚肽类化合物，在微生物药物的研究中具有重要的意义，科学界对该类微生物的基因组解析一直抱有浓厚的兴趣。在放线菌中，负责聚酮类化合物骨架合成的聚酮合酶具有保守的结构域，而编码这些保守结构域的基因序列的重复性相当高，第二代测序的序列片段比较短，而放线菌基因组 GC 含量高，这都导致了后期的拼接和组装非常困难，从而很难完整拼接该类微生物的基因组。随着三代测序技术的应用，基于三代技术的特点，同时，结合二代测序技术，能够很容易地解析放线菌的完整基因组（Gomez-Escribano et al, 2016）。杨松研究团队对稀有放线菌紫丁香糖丝菌的测序工作发现，由于 GC 含量高（73.49%）且含有丰富的编码聚酮合酶和非核糖体肽合成酶的基因，使用二代测序平台 Illumina Hiseq 2500 一直未能获得该菌的完整基因组，后期结合 PacBio Sequel 三代测序平台得到的数据，顺利拼接了紫丁香糖丝菌的完整基因组 (Mo et al, 2021)。在现阶段，基于三代测序技术，或者二代测序与三代测序相结合的方式，越来越多的放线菌的全基因组序列得到了解析，这为后续的活性代谢产物的生物合成机制的解析以及挖掘新颖微生物基因资源提供了重要的支撑。

锈菌是一类重要的植物病原真菌，可以造成多种农林病害。锈菌营专性活体寄生，生活史多样且复杂，通常包含多达五种类型的孢子。锈菌平均单核基因组达 380 Mb，远大于真菌界的平均基因组大小（37 Mb）。此外，锈菌基因组的重复序列含量高达 30% ～ 90%。双核性和高度重复的序列特征对锈菌高质量基因组组装以及锈菌群内进化的深入理解构成了巨大挑战，阻碍了基于组学的锈菌系统演化和植物-病原菌互作研究。蔡磊团队以造成玉米南方锈病的多堆柄锈菌（*Puccinia polysora*）为对象，基于 HiFi 和 Hi-C 数据构建了适用于双核、二倍体或多倍体的单倍型基因组拼装策略，成功将多堆柄锈菌双核基因组拆分并组装到具有双端端粒的染色体水平 (Liang et al, 2023)。同时，基于萌发孢子以及 6 个侵染时间点的精细转录组分析，将多堆柄锈菌双核划分为 7 个表达谱，其中 2 ～ 5 号表达谱可作为无毒基因筛选库，为抗病育种和植物-病原菌互作研究提供了高价值的数据。此外，利用全基因组 SNPs 揭示了我国多堆柄锈菌群体已分化出高毒谱系，携带 $AvrRppC^{A}$ 和 $AvrRppC^{J}$ 高致病性基因，可以克服 80% 以上抗病品种抗性，因此发掘新的抗南锈基因迫在眉睫。而高质量的基因组和后续的转录组数据，将为抗锈病作物开发提供详细的基因信息。

（2）测序技术在植物基因组解析中的应用

植物基因组由于基因片段巨大、多倍体性、杂合性以及含有众多的转位因子，极其难以进行测序和组装，很难得到高质量的植物基因组序列。第一个高等植物拟南芥的全基因组测序工作于 2000 年由第一代测序技术完成，开创了植物基因组测序的先河。而后随着第二代测序技术的兴起，重要农作物如水稻、小麦以及一些重要药用植物如人参、三七等的基因组的精细图谱得以完成。现阶段的植物基因组测序，基本基于第三代基因组测序或者第三代和第二代基因组测序相结合的方法，然后结合高通量染色体构象捕获技术，达到染色体水平的组装，基于此方法，大量的农作物、经济林木和药用植物的全基因组序列得到了解析，这为揭示这些植物的进化、重要性状形成的遗传和分子机制、植物的分子育种，以及重要的生物活性分子生物合成途径的解析提供了强大的工具和丰富的基因信息 (Varshney et al, 2014; Varshney et al, 2019; Murigneux et al, 2020)。

通过基因组的测序和分析，可以揭示作物的进化、重要性状形成的遗传和分子机制，以及为作物的分子育种提供重要的基因资源。张天真研究团队以 16 个在中国棉花不同育种历史阶段、生产上发挥重要作用的品种（系）为亲本，历时 10 多年构建了 16 个品种（系）互交、自交的重组自交系群体，然后通过群体重测序及两年三点 12 个产量和纤维品质等性状的田间鉴定、全基因组关联分析，从基因组水平上解析了中国棉花品种改良的遗传基础和优异基因来源（Li et al, 2023）。该研究鉴定出关联 114 个重要农艺性状的优异基因位点 54 个，发现有 25 个（46.30%）一因多效，同时控制了多个产量、品质等重要农艺性状。这些鉴定出的优异基因位点为中国棉花育种提供了重要基因资源。通过对祖先种质基因组的系统分析，揭示了这 54 个优异基因位点的来源。例如，能同时提高纤维长度、强度和伸长率的优质纤维基因 *GHLSF*，主要存在于西北内陆棉区品种。该研究也发现，新疆地方培育品种的优异基因位点主要来自苏联品种，而大量长江和黄河流域棉区品种优异基因位点则来自美国和非洲品种（系），它们是新疆棉花品种改良的优异基因资源，很容易通过精准育种设计将它们转育到新疆品种中。因此可以通过基因组选择育种手段，精准导入多个鉴定出的产量、品质等优异基因，创制适于新疆种植的新品种。另外也可以利用基因组和优异基因位点信息，开展不同 MAGIC 群体系间杂交，优异基因叠加，精准创制新品种。朱玉贤研究团队及华大基因研究团队通过 PacBio 测序，解析了世界上首个高精度草棉基因组（草棉为非洲棉变种，其基因组类型为（A1），并对亚洲棉基因组（A2）和陆地棉基因组 [(AD)1] 进行重新组装，获得了高质量的基因组，为棉花相关农艺性状研究提供了优质的基因组资源 (Huang et al, 2020)。并通过比较基因组学与系统发育基因组学分析，解决了围绕棉花基因组起源的争议。根据比较基因组学、不同纤维发育时期的基因差异表达数据和转基因实验找到棉纤维发

育的关键基因 *KCS6*。组装得到的三个高质量棉花基因组和转录组学分析结果为棉花育种工作者提供了丰富的遗传改良位点和靶标，将加快棉花育种进程。

基因组信息可以从基因水平上表征植物细胞是否具有产生某种代谢产物的能力。黄花菜在中国、日本和韩国等亚洲国家广泛种植，其花蕾是常食用的蔬菜之一，但业界普遍认为黄花菜中含有的秋水仙碱是造成腹泻的原因。曾建国研究团队通过 PacBio SMRT 测序平台与 Hi-C 技术相结合，绘制了染色体级别的黄花菜基因组精细图谱，结合嘉兰中已报道的合成秋水仙碱的功能基因，进一步从基因组水平阐明了黄花菜中没有秋水仙碱的生物学基础，修正了教科书中黄花菜有秋水仙碱这一传统认知 (Qing et al, 2021)。同时，通过比较基因组分析建议黄花菜与国外分类一致归为阿福花科而不属于百合科，为黄花菜及萱草属的物种分类提供了基因组水平证据。艾是菊科蒿属多年生草本药用植物，全株具有浓烈香气，其在医药、保健等方面有着悠久的应用历史。中国医学科学院药用植物研究所罗红梅团队利用 Illumina、PacBio 以及 Hi-C 技术，对艾进行了基因组测序，最终获得了包含 17 条假染色体的高质量基因组。系统发育分析结果显示艾在大约 540 万年前与同属植物黄花蒿发生分化，此外，青蒿素生物合成的关键基因——紫穗槐二烯合酶基因在艾基因组中仅残留一个基因片段，该基因的丢失可能阻碍了青蒿素生物合成关键前体紫穗槐二烯的产生，导致青蒿素在艾中的缺失。

（3）测序技术在动物基因组解析中的应用

秀丽隐杆线虫基因组是第一个被解析的动物基因组，到目前为止，GenBank 数据库中已有 24 个门超过 3300 种动物的基因组组装，这使我们对基因组如何变化以及如何塑造生物多样性有了更深的认识，这为揭示物种的进化、重要性状形成的遗传和分子机制、动物的分子育种提供了重要的基因信息 (Hotaling et al, 2021)。

中国农业科学院植物保护研究所联合浙江大学昆虫科学研究所等多家国内单位，破译了马铃薯重大毁灭性害虫马铃薯甲虫高质量基因组，利用 HiFi 测序数据和 Hi-C 辅助组装技术，获得马铃薯甲虫染色体基因组。对马铃薯甲虫和其他 14 种鞘翅目昆虫基因组进化分析发现，马铃薯甲虫与其他鞘翅目昆虫相比，存在1260个扩增基因家族和716个收缩基因家族（Zhang et al, 2022）。马铃薯甲虫大量的基因家族扩展或收缩可能在其入侵扩散和抗药性演化等生态适应机制方面起到一定的功能，该研究结果为马铃薯甲虫甚至鞘翅目类害虫生物学生态学研究和精准绿色防控技术研发奠定了遗传学基础。

山羊（*Capra hircus*）是最早驯化的牲畜之一，表现出非凡的适应性和多功能性，并且与人类密切相关。野生山羊物种分布广泛，许多可以与家山羊杂交，但它们对山羊驯化过程的贡献仍然未知。姜雨研究团队对 5 只野山羊和 101 只家山羊进行基因组测序后分析发现所有家山羊都聚为野山羊的姐妹谱系，证实现代家山羊是野山羊的后代。同时研究人员的研究结果为山羊驯化过程中的适应性渐渗和受选择性状的遗传基础提供了证据，强调家畜驯化是一个动态的进化过程，在渐渗和选择的驱动下具有极强的适应性（Zheng et al, 2020）。研究结果也表明，驯化可能对神经特性和病原体抵抗力产生深远影响，这有助于管理畜群以适应人为环境。

4.4.2 测序技术在功能基因 / 元件挖掘中的应用

4.4.2.1 测序技术在微生物功能基因/元件挖掘中的应用

在代谢工程研究和微生物育种研究领域，适应性实验室进化是一种常用的快速高效构建优良微生物工程菌株的研究方法，通过定向进化的方式从整体水平上对复杂的网络进行改造，微生物通过适应性进化，能够产生适应特殊培养条件或环境的表型。通过基因组重测序结合功能分析实验，可以对进化后的菌株或种群的基因型进行快速分析，解析与新表型相适应的基因突变位点或者菌株的进化方向及优良菌株的分子进化机制，最后将诱导高产的原理应用于其他菌株，理性指导目标产物的生产。例如 Lee 等（2019）通过将 β-香树脂醇（β-amyrin）合成途径在不同的酿酒酵母菌株中进行过表达，对高产菌株与低产菌株基因组进行测序，比较分析发现，高产菌株的 β-香树脂醇合成途径中几个关键基因 *ERG9*、*ERG8* 和 *HFA1* 存在单核苷酸多态性，推断这几个单核苷酸多态性是 β-香树脂醇合成产量存在差异的原因，在此基础上理性改造 β-香树脂醇合成途径，使 β-香树脂醇产量显著提高。LaCroix 等（2015）将大肠杆菌 K-12 MG1655 菌株在最适培养基中进行了 81 天的实验室适应性进化，筛选得到了生长速率比出发菌株提高了 1.6 倍的进化菌株。然后通过全基因组测序发现这种快速生长的表型主要是全局转录基因 *rpoB*，代谢基因 *pyrE*、*rph* 和 DNA 结构基因 *hns*、*tdk* 的突变所导致的。杨松研究团队（Mo et al, 2021）通过对扭脱甲基杆菌 AM1 进行适应性进化，得到了耐 0.5% 正丁醇的突变株 BHBT3 和 BHBT5，然后通过全基因组测序结合实验验证，发现编码钾离子 / 质子反向转运蛋白的基因 *kefB* 发生了 1 个 SNP 突变，从而导致突变菌株对正丁醇产生了高耐受性。周雍进研究团队采用实验室适应性进化技术，对多形汉逊酵母在甲醇中连续传代，获得了驯化菌株，其能够在甲醇基础培养基中正常生长且高效合成脂肪酸。借助全基因组测序分析，鉴定了两个关键突变基因 *LPL1*（推测编码脂酶）和 *IZH3*（编码与 Zn 代谢相关膜蛋白），并解析了这两个关键突变基因的功能，该研究系统揭示了微生物细胞中甲醇代谢压力机制，并实现甲醇高效转化合成高附加值目标化合物，为甲醇生物转化工业化应用奠定基础。Marx 团队利用适应性进化结合高通量测序解析了甲醇利用菌扭脱甲基杆菌 PA1 耐受甲醛的机制并将其引入大肠杆菌，提高其对甲醛的耐受性 (Bazurto et al, 2021)。甲醛对从细菌到人类的各种细胞来说是广泛存在的生存压力，对于甲基营养菌比如扭脱甲基杆菌，甲醛是一种重要的中间代谢产物，了解细胞如何应对甲醛带来的毒性对提高细胞对甲醛的耐受性会有一定帮助。研究者利用扭脱甲基杆菌 PA1 进行甲醛适应性进化，得到在 5 mmol/L 甲醛（野生型扭脱甲基杆菌 PA1 致死）下可以稳定生长的菌株。并对这些菌株进行基因组测序，发现所有菌株中都含有两个非同义突变，*efgA* 与 *efgB*。进一步适应性进化得到在甲醛中快速生长菌株，基因组测序发现 70% 以上的菌株都在基因 *efgA* 中发生非同义突变。进一步研究发现 *efgA* 可以通过结合甲醛暂停蛋白翻译过程，使细胞暂停生长以逃避甲醛毒性（图 4-1）。基因 *efgA* 不仅提高甲基营养菌对内源甲醛的耐受性，将其在大肠杆菌中进行过表达，也可以提高大肠杆菌对甲醛的耐受性。

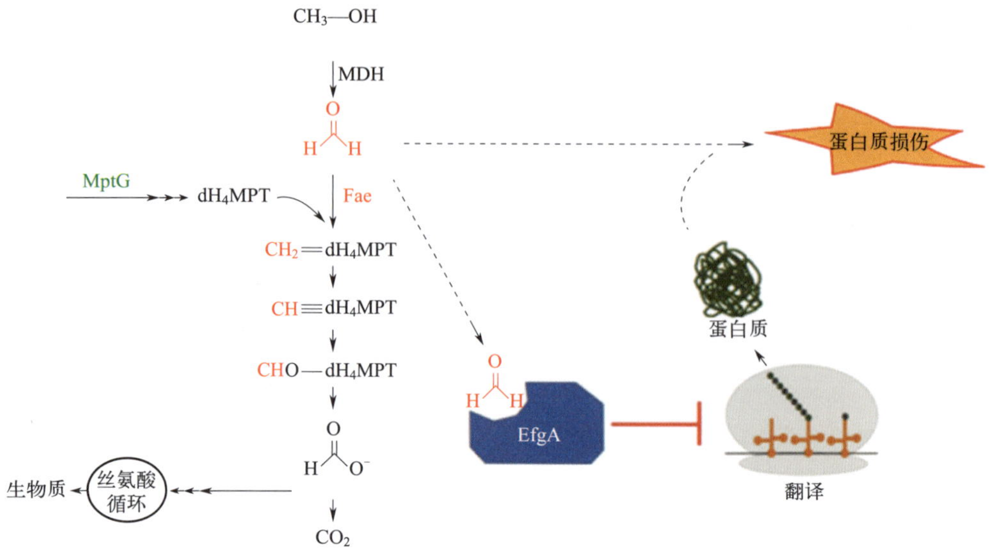

图 4-1 基因 *efgA* 在扭脱甲基杆菌 PA1 的甲醛耐受性中的作用

测序技术在微生物重要生物元件的挖掘中也有重要的应用。甲基营养菌是可利用还原性一碳化合物（比如甲醇）作为唯一碳源和能源进行生长的微生物，其利用一碳化合物获得能源及细胞组分所必需的酶和代谢途径是人们比较关注的问题。Vorholt 团队利用转座子饱和突变结合二代测序技术，在甲基杆菌的模式菌株扭脱甲基杆菌 PA1 中鉴定出了甲醇利用的必需基因，进一步结合蛋白质组学确定其基因组规模网络模型，发现一个与一碳利用相关的关键调控因子并验证其功能 (Ochsner et al, 2017)。研究者首先利用 Tn5 转座子构建扭脱甲基杆菌 PA1 突变子库，分别以甲醇和琥珀酸作为碳源进行碳源利用相关性筛选，如若在该碳源上不生长则认为该转座子插入的基因位点为利用此种碳源的关键基因，反之则认为转座子插入的基因位点与该碳源利用相关性不大。对筛选出的突变子通过半随机 PCR、高通量测序确定其转座子插入位点。在甲醇碳源下确定 486577 个插入位点，琥珀酸碳源下确定 531410 个插入位点，整个基因组的转座子插入密度为 10 ～ 11 个碱基对。这项工作的进行正是得益于高通量测序技术的发展，可以确定基因组上高密度的转座子插入序列。根据 Tn5 转座子的插入数量及插入位点，将全部基因分为必需基因、非必需基因及有利基因三种类型。发现 813 个基因是甲醇或琥珀酸生长的必需基因，其中 590 个基因是甲醇和琥珀酸生长条件下共有的必需基因，147 个基因是甲醇生长条件下必需基因而非琥珀酸生长必需基因。对这 147 个甲醇利用必需基因进行分析，发现不仅有大家熟悉的甲醇利用相关的甲醇脱氢酶基因簇、碳同化或异化基因簇，还有 95 个以前未被注释为甲醇利用相关的基因。通过分析发现两个新的甲醇利用相关酶：磷酸核糖激酶（prk）与 5-甲酰环连接酶（5fcl），进一步通过基因敲除与回补验证了磷酸核糖激酶在甲醇利用过程中的作用，发现磷酸核糖激酶通过调节 QscR-甲醇利用关键途径丝氨酸循环的调控基因，参与甲醇利用。这项研究利用转座子插入突变及高通量测序确定了扭脱甲基杆菌 PA1 参与甲醇利用的必需基因，增加了对甲醇利用的认识，同时为利用甲醇合成高价值产品提供了参考。

转录组测序也是一种最常用的用于判断基因转录水平差异的方法，通过转录组测序，既可以对改造靶点的有效性进行评估，也能够在系统层面深入理解微生物菌株的生理代谢和全局调控。基于转录组的数据分析，一些新的调控体系也被发现，利用转录组数据，对米曲霉和黑曲霉的碳源利用进行比较，研究发现麦芽糖可利用两个不同的调控系统，并进一步鉴定了米曲霉、黑曲霉和构巢曲霉中甘油代谢的保守调节系统。夏立秋研究团队通过对刺糖多孢菌不同生长时期的菌株进行转录组测序，对多杀霉素生物合成相关基因以及关键调控代谢网络涉及的重要基因进行了深度挖掘，研究发现磷酸烯醇式丙酮酸磷酸变位酶基因（*orf 06952-4171*）对多杀霉素的生物合成有着重要影响（Liu et al, 2020）。同时，随后的基因敲除实验证明该酶通过影响丙酮酸的含量来影响多杀霉素的生物合成，敲除该磷酸烯醇式丙酮酸磷酸变位酶基因能显著提高多杀霉素的产量。

微生物共培养是近年发展起来的一种用于挖掘微生物活性物质或提高目标代谢产物产量的一种方法。随着合成生物学的发展，微生物共培养也已成为化学品生物合成的新方法。杨松团队从食药用真菌平菇和槐耳的共培养发酵液中分离出一系列结构新颖的、具有强抑制真菌活性的线性二倍半萜化合物 postrediene A ～ postrediene C，随后通过转录组测序分析定位了参与 postrediene A ～ postrediene C 合成的基因簇，并提出了新颖的“头-头”相连生成二倍半萜化合物 C_{25} 前体的代谢方式 (Shen et al, 2019)。这是第一次在二倍半萜化合物中发现此类碳骨架形成方式，该研究表明新颖二倍半萜分子作用机制可能与已有的药物存在差别，极具抗真菌感染的新型先导化合物的开发价值。

4.4.2.2 测序技术在植物功能基因挖掘中的作用

药用植物是一类重要的植物资源，青蒿素、紫杉醇等都是重要的临床药物分子，由于植物生长周期长，从植物材料中分离提取相关药物分子存在产量不稳定、价格昂贵等缺点。因此通过对这些植物基因组的解析，并结合比较基因组学、代谢组学、转录组学，挖掘这些植物细胞中重要活性分子的生物合成基因，然后利用合成生物学的方法在微生物工厂如酿酒酵母中重构生物合成途径，从而可以达到利用微生物宿主如大肠杆菌、酿酒酵母等进行大量异源生产的目的。

紫杉醇生物合成通路中几乎一半的酶促反应都由细胞色素 P450 (CYP450s) 完成。近年来，多组学技术在 CYP450s 的发掘过程中起到了一定作用。使用二代测序或三代测序平台对红豆杉物种进行转录组测序，对其 CYP450s 进行系统分类，并结合基因差异表达和对激素不同响应的分析，分别鉴定到 15 个和 9 个 CYP450s，它们可能是紫杉醇生物合成的先导候选基因。2021 年，3 个红豆杉属物种基因组测序完成，揭开了红豆杉植物中细胞色素 P450 的面纱，通过整合基因组、转录组、代谢组和 MeJA 诱导表达分析，最终筛选到 17 个潜在的紫杉醇合成相关候选 *CYP725A* 基因。

冬凌草是一种用于治疗食管癌和咽喉炎等呼吸道炎症的草药，其产生的活性分子冬凌草甲素（oridonin）是其抗癌和消炎的主要成分。由于缺乏基因组信息，对冬凌草甲素生物合成的研究很少。王勇研究团队通过基因组测序，首次组装了唇形科香茶菜属植物碎米桠染色体级别的参考基因组，同时结合转录组测序分析、比较基因组学分析以及生物化学实验验证了碎米桠的 2 号染色体的两个 P450 氧化酶 IrCYP706V2 和 IrCYP706V7 在冬凌草甲素生物合成中的功能（Sun et al, 2023）。通过比较基因组分析及近缘植物基因组的微共线性分析，CYP706V 不存在于其他唇形科物种中，该现象为香茶菜属植物特异性产生对映-贝壳杉烷型二萜提供了解释。对与冬凌草甲素生物合成途径相关的基因的解析深化了对对映-贝壳杉烷型二萜氧化修饰的合成途径及其遗传基础的理解，为进一步利用合成生物学开发和创新对映-贝壳杉烷型四环二萜类化合物奠定了基础。

糖胶树隶属于夹竹桃科鸡骨常山属，是传统中成药灯台叶颗粒、灯台叶片的主要成分。糖胶树含有丰富的吲哚生物碱，阿枯明（akuammilan）类生物碱是其中一大类具有抗癌、抗菌、抗疟等多种生物活性的单萜吲哚生物碱，有着独特的甲桥喹诺里西啶（methanoquinolizidine）笼状结构，控制其生物合成途径的基因至今尚未得到解析。Tatsis 团队对糖胶树的基因组以及转录组数据进行组装，挖掘了可能涉及阿枯明类生物碱瑞兹马碱（rhazimal）、瑞兹醇马碱（rhazimol）和阿枯明灵（akuammiline）生物合成的基因，并通过异源表达纯化蛋白和酵母共表达系统确认了基因编码酶的活性。鉴定了催化缝籽嗪（geissoschizine）环化重排的 P450 酶 RHS, 两个还原瑞兹马碱为瑞兹醇马碱的乙醇脱氢酶 RHR，两个合成阿枯明灵的乙酰转移酶 AKS (Wang et al, 2022)。阿枯明灵类生物碱相关生物合成基因的鉴定为全面解析该家族生物碱的生物合成途径和后续利用酵母等微生物工厂生产相关化合物奠定了基础。

2017 年中国中医科学院中药研究所陈士林研究团队用 Hiseq X-Ten 对一株低杂合度的 4 年生人参进行了测序，得到了人参基因组序列。系统发育树分析发现，伞形科的胡萝卜是与人参亲缘关系最近的物种。从人参基因组中鉴定到了 225 个 UDPG 糖基转移酶，UDPG 糖基转移酶是人参最大的基因家族，相关糖基转移酶的发现为多样化修饰包括人参皂苷在内的受体分子提供了基因资源 (Xu et al, 2017)。

倍半萜内酯是菊科植物的特征性成分，也是其主要的药用成分，具有较好的医用价值。章焰生研究团队以湖北武汉和贵州遵义的菊科植物苍耳为研究材料，通过比较转录组学测序，研究了不同化学型苍耳叶片及苍耳腺毛（苍耳中倍半萜内酯合成和贮存的器官为表面的球状腺毛）的转录组数据，筛选并克隆了 3 条倍半萜合成途径上的倍半萜合酶基因（*XsTPS1*、*XsTPS2*、*XsTPS3*），并进行了功能分析。研究结果显示 *XsTPS3* 生成了 germacrene A，并且苍耳中的 *XsTPS3* 的表达特性与其倍半萜内酯积累特性高度相关，可证明其参与了苍耳中倍半萜内酯的生物合成。该研究对倍半萜合酶基因的挖掘为解析倍半萜物质的生物合成路径提供了分子证据，也为运用合成生物学技术规模化合成特异倍半萜提供了必要的基因元件。

柠檬苦素（limonoids）是一类具有 17β-呋喃环的四降三萜类化合物，是楝科和芸香科药用植物的主要化学成分。通过对柑橘和楝的基因组和转录组进行研究，Anne Osbourn 和 Elizabeth Sattely 研究团队挖掘发现了 22 种酶，这些酶在柠檬苦素类化合物 azadirone 和 kihadalactone A 的完整生物合成中催化了 12 个不同的反应，揭示了柠檬苦素的完整生物合成途径 (De La Peña et al, 2023)。研究人员经过设计让编码这些酶的基因在本生烟中表达，实现异源生物合成。这一研究结果将会促进高价值的天然和非天然柠檬苦素类化合物的开发应用，尤其有助于植物源杀虫剂的规模化生产。

4.4.3 测序技术在微生物群落解析中的应用

现阶段可培养的微生物只占地球上所有微生物种类中很小的一部分，自然界中绝大部分微生物还未能实现实验室培养，利用基因组测序技术，可以测定未培养的微生物的种类以及发现新的代谢通路。Buée 等（2009）利用 454 高通量测序技术调查 6 个不同的森林土壤真菌的多样性，确定了蘑菇纲（Agaricomycetes）为主要真菌类。Huang 等（2013）利用 454 高通量测序技术研究了中国 3 种稻田土壤的水稻种植前后古菌和细菌群落组成，发现多个环境因素包括铵含量和土壤 pH 值，对古菌和细菌群落结构变化和丰富度有重要影响。Ma 等（2014）基于二代测序技术研究土壤中生存的大肠杆菌 O157: H7 对相关的化学、物理和生物变量的影响，发现土壤中大肠杆菌 O157: H7 和土壤盐度（EC）呈负相关，但和总氮（TN）、水溶性有机碳（WSOC）呈正相关。大肠杆菌 O157: H7 与放线菌和酸杆菌的丰度呈正相关，而与变形菌门和拟杆菌门呈负相关。李文均研究团队通过对热泉沉积物样品宏基因组分箱，并结合公共数据库，共获得 42 个基于宏基因组组装的放线菌基因组，这 42 个放线菌属于三个放线菌新纲。进一步的功能分析表明，这三个新纲的 40 个基因组都存在与 Wood-Ljungdahl 途径相关的基因、氢化酶基因以及产乙酸相关基因，因此可能属于同型产乙酸功能类群（Jiao et al, 2021）。进一步的进化分析表明，三个新纲的氢化酶具有不同的进化历史，而一氧化碳脱氢酶 / 乙酰辅酶 A 合成酶复合酶（CODH/ACS）相关基因来源于三个纲的共同祖先，并有明显的垂直传递现象。在人们通常认为的化能异养的放线菌类群中发现 Wood-Ljungdahl 途径这一古老的碳固定通路，这无疑有可能拓展已知的自养微生物类群的多样性。

植物虽然不可以移动，但其在自然土壤中进化出了强大的适应能力，植物内部、表面尤其是植物根部存在着大量的微生物，这些微生物参与了植物吸收营养、抵抗疾病和非生物胁迫等重要生理过程，对植物生长和健康非常重要，这也是微生物组领域的研究热点（Zhang et al, 2021; Li et al, 2022）。若要利用合成微生物群落以促进植物生长，那么了解植物微生物群落的组合原则则尤为重要，而测序技术则在解析植物微生物群落中扮演了重要的角色（图 4-2）。Vorholt 团队利用 16S rDNA 高通量测序分析了拟南芥叶际环境不同微生物分类单元添加顺序及添加种类对微生物群落组成的影响，发现一些变形菌（如鞘氨醇单胞菌、根瘤菌）和放线菌（如微杆菌、红球菌）是影响微生物群落组成的关键细菌种类，微生物群落组成具延续性且受到菌种加入的先后顺序影响，而植物本源微生物种类在微生物群落中的丰度占比则不受加入顺序影响（Carlström et al, 2019）。这项研究探明了植物微生物群组成的基本原则，为利用植物益生微生物合成群落促进植物生长提供了依据。白洋研究团队与储成才研究团队通过对田间生长的 68 个籼稻和 27 个粳稻品种的根系微生物组分析，发现籼稻和粳稻形成了显著不同的根系微生物组（Zhang et al, 2019）。籼稻根系富集的微生物组的多样性明显高于粳稻，且根系富集微生物组的特征可以作为区分籼粳稻的生物标志。因为籼稻根系比粳稻富集更多与氮循环相关的微生物类群，所以籼稻根系具有更加活跃的氮转化环境，这可能是导致氮肥利用效率高于粳稻的重要原因之一。通过遗传学实验发现，NRT1.1B 的缺失和籼粳间的自然变异显著影响水稻根系微生物组，而这些微生物大部分具有与氮循环相关的功能。因此，水稻通过 NRT1.1B 调控根系具有氮转化能力的微生物，从而改变根际微环境，进而影响籼粳稻田间氮肥利用效率，这项研究对水稻育种也有重要的意义。

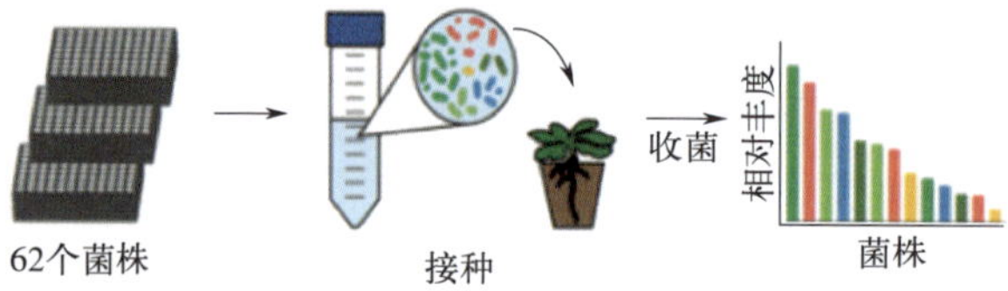

图 4-2　高通量测序分析植物叶际微生物群落组成

人类以及动物肠道也含有大量的微生物，这些微生物在人类以及动物的生长健康及生活行为中起着重要的作用。随着宏基因组学、宏转录组学等技术的发展，肠道微生物的生理功能逐渐在基因层面得到了发掘和证实。2006 年美国国家人类基因组研究所在采用鸟枪测序法对人体肠道微生物组进行宏基因组测序基础上，解析了肠道微生物的基因功能。结果表明与同源基因信息库（COG）中其他微生物相比，肠道微生物基因组中富含参与碳水化合物、氨基酸、甲烷、维生素和短链脂肪酸代谢的基因，其中很大一部分是人体自身所不具备的，表明肠道微生物是人体代谢的重要参与者。研究人员通过分析人类微生物组计划（HMP）产生的宏基因组数据，选出超过 100 种普遍存在于 HMP 受试者肠道内的微生物菌种，在体外构建了一个由 104 种细菌组成的 hCom1（human community one）微生物菌群。hCom1 具有良好的稳定性，其中 98% 的物种能够在无菌小鼠肠道内长期定植。为了更好地模拟天然肠道菌群，研究人员进一步将人类粪便中的微生物引入定植 hCom1 的小鼠肠道内，发现多种新的细菌物种成功定植并填补了空缺的生态位，成功构建了包含 119 种细菌物种的 hCom2 合成微生物组（Cheng et al, 2022）。hCom2 与小鼠天然微生物组一样，能够抵御大肠杆菌引发的感染，是一种理想的肠道微生物组研究模型。从头构建合成微生物组将进一步推动微生物工程疗法的发展，未来有望移植到人体内用于治疗癌症、代谢疾病、抑郁症等多种疾病。研究人员通过宏基因组测序发现，与瘦志愿者相比，肥胖志愿者肠道内拟杆菌门比例降低，放线菌门比例升高。肥胖志愿者 75% 肠道微生物基因来源于放线菌；而瘦志愿者 42% 的肠道微生物基因来源于拟杆菌门。另外有研究表明与正常个体比较，肥胖个体肠道中厚壁菌门比例较高；当肥胖个体体重减轻时，其肠道微生物中厚壁菌门比例则与正常个体变得较为相似。Mariana Byndloss 团队发现高脂肪饮食会破坏肠道内壁及其微生物群落的生物学特性，并促进一种可能导致心脏病的代谢物的产生。动物模型的发现支持了肠道和微生物群在心血管疾病的发展过程中发挥的关键作用。人体肠道微生物组学研究发现肠道菌群在心血管疾病中发挥关键作用，多种肠道微生物来源的代谢物显示出抗或促动脉粥样硬化的作用。刘宏伟、刘双江团队发现一种真菌活性分子可以显著改善小鼠动脉粥样硬化症状，进一步肠道菌群分析发现口服该分子后，肠道核心细菌粪副拟杆菌（*Parabacteroides merdae*）丰度上升了420倍。基因组分析和体外发酵实验证实粪副拟杆菌具有将支链氨基酸降解为支链短链脂肪酸的能力（Qiao et al, 2022）。

在肠道微生物组方面积累的大量数据也促进了微生物药物的研发。中国科学院微生物研究所王军研究团队与陈义华研究团队结合人类肠道微生物组大数据，利用深度学习方法，构建了从人类肠道微生物组挖掘潜在新型抗菌肽的模型，总计挖掘并合成了216种潜在的新型抗菌肽，其中83.8%具有抗菌活性，对多重耐药革兰氏阴性菌具有较强的抑菌能力，同时在动物感染模型中验证部分抗菌肽具有非常好的体内活性和安全性（Ma et al, 2022）。这也表明开发微生物组数据中存在的大量待开发的资源，可能成为应对如今抗微生物药物耐药性危机的一个非常有潜力的策略。

4.4.4 测序技术在DNA甲基化检测中的应用

DNA甲基化作为一种重要的表观遗传标记，在许多关键的生物学过程中如染色质重构、细胞分化、DNA构象维持和转录调控中发挥着重要作用，另外DNA甲基化在年龄推断、组织和体液来源鉴定以及特殊亲权鉴定（如同卵双生子区分）等方面具有重要的应用价值。DNA甲基化主要存在于高等真核生物基因组中的CpG二核苷酸中，主要是通过DNA甲基转移酶将*S*-腺苷甲硫氨酸提供的甲基转移到DNA的胞嘧啶(C)或腺嘌呤(A)上，对DNA进行修饰（Greenberg et al, 2019）。研究发现不同的DNA甲基化修饰，如5-甲基胞嘧啶、5-羟甲基胞嘧啶和N^6-甲基腺嘌呤(6 mA)等，其中最为常见且研究最充分的碱基甲基化是5-甲基胞嘧啶（Simpson et al, 2017）。在过去的几十年里，大量DNA甲基化测量技术的涌现使基因组甲基化分析研究得到了极大的发展。不同于二代测序，纳米孔测序和单分子实时合成测序都可以进行DNA的甲基化测序，是未来最有前途的DNA甲基化修饰测序的方法（Greenberg et al, 2019）。

已有研究表明，纳米孔单分子测序能够区分合成的DNA链的5种所有胞嘧啶在C-5位上的甲基化修饰，对背景已知的序列，5-甲基化胞嘧啶的区分准确度在92%到98%之间。利用MinION测序仪，Paten课题组（Rand et al, 2017）开发了新的生物信息学工具，对多种不同培养条件下的大肠杆菌的基因组的CC（A/T）GG模块的5-甲基尿嘧啶的水平与GATC模块中的6-甲基腺嘌呤的变化水平进行了定量测定，通过20*X*的覆盖对大肠杆菌基因组测序分析发现胞嘧啶的甲基化水平随着细胞的生长逐渐提高，大肠杆菌在指数前期（0.4 OD）、指数中期（0.4 OD）和平稳期（24 h）的胞嘧啶的甲基化水平分别为95.5%、98.7%和99.8%。而通过40*X*的测序深度，对pUC19质粒DNA的测序分析表明，pUC19质粒DNA中的腺嘌呤甲基化水平在指数前期、指数中期和平稳期分别是89%、91%和83%，这与甲基化酶编码基因*dam*的转录水平是相一致的，*dam*的转录在指数期是逐渐增加的，到平稳期便开始降低。N^6-甲基腺嘌呤是细菌里面一个非常常见的修饰碱基，该甲基化修饰在细菌的限制修饰系统、DNA新链的复制、基因的表达调控以及微生物与其宿主的关系中都起着重要的作用。Mason课题组（McIntyre et al, 2019）利用PacBio、Nanopore、甲基化DNA免疫共沉淀测序以及全基因组硫酸盐测序数据，构建了 8 种微生物的 N^6-甲基腺嘌呤甲基化组参考图谱。Nonapore 测序技术也可以和其他技术联合，比如与外源甲基转移酶处理（包含 GC 位点上的 5-甲基胞嘧啶）策略联用，从而发展出新的实验技术和生物信息学分析方法如 MeSMLR-seq 技术，该技术可以在单细胞水平上绘制酿酒酵母中的核糖体占用率和染色体开放性图谱。一些生物化学的方法也可以与 Nonapore 测序技术相结合，用于表征特定的细胞生物学过程，例如，通过用 Nonapore 测序检测核苷酸类似物如 5-溴脱氧尿嘧啶，可以测定 DNA 复制叉的移动。

4.4.5 测序技术在疾病细胞检测中的应用

二代测序在遗传病诊断中应用较多，因为遗传病的诊断很大程度上依赖基因组的检测（Voelkerding et al, 2009）。2016 年一项关于耳聋患者的研究中通过对所有耳聋基因的高通量测序，明确了 49 个致病基因，并确定了致病突变类型。NGS 在产前诊断中也具有独特的优势。传统的产前诊断方法均有较为明显的缺陷。如最简单的体外检查，其最大优点是便捷且无创，但其准确度较低，许多疾病无法筛查。有创方法虽比体外检查更为准确详细，但需采集母体血液或羊水来检测，有一定的安全风险。Korbel 等（2007）提出了“基因组配对对比法”，通过将染色体打碎成基因片段后使用 PCR 扩增，随后进行基因组测序，将得到的基因图谱与人类完整的基因图谱进行逐一排查，来筛选染色体结构异常的类型。可以根据对孕妇血清中胎儿 DNA 的拷贝数变异的分析，早期诊断 21 三体、18 三体及性染色体异常的胎儿，进而进行早期干预。2011 年在北京大学第三医院降生了世界首例经二代测序进行单基因遗传病筛查的婴儿，拉开了 NGS 在体外受精领域的临床应用序幕。在体外受精后，通过对受精卵进行二代测序检测，可筛查出无遗传疾病的胚胎进行后续的植入，进而大大提高了胚胎植入的成功率和胎儿的健康率。

Nonapore 测序技术在很多肿瘤细胞研究中得到了应用，如乳腺癌细胞、胰腺癌和肺癌细胞等，利用该技术，可以发现基因的变异，尤其是复杂基因的变异（Goenka et al, 2022）。Garieli 等（2018）采用单分子测序技术对乳腺癌患者基因组进行测序，结果显示，在乳腺癌相关基因 *BRCA1* 上共检测到 177 个 SNPs，其中有 40 个 SNP 位点是之前用第二代测序技术未检测到的，有 24 个（60%）是新检测到的续段。此外，短的插入 / 缺失突变（1 ～ 2 bp）也较先前的二代测序结果更为丰富。由此可见，*BRCA1* 基因的遗传变异可能是乳腺癌的易感因素，将其与现有的检测手段相结合，为乳腺癌的风险分析提供遗传学基础。另外，通过 Cas9 辅助的目标基因区域富集，再结合 Nonapore 测序，对乳腺癌易感基因及其上下游 200 kb 的序列（包括一段 80 kb 的重复率大于 50% 的基因区域）进行了详细分析，该区域的阐明，也将为与乳腺癌相关的基因变异图谱提供一个参考的模板。

抑癌基因 *P53*（*TP53*）对基因组的完整性非常重要，17p 缺失或者 *TP53* 突变导致的 *P53* 基因异常使慢性淋巴细胞白血病患者术后功能很差。Minervini 等利用 Nonapore 扩增子测序技术和 Sanger 测序对 23 名患者的 *TP53* 基因进行了测序，结果显示与 Sanger 测序相比，Nonapore 测序更加灵敏，Sanger 测序只能检测到 3 个患者的 *TP53* 基因有突变，但 Nonapore 测序能检测到 4 个患者的 *TP53* 基因有突变（Minervini et al, 2016）。在对 19 名慢性淋巴细胞白血病患者和 5 名急性淋巴细胞白血病患者的 BCR-ABL1 激酶的突变检测中也得到了同样的结果，与 Sanger 测序相比，Nonapore 测序表现出更高的灵敏性，并且时间更短（Minervini et al, 2017）。Nonapore 全基因组测序能够迅速地检测急性白血病患者的染色体易位并能精确地定位到易位的位点。

肺癌在全球范围内的发病率、死亡率逐年上升，严重危害人类健康。有 80% 的肺癌属于非小细胞肺癌，组织类型以腺癌和鳞状细胞癌最为常见，由于大部分肿瘤患者无法进行组织活检，初诊的非小细胞肺癌病人往往已到了患病晚期，错失了手术治疗的最佳时机。所以，对患者血液中微量的循环肿瘤 DNA（ctDNA）进行检测，对肺癌患病早期检测非常重要。研究者们通过对非小细胞肺癌患者外周血中的 ctDNA 进行测序分析，发现 *EGFR* 基因中 62.5% 的突变在 ctDNA 中被检测到（包含耐药突变 p.T790M），进一步证实了 ctDNA 可以作为潜在的肿瘤标志物进行临床检测。

参考文献

Bazurto J V, Nayak D D, Ticak T, et al, 2021. EfgA is a conserved formaldehyde sensor that leads to bacterial growth arrest in response to elevated formaldehyde[J]. PLoS Biol, 19(5):e3001208.

Buée M, Reich M, Murat C, et al, 2009. 454 Pyrosequencing analyses of forest soils reveal an unexpectedly high fungal diversity. New Phytol, 184(2):449-456.

Carlström C I, Field C M, Bortfeld-Miller M, et al, 2019. Synthetic microbiota reveal priority effects and keystone strains in the *Arabidopsis phyllosphere*[J]. Nat Ecol Evol, 3(10):1445-1454.

Crossley B M, Bai J, Glaser A, et al, 2020. Guidelines for Sanger sequencing and molecular assay monitoring[J]. J Vet Diagn Invest,32(6):767-775.

Cheng A G, Ho P Y, Aranda-Díaz A, et al, 2022. Design, construction, and *in vivo* augmentation of a complex gut microbiome[J]. Cell,185(19):3617-3636.

De La Peña R, Hodgson H, Liu J C, et al, 2023. Complex scaffold remodeling in plant triterpene biosynthesis[J]. Science,379(6630):361-368.

Gabrieli T, Sharim H, Fridman D, et al, 2018. Selective nanopore sequencing of human BRCA1 by Cas9-assisted targeting of chromosome segments (CATCH)[J]. Nucleic Acids Res., 46(14):e87.

Goenka S D, Gorzynski J E, Shafin K, et al, 2022. Accelerated identification of disease-causing variants with ultra-rapid nanopore genome sequencing[J]. Nat Biotechnol,40(7):1035-1041.

Gomez-Escribano J P, Alt S, Bibb M J, 2016. Next generation sequencing of actinobacteria for the discovery of novel natural products[J]. Mar Drugs,14(4):78.

Greenberg M V C, Bourc'his D, 2019. The diverse roles of DNA methylation in mammalian development and disease[J]. Nat Rev Mol Cell Biol,20(10):590-607.

Huang L, Dong H, Wang S, et al, 2013. Diversity and abundance of ammonia-oxidizing Archaea and Bacteria in diverse Chinese paddy soils. Geomicrobiology Journal, 31(1), 12-22.

Huang G, Wu Z, Percy R G, et al, 2020. Genome sequence of *Gossypium herbaceum* and genome updates of *Gossypium arboreum* and *Gossypium hirsutum* provide insights into cotton A-genome evolution[J]. Nat Genet,52(5):516-524.

Hotaling S, Kelley J L, Frandsen P B. 2021. Toward a genome sequence for every animal: Where are we now[J]. Proc Natl Acad Sci U S A, 118(52):e2109019118.

Jiao J Y, Fu L, Hua Z S, et al, 2021. Insight into the function and evolution of the Wood-Ljungdahl pathway in actinobacteria[J]. ISME J, 15(10):3005-3018.

Kolodziejczyk A A, Kim J K, Svensson V, et al, 2015. The technology and biology of single-cell RNA sequencing[J]. Mol Cell, 58(4):610-620.

Korbel J O, Urban AE, Affourtit J P, et al, 2007. Paired-end mapping reveals extensive structural variation in the human genome[J]. Science, 318(5849):420-426.

LaCroix R A, Sandberg T E, O'Brien E J, et al, 2015. Use of adaptive laboratory evolution to discover key mutations enabling rapid growth of *Escherichia coli* K-12 MG1655 on glucose minimal medium[J]. Appl Environ Microbiol, 81(1):17-30.

Lee A R, Kwon M, Kang M K, et al, 2019. Increased sesqui- and triterpene production by co-expression of HMG-CoA reductase and biotin carboxyl carrier protein in tobacco (*Nicotiana benthamiana*)[J]. Metab Eng, 52:20-28.

Li P D, Zhu Z R, Zhang Y, et al, 2022. The phyllosphere microbiome shifts toward combating melanose pathogen[J]. Microbiome,10(1):56.

Li Y, Si Z, Wang G, et al, 2023. Genomic insights into the genetic basis of cotton breeding in China[J]. Mol Plant, 16(4):662-677.

Liang J, Li Y, Dodds P N, et al, 2023. Haplotype-phased and chromosome-level genome assembly of *Puccinia polysora*, a giga-scale fungal pathogen causing southern corn rust[J]. Mol Ecol Resour,23(3):601-620.

Liu Z, Zhu Z, Tang J, et al, 2020. RNA-Seq-based transcriptomic analysis of *Saccharopolyspora spinosa* revealed the critical function of PEP phosphonomutase in the replenishment pathway[J]. J Agric Food Chem, 68(49):14660-14669.

Ma J, Mark Ibekwe A, Crowley D E, et al, 2014. Persistence of *Escherichia coli* O157 and non-O157 strains in agricultural soils[J]. Sci Total

Environ, 490:822-829.
Ma Y, Guo Z, Xia B, et al, 2022. Identification of antimicrobial peptides from the human gut microbiome using deep learning[J]. Nat Biotechnol,40(6):921-931.
McGinn S, Gut I G, 2013. DNA sequencing-spanning the generations[J]. Nat Biotechnol,30(4):366-372.
McIntyre A B R, Alexander N, Grigorev K, et al, 2019. Single-molecule sequencing detection of N6-methyladenine in microbial reference materials[J]. Nat Commun, 10(1):579.
Mo X, Yang S, 2021. Complete genome of nocamycin-producing strain *Saccharothrix syringae* NRRL B-16468 reveals the biosynthetic potential for secondary metabolites[J]. Curr Microbiol, 78(1):107-113.
Minervini C F, Cumbo C, Orsini P, et al, 2016. TP53 gene mutation analysis in chronic lymphocytic leukemia by nanopore MinION sequencing[J]. Diagn Pathol,11(1):96.
Minervini C F, Cumbo C, Orsini P, et al, 2017. Mutational analysis in BCR-ABL1 positive leukemia by deep sequencing based on nanopore MinION technology[J]. Exp Mol Pathol,103(1):33-37.
Murigneux V, Rai S K, Furtado A, et al, 2020. Comparison of long-read methods for sequencing and assembly of a plant genome[J]. Gigascience,9(12):146.
Ochsner A M, Christen M, Hemmerle L, et al, 2017. Transposon sequencing uncovers an essential regulatory function of phosphoribulokinase for methylotrophy[J]. Curr Biol, 27(17):2579-2588.
Ogbeide S, Giannese F, Mincarelli L, et al, 2022. Into the multiverse: advances in single cell multiomic profiling[J]. Trends Genet,38(8):831-843.
Qiao S, Liu C, Sun L, et al, 2022. Gut *Parabacteroides merdae* protects against cardiovascular damage by enhancing branched-chain amino acid catabolism[J]. Nat Metab, 4(10):1271-1286.
Qing Z, Liu J, Yi X, et al, 2021. The chromosome-level *Hemerocallis citrina* Borani genome provides new insights into the rutin biosynthesis and the lack of colchicine[J]. Hortic Res, 8(1):89.
Rand A C, Jain M, Eizenga J M, et al, 2017. Mapping DNA methylation with high-throughput nanopore sequencing[J]. Nat Methods, 14(4):411-413.
Rhoads A, Au K F, 2015. PacBio sequencing and its applications[J]. Genomics Proteomics Bioinformatics,13(5):278-289.
Robasky K, Lewis N E, Church G M, 2014.The role of replicates for error mitigation in next-generation sequencing[J]. Nat Rev Genet,15(1):56-62.
Rothberg J M, Leamon J H, 2008. The development and impact of 454 sequencing[J]. Nat Biotechnol,26(10):1117-1124.
Simpson J T, Workman R E, Zuzarte P C, et al, 2017. Detecting DNA cytosine methylation using nanopore sequencing[J]. Nat Methods,14(4):407-410.
Shen X T, Mo X H, Zhu L P, et al, 2019. Unusual and highly bioactive sesterterpenes synthesized by *Pleurotus ostreatus* during coculture with *Trametes robiniophila* Murr[J]. Appl Environ Microbiol, 85(14):e00293-19.
Shendure J, Ji H, 2008. Next-generation DNA sequencing[J]. Nat Biotechnol, 26(10):1135-1145.
Shi W, Sun Q, Fan G, et al, 2021. gcType: a high-quality type strain genome database for microbial phylogenetic and functional research[J]. Nucleic Acids Res., 49(D1):D694-D705.
Stamm S, Longo F M, 1990. Direct sequencing of PCR products using the Maxam-Gilbert method[J]. Genet Anal Tech Appl,7(5):142-143.
Sun Y, Shao J, Liu H, et al, 2023. A chromosome-level genome assembly reveals that tandem-duplicated CYP706V oxidase genes control oridonin biosynthesis in the shoot apex of Isodon rubescens[J]. Mol Plant,16(3):517-532.
Varshney R K, Terauchi R, McCouch S R, 2014. Harvesting the promising fruits of genomics: applying genome sequencing technologies to crop breeding[J]. PLoS Biol,12(6):e1001883.
Varshney R K, Pandey M K, Bohra A, et al, 2019. Toward the sequence-based breeding in legumes in the post-genome sequencing era[J]. Theor Appl Genet, 132(3):797-816.
Voelkerding K V, Dames S A, Durtschi J D, 2009. Next-generation sequencing: from basic research to diagnostics[J]. Clin Chem,55(4):641-658.
Wang Y, Zhao Y, Bollas A, et al, 2021. Nanopore sequencing technology, bioinformatics and applications[J]. Nat Biotechnol,39(11):1348-1365.
Wang Z, Xiao Y, Wu S, et al, 2022. Deciphering and reprogramming the cyclization regioselectivity in bifurcation of indole alkaloid biosynthesis[J]. Chem Sci,13(42):12389-12395.
Xu J, Chu Y, Liao B, et al, 2017. Panax ginseng genome examination for ginsenoside biosynthesis[J]. Gigascience, 6(11):1-15.
Yegnasubramanian S, 2013. Preparation of fragment libraries for next-generation sequencing on the applied biosystems SOLiD platform[J]. Methods Enzymol, 529:185-200.
Zabarovsky E R, Kashuba V I, Pettersson B, et al, 1994. Shot-gun sequencing strategy for long-range genome mapping: a pilot study[J]. Genomics,21(3):495-500.
Zhang J, Liu Y X, Zhang N, et al, 2019. NRT1.1B is associated with root microbiota composition and nitrogen use in field-grown rice[J]. Nat Biotechnol, 37(6):676-684.
Zhang J, Liu Y X, Guo X, et al, 2021. High-throughput cultivation and identification of bacteria from the plant root microbiota[J]. Nat Protoc,16(2):988-1012.
Zhang M, Cheng X, Lin R, et al, 2022. Chromosomal-level genome assembly of potato tuberworm, *Phthorimaea operculella*: a pest of solanaceous crops[J]. Sci Data, 9(1):748.
Zheng Z, Wang X, Li M, et al, 2020. The origin of domestication genes in goats[J]. Sci Adv, 6(21):eaaz5216.

SYNTHETIC BIOLOGY ENGINEERING TECHNOLOGY SERIES

合成生物学工程技术丛书

5 细胞特性表征——质谱技术

范芳芳[1,2]，林金明[2]

[1] 贵州医科大学基础医学院

[2] 清华大学化学系

细胞是生物体基本的结构和功能单位。生物体内所有的生理功能和生化反应，都是在细胞及其产物的基础上进行的。从分子水平上分析细胞结构与功能，细胞信号传递（通信），真核细胞基因表达与调控，细胞增殖、分化、衰老与凋亡等过程，是探索细胞和生物体基本生命活动规律的重要线索。细胞具有体积极小、细胞微环境复杂、起关键作用的组分含量低等特性。因此，如何有效准确地鉴别和测定细胞内外源性代谢组分、调控功能蛋白与核酸分子，仍然是一项具有挑战性的任务。质谱（mass spectrometry，MS）技术是用来测定化合物的组成、结构和含量不可或缺的科学技术，具有极高的灵敏度、分辨率和准确度，广泛应用于各个领域的物质组成研究。近年来，质谱技术与多种分离技术联用已发展形成各种高通量分析技术，广泛应用于细胞蛋白质、核酸、多肽、代谢物等生物大分子和小分子的微量测定，极大地促进了细胞生物学的发展，成为促进细胞生命科学研究的利器。

5.1
质谱发展史及原理概述

质谱技术的开发历史可追溯到 19 世纪末（1886 年），始于气体低压放电试验中正电荷粒子的发现及带电粒子的行为研究（Goldstein, 1886；Wien, 1898）。20 世纪初（1910 年）J. J. Thomson 创制了抛物线质谱装置（世界上第一台质谱仪），测定了 H_2、N_2、O_2 和 CO_2 的质荷比（*m/z*），并预言质谱法在分析化学中的应用前景（McLafferty et al, 2011）。1913 年，他运用质谱法首次发现了元素的稳定同位素，即质量数为 20 和 22 的氖同位素。1918 年，A. J. Dempster 采用电子轰击源，配合以电流计作记录器的质谱仪，定量测定各离子丰度（Dempster, 1918）。1919 年，F. W. Aston 研制了第一台速度聚焦型质谱仪，成为质谱发展史上的里程碑（Aston, 1919）。最初及后来相当长的一段时间内，质谱研究者主要聚焦在质谱分析、分离同位素等工作。1930 年，R. Conrad 率先将质谱用于有机化学领域的分析。但有机质谱的真正兴起是在 20 世纪 50 年代以后。1942 年，第一台商品质谱仪诞生。在随后 40 年内，各种类型的质谱仪器相继诞生，包括飞行时间质量分析器质谱仪（TOF-MS，1948 年）、离子回旋共振质谱仪（ICR-MS，1949 年）、双聚焦质谱仪（1952 年）、四极杆质量分析器质谱仪和离子阱质谱仪（1953 年）、气相色谱 - 质谱联用仪（GC-MS，1956 年）、化学电离质谱仪（CI-MS，1966 年）、串联质谱仪（1967 年）、场解吸 / 场电离源质谱仪（FI/FD-MS，1969 年）、大气压化学电离质谱仪（APCI-MS，1974 年）、液相色谱 - 质谱联用仪（LC-MS，1974 年）、傅里叶变换离子回旋共振质谱仪（FT-ICR MS，1974 年）、等离子体解吸源质谱仪（PD-MS，1976 年）、三重四极杆质谱仪（triple quadrupole MS, QqQ MS，1978 年）等。

20 世纪 80 年代后，生物质谱时代开启，这也是质谱离子化和仪器快速发展的时期。1981 年第一个快速原子轰击离子源（FAB）的发明，被人们称为质谱学跨入生物学领域的里程碑。1982 年，采用 FAB 和 PD 获得世界上第一张胰岛素的质谱全谱。1987 年基质辅助激光解吸电离（MALDI）（Karas et al, 1988）和 1988 年电喷雾离子化（ESI）（Fenn et al, 1989）质谱技术的发展，使得在分析大分子化合物方面取得突破性进展，Koichi Tanaka 用 MALDI 检测分子质量高达 72000 Da 的蛋白质，J. Fenn 用 ESI 技术获得第一张分子质量大于 20000 Da 的蛋白质质谱图。新型离子化技术和质量分析器的诞生和优化，极大扩展了质谱的应用范围和领域。

经过一个世纪的发展，质谱技术广泛应用于科学研究、生活生产、航空航天、国防与安全等众多领域中。尤其近年来在人类健康领域，包括生命科学、临床医学、药物机理研究、食品安全分析等方面都发挥着不可替代的作用，已然成为揭示生命奥秘的有力武器。生命科学及生物技术研究的进一步发展，衍生出一门新的学科——生物质谱学。生物质谱学广泛应用于生物体细胞小分子代谢、蛋白质组分及构象、基因组分的分析，已成为细胞性能表征高通量分析技术。目前主要用于解决两个问题，其一是精确测定生物大分子的分子量；其二是对复杂生命体系中微量和痕量的生命活性物质进行定性和定量。随着基因组学、蛋白质组学和代谢组学的兴起和发展，质谱技术在细胞基因组、蛋白质组和代谢组等相关性能表征方面的应用不断完善，逐渐发展成为细胞性能表征深入研究的利器。本章将重点对质谱仪离子源（电离源）、质量分析器以及各类分离技术与质谱联用在细胞性能表征方面的发展与应用进行介绍，以期促进质谱技术在细胞分析方面的应用与发展。

5.2
质谱仪的离子源

质谱仪是利用电磁学原理使离子按照质荷比（m/z）进行分离，从而测定物质的质量与含量的科学实验仪器。质谱仪通常由五大系统组成，包括进样系统、离子源、质量分析器、离子检测器和真空系统。真空系统保证离子源中灯丝的正常工作，保障离子在离子源和分析器中的正常传输与检测；进样系统把被分析的物质即样品送进离子源；离子源把样品中的原子、分子电离成离子；质量分析器使离子按照质荷比的大小分离开来；离子检测器用来测量、记录离子流强度而得出质谱图。除了以上主要组成部分以外，质谱仪还必须有供电系统、数据处理系统等。

离子源是质谱仪最主要的组成部分之一，此部分功能是将被分析的物质电离成为离子。在质谱分析中，离子源的性能直接影响质谱仪器的主要技术指标，随着被分析物质结构和性质越来越多样，物质电离的方法和原理也各不相同。目前，常用的电离方法有电子轰击电离（EI）、化学电离（CI）、大气压化学电离（APCI）、电喷雾电离（ESI）和基质辅助激光解吸电离（MALDI）。不同离子源的工作原理、组成结构各不相同。但作为质谱仪的重要组成部分，不论何种离子源都必须满足以下要求：①产生的离子流稳定性高，强度能满足测量精度；②离子束的能量和方向分散小；③记忆效应小：④质量歧视效应小；⑤工作压强范围宽；⑥样品和离子的利用率高。

5.2.1 电子轰击离子源

电子轰击离子源（electron impact ion source）通常是指有机化合物在高真空中受热气化后，受到具有一定能量的电子束直接作用，可使分子失去电子而形成离子的离子源。电子轰击离子源结构如图 5-1 所示，主要由电离盒、灯丝电子发射极（阴极）、电子收集极（阳极）、永久磁铁、电离盒加热器（灯丝加热电压）等组成。灯丝通常采用钨丝或铼丝。在高真空条件下，通电加热的灯丝受热至白炽状态，发射出电子，电子在电离电压（电离盒和灯丝之间加的电压）下加速，并获得能量聚焦成束，经过入口狭缝进入电离区。

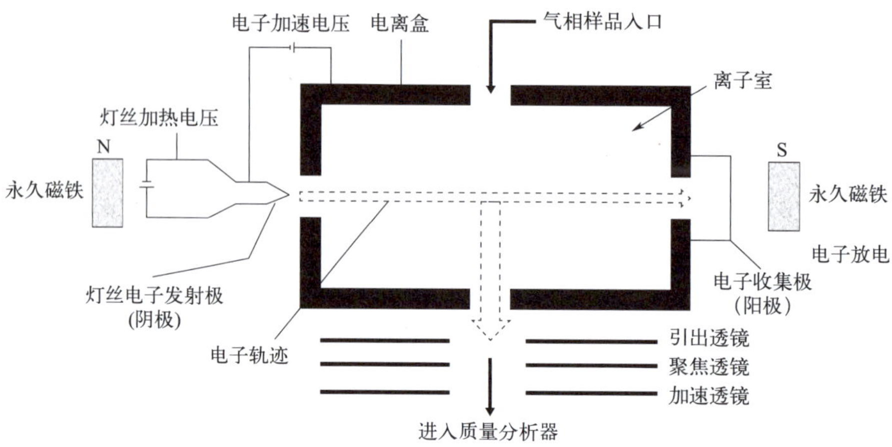

图 5-1　电子轰击离子源示意图（刘淑莹等，2012）

具有能量的电子在电离区与进入该区的气化后样品分子或原子作用，样品分子获得足够能量后丢失一个电子形成正离子，或得到一个电子形成负离子，产生离子化效应。这个过程可表示如下：

（1）$M+e^- \longrightarrow M^{+}\cdot+2\ e^-$（失去价电子）

（2）$M+e^- \longrightarrow M^{-}\cdot$（捕获电子）

在 EI 状态下，样品分子约有 1/1000 发生电离。在永久磁铁的磁场作用下，电子束在电离区作螺旋运动，增大与中性分子的碰撞概率，从而使电离效率提高。在分析样品时，应根据样品的挥发性或熔点设置加热盒加热温度，一般最高温度是 350 ℃（包括灯丝加热）。尽管不同物质的电离效率有差异，实验证明，当电子能量为 50 ～ 100 eV 时，大多数分子的电离截面是最大值，产生各种正离子的强度最大。大多现有物质标准 EI 质谱图集或数据库一般采用 70 eV 电子轰击获得，这个能量下灵敏度接近最大值，而且分子离子的碎裂不受电子能量的细小变化影响，质谱重现性较好。国际上质谱界统一规定：在 70 eV 的电子能量轰击下得到的谱图，作为标准有机化合物的质谱图。但当电子能量较高时，可使分子离子发生裂解。因此，可通过调节电离电压来控制碎片离子的数量，从而增加分子离子的强度。

EI 适用范围：容易挥发、对热稳定的样品，适合用 EI 源，如能电离气体、挥发性化合物和金属蒸气。反之，热不稳定和难挥发化合物不适合用 EI 源。

EI 特点：操作方便，还具备电离效率高、能量分散小、强度稳定、碎片离子多、提供化合物的结构信息多、质谱图稳定、重复性好等优点。通过对单分子裂解规律的研究，已总结了较完整的谱图解析方法，并积累了数万个化合物的标准谱图，给有机化合物结构分析带来很大的方便。但在某些情况下，往往检测不到分子离子峰，或者分子离子峰强度太弱，这样确定分子量就很困难，对未知化合物分子离子的元素组成与结构分析都带来不便，这就是电子轰击源的局限性。在合适的情况下，与化学电离源配合，可得到更完整的信息。

5.2.2 化学电离源

化学电离源（chemical ionization source）是在 EI 源的基础上发展而来。由于电子轰击电离容易使一些分子发生碎裂，造成化合物分子离子信号变弱，甚至检测不到，化学电离（CI）应运而生。20 世纪 60 年代，Munson 和 Field 最早发现 CI。1966 年，Field 在实验中发现，当电子轰击源的电离盒内通入甲烷气体的压强达到一定的量级，而样品的蒸气压强只是甲烷压强的 10^{-2} 时，便会产生一种离子分子反应。化学电离中样品分子不与电离电子直接作用，而是通过在离子化室引入试剂气（CH_4），试剂气样品被电子轰击电离，形成试剂气分子离子（$CH_4^{+}\cdot$），与未被电离的反应气体分子反应生成活泼的离子，这些离子再与样品分子反应，形成质子化分子；或者形成消去氢负离子的离子；或者进行电荷交换，形成样品的分子离子（奇电子离子）。CI 反应过程如下：

$$CH_4+e^- \longrightarrow CH_4^{+}\cdot+2e^-$$

$$CH_4^{+}\cdot+CH_4 \longrightarrow CH_5^{+}+CH_3\cdot \text{或者} CH_3^{+}+CH_5\cdot$$

$$CH_5^{+}+M \longrightarrow CH_4+(M+H)^{+} \text{（质子化分子）}$$

$$CH_3^{+}+M \longrightarrow CH_2+(M+H)^{+} \text{（质子化分子）}$$

$$CH_3^{+}+M \longrightarrow CH_4+(M-H)^{+} \text{（去氢负离子）}$$

$$CH_4^{+}\cdot+M \longrightarrow CH_4+M^{+}\cdot \text{（电荷交换）}$$

这一过程通常生成准分子离子峰，当质子亲和能高于试剂气的样品分子，容易发生质子化反应；质子亲和能较低的分子，如直链烷烃，容易发生失去氢负离子的反应；质子亲和能与试剂气的样品分子相当时，样品分子与试剂离子形成加合物离子，而非质子化分子。这些离子的碎裂与离子内能有关，其内能取决于离子-分子反应时的放热量、反应气选择、离子源的温度与压力。通常所用试剂气是甲烷、异丁烷及氨气，反应气浓度要比样品浓度大得多（约 10^4∶1）。表 5-1 列出了一些常见的试剂气特性。

表5-1 常见的化学离子化试剂气特性

试剂气	主要试剂离子	质子亲和势 / (kJ/mol)	氢负离子亲和力 / (kJ/mol)
He/H_2	HeH^+	176	—
H_2	H_3^+	423	1250
CH_4	CH_5^+	532	1138
	$C_2H_5^+$	665	1138
H_2O	H_3O^+	687	—
$CH_3CH_2CH_3$	$C_3H_7^+$	762	1042
$(CH_3)_3CH$	$C_4H_9^+$	816	971
NH_3	NH_4^+	866	—
	$(NH_3)_2H^+$	—	—
$(CH_3)_2NH$	$(CH_3)_2NH_2^+$	929	—
$(CH_3)_3C$	$(CH_3)_3CNH_3^+$	946	—

CI 适用范围：容易挥发、受热不分解的样品，如醇类、酯类、胺类及缩酮类等。

CI 特点：化学离子源能够将样品快速转化为带电离子，效率高；化学离子源的稳定性能够保持离子产生的持续性和可重复性，确保质谱分析的准确性和可靠性；灵敏度高、选择性强。

5.2.3 大气压化学电离源

大气压化学电离（armospheric pressure chemical ionization，APCI）是由 CI 派生出来的。在大气压下，化学电离反应的速率更大，电离效率应更高，它是用大气压下电晕放电来产生反应离子或毫居里级的 ^{63}Ni 放射源使气体电离产生初级离子，这些反应离子再与样品分子发生离子分子反应，从而产生样品的质子化分子或加合离子，其工作原理如图 5-2 所示。与传统化学电离不同，APCI 源是在大气压下工作的，且无需加热样品使之气化，因而拥有更宽的应用范围。

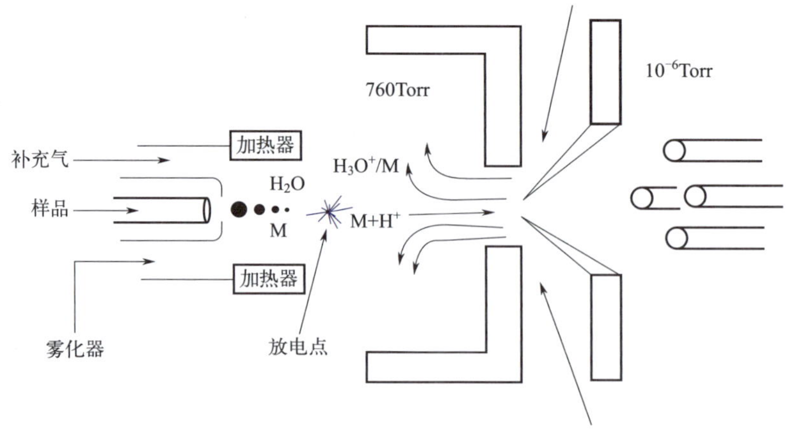

图 5-2 APCI 工作原理示意图（陈耀祖等，2016）

1 Torr≈133.322 Pa

在大气压条件下，离子化效率取决于离子源中特定的气体或气相试剂。如氮气在离子源中的离子-分子反应过程（Mitchum et al, 1981）如下：

$$N_2+e^- \longrightarrow N_2^+\cdot+2e^-$$

$$N_2^+\cdot+2N_2 \longrightarrow N_4^+\cdot+N_2$$

$$N_2O^+\cdot+2H_2O \longrightarrow H_3O^++HO\cdot+N_2O$$

$$H_3O^++H_2O+N_2 \longrightarrow H^+(H_2O)_2+N_2$$

$$H^+(H_2O)_{n-1}+H_2O+N_2 \longrightarrow H^+(H_2O)_n+N_2$$

理论上，在高纯氮气清洗过的APCI离子源中，主要的带电物是N_2^+和N_4^+。但在实际操作中，微量的H_2O与上述两种带电离子发生离子-分子反应，最终使$H^+(H_2O)_n$成为主要反应离子。

APCI适用范围：主要用于弱极性的小分子化合物分析，一般测定分子量小于1000的有机物，如醇和醚类，它们的质子亲和力低，不能在溶液中形成质子化的离子或去离子生成阴离子。目前，GC或LC/APCI-MS联用已得到广泛应用，例如，食品中残留农药的定性和定量分析、药物在生物体内代谢过程的动力学研究等。

APCI特点：检测限低，易于与LC或GC等链接；用选择性离子分子反应及单离子检测可提高定量分析的灵敏度和准确度；所需有效碰撞时间少。

5.2.4 电喷雾电离源

电喷雾电离（electrospray ionization，ESI）是一种使用强静电场的电离技术，由M. Dole、J. B. FennM. L.、M. L. Aleksandrov和R．D．Smith等人开发（Fenn et al, 1989; Smith et al, 1990）。ESI于1989年应用于有机质谱。如图5-3所示，ESI的工作原理是：样品溶液从毛细管流出时，在电场及辅助气流的作用下喷成雾状的带电微液滴；在加热的气体作用下，液滴中溶剂蒸发，液滴直径逐渐变小，其表面电荷密度逐渐增大，当电荷之间的排斥力与表面张力相当时（瑞利极限），则会发生“库仑爆炸”，液滴炸裂变小，变小的液滴表面电荷密度增加，当再一次达到瑞利极限时，再一次发生炸裂产生带电的更小微滴，此过程不断重复，直到液滴变得足够小、表面电荷形成的电场足够强，样品离子从液滴中解吸出来，形成多个样品离子。

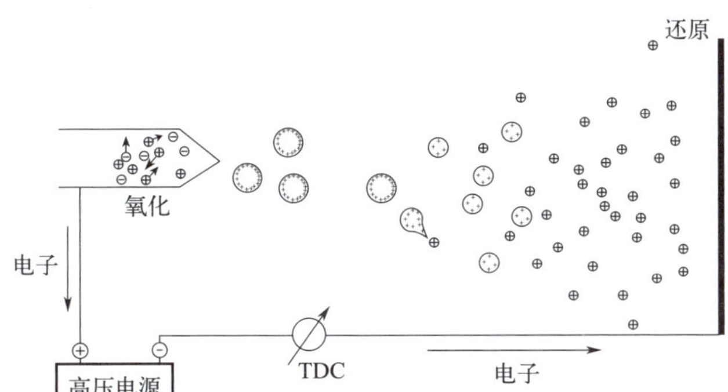

图5-3　ESI电离源示意图（盛龙生，2016）

ESI 在大气压力和环境温度下进行，被分析物的分子在电离过程中通常产生多重质子化的离子。ESI 质谱的灵敏度大致在 fmol 至 pmol 水平，能承受的液体流量通常为 1 ～ 20 μL/min，向喷雾区引入一股逆向的氮气流可以促进雾状液滴的脱溶剂过程，在内衬的弹性石英毛细管与金属毛细管之间增加一股同轴的助雾化气流可使液体流量提高到 2 mL/min，这可使 HPLC 与质谱直接联用。这一技术又被称为离子喷雾电离（ionspray）（Bruins et al, 1987）。电喷雾电离通常要选择合适的溶剂，除了考虑对样品的溶解能力外，溶剂的极性也需考虑。一般来说，极性溶剂（如甲醇、乙腈、丙酮等）更适合于电喷雾。但对于水溶液，由于液体表面张力较大，ESI 要求的阈电位也较高。为了避免高压放电，可向喷雾区引入有效的电子清除剂（如 SF_6）或使离子源加热以降低表面张力。另一种使水溶液喷雾的有效方法是在石英毛细管与金属毛细管之间增加一股能与水互溶的同轴溶剂流，使水溶液在喷雾之前得到稀释。

ESI 适用范围：可用于多肽、蛋白质、糖蛋白、核酸、络合物及其他多聚物的分析。

LC/ESI-MS 已商品化，完全进入实用阶段，毛细管电泳 /ESI 质谱（CE/ESI-MS）联用有广泛的应用前景。ESI 质谱用于蛋白质一级结构的分析已比较成熟；可为非共价键相互作用、生物体中分子识别机制、新药筛选等方面的研究提供快速的分析手段；用质谱法研究生物分子时，ESI 发挥着重要的作用。

5.2.5 基质辅助激光解吸电离源

20 世纪 60 年代后期，激光解吸电离技术（laser desorption ionization，LDI）开始应用于质谱分析中，当时称之为直接激光解吸法。但激光直接照射样品时，分子容易碎裂，很难得到分子量大于 1000 的样品分子离子峰。1988 年，Tanaka（Tanaka et al, 1988）和 Hillenkamp（Karas et al, 1988）两个研究组提出基质辅助激光解吸电离（matrix-assisted laser desorption ionization，MALDI）的方法。MALDI 是指用小分子有机物作为基质，样品与基质的分子数比例为 1∶10000 均匀混合后，样品得以有效分散，在自然干燥并发生共结晶后送入离子源内。随后在受激光照射下基质吸收激光能量，进而辅助样品发生解吸电离，发生样品的离子化，如图 5-4 所示。

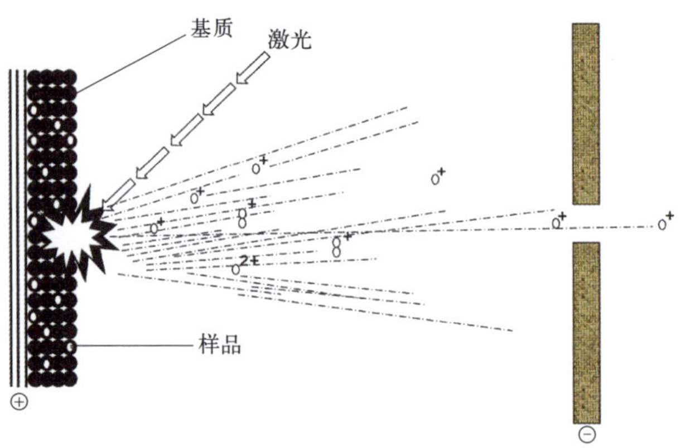

图 5-4　基质辅助激光解吸电离过程示意图（张莹，2009）

基质的作用是吸收激光能量并使被测分子分离成单分子状态，使其发生解吸电离。因此，基质的选择是利用 MALDI 技术分析生物分子的关键。基质选择要求：①样品应能均匀地分散于基质中；②基质应能为样品提供质子；③取决于所采用的激光波长。目前效果较好并常用的基质有芥子酸、2,5-二羟基苯甲酸、α-氰基-4-羟基肉桂酸、烟酸、3-羟基吡啶甲酸和琥珀酸等（表 5-2）。

表5-2 MALDI常用基质

基质	性状	适用波长	应用
芥子酸	固体	266 nm, 337 nm, 355 nm, 2.94 μm，10.6 μm	蛋白质
2,5-二羟基苯甲酸	固体	266 nm, 2.94 μm，10.6 μm	蛋白质
α-氰基-4-羟基肉桂酸	固体	337 nm, 355 nm	蛋白质
3-羟基吡啶甲酸	固体	337 nm, 355 nm	核酸，配糖体
烟酸	固体	266 nm, 2.94 μm，10.6 μm	蛋白质
琥珀酸	固体	2.94 μm，10.6 μm	蛋白质，核酸
2-（4-羟基苯偶氮）苯甲酸	固体	266 nm, 337 nm	蛋白质，配糖体
间硝基苄醇	液体	266 nm	蛋白质
甘油	液体	2.94 μm，10.6 μm	蛋白质
邻硝苯基辛基醚	液体	266 nm, 337 nm, 355 nm	合成高分子

MALDI 的适用范围：测定多肽、蛋白质、DNA 片段、多糖及其他生物技术产品等。

MALDI 的特点：准分子离子峰很强，几乎无碎片离子，因此可直接分析蛋白质酶解后产生的多肽混合物。另一特点是对样品中杂质的耐受量较大，当用液相色谱分离蛋白质时，往往把盐留在样品中，若这些盐的量在基质的 5% 以下，不影响蛋白离子的发射，因而往往可省去脱盐的步骤，大大缩短分析时间。

5.2.6 其他离子源

除了上述常见离子源外，还有其他模式的离子源，其电离方式包括静电喷雾离子化、场解吸和二次离子等。

（1）静电喷雾离子化

静电喷雾离子化（electrostatic-spray ionization, ESTASI）是一种环境大气压下的原位离子化方法（乔亮等，2015）。这种离子化装置主要由高压电源、绝缘板、电极和质谱入口组成（图 5-5）。样品处于电极和质谱入口之间，通过绝缘板与电极分离，通过空气与质谱入口分离。这样当在电极与质谱之间施加电压时，整个体系可以看作是对两个串联的电容器进行充电：电极-绝缘板-液滴（C1）、液滴-空气-质谱入口（C2）。充电的过程中液滴内部会发生正负电荷的分离，正电荷会积累在液滴顶端靠近质谱入口处，而负电荷会积累在液滴底部靠近电极处。当积累的电荷密度足够大时，静电压力超过拉普拉斯压力会引发正电荷喷雾离子化，而负电荷会继续保存在液滴内，阻止连续的电喷雾。这时，只需将电极和质谱入口同时接地，就能够诱发 C1 放电及其对 C2 的充电。当液滴顶端的负电荷密度足够大时就会发生负电荷喷雾离子化。重复上述过程就能够实现连续、交替的正负电荷喷雾离子化。

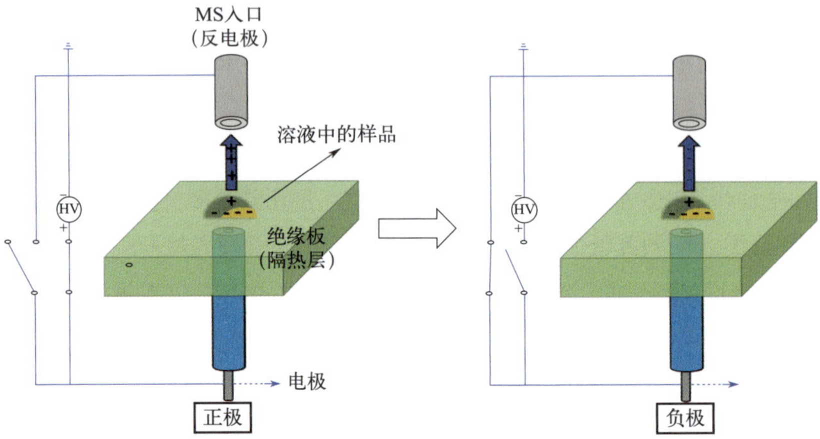

图 5-5 静电喷雾离子化原理示意图（乔亮等，2015）

ESTASI 适用范围：适用于极性小分子分析，在环境条件气压下开展肽段、蛋白质、小分子有机物、细胞无标记质谱成像。

ESTASI 具有无破坏性、高通量、同时分析正负离子的优势。

（2）场解吸

场解吸（field desorption, FD）方法适用于非挥发性物质，含有盐的样品溶液通过蒸发被沉积在镣或者钨丝上，覆盖碳针。灯丝和电极之间电位差可以达到 108 V/cm，灯丝被加热，直到样品融化。离子迁移到针尖上并积累，在针尖上这些离子被解吸，从而带走了样品分子。

FD 适用范围：适用于难汽化和热不稳定化合物，如有机酸、糖类、肽、生物碱、抗生素、有机金属化合物等的分析。

FD 特点：有利于非挥发性物质检测，但由于操作复杂，只给出瞬间的离子信号，经常只是几秒钟，灵敏度和稳定性较快速原子轰击（fast atom bombardment，FAB）差，目前应用较少。但是在分析高分子量的极性化合物时 FD 技术仍有应用。

（3）二次离子

二次离子质谱是指以高能量的初级离子轰击样品表面，发射出二次离子的质谱分析方法。常见的二次离子分析技术包括了快速原子轰击质谱法和液相二次离子质谱法（liquid secondary ion mass spectrometry, LSIMS）。这两种技术均采用液体基质负载样品，其差异仅在于初级高能量粒子不同，前者使用中性原子束，后者使用离子束。FAB/LSIMS 离子源工作原理：首先，初级粒子束由原子枪（或离子枪）发射后打击表面上涂布着样品的金属靶，把大量能量传递给样品外层表面的分子；然后，电离产生的二次离子被引入质量分析器中进行分析。根据样品的性质选择合适的基质是 FAB/LSIMS 操作的一个关键环节。理想的基质必须蒸气压低，同时是被分析样品的良好溶剂，最常用的基质是甘油。目前，FAB/LSIMS 电离的主要反应是样品成分质子化形成离子，但对其形成过程尚未完全弄清楚。

FAB/LSIMS 适用范围：适合于分析高极性、大分子量、难挥发和热稳定性差的样品，如氨基酸、多肽、糖、金属络合物等。

5.3 质量分析器

质量分析器是质谱仪的主体部分，质谱仪通常以质量分析器命名。不同类型的质量分析器具有各自的优缺点。这一小节介绍几种常见的质量分析器，对不常用的几种类型，在最后也作一简介。

5.3.1 磁质谱

磁场偏转质量分析器为经典的质谱仪所采用的质量分析器。磁质谱仪分单聚焦和双聚焦两种。单聚焦质谱仪只有一个磁场；双聚焦质谱仪除了磁场外，还有一个静电场。最常用的分析器类型之一就是扇形磁分析器。对于一定质荷比 m/z 的离子，经加速电压 V 加速后，获得动能 zeV 并以速度 v 运动，则其动能与位能的关系为：

$$1/2mv^2=zeV \tag{5-1}$$

e 是一个电子电荷。该离子垂直射入扇形磁场中，在磁场强度为 B 的磁场中，在洛伦兹力（F）作用下做圆周运动，圆周运动离心力和洛伦兹力相平衡，即得：

$$Bzev=\frac{mv^2}{r} \tag{5-2}$$

式中，B 为磁场强度，r 为粒子运动轨道半径。合并式（5-1）和式（5-2）得

$$\frac{m}{z}=\frac{er^2B^2}{2V} \tag{5-3}$$

从此方程式可看出，当 B 和 V 固定时，不同质量的离子具有不同的轨道半径，质量越大，其轨道半径也越大。这意味着磁场具有质量色散能力，可单独用作质量分析器，即单聚焦质谱仪。

当改变加速电压 V（对应于离子动能的变化），离子的运动轨道半径也发生变化。磁场的这一能量色散能力是单聚焦质谱仪不能获得高分辨的原因。当 r 固定时，离子的质荷比（m/z）与磁场强度的平方成正比，而与加速电压成反比，可得到扫描磁场或电场，得到质谱图；若将加速电压固定，扫描磁场则可检出样品分子生成的各种 m/z 值的离子，因此，一般质谱仪都是在最佳加速电压下进行磁场扫描。

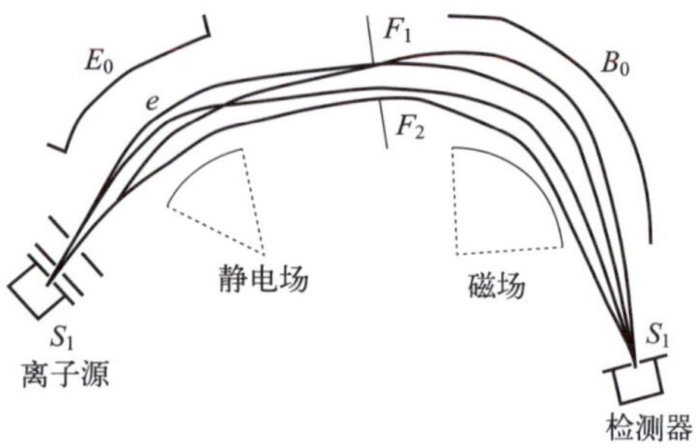

图 5-6　双聚焦质谱仪（盛龙生等，2016）

单聚焦质谱仪分辨率低，且因受电磁阻限制扫描速率不高，而高扫描速率使离子飞行轨道除了质量色散作用外，还具有能量色散作用，导致质谱分辨率和灵敏度相应下降。为解决此问题，双聚焦质谱仪诞生（图 5-6）。

双聚焦质谱仪由扇形磁场和扇形静电场串联而成。当离子垂直射入一对半径分别为 r_1 和 r_2 的同轴扇形静电场时，离子做半径为 r_e 的圆周运动，受到电场力和离心力的平衡，则：

$$zE_0r=\frac{mv^2}{r_e} \tag{5-4}$$

式中，E_0 为电场强度，r_e 为离子在电场中的轨道半径。将离子动能 $1/2mv^2=zeV$ 代入上式即得：

$$r_e=\frac{2V}{E_0} \tag{5-5}$$

其中，r_e 是 V 的函数，当 E_0 一定时，加速电压的变化改变 r_e 值，此时，r_e 值与离子质量无关，扇形静电场是一个能量（速度）分析器，具有能量色散作用。因此，适当组合扇形磁场和静电场，使磁场的能量色散作用与静电场的能量色散作用相互抵消，从而实现能量和质量的双聚焦。电场和磁场串联方式根据位置前后不同具有正式（EB）和反式（BE）结构两种类型。双聚焦质谱仪除了分辨率较单聚焦仪器高外，仍然具有磁场质谱仪的其他限制。

5.3.2 四极杆质谱

自 20 世纪 50 年代问世以来，四极杆质量分析器已成为最主要的商品仪器之一。四极杆质量分析器由平行的四根电极组成。四极杆质谱仪是基于粒子在交变电场中的稳定路径，可以将其看作一个分离的过程，因此，利用四极杆质量分析器，可以进行复杂的结构分析。理想的四极杆电极截面有两组对称的双曲线，其中一对电极加电压 $U+V\cos\omega t$，另一对电极加电压 $-(U+V\cos\omega t)$，见图 5-7。

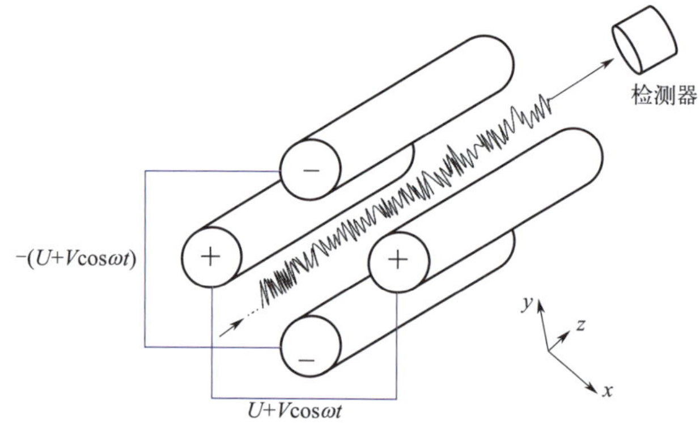

图 5-7　四极质量分析器的结构和电压分布示意图（盛龙生等，2016）

其中，U 为直流电压分量，V 为射频电压分量，ω 为射频电压角频率。四极杆形成的电场中，其中任意一点的电位为：

$$\varphi=\frac{(U+V\cos\omega t)(x^2+y^2)}{r_0^2} \tag{5-6}$$

当质荷比为 m/e 的离子沿 z 轴方向射入四极场时，其运动方程（陈耀祖等，2016）为：

$$\frac{\mathrm{d}^2x}{\mathrm{d}t^2}+\frac{2e}{mr_0^2}\left(U+V\cos\omega t\right)x=0 \tag{5-7}$$

$$\frac{\mathrm{d}^2y}{\mathrm{d}t^2}-\frac{2e}{mr_0^2}\left(U+V\cos\omega t\right)y=0 \tag{5-8}$$

假设 $8eU/mr_0^2\omega^2=a, 4eV/mr_0^2\omega^2=q,\zeta=\omega t/2$，上述方程可简化为马绍（Mathieu）方程：

$$\frac{\mathrm{d}^2x}{\mathrm{d}t^2}+\left(a+2q\cos2\zeta\right)x=0 \tag{5-9}$$

$$\frac{\mathrm{d}^2y}{\mathrm{d}t^2}-\left(a+2q\cos2\zeta\right)y=0 \tag{5-10}$$

根据方程所代表的物理意义，以 a、q 为坐标曲线构建四极场稳定区和非稳定区，a、q 值在稳定区内的离子产生稳定振荡，顺利通过四极场到达检测器；a、q 值在非稳定区的离子因产生不稳定振荡而被电极中和。在四极杆质谱仪中，若 r_0、ω、U 和 V 为定值，则离子就有确定的 a 和 q 值，当 $a/q=k$ 为常数，在稳定图区域中，它对应一条通过原点的直线，这条直线被称为质量扫描线；对 V 进行扫描，可使一组不同质量的离子先后进入稳定区而被检测，获得相应的质谱图。

四极杆可以自身串联，构成串联质谱仪，如 Q_1、q、Q_2，其中 q 为一个只有射频电压的碰撞室，Q_1 和 Q_2 是两个分析器。同时还可以与其他质量分析器串联，构成多功能串联质谱仪，从而充分利用各个分析器的优点。

5.3.3 离子阱质谱

离子阱质谱历史可追溯到 1960 年 Paul 提出的离子阱分析器（何美玉，2002）。但真正将离子阱作为有机质谱分析器是 20 世纪 80 年代中期以后。离子阱的工作原理与四极杆质谱基本相同，因其具有选择并存储离子功能，可用于气象离子-分子反应研究。四极离子阱由三个特殊电极组成（图 5-8），上下两端是两个碟状电极，中间为面包圈状的环形电极。在碟状电极上加直流电压，向环形电极加射频电压；适当的电压可形成一个势能阱，将离子束缚其中。当向离子阱中引入氦气，使其压力达到约 10^{-3}Torr 时，离子的运动受到阻力。这相当于一种聚焦作用，使仪

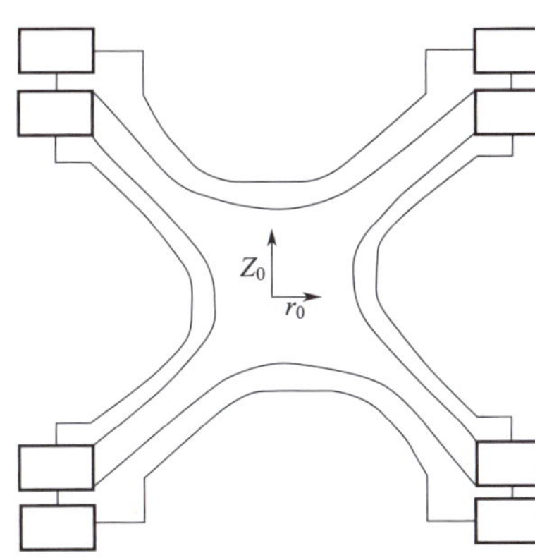

图 5-8　四极离子阱的纵向截面图（陈耀祖等，2016）

器的分辨率和灵敏度均大为提高。

离子阱正常工作时，通过对离子阱环电极和端盖电极上施加电压的时序变化，存储在离子阱内的离子能够依据离子质荷比的不同依次从离子阱中弹出，被离子探测器检测，实现质量分析，最后经过数据采集系统记录和放大后，再通过后续的仪器处理和输出，最终得到样品离子的质谱图。随着生物质谱的发展，大量离子阱相关检测技术被研发应用。目前常见的三维离子阱分析器、线形离子阱质量分析器、离子阱串联质谱分析方法等，与液相色谱联用，用以研究生物大分子。

5.3.4 飞行时间质谱

飞行时间质谱仪（time-of-flight mass spectrometer, TOF-MS）由 W. E. Stephens 于 1946 年构建（徐国宾，2010）。其基本原理为：将不同质量离子在短时间内经电场加速，获得一定的动能并引入高真空无场的漂移管中，自由漂移到检测器。各离子的漂移速度 v 由 m/z 和电压 V 决定，在离子源中产生的离子经电压 V 加速后获得的速度为：

$$v=\sqrt{\frac{2zeV}{m}} \tag{5-11}$$

其中，ze 是离子的电荷，m 为其质量。经过长度为 D 的漂移管到达检测器，离子飞行需要的时间为：

$$t=\frac{D}{v}=D\sqrt{\frac{m}{2zeV}} \tag{5-12}$$

由上述公式可看出，质量越大的离子飞行速度越小，到达检测器所需的时间也越长。两个质量分别为 m_1 和 m_2 的离子的飞行时间之差为：

$$\Delta t=\frac{D(\sqrt{m_1}-\sqrt{m_2})}{\sqrt{2zeV}} \tag{5-13}$$

仪器的质量分辨率可近似地由时间表示：$m/\Delta m \approx t/2\Delta t$

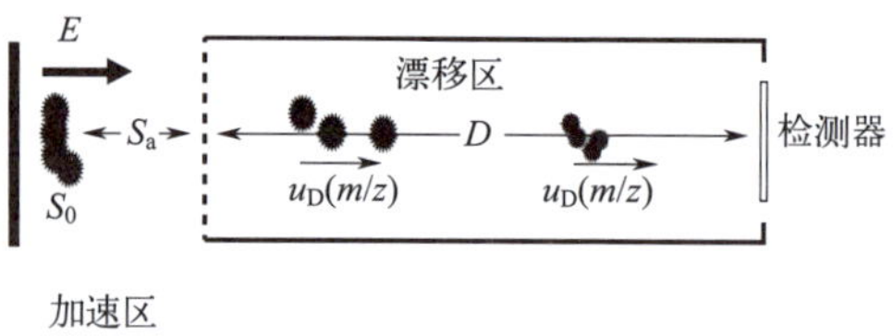

图 5-9 直线型 TOF- MS 原理（徐国宾，2010）
（S_0 表示离子形成区；S_a 表示离子加速区）

由此可见，不同 m/z 离子到达检测器时间不同，可以把不同质量的离子按 m/z 值大小进行分离；提高加速电压，离子的飞行时间缩短，仪器分辨率下降；而增加漂移管的长度，离子的飞行时间增加，仪器分辨率提高。这种直线型飞行时间质谱仪（图 5-9），具有较高的灵敏度和质量范围，其主要缺点是分辨率低。

目前，飞行时间质谱多采用粒子反射技术以提高仪器的分辨率（图 5-10）。此类技术在无场漂移管后设置反射器，动能大的离子要比动能小的离子在减速区飞行的距离长，前者由于动能较大进入反射器的深度较后者更深，被反射器反射回来的路程也相应较长。质荷比相同的离子，尽管具有不同的动能，但也能同时到达检测器，从而提高仪器的分辨率。反射模式的飞行时间质谱分辨率高，但灵敏度和质量范围下降。

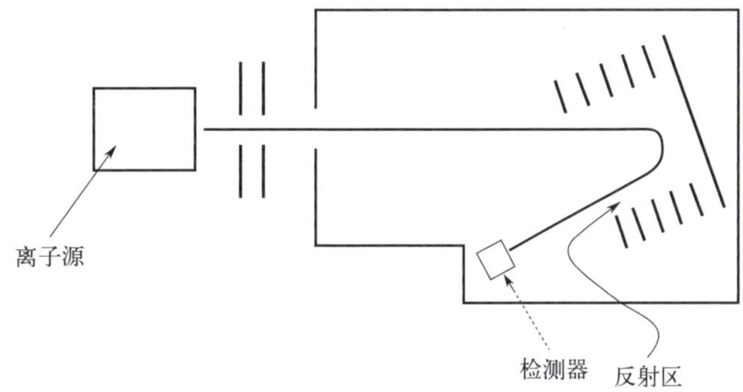

图 5-10　反射式飞行时间质谱（陈耀祖等，2016）

5.3.5　傅里叶变换离子回旋共振质谱

傅里叶变换离子回旋共振质谱（Fourier transfer ion cyclotron resonance mass spectrometer，FT-ICRMS）技术经历了近 50 年的发展，它是根据离子在磁场中的运动特性设计的，是离子回旋共振波谱法与现代计算机技术相结合的产物，以监测各种离子的回旋频率来获得质谱（Marshall et al, 1991）。目前，FT-ICRMS 以其高分辨率、高质量精度等优势，越来越广泛地应用在生命科学、化学与材料科学等领域。

FT-ICRMS 的分析室在一个置于均匀（超导）磁场中的立方池中，这个单元也称为离子阱（图 5-11）。

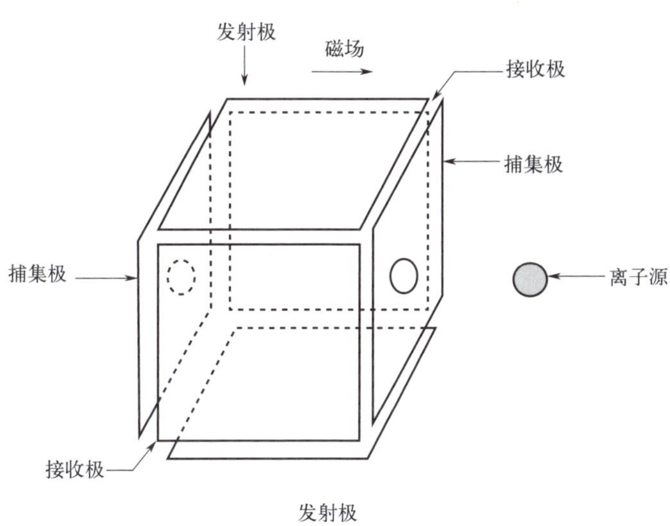

图 5-11　傅里叶变换离子回旋共振质谱的分析室（陈耀祖等，2016）

FT-ICRMS 基于离子在均匀磁场中的回旋运动，即离子进入分析室后，受到静电场磁力作用，做垂直于磁场的圆周运动，此时向心力与离心力平衡：离子的回旋频率（ω）仅仅与离子电荷（m/z）及磁场强度（B）有关，其关系式如下：

$$\omega=\frac{1.537\times10^{7}\times zB}{m} \tag{5-14}$$

由此可见，离子的回旋频率与其磁场强度成正比，与离子质荷比成反比，与其速度无关。因此，不同空间位置上 m/z 值相同而速度不同的离子将以同一频率运动，离子的速度只影响其轨道半径。

通过发射电极向离子加一个射频电场，若射频电压的频率正好与离子回旋的频率相同，离子将共振吸收能量，使其运动轨道半径和运动速度逐渐稳步增大，但频率仍然不变。当一组离子达到同步回旋之后，在接收电极上将产生镜像电流。两个接收电极通过一个电阻与地相接，当在其间回旋的离子离开第一个电极而接近第二个电极时，外部电路中的电子受正离子的电场吸引而向第二个电极集中。在离子回旋的另半周，外电路的电子向反方向运动。这样在电阻的两端形成了一个很小的交变电流，其频率与离子回旋的频率相同。因此，根据镜像电流的频率最终可以计算出离子的质量。

在傅里叶变换质谱中，离子产生后，随即加一个频率范围覆盖了所有感兴趣离子的脉冲射频。脉冲结束后，所有受激离子诱导的镜像电流在接收电路上形成各自的时阈衰减信号；这个复合的时阈衰减信号经傅里叶变换转变为与质量相关的频阈谱图。对镜像电流取样的时间越长，质量分辨率越高。但碰撞阻尼破坏离子的同步回旋运动，从而使镜像电流衰减加快。因此，高真空有利于提高分辨率；巧合的是，高真空还同时改善信噪比。所以，傅里叶变换质谱通常在更高的真空（$10^{-9}\sim10^{-8}$ Torr）状态下工作。

5.3.6 离子淌度质谱

离子淌度质谱（ion mobility mass spectrometry, IMMS）是一种气相分离技术，最早出现于 20 世纪 70 年代（Armenta et al, 2011）。离子淌度质谱仪是在离子源和质量分析器之间增加了一个离子漂移管，如图 5-12。由离子源电离产生的样品离子在电场的作用下，进入漂移

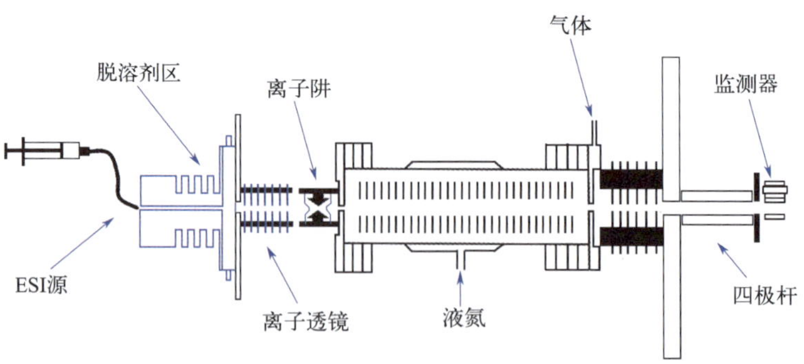

图 5-12 离子淌度质谱仪的结构示意图（刘淑莹等，2012）

管。与漂移缓冲气体分子不断发生碰撞，由于这些离子在电场中的迁移速率不同，不同离子得到分离，后进入质量分析器。

离子淌度又称离子迁移率，在漂移管中的缓冲气体和电场梯度 E（V/cm）的作用下，离子的迁移率 $K[cm^2/(s\cdot V)]$ 通过式（5-15）计算：

$$K=\frac{E}{v_d} \tag{5-15}$$

式中，v_d 为离子的速度，cm/s。设定离子通过长度为 d（cm）的漂移管的时间为 t_d（s），则 $K=d/t_dE$。在实际应用中离子淌度通常转换为折合离子淌度（reduced ion mobility，K_0），即温度为 273 K，压力为 760 Torr 的标准条件下的离子淌度。

$$K_0=K\times273\times P/(760T) \tag{5-16}$$

式中，T 为漂移区的温度，K；P 为漂移区缓冲气体压力，Torr；K_0 是离子本身固有属性，与其大小和形状紧密相关。

$$K=(3q/16N)(2\pi/\mu kT)^{1/2}/\omega_d \tag{5-17}$$

式中，q 为离子所带的电荷；N 为缓冲气体密度；μ 为离子和碰撞气体的折合质量 $[\mu=mM/(m+M)]$；k 为玻尔兹曼常量；T 为缓冲气体的温度；ω_d 为离子与缓冲气体发生碰撞时的碰撞截面。

由此可知，在给定压力和温度条件下，离子淌度与离子的折合质量、电荷及碰撞截面密切相关。离子迁移率和碰撞截面之间的这种关系只有当电场强度与缓冲气体密度的比例小时 [$\leqslant$ 2 Td，1 Td（Townsend）$=10^{-17}$ C · cm^2] 才成立，此时离子迁移率与场强无关。

目前离子淌度质谱多与飞行时间质谱联用，其在小分子的异构体区分以及金属簇合物、生物大分子、蛋白质构象变化、聚合物分析等方面显示越来越多的优越性。

5.4 质谱技术在细胞性能表征中的应用

细胞是生物体基本结构和功能单位，细胞的形态和结构决定其功能，细胞功能又影响其形态和结构等特征，二者相互关联。细胞内的生命活动由基因、蛋白质、聚糖、脂质和小分子代谢物共同承担，细胞上游的核酸和蛋白质的功能性变化最终在代谢层面体现出来，如细胞信号释放、转导等，小分子代谢物又反作用于蛋白质进而改变上游功能。生物生命活动表征均由细胞基本生命活动累积呈现出来。细胞的结构、形态和功能特征受到基因、蛋白质和细胞代谢小分子的调节和控制，因此，通过监测细胞代谢活动、基因和蛋白质表达情况，可表征细胞生命活动中的系列功能情况，包括细胞生长、增殖、分化、迁移、代谢、凋亡等过程。细胞分析主要研究上述过程中相应的生物分子及其量的变化，进而更好地认识生命发展的基本规律、疾病的发病机理及药物作用机制，这对人们生命健康具有重大意义。本节主要围绕细胞生物分子，从代谢组、蛋白质组和基因组三个方面，阐述现有质谱分析技术及其在细胞相关性能表征方面的应用。

5.4.1 气相色谱-质谱联用技术在细胞分析中的应用

色谱法（chromatography）是一种分离方法。其原理是利用物质在两相中分配系数、吸附系数、离子交换能力、亲和力的不同和分子大小的性质上的微小差异，当两相做相对移动时，被检测物质在两相之间进行反复分配或吸附，使不同组分得到分离。现有最常与质谱联用的色谱分析技术是气相色谱（gas chromatography，GC）和液相色谱（liquid chromatography，LC）。

气相色谱自 1952 年问世至今，被广泛应用于具有挥发性或不稳定性有机化合物的定量分析。GC 与质谱连接起来形成气相色谱-质谱联用（gas chromatography coupled with mass spectrometry，GC-MS）技术，可用于定性和定量分析，被广泛应用于生命科学领域的研究。GC-MS 仪器具有灵敏度高、分离效率高、易用、耐用、成本低、可选择性地分离和检测大量痕量代谢物质和同质异构体等优点。由于其高标准化地应用了电子电离，能产生广泛和高重复性的破裂片段，即使得到的质谱数据在数据库中不存在，其破碎模式亦可用于获得更多关于代谢产物定性或化合物种类的信息。因此，GC-MS 已成为细胞代谢组学分析中应用广泛、发展成熟的主要定性和定量手段之一。目前，GC-MS 技术在细胞分析方面的应用主要是对细胞代谢产物的定性定量分析，进而表明代谢小分子上游蛋白和基因的表达情况，以表征细胞相关性能的变化。

5.4.1.1 GC-MS技术检测原理

GC-MS 仪主要由气相色谱（GC）、质谱（MS）和二者之间的接口三个部分组成。其中，气相色谱部分由进样器、色谱柱和检测器构成，本部分相当于 GC-MS 系统中质谱的分离和进样装置；质谱部分主要由离子源、质量分析器和检测器三部分组成，此部分相当于气相色谱的检测器；最为关键的是 GC-MS 的接口部分，由于气相色谱与质谱两个系统之间的巨大压力差（$> 10^8$ Pa），应匹配一个合适的接口使二者之间压力均衡，这也是实现气相色谱与质谱联用的核心（许国旺，2019）。目前常见的接口技术有用于填充柱的分子分离器连接法和用于毛细管柱的直接连接法。

GC-MS 技术检测原理：检测样品（混合样品）通过气相色谱进样器进样，样品在进样器中被加热气化，气化的样品通过载样气体进入色谱柱，在特定的操作条件下，样品气体中各个组分因在色谱柱中保留不同而分离，分离后组分从接口部分进入质谱仪的离子源，各个组分在离子源部分被电离为带电离子，带电离子通过离子源加速电压加速，进入质谱的质量分析器。检测器采集的离子流经放大器放大后，由记录系统存储信号。该信号通过质谱仪的计算机接口输入数据系统，系统对每次质谱扫描中所有离子的信号强度求和，生成总离子强度（total ion current, TIC），该强度随时间的变化曲线即为总离子流色谱图（total ion chromatogram, TIC）。通过 TIC 图可以获得任何一个组分的质谱图。GC-MS 整个装置结构如图 5-13 所示。总的来说，气相质谱技术能够对细胞代谢物中可气化的物质进行定性和定量检测。

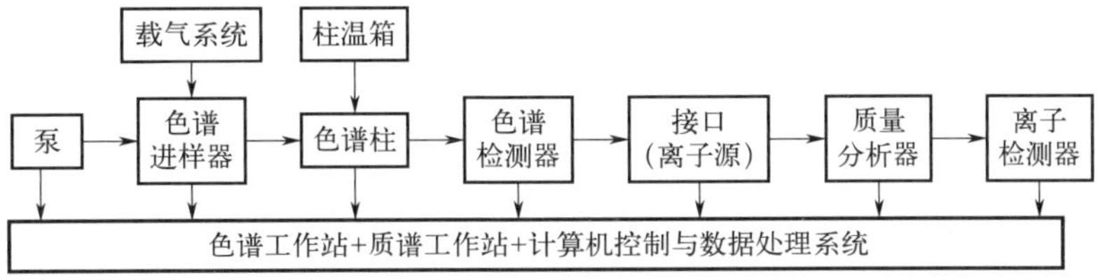

图 5-13　GC-MS 联用设备组成

5.4.1.2　GC-MS细胞样品检测方法

代谢组是基因组的下游产物也是最终产物，是一些参与生物体新陈代谢、维持生物体正常功能和生长发育的小分子化合物的集合。代谢组学是以高通量、高灵敏度、高分辨率的现代仪器分析方法为手段，结合模式识别等化学计量学方法，考察生物体系（细胞、组织或生物体）受刺激或扰动后（如将某个特定的基因变异或环境变化后），其代谢产物的变化或其随时间的变化规律。细胞代谢物是表征细胞生长和生命功能的终端物质，尽可能获取细胞代谢物信息有利于从细胞层面了解其生理病理变化，有助于促进疾病诊断、发病机制研究和药物研发。GC-MS 细胞代谢物测定主要包括以下几个步骤。

（1）细胞培养与收集

细胞包括原代细胞、细胞系等不同类型来源，通常细胞培养液配比为 10% 血清 + DMEM（基础培养基）+ 1% 青霉素和链霉素，不同细胞种类基础培养基有差异，培养环境为 5% CO_2，37 ℃的培养箱，细胞接种的浓度通常为 1×10^6 个 /mL（根据具体实验条件浓度可不同）。接种后细胞培养一定时间内，给予药物或环境刺激，待刺激完成即可收集细胞上清液或收集细胞至 EP 管中，液氮冷冻，−80 ℃保存。

（2）细胞代谢物样品制备

代谢物提取以尽可能多地获得所需物质，避免物理或化学改性，减少稀释效应为原则。

① 细胞内容物代谢样品处理：向装有细胞的 EP 管中加入一定体积的提取液（甲醇-氯仿，体积比 =3∶1），再加入适量 L-2-氯苯丙氨酸，涡旋 30 s；加入瓷珠，45 Hz 研磨仪处理 4 min，超声 5 min（冰水浴），重复 5 次；将样本在 4 ℃条件下，13000 r /min 离心 15 min。

② 细胞上清液代谢样品处理：向装有细胞上清液的 EP 管中加入一定体积的提取液（甲醇-氯仿，体积比 =3∶1），再加入适量 L-2-氯苯丙氨酸，涡旋 30 s；将样本在 4 ℃条件下，13000 r /min 离心 15 min。

③ 细胞代谢样品溶液制备：分别小心移取适量细胞培养基和细胞匀浆上清液于适量甲烷硅基化的进样瓶中，在真空浓缩器中干燥提取物，向干燥后的代谢物加入一定体积的甲氧胺

盐酸盐试剂（甲氧胺盐酸盐溶于吡啶），轻轻混匀后，放入烘箱中 80 ℃ 孵育 30 min，向每个样品中加入适量的 *N,O*-双（三甲基硅基）三氟乙酰胺（含有 1% 的三甲基氯硅烷），将混合物于 70 ℃孵育 1.5 h，冷却至室温，向混合的样本中加入一定体积的 FAMEs（饱和脂肪酸甲酯标准混合液，溶于氯仿。C_8 ～ C_{16}：1 mg/mL；C_{18} ～ C_{24}：0.5 mg/mL），待用于 GC-MS 分析。

（3）GC-MS 样品检测

根据实验设定好色谱条件和质谱条件，取制备好的细胞内容物及细胞培养液样品进行 GC-MS 分析。

5.4.1.3 GC-MS在细胞分析中常见问题及解决方案

GC-MS 一般用于测定氨基酸、糖类等代谢物，但这些代谢物的极性强、挥发性低，往往不能直接进样分析。因此，需要将这些物质进行适当的化学处理转化成相应的挥发性衍生物，才能适用气相色谱的测定范围，衍生化的过程同时能改善结构及其近似化合物分离的选择性，克服载体、柱壁对高极性、低挥发性样品的吸附，从而有效改善样品的峰形，此外特殊的衍生化方法还可用来拆分某些较难分离的手性化合物。在 GC-MS 检测中选用衍生化试剂需注意衍生化产物的质谱特性，即质量碎片的特征性强，同时分子量要适中，既适合质量型检测器检测，也有利于与基质干扰物分离。常用的衍生化试剂及其优缺点见表 5-3，其中应用最广泛的是硅烷化试剂和酰化试剂。

表5-3 常用的衍生化试剂及其优缺点

衍生化试剂	常用试剂	优缺点
硅烷化试剂	*N,O*-（双三甲基硅基）三氟乙酰胺（BSTFA）、*N*-甲基（叔丁基二甲基硅基）三氟乙酰胺（MTBSTFA）、*N*-甲基 *N*-（三甲基硅基）三氟乙酰胺（MSTFA）	衍生物热稳定性好，挥发性强，易于制备，色谱性能好，应用最广；硅烷化衍生试剂易于水解，立体阻碍越大，水解程度越低
酰化试剂	乙酸酐、三氟乙酸酐（TFA）、五氟丙酸（PFPA）	简便、经济、灵敏度高；多余的试剂和副产物损害色谱柱
烷基化试剂	碘甲烷、甲基二羟基硼、丁基二羟基硼、苯基二羟基硼	与化合物的衍生反应迅速、高效；会产生对色谱柱寿命具有不良影响的副产物

细胞内容物处理过程中，细胞内容物样本既包含细胞内液，还混有细胞间液。这些细胞间液包含了培养基成分及细胞外代谢产物，若细胞沉淀物经过提取后细胞内 / 外液无法区别，将影响对胞内代谢物的准确检测。因此，提取前仔细洗涤细胞沉淀将有助于排除细胞间液所产生的干扰，但是缺点是容易使一些自由出入细胞膜的组分（如小分子有机酸）浓度降低并容易导致细胞破碎。因此，在细胞浓缩过程中既要做到除去细胞间液也要减少胞内代谢物的损失。

细胞代谢样品提取方法的好坏不能只关注最终代谢产物的量，还要确保提取过程中代谢物的稳定，因此在提取时往往要加入缓冲溶液来减少提取过程对细胞的破坏，从而增强代谢物分析的稳定性，如加入乙醇胺、磷酸盐、羟乙基哌嗪乙磺酸（HEPES）、哌嗪乙磺酸（PIPES）等。除了液液萃取之外，微波辅助萃取、超临界流体萃取等方法可缩短提取时间、提高提取效率、减少溶剂消耗，在微生物代谢物分析领域也被广泛使用。

5.4.1.4 GC-MS联用技术在细胞性能表征中的应用

例一、千金藤素作用下肝癌细胞差异代谢物测定（Feng et al, 2021）

代谢异常是恶性肿瘤的一个重要特征，在肿瘤的发生发展中起着重要作用。千金藤素（cepharanthine，CEP）是一种天然化合物，近年来被发现具有治疗多种肿瘤的潜力。通过GC-MS检测分析，发现CEP可通过调控肝细胞癌（hepatocellular carcinoma，HCC）氨基酸代谢途径减少众多与细胞增殖、迁移等功能相关的代谢物的生成，进而发挥抗癌的作用。

（1）实验部分

A．样品制备：HCCLM3肝癌细胞接种于6孔板，经20 μmol/L CEP作用48 h后，用预冷PBS（磷酸盐缓冲液）快速冲洗细胞2次，将6孔板置于冰上，加入250 μL −80 ℃预冷的甲醇溶液（10 μL/mL）。液氮冷冻10 min后室温融化5 min，反复冻融3次，4 ℃下离心，上清液转移至新的EP管中，35 ℃温浴下液氮吹干。干燥样品溶于吡啶并加入80 μL甲氧胺盐酸盐溶液，涡旋混匀2 min，在37 ℃下孵育2 h。然后，加入50 μL BSTFA涡旋2 min，于80 ℃水浴衍生化1 h，取200 μL至微量进样器。对照组用DMSO处理，每组各取8个样品。

B．样品GC-MS测定：获得样品后，采用Trace1300 GC–MS系统（Thermo）结合计算机辅助的中药色谱指纹图谱相似度评价系统（2012版）和SIMCA软件（Umetrics Swedeno）进行代谢物的分析。

（2）实验结果

体外细胞实验结果发现，CEP通过氨基酸代谢途径下调了许多代谢物，该途径与千金藤素干预肝癌细胞后差异表达基因（DEG）富集代谢途径相符，故通过体内动物实验代谢组学进行验证（图5-14），明确了4-氨基丁酸、L-5-氧脯氨酸、L-天冬氨酸、胆固醇4种差异代谢物，主要富集在氨基酸代谢（谷胱甘肽代谢；丙氨酸、天冬氨酸和谷氨酸代谢；甘氨酸、丝氨酸和苏氨酸代谢以及D-谷氨酰胺和D-谷氨酸代谢），揭示了氨基酸代谢途径在肝癌细胞生长、增殖、迁移等方面的作用。这表明GC-MS技术可用于细胞代谢物分析，以表征细胞相关生物学性能。

例二、基于气相色谱-质谱联用技术的高通量细胞表型分析方法（王希越等，2017）

表型是细胞在不同遗传及环境条件下所表现出来的性状，包括行为、个体形态、生长、生理功能差异等等。表型是基因型与环境交互作用的最终表现形式，通常一个基因型的改变可能会使相应个体中一个或多个表型发生变化，因此对基因型与表型之间关系的研究，是揭示未知基因功能的有效方法。近年来，基于微孔板阵列高通量分析方法，一种利用气相色谱-质谱联用技术的高通量细胞表型分析方法应运而生。该方法通过定量评价细胞对各物质的代谢能力成功对*yfcC*基因改造过的大肠杆菌代谢表型差异进行研究。

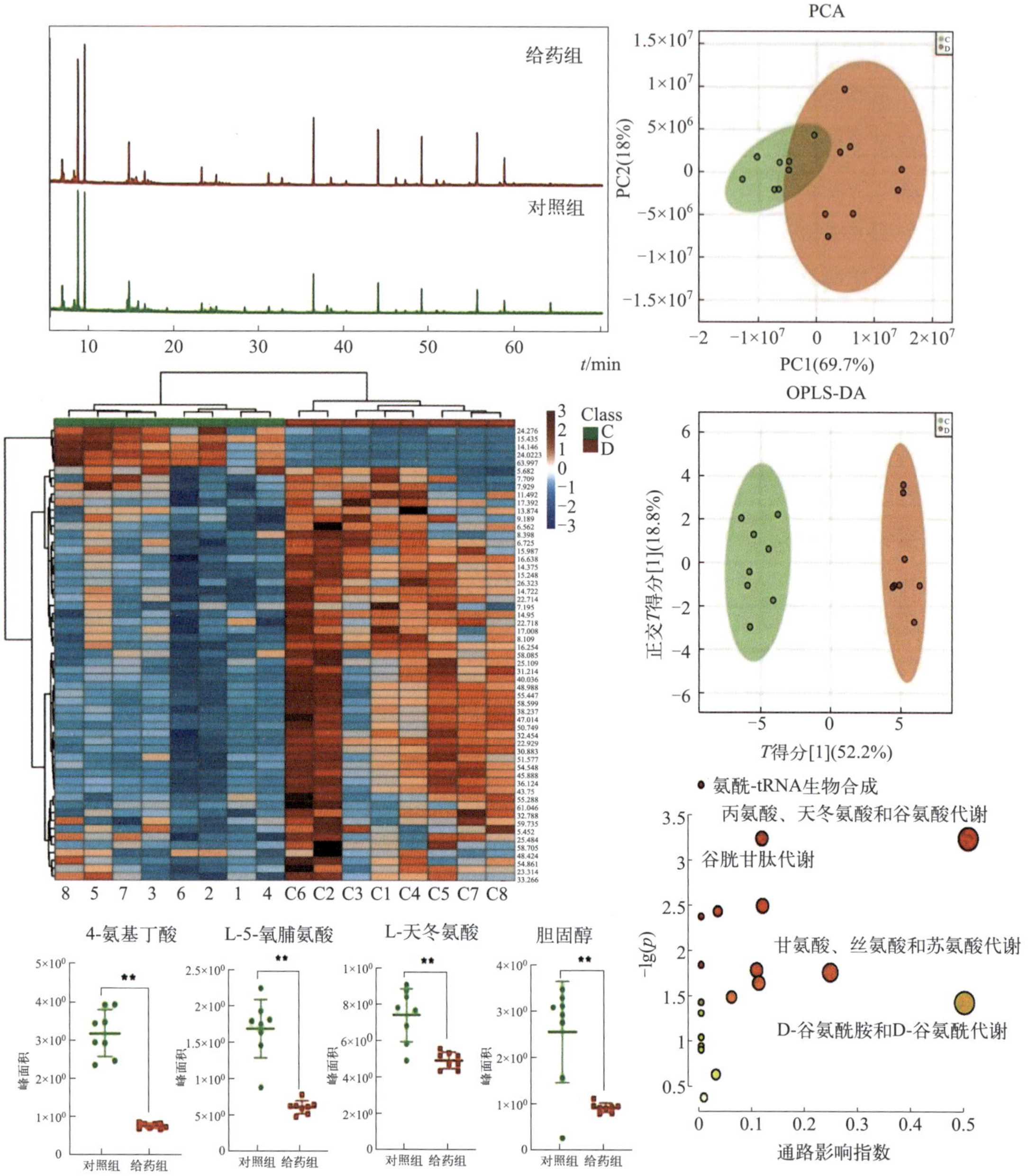

图 5-14　CEP 调节 HCCLM3 细胞的氨基酸代谢通路测定结果

（1）实验部分

A. 菌株及培养：构建并分离纯化细菌 AS 1.1566/pBCTE（野生型菌，W）、AS 1.1566Δ*yfcC*::chl（*yfcC* 基因敲除菌，Y^-）、AS 1.1566/pBCTE-*yfcC*（*yfcC* 基因过表达菌，Y^+），挑取单菌落测定其含量为 6×10^8 个 /mL。向 96 孔板的各孔中依次加入 90 μL 准备好的菌液，将对比菌株 W 和 Y^+、W 与 Y^-成排交错加在同一板内。48 种标准物质用高纯水配制成质量浓度 5 mg/mL 的贮存液，用 0.22 μm 滤膜过滤除菌后，依次加入 96 孔板的各孔内，每孔加 10 μL，不加任何其他营养液，将 96 孔板置于 37 ℃ LRH-150 生化培养箱中过夜培养 12 h。

每株菌平行制作 3 个孔板。为防止重组菌质粒丢失，各菌株在每种培养条件下均加入终浓度 30 μg/mL 的氯霉素。

B．样品制备：在培养 12 h 的同株菌中每孔各定量取出 20 μL 菌液于 1.5 mL 离心管中，涡旋 10 s 混匀，15000 r/min 4 ℃离心 10 min，上清液再经 0.22 μm 滤膜过滤除残留菌体，定量取出 25% 上清液于新的 1.5 mL 离心管中，同时加入 5 μL 2 mg/mL 香草酸作为内标，放入低温冷冻干燥机内冻干。冻干样品加 50 μL 吡啶溶解，涡旋 10 s，加 65 μL BSTFA，超声 15 min 使样品充分溶解，75 ℃水浴条件下衍生 45 min，12000 r/min 4 ℃条件下离心 15 min，取上清液。

C．样品 GC-MS 测定：色谱条件为 DB-5MS 色谱柱（30 m×0.25 mm×0.25 μm）(J&W)，载气流量 1.19 mL/min（氦气，纯度为 99.9996%），进样口温度 280 ℃，分流比 10∶1，进样量 1 μL。色谱柱升温程序为 70 ℃保持 5 min，5 ℃ /min 上升至 280 ℃，保持 5 min。质谱条件：电子轰击电离源，离子源温度 200 ℃，接口温度 280 ℃，检测电压 1.1 kV，扫描范围 *m/z* 33 ～ 600，扫描间隔 0.5 s，溶剂切割时间 7 min。取上清液进行 GC-MS 分析，每个样品平行分析 3 次。

（2）实验结果

结果显示，野生型和 *yfcC* 基因过表达大肠杆菌对 14 种物质的代谢能力有显著差异，*yfcC* 基因过表达大肠杆菌对甘氨酸和柠檬酸的代谢能力明显强于野生型大肠杆菌，而对其他物质的代谢能力较弱，推测可能是由于 *yfcC* 基因促进乙醛酸代谢，*yfcC* 过表达菌株对甘氨酸的代谢能力较强；野生型和 *yfcC* 基因敲除大肠杆菌间有显著代谢差异的共 16 种物质，其中 *yfcC* 基因敲除大肠杆菌对丙氨酸、乳糖、肌醇和柠檬酸的代谢能力较强。48 种物质代谢的总离子流色谱图见图 5-15。本例中 GC-MS 对大肠杆菌基因表型的成功测定分析，说明 GC-MS 可为生命中未知基因功能研究提供有力的分析工具。

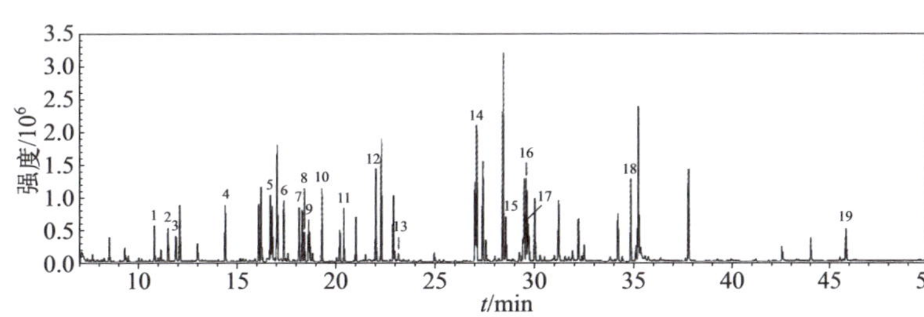

图 5-15　GC-MS 分析得到的野生型大肠杆菌对 48 种物质代谢的总离子流色谱图

5.4.2　液相色谱-质谱联用技术在细胞分析中的应用

高效液相色谱法（high performance liquid chromatography, HPLC）是 20 世纪 60 年代末以经典液相色谱为基础，引入了气相色谱的理论与技术，采用高压泵、小颗粒高效固定相、高灵敏度在线检测器而发展起来的一种重要的分离分析方法（柴逸峰等，2016）。高效液相色谱采用了小颗粒高效固定相、高压泵和高灵敏度检测器，因此具有分离效率高、分析速度快、检测灵敏度高、色谱柱可重复使用、适用范围广、可自动化操作等优点。按照其分离机制，高效液相色谱可以分为吸附色谱、分配色谱、离子交换色谱和凝胶渗透色谱等。

液相色谱-质谱联用（liquid chromatography mass spectrometry，LC-MS）技术起于20世纪70年代，二者之间的接口技术成为LC-MS联用首先要解决的问题。经过多年的流动相去除和样品雾化工作研究，电喷雾电离接口和大气压电离接口出现，成熟的商品液相色谱-质谱联用仪上市并获得广泛应用。LC-MS联用技术以高效液相色谱为分离手段，质谱为检测手段，集LC的高分离能力与MS的高灵敏度、高专属性于一体，较GC-MS使用范围更广，适用性更好，在生命科学领域获得广泛的应用和发展。目前，各类LC-MS技术可用于精确测定生物大分子（如蛋白质、核苷酸和糖类等）和生命复杂体系中的微量或痕量小分子生物活性物质，明确其分子量和结构信息，可开展大多数大分子和小分子定性定量分析。

5.4.2.1 LC-MS技术检测原理

LC-MS联用设备主要由高效液相色谱仪、质谱检测器及二者之间的接口组成，包含液相色谱系统、离子源、质量分析器、离子检测器、真空系统和计算机数据处理系统等部分，见图5-16。其中最关键是LC和MS之间的接口装置，目前接口装置相对成熟；HPLC-MS联用常用离子源包括电喷雾离子源、大气压化学离子源和基质辅助激光解吸离子源等，其中电喷雾离子源应用最为广泛；质量分析器主要有串联三重四极杆（QqQ）、离子阱（IT）质谱、飞行时间（TOF）质谱、静电场轨道阱（Orbitrap）和傅里叶变换离子回旋共振（FT-ICR）等，此外，也有多种质量分析器联合应用，如Q-TOF、Q-Trap等。

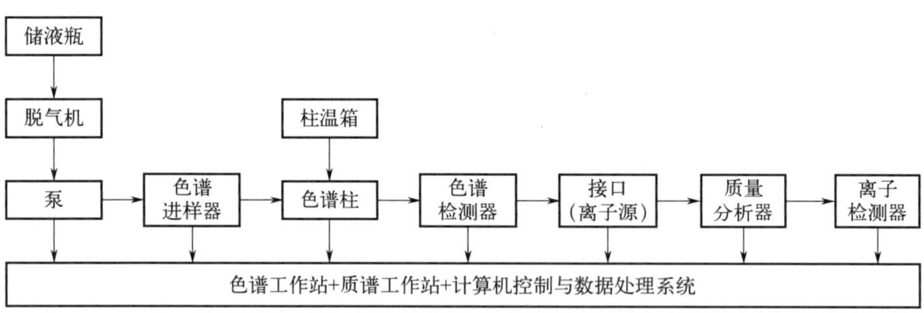

图5-16 LC-MS联用设备组成

技术检测原理：检测样品（混合样品）通过色谱进样器进样，在高压泵的压力下进入色谱柱并快速分离，被测样品在做相对运动的两相间进行反复“分配”而产生差速迁移，从而使混合的多组分样本分离为单一组分，根据组分自身极性差异而先后流出色谱系统，分离后组分依次通过色谱仪检测器后进入离子源，电离成分子离子（molecular ion）和碎片离子，在真空状态下进入质量分析器分离并按质荷比（*m/z*）大小依次进入检测器，检测器将离子信号转化为电信号经电子倍增器信号放大后传入计算机处理系统即可得到所有 *m/z* 离子的质谱图。

5.4.2.2 LC-MS细胞样品检测方法

现代生物分析检测的目标物浓度常低于纳克每毫升的浓度范围，有些高效药物浓度甚至达到皮克每毫升的水平，这对准确测量目标分析物来说是个极大的挑战。液相色谱-质谱（LC-MS）分析结合了液相色谱（LC）的分离能力和质谱（MS）的质量分离 / 检测能力，已成为细胞或组织等生物系统中生物大分子（蛋白质、DNA 和代谢产物等）和小分子生物活性物质的鉴定和定量测定的有力工具。通常在 LC-MS/MS 分析前，需先进行一系列的样品前处理，以减小生物样品中大量存在的基质效应干扰。首先需明确所需的细胞或组织类型，对复杂组织进行物理分离及细胞分选或者原代细胞培养等来获得目标组织或细胞，然后从中提取出所需的待测样品（核苷酸、蛋白质、细胞代谢产物等）。现将 LC-MS 应用功能与细胞分析检测操作步骤描述如下。

（1）细胞培养

通常用 10% 胎牛血清和 1% 的青链霉素作为细胞培养液，在 5% CO_2、37 ℃的培养箱传代培养，细胞每生长 2 ～ 5 d 传代 1 次。实验时细胞接种的浓度通常为 $1×10^6$ 个 /mL（根据具体实验条件浓度可不同）。接种后细胞培养一定时间内，给予药物或环境刺激，待刺激完成即可收集细胞上清液或收集细胞至 EP 管中，液氮速冻，−80 ℃ 保存。

（2）细胞样品代谢产物提取

取经过刺激后的细胞，弃去培养基，用 PBS 洗涤 3 次，加入适量 25% 甲醇溶液，抑制代谢反应，收集细胞并重悬于一定量冷甲醇溶液中，液氮速冻后−80 ℃保存，或者直接取培养后收集的速冻细胞，加 60% ～ 80% 的甲醇或者乙腈水溶液并反复冻融 3 次左右重复裂解细胞，12000 r/min、4 ℃离心 15 min，取上清液氮气吹干，根据实验条件将样品复溶于一定浓度的甲醇或乙腈溶液中，再次离心取上清液，即得样品溶液。如实验需要可另取各样品上清液 10 μL 混合均匀以制备质控（quality control, QC）样品，用来判断仪器稳定性与数据可靠性。根据实验需求可将细胞培养上清液一并进行提取制备，检测上清液中的代谢产物。最后，根据试验设定条件进行 LC-MS 系统分离分析。

（3）细胞蛋白质提取

提取蛋白：取实验细胞弃去培养基，用 PBS 洗涤 2 次之后，吸除残余的 PBS。加入适量的细胞裂解液（PMSF-RIPA 裂解液，体积比 =1 ∶ 100），然后置于冰上裂解 30 min（每 10 min 轻轻摇晃一次，使裂解液均匀地分布到每个角落），用细胞刮按一定方向将细胞刮下，并将其移入 1.5 mL EP 管中。12000 r/min、4 ℃离心 10 min 之后，吸取上清液至新的 1.5 mL EP 管，置于−80 ℃超低温冰箱保存待用。样品制备：在进入 LC-MS 分析系统前提取的蛋白质需要用蛋白酶消化成分子量更小的肽段，并加入还原剂，使蛋白质中的二硫键断裂并形成半胱氨酸残基；再加入烷基化试剂将半胱氨酸残基烷基化使其无法再次形成二硫键，从而破坏蛋白质的空间结构，将其展开为长链，使切割位点充分暴露，在完成样品处理后进样或者−80 ℃保存待用。

（4）基因组学细胞样品核苷酸提取

核苷酸提取制备一：首先采用乙腈或甲醇和水的混合物（乙腈或甲醇体积分数为60%～80%）沉淀实验目标细胞，而后将1～5 mL含有甲醇/Tris-HCl缓冲液（体积比70∶30）的混合物加入每个细胞沉淀物中。通过涡旋振荡破裂细胞（用于总核苷酸的提取）。在18000 g、4 ℃下离心15 min，取上清液于40 ℃下氮气吹干，残留物溶解在一定体积流动相，备用。核苷酸提取制备二：采用2 mL的甲醇再用2 mL的乙酸铵溶液活化固相萃取柱，将含细胞沉淀的样品加载到固相萃取柱上，用2 mL乙酸铵溶液洗涤SPE柱，再加2 mL新配甲醇/水/乙酸铵溶液（体积比80∶15∶5）将分析物从固相萃取柱上洗脱下来，洗脱液在40 ℃下氮气吹干，残留物溶解在一定体积流动相中，备用。

（5）LC-MS或LC-MS/MS分析

在完成待测样品前处理后，根据实验条件调整色谱条件和质谱条件，即可取制备好的细胞提取物样本进样分析。

5.4.2.3 LC-MS联用技术在细胞分析中常见问题及解决方案

蛋白质需要在进入LC-MS分析系统前被蛋白酶消化成分子量更小的肽段。而蛋白质的酶解反应效率取决于酶分子的活性、蛋白质切割位点的暴露程度、两种分子间发生碰撞及相互作用的概率等因素。因此，向蛋白质酶解体系提供额外的能量，能够给体系提供充足的反应温度，提升酶分子的活性，促进蛋白质分子中各类化学键的振动，有助于蛋白质分子暴露切割位点并与活跃的酶分子相结合，加快蛋白质酶解反应的进程；或者采用能够提供局部高浓度酶环境且具有高稳定性和高重复利用率的固定化酶技术，也能够有效加速蛋白质酶解反应动力学过程。常见的固定化酶载体有玻璃、膜、聚合物、磁珠、凝胶、多孔硅胶、多孔整体式材料等；此外，微反应体系具有不同于常规毫升至微升级体系的反应特征和独特优势，在微米级反应体系（如微液滴或微通道）中微尺度效应凸显，物质传质传热加快，酶反应的效率会得到显著的提升（何唯唯等，2021）。

在LC-MS核苷酸分析中，尽管对大多数核酸修饰的检测灵敏度较高，但对微量样品的核酸修饰分析，或一些体内丰度极低的核酸修饰类型的检测，直接分析法的灵敏度仍无法满足其要求。因此，化学衍生及标记法通过在水解获得的核苷酸产物上共价键合衍生化基团，以改变分析物的理化性质，从而提高色谱分离效果和ESI的离子化效率，最终提高LC-MS的检测灵敏度。但当前的衍生化方法尚未解决过量衍生化试剂及副产物生成的干扰，仍需开发更有效的化学衍生化策略。

在LC-MS代谢组学分析中，生物样品成分复杂，各类物质的极性、亲水性、解离度、含量等差异极大，采用一维液相色谱和质谱联用往往无法提供足够的峰容量。因此，可采用全二维的方式提高分辨率，或利用不同选择性的色谱柱组成的多维系统也可拓展分离窗口。

5.4.2.4 LC-MS联用技术在细胞性能表征中的应用

例一、非靶向LC-MS分析骨肉瘤干细胞氨甲蝶呤反应的代谢组特征（Wang et al, 2020）

癌症干细胞（CSC）是在骨肉瘤（OS）中发现并被认为对化疗药物具有耐药性的一种具有干细胞性质的癌细胞。通过非靶向 LC–MS/MS 分析研究 OS 细胞和骨肉瘤干细胞（OSC）的代谢组学特征和 OSC 对氨甲蝶呤（MTX）耐药的潜在机制。通过代谢组学与基因表达共同揭示祖细胞 / 干细胞耐药性特征。

（1）实验部分

A. 样品的处理和代谢物提取：将分离骨肉瘤干细胞后的亲本骨肉瘤细胞及其干细胞（SCs）在单层中富集，当达到 10^6 个 /mL 时，用氨甲蝶呤（MTX）处理细胞，调整 MTX 以达到先前确定的 50% 抑制浓度。所有样品被分为 8 组：亲本 143B 作为组 1A，143B 干细胞（143B-SC）作为 1B，143B 用 IC_{50} 浓度的 MTX 处理（143B-IC_{50}）作为 2A，143B-SC 用 IC_{50} 浓度的 MTX 处理（143B-SC-IC_{50}）作为 2B，以及 MG63 作为 3A，MG63-SC 作为 3B，MG63-IC_{50} 作为 4A，MG63-SiC-IC_{50} 作为 4B；培养 48 h 后，弃去培养基，在 37 ℃下用 3 mL PBS 洗涤细胞 2 次。用 1 mL 预冷甲醇 / 乙腈 / 水（体积比，2∶2∶1）在冰浴中超声处理 1 h，从细胞残余物中提取代谢物；将混合物在 −20 ℃下孵育 1 h，然后在 14000 *g*、4 ℃下离心 20 min，取上清液至进样瓶，备用。质量控制（QC）样本选择所有分析样本的等分样本，并用于数据标准化，以确保代谢谱的数据质量。按照与每批实验样品相同的程序制备和分析 QC 样品。然后将干燥的提取物溶于 50% 乙腈中。用一次性 0.22 μm 乙酸纤维素膜过滤每个样品，并转移到 2 mL HPLC 瓶中，并在 −80 ℃下储存，直至分析。

B. 样品测定：采用 UPLC-ESI-Q-TOF-MS 系统（UHPLC，1290 Infinity LC，Agilent T technologies）耦合 TripleTOF 5600（AB Sciex）。色谱条件：对于亲水性相互作用液相色谱（HILIC）分离，使用 2.1 mm×100 mm ACQUY UPLC BEH 1.7 μm 柱（Waters）分析样品。流速为 0.5 mL/min，流动相 A 相为 25 mmol/L 乙酸铵和 25 mmol/L 氢氧化铵水溶液，B 相为乙腈（ACN）。梯度为 0.5 ～ 6.5 min：95% ～ 65%B；6.5 ～ 8.5 min：65% ～ 40%B；8.5 ～ 9.5 min：40%B；9.5 ～ 10.6 min：40% ～ 95%B；采用 5 min 的重新平衡期。色谱条件：电喷雾电离（ESI）正模式和负模式均用于 MS 数据采集，ESI 源条件设置如下：离子源气体 1 为 60，离子源气体 2 为 60，帘气为 30，源温度为 600 ℃，离子喷雾电压浮动（ISVF）±5500 V。在仅 MS 采集中，*m/z* 60 ～ 1200 的范围内采集，扫描时间 0.15 s。在自动 MS/MS 采集中，*m/z* 25 ～ 1200 的范围内采集，产物离子扫描时间 0.03 s。碰撞能量：（30±15）eV。在采集过程中，每 6 个样本注射一次空白样本（水中含 75%ACN）和质控样本。

（2）实验结果

细胞分析结果显示，在亲本 143B 和 MG63 细胞及其 OSC 之间共鉴定出 57 种共同差异代谢物，进一步筛选评估 143B 和 MG63 细胞系及其 OSC 之间 37 种差异代谢物的表达是一致的，其中 14 种表达上调（FC ＜ 1），23 种表达下调（FC ＞ 1），20 种代谢产物参与脂肪酸代谢，10 种参与氨基酸代谢，2 种参与糖类代谢，5 种参与核酸代谢。所有样本总离子流图（TIC）及 PCA 分析图见图 5-17。结合基因组分析，MTX 干预 OSC 耐药机制可能与干扰脂肪酸、氨基酸和核酸的代谢有关。由此表明，LC-MS 技术可通过细胞代谢物分析来探究细胞耐药性机制。

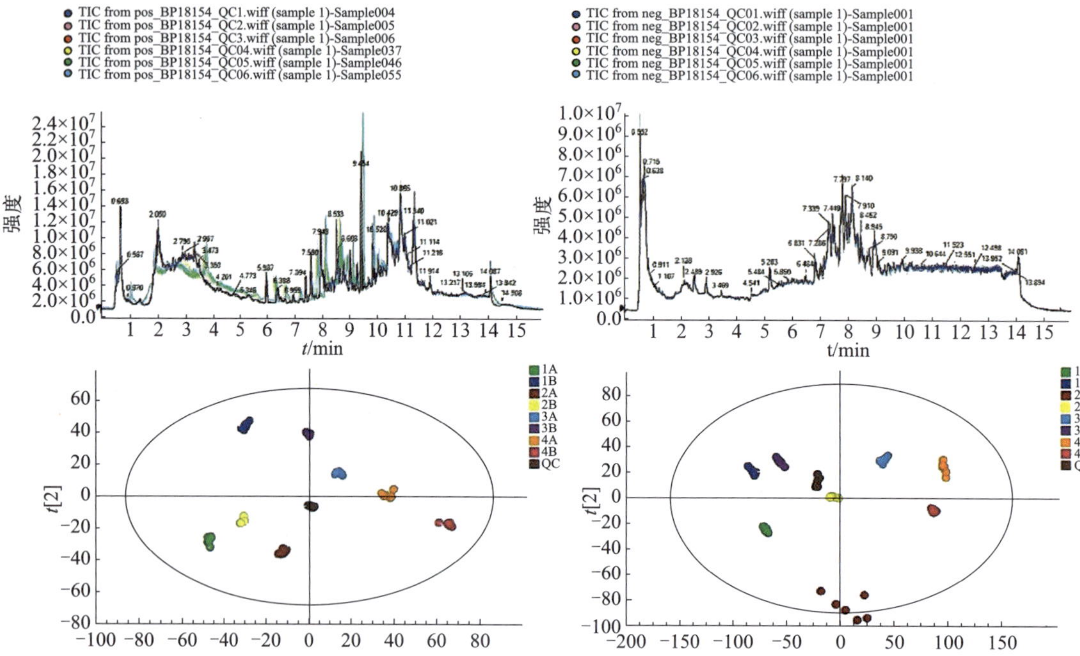

图 5-17　MTX 干预 OSC 耐药机制所有样本的 TIC 和 PCA 分析

例二、LC-MS 技术用于细胞和组织中蛋白质的鉴定（Bian et al, 2021）

LC-MS 技术是一种常用的蛋白质组学研究方法，由于其具有灵敏度高、检测范围广等特点，被广泛运用于蛋白质组学分析。目前随着仪器的不断创新优化，质谱检测极限能达到 10 ymol/L 水平，可实现单细胞中高丰度蛋白质的分析。Bian 等利用 μLC-MS/MS 可以获得高蛋白质组覆盖率，极大扩展了蛋白质测定范围。

（1）实验部分

A．细胞培养：小鼠胰腺细胞系 9591 和人 MCF-7 细胞系在 DMEM (Gibco, Invitrogen) 中培养，添加 10% 胎牛血清、100 U/mL 青霉素（Invitrogen）、100 μg/mL 链霉素（Invitrogen），37 ℃、5% CO_2 加湿培养箱中培养。

B．蛋白样品制备：在细胞密度 80% 时收集细胞，用 PBS 缓冲液洗涤 2 次，加入含有 20 g/L 十二烷基硫酸钠（SDS）和 40 mmol/L Tris-HCl (pH 7.6) 的冰裂解缓冲液。将细胞裂解液于 95 ℃加热 5 min，加入终浓度为 1%（体积分数）的三氟乙酸（TFA）。随后再加入终浓度为 4% (体积分数) 的 *N*-甲基吗啉，调整 pH 至大约 7.5。裂解物储存在−80 ℃备用。

C．蛋白质消化：蛋白质消化采用“一锅式”增强型样本固相制备法（single-pot solid-phase enhanced sample preparation, SP3）。将细胞裂解液与 SP3 磁珠混合，加入 70% 乙醇，在 24 ℃下以 800 r/min 的转速混匀孵育 10 min，然后在磁架上沉淀 2 min。弃去上清液，磁珠用 200 μL 80% 乙醇水洗 3 次，用 200 μL 乙腈（ACN）水洗 1 次。向 100 mmol/L Tris-HCl (pH 8.5) 中加入 200 μL 10 mmol/L 二硫苏糖醇（DTT），于 37 ℃温敏器中 1000 r/min 孵育 1 h。随后，

半胱氨酸与 55 mmol/L 氯乙酰胺（CAA）在 37 ℃避光环境下烷基化 0.5 h。最后，将胰蛋白酶（Roche）以酶蛋白比 1∶50 的比例添加到消化缓冲液中，并在 37 ℃下以 1000 r/min 的速度进行消化过夜。蛋白质消化后，加入 1% 甲酸（FA）酸化样品，使用 Sep-Pak C_{18} 滤芯（Waters）脱盐，用含 0.1% TFA 的 50% 乙腈（ACN）洗脱多肽，并在浓缩仪（Thermo Fisher Scientific）中真空干燥，干燥样品−80 ℃保存，备用。

D. μLC-MS/MS 分析：所有样品在 μLC-MS/MS 系统上进行分析，使用改进的 vanish HPLC 泵（Thermo Fisher Scientific）耦合 Q Exactive Orbitrap HF-X 质谱仪（Thermo Fisher Scientific）。

（2）实验结果

研究结果表明，优化后（图 5-18）的 μLC-MS/MS 系统可从小鼠胸腺组织鉴定出约 7500 个蛋白质，并从人类乳腺癌细胞鉴定出约 7300 个蛋白质。此外，基于强度的绝对定量（iBAQ）方法的蛋白质表达测定跨越了 5 个数量级，蛋白质定量显示出＜ 20% 的变异系数。

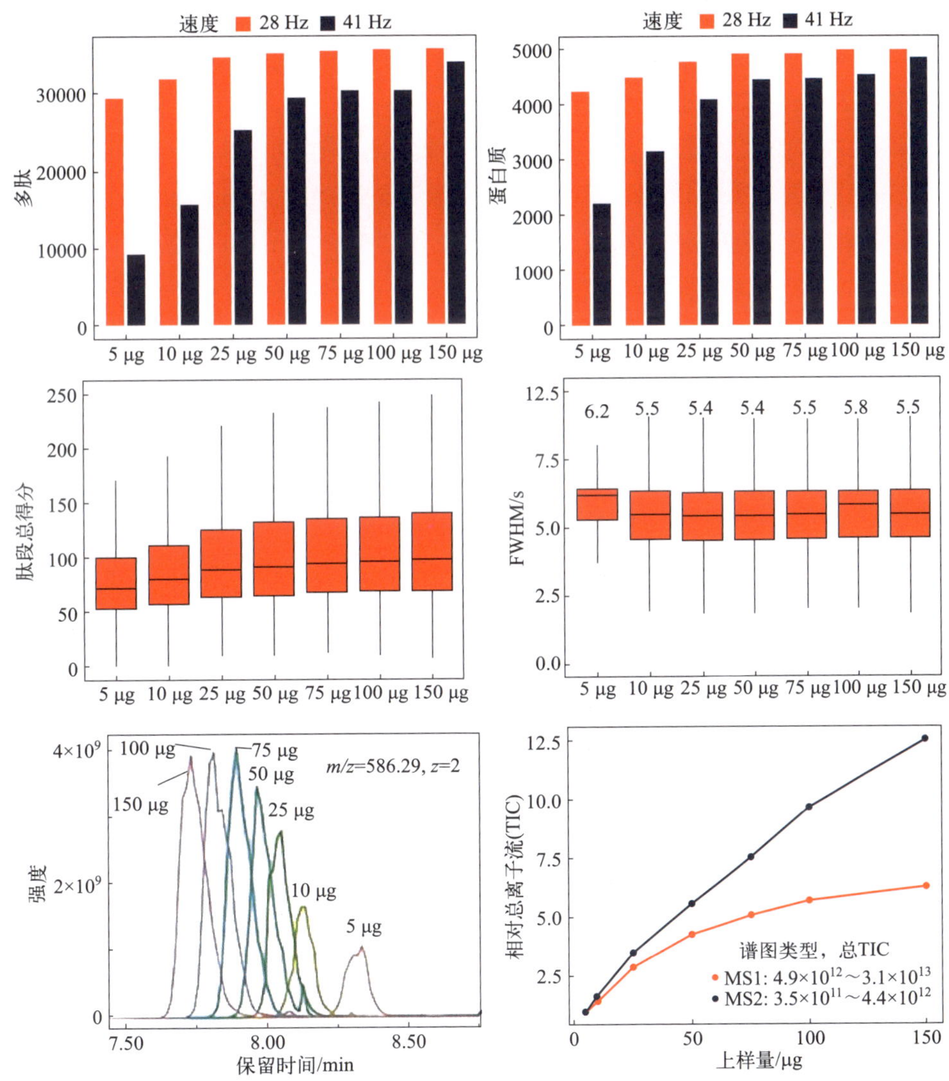

图 5-18　优化 μLC-MS/MS 系统分析小鼠胰腺癌细胞中不同蛋白质消化量

这些数值表明，当样品数量较大时，使用 μLC-MS/MS 的单次数据依赖采集（ssDDA 技术）是蛋白质组测定的一个有效补充手段，有利于对细胞蛋白质组进行测定。

例三、LC-MS/MS 对 UV 辐射诱导的 DNA 二聚体光产物的检测（Zhang et al, 2020）

环丁烷嘧啶二聚体（CPD）（6-4）和嘧啶酮光产物（6-4PP）是紫外线照射下胸腺嘧啶（T-T）二核苷酸产生的 DNA 遗传毒性损伤物质。因此，测定细胞中 T-T CPD 和 6-4PP 有利于评估紫外线照射对 DNA 的损伤。使用含微量甲酸 / 乙酸的流动相开展 LC-MS/MS 分析，可以显著提高 T-T CPD 和 6-4PP 的检测灵敏度。LC-MS/MS 可以在紫外线 C（UVC）照射的小鼠胚胎干细胞的酶消化 DNA 水解产物中分离出微量 CPD 和 6-4PP 二核苷酸单磷酸盐，并量化细胞中的 T-T CPD 和 6-4PP 核苷酸分子。由此揭示并明确紫外线损伤形成、信号转导和基因修复的机制。

（1）实验部分

A．细胞样品处理：将小鼠胚胎干细胞（mESC）接种培养在直径 6.0 cm 的塑料皿中，培养一定时间后用 UVC 灯（254 nm）进行照射处理，用 1.0 mL PBS 洗涤 UVC 暴露的 mES 细胞，然后用 500 μL 0.25% 胰蛋白酶处理 1 min。

B．细胞 DNA 消化提取：将细胞收集到 1.5 mL 离心管中，并进行基因组 DNA 提取。采用一步法消化提取基因组 DNA，将 5.0 μg 基因组 DNA 溶解在 10 mmol/L Tris-HCL（pH 7.4）缓冲液中，并加入 0.040 USVP、0.25 UNP1、0.50 U CIP 和 10 mmol/L Mg^{2+} 混合使缓冲液总体积保持在 50 μL，混合物在 37 ℃的温度下放置过夜，超滤离心（截留分子量：3000），集得样品溶液，待用。

C．LC-MS/MS 测定：使用安捷伦 1290 UHPLC 与 G6410B 或 G6470A 三重四极质谱仪系统（安捷伦科技公司）进行测定。色谱柱：Zorbax Eclipse Plus C_{18} 柱 [2.1 mm（内径）×100 mm，1.8 μm，Agilent Technologies]。柱温：30 ℃。流动相组成：含添加剂水溶液（流动相 A）和纯甲醇（流动相 B）。流速：0.25 mL/min。进样体积：5.0 μL。不同浓度的 HCOOH、NH_4COOH、NH_4HCO_3 和 $CH_3COOH\text{-}Et_3N$（TEAA）添加剂用于优化 CPD 和 6-4PP 的 MS 信号，采用 5%B、10%B 和 15%B 的等梯度洗脱进行 LC 分离。质谱仪的负电离模式和正电离模式分别用于检测单磷酸二核苷酸和核苷。质谱条件：使用前体离子操作多反应监测（MRM）模式，分析物的碎片离子如下：CPD（*m*/*z* 545.1 → 447.0，30 eV）；6–4PP（*m*/*z* 545.1 → 432.0，30 eV）；dA（*m*/*z* 252.1 → 136.0，5.0 eV）；dT（*m*/*z* 243.1 → 127.0，5.0 eV）；dC（*m*/*z* 228.1 → 112.0，5.0 eV）；dG（*m*/*z* 268.1 → 152.0，5.0 eV）；5mC（*m*/*z* 242.1 → 126.0，5.0 eV）。氮气作为雾化气和鞘气，雾化气设定为 35 psi❶，流速为 10 L/min，温度设置为 300 ℃，鞘气温度设置为 350 ℃，流速为 11 L/min，毛细管电压设置为 3500 V（负离子模式）和 4000 V（正离子模式），喷嘴电压分别设置为 0（负离子模式）和 500 V（正离子模式），碰撞气体为高纯度氮气（99.999%）。

（2）实验结果

实验结果表明，使用含微量甲酸 / 乙酸的流动相开展 LC-MS/MS 分析，可以很好地从大

❶ 1 psi=6894.76 Pa。

量脱氧核苷（包括 dA、dC、dT、dG 和 5 mC）中分离出 CPD 和 6-4PP，显著提高 T-T CPD 和 6-4PP 的检测灵敏度。通过对二者的定性定量分析（图 5-19），进而表征细胞受到紫外辐射损伤的程度。这一结果表明 LC-MS 技术可作为细胞基因组核酸的有效测定方法，用以表征细胞性能。

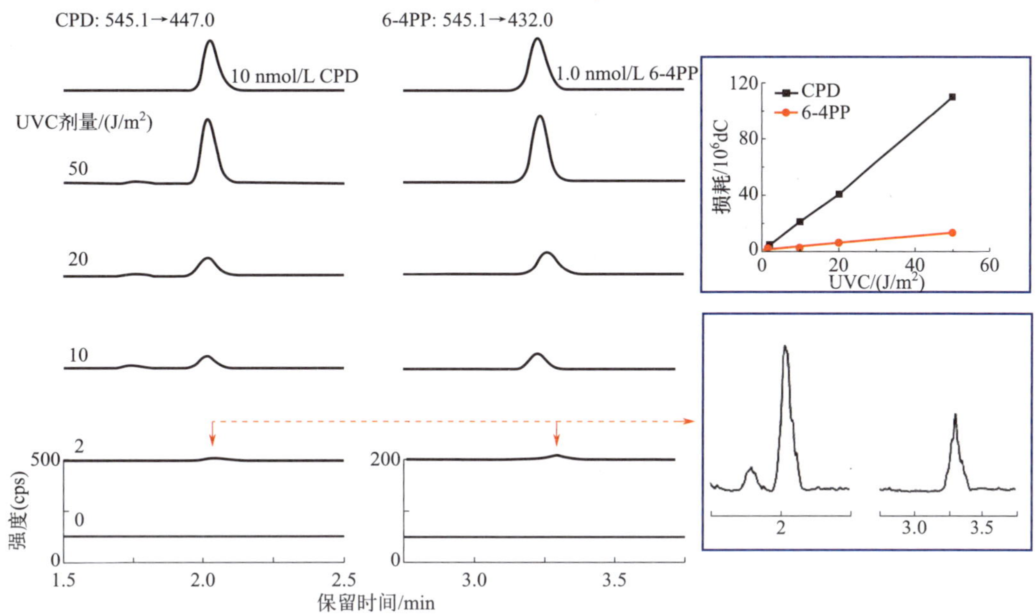

图 5-19 LC-MS/MS 检测 UVC 暴露小鼠胚胎干细胞中 CPD 和 6-4PP 的表达及 UVC 照射剂量（2.0 ~ 50 J/m^2）

5.4.3 毛细管电泳-质谱联用技术在细胞分析中的应用

毛细管电泳（capillary electrophoresis，CE）又称高效毛细管电泳（high performance capillary electrophoresis，HPCE），是一类以毛细管为载体、以高压直流电场为动力，依据样品中各组分迁移速度和分配行为的差异而实现分离的新型液相分离技术，具有高效、快速、灵敏、试剂和样品用量少等特点，广泛用于小分子、肽段、蛋白质、核酸等样品的分离分析。近年来，CE 与紫外（UV）、激光诱导荧光（LIF）和质谱（MS）等检测器联用实现了对多肽、蛋白质、核苷酸乃至脱氧核糖核酸等各种生物分子混合物的定性定量分析，尤其受到生命科学、医学、药学等领域研究人员的青睐。

毛细管电泳与质谱联用（CE-MS）技术于 1987 年首次报道，最早的 CE 与 MS 联用是脱机方式，经过 30 多年的发展 CE-MS 装置多采用在线联机方式（王芳等，2020）。CE 具备多种模式，如毛细管区带电泳（CZE）、毛细管胶束电动色谱（MEKC）、毛细管等电聚焦（CIEF）、毛细管等速电泳（CITP）和毛细管电色谱（CEC）等，各种模式都能与质谱检测器成功地连接，其中 CZE-MS 因兼具电泳和液相色谱的分离机制应用最广。CE-MS 联机的关键是如何将毛细管电泳流出的样品，以在线的方式有效地传入质谱仪而不降低分离效率。因此，二者之间的接口极为重要，其必须保证电泳分离的同时实现电喷雾过程，目前已有 6 种不同类型的电喷雾接口，包括鞘流液接口、无鞘流液接口、液接型接口、直接电极接口、微透析接口和微加工芯片接口，其中鞘流液接口通过鞘流液施加喷雾电压，操作简单，实用性强，并且可以通过鞘流液改变电喷雾条件从而提高电泳缓冲液和质谱的兼容性，成为 CE-MS 主要的接口方式。CE-MS 联用技术中离子源的选择对分析结果至关重要，常见的离子源包括连续流快原子轰击（CF-FAB）、电子轰击（EI）、大气压化学电离（APCI）、电喷雾电离（ESI）、基质辅助激光解吸电离（MALDI）和等离子体解吸（PD）等。其中 ESI-MS 在联用系统中应用最广，极性小分子至大分子均可分析，MALDI 和 PD 是以脱机方式联用。与 CE 相连的质谱仪主要有三重四极杆（QqQ）质谱仪、离子阱（IT）质谱仪、傅里叶转换离子回旋共振（FT-ICR）质谱仪和飞行时间（TOF）质谱仪等，前两者较为常用。

CE-MS 作为一种快速、高效的分析手段，在生物样品及药物分析中备受关注。与常用的 HPLC-MS 相比，CE-MS 技术需要的样品量更少、分离效率更高、分析速度更快，在蛋白质组学、DNA 分析、代谢小分子分析等领域中，已经作为 HPLC-MS 的补充应用于复杂样品的分析，二者相辅相成，互为补充，可获得最高的代谢覆盖率，提高数据的准确性。目前，CE-MS 技术已广泛应用于蛋白质组学、多糖分析、核酸分析、代谢组学、单细胞分析、生物标志物分析、药学以及法医学等多个领域。本节将重点从蛋白质测定、核酸测定以及代谢物测定方面阐述 CE-MS 在细胞性能分析方面的应用。

5.4.3.1 CE-MS技术检测原理

毛细管电泳-质谱联用（CE-MS）装置主要由毛细管电泳（CE）、质谱（MS）和二者之间的接口三个部分组成。毛细管的电泳行为是在高压电场驱动下发生，故毛细管电泳部分需接入闭合电路，从而要求毛细管一端置于缓冲液中，另一端则与质谱仪相连。此模式则要求 CE-MS 之间既要有很好的电接触，同时也要具备较好的离子化率，由此可知二者之间的接口方式非常关键。目前主要包括鞘流液和无鞘流液两种接口，同轴鞘流液接口是 CE-MS 主要的接口方式。

CE-MS 技术检测原理：样品加入毛细管电泳进样口后，生物样品带电粒子随着电解质，在高压电场作用下以不同的速度向其所带电荷相反方向迁移，这种粒子在单位电场下的电泳速度称为淌度。淌度与粒子所带电荷数及体积大小相关，不同的粒子淌度不同，因此根据样品中各组分之间淌度和分配行为上的差异而实现分离；分离后电泳流出物从中心毛细管流出，鞘液从中间套管中流出并在出口处与电泳流出液混合，鞘气则从最外层套管中喷出。混合后的溶液进入喷雾头，在高压电场的作用下电喷雾形成带电液滴，液滴经溶剂蒸发后得到多电荷准分子离子，然后这些离子通过毛细管或小孔进入质量分析器，检测器收集到的离子流通过放大器放大并记录下来，通过与质谱连接的计算机接口将信号输入计算机数据系统，完成检测。CE-MS 检测过程涉及装备组成如图 5-20 所示。

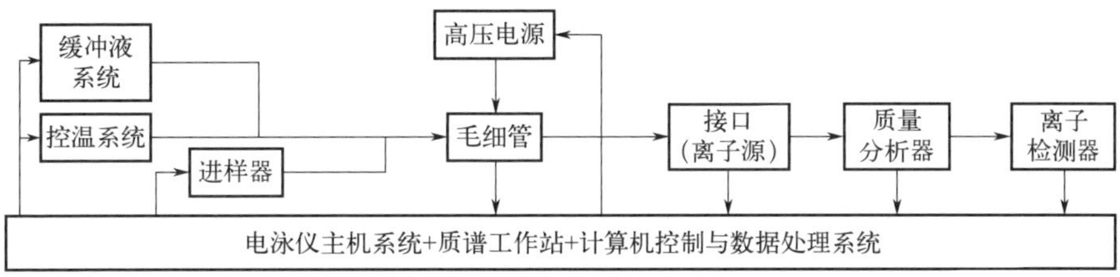

图 5-20　CE-MS 联用设备装置组成

5.4.3.2　CE-MS细胞样品检测方法

目前，CE-MS 在蛋白质组学、核酸分析、代谢组学、单细胞分析、多糖分析等多个方面广泛应用，近年来利用 CE-MS 技术从蛋白质、核酸、氨基酸等多个层面分析研究细胞性能，为揭示细胞在生命科学和医疗领域相关机制提供重要科学支撑。CE-MS 在细胞分析方面样品检测方法与操作步骤如下。

（1）细胞蛋白质组测定

CE-MS 技术在蛋白质组学中的典型应用一般包括以下步骤：①将从细胞或组织中得到的蛋白质样品进行分离纯化；②分别将分离后的蛋白质进行酶解；③ CE 分离蛋白质水解后的多肽；④分离后的多肽采用 MS/MS 在线分析，确定每种肽的氨基酸序列；⑤通过库检索确定每种蛋白质的序列。

（2）细胞代谢物测定

CE-MS 技术在代谢组学中的应用一般包括以下步骤：①使用毛细管吸取一定量的细胞或细胞上清液代谢物样品；② 4 ℃下向一定量的样品中加入适量代谢物提取溶剂，室温下涡旋混匀 1 min；③ 4 ℃下 8000 g 离心 5 min，取上清液制备得细胞代谢物提取液样品，−80 ℃保存；④根据相关电泳和质谱条件进行 CE-ESI-MS 分析。

5.4.3.3　CE-MS技术在细胞分析中常见问题及解决方案

CE-MS 应用优势巨大的同时，也存在着一定的局限性。如：受到质谱技术的限制，CE 流出物不得含有高盐和表面活性剂成分。所以 CE-MS 的最早报道均是采用毛细管区带电泳法，使用的缓冲液主要有甲酸、乙酸的铵盐等挥发性物质；此外，在 CE-MS 分析中，电渗流（EOF）的稳定性影响样品分析的灵敏度与重现性。稳定的 CE-MS 接口需要具有朝向毛细管出口的 EOF，否则鞘液或空气会被吸入毛细管中，导致系统电流不稳定，甚至出现运行故障。EOF 与电喷雾的形成有关，对分离过程及质谱检测都有一定的影响。这意味着 CE-MS 在选择合适的毛细管涂层时须考虑到 EOF 的相关特性。再者，毛细管壁对蛋白质、多肽等生物大分子及其他碱性化合物的非特异性吸附严重影响其分离结果，因此，通过对毛细管涂覆涂层材料可有目的地减弱非特异性吸附，同时还可控制电渗流（EOF）提高分离效率和重现性。然而涂层材料流失会造成 MS 离子源的污染，所以探索稳定的涂层材料是 CE-MS 发展的一个方向。

5.4.3.4　CE-MS技术在细胞性能表征中的应用

随着接口技术的发展及毛细管壁材料的丰富，CE-MS 技术接口和电泳排干扰技术日益成熟，使其更加广泛地应用于细胞生命科学分析，尤其在细胞蛋白质组、代谢组、核酸以及药物作用等分析方面展现出独特的优势，是一种良好的细胞性能表征技术。

例一、微探针 CE-ESI-MS 技术对非洲爪蟾活胚胎中单个细胞代谢产物的分析

原位毛细管微采样与毛细管电泳-电喷雾电离-质谱（CE-ESI-MS）除了能够表征复杂组织和生物中单个细胞中的阳离子代谢物外，通过改善接口条件还能同时对阴离子代谢物进行分析。Portero 等（Portero et al, 2019）开展了对非洲爪蟾 8 细胞胚胎中同一动物背侧细胞的连续阳离子和阴离子（双重）分析，从细胞中共检测到 *m/z* 50 ～ 500 之间的特征阳离子约 250 个、阴离子约 200 个，分别鉴定出 60 个和 24 个代谢物。其中只有 11 种代谢物相互识别，双重分析方法获得细胞中代谢物的互补信息，从而加深了几个代谢途径的网络覆盖。进而表明 CE-ESI-MS 双阳离子-阴离子检测也适于检测其他类型的组织和生物，为更好地表征细胞代谢提供一个新视野。

（1）实验部分

A．单细胞样品制备与代谢物提取：根据既定细胞谱系图，在 8 细胞期胚胎中鉴定出左侧、腹部 V1 细胞。使用微毛细管取样，从中抽取约 10 nL 的细胞。为了从抽吸液中提取极性小代谢物，样品在 4 ℃下加入 4 μL 代谢物提取液中，在室温下涡旋混合 1 min，然后在 4 ℃下 8000 *g* 离心 5 min，制成颗粒状细胞碎片。代谢物提取物与细胞碎片一起储存在 −80 ℃，备用。

B．单细胞 CE-ESI-MS 分析：CE 分离在 1 m 长的裸熔融石英毛细管中进行，毛细管内径 / 外径为 40 μm/105 μm (Polymicro Technologies)，出口端使用定制的同轴鞘流 CE- ESI 接口接地。阳离子分析参数：CE 分离毛细管入口电压：+20 ～ 22 kV，1% 甲酸溶液（产生 7.5 ～ 8 μA CE 电流）；CE-ESI 接口在锥形射流状态下运行（鞘流为含 0.1% 甲酸的 50% 甲醇，1 μL/min），质谱仪前板喷雾电位为−1700 V；CE-ESI 环境室无氮气供应（环境空气作为浴气）。阴离子分析参数：CE 分离毛细管入口电压为 +17 ～ 19 kV，20 mmol/L 碳酸氢铵（产生 4.9 ～ 5.6 μA CE 电流）；CE-ESI 接口在圆锥喷射电喷雾模式下运行（鞘液为含 0.2 mmol/L 碳酸氢铵的 50% 异丙醇，0.6 μL/min），质谱仪前板喷雾电位为 +2100 V；CE-ESI 环境室氮气供应 0.6 L/min。检测器为四极飞行时间质谱仪（Impact HD, Bruker）；扫描速率 2 Hz；质量范围（MS^1 和 MS^2）*m/z* 50 ～ 550；氮气碰撞电压 18 ～ 20 eV；干燥气体为氮气（2 L/min），正电离模式 100 ℃，负电离模式 150 ℃。

（2）实验结果

实验发现，阳离子和阴离子分离为 CE-MS 代谢物测定提供了互补的分析性能，使用相同的 CE-ESI-MS 仪器可以对同一代谢产物提取物进行连续的阳离子和阴离子分析，利用该方法在非洲爪蟾 8 细胞胚胎细胞中共检测到 *m/z* 50 ～ 500 之间的特征阳离子约 250 个和阴离子约 200 个，分别鉴定出 60 个和 24 个代谢物，11 种相互识别代谢物（图 5-21），加深了几

个代谢途径的网络覆盖。这个结果表明 CE-ESI-MS 双阳离子-阴离子检测为表征细胞代谢提供了一个新方法。

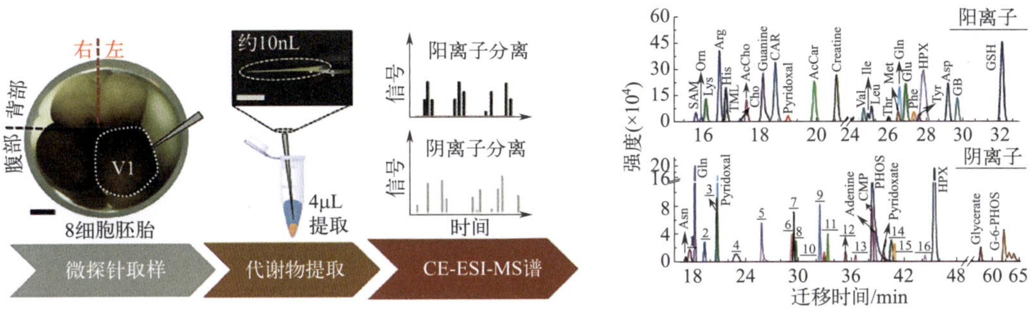

图 5-21 CE-ESI-MS 双阳离子-阴离子检测非洲爪蟾 8 细胞胚胎细胞中代谢物

例二、CE-MS/MS 对单个哺乳动物细胞进行自上而下的蛋白质组学分析（Johnson et al, 2022）

在细胞生物学研究方面，CE-MS 技术在生物大分子特别是蛋白质方面的分析应用最为广泛。在本例研究中，作者直接在分离毛细管中处理了完整的细胞，在线使用毛细管电泳耦合串联质谱（CE-MS/MS）对低数量的哺乳动物癌细胞和单细胞进行自上而下的蛋白质组学（TDP）分析。发现 CE-MS/MS 毛细管样品处理在单细胞和有限样品的高灵敏度分析方面具有巨大潜力，每种进样模式都允许直接在分离毛细管内进行细胞裂解，并且可以成功地进行 CE-MS/MS 分析，准确鉴定出完整的蛋白质。

（1）实验部分

A. 细胞混悬液制备：获取培养细胞，500 *g* 离心 5 min 收集细胞，PBS 将收集的细胞重悬，洗去残留的培养基，重复 2 次，计算细胞密度。将收集得到的细胞颗粒重悬于相应体积的 200 mmol/L 醋酸铵（pH = 6.7）中，使最终细胞密度达到 1.5×10^6 个 /mL，实验中细胞活力通常在 80% 左右。在每次细胞注射前，将细胞悬液置于冰上并充分混合。

B. 完整细胞的喷雾电压注入：取 0.5 μL 完整的 HeLa 细胞液滴注入毛细管中（Swiss glass），玻片用 Aquapel 进行预处理，以提供疏水涂层，该涂层与细胞液滴产生更大的接触角，以改善注射效果。用微量移液管（Eppendorf Research）将 0.5 μL 的细胞悬液（1.5×10^6 个 /mL，约 1000 个细胞）沉淀到载玻片上。分离毛细管的入口端位于液滴内，射头端距 MS 入口约 2 mm。在 MS 上施加 +2 kV 喷雾电压 1 min 或 2 min，进行细胞注射。在注射之前，将 75% 甲酸（FA）注入毛细管形成短塞，施加 5 psi 的压力 20 s。注射后，先将毛细管浸入 75% FA 中，然后浸入水中清洗毛细管，防止裂解缓冲液和背景电解质（BGE）污染。在细胞后注入 75% FA，通过施加 5 psi 的压力溶解毛细管上的细胞 27 s。在第二次注射 75% FA 后，等待 3 min，以使 FA 通过样品塞扩散以进行细胞裂解。

C. 单个 HeLa 细胞的水动力负载：人工将单个细胞低剂量加载到毛细管上，在 10 倍显微镜下观察注射。为了避免样品加载前毛细管入口出现气泡，将毛细管出口抬升至距离毛细管入口约 35 cm 的高度。注射前先用 BGE 填充毛细管，将毛细管入口端固定在载玻片上，浸泡在 30 μL 的 200 mmol/L 醋酸铵液滴中。在 200 mmol/L 醋酸铵中加入 HeLa 细胞悬液（1.5×10^6 个 /mL）10 μL，搅拌使细胞均匀分布。靠近入口的单个细胞可以通过毛细管两端的动水压力差产生的低流量被引导到毛细管中。

D．无鞘 CE-ESI-MS/MS：使用 CESI 8000 平台 (SCIEX) 进行分离分析。实验采用裸熔融二氧化硅毛细管 [90 cm，30 μm（内径），150 μm OD] 以及无鞘电喷雾界面（SCIEX OptiMS 墨盒）。在正极性下通过 3 min 的线性电压梯度升至 +20 kV 的分离电压。MS 采集开始于 CE 电压最初 3 min 上升后，结束于 CE 电压开始 5 min 下降时。BGE 为 40% 乙酸，电极液为 10% 乙酸。运行时间 75 min，压力为 1 psi。毛细管与安装在 Orbitrap Fusion Lumos Tribrid 质谱仪（赛默飞世尔科技）前端的 Nanospray Flex 离子源连接。

E．质谱条件：质谱仪在正电离模式下工作，数据采集时喷雾电压为 +1.3 kV。质谱仪在完整蛋白模式（低压）下工作，总数据采集时间为 70 min。在 120000 分辨率（*m/z*：200）下采集 MS^1 全扫描数据，每个谱图平均 10 次微扫描，CID 源内为 15 V，在 Orbitrap 中以 60000 分辨率（*m/z*：200）对每个独立的 MS^2 谱图平均进行 4 次微扫描。

（2）实验结果

实验结果表明（图 5-22），SC-TDP CE-MS 方法可用于检测各种类型的单个细胞以及各种激活、分化、细胞周期或健康 / 病理状态的完整蛋白和蛋白样水平上的分子表型差异。通过 CE-MS/MS 对单个 HeLa 细胞 N = 4 次生物学重复进行裂解分析，识别出 17 ～ 40 个蛋白质和 23 ～ 50 种蛋白质形态。对另外一个细胞系 THP-1，在单细胞水平上进行了分析，并比较了蛋白质形态丰度，以显示单细胞 TDP (SC-TDP) 评估细胞异质性的能力。这也标志着以前只能表征 1 ～ 2 种蛋白质的单细胞完整蛋白质分析的改进。由此可知，随着 CE-MS 技术不断优化，其在单细胞或多细胞性能表征方面具有巨大的应用潜力。

例三、在线固相萃取 CE-MS 对肿瘤血清中循环 microRNA 及其转录后修饰分析（Pero-Gascon et al, 2018）

CE-MS 技术除了测定代谢小分子和蛋白质等大分子外，还应用于核酸的检测，但应用相对较少。本案例介绍了一种在线固相萃取毛细管电泳-质谱（SPE-CE-MS）方法，可用于血清样品 microRNA 的纯化、预浓缩、分离和表征血清中内源性 microRNA (miRNA) 及其转录后修饰，以揭示 SPE-CE-MS 在筛查 B 细胞慢性淋巴细胞白血病（CLL）方面的潜力。

（1）实验部分

A．样本收集提取：人血清样本和数据来自 INCLIVA 生物样本库（PT13/0010/0004；B.0000768 ISCIII）。分析了 3 个健康供体血清样本和 3 个来自 CLL Ⅳ期患者的血清样本。所有样本都是年龄在 75 至 85 岁之间的男性和女性。血清等分储存在−80 ℃的冰柜中。健康和 CLL 样本在分析前分别解冻和混合，用 PCA 或 TRIzol® 试剂提取血清样本，然后用氯仿提取。

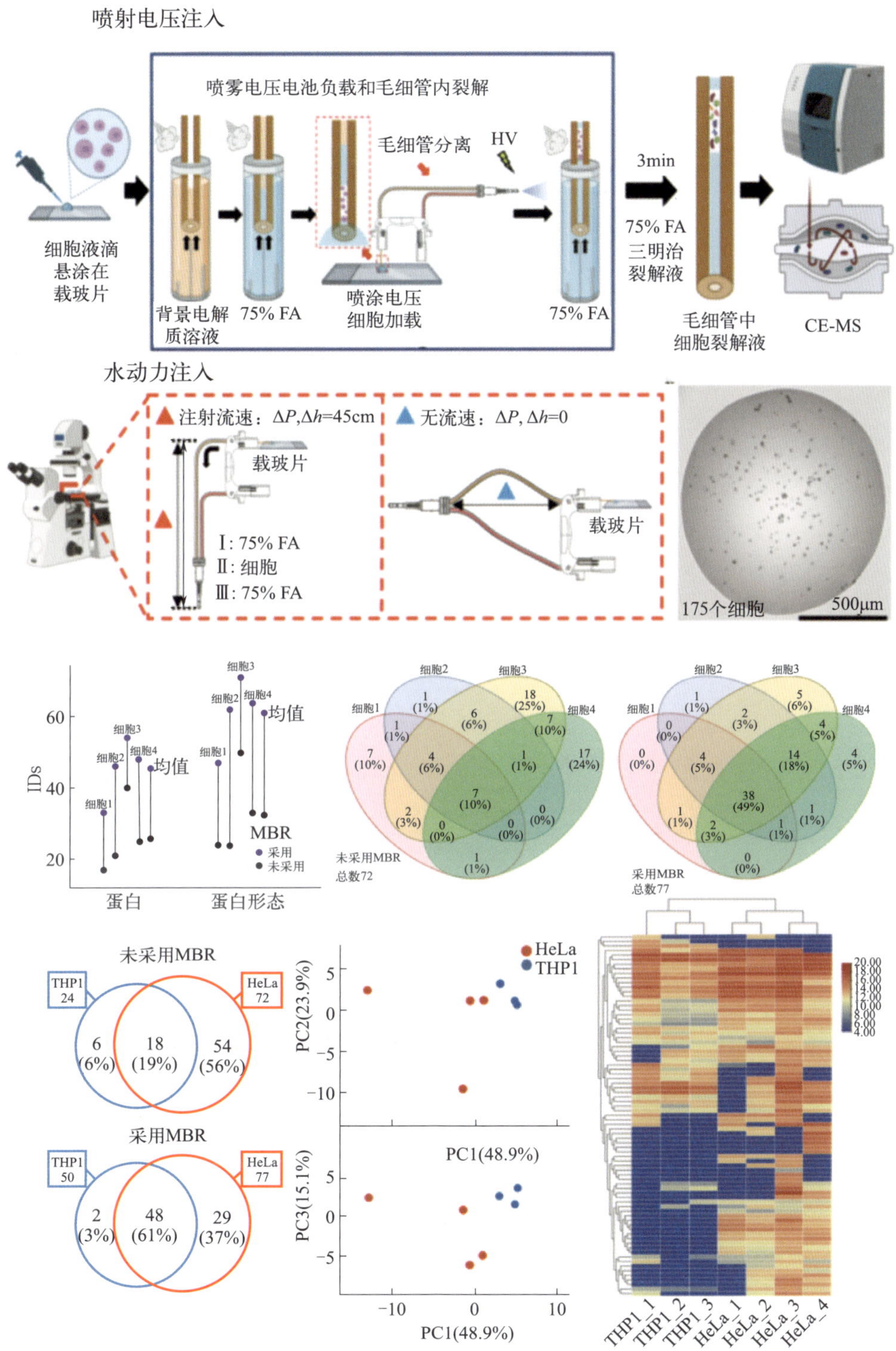

图 5-22 完整细胞注射工作流程和细胞悬浮液滴概况及 HeLa 和 THP-1 单细胞蛋白形态的半自动化跨批次匹配（MBR）评估和鉴定比较

B．SPE-CE-MS 测定：入口端准备好，将微囊 [0.7 cm（总长）×250 μm（内径）×365 μm（外径）毛细管] 与塑料套筒连接到先前调节的入口毛细管 [7.5 cm（总长）×75 μm（内径）×365 μm（外径）]，微筒内完全充满碳化硅（SiC）颗粒。另一个塑料套连接到微筒和一小块棉花上（在连接分离毛细管 [64.5 cm（总长）×75 μm（内径）×365 μm（外径）] 之前，在塑料管中引入 1 mm 棉花段）。这种棉质滤片可防止 SiC 颗粒泄漏，以避免因泄漏导致电流不稳定或破坏影响结果重现性。采用流体动力学进样方式，在 930 mbar[1] 下将样品导入毛细管系统，进样时间 5 min(总体积 60 μL)。最后用 BGE 冲洗 40 s，消除不残留的分子，并在电泳分离前平衡毛细管。上述所有步骤都是通过关闭雾化器气体和 ESI 毛细管电压来完成的，以防止污染物进入 MS。然后，两者都打开，少量 60% 的乙腈（ACN）洗脱液以 50 mbar 注入 10 s (50 nL)，在 +20 kV、15 ℃下进行分离，施加 25 mbar 的压力以补偿微筒反压。在连续运行之间，用水冲洗毛细管 4 min。

（2）实验结果

SPE-CE-MS 用于白血病患者血清检测，可以区分健康对照组和 CLL 患者，因为只有在患病组中检测到两种内源性 miRNA，尽管浓度较低，但通过鉴定明确 miRNA 后，向 CLL 患者血清中加入两种内源性 miRNA（50 nmol/L miR-21-5p 和 50 nmol/L iso-miR-16-5p）内标，再测定显示二者峰强度飙升（图 5-23）。结果表明，SPE-CE-MS 是一种有前途的直接、高通量、灵敏、多重分析的技术，能够预浓缩、定量和表征 miRNA。这也间接说明 CE-MS 可以应用于细胞相关 miRNA 性能表征。

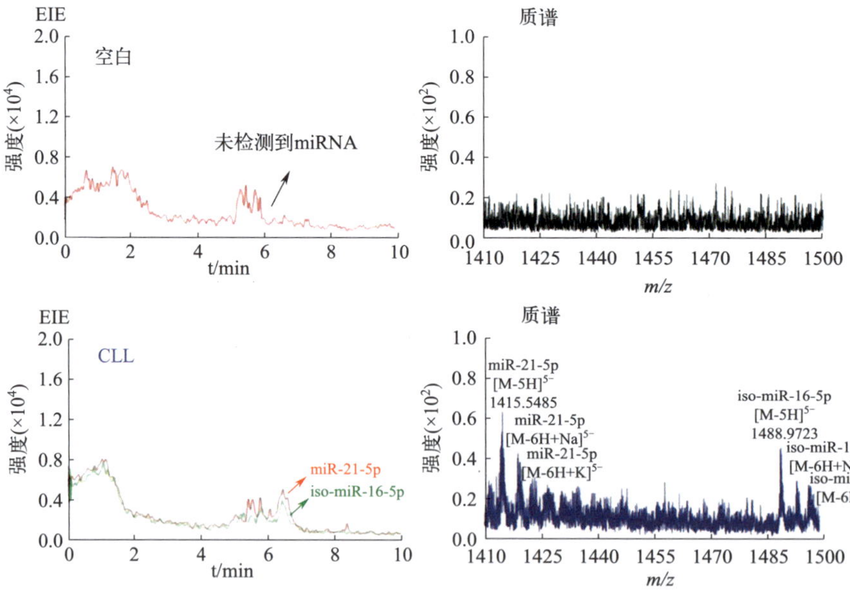

❶ 1 bar=10^5 Pa。

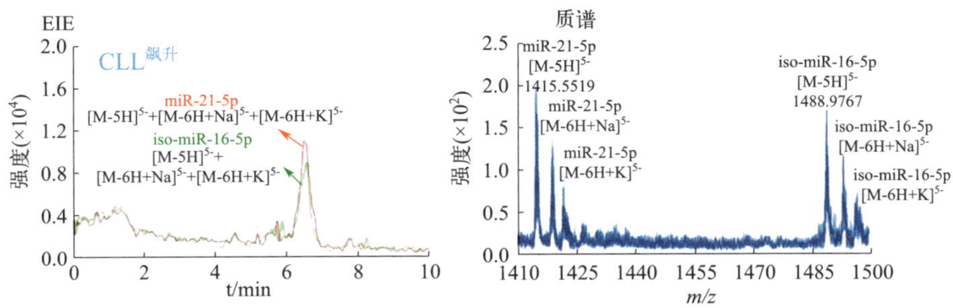

图 5-23　人血清样品的 SPE-CE-MS 分析提取离子电泳（EIE）和质谱图

5.4.4　微流控芯片-质谱联用技术在细胞分析中的应用

微流控芯片（microfluidic chip）又称芯片实验室（lab on a chip），起源于 20 世纪 90 年代。在最初发展阶段，微流控芯片主要目标是实现分析仪器小型化，但随着微流控芯片上集成微阀、微泵等技术的快速发展，“芯片实验室”应运而生，应用范围逐渐扩大到生命科学、生物医药、环境检测等领域，被《福布斯》（*Forbes*）杂志列为影响人类未来 15 件最重要的发明之一（El-Ali et al, 2006）。经过 30 多年的发展，微流控芯片技术已被广泛应用于细胞分析、药物筛选、免疫分析、蛋白检测、基因检测、化学合成以及样品前处理等多个领域，实现了集成化和自动化发展（Mao et al, 2018）。微流控分析系统通过设计和制造各种构型的微通道网络实现对通道内流体的操控和检测，将化学和生物等领域中所涉及的样品制备、反应、分离、检测及细胞培养、分选、裂解等基本操作单元集成或基本集成到一块几平方厘米甚至更小的芯片上，以形成“芯片实验室”技术平台，与其他检测技术联用增强分析功能。目前，常见的微流控分析检测系统主要基于光学、电化学、质谱等技术。

微流控芯片-质谱联用技术（MC-MS）最早由 Ramsey（Ramsey et al, 1997）和 Karger 等于 1997 年率先建立，是继 GC-MS、LC-MS、CE-MS 之后一种新型的集细胞培养、细胞样品分离与质谱一体的多功能质谱检测技术。微流控芯片技术可进行细胞动态培养，高度模拟细胞内动态微环境，能集成其他功能单元，与质谱联用，具有分析速度快、通量高、灵敏度高、分辨率高、试剂消耗量低等优势，受到诸多生命科学领域与医药领域科研工作者青睐，近年来广泛应用于细胞与药物分析研究中。尤其在微流控芯片和质谱联用接口方面，有效接口是二者联用的关键，也是制约二者联用的重要瓶颈之一。根据离子源不同，目前二者之间主要有 ESI 源和 MALDI 源两种接口，两种接口以在线和离线方式相连。其中，ESI 通常采用在线接口检测方式，而 MALDI 多采用离线收集后检测方式。在线芯片 ESI 源主要通过芯片通道末端平口处形成喷雾、外接毛细管作为喷嘴或芯片上微加工形成一体化喷嘴 3 种方式进行电离检测。MALDI 离子源在线检测时，样品被送入真空中进行实时检测；离线检测时，样品在芯片上反应后被收集，然后转移到 MALDI 板进行检测。两种离子源的性能和接口决定了其应用功能范围差异。MALDI 源接口通常用于生物大分子如蛋白质、核酸等检测，而

ESI 源接口除了可用于蛋白质、酶、多肽等生物大分子检测外，还常用于细胞微环境中代谢小分子和药物代谢检测。ESI 是目前微流控芯片-质谱联用中最常用的电离方式。

在现有多功能集成检测分析系统中，微流控芯片-质谱联用技术可实现对细胞核酸、蛋白质组以及代谢产物的检测（林金明等，2021）。其中，由清华大学林金明教授课题组研发并已上市的微流控芯片-质谱联用检测系统可实时在线监测和分析细胞与药物的代谢情况，尤其在揭示细胞特性、细胞与细胞之间代谢通路以及药物作用代谢分析中具有独特优势。

5.4.4.1 CM-MS技术检测原理

微流控芯片-质谱联用技术主要由微流控芯片部分、质谱部分和二者之间的接口三部分组成。其中，微流控芯片部分根据不同的实验条件，可设计不同的微流控通道、细胞培养腔以及样品集成与纯化处理功能，在线分析平台还接入液相色谱柱分离系统；质谱部分主要由离子源、质量分析器和检测器三部分组成；二者之间的连接最为关键，根据离子源不同，目前二者之间主要有 ESI 源和 MALDI 源两种接口，两种接口以在线和离线方式相连，当前在线分析系统中以 ESI 电离方式最常用。

CM-MS 技术检测原理：对于细胞样品分析，通常情况为将细胞培养于功能化微流控芯片上，通过不同的条件刺激后，富集细胞上清液或细胞或细胞内容物，经过 SPE 等富集纯化处理后，通过自动化进样器采样，注入色谱柱分离进入离子源，各个组分在离子源部分被电离为带电离子，带电离子通过离子源加速电压加速，进入质谱的质量分析器；检测器收集到的离子流通过放大器放大并记录下来，通过与质谱连接的计算机接口将信号输入计算机数据系统，并将随时间测定得到的每个质谱所有的离子相加得到总离子强度，其所呈现的强度变化曲线则是总离子流色谱图（total ion chromatogram，TIC）。通过 TIC 可以获得任何一个组分的质谱图。CM-MS 联用涉及的设备组成见图 5-24。

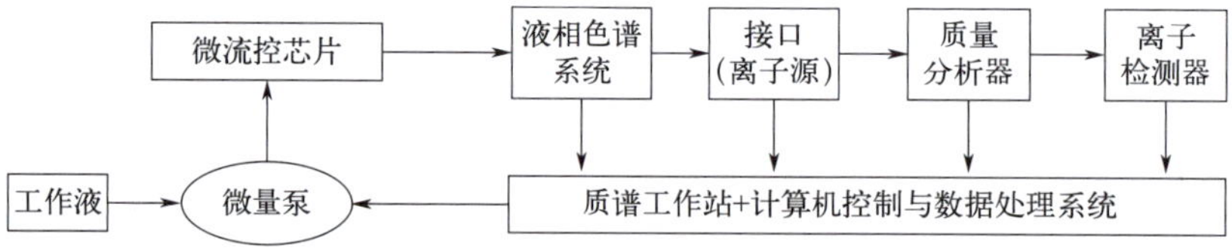

图 5-24　CM-MS 联用设备组成

5.4.4.2 CM-MS细胞样品检测方法

微流控芯片可开展单细胞、细胞群和 2 种以上细胞共培养，且根据微流控芯片可变的多功能通道等设计模式，可对芯片上细胞进行不同刺激和微环境模拟。微流控芯片与质谱联用目前已广泛应用于细胞代谢物的表征，同时也逐渐开展了在蛋白质方面的检测，其因具备强大的功能可很好地对细胞在正常、病理或药物刺激下等不同微环境条件下进行检测，对细胞蛋白、代谢物进行测定，进而更加接近体内环境去表征细胞性能，以揭示其生物学功能。现将其在上述方面的检测方法进行阐述。

（1）CM-MS 对细胞代谢物测定

A．微流控芯片上的细胞培养：取目标细胞在细胞培养瓶或培养皿中培养，待细胞生长达 80% 以上密度后，胰蛋白酶消化收集细胞，细胞计数仪测定细胞密度，并以约 1×10^4 个细胞的数量（可根据细胞不同确定不同数量级）注入微通道。将接种细胞的微流控芯片放置在培养箱中 2 h。细胞黏附后，将芯片放置于自制装置上（37 ℃，5% CO_2），将一倍体积含有药物、MEM、5%FBS 和 1% 抗生素的混合工作液加入离心管，通过微流控微注射泵和聚四氟乙烯管连接离心管与微通道。

B．CM-MS 系统监测细胞上清液代谢物：将装有各种细胞的微流控芯片放置于芯片培养装置中，微注射泵用于将培养基注入微流控芯片，每个微通道都以 15 μL/h 的速率注入连续培养基，在 37 ℃下通入 5% CO_2 孵育，于微通道出口固定的收集池收集代谢物样品，通过 UPLC 自动进样器进行精确采样，将细胞外培养基池中的分析物转移到在线 SPE 柱中，通过加载、洗涤、洗脱到分析柱中，利用三重四极质谱仪（Shimadzu 8050，日本）的多反应监测模式检测分析柱中目标分析物，同时将其他分析物冲入废液流路。

（2）CM-MS 对细胞蛋白质测定

A．细胞蛋白酶消化样品制备：选择目标细胞采用 RIPA 缓冲液进行裂解后，涡旋 2 min，13200 r/min 离心 10 min，取上清液，用胰蛋白酶在 37 ℃下消化 18 h。将含有一定量细胞裂解物和胰蛋白酶的混合物置于含有 10% ACN 的 0.1 mol/L Tris 缓冲液（pH 9.2）中进行孵育。

B．微流控芯片电泳与质谱联用检测：样品在挤压注射模式下电动注射（25 s）。在样品入口和样品废物之间施加 1000 ～ 1250 V/cm 的电场，同时在缓冲液入口施加小的聚焦电势。CZE 分离在负极模式下进行，缓冲液入口和鞘液进液口之间的电场强度为 375 ～ 650 V/cm。BGE 为 30 mmol/L 醋酸铵（pH 7.1）或甲酸铵（pH 6.3）的 50% 甲醇溶液，而鞘液分别为含 1% 乙酸或甲酸的甲醇-水（体积比 80∶20）溶液；根据样品优化设定 MS 条件进行在线分析。

5.4.4.3 MC-MS技术在细胞分析中常见问题及解决方案

微流控芯片-质谱联用（MC-MS）最大的问题在于二者之间的接口问题，由于微流控芯片材质和功能多样化，无法固定统一类型的接口，因此，未来 MC-MS 接口的标准化是需要解决的难点之一；此外，由于细胞所处体内微环境尚不完全清楚，虽然微流控芯片可进行体外细胞培养微环境模拟，但必然与体内实际环境存在一定的差异性，因此，未来微流控芯片上微环境模拟仍需据体内相关环境条件而改进；在联用质谱分析模块，由于细胞产生小分子可能吸附于芯片所用材质，从而造成检测到的物质含量有所差异，或随着该吸附小分子累积造成细胞行为或代谢的改变，也会影响测定结果，因此，这就需要改进芯片培养通道可能的防吸附能力或提高质谱检测灵敏度和分辨率，以避免此类现象的产生。

5.4.4.4 MC-MS联用技术在细胞性能表征中的应用

细胞代谢中间产物或分泌的小分子是细胞微环境的重要组成部分，代谢小分子的分泌与代谢受到细胞上游蛋白和基因的控制。因此，从分子水平分析细胞代谢产物、蛋白质和基因等多个层面的变化，以探究细胞代谢功能、信号转导通信及微环境变化，已成为疾病机制研究及活性药物筛选的重要研究方向。随着科技发展，各种体外细胞培养微环境模拟技术不断完善，微流控芯片细胞培养技术在高度模拟体内动态微环境方面极具特色，广泛应用于各种体外细胞或器官模型的建立。如今，微流控芯片技术以微型化、集成化、微米级尺度空间与良好的操作性能等特点，可联合多种检测方法进行相应细胞生物功能分析，包括光学、电化学、质谱等检测方法。

目前，MC-MS 联用技术在细胞分析方面应用成熟，特别在细胞代谢物分析方面应用最为广泛，近年来逐渐开展了细胞蛋白质、核酸等方面的研究，下面将重点介绍 MC-MS 在细胞分析方面的应用，为细胞性能表征提供良好的分析平台。

例一、MC-MS 在线检测 25 -羟维生素 D_3 在不同细胞中的生物转化过程

在进行细胞药物代谢研究时，高压流动可能对细胞存活率产生不利影响，导致细胞形态和功能的改变，从而扰乱细胞代谢的结果。因此，Xu 等（Xu et al, 2021）建立了一种新型的芯片-固相萃取-质谱（Chip-SPE-MS）系统，用于在线快速测定和定量不同细胞中的 25-羟维生素 $D_3[25(OH)D_3]$ 的生物转化。

（1）实验部分

A．微流控芯片上的细胞培养：取 L-02、HepG2 和 BV-2 细胞接种在 T25 细胞培养瓶中，待细胞生长达 80% 以上密度后，胰蛋白酶消化收集细胞，细胞计数仪测定细胞密度，并以约 1×10^4 个细胞的数量注入微通道。将接种细胞的微流控芯片放置在培养箱中 2 h。细胞贴壁后，将芯片置于 37 ℃恒温、5% CO_2 环境的自制培养装置中，3 支注射器内分别充满含下列组分的培养基溶液：两种浓度梯度的 25 (OH) D_3（1 μmol/L 和 10 μmol/L）或溶剂对照（0.1% DMSO）分别与 30 nmol/L 氘代内标 d_6-24,25 $(OH)_2$ D_3、MEM 培养基、5% 胎牛血清（FBS）及 1% 抗生素混合。注射器通过聚四氟乙烯导管与芯片微通道相连。

B．Chip-SPE-MS 系统监测细胞上清液代谢物：将装有各种细胞的微流控芯片放置在自制的培养装置中，微注射器和泵用于将培养基注入微流控芯片，每个微通道都以 15 μL/h 的速率注入连续培养基，在 37 ℃下通入 5% CO_2 孵育，于微通道出口固定了收集池用于代谢物样品收集，使用改进的 UPLC 注射器提供的自动探头进行精确采样，将细胞外培养基池中的分析物移到在线 SPE 柱中，然后加载、洗涤、洗脱到分析柱中（含有 0.5 mmol/L 甲酸铵和 0.1% 甲酸的甲醇 / 水的洗涤流动相以 1 mL/min 的速度洗涤 1 min 以消除盐和蛋白质，然后在 1 s 内迅速降至 0.35 mL/min），通过三重四极质谱仪（Shimadzu 8050）的多反应监测模式检测分析柱中目标分析物，同时将其他分析物冲入废液流路。色谱条件：SPE 柱（4.6 mm×10 mm, 50 μm)；色谱柱：C_{18} 柱（2.1 mm×50 mm, 3 μm，岛津）；流动相：流动相 A 为 0.5 mmol/L 甲酸铵和 0.1% 甲酸的水溶液，流动相 B 为含 0.1% 甲酸的甲醇溶液；流速：0.35 mL/min；梯度洗脱：0 ～ 1 min 85% B, 2 ～ 4.25 min, 90%、95%、100% 的 B, 4.25 ～ 5 min 85% B。质谱条件：界面温度 300 ℃；加热块温度 250 ℃；脱溶剂管线（DL）温度 150 ℃；喷雾电压 4.00 kV；喷雾器气体（N_2）流速 3 L/min；加热气体（N_2）和干燥气体（N_2）流速都为 10 L/min。

（2）实验结果

通过 MC-MS 技术定性定量分析（图 5-25），比较癌细胞和健康细胞中 25(OH)D_3 生物转化结果，发现低浓度下 25(OH)D_3 在 L-02 细胞中的代谢物 24，25$(OH)_2D_3$ 随时间持续增加，而 HepG2 细胞产生的代谢物迅速达到饱和水平；在高浓度下，两种细胞的代谢产物在约 30 h 后达到最大强度，随后达到平衡，这可能是由于肝细胞的解毒能力降低。L-02 细胞中代谢产物的浓度显著增加，远高于 HepG2 细胞，表明二者代谢活动存在明显差异，间接表明肝癌细胞代谢能力降低。由此表明可以通过对药物代谢产物等测定，表征正常和病理情况下细胞代谢性能特征。

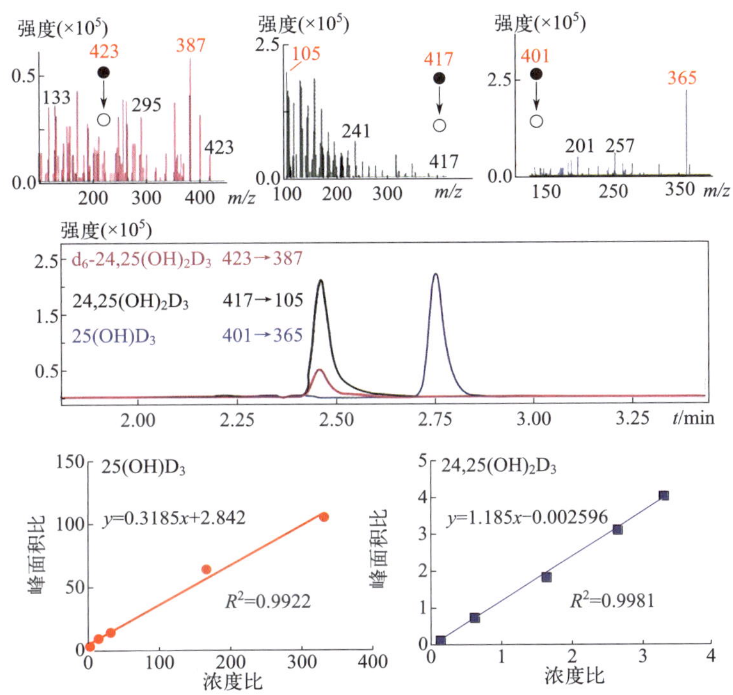

图 5-25　25(OH)D_3 代谢产物定性定量分析表征

数据来源于 L-02 细胞

例二、MC-MS 技术用于乌头碱对 HT22 细胞神经毒性机制的研究

乌头碱是乌头属常见的主要有毒成分，具有中枢神经系统毒性。但乌头碱产生神经毒性的机制尚不清楚。基于此，Zhang 等（Zhang et al, 2023）采用微流控芯片-质谱联用（MC-MS）系统实时在线监测乌头碱刺激 HT22 细胞代谢产物的变化情况，通过对细胞代谢物质检测，对细胞神经毒性进行表征。

（1）实验部分

A. 细胞培养和乌头碱刺激浓度筛选：取 HT22 细胞，用含 10%FBS 和 1% 青霉素-链霉素的 DMEM 在 37 ℃、5%CO_2 条件下培养。每 2 天更换一次培养基。取对数生长期的 HT22 细胞（1×10^5 个细胞）接种在 96 孔板中 12 h，然后用不同浓度的乌头碱（0 mmol/L、100 mmol/L、

200 mmol/L、400 mmol/L、600 mmol/L、800 mmol/L、1000 mmol/L、1200 mmol/L、1400 mmol/L、1600 mmol/L 和 2000 mmol/L）培养 24 h，CCK8 法测定各组光密度（OD）值，计算其细胞存活率，筛选刺激浓度。

B. MC-MS 细胞培养与代谢物监测：将 HT22 细胞（1×10^5 个细胞）注射到微流控芯片的六个微通道中，在 37 ℃、5%CO_2 下培养 12 h 后，将装有细胞的芯片放置在 Cellent MC-MS 设备上。将所有微通道分为三组，包括对照组和两个作用组，通过六个精确的注射泵单元，用含有乌头碱的培养基以 20 μL/h 的速率刺激细胞 24 h；在系统 96 种代谢物 MRM 模式条件下，通过 LC-QqQ-MS/MS 检测每 1 h 内积累的代谢物并进行分析，从而实现每小时的实时动态检测。色谱条件：C_{18} 柱（2.1 mm×50 mm, 3 μm，岛津）；流动相 A：0.1%（体积分数）甲酸的水溶液，流动相 B：0.1%（体积分数）甲酸的乙腈溶液；流速：0.3 mL/min；梯度洗脱条件：5% B（0 ～ 1.0 min）、5%B ～ 25%B（1.0 ～ 1.5 min）、25%B ～ 35%B（1.5 ～ 2.0 min）、35%B ～ 95%B（2.0 ～ 3.0 min）、95%B ～ 95%B（3.0 ～ 4.0 min）以及 95%B ～ 5%B（4.0 ～ 4.1 min）；进样体积：1 μL。质谱条件：界面温度 300 ℃，加热块温度 250 ℃，脱溶剂管线温度 150 ℃，喷雾电压 3.00 kV，喷雾器气体（N_2）流速 3 L/min，加热气体（N_2）和干燥气体（N_2）流速 10 L/min，使用 MRM 分析每个细胞代谢成分。

（2）实验结果

MC-MS 分析结果表明（图 5-26），乌头碱引起的神经毒性与谷氨酸和天冬氨酸引起的兴奋性毒性过程有关。细胞外谷氨酸的激增可能进一步导致一系列级联反应，包括细胞内 Ca^{2+} 超载和氧化应激，最终导致细胞凋亡。最终，本例阐明了乌头碱神经毒性的一种新机制。这个结果也进一步表明利用 MC-MS 技术实时在线监测细胞代谢产物可以表征细胞受到外界刺激后的病理变化，再次表明 MC-MS 技术可很好地用于细胞毒性的性能表征。

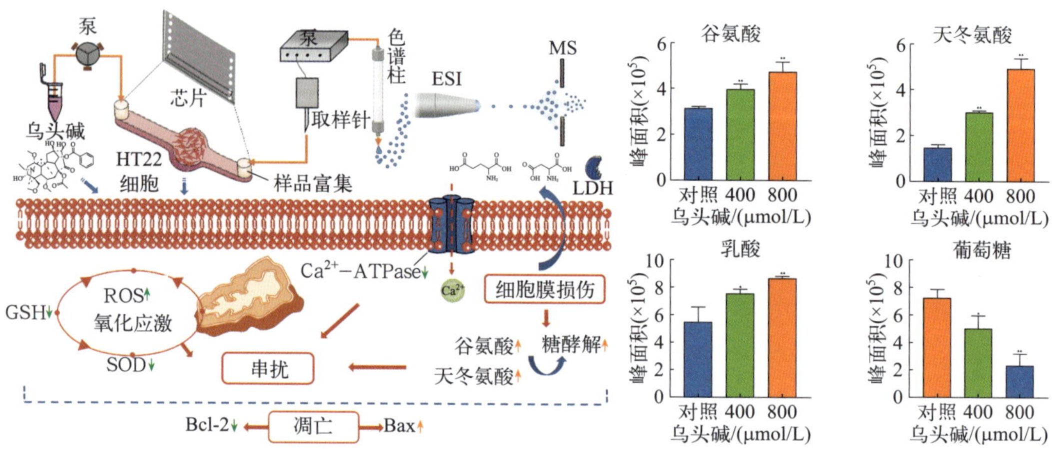

图 5-26　基于 CM-MS 的乌头碱神经毒性机制相关代谢产物测定

例三、CM-MS 技术原位提取脂质测定分析单细胞异质性

细胞间的信息传递、细胞防御和能量转换都与细胞重要组成部分脂质有关，且即使具备

相同基因的单细胞之间也存在细胞膜磷脂成分的差异性。膜磷脂含量和类型的变化与衰老、肿瘤、血液病、动脉粥样硬化等的发生有关。因此，分析细胞中的脂质含量及其类型、判定细胞间异质性非常重要。由于脂质种类繁多，不同脂质的浓度差异很大，在处理细胞样品组分时，磷脂含量低容易导致样品丢失，从而影响结果。为了克服这一问题、减少样品转移步骤和死体积，具有试剂消耗低、微尺度响应快、集成度高和多通道测试等优点的微流控芯片与高通量质谱技术联用（CM-MS）成为细胞磷脂研究新兴技术（Huang et al, 2019; Liu et al, 2020; Zhang et al, 2021）。如 Huang 等（Huang et al, 2019）基于微流控芯片-质谱联用原位单细胞识别系统，提取单个细胞并通过 MS 检测系统分析其磷脂酰胆碱（PC）成分，实现了全细胞提取用于原位在线分析，通过磷脂表达实现人源细胞系的单细胞分类，表明此法可以评估人源细胞系内的异质性。

（1）实验部分

A．细胞培养：分别取 U87 细胞、Caco-2 细胞、MCF-7 细胞和 HUVEC 细胞在 37 ℃、5%CO_2 湿润环境中培养。其中，U87 细胞采用含 10%FBS、100 IU/mL 青霉素和 100 IU/mL 链霉素的 MEM 培养基培养；Caco-2 细胞在含 10%FBS、100 IU/mL 青霉素和 100 IU/mL 链霉素的 R/MINI-1640 培养基中培养；MCF-7 细胞和 HUVEC 细胞用含 10% FBS、100 IU/mL 青霉素和 100 IU/mL 链霉素的 DMEM 高糖培养基培养。培养 2 ～ 3 d 后，待细胞处于指数生长期时进行实验。

B．微流控芯片单细胞磷脂成分提取与 MS 联用在线分析：在每个细胞开始试验时，在显微镜下观察目标细胞，调整微流控芯片探针（使目标细胞与培养环境完全分离，并防止了相邻细胞的干扰），将其紧扣在细胞培养皿上，以捕获提取室中的单个细胞。调整好位置后，引入甲醇作为溶剂提取目标单细胞，并有效地提取细胞膜和细胞内磷脂酰胆碱。最后，提取溶液通过电喷雾四极飞行时间质谱仪（ESI-QTOF-MS）进行在线分析。

（2）实验结果

基于微流控芯片-质谱联用原位单细胞识别系统，通过对多个单细胞磷脂成分进行分析（图 5-27），结合线性判别分析（LDA）方法，发现各个细胞组之间的接触率很低，分类的准确率为 91.8%，实现了对 Caco-2、HUVEC、MCF-7 和 U87 四种细胞系的鉴别和分类。这些结果表明，通过微流控芯片-质谱联用技术对磷脂的测定，能够有效地识别单个细胞并对不同细胞进行分类，以此实现不同细胞性能差异性表征。

例四、基于 SU-8 微流控芯片 CZE-ESI/MS 的人源细胞蛋白质裂解物分析

微流体装置近年来已成为液相分析的强大分析平台，其中将 LC 微流控芯片耦合 MS 技术已被证明在蛋白质组学研究中具有巨大潜力。但分析的速度与常规分析系统的速度相似，即每个样品分析时长为几十分钟到一小时。为提高分析检测效率，Nordman 等（Nordman et al, 2010）利用集成的微流控芯片 CZE-ESI/MS 对人源细胞蛋白质裂解物进行测定，提高了蛋白质组分析的速度，证实了 SU-8 微流控芯片 CZE-ESI/MS 在蛋白质组学研究方面的应用价值。

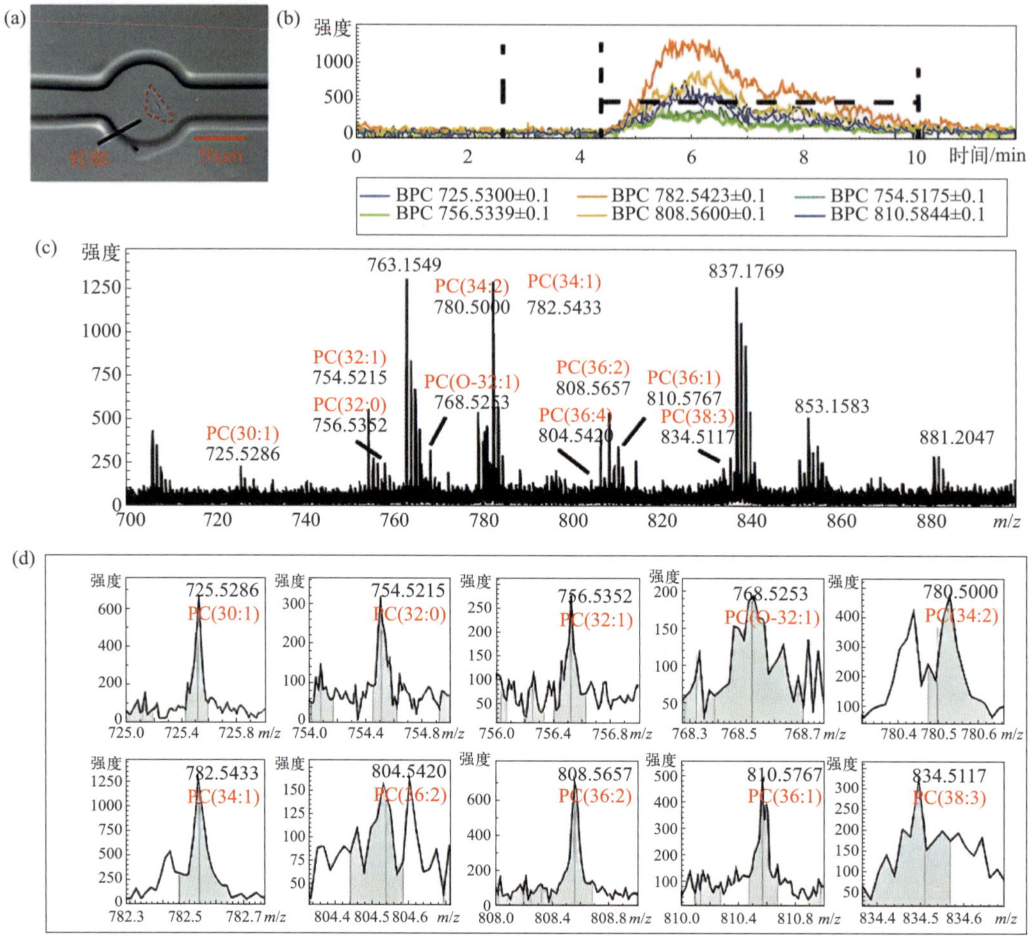

图 5-27 MCF-7 细胞的单细胞提取过程和 MS 在线提取组分分析监测

（a）提取的 MCF-7 细胞的显微图像；（b）在整体单细胞提取过程中几种 PC（磷脂酰胆碱）化合物的 BPC；（c）MCF-7 细胞提取组分的质谱结果；（d）不同种类 PC 化合物的质谱峰

（1）实验方法

A．标准蛋白质消化：将 4 mL 酶溶液（0.35 mg/mL 溶于 50 mmol/L 乙酸中）加入 4 mL 蛋白质溶液（10 mg/mL 水溶液），将混合物在室温静置 10 min，然后加入 15 mL 0.1 mol/L Tris（pH 9.2）和 10%ACN。在 37 ℃下孵育 18 h。分别用去离子水和 50 mmol/L 乙酸代替蛋白质或酶溶液制备空白对照样品。对照空白样品消化处理同标准蛋白质操作。

B．人肌肉细胞裂解物的制备：人肌肉细胞采用 RIPA 缓冲液（pH7.4 的 50 mmol/L Tris、150 mmol/L NaCl、1 mmol/L EDTA、1% Triton X-100、1% 脱氧胆酸钠、0.1% SDS、1 片蛋白酶抑制剂混合物）裂解后，涡旋 2 min，13200 r/min 离心 10 min；取上清液，用胰蛋白酶于 37 ℃下消化 18 h。将含有 25.8% 细胞裂解物和 0.09 μg/μL 胰蛋白酶的混合物置于含有 10%ACN 的 0.1 mol/L Tris 缓冲液（pH 9.2）中进行孵育。

C．微流控芯片 CZE：样品在挤压注射模式下电动注射（25 s）。在样品入口和样品废物之间施加 1000 ～ 1250 V/cm 的电场，同时在缓冲液入口施加小的聚焦电势。CZE 分离在负极模式下进行，缓冲液入口和鞘液进液口之间的电场强度为 375 ～ 650 V/cm。BGE 为含 30 mmol/L 醋酸铵（pH 7.1）或甲酸铵（pH 6.3）的 50% 甲醇溶液，而鞘液为含 1% 乙酸或甲酸的甲醇-水（体积比 80∶20）溶液。

D．MS 分析：将 SU-8 微芯片耦合到两个不同的 MS 仪器。安捷伦 6330 MS 离子阱 MS 配备有 *xyz*-校准台和 CCD 相机，用于通过 MS 和 MS/MS 快速分析蛋白质消化物，并使用 Q-TOF Micro MS 进行高分辨率 MS 测量。在这两种情况下，使用外部电源通过放置在微通道入口中的铂丝施加分离和电喷雾（ES）电压。ES 电压也用作 CZE 分离的反电压。通常，向鞘液口施加 3.6 kV（相对于 MS）的 ES 电压。分离电流（通常为 20 ～ 40 μA）在鞘流交叉点处分流，使 ES 电流为 50 ～ 300 nA，多余电流通过与 ES 电压电源并联的 50 MΩ（离子阱）或 100 MΩ（Q-TOF）电阻器接地。

离子阱 MS 在正离子模式下运行，毛细管电压为−1.6 kV，端板偏压为−500 V，阱驱动值为 94.6。使用氮气作为干燥气体（4.0 L/min，+70 ℃）。在 MS 模式下，数据采集的质量范围为 *m*/*z* 100 ～ 2200，最大积累时间为 100 ms。在 MS/MS 模式下，使用 2.00 V 的碎裂振幅和 2.0 Da 的隔离宽度对所选前体离子进行碰撞诱导解离。

Q-TOF 微型仪器在正离子模式下运行，样品锥电压为 50.0 V，提取锥电压为 2.0 V。TOF 参数为：5630 V 飞行管、842 V 推进器、640 V 牵引器。使用高纯度氮气发生器生产的氮气作为锥形气体（40 L/h）。数据采集的质量范围为 *m*/*z* 300 ～ 1500，扫描时间为 0.2 s，扫描间延迟为 0.1 s。对于高分辨率 MS，溶解在鞘液（5 μmol/L）中的缓激肽片段 1 ～ 5（*m*/*z* 573.3149）用作内部质量校准物。

（2）实验结果

通过使用 SU-8 CZE-ESI/MS 微流控芯片对人类肌肉细胞裂解物进行蛋白质组学分析发现（图 5-28），特征性胰蛋白酶肽易于分离，使用离子阱仪器获得了基于单个胰蛋白酶肽的 MS/MS 片段数据的肽结构表征和蛋白质鉴定结果，可识别人肌肉细胞裂解物的潜在蛋白质。这个方法也再一次揭示微流控芯片-质谱联用（CM-MS）类技术可用于细胞蛋白质分析，以发挥其细胞性能表征的作用。

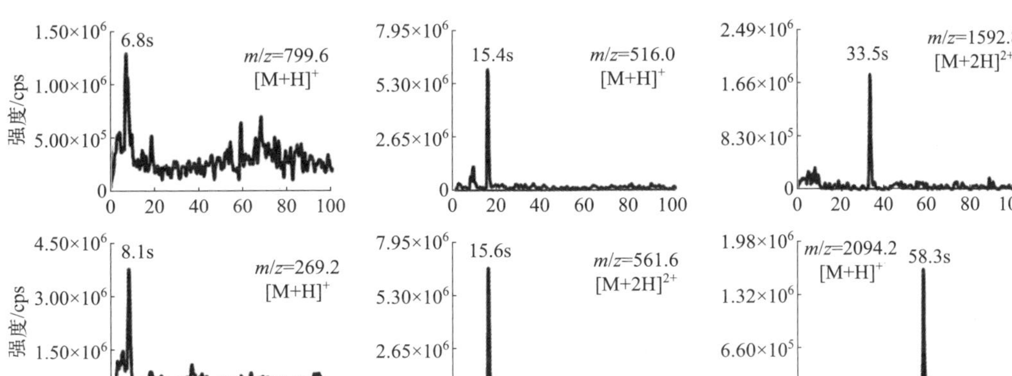

图 5-28

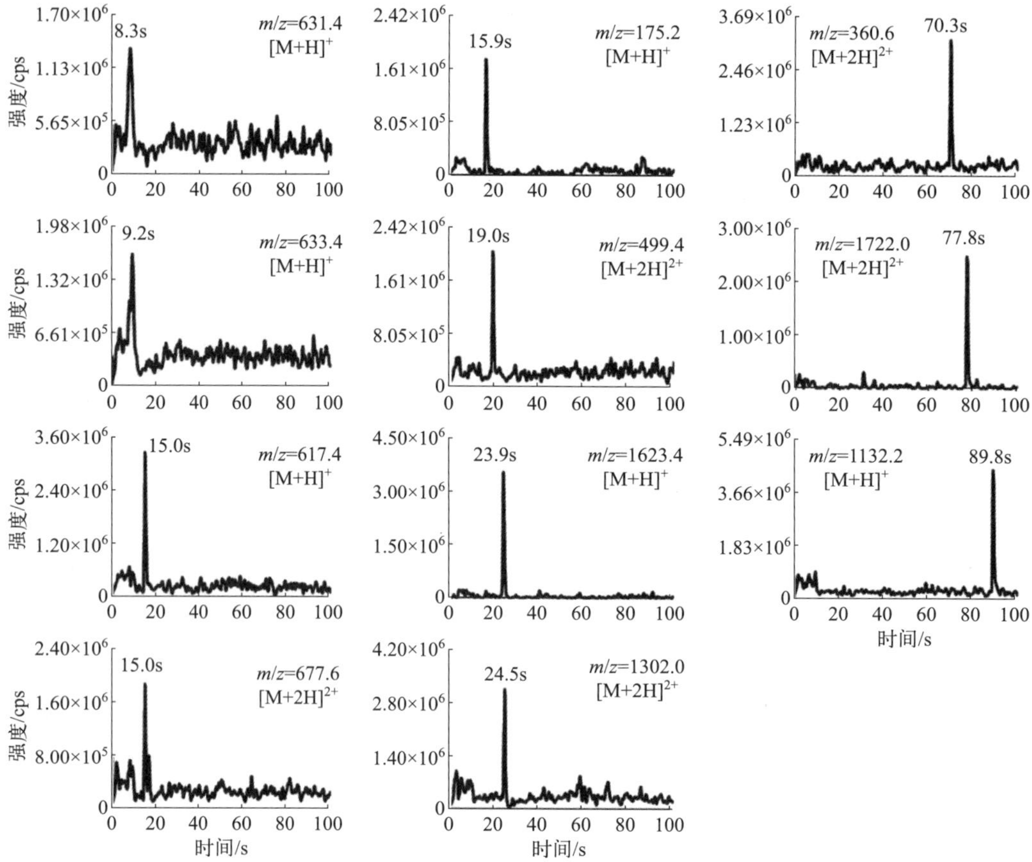

图 5-28　CZE-ESI/MS 微芯片分析人肌肉细胞裂解物蛋白 Q96HG5 的胰蛋白酶肽的提取离子电泳（EIE）图

参考文献

柴逸峰，邸欣，2016. 分析化学 [M]. 北京：人民卫生出版社 .

陈耀祖，涂亚平，2016. 有机质谱原理及应用 [M]. 北京：科学出版社 .

何美玉，2002. 现代有机与生物质谱 [M]. 北京：北京大学出版社 .

何唯唯，徐华，瞿敏敏，等，2021. 液相色谱-质谱技术在核酸表观遗传修饰研究中的应用与展望 [J]. 中国药理学与毒理学杂志，35(05): 321-335.

林金明，李楠，林玲，等，2021. 微流控细胞分析 [M]. 北京：化学工业出版社 .

刘淑莹，宋凤瑞，刘志强，等，2012. 中药质谱分析 [M]. 北京：科学出版社 .

乔亮，刘宝红，2015. 静电喷雾离子化原理及其在原位质谱分析、质谱成像中的应用 [C]// 国家自然科学基金委员会 . 中国化学会第二届全国质谱分析学术报告会会议摘要集 .

盛龙生，2016. 有机质谱法及其应用 [M]. 北京：化学工业出版社 .

王芳，王松，丛海林，等，2020. 基于毛细管电泳-质谱联用技术的代谢/蛋白质组学分析 [J]. 色谱，38(09): 1013-1021.

王希越，高鹏，连丽丽，等，2017. 基于气相色谱-质谱联用技术的高通量细胞表型分析方法 [J]. 色谱，35(01): 75-79.

徐国宾，2010. 飞行时间质谱及串联质谱关键技术的系统研究 [D]. 上海：复旦大学 .

许国旺，2019. 代谢组学——方法与应用 [M]. 北京：科学出版社 .

张莹，2009. MALDI 质谱新方法与新技术及其在蛋白质组学中的应用研究 [D]. 上海：复旦大学 .

Armenta S, Alcala M, Blanco M, 2011. A review of recent, unconventional applications of ion mobility spectrometry (IMS)[J]. Anal. Chim. Acta., 703(2): 114-123.

Aston F W, 1919. A positive ray spectrograph[J]. Philosophical Magazine, 38:707.

Bian Y, The M, Giansanti P, 2021. Identification of 7000-9000 proteins from cell lines and tissues by single-shot microflow LC-MS/MS[J]. Anal. Chem., 93(25):8687-8692.

Bruins A P, Covey T R, 1987. Ion spray interface for combined liquid chromatography/atmospheric pressure ionization mass spectrometry[J]. Anal.Chem.,59:2642.

Dempster A J, 1918. A new method of positive ray analysis[J]. Physical Review, 11(4): 516.

El-Ali J, Sorger P K, Jensen K F, 2006. Cells on chips[J]. Nature, 442(7101): 403-411.

Fenn J B, Mann M, Meng C K, et al, 1989. Electrospray ionization for mass spectrometry of large biomolecules[J]. Science, 246(4926): 64-71.

Feng F, Pan L, Wu J, et al, 2021. Cepharanthine inhibits hepatocellular carcinoma cell growth and proliferation by regulating amino acid metabolism and suppresses tumorigenesis *in vivo*[J]. International journal of biological sciences, 17(15): 4340-4352.

Goldstein E., 1886. Über eine noch nicht untersuchte Strahlungsform an der Kathode inducirter Entladungen[J]. Berichte der Königlich Preußischen Akademie der Wissenschaften zu Berlin, 39, 691-699.

Huang Q, Mao S, Khan M, et al, 2019. Single-cell identification by microfluidic-based *in situ* extracting and online mass spectrometric analysis of phospholipids expression[J]. Chem Sci., 11(1): 253-256.

Johnson K R, Gao Y, Greguš M, et al, 2022. On-capillary cell lysis enables top-down proteomic analysis of single mammalian cells by CE-MS/MS[J]. Anal Chem., 94(41): 14358-14367.

Karas M, Hillenkamp F, 1988. Laser desorption ionization of proteins with molecular masses exceeding 10,000 daltons[J]. Anal. Chem., 60(20):2299-2301.

Liu P, Huang Q, Khan M, et al, 2020. Microfluidic probe for *in-situ* extraction of adherent cancer cells to detect heterogeneity difference by electrospray ionization mass spectrometry[J]. Anal. Chem., 92(11): 7900-7906.

Mao S F, Li W W, Zhang Q, et al, 2018. Cell analysis on chip-mass spectrometry[J]. Trends Anal. Chem., 107: 43-59.

Marshall A G, Grosshans P B, 1991. Fourier transform ion cyclotron resonance mass spectrometry: the teenage years[J]. Anal. Chem., 63(4): 215A-229A.

McLafferty, Fred W, 2011. A century of progress in molecular mass spectrometry[J]. Annual review of analytical chemistry (Palo Alto, Calif.), 4: 1-22.

Mitchum R K, Althaus J R, Korfmacher W A, et al, 1981. Atmospheric pressure ionization mass spectrometry: the routine determination of 2,4,5-trichlorophenoxyacetic acid and its metabolites[J]. Biomed. Mass Spectrom., 8(11): 539-545.

Nordman N, Sikanen T, Aura S, et al, 2010. Feasibility of SU-8-based capillary electrophoresis-electrospray ionization mass spectrometry microfluidic chips for the analysis of human cell lysates[J]. Electrophoresis, 31(22): 3745-3753.

Pero-Gascon R, Sanz-Nebot V, Berezovski M V, et al, 2018. Analysis of circulating microRNAs and their post-transcriptional modifications in cancer serum by on-line solid-phase extraction-capillary electrophoresis-mass spectrometry[J]. Anal. Chem., 90(11): 6618-6625.

Portero E P, Nemes P, 2019. Dual cationic-anionic profiling of metabolites in a single identified cell in a live *Xenopus laevis* embryo by microprobe CE-ESI-MS[J]. Analyst., 144(3): 892-900.

Ramsey R S, Ramsey J M, 1997. Generating electrospray from microchip devices using electroosmotic pumping[J]. Anal. Chem., 69(13): 2617.

Smith R D, Loo J A, Edmonds C G, et al, 1990. New developments in biochemical mass spectrometry: electrospray ionization[J]. Anal. Chem., 62(9): 882-899.

Tanaka K, Waki H, Ido Y, et al, 1988. Protein and polymer analyses up to m/z 100000 by laser ionization time-of-flight mass spectrometry[J]. Rapid Commun Mass Spectrom, 2: 151-153.

Wang F, Zhang Z, Li Q, et al, 2020. Untargeted LC-MS/MS analysis reveals metabolomics feature of osteosarcoma stem cell response to methotrexate[J]. Cancer cell international, 20: 269.

Wien W, 1898. Über die Fragen, welche die translatorische Bewegung des Lichtäthers betreffen[J]. Annalen der Physik und Chemie, 65(3): 440-462.

Xu N, Lin H, Lin S, et al, 2021. A fluidic isolation-assisted homogeneous-flow-pressure chip-solid phase extraction-mass spectrometry system for online dynamic monitoring of 25-hydroxyvitamin D_3 biotransformation in cells[J]. Anal. Chem., 93(4): 2273-2280.

Zhang N, Deng W, Li Y, et al, 2020. Formic acid of ppm enhances LC-MS/MS detection of UV irradiation-induced DNA dimeric photoproducts[J]. Anal. Chem., 92(1):1197-1204.

Zhang W, Li N, Lin L, et al, 2021. Metabolism-based capture and analysis of circulating tumor cells in an open space[J]. Anal. Chem., 93(18): 6955-6960.

Zhang Y, Chen S, Fan F, et al, 2023. Neurotoxicity mechanism of aconitine in HT22 cells studied by microfluidic chip-mass spectrometry[J]. J Pharm Anal., 13(1): 88-98.

SYNTHETIC BIOLOGY ENGINEERING TECHNOLOGY SERIES

合成生物学工程技术丛书

6

单细胞高通量筛选技术

刁志钿[1]，刘沣仪[1]，朱梅佳[2]，周浩[1]，孙晴[1]，王喜先[1]，马波[1]

[1] 中国科学院青岛生物能源与过程研究所

[2] 山东大学环境科学与工程学院

单细胞高通量筛选的关键环节之一是快速测试与评价细胞的活性及功能。单个细胞是地球上生命的基本单元和进化的基本单位，因此，单细胞分析技术，即在单个细胞精度上的功能识别与表征，能够在最“深”的水平挖掘生命元件、刻画细胞功能与理解生命过程（Kussell et al, 2005; Muller et al, 2010; Paszek et al, 2010; Schubert, 2011; Zenobi, 2013）。目前单细胞表型测试技术已发展了荧光流式、荧光液滴流式、拉曼流式、质谱流式等主要技术。

荧光光谱检测技术凭借其检测灵敏度高、特异性好、分析通量高的优势成为合成生物学表型检测与分选的重要手段，但是该方法需要预知生物标志物对细胞进行标记甚至是遗传操作，并且通常只能同时检测少数标记分子，从而使得该策略在细胞表型检测与分选中具有一定的局限性。拉曼光谱是一种理想的表型检测技术，基于拉曼光谱发展的单细胞拉曼光谱（SCRS），能够提供单细胞的化学成分组成及分子结构等信息，是一种高效的单细胞信息识别技术。SCRS 可作为单细胞特有的“分子指纹谱”，以鉴定细胞类型、表型以及生理状态等，因此在活体细胞表型分析方面有着其他方法不可比拟的优势。然而，该技术在合成生物学领域的潜力挖掘与应用还需克服诸多挑战。质谱流式细胞术可以以单细胞分辨率分析超过 50 种细胞参数，能够分析的参数包括蛋白质、核酸甚至小分子，在多参数单细胞分析中表现出色，是流式细胞术的一个新的发展方向。但该技术存在非活体检测、低通量、高成本的缺点，对大体系突变体库的筛选几乎无法完成。

单细胞研究代表了生物学研究一个迅速扩展的领域，已经被用于生化、诊断和医学研究。然而，这项技术的常规应用，目前仍然存在很多挑战，比如数据的处理与分析、集成和解释以及缺乏时空联系等方面（Yuan et al, 2017）。

6.1 单细胞高通量筛选技术基本原理

单细胞分析直接分析每个细胞个体的功能，因此可极大缩短培养周期甚至跳过烦琐且耗时的培养过程，从而克服环境中大部分微生物细胞尚难培养这一挑战，这对从人体与环境微生物组中挖掘生物元件、模块或底盘细胞具有重大的意义（Kashtan et al, 2014; Lewis et al, 2020）。

6.1.1 高通量荧光流式单细胞表型筛选技术基本原理

基于流式细胞仪的荧光激活细胞分选（FACS）技术是当今最为流行且成熟的单细胞分离、分选方法。该技术通过极细的工作液流将单细胞（或其他微粒）排成一列，使其依次高速通过激光聚焦监测点，根据每个细胞经过监测点时光信号的变化来判断该细胞的大小、形态以及荧光强度，并可以根据细胞的性质，瞬间给目标个体加上相应的电荷，使其在经过高压静电场时被分选入收集管中。高速的液流系统、高效的信号采集处理及反馈体系、高频的静电场分选装置使得 FACS 方法能够以高达 10^7 个 /h 的速率进行细胞样品检测及分选（图 6-1）。

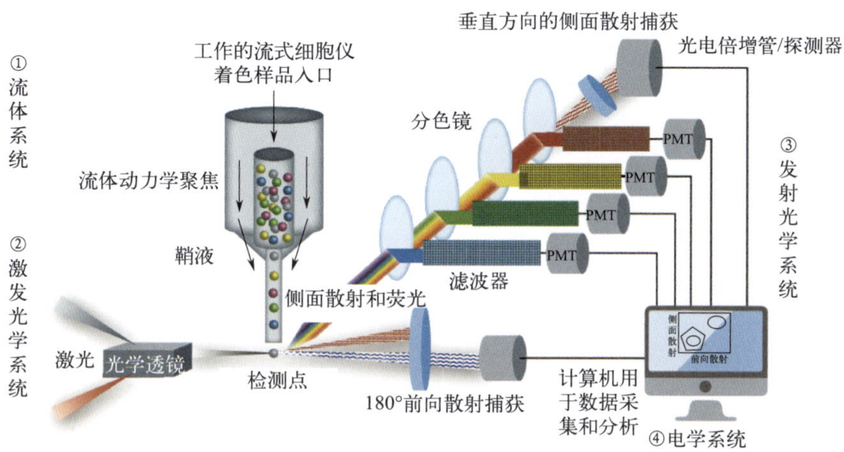

图 6-1　流式细胞仪的技术原理（Sonal et al, 2021）

当流体动力聚焦细胞悬浮液中的单个细胞与激光相互作用时，细胞发出的光散射和荧光信号被探测器收集，并将这些信号转换为电流。电子设备将这些模拟电流信号转换成数字信号，软件以两个参数点图或一个参数直方图的形式表示数据。PMT—光电倍增管

流式细胞仪有两种类型：分析仪只能检测光散射和荧光发射，而分选仪（例如 BD FACSAria™ Ⅲ）可以基于各种参数（如大小、荧光等）分析和分选细胞或颗粒。要使用 FACS 对单细胞表型进行筛选，首先必须建立细胞表型与其编码基因的偶联，即将细胞表型转化为可检测的荧光信号。因此，怎样将易检测的荧光信号与所要检测的细胞表型进行关联，是 FACS 单细胞表型筛选方法的核心问题。

6.1.2　高通量荧光液滴单细胞表型筛选技术基本原理

传统的表型测试技术（例如琼脂平板筛选法和微孔板筛选方法）大多依赖于宏观培养，这种方式很灵活，但通量有限，难以满足细胞表型筛选对高通量的需求。液滴具有与细胞尺寸匹配、易于高通量操作等优势，能在单细胞水平上直接实现表型表征，从而为突破目前表型测试依赖宏观培养的制约提供了创新的技术方案。近年来基于液滴开发了荧光激活细胞分选（FACS）和液滴微流控分选（DMFS）等超高通量荧光液滴单细胞表型筛选方法，用于酶和细胞工厂定向改造中大体系突变体库的筛选。FACS 是一种可对单细胞进行高效分选的荧光激活细胞分选技术。FACS 可以基于细胞体积或荧光以高达 10^7 个 /h 的速率对细胞进行分选。此外，FACS 可以将细胞包埋在水 / 油 / 水双液滴或水凝胶中从而保证基因型和表型的关联（Zinchenko et al, 2014）。液滴包埋拓宽了 FACS 的应用范围。

液滴微流控技术凭借其高通量、自动化、低成本和高重现性等优势，已经成为生物分析

和筛选的有力工具。液滴作为一个封闭的微反应器，可以用于封装细胞、生化溶质和其他感兴趣的反应物。基于 DMFS 发展的高通量表型筛选的技术主要分为两种：液滴流式分选和静态液滴阵列。其中液滴流式分选通常是基于光学信号（例如荧光）检测到目标液滴，通过耦合液滴操控的技术实现高通量筛选。而静态液滴阵列主要是依靠快速生成大规模的液滴阵列，通过显微镜荧光成像实现目标液滴检测。

6.1.3 高通量拉曼流式单细胞表型筛选技术基本原理

（1）基于拉曼光谱的单细胞表型检测

拉曼光谱是一种散射光谱，是化合物中分子键被激发到虚能态却尚未恢复到原始态所引起的入射光被散射后频率发生变化的现象（Raman et al, 1928）。每个单细胞拉曼光谱由分别对应于一类化学键的超过 1500 个拉曼谱峰组成，该谱峰可作为单细胞特有的“分子指纹图”，进而反映出特定细胞内化学物质的成分及含量的多维信息，特定时空状态下一个细胞群体的单细胞拉曼光谱的集合称为“拉曼组（ramanome）”，如图 6-2 所示（He et al, 2019; Xu et al, 2017a）。拉曼组有三大内涵：①每个拉曼组是在特定条件和时间点下一个细胞群体中采集的 N 个单细胞拉曼光谱的集合，体现的是该细胞群体的“单细胞代谢功能集体照”；②每张单细胞拉曼光谱上超过 1500 个拉曼谱峰中，每个峰或峰的组合均可能代表一个代谢表型（phenotype），故揭示了该细胞在该状态下的代谢表型组；③一个拉曼组内部的不同单细胞拉曼光谱之间具有与生俱来的异质性，而且这种细胞间差异具有重要的生物学意义。拉曼组在单细胞精度，可快速、低成本地测定与监控“代谢物组”，其变化可反映和表征该细胞体系全景式、几近无限的“状态”与“功能”。此外，水分子在关键的指纹区没有很强的信号干扰，使其具备活体检测的能力。因此，拉曼组技术具备理想单细胞表型分析 / 分选技术所需要的几乎所有特征，是单细胞表型组（phenome）识别的理想工具（He et al, 2019; Lee et al, 2021; Yan et al, 2021）。

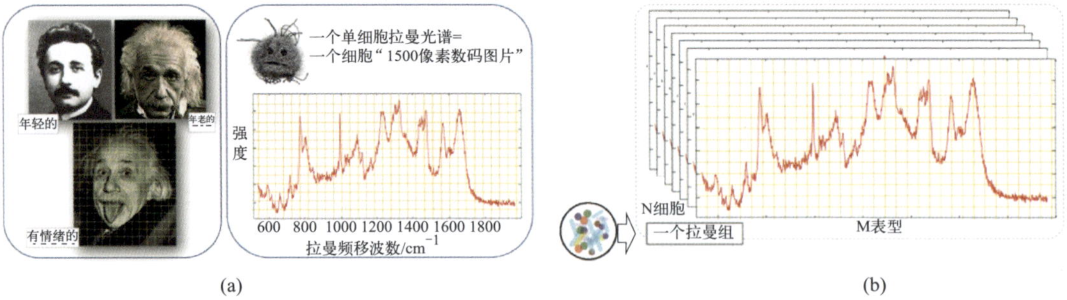

图 6-2 拉曼组概念示意（He et al, 2019）

（a）单细胞拉曼光谱，描述个体表型“状态”；（b）基于单细胞拉曼光谱的表型组识别

（2）基于单细胞拉曼光谱的细胞分选

基于单细胞拉曼光谱技术强大的表型识别能力，现已发展了一系列拉曼激活细胞分选平

台（Raman-activated cell sorting, RACS; 图 6-3）(Gala de Pablo et al, 2021; He et al, 2019; Song et al, 2016; Yan et al, 2021)。通过这些平台能够分离出具有特定功能表型的单细胞，因为整个表型识别和分选过程无损，所以分离的细胞可以直接与下游基因组，甚至是转录组、蛋白质组、代谢组等组学研究无缝衔接。因为拉曼激活细胞分选无需标记，所以其理论上可分选自然界中近乎所有的细胞。目前拉曼流式分选平台的研究时间相对较短，根据拉曼采集时细胞的运动状态，大体上分为静态模式和流动模式两大类，前者主要包括拉曼激活细胞弹射分选（Raman-activated cell ejection, RACE）(Wang et al, 2013)、静态拉曼光镊（static-Raman tweezer, static-RT）(Huang et al, 2009; Xie et al, 2005)、重力驱动拉曼光镊液滴分选（Raman-activated gravity-driven encapsulation, RAGE）(Xu et al, 2020)，后者主要包括流式拉曼光镊（flow-Raman tweezer, flow-RT）(Lee et al, 2019)、拉曼微流分选（Raman-activated microfluidic sorting, RAMS）(Zhang et al, 2015)、拉曼微液滴分选（Raman-activated droplet sorting, RADS）(Wang et al, 2017)、介电单细胞捕获 / 释放拉曼激活液滴分选（pDEP-RADS）(Wang et al, 2020a) 以及相干拉曼微流分选（coherent-RAMS）(Lindley et al, 2022; Nitta et al, 2020)。该些平台有效耦合了单细胞拉曼表型识别、分选、基因型分析或培养，为合成生物表型的表征和分选提供了重要手段。

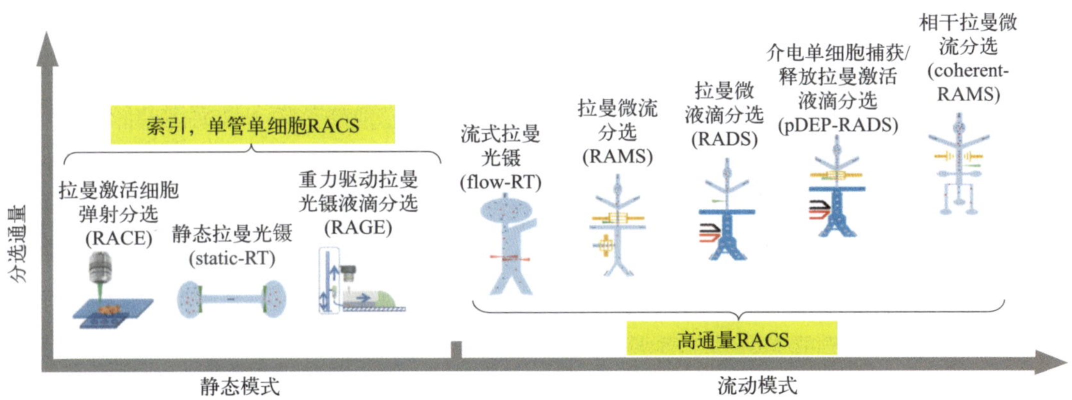

图 6-3 拉曼激活细胞分选平台

（3）静态模式拉曼激活细胞分选平台

静态模式拉曼激活细胞分选平台的最大优势是可以精确分离单细胞到单个管中（one cell per tube），从而与下游单细胞基因组等组学联动，最终实现表型和基因型的精确偶联。

拉曼激活细胞弹射分选（RACE）(Wang et al, 2013)：其基本原理是在拉曼测量基片上溅射一层薄膜（通常为铝膜），将合适浓度的细胞悬液点在该基片上并室温风干；通过拉曼光谱识别到目标细胞后，可施加一束高频脉冲激光，将目标细胞弹射剥离到收集孔内。该方法可灵活实现单孔单细胞或多细胞的收集。基于该平台，Song 等人从红海水样中成功分离出新的富含类胡萝卜素的细菌，通过单细胞测序发现了新的类胡萝卜素合成相关基因（Song et al, 2017b），进一步耦合重水拉曼技术，从泰晤士河中成功分离出耐药菌，通过单细胞测序对耐药菌进行了鉴定（Song et al, 2017a）。Wang 等人实现了基于代谢活性的人体肠道菌群微生物筛选鉴定（Wang et al, 2020b）。该方法操作相对简单，分选准确率高，但要实现细胞弹射分离需要在拉曼检测后翻转基片，该过程增加了系统操作的复杂性，而且在开放环境中操作易带来污染风险。为解决上述问题，Jing 等人采用了透明 ITO 石英作为基片，检测后无须翻转基片，同时发展了一体化（all-in-one）接收芯片，克服了污染问题，最终实现了海洋固碳菌的分离鉴定（Jing et al., 2018）。该方法最大的弊端是干片条件拉曼检测及激光弹射分选会对细胞造成一定的损伤，单细胞测序覆盖度一般不超过 20%(Jing et al, 2018; Song et al, 2017b; Yuan et al, 2018)。为降低损伤，Liang 等人在弹射基片上添加了琼脂糖薄膜，以达到水相弹射效果，最终弹射后真核细胞（酿酒酵母）的存活率为 63%、革兰氏阴性菌（大肠杆菌）为 22%、革兰氏阳性菌（鼠李糖乳酸杆菌）为 74%(Liang et al, 2021)。为进一步提高单细胞测序覆盖度，Su 等人优化了多重置换扩增（MDA）过程，从而将基因覆盖度由 <20% 提高到 >50%(Su et al, 2020)。

静态拉曼光镊（static-RT）（Huang et al, 2009; Xie et al, 2005）：光镊是一种广泛使用的基于聚焦光束辐射压力的细胞 / 粒子操纵技术（Zhang et al, 2008）。通过将拉曼检测和光镊技术耦合发展了拉曼光镊技术。第一代拉曼光镊为静态模式，即细胞 / 颗粒的检测、操纵均在静止或相对静止的状态下完成。Xie 等人最先将拉曼光镊技术用于单个生物细胞的探究（Xie et al, 2002）。为了进一步提高分离效率，Xie 等人设计了微腔室芯片，最终实现不同生理状态的细胞表型识别和分离（Xie et al, 2005）。Huang 等人直接在矩形毛细管中完成细胞表型的拉曼识别，通过光镊将目标细胞拖拽到毛细管的另一端完成细胞分选，最后将毛细管折断实现目标细胞的物理分离和回收并最终完成了单细胞基因组分析（Huang et al, 2009）。基于该平台并耦合重水标记，Berry 等人从小鼠盲肠菌群中分离出了活性菌，并通过基因组分析对分离的细菌进行了鉴定（Berry et al, 2015）。和 RACE 相比，静态拉曼光镊的拉曼信号检测及细胞分选均是在水相中完成，在很大程度上降低了损伤，但其通过折断毛细管的方式获取分选后单个或多个目标细胞的效率较低，而且通量仅为数分钟一个细胞。

重力驱动拉曼光镊液滴分选（RAGE）(Xu et al, 2020)：拉曼识别到目标表型细胞后，如何精确获取分选的单 / 多细胞，是直接耦合下游组学研究的关键。Fang 等人采用开放式微流控芯片，利用光镊直接将细胞拖到芯片外，并通过毛细作用力吸取分选后的细胞（Fang et al, 2019），基于该方法，并耦合单细胞转录组测序，探究了胃癌细胞的药物敏感性（Fang et al, 2020）。开放式芯片设计利于光镊拖拽和细胞导出，但也带来了污染的风险。Xu 等人开发了一种耦合拉曼光镊和重力驱动液滴单细胞包裹导出的拉曼细胞分选技术，克服了密闭芯片环境中单一光镊力难以实现目标细胞脱离焦平面导出的问题，通过耦合液滴微流控技术，完成了目标单细胞的精准分选和快速导出，实现所测即所得（Xu et al, 2020）。因为水相检测可以减少激光照射带来的损伤，加之液滴生成过程有油相的引入可以提高 MDA 扩增效率（Su et al, 2020），所以 RAGE 分选后，目标大肠杆菌单细胞的全基因组测序覆盖度达到了约 95%(Xu et al, 2020)。基于 RAGE，Jing 等人实现了土壤菌群中高代谢活性细胞和产类胡萝卜素细胞的分选，并通过单细胞全基因组测序对细胞进行了鉴定，发现并非所有产类胡萝卜素细胞都呈现高代谢活性，因此传统基于培养的方法无法实现此类细胞的分离鉴定（Jing et al, 2021）。

（4）流动模式拉曼激活细胞分选平台

流动模式拉曼激活细胞分选平台最大的优势是高通量（high throughput），因此更适合细胞工厂中优势细胞的分选。

流式拉曼光镊（flow-RT）（Lee et al, 2019）：第一代静态拉曼光镊的分选为手动模式，其通量较低（Huang et al, 2009; Xie et al, 2005）。近年来，通过将拉曼光镊和多流路微流控技术结合发展了流式拉曼光镊平台（Dochow et al, 2013; Dochow et al, 2011; Lau et al, 2008）。这些平台提高了所能检测的细胞数量及灵敏度，但其自动化程度依然较低。为进一步提高分选通量，Casabella 等人搭建了首套全自动流式拉曼光镊系统，分选通量提高到约每分钟 2.8 个细胞（Casabella et al, 2016）。Lee 等人基于全自动流式拉曼光镊平台并耦合重水拉曼技术，实现了小鼠肠道菌群中高活性菌的筛选（准确率：约 98%；通量：3.3 ～ 8.3 个 /min），通过进一步测序对这些菌进行了鉴定。这是首次基于拉曼技术自动化分选复杂微生物样品（Lee et al, 2019）。和其他拉曼分选平台相比，流式拉曼光镊在微生物小细胞分选方面有着比较明显的优势，但由于光镊力较弱，无法捕获高速流动细胞且无法快速移动捕获细胞，因此其分选通量相对较低，无法筛选较大体量突变体库。

拉曼微流分选（RAMS）（Zhang et al, 2015）：将拉曼光镊和微流控结合解决了自动化问题，进一步借助于微流控高通量、灵活操控等优势，也是提高分选通量的绝佳选择。Li 等人搭建了首套拉曼计数平台（Raman-activated cell counting, RACC），通过检测类胡萝卜素拉曼特征峰实现了固碳菌的高通量检测（约 120 个 /min）(Li et al, 2012a)。Zhang 等人通过介电操控技术将高速流动单细胞捕获在拉曼激光位点从而高效完成拉曼检测，该策略为解决大多数细胞自发拉曼信号弱导致无法检测高速流动细胞的拉曼信号的瓶颈问题提供了新思路，通过进一步集成基于电磁阀吸吮的分选单元，最终构建了首套自动化、高通量 RAMS 平台，基于该平台实现产类胡萝卜素酵母的高通量（约 60 个 /min）分选（Zhang et al, 2015）。该套平台受到 *The scientist* 的专文推介，为真正意义的拉曼流式分选平台的研制拉开了序幕。针对色素等具有强共振拉曼信号的表型，其拉曼信号检测所需时间通常可短至几至几十毫秒，这使得在高速流动状态下获取到共振拉曼信号可行。据此，McIlvenna 等人在 RACC 原理的基础上进一步集成了基于分压的分选单元，从而实现产类胡萝卜素蓝细菌的分选（约 30 个 /min）(McIlvenna et al, 2016)。目前，现有的 RAMS 平台在强共振拉曼表型检测筛选方面具有应用空间。但就针对强共振拉曼信号毫秒级检测时间而言，这些 RAMS 平台的分选通量依然较低。

拉曼微液滴分选（RADS）（Wang et al, 2017）：液滴微流控技术具有灵活、高通量等优点。液滴包裹可对细胞起到保护作用，避免细胞在筛选操纵过程中遭受损伤。微生物细胞本身尺寸小、难操纵，经液滴包裹后可直接对液滴进行灵活操纵，利于提高分选通量和准确率。因此液滴微流控技术已被广泛用于细胞工厂筛选。Cristobal 等人最先将液滴微流控技术和拉曼结合，检测了液滴中反应后的化学组分，为发展用于细胞分选的 RADS 平台奠定了基础（Cristobal et al, 2006）。但液滴生成过程中引入的油相具有很强的拉曼背景干扰，液滴的透镜效应会影响激光聚焦，细胞在液滴中自由游动会影响激光对准，克服这些难题是发展 RADS

平台的关键。Wang 等人通过先拉曼检测后液滴包裹的策略有效克服了上述难题，进一步耦合介电液滴分选单元，搭建了真正意义的 RADS 平台，分选通量可达约 260 个 /min，是目前已报道工作中全谱分选通量最高的 RADS 系统（Wang et al, 2017），其针对雨生红球藻中虾青素含量的分选准确率达到 95% 以上，分选后细胞存活率达 93%。此外，目前该平台分选通量主要受限于拉曼检测而非系统本身，通过与高灵敏拉曼检测技术（如相干拉曼、表面增强拉曼等）耦合，可实现超高通量分选。但是，由于自然界中绝大多数细胞的自发拉曼信号较弱，RADS 非捕获的检测策略使其同 RAMS 一样，局限于强拉曼信号（如共振拉曼信号）的检测筛选。

介电单细胞捕获 / 释放拉曼激活液滴分选（pDEP-RADS）(Wang et al, 2020a)：如何实现弱拉曼表型的检测及高通量分选一直是拉曼分选的目标。如上所述，Zhang 等人发展的 RAMS 平台集成了介电捕获单元，可将高速流动单细胞捕获在拉曼激光位点，从而可延长拉曼采集时间以获取到高质量弱拉曼信号（Zhang et al, 2015）。Wang 等人发展的 RADS 平台集成了介电液滴分选单元，实现了高通量分选（Wang et al, 2017）。通过将上述平台的优势进行整合集成，Wang 等人发展了首套兼具普适性和高通量的介电单细胞捕获 / 释放拉曼激活液滴分选（pDEP-RADS）平台，并示范了油脂酵母甘油三酯含量和不饱和度的筛选，经过一轮筛选成功从二酰基甘油酰基转移酶基因库中筛选出 3 个已报道的强功能基因和 2 个未报道的弱功能基因（Wang et al, 2020a）。基于 pDEP-RADS 和已研制的介电聚焦技术，中国科学院青岛生物能源与过程研究所和青岛星赛生物科技有限公司联手推出国内外首台高通量拉曼流式分选仪 FlowRACS，真正将拉曼分选推向市场应用。

相干拉曼微流分选（coherent-RAMS）(Lindley et al, 2022; Nitta et al, 2020)：自发拉曼最大的弊端在于信号弱，导致其检测通量较低。相干拉曼技术采用“泵浦（pump）”和“斯托克斯（Stokes）”强脉冲激光沿光路与分子振动产生相位相干，从而使拉曼信号有数量级的增强（Gala de Pablo et al, 2021）。目前，相干拉曼技术主要包括相干反斯托克斯拉曼散射（coherent anti-Stokes Raman scattering, CARS）(Evans et al, 2005) 和受激拉曼散射（stimulated Raman scattering, SRS）(Huang et al, 2019)。第一代 CARS 流式检测平台仅能实现一位的单点采集，最大检测通量为 100 eps(events per second)(Wang et al, 2008)。通过采用宽谱相干光源，Camp 等人发展了多元 CARS（multiplex CARS, MCARS）技术，实现了 1200 ～ 3100 cm^{-1} 的宽谱采集，通过优化检测器，理论检测通量可达 10000 eps(Camp et al, 2011)。通过进一步升级激光器等硬件，Hiramatsu 等人成功搭建首套可高通量检测指纹区（400 ～ 1600 cm^{-1}）的基于傅里叶转换的 CARS（FT-CARS），检测通量约为 2000 eps(Hiramatsu et al, 2019)。为了进一步实现分选功能，Lindley 等人在 FT-CARS 的基础上集成了基于压电阀的分选单元（Nitta et al, 2018），成功搭建首套 CARS-RAMS，并示范了高产多糖、虾青素微藻细胞的高通量（约 50 个 /min）筛选（Lindley et al, 2022）。在 SRS 方面，Zhang 等人搭建了第一套 SRS 流式检测平台，该平台采用了 32 感光像素阵列，因此可获取到 32 个峰位点，基于该平台示范了不同状态下 3T3-L1 细胞的高通量（约 560 eps）识别（Zhang et al, 2017a）。明场成像被用于细胞形态学鉴定，荧光成像也已被广泛用于目标内涵物的分布表征，从而提供更详实的形态学表型（Nitta et al, 2018; Schraivogel et al, 2022）。SRS 检测快的特点使其具备成像的能力，Suzuki

等人通过采用 4 色光源检测策略搭建了首套基于 SRS 成像的检测系统，示范了微藻细胞尺寸、胞内叶绿素、多糖和脂质含量表征以及不同人体细胞的鉴定（Suzuki et al, 2019）。为了进一步实现分选功能，Nitta 等人在 SRS 成像的检测系统的基础上将单光源升级为线光源，实现了细胞界面的快速扫描，并进一步集成基于压电阀的分选单元（Nitta et al, 2018），成功搭建首套拉曼成像激活细胞分选系统（Raman image-activated cell sorting, RIACS），成功示范了 3T3-L1 衍生的脂肪样细胞、高产脂质的衣藻细胞和 ^{13}C 标记的眼虫细胞的高通量分选（约 100 eps）(Nitta et al, 2020)。总体而言，CARS 可以高通量地获取到宽谱信息（约 1900 cm^{-1}），但其缺点在于易受非共振背景的干扰，影响精确定量，SRS 虽然不存该问题，但其获取的谱宽较窄（约 200 cm^{-1}），导致其可识别表型信息量较少。此外，与自发拉曼相比，相干拉曼最大的特色就是高通量，但也存在着光谱分辨率较低（约 20 cm^{-1}）、无法检测全谱信息的缺点。

6.1.4 高通量质谱流式单细胞表型筛选技术基本原理

作为单细胞理论中的一种代表性的应用，质谱流式细胞术是流式细胞术与质谱技术的新组合，这两种技术的融合，在多参数单细胞分析中表现出色，可以以单细胞分辨率分析超过 50 种细胞参数，能够分析的参数包括蛋白质、核酸甚至小分子，显著增强了流式细胞术评估复杂细胞系统和过程的能力，是流式细胞术的一个新的发展方向。

2009 年，质谱流式细胞仪由多伦多大学的 Scott Tanner 实验室首先研发出来，其灵感来自电感耦合等离子体质谱 (ICP-MS)。然而，ICP-MS 同时测量多个参数的能力有限。针对其缺点，Ornatsky 及其同事对 ICP-MS 进行了调整，使其能够同时检测与单个细胞事件相关的多个同位素标记（Ornatsky et al, 2008）。第一台商品化的质谱流式细胞仪名为 Cytometry by Time-Of-Flight (CyTOF)，相关抗体试剂由 DVS Sciences 公司生产和销售。2011 年，《自然-方法》（*Nature methods*）将该技术评为“最受关注的单细胞技术”。2013 年，DVS Sciences 公司推出第二代质谱流式细胞仪即 CyTOF2（CyTOF2 Mass Cytometer）。2014 年美国 Fluidigm 公司收购 DVS Science 公司以及 CyTOF 技术后成为全球第一家质谱流式细胞仪厂商，随后分别于 2015 年和 2017 年陆续推出了 Helios 质谱流式系统和 Hyperion 组织成像系统以及 700 多种相关抗体和预设计标记试剂盒。到目前为止，全球已经安装超过 200 台质谱流式细胞仪，中国拥有 30 台以上。这标志着质谱流式细胞术进入一个高通量、高灵敏、高稳定的时代。

质谱流式细胞术既具有传统流式细胞仪高速分析的特点，又具有质谱检测的高分辨能力。其工作原理如图 6-4 所示。首先它采用稳定重金属同位素结合的抗体标记细胞表面或内部蛋白（Bandura et al, 2009）。然后，由一个雾化装置将标记的细胞雾化，产生含有单个细胞的雾化液滴。随后这些液滴通过氩等离子体产生离子云，然后离子云冷却成聚焦离子束，由经电压脉冲加速后的离子进入飞行时间 (TOF) 质谱室（Bandura et al, 2009）。然后通过飞行时间 (TOF) 质谱仪对得到的重金属同位素离子进行采样和量化。离子的速度取决于质荷比 (m/z)，因此带相同电荷的较重离子行进得更慢。m/z 取决于分子的质量及其电荷，因此可以区分与标记抗体相关的每个独特金属同位素。当每个细胞的组成离子到达检测器时，每个过渡元素同位素报告器的信号都会被积分。目前，TOF 采样分辨率可以每秒测量多达 1000 个细胞（Bendall et al, 2011）。

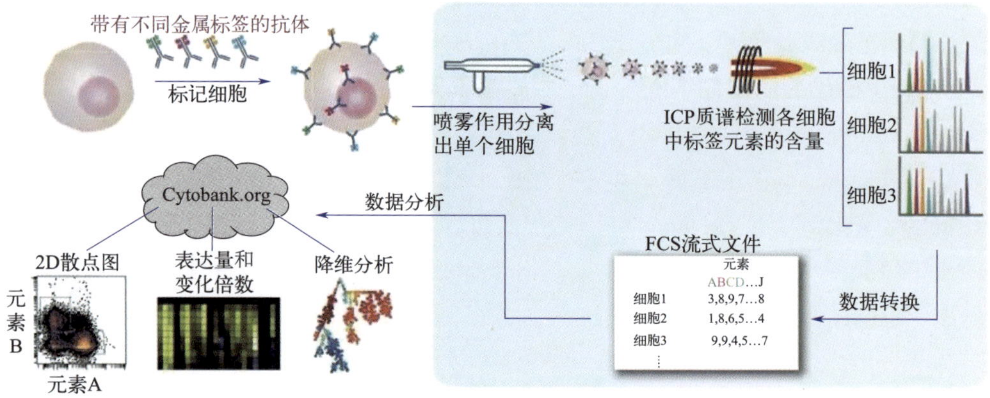

图 6-4　质谱流式细胞仪工作原理（Bendall et al, 2012a）

与传统荧光流式细胞术相比，质谱流式细胞术以金属元素作为抗体标签，以电感耦合等离子体飞行时间质谱作为信号检测系统，因此，质谱流式细胞术具有下面几种优势（Bendall et al, 2012b）。

（1）采用金属标签抗体，信号背景极低

采用全新概念的金属元素及其同位素作为抗体标签，目前用作抗体标签的金属元素超过 30 种，主要包括稀土元素、惰性元素、后过渡金属和卤素，这些元素在细胞内含量极低，不会引起高背景，也不会影响细胞正常的生理功能，从而在根本上解决自发荧光问题和背景噪声问题（Bandura et al, 2009; Ornatsky et al, 2010; 周琰等 , 2017）。

（2）检测通道数量增加到上百个，全面系统地进行细胞周期分析

质谱流式细胞仪中的 ICP-MS 装置具有非常宽的原子量检测范围（88 ～ 210），因此质谱流式细胞术能够对 100 多个元素质量进行各向同性区分，这表明在未来的应用中会有更高的多路复用能力。这使得能够以全面和系统的方式进行细胞周期分析和筛查（Zhang et al, 2020; 田红娟等 , 2021）。

（3）通道间无干扰，无需计算补偿

由于 ICP-MS 装置具有精确的同位素分辨能力，TOF 中的通道几乎没有串扰，不需要进行补偿或矫正；这在很大程度上规避了传统荧光流式细胞术中费时费力的补偿计算问题，使得实验流程得到了简化，并减少了样品和试剂的消耗（Zhang et al, 2020）。

（4）数据处理方式多元化，实现单细胞水平的深层及多样性分析

质谱流式细胞术所获得的单细胞水平的高维数据需要更强大的软件来对其进行分析和展示。数据的复杂性使得仅通过传统的流式分析方法很难解释和可视化。常用的分析工具有 SPADE、PCA、viSNE 以及 Gemstone 等，可以帮助我们从高维数据中进行探索、发现新信

息（Stern et al, 2018）。

然而，与流式细胞术相比，质谱流式细胞术确实存在一定的技术限制。①流式细胞术可以在活细胞上进行，并回收分选的细胞以进行后续的功能分析。相比之下，质谱流式细胞术中由于细胞是固定的并最终被电离，细胞不能被回收以用于进一步的细胞功能分析（Leipold et al, 2015）。②流式细胞术可以分析样品中超过 95% 的细胞，而在质谱流式细胞术中，样品中的大部分细胞在样品处理和仪器中损失，导致分析的注入细胞样品不到 50%(Krams et al, 2017)。③由于金属标签做成的商品化探针为螯合聚合物，最多允许 100 个左右的离子附着在抗体分子上，对信号水平设置了上限，因此质谱流式细胞仪的灵敏度是流式细胞仪的 1/10(Bendall et al, 2012b)。④无法在质谱流式细胞仪上测量前向和侧向散射，因此无法轻松区分细胞大小和粒度（Atkuri et al, 2015）。⑤由于质谱流式细胞术主要依赖于抗体，因此需要仔细进行抗体组合设计和验证，以确保准确和特异性地检测所有目标（Zhang et al, 2020）。

总体而言，质谱流式细胞术是单细胞高通量分析的一个强大的工具，方法学的选择取决于实验的目标，因为流式细胞术和质谱流式细胞术有不同的优势和劣势（表 6-1），在可预见的未来，质谱流式细胞术将会与流式细胞术共存。

表6-1　传统荧光流式细胞术与质谱流式细胞术特点比较（Leipold et al, 2015; Zhang et al, 2020; 潘紫月等, 2021）

参数	荧光流式细胞术	质谱流式细胞术
抗体标签	荧光基团	金属元素
检测系统	激光器和光电倍增管	ICP-MS
检测参数	＜ 20 个	约 100 个
细胞捕获率	＞ 95%	＜ 50%
处理速度	约 25000 个 /s	约 500 个 /s
分选功能	是	否
细胞回收	可回收进行功能分析	不可回收
数据分析	简单并有相应的用户指导手册	需要复杂的生物信息学知识

6.2 单细胞高通量筛选技术体系构建及数据分析

6.2.1 荧光流式单细胞表型体系构建及数据分析

6.2.1.1 荧光流式单细胞表型体系构建

由于荧光灵敏度高、响应能力强，且拥有成熟的检测器，荧光检测法已成为细胞表型筛选最常用的筛选方法。根据荧光产生方式不同，可分为产物自荧光、荧光底物、荧光蛋白、核酸传感器和免疫荧光等。

（1）产物自荧光

当目标产物如核黄素、甜菜碱、喜树碱等自身具有荧光时，可通过直接检测该荧光信号进行筛选。基于核黄素自身荧光检测的高通量 DMFS 系统已成功应用于乳酸链球菌和解脂耶氏酵母全基因组突变库的筛选，并分别获得了核黄素生产产量提高 4 倍和 1.9 倍的乳酸链球菌和解脂耶氏酵母突变体（Wagner et al, 2018）。虽然基于产物自身荧光的检测相对简单，但遗憾的是大多数目标产物自身并不具备荧光，需借助其他来源的荧光信号。

（2）荧光底物

荧光基团标记的底物可以在酶催化下释放荧光基团产生荧光信号，因此可根据荧光信号的强弱检测相关酶的活性。目前用于标记底物的荧光基团主要有试卤灵、香豆素、荧光素、氟硼二吡咯（BODIPY）和二甲基硼等。大多数荧光基团标记的底物适用于水解酶和氧化还原酶，仅有少数荧光底物用于其他酶类，如连接酶、裂合酶、转移酶等。

（3）荧光蛋白

荧光蛋白是一种基因编码的荧光发色团，自维多利亚发光水母（*Aequorea victoria*）中的绿色荧光蛋白（GFP）首次被发现后，其他来源的荧光蛋白及其衍生物等被陆续开发。荧光蛋白的吸收和发射波长覆盖了 400 ～ 700 nm 的所有波段，可以用于不同的酶或细胞工厂的筛选。

首先，荧光蛋白可作为融合蛋白检测目标蛋白表达量。将 GFP 与糖皮质激素受体配体结合域融合，利用 FACS 筛选到了稳定性和溶解度提高的突变体。其次，荧光蛋白也可作为报告蛋白（reporter protein）用于酶或目标代谢产物的检测，其中应用较广泛的是转录因子生物传感器（Mannan et al, 2017）和核糖体开关生物传感器（Fowler et al, 2010）。转录因子生物传感器是将异源转录因子移植到新的目标宿主中，并与基因的启动子或者增强子区域结合。目标酶的底物或目标代谢产物可结合转录因子进而促进或阻断 RNA 聚合酶参与的转录过程，使得荧光报告基因的转录和表达与目标酶活性或目标代谢产物的浓度产生关联，据此可进行检测。核糖体开关生物传感器是通过目标产物与 RNA 核糖体开关的结合引起其构象改变，从而开启或阻断报告基因的转录和表达。根据荧光强度可以检测目标产物的产量，因此荧光蛋白-传感器适用于超高通量筛选体系。

总体来说，基于荧光蛋白的检测方法操作简单、应用广泛，但仍然需要突破以下局限：作为融合蛋白，由于荧光蛋白分子量大，可能会影响目标蛋白功能性表达；作为转录因子或核糖体开关生物传感器，其关键是需要通过条件优化提高生物传感器的灵敏度，使其适合所需的产物检测范围。

（4）核酸传感器

核酸传感器是一种具有特定构象的基因序列，相比于荧光蛋白传感器，核酸传感器如核酸适配体和 DNA-fluorophore-quencher 荧光探针，具有特异性高、容易修饰、稳定性好等特点。核酸适配体能与多种目标代谢物特异性结合，因此被广泛应用于生物传感器领域。RNA 适配体由荧光染料结合区、信号转导区和配体结合区组成。据报道，RNA 适配体已被用于筛选高产酪氨酸的细胞工厂，当大量的酪氨酸与荧光染料同时结合到 RNA 适配体上时，适配体构象变化从而引起荧光强度增强（Abatemarco et al, 2017）。

（5）免疫荧光

免疫荧光技术是根据抗原抗体反应的原理，先将已知的抗原或抗体标记上荧光素，制成荧光抗体，再用这种荧光抗体（或抗原）作为探针检测组织或细胞内的相应抗原（或抗体）。这使得组织或细胞内形成的抗原抗体复合物上含有标记的荧光素，荧光素受外来激发光的照射而产生明亮的荧光，可以看见荧光所在的组织细胞，从而确定抗原或抗体的性质、定位，以及利用定量技术测定含量。常用于抗体的检测中，具有特异性强、灵敏度高和快速可靠等特点。基于这一原理，Shembekar 等开发了一种免疫荧光 DMFS 系统，用于选择高产抗体的哺乳动物细胞（Shembekar et al, 2018）。这种方法可以筛选对某一种癌细胞或细菌具有杀伤作用的抗体，通用性强，具有巨大的药物挖掘潜力。

6.2.1.2 荧光流式单细胞数据分析

荧光流式数据都是通过“通道”获取的，通道是和光电倍增管紧密联系在一起的，可以说每一个光电倍增管对应着一个通道。流式细胞仪的通道根据光信号性质的不同可以分为散射光通道和荧光通道：散射光通道有两个，包括 FSC 通道和 SSC 通道，而不同型号的流式细胞仪其荧光通道的多少差异较大，有的甚至没有荧光通道。

（1）散射光通道

① FSC，即前向角散射，它的值大小代表细胞的大小。细胞体积越大，其 FSC 值就越大。所以可以利用细胞的 FSC 值初步比较细胞的大小，利用 FSC 值对细胞进行分群和分类。

② SSC，即侧向角散射，它的值代表细胞的颗粒度（与细胞中所含的细胞器、细胞核等的数量成正比）。细胞越不规则，细胞表面的突起越多，细胞内能够引起激光散射的细胞器或者颗粒性物质越多，其 SSC 值就越大。所以可以利用细胞的 SSC 值初步比较细胞的颗粒度，利用 SSC 值对细胞进行分群和分类。

当细胞通过激光束时，检测器会检测到细胞或颗粒的散射光，放置在前面的检测器检测 FSC，而放置在侧面的多个检测器检测 SSC。这样我们得到的就是细胞的物理特征，根据其物理特征进行分群分类。

（2）荧光通道

荧光通道表示的不是细胞特有的物理特征，而是其化学特征。如需要检测样品中是否有细胞表达某一 CD 分子，就将这一 CD 分子的抗体与特定的荧光素偶联，这种荧光素通过荧光通道时会被激发而产生荧光。这样该抗体与被检细胞结合后，就可以被识别到，我们也就能得到该样品中是否有细胞表达该 CD 分子（即区分阳性细胞和阴性细胞），以及有多少比例的细胞表达该 CD 分子等信息。

荧光通道接收到的信号越强，表示细胞上结合的荧光素越多，那么细胞表面表达的该 CD 分子就越多，因此可根据荧光信号的强弱判断细胞表达该 CD 分子的相对数量。总之，荧光通道值反映接收到的荧光信号的强弱，从而反映细胞上结合的荧光素的量，进一步反映细胞上表达该 CD 分子的量，最后间接反映细胞表达某 CD 分子这一化学特征。

流式图最常用的是直方图和散点图，等高线图应用较少。

直方图（又称单参数图），横坐标代表荧光信号或散射光信号的相对强度，可以是线性或对数坐标，一般是相对细胞数。直方图的展示方式与平日所接触的大部分数据表示方式大致相同，理解上较为直观，但当需要比较不同标记之间的表达量或是所检测的细胞在一个细胞群体中所占的比例特别少时，则遇到瓶颈，不得不使用散点图（李英英等，2022）。

图 6-5 横坐标荧光强度表示的是单个粒子 DNA 含量多少，纵坐标表示的是粒子数量，从图中可以看出大部分粒子集中在 16384 对应的峰，此处染色体数目为 2*N*，少部分粒子处于 32768 对应的峰，此处染色体数目为 4*N*。

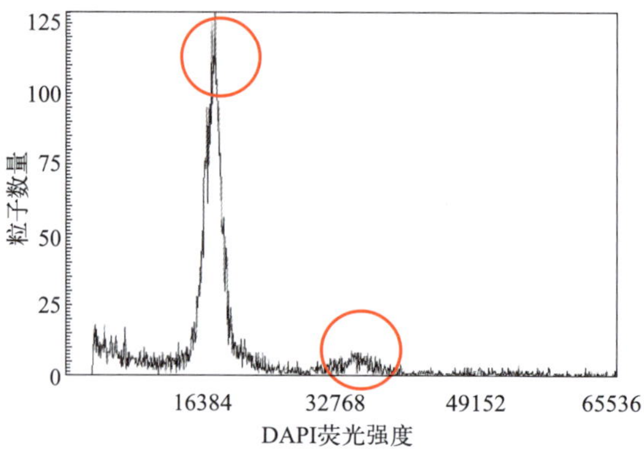

图 6-5　大豆细胞 DNA 含量流式图

散点图十分有利于分析两个参数之间的关系，而两个参数分别分布在 *x* 轴和 *y* 轴上，并且细胞计数以密度（点）图或轮廓图的形式显示，可显示其频率分布，同时也可以用不同的颜色标识给定位置的单元格密度。

图 6-6 是 5 只林麝 $CD4^+$、$CD8^+$ 亚群散点图（曾晖等，2019），当用象限标记将散点图分为四个部分时，在直方图理解的基础上，可知右上象限表示荧光标记均为阳性或双阳性的细胞，而左下象限则恰恰是显示两个标记均为负的细胞，左上象限和右下象限则分别代表只对 *y* 轴参数或 *x* 轴参数标记为正的细胞。

图 6-7 为树鼩外周血模型（江惠等，2022）。显示树鼩外周血可清晰地分为 4 群，分别为细胞体积较大、内容物较丰富的粒细胞（a），中等大小的髓样细胞（b），体积较小的淋巴细胞（c）以及小颗粒（红细胞、血小板和碎片，d）。

流式的等高线图和散点图相似，都能代表两个通道的信息。等高线图和地理上的等高线图原理相似，由相邻的点组合成闭合的环线。同一个环线上细胞的密度相同。地理上等高线越密集说明这个地方海拔变化越快。流式的等高线图如等高线越密集，说明这个地方的细胞数目密度变化越快。流式的等高线图比流式的散点图更能直观地体现细胞的分群。

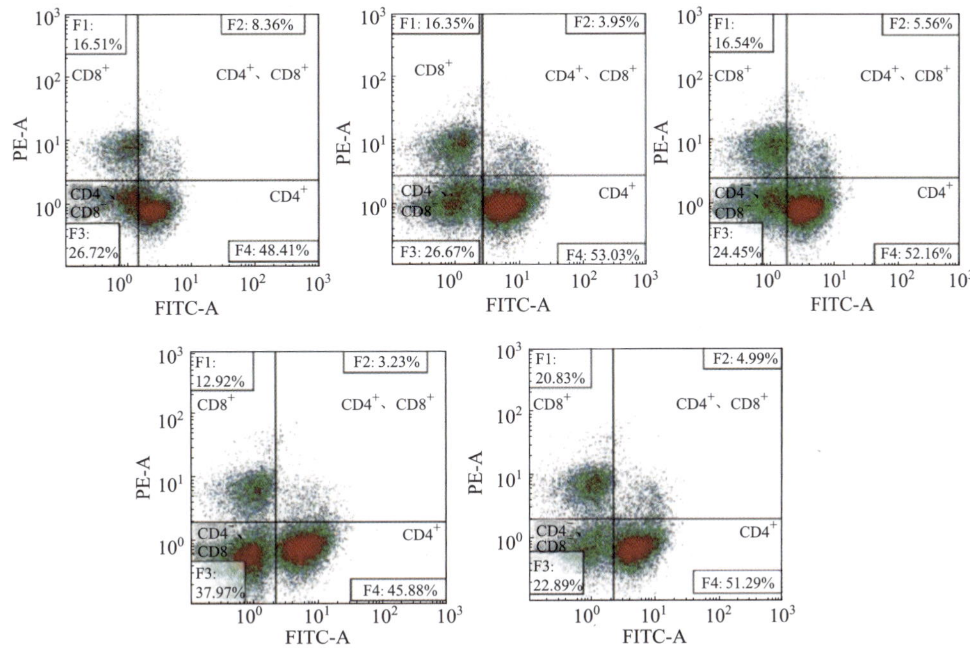

图 6-6　林麝 CD4⁺、CD8⁺ 亚群散点图

横轴 FITC-A 表示接收荧光染料 FITC 激发光的信号通道 1(FL1)；纵轴 PE-A 表示接收荧光染料 PE 激发光的信号通道 2(FL2);F1 象限表示被 PE 标记的 $CD8^+$T 淋巴细胞比率；F2 象限表示被 FITC 和 PE 双标记的 $CD4^+$、$CD8^+$T 淋巴细胞比率；F3 象限表示未被 FITC 和 PE 标记的 $CD4^-$、$CD8^-$T 淋巴细胞比率；F4 象限表示被 FITC 标记的 $CD4^+$T 淋巴细胞比率；各象限内的有色点表示细胞密度，由蓝、绿色到红色显示密度增大

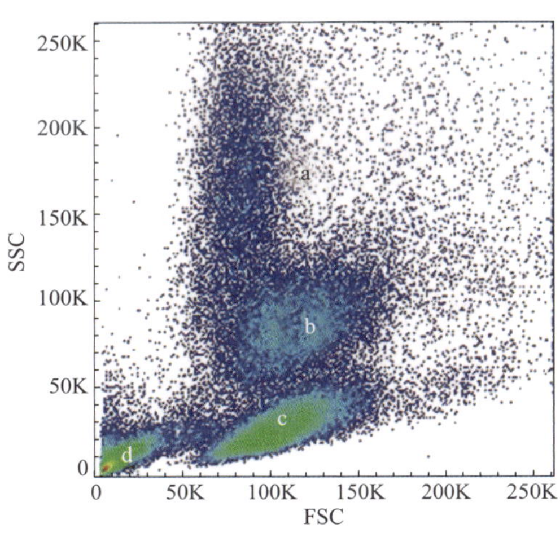

图 6-7　树鼩外周血模型

图 6-8（a）为血细胞散点图，图 6-8（b）为等高图。在等高图中，细胞密度相同的点连成一环线，处于中央位置的闭合等高线圈为某类细胞最集中的区域，据此定义为一类细胞，将该区域进行划定。如图 6-8 所示，根据血细胞 FSC 和 SSC 特征的不同，可把杂色鲍血细胞划分为三个亚群：R1、R2 和 R3。亚群 R1 的 FSC 和 SSC 值都相对最小，表明该亚群的细胞最小，颗粒复杂度也

最低，为透明细胞；R3 亚群细胞的 FSC 和 SSC 值都相对最大，表明该亚群的细胞最大，颗粒复杂度也最高，为大颗粒细胞。R2 亚群的细胞大小和颗粒复杂度处于 R1 和 R3 亚群之间，为小颗粒细胞。

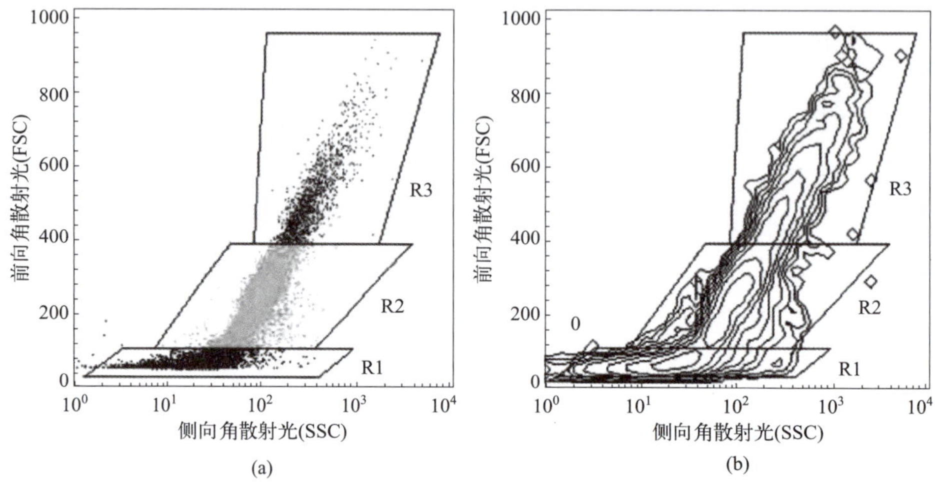

图 6-8　杂色鲍血细胞 SSC-FSC 散点图（a）和等高图（b）（冼健安等，2015）

R1—透明细胞；R2—小颗粒细胞；R3—大颗粒细胞

图 6-9 是一套完整的分析策略，分析的是小鼠骨髓移植 8 周后腹膜腔中肥大细胞的重建和 CD45.1/CD45.2 占比。成熟的肥大细胞表面具有 FcεRI 受体，同时高表达 CD117 (c-Kit)。

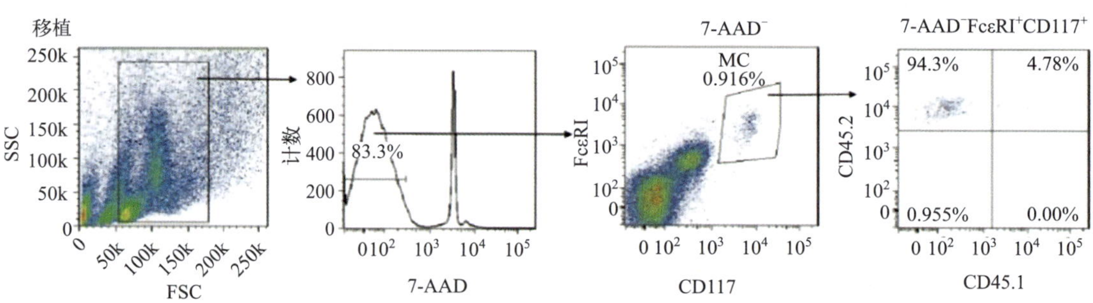

图 6-9　小鼠骨髓移植 8 周后腹膜腔中肥大细胞的重建和 CD45.1/CD45.2 占比（郭冉等，2022）

收集各样本细胞的前向 / 侧向散射光以及各荧光抗体染色信号，通过前向 / 侧向散射光设置 P1 门，以除去细胞碎片和残余的红细胞，随后分析两组小鼠不同组织中 7-AAD 阴性门下 $FcεRI^+$、$CD117^+$ 的肥大细胞以及 $FcεRI^+$、$CD49b^+$ 的嗜碱性粒细胞的比例，同时分析两种细胞群内 CD45.1 和 CD45.2 各自的占比情况。

6.2.2　荧光液滴体系构建及数据分析

6.2.2.1　荧光标记

基于荧光液滴的高通量单细胞表型筛选技术中的关键一环是将包含目标单细胞的液滴转

导产生可以测量的荧光信号。这种荧光信号的产生可以通过多种机制实现：目标细胞本身产生荧光、使用荧光染料直接标记目标细胞产生荧光、使用 RNA 适配体产生荧光、通过液滴共培养的细胞生物传感器或者是使用化学或酶联反应产生荧光。

（1）目标细胞本身产生荧光

在理想的情况下，需要筛选的细胞产物本身就可发出荧光，因此可以直接用于荧光激活液滴分选（fluorescence-activated droplet sorting，FADS）。比如，核黄素（维生素 B_2）具有固有荧光的特性，利用该特性可以直接通过 FADS 筛选产生核黄素的微生物菌株的突变体库（Wagner et al, 2018）。

（2）使用荧光染料直接标记目标细胞产生荧光

使用荧光染料标记目标细胞时，寻找到具有所需特性的荧光染料很重要。例如，Zhu 等人使用了一种名为 Probe 1 的荧光染料，Probe 1 的反应原理是当 H^+ 存在时会抑制光诱导电子转移（PET）（Zhu et al, 2019）。因此，其荧光强度与 W/O/W 液滴中的乳酸水平呈正相关。使用这种染料，可以检测微滴内凝结的芽孢杆菌菌株产生的高水平乳酸。此外，Kim 等人利用在液滴内的 BOPIDY 的荧光强度来表征微藻生长和脂质含量，筛选甲基磺酸乙酯（EMS）诱变的莱茵衣藻文库（图 6-10）（Kim et al, 2017）。

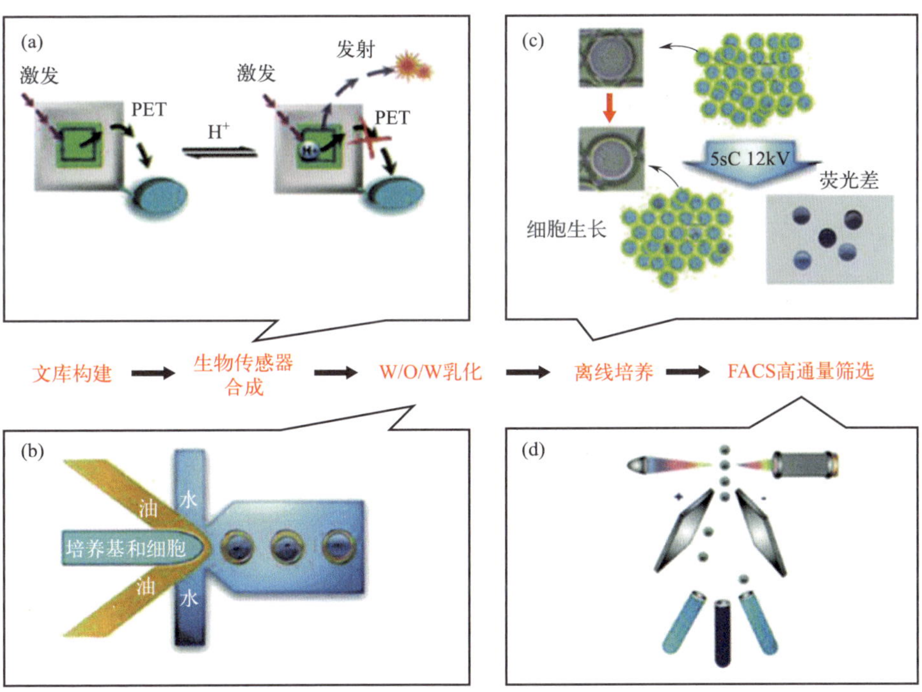

图 6-10　突变体筛选流程示意图

（3）使用 RNA 适配体产生荧光

该法是利用具有双重功能的 RNA 适配体与所需底物结合，随后允许在构象变化时产生荧光信号。这种方法的核心创新是使用适配体将分泌的目标分子浓度转化为适合千赫频率的液滴分选的荧光信号。适配体对生物技术研究人员感兴趣的分析物（包括小分子和蛋白质）具有特征性的结合亲和力，它们为定制快速筛选提供了通用的传感技术。许多能够结合常见蛋白质和小分子的RNA适配体，包括链霉亲和素和酪氨酸，被引入液滴中并能定量产物以供检测。例如，Abatemarco等人使用RNA适配体（图6-11），将细胞外产物滴度转化为荧光，允许对数百万个变体进行超高通量筛选，将酿酒酵母中酪氨酸的产生和重组蛋白的分泌分别提高28倍和3倍（Abatemarco et al, 2017）。

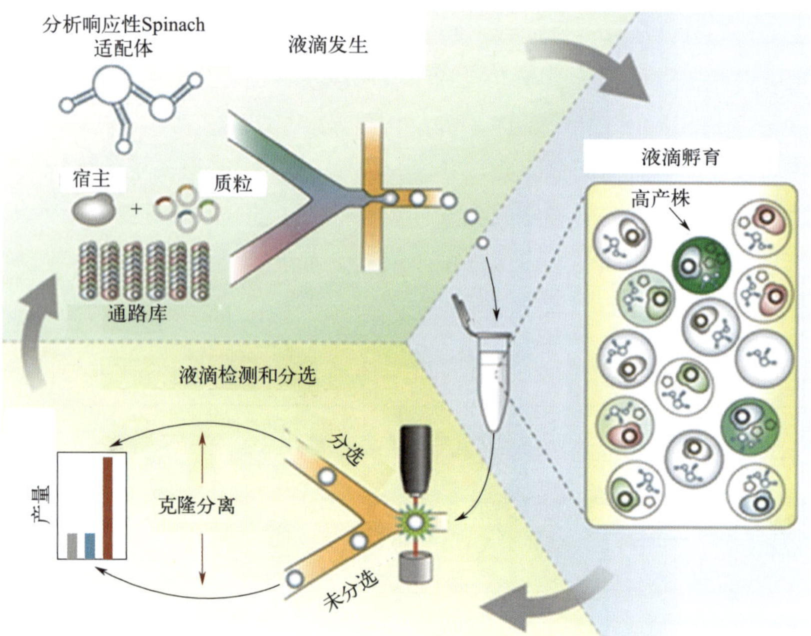

图6-11　液滴内RNA适配体分选示意图（Abatemarco et al, 2017）

（4）通过液滴共培养的细胞生物传感器产生荧光

通过液滴共培养的细胞生物传感器依赖于荧光标记的细胞以及细胞活力来反映产品浓度的信息，利用荧光标记菌株的增殖依赖性荧光信号来间接表征目标产物浓度。Saleski等人提出了共营养共培养生长表型扩增（SnoCAP）的方法（图6-12），用于通过与伴侣菌株共定位来对目标菌株进行高通量筛选（Saleski et al, 2019）。一种对目标分子是营养缺陷型的菌株作为“传感器”，它的生长能力取决于另一株“分泌者”分泌的目标分子的数量。目标分子的生产水平被转化为高度可区分的共培养生长特征，从而将生产差异放大为高度可区分的生长表型。而作为传感器的菌株往往具有可以被直接检测的荧光信号，荧光信号的强弱反映了目标分子含量的多少。

（5）使用化学或酶联反应产生荧光

除了使用荧光染料直接标记目标细胞产生荧光之外，当微生物工程菌株分泌表达的待检测物（小分子化合物、酶）没有自发的检测信号时，可以通过外源添加试剂与待检测小分子物质发生反应或者与酶发生酶催化反应并产生光学信号进行检测筛选。通过液滴生成芯片将细胞和底物共包埋在液滴中，经过离线长期培养后，再将液滴重注入液滴分选芯片进行检测和分选。Ma 等人在筛选几种合成底物的磷酸三酯酶活性时，发现一种香豆素衍生物具有双重特性：一方面具有疏水性，可扩散穿过水-油界面；另一方面可以转化为荧光底物，并保留在液滴中（Ma et al, 2016），其通过酶联反应产生荧光的原理如图 6-13 所示。

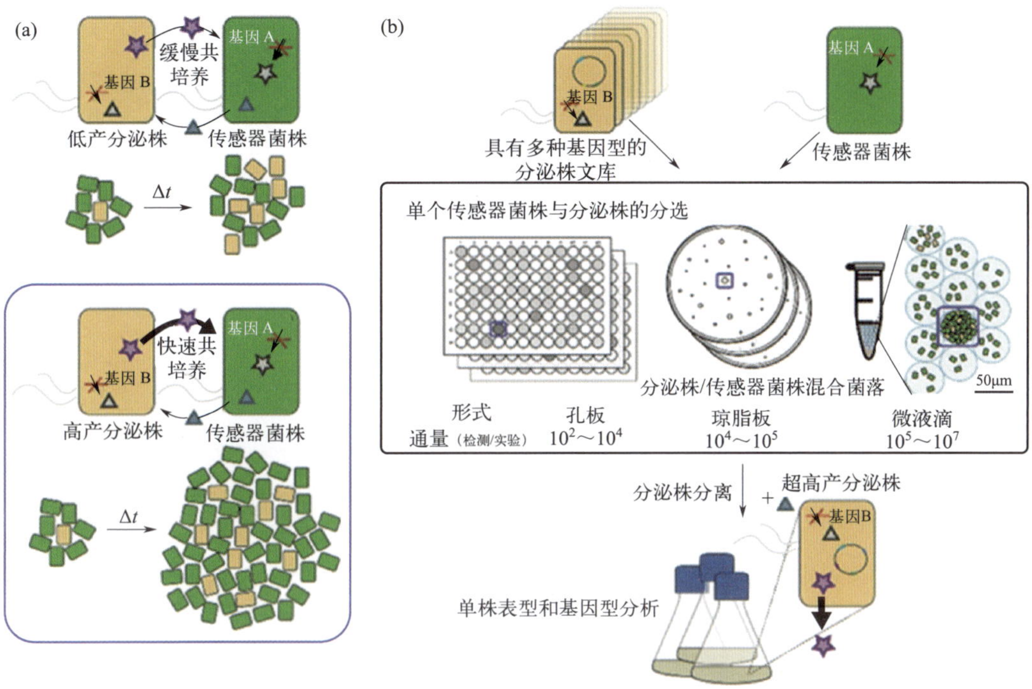

图 6-12 筛选策略的总体示意图

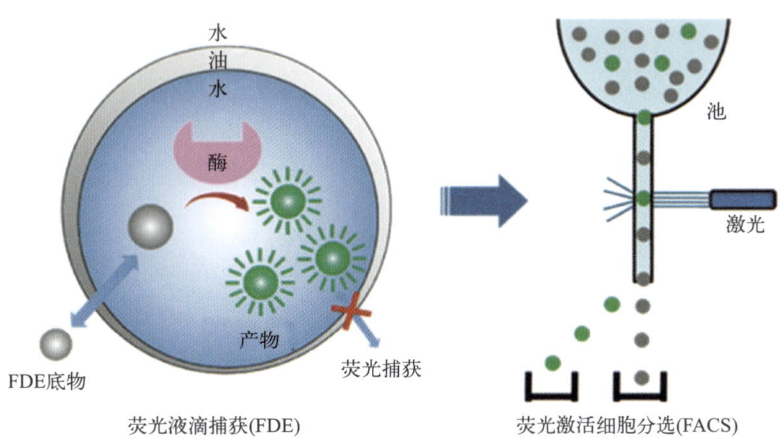

图 6-13 通过酶联反应产生荧光示意图（Ma et al, 2016）

6.2.2.2 荧光液滴体系数据分析

接下来以 FACS 为例，介绍数据分析的流程。FCM 数据存储的方式是 FCS 2.0（flow

cytometry standard 2.0），采用列表排队（list mode）方式，易于加工处理分析，但缺乏直观性，数据的显示通常有一维直方图、二维点图、等高线图、密度图等几种。由数据还可以做出标准曲线进行定量分析。从收集的流式细胞仪数据中创建直方图和点阵图，以便进行分析。但首先，应采取几个处理步骤，以实现准确的分析。

（1）选择有活力的单细胞

一般来说，分析将从根据某些特征选择感兴趣的单细胞开始，这是由一个被称为门控的过程完成。分析软件允许用户在某些细胞群周围画线，称为门控，以选择它们进行进一步分析。对单细胞进行门控是非常重要的，因为双细胞，即同时通过激光的细胞，可能会导致其中一个细胞产生假阳性信号。使用显示 FSC 和 SSC 数据的点阵图，选择具有感兴趣的群体大小和颗粒度的单细胞进行进一步分析。

此外，必须对存活率进行把关，因为死亡的细胞往往会发出更多的自发荧光，可能会影响分析。自发荧光可能与一些使用的荧光团重叠，导致假阳性信号。存活率是用存活率染料评估的，这些染料可以与 DNA 结合或与细胞内的游离氨基反应。

（2）补偿

分析的下一步是评估为每个细胞测量的特定荧光信号。由于可用的荧光团的发射光谱存在重叠，使用多种荧光团的实验可能需要补偿（Szalóki et al, 2015）。重叠的光谱可能导致假阳性，因为测量的信号来自另一个荧光团。因此，适当的实验设计对构建光谱重叠最小的荧光团面板至关重要。即使如此，也常常需要对重叠进行校正或补偿。一个阳性和阴性对照样品指导补偿，最好是使用所研究的细胞类型，如果不能获取所研究的细胞类型，可以使用补偿珠。

（3）门控和分析

一旦设置了补偿，可以通过收集每个荧光检测通道的数据来分析每个标志物。可以对感兴趣的群体进行额外的门控，以关注特定参数的存在与否。密度图和直方图都可用于此目的。密度图将单个细胞显示为根据其荧光特性分布的点。颜色用来表示分析中具有这些特性的细胞的数量。两个标志物可以同时显示，一个在 X 轴上，一个在 Y 轴上，根据这两个参数的表达来区分细胞。直方图显示单一参数，在 Y 轴上显示细胞数，在 X 轴上显示荧光强度。控制正确的门控是必不可少的，可以根据阳性和阴性对照来设置。阳性对照是一个表达标志物的细胞样本，由带有感兴趣的荧光团的抗体检测。阴性对照可以是未染色的细胞或用同型对照染色的细胞；使用荧光团标记的抗体，针对的是细胞上不存在的抗原，以校正非特异性背景。对于有许多参数的大样本，建议使用荧光减一（FMO）对照。应该为实验中使用的每一个荧光标志物单独创建 FMO 对照。它允许检测来自重叠光谱图的背景信号。

（4）高维数据的分析

研究参数数量的扩大改变了流式细胞仪数据的分析方式。每增加一个参数，数据就会具有更多维度。因此，新的分析技术已经被开发出来，以从这些高维数据中提取信息。例如主成分分析（PCA）(Jolliffe et al, 2016)、密度正常化事件的生成树进展分析（SPADE）(Qiu et al, 2011) 和 t 分布随机领域嵌入（t-sochastic neighbor embedding，tSNE）算法（Belkina et al, 2019）。这些算法根据细胞间表型的相似性和差异对数据进行分类，以便进行二维分析。

6.2.2.3 液滴的产生

微流控技术主要包括连续微流体技术和以间断液滴为基础的微流体技术，相对于连续流体，间断液滴最大的优势在于可以形成大小可控、相互独立的单个液滴微反应器，并将待检测的样品单独包埋在这些液滴微反应器中，实现单细胞及其胞外分泌物的分析（van Tatenhove-Pel et al, 2020）。液滴微流控的第一步是生成液滴，为了将细胞包裹入液滴中，通常将含有细胞的液体分散成液滴。在液滴内找到一定数量细胞的概率遵循泊松分布。产生液滴是液滴微流控技术应用的前提。液滴的产生在技术上可以通过多种方法来实现。目前生成液滴的方式大体可以分为主动液滴生成和被动液滴生成两种（Zhu et al, 2017）。主动液滴生成方式比如使用毛细管（Wang et al, 2019; Wei et al, 2019）、电场（Link et al, 2006; Zhu et al, 2017）、磁场（Kahkeshani et al, 2016）、声波（Lei et al, 2020）和激光（Park et al, 2011）等方式来驱动产生液滴，这种生成液滴的方式可以方便对单个微液滴进行操控，但是往往很难高通量生成。被动液滴产生方式主要是用水动力法来生成液滴，如图 6-14 所示，最常用的有三种方式：T 形通道法（Barbier et al, 2006; Thorsen et al, 2001）、夹流聚焦法（Garstecki et al, 2004）和共流聚焦法（Umbanhowar et al, 2000）。基于水动力法生成液滴的方式是依靠外部机械力驱动两种互不相溶的流体在不同的微通道中形成液滴，具有液滴生成速度快、稳定性高、均一性好、大小可以调控等一系列的优势，已经广泛应用于生成各类液滴——油包水液滴、水包油液滴、琼脂糖微球甚至气包水等。

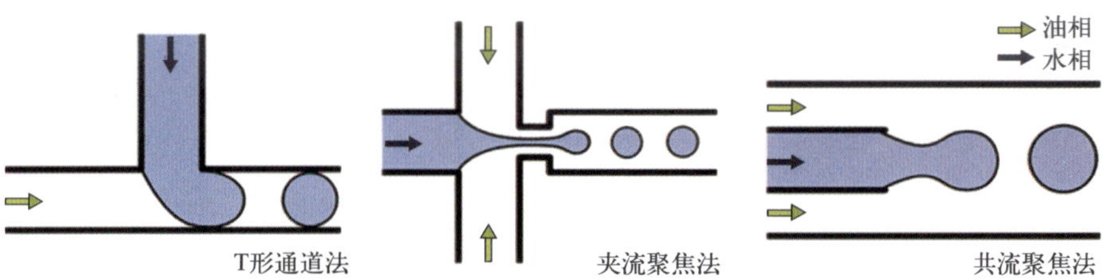

图 6-14　三种典型微流控液滴生成芯片结构示意图（Collins et al, 2015）

在用于高通量液滴筛选的情况下，通常使用 T 形通道法和流动聚焦法生成液滴，可以快速生成大规模液滴用于后续筛选。此外，微液滴阵列可以在微腔室内快速生成微液滴（Amselem et al, 2016），允许长时间静态观察，类似于微滴板上可用的索引。液滴产生方法的选择取决于用户的需求，应根据实际的需求选择液滴的产生方式，更重要的是要匹配后续的液滴操控。

6.2.2.4 液滴孵育

液滴孵育是实验设计的一个关键方面。给予含有单细胞的液滴适宜的反应条件，使目标液滴产生可以被检测到的荧光信号，这需要构建合适的荧光体系。

6.2.2.5 液滴分选

液滴微流控技术的主要优势之一是能够生成可以单独运输和分析的独特液滴。液滴分选有助于实现一系列功能，包括分离目标液滴、纯化合成样品以及分离液滴的异质混合物（Xi et al, 2017）。另外，分选机制可以对目标单个液滴进行单独控制，将所需要的液滴予以收集以便于后续的分析操作。

液滴检测分选是微流控筛选微生物菌株的最后一步，其目的是从大量的液滴中检测并分离出感兴趣的目标液滴，获得高产工程菌株。根据分选的作用方式分为主动分选和被动分选。被动分选是利用微流控芯片的结构及液滴自身的物理性质如液滴的大小进行的分选，这种分选方式并不依靠外加场或者力的作用，虽然所需设备少，但因干扰因素多导致分选效率低、误差大，因此实际使用较少。主动分选是依据液滴自身或者外加因素导致的物理或者化学性质差异，在检测确定目标液滴后，通过对液滴施加外部作用力进行液滴分选。目前液滴流式分选的技术主要有流体力学分选（Joensson et al, 2011）、声学分选（Li et al, 2019; Ma et al, 2017; Park et al, 2017）、介电分选（Bowman et al, 2020; Cole et al, 2017; Schutz et al, 2019）、外部电磁阀分选（Zhang et al, 2017b）。常用的高通量筛选手段为介电分选。如图 6-15 所示，基于介电分选发展的荧光激活液滴分选（FADS）和荧光激活细胞分选（FACS）都是目前用于流式分选液滴的常用方法。FADS 允许对油包水乳液进行分类，而 FACS 必须对水-油-水 (W/O/W）乳液进行分类以与流式细胞仪的流体相兼容。大多数液滴分选应用的基础是 FADS。与 FACS 类似，该系统是利用激光激发出液滴的荧光信号，当检测到的荧光信号强度大于用户自定义设置的阈值时，会施加电压，从而将强荧光液滴分选到收集通道中实现液滴的分选。这个基本原理类似于 FACS；然而，液滴的检测和分选是在微流控芯片上进行的，其中电极嵌入芯片本身。因此，这种方法比使用 FACS 系统所需的流式细胞仪更加简化，并且总体上更稳定。

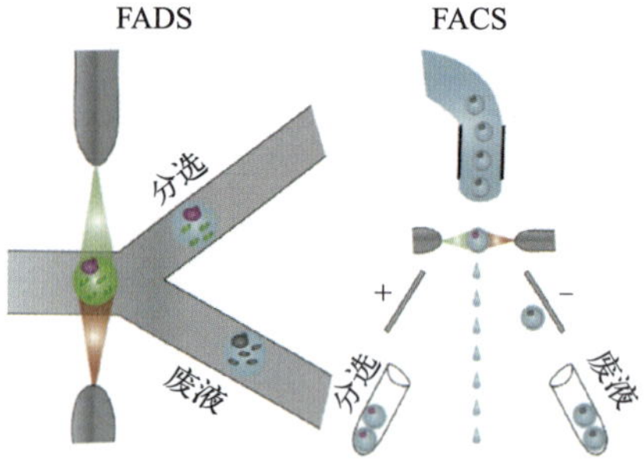

图 6-15 常见的液滴分选方式（Bowman et al, 2020）

6.2.3 拉曼单细胞表型识别及数据分析

基于拉曼光谱强大的表型识别能力，现已发展了一系列拉曼组技术平台。每个单细胞拉曼光谱均是一个信息丰富的生化指纹图谱，可指示细胞的代谢状态，因此可以基于单峰、多峰乃至全谱的组合模式进行建模从而解析不同细胞表型。最近，针对不同场景、不同细胞、不同表型的拉曼表型检测表明，拉曼组技术平台可以解析或预测不同细胞功能表型（图 6-16），如定量检测细胞利用含氢（Berry et al, 2015）、含碳（Jing et al, 2018）等底物的代谢速率，测定各种拉曼敏感产物［色素（Song et al, 2017b）、甘油三酯（Wang et al, 2014）、淀粉（Ji et al, 2014）、蛋白质（He et al, 2017）等］的多样性及其含量，表征细胞的环境应激性［如微生物药物敏感性（Tao et al, 2017）、微生物药物应激机制（Teng et al, 2016）、肿瘤药敏性与药物应激机制（Hekmatara et al, 2021）等］，检测细胞之间的代谢互作（Wang et al, 2016b），重建细胞内代谢物相互转化网络（拉曼组内关联分析，IRCA）（He et al, 2021），还可区分不同的物种（Heidari Baladehi et al, 2021）等。

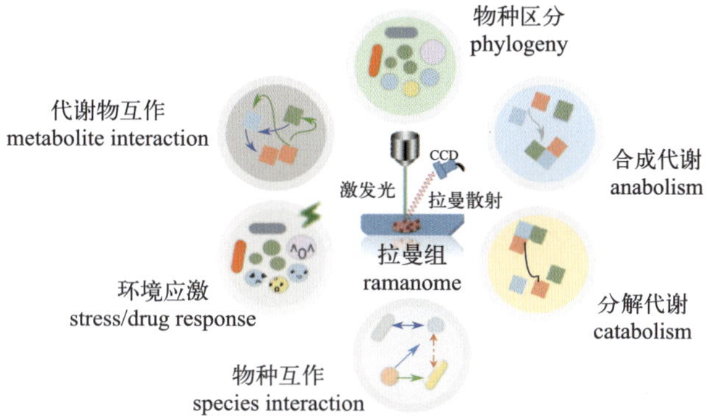

图 6-16　拉曼组在单细胞精度所能反映的表型功能（He et al, 2019）

6.2.3.1　基于拉曼组的合成产物检测

对于微生物细胞工厂而言，不同合成产物的同步化、高通量、低成本检测对优势菌株的工程改造并选育，以及相关机制的研究至关重要。相较于质谱和荧光检测技术，拉曼组技术可以在无损且非标记的状态下同步检测不同代谢产物。这些优势已使得拉曼组技术被广泛应用于不同细胞中不同合成产物的表征（He et al, 2019; Yan et al, 2021）。

（1）类胡萝卜素

类胡萝卜素是一类在药物、食品、化妆品中广泛应用的功能性生物分子（Christaki et al, 2013; Rodriguez-Concepcion et al, 2018）。由于类胡萝卜素中的强电子-光子耦合效应，其拉曼信号呈现共振拉曼效应，使得大约在 1520 cm^{-1}（C═C 弹性振动）、1158 cm^{-1}（C—C 振动）和 1007 cm^{-1}（甲基扭动）处的拉曼特征峰极大增强 (Robert, 2009)。微藻是自然界中类胡萝卜素含量最高的生物资源之一，如雨生红球藻高产虾青素、硅藻高产藻黄素（Guedes et al, 2011）。在雨生红球藻中，1520 cm^{-1} 处的拉曼峰强度和虾青素的含量高度相关，因此，该特征峰已被用于定量表征虾青素含量（Collins et al, 2011; Kaczor et al, 2011; Li et al, 2017）。基于共振拉曼光谱，Alexandre 等实现了活体细胞中硅甲藻黄素和岩藻黄质的评估，并进一步探讨了硅甲藻黄素深度氧化为岩藻黄质的光保护机制（Alexandre et al, 2014）。值得注意的是，由于光合色素通常具有相似的发色团，因此其拉曼光谱极其相似，仅通过原始拉曼光谱难以区分不同色素。Collin 等人通过开发多变量曲线分辨率算法（multivariate curve resolution, MCR）有效解决了上述问题，实现了雨生红球藻活细胞中虾青素、β-胡萝卜素和叶绿素的区分，从而可以监测虾青素的动态合成（Collins et al, 2011）。

（2）脂质

脂质在细胞功能的几乎所有方面均发挥着重要作用，如膜的构建、能量存储、信号转导等。中性脂质，如甘油三酯（TAG），既可作为保健品亦可转化为生物柴油。因此，胞内甘油三酯的快速检测和定量极其重要。大多数脂质分子含有丰富的 ═C—H、C═C、C—C 键等，均呈现较强的拉曼特征峰，如 1650 cm^{-1}（C═C 拉伸）、1440 cm^{-1}（—CH_2 扭曲）、2800 ～ 3000 cm^{-1}（CH_2 对称和非对称拉伸）等（Wu et al., 2011）。基于这些特征峰，已实现模式细胞体系酵母、微藻等的总脂、甘油三酯及不饱和度等拉曼表征（He et al, 2017; Lee et al, 2013; Shao et al, 2017; Wang et al, 2014; Wu et al, 2011）。

（3）多糖

多糖在工业上有着极为广泛的应用，如作为底物用于生物柴油和生物乙醇的生产。多糖分子通常含有丰富的 C—C、C—H 键和吡喃糖环等，均呈现较强的拉曼特征峰。研究表明，478 cm^{-1}（吡喃糖环的骨架振动模式）处拉曼特征峰与细胞内淀粉含量呈近乎线性相关（R^2 = 0.9893），因此该峰被广泛用于表征胞内淀粉含量（Chiu et al, 2017; Ji et al, 2014; Moudrikova et al, 2017）。同样，1050 cm^{-1}（C═O 拉伸振动）特征峰与糖原高度相关，已被用于检测根瘤菌细胞中的糖原动力学（Xu et al, 2017b）。此外，纤维素（cellulose）、半纤维素（hemicellulose）和果胶（pectin）均具有明显的拉曼特征峰，目前已实现基于拉曼光谱技术表征植物细胞壁的组成及结构（Chylinska et al, 2014; Gierlinger et al, 2006; Lupoi et al, 2014）。

（4）其他产物

聚羟基脂肪酸酯（polyhydroxyalkanoate, PHA）是一种可由多种细菌生产的具有广泛应用价值的可生物降解酯。Samek 等人基于 1736 cm^{-1} 特征峰实现杀虫贪铜菌（*Cupriavidus necator*）的胞内 PHA 快速识别和量化表征（Samek et al, 2016）。botryococcenes 是一类液态碳氢化合物，可用作动力燃料。Weiss 等人基于 1640 cm^{-1} 和 1647 cm^{-1} 特征峰实现布朗葡萄藻（*Botryococcus braunii*）中 botryococcenes 的合成和分布表征（Weiss et al, 2010）。两性霉素 B 是一种光谱抗生素。Miyaoka 等人基于 1559 cm^{-1} 特征峰实现结节链霉菌（*Streptomyces nodosus*）细胞中两性霉素 B 的合成检测，为高产抗生素菌的筛选提供了新思路（Miyaoka et al, 2014）。

6.2.3.2 基于拉曼组的底物代谢检测

底物代谢及不同底物下细胞活性是细胞工厂的重要特征。稳定同位素探测（stable isotope probing, SIP）技术已被广泛用于代谢流分析及功能微生物细胞鉴定等（Berry et al,

2018; Uhlik et al, 2013)。常用的稳定同位素包括 ^{13}C、^{15}N 和 ^{2}H 等，这些同位素的掺入会改变分子量，从而引起振动状态的改变，最终使得细胞拉曼光谱发生变化（Huang et al, 2010; Huang et al, 2007; Wang et al, 2016a）。

^{13}C稳定同位素：对于光合细胞而言，无机碳（如CO_2）是主要碳源，因此识别突变体库或环境样本中高效固定CO_2的细胞对生物资源挖掘和生态研究至关重要。通过以^{13}C标记的碳酸氢钠作为碳源，并耦合共振拉曼检测，Jing等人和Li等人成功从生物群体中发现了光合固碳细胞（Jing et al, 2018; Li et al, 2012b）。Venkata和Shigeto通过在粟酒裂殖酵母（*Schizosaccharomyces pombe*）细胞培养的底物中添加^{13}C标记的葡萄糖并耦合时序拉曼成像，发现^{13}C被转化至蛋白质和脂质中（Venkata et al, 2012）。除葡萄糖外，^{13}C标记的果糖、半乳糖、萘等也被添加到大肠杆菌、芽孢杆菌等的培养基中，通过检测蛋白质相关拉曼峰的位移变化，揭示了细胞在不同碳源底物中对碳源的分解代谢抑制机制（Kumar et al, 2016）。

^{15}N稳定同位素：在固氮杆菌属中，通过用^{15}N标记的氮气饲喂细胞，可以引起细胞色素c的拉曼特征峰1129 cm^{-1}（C-^{14}N）红移到1114 cm^{-1}（C-^{15}N）处。基于该特点，可快速识别土壤中的固氮菌并检测这些菌对氮源的利用效率（Angel et al, 2018; Cui et al, 2018）。此外，基于^{15}N稳定同位素标记耦合拉曼检测，Han等人实现了铜绿微囊藻（*Microcystis aeruginosa*）对氯化铵的摄取及微囊藻毒素（毒性次级代谢产物）生物合成的快速表征（Han et al, 2016）。

^{2}H稳定同位素：水（H_2O）是所有生命体所必需的代谢底物，水的摄入速率可以反应细胞的代谢活性。当细胞摄入重水（D_2O）时，化合物中的氢原子（H）将被氘原子（D）取代，从而在拉曼光谱的静默区出现碳氘（C—D）峰（2040～2300 cm^{-1}），通过量化碳氘峰便可检测细胞代谢活性。基于该方法，Berry等人揭示了嗜黏蛋白阿克曼氏菌（*Akkermansia muciniphila*）和产酸拟杆菌（*Bacteroides acidifaciens*）对黏蛋白和糖类的不同降解模式（Berry et al, 2015）；Yonamine等人检测并比较了不同单个微藻细胞的光合效率（Yonamine et al, 2017）；Olaniyi等人检测了具有羟甲基纤维素降解活性的细菌（Olaniyi et al, 2019）。^{2}H除了标记水之外，还可标记葡萄糖，细菌代谢^{2}H-葡萄糖后同样在拉曼光谱上呈现碳氘峰，因此可用于量化细胞对葡萄糖的利用率（Berry et al, 2015）。

6.2.3.3 基于拉曼组的物种区分

单细胞拉曼光谱可以作为单个细胞的分子指纹图谱，因此可以区分具有不同系统发育背景的细胞，即区分细胞物种（Lorenz et al, 2017)。目前基于单细胞拉曼光谱技术已实现不同酵母类型的区分（Pahlow et al, 2015)。Kochan 等人通过拉曼特征峰（1444 cm^{-1}、1656 cm^{-1} 和 1740 cm^{-1}）表征细胞内脂质体以及脂肪酸组成，可以区分携带单基因突变的单个工程酵母细胞（Kochan et al, 2018)。此外，通过拉曼光谱和化学计量学方法对来自 13 个芽孢杆菌和芽孢杆菌相关物种的66株菌株进行了区分，物种水平分类的准确度为80%～100%(Stockel et al, 2012)。不同的根瘤菌突变体也可以通过单细胞拉曼光谱根据细胞色素 c、糖原和聚羟基丁酸酯（PHB）的拉曼信号来区分（Xu et al, 2017b)。对于金黄色葡萄球菌、白色念珠菌等临床微生物的分类，通过拉曼直接测定平板上的单克隆菌落可将分类时间缩短至 6 h

（Choo-Smith et al, 2001）。对于微藻等光合单细胞，通过检测共振拉曼信号，可以区分不同藻株（Baladehi et al, 2021; Wei et al, 2014）。

6.2.3.4 基于拉曼组的环境应激检测

细胞对环境的应激反应是微生物细胞工厂的重要特征之一。单细胞拉曼光谱可反映单个细胞的代谢状态，因此可用于模拟或预测细胞的应激反应特征。Chiu 等人和 Singh 等人基于拉曼检测探究了酵母细胞胞内脂质和蛋白质等主要组分对高渗或高温胁迫的应激反应（Chiu et al, 2013; Singh et al, 2005）。Heraud 等人发现在不同营养条件下，盐生杜氏藻细胞表现出不同的拉曼光谱形态，反映了不同的代谢状态（Heraud et al, 2007）。对于模式生物大肠杆菌，已建立了一系列拉曼识别码来快速检测抗生素、酒精和重金属等造成的环境压力下的细胞应激机制（Athamneh et al, 2014; Germond et al, 2018; Teng et al, 2016; Zu et al, 2014）。此外，拉曼光谱在细胞耐药性测试方面也显示出巨大的潜力，如 Tao 等人基于重水拉曼技术，提出基于代谢活性的最小抑制浓度（minimum inhibitory concentration based on metabolic activity, MIC-MA），用于量化表征单细胞的耐药性，并可检测药物作用下非生长但有代谢活性的细胞，这对遏制抗生素耐药性传播至关重要（Tao et al, 2017）。

6.2.3.5 基于拉曼组的代谢互作检测

代谢相互作用（例如碳底物的交换等）广泛存在于单细胞生物中。但如何直接检测代谢互作是当前面临的挑战。用 ^{13}C 标记的葡萄糖培养大肠杆菌并进一步饲喂线虫，通过拉曼光谱可观察到碳源在食物链中的传递并可揭示代谢通路（Li et al, 2013）。当共培养巴伊不动杆菌和大肠杆菌时，以柠檬酸作为唯一碳源并耦合多种同位素标记，单细胞拉曼光谱的变化表明巴伊不动杆菌分泌的腐胺和苯丙氨酸可以被大肠杆菌利用（Wang et al, 2016b）。稳定同位素标记结合拉曼检测也被用于揭示沼泽中不同物种之间碳源和氮源的转化（Mieczan et al, 2015）。因此，拉曼检测可用于单细胞水平上分析细胞间的代谢相互作用和共生关系。

6.2.4 质谱单细胞表型识别及数据分析

6.2.4.1 探针选择和结合

与流式细胞术类似，抗体是检测细胞因子最常见的探针。由于缺乏特异性和蛋白质家族的冗余性，抗体通常具有非靶标亲和力，因此，缺乏抗体探针特异性是许多实验面临的问题。对于质谱流式细胞术，探针特异性是实验设计中最重要的因素。由于质谱读数的高灵敏度，对非目标分子显示二级亲和力的探针将掩盖准确的信号（Olsen et al, 2019）。探针与特定原子质量的元素同位素结合，以实现最佳信号强度（表 6-2）。优化探针和偶联物面板有助于在采集后分析高质量数据。检测原子量的最佳范围因仪器而异。例如，Helios™ 质谱流式细胞仪对 159 ～ 170 之间的原子量最敏感，超出此范围的原子量可能会导致信号强度降低为原来的 1/4。因此，检测共轭同位素分子量的灵敏度和目标生物分子的预期表达水平是面板设计中需要考虑的重要参数（Olsen et al, 2019）。此外，同位素和元素杂质会导致不同通道之间的信号溢出（Gadalla et al, 2019; Olsen et al, 2019）。因此，纯度较低的金属应与低表达生物标志物配对，以将溢出保持在背景水平，并减少信号干扰。为了提高分辨率，低表达的标志物应该与细胞仪最佳原子量范围内的高信号强度金属配对，例如钬同位素钬-165（^{165}Ho）或铥同位素铥-169（^{169}Tm）。在相邻通道上使用细胞群独有的标记将减少信号溢出（Gadalla et al, 2019）。一旦设计好了面板，探针就会与相应的金属同位素结合。通常，使用带有与探针共价结合的金属离子的金属螯合聚合物（Olsen et al, 2019）。探针滴定是一个重要步骤，因为较低的稀释度会导致较低的分辨率，而较高的稀释度会增加背景信号（Gadalla et al, 2019）。

表6-2 用于探针偶联的金属同位素（Tracey et al, 2021）

金属	缩写	同位素的原子量
钇	Y	89
钯	Pd	102,104～106,108,110
镉	Cd	106,116
铟	In	115
镧	La	139
铈	Ce	140
镨	Pr	141
钕	Nd	142～150
钐	Sm	147～154
铕	Eu	151～153
钆	Gd	155～160
铽	Tb	159
镝	Dy	161～164
钬	Ho	165
铒	Er	166～170
铥	Tm	169
镱	Yb	171～176
镥	Lu	175
铋	Bi	209

6.2.4.2 样品制备和采集

数据采集准备样本的步骤数量和顺序可能因组织和检测类型而异，此处列出了一般步骤。首先，必须处理组织样本以产生单细胞悬浮液。接下来，评估细胞活力和细胞浓度以确定理想的标记条件并优化采集（Olsen et al, 2019）。然后标记样品以区分死细胞和活细胞，最常见的方法是用顺铂处理细胞，顺铂是一种铂基试剂，当细胞膜受损时会结合 DNA（Olsen et al, 2019）。如果要合并多个样品并在一个试管中运行，则在活死标记后要包括一个条码步骤。条码是通过用细胞反应性探针的独特组合标记单个样本来生成的，这些探针在去卷积分析期间充当标识符。通常使用与细胞反应性金属螯合剂结合的六种钯（Pd）同位素的组合，这样可以通过正或负 Pd 同位素标记来区分单个样品。例如，如果样品 A 被标记为 Pd102、Pd104 和 Pd106，则样品 B 可以被标记为 Pd102、Pd105 和 Pd106。条码编码后，将样本汇集起来进行进一步标记。使用条码可节省时间和试剂，并减少因样品单独处理而产生的技术差异（Zunder et al, 2015）。

接下来，用针对表面表达表位的探针标记细胞。然后将细胞固定、透化并用针对细胞内标记的探针进行标记。将含有铱或铑同位素的 DNA 嵌入剂与细胞悬液一起孵育，以区分细胞与碎片以及将单细胞与双联体区分开来（Gadalla et al, 2019; Olsen et al, 2019）。最后，在质量细胞仪中分析标记的单细胞悬浮液，以获得每个单独细胞的蛋白质测量值（图 6-17）。

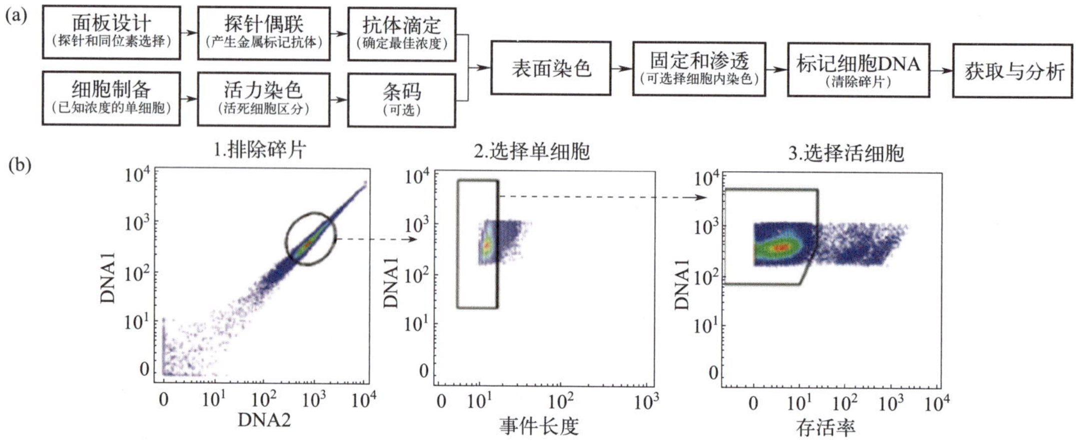

图 6-17　质谱流式细胞术流程

（a）质谱流式细胞术方案中的关键步骤，从实验设计到细胞标记或“染色”到数据分析。（b）质谱流式细胞术数据的初步分析。过滤器或“门”依次应用于数据以获得活的单细胞以供进一步分析

6.2.4.3　数据处理与分析

在它们可以被分析之前，采集的数据必须经过归一化和降噪以及去编码（如果适用）处理。归一化消除了采集过程中仪器灵敏度的任何差异（Olsen et al, 2019）。在进行质谱流式细胞术之前，将校准珠添加到样本中以用作参考并识别信号强度衰减的时期。下一步是通过去除不需要的事件来减少“噪声”，特别是珠子、碎片、双峰和死细胞［图 6-17（b）］。碎片和双峰可以通过双轴绘制两个 DNA 通道来识别；DNA 表达低的事件可能是碎片，而高表达的事件可能是双联体。通过绘制事件长度的直方图并移除比大多数事件更长的事件，也可以将双峰排除在下游分析之外（Olsen et al, 2019）。使用传统的流式细胞仪数据，分析首先将细胞过滤到感兴趣的群体中，称为门控；然而，质谱流式细胞术实验中的大量参数使得手动方法既费力又耗时（Olsen et al, 2019）。目前，已经开发了半自动化或完全自动化算法来过滤过程或识别每个样本中的亚群。除了节省时间和精力之外，这些无监督的方法还可以揭示标准门控策略忽略的细胞群（Gadalla et al, 2019）。表 6-3 列出了质谱流式细胞术的常用聚类和降维

工具。一旦确定了亚群，就可以确定聚类频率和 / 或表达谱的变化。已经开发了几个程序用于差异丰度分析。最后，使用降维算法在二维中可视化数据。

表6-3 分析质谱流式细胞术数据集的工具（Tracey et al, 2021）

工具	主要功能	参考文献
Citrus	聚类	(Robert et al, 2014)
FlowSOM	聚类	(Gassen et al, 2015)
Phenograph	聚类	(Levine et al, 2015)
Scaffold	聚类	(Spitzer et al, 2015)
SPADE	聚类	(Qiu et al, 2011)
X-shift	聚类	(Samusik et al, 2016)
UMAP	降维	(Becht et al, 2019; McInnes et al, 2020)
viSNE	降维	(Amir et al, 2013)

6.3 单细胞高通量筛选技术在细胞性能表征上的应用

6.3.1 荧光流式单细胞表型筛选实例

FACS 技术的高灵敏性及高通量等特点使其能以极高的分选频率（10 ～ 15 kHz）对大容量突变库进行高通量筛选，已广泛应用在新酶发现、高酶活筛选及细胞工厂的定向改造中。

筛选实例 1：荧光流式单细胞高酶活性筛选

单胺氧化酶（monoamine oxidase，MAO-N）是一类极具应用潜力的生物催化剂，可选择性氧化一种构型的胺生成亚胺。Sadler 等开发了一种基于 H_2O_2 荧光探针的高通量筛选法用于筛选突变库（Sadler et al, 2018）。将突变的 MAO-N 基因在大肠杆菌中成功表达后，加入检测 H_2O_2 的荧光探针（C-H_2DCFDA）进行孵育后加入仲胺底物，处理后的细胞催化仲胺底物氧化产生 H_2O_2，后者与荧光探针反应释放荧光信号。通过筛选 MAO-N 突变库，获得了对仲胺底物具有催化活性的突变体（图 6-18）。因此，基于活性氧检测探针的高通量筛选可以用于筛选其他可催化底物产生 H_2O_2 的氧化酶。

筛选实例 2：细胞工厂的定向改造

丙酮酸羧化酶是 L-赖氨酸合成途径中的一个关键酶，其活性影响 L-赖氨酸的合成效率。为获得高产 L-赖氨酸的谷氨酸棒状杆菌，Kortmann 等构建了基于赖氨酸转录因子生物传感器的 FACS 筛选体系筛选以谷氨酸棒状杆菌为宿主菌的丙酮酸羧化酶（pyruvate carboxylase）突变体，从而提高谷氨酸棒状杆菌利用葡萄糖生产 L-赖氨酸的能力（Kortmann et al, 2019）。

分别含有编码丙酮酸羧化酶的基因（*pyc*）和编码 eYFP 荧光蛋白报告基因的两个质粒共转化至谷氨酸棒状杆菌中，转录调节因子 LysG 控制着荧光蛋白 eYFP 的表达。当谷氨酸棒状杆菌高产 L-赖氨酸时，LysG 能感知 L-赖氨酸的浓度并激活荧光蛋白的表达，产生荧光信号（图 6-19）。通过此方法筛选丙酮酸羧化酶突变库，成功获得了两个能引起宿主细胞高产 L-赖氨酸的丙酮酸羧化酶突变体。

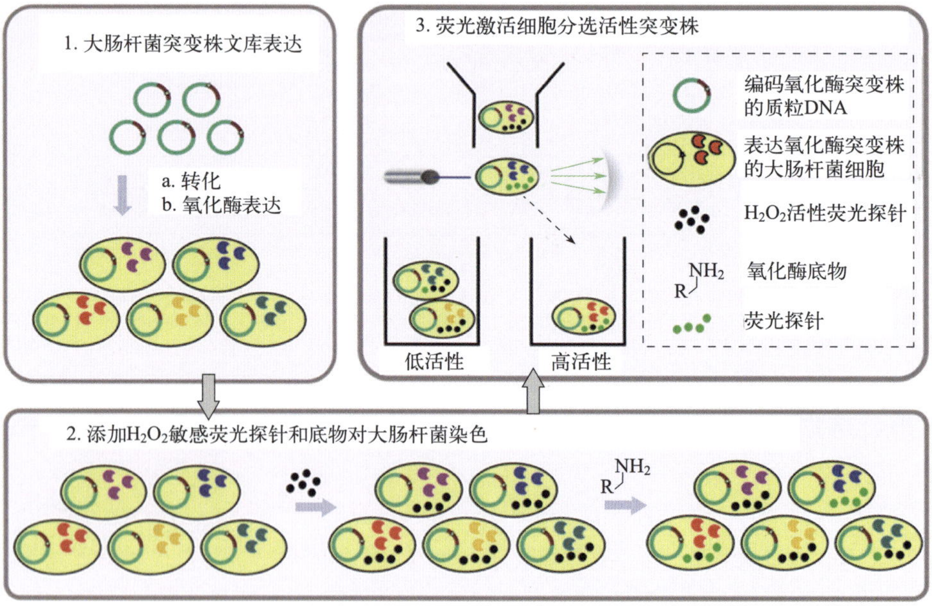

图 6-18　流式细胞术检测大肠杆菌单胺氧化酶活性的流程图

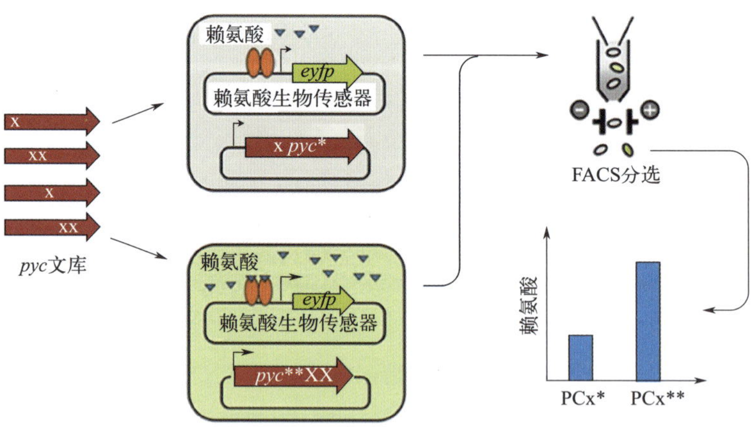

图 6-19　流式细胞术筛选高产 L-赖氨酸的谷氨酸棒状杆菌的流程图

筛选实例 3：哺乳动物细胞抗体进化平台的构建

活化诱导的胞嘧啶脱氨基酶（activation induced cytidine deaminase，AID）可引发 B 细胞

抗体基因的高频突变（SHM），是B细胞内抗体多样性产生的一个重要机制。研究发现，在细菌或非B细胞（成纤维细胞、H1299细胞等）中过表达AID，也可产生高频的SHM样突变。基于AID基因这一作用特点，结合流式细胞分选技术的应用，研究者建立了哺乳动物细胞抗体展示与体细胞高频突变结合的抗体进化平台，用于抗体或蛋白质的优化（安莉莉等，2019）。为建立这一平台，首先构建了一株CHO细胞克隆（CHO-puro细胞），该细胞株在染色体特定位点嵌入了单一的基因表达框，基因表达框外侧含有两个不同重组序列的DNA，该位点使得插入的抗体基因能够高水平和稳定地表达。

首先通过重组替换获得能够稳定高水平展示抗TNFα抗体的CHO细胞株；在CHO-puro细胞株染色体特定位点嵌入了单一的基因表达框，能够高表达抗性基因（*puroR*），用抗TNFα抗体基因替换了*puroR*，获得了在细胞膜表面稳定高水平展示抗TNFα抗体的CHO细胞株。进一步用流式细胞仪FACSAria™ Ⅲu分选出PE荧光信号最强的细胞群（表达抗TNFα抗体的细胞群）。

然后将AID表达质粒转染入该细胞株，使抗TNFα抗体基因发生突变；经过几轮的流式细胞分选—细胞增殖，可实现展示更高亲和力的抗TNFα抗体突变体的细胞富集：扩增后的细胞标记PE偶联的抗HA抗体（抗TNFα抗体带HA标签，用于检测细胞上抗体展示水平）和GFP-TNFα抗原（用于检测细胞上抗体与抗原结合的能力）。最后，用流式细胞仪分选出GFP/PE荧光信号比例最高的细胞群（最高的0.02%，约20000个细胞）。

6.3.2 荧光液滴单细胞表型筛选实例

近几年来，基于液滴的微流控设备已广泛应用于高通量单细胞筛选、表型鉴定、分选和培养。2007年，Huebner等人基于液滴的微流控技术进行了单细胞蛋白质测量（Huebner et al, 2007）。随后，Clausell-Tormos等人实现了在液滴中孵育的哺乳动物细胞高通量筛选（Clausell-Tormos et al, 2008），随后于2015年开发了液滴单细胞RNA测定法以评估单细胞的多功能性（Klein et al, 2015）。

Wang等人开发了一种基于水凝胶液滴的新型高通量筛选平台，以监测单细胞形态以及多种细胞分泌物（Wang et al, 2021）。将单细胞锚定在基于液滴微流体制备的明胶水凝胶颗粒上，通过量化响应机械刺激而表达的细胞骨架来检查明胶颗粒上的细胞形态。然后，将细胞黏附的明胶水凝胶颗粒封装成油包水液滴，用于分泌型蛋白酶活性分析，如图6-20所示。本研究以A549人肺癌细胞为研究细胞，该系统以每秒约100个细胞的通量监测蛋白酶活性和细胞形态。与当前使用微孔平台（每秒1～2个细胞）的方法相比，水凝胶滴滤筛选将筛选效率提高了约50倍。在20 min内筛选了约10^4个单细胞，揭示了细胞异质性。在坚硬基质上，细胞骨架分散在整个颗粒中，显示出扁平的细胞形态，而在柔软的基质上，细胞骨架趋于聚集，显示出圆形的细胞形态。另外还分析了三种类型的人乳腺细胞（MCF10A、MCF-7和MDA-MB-231），并基于分泌的蛋白酶（如ADAM-8、MMP-2、MMP-3和MMP-9）确定了各个细胞分布的差异和异质性。

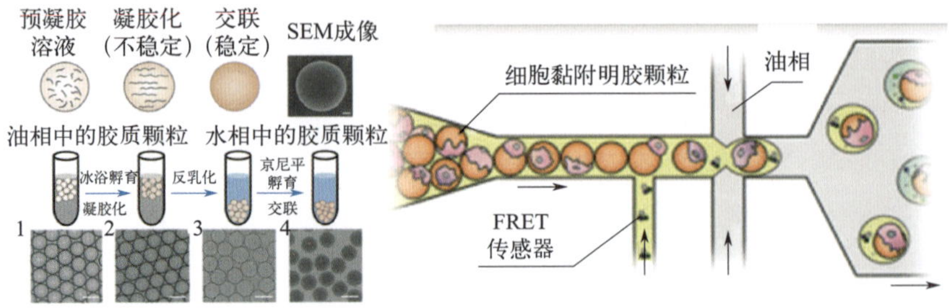

图 6-20　制备明胶水凝胶颗粒流程及酶活性筛选示意图

丝状真菌是工业酶极其重要的来源，因为它们能够分泌大量蛋白质。当前真菌的功能筛选还是低通量且需要较高的成本，这严重限制了新型酶活性和更好的生产菌株的发现。Beneyton 等人提出了一种基于液滴的微流控系统（图 6-21），该系统可基于分泌的酶活性对丝状真菌进行高通量筛选（Beneyton et al, 2016）。该系统使用基于液滴微流控的荧光激活液滴分选技术，适用于处理纳升体积的液滴，可以快速富集大量真菌，并且可以集成到工业筛选过程中，以筛选感兴趣的新生产菌株。该平台是低成本、快速、高通量生产菌株的强大工具。

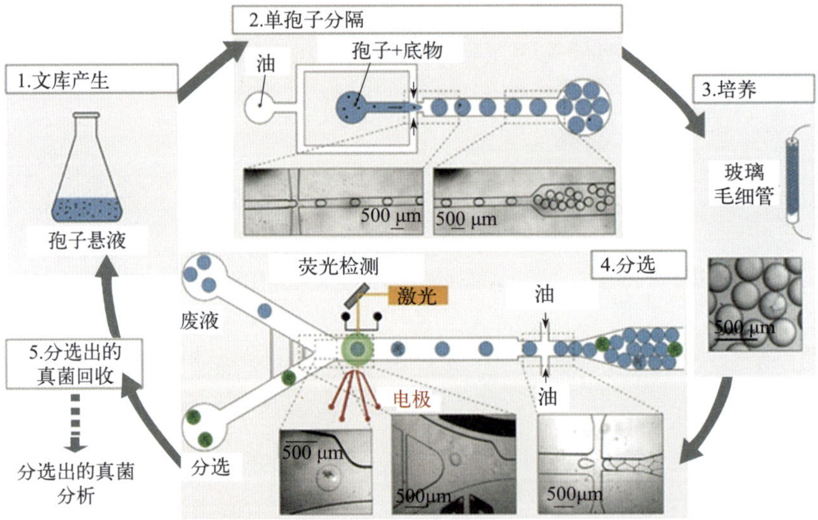

图 6-21　基于液滴的微流体筛选平台（Beneyton et al, 2016）

Jiang 等人介绍了微流控条纹板（MSP）技术（Jiang et al, 2016），该技术可以在一次性培养皿中培养成千上万的微液滴（图 6-22）。应用 MSP 方法可以探索富含多环芳烃（PAH）的土壤群落中的微生物多样性，以及从中分离和培养单个细菌细胞。MSP 技术极大地提高了稀有物种的分离和培养效率。Hu 等人开发了一种改进的高通量微流控条纹板（MSP）平台（Hu et al, 2019），以加快从深海沉积物中分离微生物的速度，并对从西南印度洋海岭（SWIR）收集的深海沉积物进行评估。根据先前报道的 MSP 方法，基于半自动液滴拾取器的半自动生长特性，通过半自动液滴拾取器提高了分离效率，并改善了湿度控制，从而可以在低营养的培养基条件下进行长达五个月的长期培养。通过选择和研究微生物多样性来分离微生物，从西南印度洋海岭的深海沉积物中分离出了共分类为 70 种的 772 个菌株，其中包括 15 种潜在的新物种。

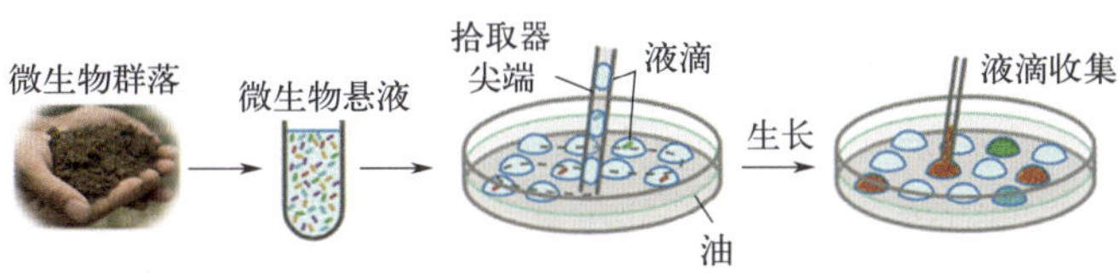

图 6-22　基于 MSP 方法从混合物中分离微生物的工作流程（Jiang et al, 2016）

在众多癌症疗法中，癌免疫疗法是最有前景的疗法之一。其中，基于 T 细胞的过继细胞疗法（T-ACT），包括肿瘤浸润淋巴细胞（TIL）疗法、嵌合抗原受体 T 细胞（CAR-T）疗法和转基因 T 细胞受体（TCR-T）疗法，已被证明可以有效消退肿瘤。然而，由于缺乏识别肿瘤抗原特异性 TCR 的有效方法，阻碍了基于 T 细胞的癌症免疫疗法的发展。Wang 及其课题组提出了一种基于液滴的微流控平台，将细胞报告系统与高通量荧光液滴单细胞筛选技术相结合，来实现对肿瘤抗原特异性 TCR 在单细胞水平上的基于功能的高通量筛选（Wang et al, 2022）。与传统方法相比，该抗原特异性 TCR 筛选平台显示出巨大的潜力，可以每小时筛选数百万个滴液，并在几秒钟内对目标 TCR-T 细胞进行筛选分类，且准确度高（图 6-23）。

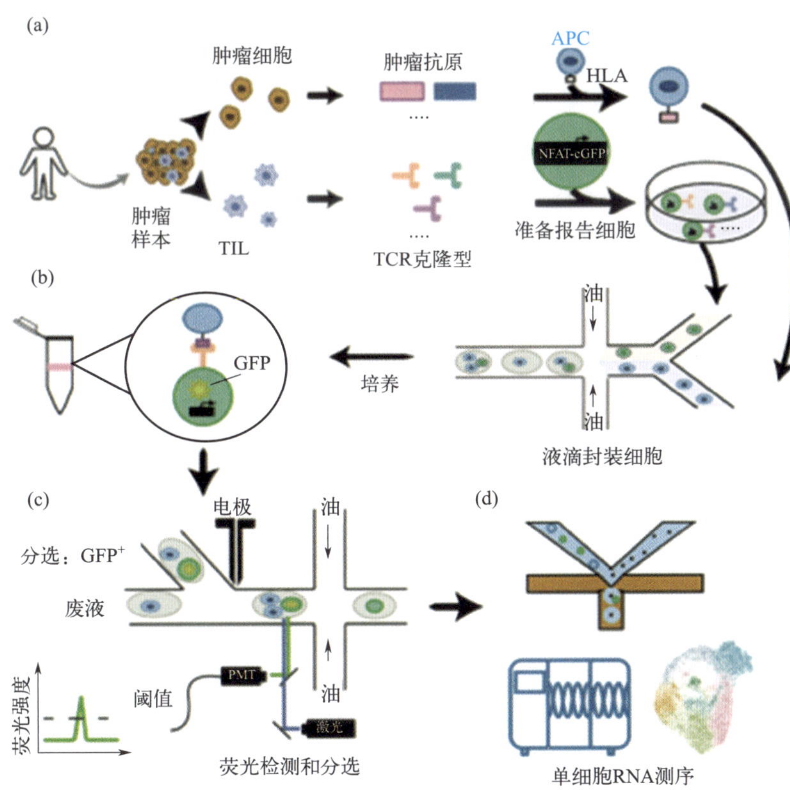

图 6-23　基于抗原特异性的 TCR 筛选平台工作流程

基于液滴的高通量筛选技术目前已广泛用于促进微生物和哺乳动物单细胞的表型筛选。然而，植物体生长缓慢，高通量筛选受到极大限制。相比较而言，利用该平台表征和筛选单个植物原生质体是非常有前景的。利用基于液滴的高通量筛选平台可以在几个小时内处理数百万植物原生质体，并且可以将经预筛选的原生质体再生为完整植株。Yu 等人对单独封装在液滴中的植物原生质体进行高通量表征和分类。将源自模式植物地钱（*Marchantia polymorpha*）的原生质体结合简单的基因组结构，从成年菌体中酶促分离 *M. polymorpha* 原生质体，并通过流动聚焦液滴发生结构生成液滴，集成到光学检测装置中，对单个液滴中的原生质体发出的叶绿素自发荧光或启动子控制的 YFP 荧光进行高通量定量。该工作展示了基于荧光报告基因表达的植物原生质体的高通量筛选和富集，从相对较少的植物材料中收集大量生物信息（Yu et al, 2018）。

塑料污染是当今世界面临的最重要的环境问题之一，微生物降解塑料是最理想最环保的方法，也是近年来的研究重点。目前已发现众多环境和宏基因组分析来源的塑料解聚微生物和酶，后续也利用理性和半理性设计改造这些微生物和酶，以满足在活性和热稳定性等方面的需求。但目前降解塑料的微生物和酶种类少、降解效率低，因此亟须进行塑料降解酶的挖掘、改良及应用开发。Qiao 及其团队最近报道了基于微流控超高通量荧光激活液滴分选（FADS）平台的塑料解聚微生物单细胞筛选工作，其筛选过程如图 6-24 所示（Qiao et al, 2022）。该工作优化了高通量筛选平台性能以及与环境样品筛选的兼容性，筛选通量达每秒 1000 液滴，分选准确率达到 99.95% 以上。较传统筛选手段而言，FADS 提供了微生物单细胞精准筛选的新平台。并从高活性菌株中成功获得了两个可利用工程菌株异源表达的潜在聚对苯二甲酸乙二醇酯（PET）降解新酶，并初步验证了菌株和新酶的降解活性。

图 6-24　FADS 系统的筛选过程示意图

FDBz，荧光素二苯甲酸酯

6.3.3　拉曼流式单细胞表型筛选实例

流式拉曼分选在合成生物学中应用最为成功的案例是基于 FlowRACS 的二酰基甘油酰基转移酶（DGAT）酶活性的筛选（Wang et al, 2020a）。甘油三酯（TAG）是人体、动物和植物中油脂的主要成分，它具有极高的能量存储密度，而且在几乎所有细胞中都存在，因此是自然界的“能量存储货币”。细胞中 TAG 生物合成的最后一步和限速步骤，是二酰基甘油酰基转移酶催化的反应。自然界中 DGAT 的功能极其多样，其活性不仅调控 TAG 产物的合成效率，还控制着其饱和度、碳链长度等，这些理化性质决定了 TAG 的用途和经济价值，例如是适合做营养品还是生物燃油（Xin et al, 2017; Xin et al, 2018）。因此，作为油脂分子设计的关键工具，DGAT 的挖掘和筛选具有重大的科学意义和应用价值。

但是，传统的 DGAT 筛选方法通常包括候选酶基因在底盘细胞中的表达、细胞扩增培养以积累足够生物质、从生物质中提取并通过薄层色谱法分离 TAG 产物、用气相色谱和液相质谱来分析和定量 TAG 中组分等繁杂步骤 [图 6-25（a）]（Xin et al, 2017; Xin et al, 2018）。这一流程通常需要一周时间，既耗时又耗力。而基于 FlowRACS 流程 [图 6-25（b）]，可以一次性同步转化多个基因甚至基因库来构建细胞库，将细胞库进行诱导累积油脂后直接通过 FlowRACS 进行分选，分选后的细胞可不经过培养直接进行高通量测序，根据测序数据便可得知功能基因，也可进行平板单克隆培养，通过 Sanger 测序鉴定单克隆，并可进一步通过传统方法对分选后的单克隆进行更为深入的表征。基于该策略，Wang 等人将空载体和 9 个潜在 DGAT 功能基因进行同步转化并诱导后，经过一轮分选并联合测序验证，就成功获得 3 个已报道的强效基因和 2 个从未报道过的弱效基因 [图 6-25（c）]（Wang et al, 2020a）。而前期基于传统方法对这 3 个强功能基因的筛选和表征，历时长达数月（Xin et al, 2017）。

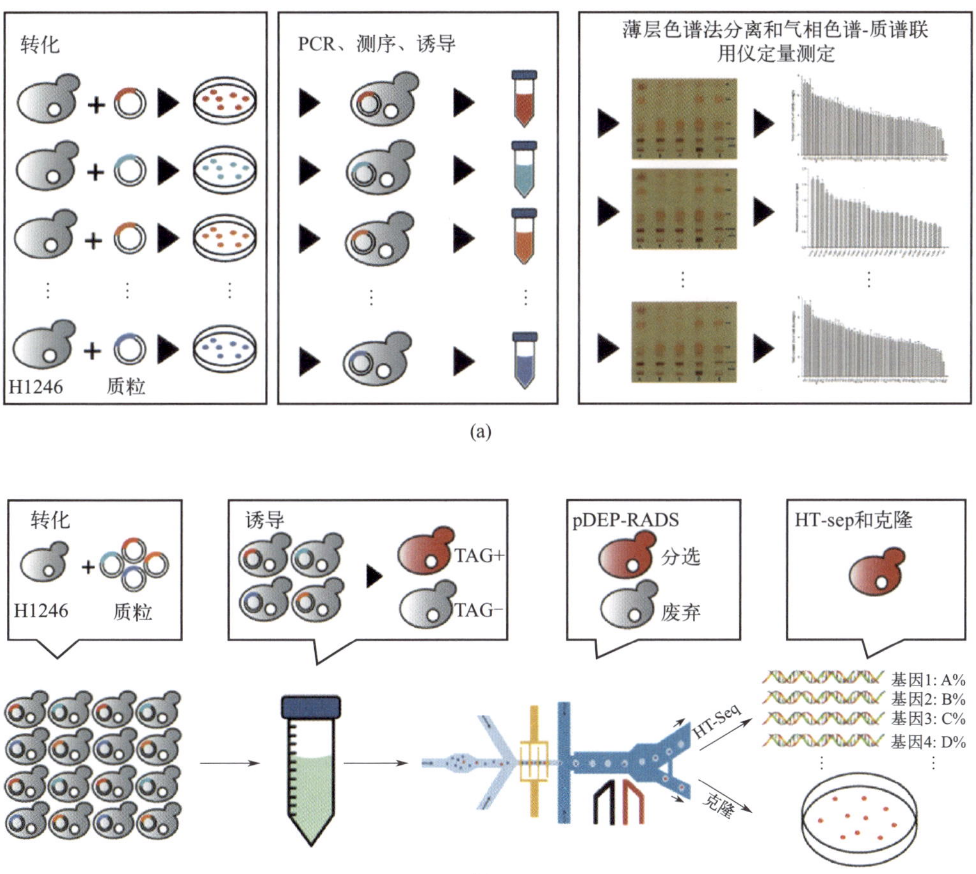

图 6-25

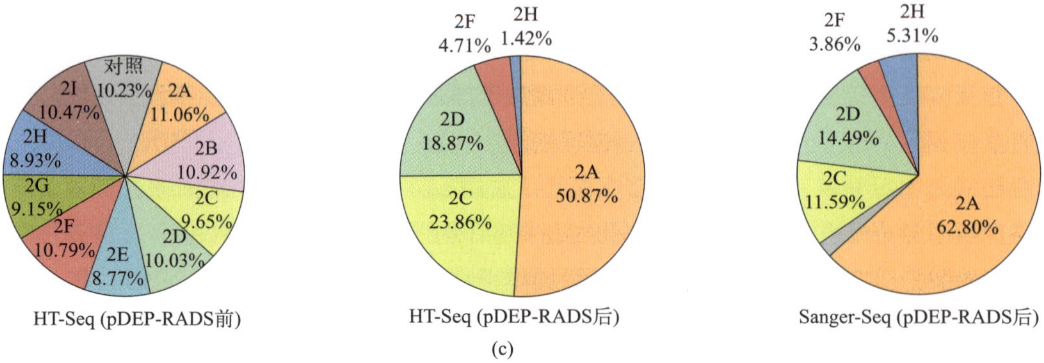

图 6-25 二酰基甘油酰基转移酶体内活性筛选的传统方法和 FlowRACS 方法流程比较（Wang et al, 2020a）

（a）传统筛选二酰基甘油酰基转移酶体内活性的方法；（b）基于 FlowRACS 的二酰基甘油酰基转移酶体内活性筛选方法；（c）FlowRACS 分选后测序结果

与基于生物质提取和质谱分析的传统胞内油脂分析方法相比，FlowRACS 的筛选时间、试剂耗材和人工成本更少，大大提高了酶的筛选效率。以 10 个基因的功能鉴定为例，传统方法通常需要约 31 d（包括：ⅰ转化、ⅱ平板培养、ⅲ液体培养、ⅳ分子鉴定、ⅴ诱导、ⅵ油脂提取、ⅶ基于薄层色谱的 TAG 分离、ⅷ基于气相色谱和质谱联用的 TAG 表征）、大概 1000 美元的试剂耗材消耗（包括：ⅰ转化、ⅱ平板培养、ⅲ液体培养、ⅳ分子鉴定、ⅴ诱导、ⅵ油脂提取、ⅶ基于薄层色谱的 TAG 分离、ⅷ气相色谱和质谱联用的 TAG 表征）和约 25 人 /d 的人工成本（包括：ⅰ转化、ⅱ分子鉴定、ⅲ油脂提取、ⅳ基于薄层色谱的 TAG 分离获取、ⅴ基于气相色谱和质谱联用的 TAG 表征）。而 FlowRACS 仅需要大约 5.5 d（仅包括 1 转化、2 诱导、3 基于 FlowRACS 的分选、4 高通量测序）、300 美元（仅包括 1 转化、2 诱导、3 基于 FlowRACS 的分选、4 高通量测序）和约 1.5 人 /h 的人工成本（仅包括 1 转化和 2 基于 FlowRACS 的分选）。而且，当需鉴定的基因数量进一步增加时，传统方法的时间成本、试剂耗材消耗和人工成本均会成倍增加，而 FlowRACS 方法几乎不变（图 6-26）。因此，FlowRACS 非常适合合成生物较大体系突变体库的筛选。

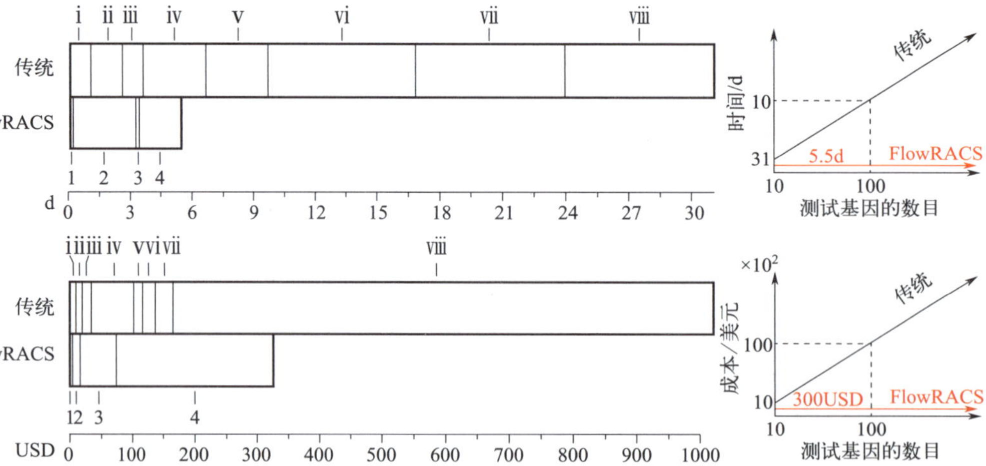

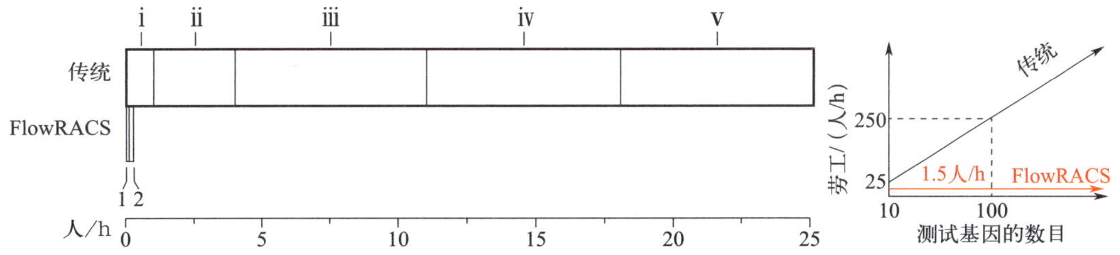

图 6-26　二酰基甘油酰基转移酶体内活性筛选的传统方法和 FlowRACS 方法在时间成本、试剂耗材消耗和人工成本方面的比较（Wang et al, 2020a）

6.3.4　质谱流式单细胞表型筛选实例

质谱流式细胞术（CyTOF）作为一种新型高维多参数的单细胞分析技术，可以获得单细胞表面标志物（marker）、胞内信号通路、细胞体积和尺寸、细胞因子、细胞活力、细胞周期等各方面的信息，在造血、免疫、干细胞、癌症以及药物筛选等多个领域的研究中有着广泛的应用。

筛选实例 1：运用质谱流式技术全面表征人 B 细胞特征的单细胞图谱

B 细胞具有产生针对不同靶点的抗体的独特能力，提供对感染的保护，同时也在免疫失调环境下参与发病机制的形成。斯坦福大学 Sean C. Bendall 研究团队采用改进的质谱流式细胞术、流式细胞术等研究方法，成功量化了百万级人类 B 细胞上 351 种表面分子的共表达模式（Glass et al, 2020）。该团队鉴定了差异表达的分子，并对比了 VDJ 序列、代谢谱、生物合成活性和信号反应，提出了新的 B 细胞分类方案：在四种淋巴组织中鉴定出 12 个独特的亚群，包括 $CD45RB^{+}CD27^{-}$早期记忆群体、类别转换的 $CD39^{+}$ 扁桃体常驻群体和有效响应免疫激活的 $CD19^{hi}CD11c^{+}$ 记忆群体等。该分类框架和基础数据集为进一步研究人类 B 细胞身份和功能提供了资源。

为了识别区分 B 细胞亚群的分子，Glass 等开发了多重筛选的方法，并量化了健康人类 B 细胞上 351 种表面抗原上的共表达模式［图 6-27（a）］。设计了 12 个质谱抗体组，每个组由 9 个用于子集的保守分子和 30 个对每个组独特的可变分子组成。门策略可以鉴定四个典型 B 细胞亚群：过渡、幼稚、非转换记忆和转换记忆 B 细胞［图 6-27（b）］。在设置了一个严格的阈值［图 6-27（c）］后，确定了 98 个在人类 B 细胞上表达的表面分子［图 6-27（d）］。上述单细胞筛选策略实现了对人类 B 细胞表达的表面分子的可靠鉴定。

筛选实例 2：质谱流式细胞术用于血液病理学诊断的单细胞形态测量

淋巴瘤和白血病是儿童中最常见的癌症类型，随着疾病预测与治疗的进步，这些造血系统肿瘤诊断分类的复杂性增加。目前的血液病理学家多用光学显微镜和免疫表型研究（流式细胞术 / 免疫组化）进行诊断，但形态相似或者重叠的细胞不能以这种方式进行区分。应用流式细胞术，用针对细胞类型特异性标志物的荧光标记抗体进行染色，确定每个标记存在与否，通过标记的免疫表型鉴定其细胞类型，但会受到测试所选抗体的限制，无法区分相似免疫表型的细胞，这种情况需要借助显微镜来区分。因此单独使用显微镜或流式细胞测量法，都不足以做相对准确的诊断。美国斯坦福大学 Sean C. Bendall 团队通过 CyTOF 质谱流式细胞术，将形态测量法与免疫分型相结合，融合为一种高通量、高度复用的单细胞测定法，既可用于传统的细胞测量，也可用于新的诊断参考，该方法或可起到优化常规的血液病理学自动化诊断的作用（Tsai et al, 2020）。

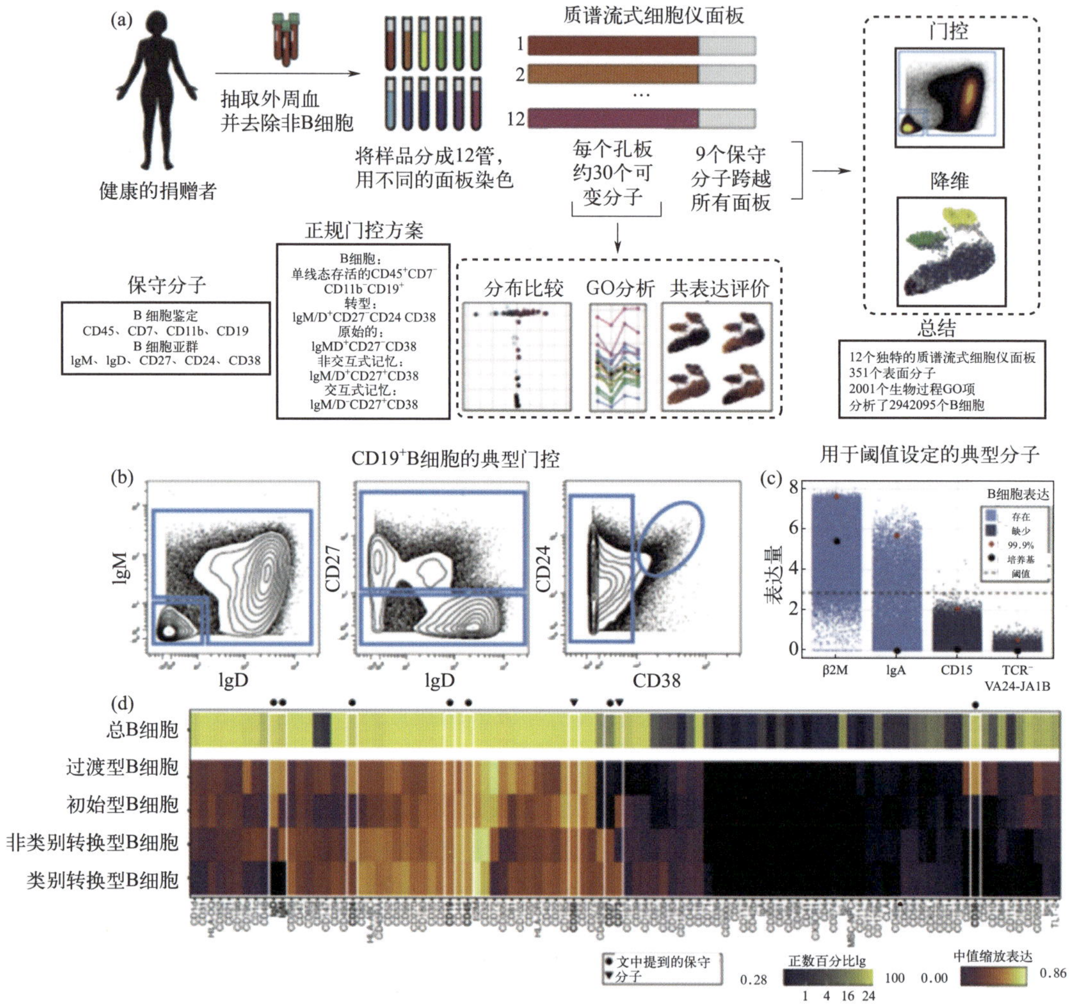

图 6-27　高度多重的单细胞表面筛选揭示了人类 B 细胞表面蛋白质组（Glass et al, 2020）

（a）实验概述（$n = 2$ 个捐助者）；（b）典型种群的代表性门控；（c）屏幕上分子阳性的代表性阈值；（d）总 B 细胞（顶行）的百分比阳性和 B 细胞表达的分子子集（底行）的中值表达

为了通过形态计量学捕捉光学显微镜评估的细胞形态，研究人员分析了人造血细胞的多种类型，选择了 11 个形态计量学指标［图 6-28（a）和（b）］，这些结构特征在与诊断相关的造血细胞群体——粒细胞、淋巴细胞、单核细胞、有核红系前体细胞和造血母细胞［图 6-28（d）］之间存在定量差异。通过计算能把这些特征的复合单细胞分析结果组合为二维的“形态测量图”［图 6-28（e）］。CyTOF 单细胞蛋白质组学将揭示其免疫细胞类型组成和异常细胞类型［图 6-28（f）］，将形态计量学与标准免疫表型表征相结合。仅使用形态测量法和 CD45，t-SNE 能成功地分离形态不同的种群。重要的是，没有分离形态上没区别的 B 细胞和 T 细胞。因此，形态计量学分析可以通过定量捕获充足的形态特征对主要细胞类型进行分类。

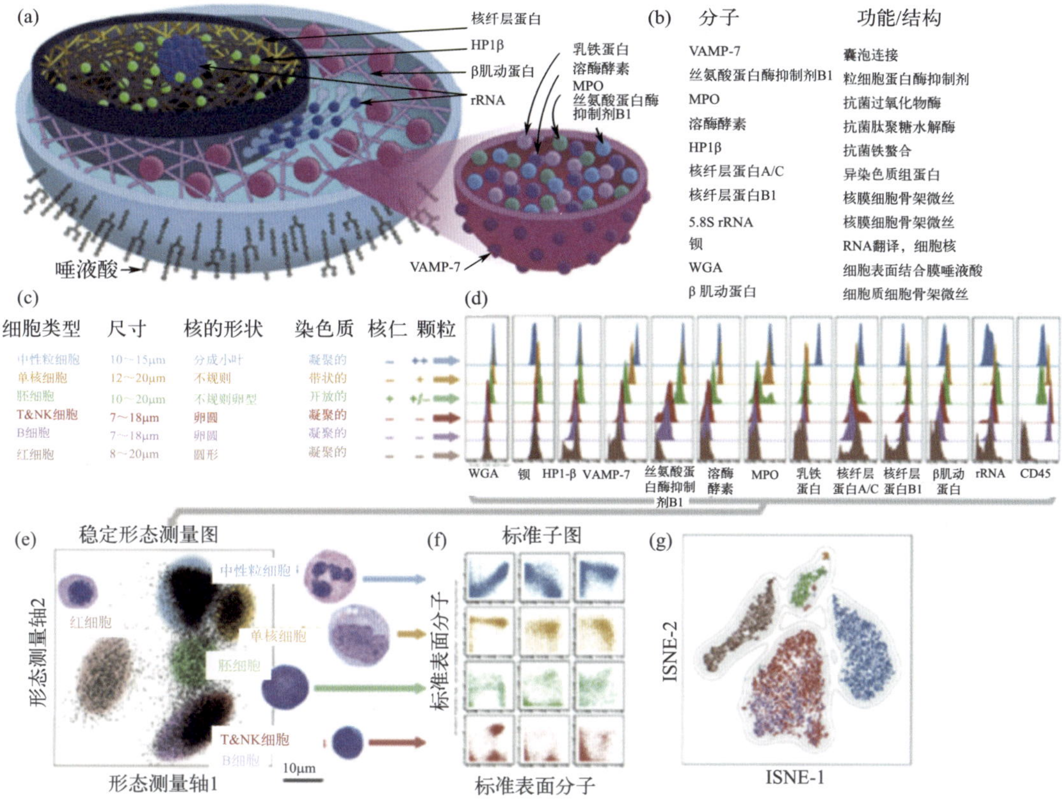

图 6-28　散射体捕捉了健康人骨髓中主要造血细胞群体的形态差异（Tsai et al, 2020）

筛选实例 3：质谱流式技术用于细胞增殖跟踪

原始T细胞选择性分化成多能T细胞在临床上对基于细胞的癌症免疫疗法具有重要意义。细胞分化主要取决于细胞分裂状态和时间，但是这两个过程对 T 细胞命运选择的相对贡献还没有被很好地定义。此外，尚未在任何细胞环境中将时间依赖性变化和分裂状态依赖性变化进行比较。斯坦福大学的研究人员通过染料稀释测定法来追踪细胞增殖史，建立了一个贯通时间和细胞分裂过程的 T 细胞早期命运选择模型。

研究人员巧妙地将荧光染料稀释测定法（Good et al, 2019）应用于质谱流式细胞仪。通过利用羧基二乙酸荧光素琥珀酰亚胺酯（CFSE）和异硫氰酸荧光素（FITC）之间的结构相似性，使用金属标记的抗 FITC 抗体追踪 CFSE 信号的变化［图 6-29（a）］，分裂细胞将约 50% 的 CFSE 传递给每个子细胞，为计数细胞分裂提供了依据。相对于 Anti-FITC 单克隆抗体，多克隆抗体能产生更强的 CFSE 信号［图 6-29（b）］。与流式细胞仪相比，质谱流式细胞仪不仅能产生等效的 CFSE 信号，而且能将背景信号控制在更低的水平［图 6-29（c）］。

研究人员选择快速扩增方案（REP）作为模型系统，用来区分 CFSE 追踪的 T 细胞和未标记的辅助细胞，并应用质谱流式细胞术和流式细胞术分析 5 个以上的细胞分裂。增殖示踪法有助于将表型和功能转变与细胞分化顺序相结合。

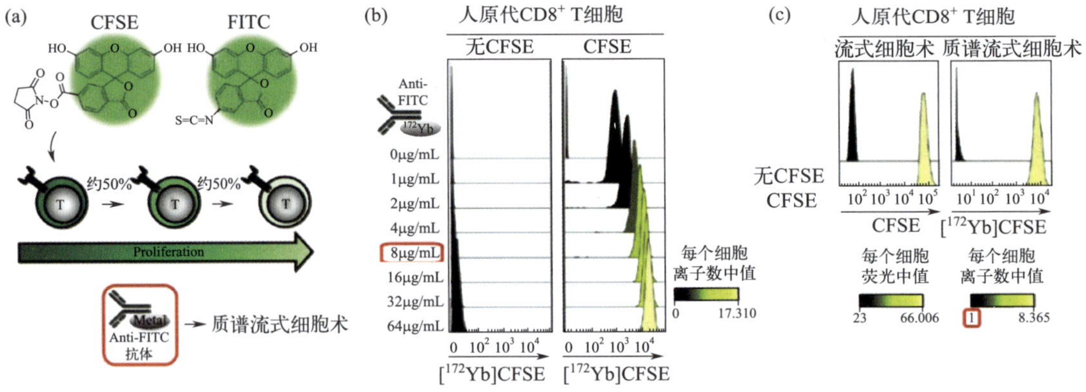

图 6-29　CFSE 可应用于质谱流式细胞仪获得细胞增殖史（Good et al, 2019）

参考文献

安莉莉，陈川，罗蕊琪，等，2019. 基于流式技术的哺乳动物细胞抗体进化平台的构建 [J]. Bio-protocol, 9(22): e1010336.

郭冉，郭文治，2022. 流式细胞术分析小鼠骨髓移植后肥大细胞和嗜碱性粒细胞重建及细胞来源 [J]. 中国免疫学杂志，(11):1-17.

江惠，赖永静，李骅，等，2022. 流式细胞术监测免疫抑制后树鼩外周血淋巴细胞的动态变化 [J]. 广西医科大学学报，39(06): 874-879.

李英英，刘咲頔，王清隆，等，2022. 基于流式细胞术的爪耳木染色体倍性与基因组大小测定 [J]. 现代农业科技，(18): 84-86,94.

潘紫月，冯莉，余红秀，等，2021. 质谱流式技术扩宽临床研究广度 [J]. 中华检验医学杂志，44(4):358-362.

田红娟，张任乐，乔艳红，等，2021. 新型单细胞分析技术——质谱流式细胞术在白血病治疗中的应用 [J]. 肿瘤防治研究，48(2):209-213.

冼健安，钱坤，郭慧，等，2015. 杂色鲍血细胞分类、结构和免疫功能的流式细胞术分析 [J]. 海洋科学，39(12): 8-14.

曾晖，周磊，王建明，等，2019. 应用流式细胞术分析林麝外周血 CD4⁺、CD8⁺T 淋巴细胞 [J]. 动物学杂志，54(06): 893-898.

周琰，李琴，刘皋林，等，2017. 临床 (前) 研究的质谱流式细胞术——流式细胞技术的 " 后荧光时代 "[J]. 中国新药与临床杂志，36(1):1-6.

Abatemarco J, Sarhan M F, Wagner J M, et al, 2017. RNA-aptamers-in-droplets (RAPID) high-throughput screening for secretory phenotypes[J]. Nat Commun, 8(1): 332.

Alexandre M T, Gundermann K, Pascal A A, et al, 2014. Probing the carotenoid content of intact *Cyclotella* cells by resonance Raman spectroscopy[J]. Photosynth Res, 119(3): 273-281.

Amir E D, Davis K L, Tadmor M D, et al. 2013. viSNE enables visualization of high dimensional single-cell data and reveals phenotypic heterogeneity of leukemia[J]. Nature Biotechnology, 31(6): 545.

Amselem G, Guermonprez C, Drogue B, et al, 2016. Universal microfluidic platform for bioassays in anchored droplets[J]. Lab on a Chip, 16(21): 4200-4211.

Angel R, Panholzl C, Gabriel R, et al, 2018. Application of stable-isotope labelling techniques for the detection of active diazotrophs[J]. Environ Microbiol, 20(1): 44-61.

Athamneh A I, Alajlouni R A, Wallace R S, et al, 2014. Phenotypic profiling of antibiotic response signatures in *Escherichia coli* using Raman spectroscopy[J]. Antimicrob Agents Chemother, 58(3): 1302-1314.

Atkuri K R, Stevens J C, Neubert H. 2015. Mass cytometry: a highly multiplexed single-cell technology for advancing drug development[J]. Drug Metabolism & Disposition the Biological Fate of Chemicals, 43(2): 227-233.

Baladehi M H, Hekmatara M, He Y, et al, 2021. Culture-free identification and metabolic profiling of microalgal single cells via ensemble learning of ramanomes[J]. Anal Chem, 93(25): 8872-8880.

Bandura D R, Baranov V I, Ornatsky O I, et al, 2009b. Mass cytometry: technique for real time single cell multitarget immunoassay based on inductively coupled plasma time-of-flight mass spectrometry[J]. Analytical Chemistry, 81(16): 6813-6822.

Barbier V, Willaime H, Tabeling P, et al, 2006. Producing droplets in parallel microfluidic systems[J]. Physical Review E, 74(4): 046306.

Becht E, McInnes L, Healy J, et al, 2019. Dimensionality reduction for visualizing single-cell data using UMAP[J]. Nature Biotechnology, 37(1): 38-44.

Belkina A C, Ciccolella C O, Anno R, et al, 2019. Automated optimized parameters for T-distributed stochastic neighbor embedding improve visualization and analysis of large datasets[J]. Nat Commun, 10(1): 5415.

Bendall S C, Nolan G P. 2012a. From single cells to deep phenotypes in cancer[J]. Nature Biotechnology, 30(7): 639-647.

Bendall S C, Nolan G P, Roederer M, et al, 2012b. A deep profiler's guide to cytometry[J]. Trends in Immunology, 33(7): 323-332.

Bendall S C, Simonds E F, Qiu P, et al, 2011. Single-cell mass cytometry of differential immune and drug responses across a human hematopoietic continuum[J]. Science, 332(6030): 687-696.

Beneyton T, Wijaya I P M, Postros P, et al, 2016. High-throughput screening of filamentous fungi using nanoliter-range droplet-based microfluidics[J]. Scientific Reports, 6(1):27223.

Berry D, Loy A, 2018. Stable-isotope probing of human and animal microbiome function[J]. trends in microbiology, 26(12): 999-1007.

Berry D, Mader E, Lee T K, et al, 2015. Tracking heavy water (D2O) incorporation for identifying and sorting active microbial cells[J]. Proc Natl Acad Sci U S A, 112(2): E194-E203.

Bowman E K, Alper H S. 2020. Microdroplet-assisted screening of biomolecule production for metabolic engineering applications[J]. Trends Biotechnol, 38(7): 701-714.

Camp C H, Yegnanarayanan S, Eftekhar A A, et al, 2011. Label-free flow cytometry using multiplex coherent anti-Stokes Raman scattering (MCARS) for the analysis of biological specimens[J]. Optics Letters, 36(12): 2309-2311.

Casabella S, Scully P, Goddard N, et al, 2016. Automated analysis of single cells using Laser Tweezers Raman Spectroscopy[J]. Analyst, 141(2): 689-696.

Chiu L D, Ho S H, Shimada R, et al, 2017. Rapid *in vivo* lipid/carbohydrate quantification of single microalgal cell by Raman spectral imaging to reveal salinity-induced starch-to-lipid shift[J]. Biotechnol Biofuels, 10: 9.

Chiu Y F, Huang C K, Shigeto S, 2013. *In vivo* probing of the temperature responses of intracellular biomolecules in yeast cells by label-free raman microspectroscopy[J]. Chembiochem, 14(8): 1001-1005.

Choo-Smith L P, Maquelin K, van Vreeswijk T, et al, 2001. Investigating microbial (micro)colony heterogeneity by vibrational spectroscopy[J]. Applied and Environmental Microbiology, 67(4): 1461-1469.

Christaki E, Bonos E, Giannenas I, et al, 2013. Functional properties of carotenoids originating from algae[J]. J Sci Food Agric, 93(1): 5-11.

Chylinska M, Szymanska-Chargot M, Zdunek A, 2014. Imaging of polysaccharides in the tomato cell wall with Raman microspectroscopy[J]. Plant Methods, 10:14.

Clausell-Tormos J, Lieber D, Baret J C, et al, 2008. Droplet-based microfluidic platforms for the encapsulation and screening of Mammalian cells and multicellular organisms[J]. Chem Biol, 15(5): 427-437.

Cole R H, Tang S Y, Siltanen C A, et al, 2017. Printed droplet microfluidics for on demand dispensing of picoliter droplets and cells[J]. Proc Natl Acad Sci U S A, 114(33): 8728-8733.

Collins A M, Jones H D, Han D, et al, 2011. Carotenoid distribution in living cells of *Haematococcus pluvialis* (Chlorophyceae) [J]. PLoS One, 6(9): e24302.

Collins D J, Neild A, Demello A, et al, 2015. The Poisson distribution and beyond: methods for microfluidic droplet production and single cell encapsulation[J]. Lab on a Chip, 15(17): 3439-3459.

Cristobal G, Arbouet L, Sarrazin F, et al, 2006. On-line laser Raman spectroscopic probing of droplets engineered in microfluidic devices[J]. Lab Chip, 6(9): 1140-1146.

Cui L, Yang K, Li H Z, et al, 2018. Functional single-cell approach to probing nitrogen-fixing bacteria in soil communities by resonance Raman spectroscopy with $^{15}N_2$ labeling[J]. Anal Chem, 90(8): 5082-5089.

Dochow S, Beleites C, Henkel T, et al, 2013. Quartz microfluidic chip for tumour cell identification by Raman spectroscopy in combination with optical traps[J]. Anal Bioanal Chem, 405(8): 2743-2746.

Dochow S, Krafft C, Neugebauer U, et al, 2011. Tumour cell identification by means of Raman spectroscopy in combination with optical traps and microfluidic environments[J]. Lab Chip, 11(8): 1484-1490.

Evans C L, Potma E O, Puoris'haag M, et al. 2005. Chemical imaging of tissue *in vivo* with video-rate coherent anti-Stokes Raman scattering microscopy[J]. Proceedings of the National Academy of Sciences of the United States of America, 102(46): 16807-16812.

Fang T, Shang W, Liu C, et al, 2020. A single-cell multimodal analytical approach by integrating Raman optical tweezers and RNA sequencing[J]. Anal Chem, 92(15):10433-10441.

Fang T, Shang W, Liu C, et al, 2019. Nondestructive identification and accurate isolation of single cells through a chip with Raman optical tweezers[J]. Anal Chem, 91(15): 9932-9939.

Fowler C C, Brown E D, Li Y, 2010. Using a riboswitch sensor to examine coenzyme B_{12} metabolism and transport in *E. coli*[J]. Chemistry & Biology, 17(7): 756-765.

Gadalla R, Noamani B, Macleod B L, et al, 2019. Validation of CyTOF against flow cytometry for immunological studies and monitoring of human cancer clinical trials[J]. Frontiers in Oncology, 9:415-427.

Gala de Pablo J, Lindley M, Hiramatsu K, et al, 2021. High-throughput Raman flow cytometry and beyond[J]. Acc Chem Res, 54(9):2132-2143.

Garstecki P, Gitlin I, Diluzio W, et al, 2004. Formation of monodisperse bubbles in a microfluidic flow-focusing device[J]. Applied Physics Letters, 85(13): 2649-2651.

Gassen S V, Callebaut B, Helden M J V, et al, 2015. FlowSOM: Using self-organizing maps for visualization and interpretation of cytometry data[J]. Cytometry Part A, 87(7):636-645.

Germond A, Ichimura T, Horinouchi T, et al, 2018. Raman spectral signature reflects transcriptomic features of antibiotic resistance in *Escherichia coli*[J]. Communications Biology, 1(1):85.

Gierlinger N, Schwanninger M, 2006. Chemical imaging of poplar wood cell walls by confocal Raman microscopy[J]. Plant Physiology, 140(4): 1246-1254.

Glass D R, Tsai A G, Oliveria J P, et al, 2020. An integrated multi-omic single-cell atlas of human B cell identity[J]. Immunity, 53(1): 217-232.

Good Z, Borges L, Vivanco Gonzalez N, et al, 2019. Proliferation tracing with single-cell mass cytometry optimizes generation of stem cell memory-like T cells[J]. Nature Biotechnology, 37(3): 259-266.

Guedes A C, Amaro H M, Malcata F X, 2011. Microalgae as sources of carotenoids[J]. Marine Drugs, 9(4): 625-644.

Han Z-L, Shi X S, Ji Y T, et al, 2016. Stable isotope labeling to study the nitrogen metabolism in microcystin biosynthesis[J]. RSC Advances, 6(52): 46806-46812.

He Y, Huang S, Zhang P, et al, 2021. Intra-ramanome correlation analysis unveils metabolite conversion network from an isogenic population of cells[J]. mBio, 12(4): e0147021.

He Y, Zhang P, Huang S, et al, 2017. Label-free, simultaneous quantification of starch, protein and triacylglycerol in single microalgal cells[J]. Biotechnology for Biofuels, 10(1):275.

He Y H, Wang X X, Ma B, et al, 2019. Ramanome technology platform for label-free screening and sorting of microbial cell factories at single-cell resolution[J]. Biotechnology Advances, 37(6):107388.

Hekmatara M, Heidari Baladehi M, Ji Y, et al, 2021. D_2O-probed raman microspectroscopy distinguishes the metabolic dynamics of macromolecules in organellar anticancer drug response[J]. Anal Chem, 93(4): 2125-2134.

Heraud P, Beardall J, McNaughton D, et al, 2007. *In vivo* prediction of the nutrient status of individual microalgal cells using Raman microspectroscopy[J]. Fems Microbiology Letters, 275(1): 24-30.

Hiramatsu K, Ideguchi T, Yonamine Y, et al, 2019. High-throughput label-free molecular fingerprinting flow cytometry[J]. Science Advances, 5(1): eaau0241.

Hu B, Xu B, Yun J, et al, 2019. High-throughput single-cell cultivation reveals underexplored rare biosphere in deep-sea sediments along the southwest Indian ridge[J]. Lab on a Chip, 20(2):363-372.

Huang Q S, Mao S F, Khan M, et al, 2019. Single-cell assay on microfluidic devices[J]. Analyst, 144(3): 808-823.

Huang W E, Li M, Jarvis R M, et al, 2010. Shining light on the microbial world the application of Raman microspectroscopy[J]. Adv Appl Microbiol, 70: 153-186.

Huang W E, Stoecker K, Griffiths R, et al, 2007. Raman-FISH: combining stable-isotope Raman spectroscopy and fluorescence *in situ* hybridization for the single cell analysis of identity and function[J]. Environmental Microbiology, 9(8): 1878-1889.

Huang W E, Ward A D, Whiteley A S, 2009. Raman tweezers sorting of single microbial cells[J]. Environ Microbiol Rep, 1(1): 44-49.

Huebner A, Srisa-Art M, Holt D, et al, 2007. Quantitative detection of protein expression in single cells using droplet microfluidics[J]. Chem Commun (Camb), (12): 1218-1220.

Ji Y, He Y, Cui Y, et al, 2014. Raman spectroscopy provides a rapid, non-invasive method for quantitation of starch in live, unicellular microalgae[J]. Biotechnol J, 9(12): 1512-1518.

Jiang C Y, Dong L, Zhao J K, et al, 2016. High-throughput single-cell cultivation on microfluidic streak plates[J]. Applied and Environmental Microbiology, 82(7): 2210-2218.

Jing X, Gong Y, Xu T, et al, 2021. One-cell metabolic phenotyping and sequencing of soil microbiome by Raman-activated gravity-driven encapsulation (RAGE) [J]. mSystems, 6(3):e0018121.

Jing X, Gou H, Gong Y, et al, 2018. Raman-activated cell sorting and metagenomic sequencing revealing carbon-fixing bacteria in the ocean[J]. Environ Microbiol, 20(6): 2241-2255.

Joensson H N, Uhlen M, Svahn H A, 2011. Droplet size based separation by deterministic lateral displacement-separating droplets by cell-induced shrinking[J]. Lab on a Chip, 11(7): 1305-1310.

Jolliffe I T, Cadima J, 2016. Principal component analysis: a review and recent developments[J]. Philos Trans A Math Phys Eng Sci, 374(2065): 20150202.

Kaczor A, Baranska M, 2011. Structural changes of carotenoid astaxanthin in a single algal cell monitored *in situ* by Raman spectroscopy[J]. Anal Chem, 83(20): 7763-7770.

Kahkeshani S, Di Carlo D, 2016. Drop formation using ferrofluids driven magnetically in a step emulsification device[J]. Lab on a Chip, 16(13): 2474-2480.

Kashtan N, Roggensack S E, Rodrigue S, et al, 2014. Single-cell genomics reveals hundreds of coexisting subpopulations in wild *Prochlorococcus*[J]. Science, 344(6182): 416-420.

Kim, H S, Hsu S C, Han S I, et al, 2017. High-throughput droplet microfluidics screening platform for selecting fast-growing and high lipid-producing microalgae from a mutant library[J]. Plant Direct, 1(3): e00011.

Klein A M, Mazutis L, Akartuna I, et al, 2015. Droplet barcoding for single-cell transcriptomics applied to embryonic stem cells[J]. Cell, 161(5): 1187-1201.

Kochan K, Peng H, Wood B R, et al, 2018. Single cell assessment of yeast metabolic engineering for enhanced lipid production using Raman and AFM-IR imaging[J]. Biotechnol Biofuels, 11: 106.

Kortmann M, Mack C, Baumgart M, et al. 2019. Pyruvate carboxylase variants enabling improved lysine production from glucose identified by biosensor-based high-throughput fluorescence-activated cell sorting screening[J]. ACS Synthetic Biology, 8(2): 274-281.

Krams S M, Schaffert S, Lau A H, et al, 2017. Applying mass cytometry to the analysis of lymphoid populations in transplantation[J]. American Journal of Transplantation, 17(8): 1992-1999.

Kumar B N V, Guo S, Bocklitz T, et al, 2016. Demonstration of carbon catabolite repression in naphthalene degrading soil bacteria via Raman spectroscopy based stable isotope probing[J]. Anal Chem, 88(15): 7574-7582.

Kussell E, Leibler S, 2005. Phenotypic diversity, population growth, and information in fluctuating environments[J]. Science, 309(5743): 2075-2078.

Lau A Y, Lee L P, Chan J W. 2008. An integrated optofluidic platform for Raman-activated cell sorting. Lab Chip, 8(7): 1116-1120.

Lee K S, Landry Z, Pereira F C, et al, 2021. Raman microspectroscopy for microbiology[J]. Nature Reviews Methods Primers, 1(1):80.

Lee K S, Palatinszky M, Pereira F C, et al, 2019. An automated Raman-based platform for the sorting of live cells by functional properties[J]. Nat Microbiol, 4(6): 1035-1048.

Lee T H, Chang J S, Wang H Y, 2013. Rapid and *in vivo* quantification of cellular lipids in chlorella vulgaris using near-infrared Raman spectrometry[J]. Analytical Chemistry, 85(4): 2155-2160.

Lei Y, Hu H, 2020. SAW-driven droplet jetting technology in microfluidic: A review[J]. Biomicrofluidics, 14(6): 061505.

Leipold M D, Newell E W, Maecker H T, 2015. Multiparameter phenotyping of human PBMCs using mass cytometry[J]. Methods in Molecular Biology, 1343: 81-95.

Levine J H, Simonds E F, Bendall S C, et al, 2015. Data-driven phenotypic dissection of AML reveals progenitor-like cells that correlate with prognosis[J]. CELL, 162(1): 184-197.

Lewis W H, Tahon G, Geesink P, et al, 2020. Innovations to culturing the uncultured microbial majority[J]. Nature Reviews Microbiology,19(4): 225-240.

Li K, Cheng J, Ye Q, et al, 2017. *In vivo* kinetics of lipids and astaxanthin evolution in *Haematococcus pluvialis* mutant under 15% CO_2 using Raman microspectroscopy[J]. Bioresour Technol,244(Pt2):1439-1444.

Li M, Ashok P C, Dholakia K, et al, 2012a. Raman-activated cell counting for profiling carbon dioxide fixing microorganisms[J]. J Phys Chem A, 116(25), 6560-6563.

Li M Q, Canniffe D P, Jackson P J, et al, 2012b. Rapid resonance Raman microspectroscopy to probe carbon dioxide fixation by single cells in microbial communities[J]. Isme Journal, 6(4): 875-885.

Li M Q, Huang W E, Gibson C M, et al, 2013. Stable isotope probing and raman spectroscopy for monitoring carbon flow in a food chain and revealing metabolic pathway[J]. Analytical Chemistry, 85(3): 1642-1649.

Li P, Liang M, Lu X, et al, 2019. Sheathless Acoustic Fluorescence Activated Cell Sorting (aFACS) with high cell viability[J]. Anal Chem,91(24):15425-15435.

Liang P, Liu B, Wang Y, et al, 2021. Isolating and culturing of single microbial cells by laser ejection sorting technology[J]. Appl Environ Microbiol,88(3): e0116521.

Lindley M, de Pablo J G, Peterson J W, et al, 2022. High-throughput Raman-activated cell sorting in the fingerprint region[J]. Advanced Materials Technologies,7:202101567.

Link D R, Grasland-Mongrain E, Duri A, et al, 2006. Electric control of droplets in microfluidic devices[J]. Angewandte Chemie-International Edition, 45(16): 2556-2560.

Lorenz B, Wichmann C, Stockel S, et al, 2017. Cultivation-free Raman spectroscopic investigations of bacteria[J]. Trends in Microbiology, 25(5): 413-424.

Lupoi J S, Singh S, Davis M, et al, 2014. High-throughput prediction of eucalypt lignin syringyl/guaiacyl content using multivariate analysis: a comparison between mid-infrared, near-infrared, and Raman spectroscopies for model development[J]. Biotechnology for Biofuels, 7:93.

Ma F, Fischer M, Han Y, et al, 2016. Substrate engineering enabling fluorescence droplet entrapment for IVC-FACS-based ultrahigh-throughput screening[J]. Analytical Chemistry, 88(17): 8587-8595.

Ma Z, Zhou Y, Collins D J, et al, 2017. Fluorescence activated cell sorting via a focused traveling surface acoustic beam[J]. Lab on a Chip, 17(18): 3176-3185.

Mannan A A, Liu D, Zhang F, et al, 2017. Fundamental design principles for transcription-factor-based metabolite biosensors[J]. ACS Synthetic Biology, 6(10): 1851-1859.

McIlvenna D, Huang W E, Davison P, et al, 2016. Continuous cell sorting in a flow based on single cell resonance Raman spectra[J]. Lab Chip, 16(8): 1420-1429.

McInnes L, Healy J, Melville J, 2020. UMAP: uniform manifold approximation and projection for dimension reduction[J]. The Journal of Open Source Software, 3(29):861.

Mieczan T, Michal N, Adamczuk M, et al, 2015. Stable isotope analyses revealed high seasonal dynamics in the food web structure of a peatbog[J]. International Review of Hydrobiology, 100(5-6): 141-150.

Miyaoka R, Hosokawa M, Ando M, et al, 2014. *In situ* detection of antibiotic amphotericin B produced in *Streptomyces nodosus* using Raman microspectroscopy[J]. Marine Drugs, 12(5): 2827-2839.

Moudrikova S, Sadowsky A, Metzger S, et al, 2017. Quantification of polyphosphate in microalgae by Raman microscopy and by a reference enzymatic assay[J]. Analytical Chemistry, 89(22): 12006-12013.

Muller S, Harms H, Bley T, 2010. Origin and analysis of microbial population heterogeneity in bioprocesses[J]. Curr Opin Biotechnol, 21(1): 100-113.

Nitta N, Iino T, Isozaki A, et al, 2020. Raman image-activated cell sorting[J]. Nat Commun, 11(1): 3452.

Nitta N, Sugimura T, Isozaki A, et al, 2018. Intelligent image-activated cell sorting[J]. Cell,175(1): 266-276.e13.

Olaniyi O O, Yang K, Zhu Y G, et al, 2019. Heavy water-labeled Raman spectroscopy reveals carboxymethylcellulose-degrading bacteria and degradation activity at the single-cell level[J]. Appl Microbiol Biotechnol, 103(3): 1455-1464.

Olsen L R, Leipold M D, Pedersen C B, et al, 2019. The anatomy of single cell mass cytometry data[J]. Cytometry Part A, 95(2):156-172.

Ornatsky O, Bandura D, Baranov V, et al, 2010. Highly multiparametric analysis by mass cytometry[J]. Journal of Immunological Methods, 361(1-2): 1-20.

Ornatsky O I, Lou X, Nitz M, et al, 2008. Study of cell antigens and intracellular DNA by identification of element-containing labels and metallointercalators using inductively coupled plasma mass spectrometry[J]. Analytical Chemistry, 80(7): 2539-2547.

Pahlow S, Meisel S, Cialla-May D, et al, 2015. Isolation and identification of bacteria by means of Raman spectroscopy[J]. Advanced Drug Delivery Reviews, 89: 105-120.

Park J, Jung J H, Destgeer G, et al, 2017. Acoustothermal tweezer for droplet sorting in a disposable microfluidic chip[J]. Lab on a Chip, 17(6):

1031-1040.
Park S Y, Wu T H, Chen Y, et al, 2011. High-speed droplet generation on demand driven by pulse laser-induced cavitation[J]. Lab on a Chip, 11(6): 1010-1012.
Paszek P, Ryan S, Ashall L, et al, 2010. Population robustness arising from cellular heterogeneity[J]. Proc Natl Acad Sci U S A, 107(25): 11644-11649.
Qiao Y, Hu R, Chen D, et al, 2022. Fluorescence-activated droplet sorting of PET degrading microorganisms[J]. J Hazard Mater, 424(Pt B): 127417.
Qiu P, Simonds E F, Bendall S C, et al, 2011. Extracting a cellular hierarchy from high-dimensional cytometry data with SPADE[J]. Nature Biotechnology, 29(10): 886-891.
Raman C V, Krishnan K S, 1928. A new type of secondary radiation[J]. Nature, 121: 501-502.
Robert B, 2009. Resonance Raman spectroscopy[J]. Photosynth Res, 101(2-3): 147-155.
Bruggner R V, Bodenmillr B, Dill D L, et al, 2014. Automated identification of stratifying signatures in cellular subpopulations[J]. Proceedings of the National Academy of Sciences of the United States of America, 111(26):2770-2777.
Rodriguez-Concepcion M, Avalos J, Bonet M L, et al, 2018. A global perspective on carotenoids: Metabolism, biotechnology, and benefits for nutrition and health[J]. Prog Lipid Res, 70: 62-93.
Sadler J C, Currin A, Kell D B, 2018. Ultra-high throughput functional enrichment of large monoamine oxidase (MAO-N) libraries by fluorescence activated cell sorting[J]. The Analyst, 143(19): 4747-4755.
Saleski T E, Kerner A R, Chung M T, et al, 2019. Syntrophic co-culture amplification of production phenotype for high-throughput screening of microbial strain libraries[J]. Metabolic Engineering, 54: 232-243.
Samek O, Obruca S, Siler M, et al, 2016. Quantitative Raman spectroscopy analysis of polyhydroxyalkanoates produced by cupriavidus necator H16[J]. Sensors, 16(11):1808.
Samusik N, Good Z, Spitzer M H, et al, 2016. Automated mapping of phenotype space with single-cell data[J]. Nature Methods, 13(6): 493-496.
Schraivogel D, Kuhn T M, Rauscher B, et al, 2022. High-speed fluorescence image-enabled cell sorting[J]. Science, 375(6578): 315-320.
Schubert C, 2011. Single-cell analysis: The deepest differences[J]. Nature, 480(7375): 133-137.
Schutz S S, Beneyton T, Baret J C, et al, 2019. Rational design of a high-throughput droplet sorter[J]. Lab Chip, 19(13): 2220-2232.
Shao Y N, Fang H, Zhou H, et al, 2017. Detection and imaging of lipids of *Scenedesmus obliquus* based on confocal Raman microspectroscopy[J]. Biotechnology for Biofuels, 10:300.
Shembekar N, Hu H, Eustace D, et al, 2018. Single-cell droplet microfluidic screening for antibodies specifically binding to target cells[J]. Cell Rep, 22(8): 2206-2215.
Singh G P, Creely C M, Volpe G, et al, 2005. Real-time detection of hyperosmotic stress response in optically trapped single yeast cells using Raman microspectroscopy[J]. Analytical Chemistry, 77(8): 2564-2568.
Sonal M M, Prachi S A N. 2021. Flow cytometry: Principles, applications and recent advances[J]. Bioanalysis, 13(3): 181-198.
Song Y, Cui L, Lopez J A S, et al, 2017a. Raman-Deuterium Isotope Probing for *in-situ* identification of antimicrobial resistant bacteria in Thames River[J]. Sci Rep, 7(1): 16648.
Song Y, Kaster A K, Vollmers J, et al, 2017b. Single-cell genomics based on Raman sorting reveals novel carotenoid-containing bacteria in the Red Sea[J]. Microb Biotechnol, 10(1): 125-137.
Song Y, Yin H, Huang W E, 2016. Raman activated cell sorting[J]. Curr Opin Chem Biol, 33: 1-8.
Spitzer M H, Gherardini P F, Fragiadakis G K, et al, 2015. An interactive reference framework for modeling a dynamic immune system[J]. Science, 349(6244):e1259425.
Stern L, McGuire H, Avdic S, et al, 2018. Mass cytometry for the assessment of immune reconstitution after hematopoietic stem cell transplantation[J]. Frontiers in Immunology, 9:1672.
Stockel S, Meisel S, Elschner M, et al, 2012. Identification of *Bacillus anthracis* via Raman spectroscopy and chemometric approaches[J]. Anal Chem, 84(22): 9873-9880.
Su X, Gong Y, Gou H, et al, 2020. Rational optimization of Raman-activated cell ejection and sequencing for bacteria[J]. Anal Chem, 92(12):8081-8089.
Suzuki Y, Kobayashi K, Wakisaka Y, et al, 2019. Label-free chemical imaging flow cytometry by high-speed multicolor stimulated Raman scattering[J]. Proc Natl Acad Sci U S A,116(32):15842-15848.
Szalóki G, Goda K, 2015. Compensation in multicolor flow cytometry[J]. Cytometry A, 87(11): 982-985.
Tao Y, Wang Y, Huang S, et al, 2017. Metabolic-activity-based assessment of antimicrobial effects by D_2O-labeled single-cell Raman microspectroscopy[J]. Anal Chem, 89(7): 4108-4115.
Teng L, Wang X, Wang X, et al, 2016. Label-free, rapid and quantitative phenotyping of stress response in *E. coli* via ramanome[J]. Sci Rep, 6: 34359.
Thorsen T, Roberts R W, Arnold F H, et al, 2001. Dynamic pattern formation in a vesicle-generating microfluidic device[J]. Physical Review Letters, 86(18): 4163-4166.
Tracey L J, An Y, Justice M J J C P, 2021. CyTOF: An emerging technology for single-cell proteomics in the mouse[J]. Current Protocols, 1(4):e118.
Tsai A G, Glass D R, Juntilla M, et al, 2020. Multiplexed single-cell morphometry for hematopathology diagnostics. Nat Med, 26(3): 408-417.
Uhlik O, Leewis M C, Strejcek M, et al, 2013. Stable isotope probing in the metagenomics era: A bridge towards improved bioremediation[J]. Biotechnology Advances, 31(2): 154-165.
Umbanhowar P B, Prasad V, Weitz D A, 2000. Monodisperse emulsion generation via drop break off in a coflowing stream[J]. Langmuir, 16(2):

347-351.

van Tatenhove-Pel R J, Hernandez-Valdes J A, Teusink B, et al, 2020. Microdroplet screening and selection for improved microbial production of extracellular compounds[J]. Curr Opin Biotechnol, 61: 72-81.

Venkata H N N, Shigeto S, 2012. Stable isotope-labeled Raman imaging reveals dynamic proteome localization to lipid droplets in single fission yeast cells[J]. Chemistry & Biology, 19(11): 1373-1380.

Wagner J M, Liu L, Yuan S F, et al, 2018. A comparative analysis of single cell and droplet-based FACS for improving production phenotypes: Riboflavin overproduction in *Yarrowia lipolytica*[J]. Metab Eng, 47: 346-356.

Wang H W, Bao N, Le T L, et al. 2008. Microfluidic CARS cytometry[J]. Opt Express, 16(8), 5782-5789.

Wang J W, Gao J, Wang H F, et al, 2019. Miniaturization of the whole process of protein crystallographic analysis by a microfluidic droplet robot: from nanoliter-scale purified proteins to diffraction-quality crystals[J]. Anal Chem, 91(15): 10132-10140.

Wang M, Nai M H, Huang R Y, et al, 2021. High-throughput functional profiling of single adherent cells via hydrogel drop-screen[J]. Lab Chip, 21(4): 764-774.

Wang S, Liu Y, Li Y, et al, 2022. High-throughput functional screening of antigen-specific T cells based on droplet microfluidics at a single-cell level[J]. Anal Chem, 94(2): 918-926.

Wang T, Ji Y, Wang Y, et al, 2014. Quantitative dynamics of triacylglycerol accumulation in microalgae populations at single-cell resolution revealed by Raman microspectroscopy[J]. Biotechnol Biofuels, 7: 58.

Wang X, Ren L, Su Y, et al, 2017. Raman-activated droplet sorting (RADS) for label-free high-throughput screening of microalgal single-cells[J]. Anal Chem, 89(22): 12569-12577.

Wang X, Xin Y, Ren L, et al, 2020a. Positive dielectrophoresis–based Raman-activated droplet sorting for culture-free and label-free screening of enzyme function *in vivo*[J]. Science Advances, 6(32): eabb3521.

Wang Y, Huang W E, Cui L, et al, 2016a. Single cell stable isotope probing in microbiology using Raman microspectroscopy[J]. Current Opinion in Biotechnology, 41, 34-42.

Wang Y, Ji Y, Wharfe E S, et al, 2013. Raman activated cell ejection for isolation of single cells[J]. Anal Chem, 85(22): 10697-10701.

Wang Y, Song Y, Tao Y, et al, 2016b. Reverse and multiple stable isotope probing to study bacterial metabolism and interactions at the single cell level[J]. Anal Chem, 88(19): 9443-9450.

Wang Y, Xu J, Kong L, et al, 2020b. Raman-activated sorting of antibiotic-resistant bacteria in human gut microbiota[J]. Environ Microbiol, 22(7): 2613-2624.

Wei X, Jie D F, Cuello J J, et al, 2014. Microalgal detection by Raman microspectroscopy[J]. TrAC Trends in Analytical Chemistry, 53: 33-40.

Wei Y, Zhu Y, Fang Q, 2019. Nanoliter quantitative high-throughput screening with large-scale tunable gradients based on a microfluidic droplet robot under unilateral dispersion mode[J]. Anal Chem, 91(8): 4995-5003.

Weiss T L, Chun H J, Okada S, et al, 2010. Raman spectroscopy analysis of botryococcene hydrocarbons from the green microalga *Botryococcus braunii*[J]. Journal of Biological Chemistry, 285(42): 32458-32466.

Wu H, Volponi J V, Oliver A E, et al, 2011. *In vivo* lipidomics using single-cell Raman spectroscopy[J]. Proc Natl Acad Sci U S A, 108(9): 3809-3814.

Xi H D., Zheng H, Guo W, et al, 2017. Active droplet sorting in microfluidics: a review[J]. Lab on a Chip, 17(5): 751-771.

Xie C, Chen D, Li Y Q, 2005. Raman sorting and identification of single living micro-organisms with optical tweezers[J]. Opt Lett, 30(14): 1800-1802.

Xie C G, Dinno M A, Li Y Q, 2002. Near-infrared Raman spectroscopy of single optically trapped biological cells[J]. Optics Letters, 27(4): 249-251.

Xin Y, Lu Y, Lee Y Y, et al, 2017. Producing designer oils in industrial microalgae by rational modulation of co-evolving type-2 diacylglycerol acyltransferases[J]. Mol Plant, 10(12): 1523-1539.

Xin Y, Shen C, She Y, et al, 2019. Biosynthesis of triacylglycerol molecules with a tailored PUFA profile in industrial microalgae[J]. Mol Plant, 12(4):474-488.

Xu J, Ma B, Su X Q, et al, 2017a. Emerging trends for microbiome analysis: from single-cell functional imaging to microbiome big data[J]. Engineering, 3(1): 66-70.

Xu J B, Webb I, Poole P, et al, 2017b. Label-free discrimination of rhizobial bacteroids and mutants by single-cell raman microspectroscopy[J]. Analytical Chemistry, 89(12): 6336-6340.

Xu T, Gong Y, Su X, et al, 2020. Phenome-genome profiling: Phenome-genome profiling of single bacterial cell by raman-activated gravity-driven encapsulation and sequencing[J]. Small, 16(30):2070165.

Yan S S, Qiu J X, Guo L, et al, 2021. Development overview of Raman-activated cell sorting devoted to bacterial detection at single-cell level[J]. Applied Microbiology and Biotechnology, 105(4): 1315-1331.

Yonamine Y, Suzuki Y, Ito T, et al, 2017. Monitoring photosynthetic activity in microalgal cells by raman spectroscopy with deuterium oxide as a tracking probe[J]. Chembiochem, 18(20): 2063-2068.

Yu Z, Boehm C R, Hibberd J M, et al, 2018. Droplet-based microfluidic analysis and screening of single plant cells[J]. PLoS One, 13(5): e0196810.

Yuan G C, Cai L, Elowitz M,et al, 2017. Challenges and emerging directions in single-cell analysis[J]. Genome Biol, 18(1): 84.

Yuan X, Song Y, Song Y, et al, 2018. Effect of laser irradiation on cell function and its implications in Raman spectroscopy[J]. Applied and Environmental Microbiology, 84(8):e02508-17.

Zenobi R, 2013. Single-cell metabolomics: analytical and biological perspectives[J]. Science, 342(6163): 1243259.

Zhang C, Huang K C, Rajwa B, et al, 2017a. Stimulated Raman scattering flow cytometry for label-free single-particle analysis[J]. Optica, 4(1): 103-109.

Zhang H, Liu K K, 2008. Optical tweezers for single cells[J]. J R Soc Interface, 5(24): 671-690.

Zhang Q, Wang T, Zhou Q, et al, 2017b. Development of a facile droplet-based single-cell isolation platform for cultivation and genomic analysis in microorganisms[J]. Scientific Reports, 7(1): 41192.

Zhang Q, Zhang P, Gou H, et al, 2015. Towards high-throughput microfluidic Raman-activated cell sorting[J]. The Analyst, 140(18): 6163-6174.

Zhang T, Warden A R, Li Y, et al, 2020. Progress and applications of mass cytometry in sketching immune landscapes[J]. Clinical and Translational Medicine, 10(6):e206.

Zhu P, Wang L, 2017. Passive and active droplet generation with microfluidics: a review[J]. Lab on a Chip, 17(1); 34-75.

Zhu X D, Shi X, Wang S W, et al, 2019. High-throughput screening of high lactic acid-producing *Bacillus coagulans* by droplet microfluidic based flow cytometry with fluorescence activated cell sorting[J]. RSC Advances, 9(8): 4507-4513.

Zinchenko A, Devenish S R A, Kintses B, et al, 2014. One in a million: flow cytometric sorting of single cell-lysate assays in monodisperse picolitre double emulsion droplets for directed evolution[J]. Analytical Chemistry, 86(5): 2526-2533.

Zu T N, Athamneh A I, Wallace R S, et al, 2014. Near-real-time analysis of the phenotypic responses of *Escherichia coli* to 1-butanol exposure using Raman Spectroscopy[J]. J Bacteriol, 196(23): 3983-91.

Zunder E R, Finck R, Behbehani G K, et al, 2015. Palladium-based mass tag cell barcoding with a doublet-filtering scheme and single-cell deconvolution algorithm[J]. Nature Protocols, 10(2): 316-333.

SYNTHETIC
BIOLOGY
ENGINEERING
TECHNOLOGY
SERIES

合成生物学
工程技术丛书

7

微孔板培养高通量筛选技术

奕栋[1,2]

[1] 中国医药工业研究总院系统生物合成研究中心

[2] 先导物成药性研究全国重点实验室

7.1 微孔板培养高通量筛选技术背景

基因工程、代谢工程、发酵工程、生物催化、合成生物学等多学科技术通过对生命体的筛选、改造或从头构建，实现了化工、医药、食品、材料、能源等多领域产品的生物制造。由于生物样本的多样性极为丰富，从环境中筛选野生菌株需要考察分离培养得到的微生物样本的表型和基因型。传统的微生物育种通过诱变构建大型微生物突变库，通过表型鉴定获得高产菌株。宏基因文库的构建和筛选为从不可培养微生物中挖掘基因资源提供新的途径。通过酶的定向进化技术构建了庞大的酶突变体库，经筛选获得酶学性质优良的突变体。代谢工程和合成生物学改造宿主细胞的代谢途径或在宿主细胞内从头构建全新的生物合成路径，获得的细胞工厂库需要进行大规模的筛选，以达到优化合成路径和基因调控元件的目的。在生物医药领域，哺乳动物细胞重组库的构建、培养和筛选是生物药物制造、药物靶点筛选、细胞药理和毒理、高内涵成像等的必备技术。虽然人工可以胜任上述大部分工作，但耗费的人力和时间成本巨大。因此，迫切需要构建高通量的筛选方法来获得高效和精确的筛选结果，而基于微孔板的高通量培养和筛选是目前实验室最常用的高通量方法。本章将回顾微孔板发展的历史，详细介绍微孔板的类型、培养和筛选方法、统计学分析等关键内容，展示一个清晰的微孔板高通量培养和筛选应用实景。

7.1.1 微孔板的发展历史

微孔板，也称为微量滴定板或多孔板，是具有多个“孔室”的平板。最早的微孔板是由匈牙利人 Gyula Takátsy 博士于 1950 年创制的。他使用聚甲基丙烯酸甲酯（亚克力）板加工了 6×12 个孔室，用于流感病毒的血清学测试。1955 年，Takátsy 博士重新设计了 8×12 孔板，成为现代 96 孔板的雏形。1961 年，美国国家卫生研究院的 John Sever 博士广泛采用了这种技术进行血清学调查。在 20 世纪 70 年代，96 孔微孔板被用于免疫测试分析，随后对板和孔的尺寸和材料进行了商业化和标准化。微孔板的普遍使用始于 20 世纪 80 年代后期，当时 John Liner 推出了模制版本。1996 年，生物分子筛选学会（后来改名为生物分子科学学会）提出了一项创建微孔板标准的倡议。2003 年提出了一系列标准，并由美国国家标准协会（American National Standards Institute，ANSI）代表生物分子筛选学会发布。该标准规定了微孔板的各种特性，包括孔尺寸（例如直径、间距和深度等）以及板特性（例如刚度等），规定微孔板的标准化尺寸为 127.76 mm×85.48 mm。标准的制定允许来自不同供应商的微孔板、仪器和设备之间的互操作性，在实验室自动化中尤为重要。此后，微孔板的使用得到推广普及。据估计，仅在 2000 年就使用了 1.25 亿个微孔板。2010 年，生物分子科学学会与实验室自动化协会合并，成立了实验室自动化与筛选学会（The Society for Laboratory Automation and Screening，SLAS），微孔板标准品被称为 ANSI/SLAS 标准品。如今，生命科学研究中几乎所有实验都应用微孔板，涉及过滤、分离、光学检测、储存、反应混合、细胞培养、活性检测等，微孔板成为分析研究和临床诊断测试实验室的标准工具。

7.1.2 微孔板培养高通量筛选技术简介和发展趋势

微孔板培养高通量筛选技术是以微孔板为主要载体，进行细胞培养和生物或化学性质检测的一种高通量筛选方法。多个细胞样本可以在微孔板中进行平行培养和平行反应，通过酶标仪、荧光定量 PCR 仪等微孔板检测设备进行生物量、生物活性等指标的快速检测，从而实现生物样本的高通量筛选。由于微孔板具有优异的孔间一致性和多样本并行处理能力，基于微孔板的高通量筛选技术成为目前最常用的高通量筛选方法之一。微孔板在生物检测领域的广泛应用使微孔板的设计、制造、配套解决方案和设备等得到快速发展，呈现出标准化、多样化、高通量、自动化的特征。

（1）微孔板设计标准化和多样化

微孔板的底边有标准尺寸，但是对高度和样品孔的造型没有限制。因此，根据不同用途，微孔板被设计出不同高度（浅孔板、半高板、深孔板）、不同孔型（圆孔、方孔）、不同底面造型（平底、圆底、尖底）、不同孔数（24、48、96、384 孔板等）等多种结构。而不同的结构又相应地被标准化，保留了微孔板便于标准化操作的优点。此外，1536 孔板等高密度微孔板的制造将通量提升到新的高度。

（2）微孔板材料和制造工艺多样化

现代的微孔板多为聚合物制造。高分子材料的发展和机械化生产使微孔板的制作规模化，提高了微孔板质量的同时极大地降低了微孔板的制造成本，成为微孔板得以普及化的一大因素。多种高分子聚合物材料的应用也拓展了微孔板的应用范围。例如聚丙烯材料可以耐受高温，适合制造用于培养的深孔板。而环烯烃类材料可以透过紫外线，适合制造用于紫外吸收测定的酶标板。不同颜色的微孔板改变了自荧光等性能，适合荧光和发光检测。微孔板表面处理工艺的发展使微孔板可以进行哺乳动物细胞培养和生物大分子吸附检测。随着更先进制造工艺的应用，微孔板的孔间平行性也得到保证。

（3）微孔板用途多样化

最初的微孔板用于血清学和免疫学测试。随着微孔板设计的多样化和制造的规模化，微孔板被广泛地应用于多种光吸收、荧光、自发光、偏振光等检测，哺乳动物细胞和微生物细胞培养，菌种和样本保藏，以及核酸提取、聚合酶链式反应（polymerase chain reaction，PCR）、蛋白纯化等分子生物学实验。如今，微孔板是生物实验室必备的耗材，在高通量和平行实验中有非常广泛的应用。

（4）微孔板配套试剂盒多样化

微孔板的广泛应用促进了配套试剂盒的开发。目前，基于微孔板的商用化试剂盒已经涵盖了分子生物学、酶学、微生物学、免疫学、检验检疫、新药筛选等多个领域。反过来，微孔板试剂盒的开发为微孔板的使用提供了整套技术方案，极大地方便了实验人员的操作。

（5）微孔板仪器多样化

微孔板的标准化和多样性非常适合仪器自动化操作。因此，诞生了很多用于微孔板操作的仪器。例如分液器、洗板机、封膜机、撕膜机、移液工作站、微孔板培养箱、微孔板离心机等等。一些公司还开发了微孔板专用的机械臂，将多种微孔板设备整合起来形成整套自动化设备，完成培养、筛选等多任务的自动化。

可以预见的是，微孔板的设计和制造将更加丰富和成熟，成本逐渐降低，配套试剂盒和设备将更加人性化、检测精确度不断提高，微孔板在高通量培养和筛选领域的应用将更加广泛。

7.2 微孔板培养高通量筛选技术原理

7.2.1 微孔板的类型和适用范围

根据 ANSI/SLAS 标准，微孔板的标准化尺寸为 127.76 mm×85.48 mm。在规定的标准化尺寸内，微孔板可以有多样的设计，包括不同的孔数、材料、颜色、孔型、高度等等，以适合不同的用途。

7.2.1.1 微孔板的类型

微孔板通常具有 6 个、12 个、24 个、48 个、96 个、384 个或 1536 个样品孔，一些微孔板的孔数甚至已经达到 3456 孔或 9600 孔。微孔板的样品孔形状一般为圆形或方形。圆形孔的截面积较小，可以减少试剂的用量，并有利于涡旋振荡，此外还可以减小液面边缘效应，减少光学检测的误差。方形孔储存样品容量大，制造相对简便，常用于样品储存或高密度微孔的制造。此外，还有用于 PCR 的锥状管形。

样品孔的底部形状通常有 F 形底、U 形底、V 形底和 C 形底 4 种类型。F 形底即平形底，孔的底部平坦，适合光路传输，常用于酶标板、哺乳动物细胞贴壁培养和细胞成像。此外，平底孔的容积大于其他形状底孔，也可用于样品储存。U 形底即半球形底，可以在振荡中有效促进孔内液体的混合，常用于悬浮细胞或类器官培养。培养完毕后可以通过离心使细胞或沉淀积累在半球形底部，方便提取上清液。V 形底即锥形底部，这种底部形状最初是为血凝分析而设计的，可以最大限度积累小体积样本量。C 形底即弯曲形底部，结合了 F 形底和 U 形底的特点。底部的中心区域平坦，适合光学测量。底部的边缘有圆角，便于混合和洗涤。这种底部形状适合悬浮细胞或类器官培养使用。

常规的微孔板又称浅孔板。根据孔的数量不同，可以容纳数十纳升到 250 微升的液体。此类微孔板一般用于光学检测、细胞培养和成像，也可用于小量样本的储存。深孔板最多可以容纳 2.0 ～ 2.2 mL 液体。此类微孔板一般用于细胞悬浮培养和样本储存。高度介于浅孔板和深孔板之间的是半高板，最多可以容纳 500 μL 液体，用于小量样本储存（图 7-1）。

图 7-1　不同类型的微孔板

7.2.1.2　微孔板的材料

现代的微孔板一般使用聚合物材料制造。常见的高聚物材料包括聚苯乙烯（polystyrene，PS）、聚氯乙烯（polyvinyl chloride，PVC）、聚丙烯（polypropylene，PP）、环烯烃类共聚物（cyclic olefin copolymer，COC）、环烯烃类聚合物（cyclo olefin polymer，COP）、聚碳酸酯（polycarbonate，PC）等。PS 具有很好的透明度，质地坚硬，常用来制造酶标板，用于吸光度的检测或细胞培养。PS 材料耐腐蚀较好，耐各种碱、盐及水溶液以及低级醇类和某些酸类。但耐溶剂性、耐氧化性较差，能溶于许多与其溶度参数相近的溶剂中，如丙酮、氯仿、二甲苯、甲苯、四氯化碳、酯类等溶剂。矿物油、脂肪烃、乙醚、苯酚、高级醇类等能使 PS 发生溶胀。因此，在使用上述高浓度有机溶剂时不适合使用 PS 材料的微孔板。PVC 材料透光性逊于 PS 材料，也用于酶标板的制造。PVC 抗化学药品性强，能耐受浓盐酸、浓硫酸、硝酸和氢氧化钠，但能够溶解于醚、酮、氯化脂肪烃和芳香烃等有机溶剂，不适合这些高浓度有机溶剂条件下的使用。PP 是一种性能优良的热塑性合成树脂，无色半透明，透光性不及 PS 和 PVC 材料，但具有良好的耐化学性和耐热性，连续使用温度可达 110 ～ 120 ℃，除强氧化剂外，与大多数化学药品不发生作用，常用来制造深孔板，用于培养和储存。COC 和 COP 材料具有高透明、低双折射率的特征，可以透射紫外线。这两种材料还有低吸水、高刚性、高耐热、水蒸气气密性好、符合 FDA（美国食品药品监督管理局）标准等优良特性。但 COC 和 COP 材料价格相对较高，目前这两种材料制造的微孔板主要用于紫外吸光值的测定和高内涵成像。PC 材料价格便宜且易于成型，多用于制造一次性 PCR 板。除了聚合物制造的微孔板外，还有用玻璃和石英制成的微孔板，用于特殊用途。

7.2.1.3　微孔板的颜色

大多数微孔板是透明的或者呈材料本身的颜色。全透明的微孔板可以最大限度地提高信噪比，主要用于光吸收检测或成像实验。在材料中添加二氧化钛可以制造白色的微孔板，有利于更好地反射光线来增强发光信号，常用于发光检测实验，有时也用于增强荧光信号强度。通过添加碳可以制造黑色的微孔板，可以减少测试化合物、反应混合物成分和微孔板本身的背景自荧光，主要用于荧光检测实验。灰色微孔板是专为均相光激化学发光免疫分析（amplified luminescent proximity homogeneous assay，Alpha）、时间分辨荧光免疫分析（time resolved fluoroimmuno assay，TRFIA）和荧光共振能量转移（fluorescence resonance energy transfer，FRET）开发的，可以减少背景自荧光。黄色微孔板用于解离增强镧系元素荧光免疫检测（dissociation enhanced lanthanide fluorommuno assay，DELFIA）。

7.2.1.4 微孔板的表面涂层

微孔板由聚合物制造，其表面性能取决于所使用的材料。PP、COC 和 COP 等烯烃材料疏水性强，具有低表面能量和低蛋白质吸附特性。而 PS 是一种不饱和碳氢化合物基材料，具有芳香取代基，可产生部分正负电荷。因此，未经处理的 PS 表面能吸附更多的蛋白质。

微孔板多用于水相样品的处理，聚合物材料的表面强疏水性可导致与水形成较高的接触角，使得液体在微孔板表面不易浸润。这会影响动物细胞培养和生物大分子在微孔板表面的吸附。因此，对聚合物制造的微孔板进行表面处理，可显著改变其表面特性，从而获得改善的培养和测定结果。射频微波等离子体（radio frequency microwave plasma，RFMP）处理是目前最常用的表面处理方法。在真空中通过电场使载气产生等离子体，带电气体分子和微板表面之间的碰撞导致气体与表面共价附着，从而有效地创造了共价修饰的表面。使用不同的载气可以产生不同的表面共价修饰。使用二氧化碳作为载体气体，会产生负电荷的羧基表面；使用氧气，会产生具有极性但呈中性的醚和氢氧化物表面；使用二氧化氮或氨，则产生带正电荷的胺表面。此外，使用特殊化学品可以赋予表面额外的化学功能，如环氧化物基、三氨基-氢化合物、二乙醚和灭菌剂等。

7.2.1.5 微孔板盖和封板膜

微孔板可以配备不同的顶盖和封板膜，防止样品蒸发损失、样品孔之间的交叉污染以及生物和环境污染。顶盖一般由聚合物材料制成，可以重复使用。平底浅孔板会配有相同材质的平顶盖，可以在细胞培养的过程中保持无菌状态，并有利于在使用显微镜观察细胞时光线的透射。硅胶盖是另外一种常见的顶盖。硅胶盖往往根据孔型制成凸起结构，可以嵌入每个样品孔达到密封的效果。这种盖子常用于带有有机溶剂的样品保存或者 PCR。硅胶盖较软，可在每个孔位设置十字形的预开口，方便高效液相色谱和气相色谱取样针取样。但由于硅胶盖很容易在使用过程中因样品孔内液体蒸发气压增大而被顶开，所以一般用在具有顶盖压紧装置的微孔板设备中。

封板膜通常由聚合物或铝箔制成。常见的聚合物膜有透明膜和半透膜两种形式。透明膜不能透水透气，主要用于样品保存。半透膜可以透气透水，用于生物细胞培养时的气体交换。铝箔膜比透明聚合物膜更为牢固，一般用于样品的长期保存，也用于光敏样本的保藏。封板膜有自粘和热封两种密封模式。自粘膜使用方便，适合手动操作，使用非常普遍。但不同自粘膜的黏性材料差别很大，环境温度对黏性也有很大影响。一般来说，铝箔膜的黏性优于聚合物膜。透明膜有常温膜和耐低温膜两种。如果用于−40 ℃或−80 ℃低温保藏，需要选用耐低温膜，防止储藏过程中膜和微孔板脱离，导致样品损失或交叉污染。此外，有机溶剂会溶解黏性材料，所以黏性膜不适合有机溶剂样本的保存。热封膜需要和配套的封板机结合使用。热封膜结合牢固，适合自动化系统操作，也适合用于保存含有有机溶剂的样本。

7.2.2 微孔板培养技术原理

7.2.2.1 基于微孔板的培养策略

最初的微孔板是用于样品检测。但是很多生物样本需要前期细胞培养才能进行后续的检测分析。如果没有高通量培养方法，生物细胞培养将成为制约大规模筛选和检测的限速步骤。因此，利用微孔板的标准化和平行一致性进行高通量培养，成为高通量培养的一个重要策略。培养板的样品孔可以和检测板的样品孔一一对应，方便样品的移取和数据处理，使培养和检测步骤相互关联，实现高通量和自动化。

7.2.2.2 微孔板培养方法

微孔板的培养方法主要有静置培养和振荡培养两种。

（1）静置培养

液态静置培养主要用于哺乳动物细胞培养。哺乳动物细胞一般为贴壁生长，可以在经过表面处理的平底微孔板底面形成单细胞层，方便进行后期的显色或成像实验。哺乳动物细胞培养需要使用二氧化碳培养箱。固态静置培养主要用于微生物细胞。在微孔板形状的琼脂板上稀释涂布菌液，将琼脂板放置于普通培养箱，可长出单菌落，用于后继的菌落挑取、蓝白斑筛选或平板筛选。

（2）振荡培养

微生物细胞一般需要悬浮培养。在深孔板中分装培养基，将微生物接种到每个样品孔，使用小振幅高转速摇床进行悬浮培养。在培养过程中保证足够的气体交换，可以获得和试管培养相同的培养效果。但是微孔板样品孔的直径相对较小，如果微生物形成菌丝体会使发酵液变得很黏稠，降低了培养过程中的传质。因此，微孔板适合培养没有菌丝体的微生物。微生物菌体收获一般使用离心法。将深孔板离心后，微生物菌体会沉积在样品孔底部，可以方便地弃去培养基，达到固液分离的效果。

7.2.3 微孔板高通量筛选技术原理

7.2.3.1 基于微孔板的高通量筛选策略

在合成生物学领域，基于微孔板的高通量筛选主要检测设计的生物合成反应是否进行、细胞内的代谢调控水平、生成的产物是否达到设计要求、设计的生物分子是否和靶点有效结合等生物学指标。检测这些生物学指标有多种策略，选择合适的筛选策略、建立有效的筛选方法是高通量筛选的关键。通常来说，一种有效的筛选方法需要具备灵敏、安全、廉价、与特征性质相关、操作简便、耗时短、不需要特殊设备、适合高通量操作等优点。在生物制造领域的高通量筛选策略主要有以下几种。

（1）检测产物生成

检测产物的生成是最直接、最可靠的筛选策略，可以直接获得生物合成反应、细胞内的代谢调控、生成的产物产量等数据信息，而不需要通过其他数据进行转换，避免了副产物、产物分解等因素的影响。因此，在设计筛选方法时应该首先考虑是否可以直接测定产物的含量。可用的筛选方法包括平板法、比色法、荧光法、高效液相色谱法、气相色谱法、质谱法等。

（2）检测底物消耗

在没有合适的高通量方法检测产物时，检测底物消耗也是一种可靠的筛选策略。但是生物反应存在诸多的副反应，产生的目标产物亦存在手性异构体、稳定性等问题。在这些情况下，检测底物消耗不能准确地反映实际的产物生成，需要在筛选后使用不同的筛选方法进行复筛和鉴定。检测底物消耗的筛选方法和检测产物生成的筛选方法类似，包括平板法、比色法、荧光法、高效液相色谱法、气相色谱法、质谱法等。

（3）检测间接变化

检测生物反应的间接变化是筛选的另一个策略，这种间接变化包括了反应条件的变化、参与反应的辅因子的变化、副产物的生成、定制的传感器信号等。pH 的变化是反应过程中的常见现象。有的反应过程中会释放带有酸碱性的产物或副产物，或者直接释放质子，从而改变反应液的 pH。这种 pH 改变可以通过添加 pH 指示剂来显示。部分生物反应依赖辅酶的电子传递作用。还原态和氧化态辅酶的转变会改变一些辅酶分子的吸光度，通过比色法可以检测这种变化，从而获得反应数据。如果反应过程中出现离子浓度的显著变化，可以使用电位计检测反应的电位跃迁。生物传感器是新兴的筛选方法，通过产物、底物等对转录因子结构的影响，启动或关闭荧光蛋白表达，或者直接影响荧光蛋白的结构或能量转移，从而改变生物传感器的荧光强度，来检测生物反应的进行程度。这些检测生物反应的间接变化可以为高通量筛选提供快速、简便、廉价的解决方案。但由于许多方法没有直接检测产物，在筛选结束后仍需要通过直接检测产物的方法对阳性样本进行复筛和验证，保证筛选结果的准确性。

7.2.3.2 微孔板高通量筛选方法

（1）平板法

当底物和产物在透明度和颜色上有较大差别时，可以使用平板涂布法来进行筛选。传统的平板使用的是圆形平皿，但也有微孔板尺寸的平皿用于自动化操作。在琼脂板上涂布底物层，再将微生物点样或涂布在琼脂板上形成菌落。微生物生长代谢过程中会消耗底物生成产物，从而在菌落周围形成产物圈。通常产物圈直径越大表示微生物活性越高。通过这种方法，使用肉眼鉴别或结合带有菌落产物圈识别功能的挑克隆仪，可以方便地筛选阳性微生物。平板法操作简单，成本低，可以在同一平板上一次性筛选多达几百个微生物单菌落。

（2）比色法

比色法是检测化合物吸光度的一种方法。对紫外线和可见光有光吸收的物质都可以通过吸光度检测来确定含量，通常在一定浓度范围内，吸光度和检测物的浓度成正比例关系。例如，带有苯环等共轭结构的化合物、蛋白质和核酸等生物大分子均有紫外吸收；辅酶、pH指示剂等带有颜色的化合物具有可见光吸收；通常通过在600 nm波长下测定OD值来确定细胞浓度。因此，比色法是最常用的高通量筛选方法。

（3）荧光法

荧光酶标仪可以测定样品的荧光强度。通过使用特定波长的激发光照射样品，样品发出的发射光被顶部的传感器捕捉，从而测得荧光强度。在合成生物学领域，荧光检测的应用非常广泛。部分生物合成过程中涉及的底物、产物或辅酶分子带有荧光特性，可以非常方便地使用荧光酶标仪进行检测。基于荧光蛋白的生物传感器是指示细胞生理状态和产物产量的重要检测仪器。通过荧光显微镜和荧光酶标仪可以快速检测多种荧光蛋白标记的区域位置和蛋白质表达量。荧光检测相对于吸光度检测的优势在于灵敏度更高。

时间分辨荧光使用脉冲光源激发镧系元素染料，由于镧系元素具有激发后在毫秒时间内长时间发射的特性，可在激发脉冲后再进行荧光强度测量。这种方法可显著减少激发光对发射光的影响，减少背景信号。时间分辨荧光检测稳定，背景干扰少，主要用于药物筛选。

荧光偏振使用偏振光来激发荧光分子发射光，发出的发射光理论上也为偏振光。但是荧光分子的自由度会对发射光的极性产生影响，改变发射光的偏振。例如，生物大分子在溶液中旋转相对较慢，当被偏振光激发时会发出偏振光。而小分子在溶液中快速旋转时发射光的偏振降低。发射光的这种偏振极性差异可通过偏振滤光片来分析。因此，荧光偏振可以用于分子间的结合测定，分子结合时可使聚合物的大小发生变化，从而增加荧光偏振。

（4）化学发光法

化学发光是化合物在进行化学反应过程中释放的能量被参与反应的化合物吸收并跃迁至激发态，在其回到基态的过程中产生光辐射；或者能量被参与反应的化合物吸收后产生中间态，在中间态分子分解后再次释放能量并转移到另一个分子，并使之跃迁至激发态，在其回到基态的过程中发光。化学发光不需要光源进行激发，在光学上比荧光检测更简单。使用荧光素酶生物传感器和基于腺嘌呤核苷三磷酸发光检测是常见的基于化学发光原理的筛选方法之一。

（5）高效液相色谱法

高效液相色谱（HPLC）是一种基于色谱纯化系统的分析方法，可以直接检测底物、中间体、产物和副产物的含量。样品混合到流动相后通过高压输液系统进入装有固定相的色谱柱，样品中的化合物由于极性、分子量、亲和性、离子键合等性质的不同，在色谱柱上的保留时间不同，从而得到分离，通过合适的检测器获得信号峰。在合适的检测范围内，化合物的量和信号峰的峰面积成正比例关系。可以通过计算信号峰峰面积来换算目标化合物的绝对量。高效液相色谱法具有分离效率高、灵敏度高、可重复性好、应用范围广等特点，适合大部分筛选场景。超高效液相色谱（ultra performance liquid chromatography，UPLC）使用更细粒径的色谱柱，可将压力提高到几百巴（1 巴 =10^5 帕），从而获得更好的分离度和更短的检测时间。

（6）气相色谱法

气相色谱法是将样品气化后，使用惰性气体为载气将样品气体带入色谱柱，样品混合物中各个组分的沸点、极性及吸附性质存在差异，每种组分在流动相和固定相之间形成各自的分配或吸附平衡，在色谱柱上的保留时间存在差异，从而实现各组分的分离。样品中的各个组分被检测器捕捉，一般通过火焰灼烧产生带电粒子或者化学发光转换为电信号。气相色谱法灵敏度高、仪器成本低，在石化、医药、食品和环境检测等领域有广泛应用。但因为样品需要事先气化，要求样品具有较低的沸点，或者通过衍生化来降低样品沸点，一定程度上限制了气相色谱法的应用范围。

（7）质谱法

质谱法（MS）是将化合物离子化，通过电场和磁场将运动的离子按它们的质荷比分离后进行检测，测出离子准确质量并推测出离子化合物准确的分子量、化学结构、裂解规律和离子间相互关系等信息。质谱法可以确证样本化合物的质量和结构信息，是一种非常准确的筛选方法。一般质谱法和高效液相色谱法、气相色谱法联用，通过色谱法预先对混合物进行单组分分离，再使用质谱对单一组分进行检测。

（8）生物传感器法

生物传感器是识别生物物质并将相互作用转换成电信号或者光信号进行含量检测的一种装置。生物传感器由分子识别部分和信号转换部分构成。前者为酶、微生物、抗原抗体等生物物质，可以特异性地识别并结合目标生物大分子和细胞上的靶点，并引起结构上的物理或化学变化。后者能将这种变化转换成光信号或电信号，从而获得数据。生物膜传感器、生物电极、半导体生物传感器、光生物传感器、热生物传感器、压电晶体生物传感器等都是常见的信号转换器。在合成生物学领域，最常用的生物传感器是基于转录因子和荧光蛋白的生物传感器。转录因子可以和目标化合物结合，发生蛋白结构变构，从 DNA 结合区域脱离，从而启动荧光蛋白表达，根据荧光强度可以计算出目标化合物的浓度。另一种方式是构建转录因子和荧光蛋白的融合蛋白，当转录因子和目标化合物结合后构象发生改变，使荧光蛋白的结构也发生变化或者改变能量共振转移，导致荧光强度发生改变。这种基于转录因子和荧光蛋白的生物传感器可以在细胞工厂中构建，实时显示底物消耗或者产物的生成，而不需要特殊的装置，非常适合以微孔板为载体的高通量筛选。

（9）实时荧光定量 PCR

实时荧光定量 PCR 是在 DNA 的 PCR 过程中添加荧光化合物标记，检测每次 PCR 循环后产物总量的方法。在 PCR 扩增的指数时期，模板的循环阈值（cycle threshold，Ct）和模板的起始拷贝数存在线性关系，因此，实时荧光定量 PCR 可以准确地测定 DNA 模板的含量，在临床疾病诊断、基因拷贝数测定、食品安全、微生物鉴定、检验检疫等领域有广泛的应用。实时荧光定量 PCR 的荧光标记有 DNA 结合染料法、基于探针的化学法和猝灭染料引物法三种。通过使用带有荧光的、非特异的 DNA 结合染料，或者一个或多个荧光标记的寡核苷酸探针，检测 PCR 扩增产物。实时荧光定量 PCR 可以检测细胞工厂内基因的拷贝数，筛选具有高拷贝数基因的细胞。此外，还可以进行蛋白稳定性的测定。SYPRO Orange 染料可以结合非极性的氨基酸残基。当温度逐渐升高蛋白受热变性时，内部的非极性氨基酸残基折叠到外部，染料和这些非极性氨基酸残基结合发生荧光变化，使用实时荧光定量 PCR 仪可以计算出熔解曲线 T_m 值。

（10）毛细管电泳

毛细管电泳（capillary electrophoresis，CE）是将电泳和色谱技术结合，在高压直流电场的作用下，使样品混合物组分在装有缓冲液或者胶体的毛细管中得到分离。毛细管电泳可以分析纳升级别的样品，对含量极少且珍贵的生物样本的分析有显著的技术优势。基于毛细管电泳技术的核酸和蛋白分析可以分离不同大小的核酸和蛋白片段，在分子生物学领域可以替代传统的电泳。

7.2.4 微孔板培养高通量筛选的统计学分析

7.2.4.1 标准曲线

标准曲线是衡量样品浓度与信号之间的相互关系和线性度的重要指标，可通过标准曲线方程计算样品浓度，同时标准曲线也为筛选检测划定了可检测的样品浓度和信号区间。因此，在进行筛选方法优化时需要作出标准曲线。使用不同浓度的标准品作为阳性对照，检测不同浓度样本的信号强度，将数据点标记在以标准品浓度为横坐标、信号强度为纵坐标的坐标图上。每个样品浓度需要 3 个以上平行样本并检测信号强度，求得平均值作为该浓度点的数据，并计算每个数据点的方差，在坐标图上标记误差线。方差和误差线可以显示标准曲线的精确性，并为最小检测限和最小定量检测限计算提供数据。根据数据点可以拟合出具有直线关系的线性方程 $y=ax+b$，并计算线性回归决定系数 R^2 值，通常来说 R^2 大于 0.99 为佳。根据线性方程可以推导出计算未知样品中目标物浓度的公式，通过信号强度计算出确定的物质含量。有时作为筛选来说，只需要比较信号强度来区别各个样本之间的差异，而无需计算绝对含量，但是信号强度值必须在标准曲线的信号强度范围内。

7.2.4.2 检测限和定量检测限

检测限（limit of detection，LOD）定义为可以通过特定分析方法可靠地区分的组分或物质的最低浓度或数量。定量检测限（limit of quantification，LOQ）定义为可以通过特定分析方法以适当的准确度和精密度定量测定样品中分析物的最低浓度。这两者是衡量筛选方法灵敏度的重要参数。实际筛选过程中检测到的数据值必须高于这两个数值，才能确保检测的有效性。LOD 和 LOQ 计算公式如下，其中 S_b 是空白对照的标准方差，$\bar{a}$ 是标准曲线的斜率。

$$\mathrm{LOD}=\frac{3.3S_{\mathrm{b}}}{\bar{a}} \tag{7-1}$$

$$\mathrm{LOQ}=\frac{10S_{\mathrm{b}}}{\bar{a}} \tag{7-2}$$

7.2.4.3 Z因子

高通量筛选和单一样本的检测不同，多种因素会影响高通量筛选，增加检测误差，从而导致一些适合单一样本检测的方法不适合高通量筛选。这些影响筛选检测的因素包括同一样本培养生物量不同、蛋白表达量差异、细胞裂解是否完全、移液误差、仪器误差、细胞内容物对检测的影响等。因此，在高通量筛选方法选择和优化时需要对筛选方法的精确性进行评价。Z 因子（Z-factor）一个无量纲统计参数，既反映了分析信号动态范围，也反映了与信号测量相关的数据变化。当 Z 因子值在 0.5 至 1.0 之间时，表示筛选方法的灵敏度和精确度是满足筛选需要的；当 Z 因子值小于 0.5 时，表示筛选方法的精确度较差，检测数值不能准确反应实际的生物活性。Z 因子的计算公式如下，其中 σ_{s} 为样本的标准方差，σ_{c} 为空白对照的标准方差，μ_{s} 为样品的平均值，μ_{c} 为空白对照的平均值。

$$Z=1-\frac{\left(3\sigma_{\mathrm{s}}+3\sigma_{\mathrm{c}}\right)}{\left|\mu_{\mathrm{s}}+\mu_{\mathrm{c}}\right|} \tag{7-3}$$

7.2.5 微孔板培养和高通量筛选的设备

7.2.5.1 微孔板培养设备

（1）移液工作站

移液工作站是微孔板自动化移液设备。通常配备单通道、8 通道、12 通道或者 96 通道移液头，可以按照程序设定将不同体积的样品液体转移到目标微孔板中。移液工作站可以极大地减少手动移液的工作量，提高移液效率和通量，同时避免手动移液带来的错误，是微孔板操作最常用的设备之一。移液工作站有手动、半自动和全自动三种。手动移液工作站是纯机械结构，没有电动装置，需要手动移动移液头到目标板位并手动实现移液。半自动移液工作站是手动移液工作站的升级版。配有电动移液头，可以自动实现移液，但不具备电动移液头移动装置，仍需要手动移动移液头到目标板位。这两种移液工作站适合单人手动操作，移液通量较低。全自动移液工作站带有电动移液头和移液头电动移动装置，部分带有外罩和空气无菌过滤装置，可编程实现多种移液和稀释功能，是目前最常用的移液工作站。除了移液功能外，全自动移液工作站的工作台面上还可以设置振荡器、温控器、真空装置、磁性装置等小型模块化设备，实现振荡、温育、过滤、纯化等拓展功能。

（2）分液器

分液器是基于蠕动泵的多通道移液装置。一般具有 8 个通道。可以将同一种或不同种液体按相同的体积通过蠕动泵快速注入微孔板。相比移液工作站，分液器的分液精度要逊色，但是可以覆盖更宽的量程，一般适合培养基和反应液的快速分装。

（3）洗板机

洗板机的结构原理和分液器类似，也使用蠕动泵进行多通道的快速分液。但洗板机具有两个分液头，其中一个分液头可以吸取微孔板内的液体，达到洗板的目的。洗板机一般用于吸附性样品的清洗，例如哺乳动物细胞培养、酶联免疫吸附测定（enzyme-linked immunosorbent assay，ELISA）检测等。部分型号的洗板机具有分液器和洗板机双重功能。

（4）挑克隆仪

常见的细胞培养特别是微生物细胞培养需要将生物群落挑取到微孔板中进行单群落培养。挑克隆仪可以通过相机和图像识别软件快速识别培养皿上的生物群落位置和大小，并分辨是否为单群落。然后通过96通道的挑针或者轮式挑针挑取单一群落，接种到微孔板中。仪器带有自动高温灭菌功能，可以自动对挑针进行化学或高温灭菌，进行下轮的挑取。挑克隆仪挑菌落的速度可以达到3000个/h，极大地提高生物群落的挑取和接种效率。此外，挑克隆仪可以对培养板进行复制，方便平行检测和保种。部分型号的挑克隆仪还具有涂板、蓝白斑筛选、荧光生物群落挑取等拓展功能。

（5）微孔板摇床

微生物微孔板培养需要专用的摇床。由于微孔板孔径较小，需要使用小振幅高转速摇床才能使微生物细胞在样品孔内充分悬浮。一般要求振幅为2～3 mm，最高转速达到1200 r/min。常见的微孔板摇床有桌面型和落地型两种。桌面型通常只有1～6个板位，通过底盘或者鼓风加热，使用方便，但一般不具有保湿功能。落地摇床一般可容纳几十块微孔板，适合大通量操作。落地摇床可选配保湿功能，在培养过程中保持微孔板环境湿度，减少液体蒸发造成的区域不一致。

（6）培养箱

培养箱主要用于微孔板静置培养。常见的二氧化碳培养箱可用于哺乳动物细胞的微孔板培养。如果培养周期较长，可使用带有保湿功能的培养箱，防止培养基过度蒸发和边缘效应的产生。

（7）微孔板离心机

微孔板离心机用于微孔板固液分离。常用的台式或落地离心机可以配置微孔板专用的适配器用于微孔板离心。一般微孔板底部四周会低于样品孔底部，因此离心适配器底部一般配有橡胶垫，起到支撑样品孔的作用。没有橡胶垫会导致在长时间离心时微孔板碎裂。此外，微孔板一般只能承受约5000 *g* 的离心加速度，过高的离心加速度会导致微孔碎裂。

（8）封板机

封板机用于微孔板封板膜的贴合。封板机有手动和自动两种。手动封板机需要手动按压顶盖使封板膜贴合。自动封板一般用机械传动或者气动装置完成封板。使用封板机可以使封板膜完全贴合微孔板，减少因为手动贴膜没有完全密封导致的液体蒸发不均和孔间交叉污染。

（9）标签机和扫码机

高通量培养和筛选往往需要使用许多微孔板。对微孔板进行规范的编号可以方便数据的读取、记录、分析和储存。为每块微孔板打标签可以有效解决这个问题。自动标签机可以根据预先设定将二维码打印在标签纸上，并通过气动装置将标签贴在微孔板上。相应的，扫码机可以读取微孔板，并为微孔板检测设备提供微孔板编号，方便数据记录。标签纸有多种类型，推荐使用 PP 材质的标签纸，可以防水防污。如果微孔板需要低温保藏，需要使用耐低温的标签纸，防止标签纸在低温下脱落。

7.2.5.2 高通量筛选分析检测设备

（1）酶标仪

酶标仪是最常用的微孔板检测设备，用于检测微孔板中样品的生物、化学或物理变化。酶标仪具有光路结构，可以从酶标板样品孔顶部发射光线，通过设置在微孔板底部或者顶部的检测器接收透射光或者激发光，从而测定吸光度或荧光强度。按照不同的功能，酶标仪具有不同的型号，可以兼容从 24 孔板到 1536 孔板等不同规格的微孔板。微孔板测定的常见检测模式包括吸光度、荧光强度、化学发光、时间分辨荧光和荧光偏振。测定吸光度的酶标仪可有单通道、8 通道和 96 通道等类型。检测吸光度的酶标仪通常为多通道，有检测速度快的优点。检测荧光的酶标仪通常为单通道。

（2）高效液相色谱仪

高效液相色谱仪是进行高效液相色谱分离和检测的仪器设备，主要包含进样系统、输送系统、分离系统和检测系统四个部分。基于微孔板的自动进样系统可以容纳一块或多块 96 孔板，提高了样品的自动化进样通量。输送系统一般含有 2 个或 4 个高精度恒流泵，可以输出等度或梯度流动相。分离系统主要为色谱柱。检测系统有多种类型。紫外光度检测器检测化合物的紫外吸收，灵敏度高，是最常用的检测器之一，但不能检测无紫外吸收的样品。光电二极管阵列检测器可发出全波长紫外或可见光，检测样品的吸光度，光谱范围比紫外光度检测器更宽。示差检测器连续检测样品流路与参比流路间液体折射率差值，是根据光路折射原理设计的，反映了样品浓度的变化情况。因此示差检测器可检测绝大多数样品，但灵敏度相对较低，使用前需要长时间平衡。蒸发光散射检测器是在辅助气体作用下，将流动相雾化成雾滴，再通过加热蒸发使不易挥发的样品形成颗粒物，在光束通道中造成光束散射。通过测定散射光的强度可以测定样品浓度。蒸发光散射检测器可检测挥发性低的样品，但基线波动相对较大，灵敏度相对较低。电喷雾检测器是一种新型通用型检测器，将含有样品的流动相雾化后形成颗粒，经过蒸发管干燥后与带电氮气碰撞，使颗粒表面带正电荷。由于颗粒物的质量和其表面的电荷量相关，可通过静电计测量分析颗粒物表面的电荷量来确定物质浓度的依据。电喷雾检测器灵敏度高，重现性好，可检测绝大多数样品。

（3）气相色谱仪

气相色谱仪是使用气体为载气，对挥发性物质进行色谱分离和检测的仪器，一般由进样系统、气路系统、分离系统和检测系统组成。自动化进样器可以容纳微孔板作为载具，通过微量注射器进样。进样器带有加热系统和气化室，通过高温将液态样品瞬间气化，随着载气进入色谱柱。气路系统是载气连续运行的密闭管路系统，载气通常为高纯氮气，价格相对低廉，化学惰性好，不与样品物质发生化学反应。分离系统为气相色谱柱和配套的温控柱室。检测系统将经分离后的各组分的浓度或质量转变成可被测量的电信号。根据不同的检测原理，气相色谱检测器又可分为浓度型检测器和质量型检测器。浓度型检测器检测载气中某组分浓度的瞬时变化，如热导检测器和电子捕获检测器。质量型检测器测量载气中组分单位时间内进入检测器的含量变化，如火焰离子化检测器和火焰光度检测器等。

（4）质谱仪

质谱仪包含离子源、质量分析器和离子检测器等多个部分。离子源在高真空条件下将样品分子离子化。碎片离子在加速电场作用下获取具有相同能量的平均动能并进入质量分析器，按质荷比大小发生分离。分离后的离子进入离子检测器，获得电信号。筛选常用的质谱仪为有机质谱仪，主要用于有机化合物的结构鉴定。按工作原理可分为四极杆质谱仪、离子阱质谱仪、飞行时间质谱仪和磁质谱仪等。质谱仪一般和色谱仪连用，在进样前对样品进行分离纯化。随着筛选通量的增加，已经开发出了高通量质谱仪，可对大批量样品进行自动化质谱分析。

（5）实时荧光定量 PCR 仪

实时荧光定量 PCR 仪具有常规 PCR 的温控底座和荧光检测模块，可以在 PCR 的过程中实时对 PCR 产物的荧光强度进行检测。实时荧光定量 PCR 仪可配置多个激光器和多种滤光片，提供多种激发波长和多种波长的发射光检测。样品池一般为 96 通道或 384 通道，一次可完成整块 PCR 微孔板的测定。

（6）毛细管电泳仪

毛细管电泳仪主要由直流高压电源、毛细管、电极和电极槽、冲洗进样系统、检测系统等组成。进样系统通过注射和电迁移进样。样品在毛细管内通过高压电流驱动，在有缓冲液或者胶体的毛细管内得到分离。通过紫外检测器等检测设备对组分的含量进行检测。毛细管电泳仪检测生物大分子（如蛋白质、核酸）、有机小分子（如代谢中间产物），可以用于手性有机分子的手性拆分。96 通道的高通量核酸检测仪是基于毛细管电泳原理的一种高效核酸检测设备，可以一次性完成整个微孔板样品的检测。

7.2.5.3 基于微孔板的自动化高通量培养和筛选系统

随着多学科技术的飞速发展，生命科学领域也呈现出多技术交叉融合的新特征。大数据分析和人工智能技术的发展使得生物大样本和生物大数据处理成为现实，但是随之而来的生物样本数量也在飞速增长。特别是大型微生物库、微生物突变库、基因文库、酶突变库、细胞工厂库、诊断样品库等生物样本库的库容量已经超越了人工实验效率可处理的极限。自动化设备可以显著提高生物样本的处理速度，减少人为操作的错误和误差，从而提高检测的准确性和数据的精确性。因此，自动化系统已经广泛应用于高通量培养和筛选工作。而微孔板由于其尺寸的标准化，成为自动化生物样品处理的最佳载体之一。常见的自动化设备根据规模大小和主控设备类型可以分为以移液工作站为中心的自动化系统和以机械臂为中心的自动化系统。

以移液工作站为中心的自动化系统是以移液工作站为中心和主控设备构建的自动化操作系统。移液工作站通常包含单通道、8 通道、12 通道、96 通道或者 384 通道的移液头，以及放置微孔板的载架，可以完成在微孔板上的移液操作，替代人工的手动移液。微型移液工作站包含一个移液头和 1 ～ 4 个微孔板载位，通过手动或者自动操作来实现移液功能。这种微型的移液工作站可替代移液排枪，但只适合单人和小规模的微孔板移液操作，不具备自动化系统的整合能力。中型移液工作站一般包含 1 ～ 2 个不同通道的移液头和 8 个以上的微孔板载位，多数还配备外罩以提高操作台面的洁净度。可同时对多块微孔板进行移液操作，而无需手动转换载位，和微型移液工作站相比更加自动化。大型移液工作站通常具有 2 个不同通道的移液头、1 ～ 2 个内置机械手和 20 个以上的微孔板载位。其中 8 通道的移液头具有可变间距功能，可以实现从离心管等样品管里移液到微孔板。内置的机械手负责将移液枪头盒和微孔板在不同的载位间转换位置，或者送至移液工作站内外的微孔板架，从而实现更大的通量。此外，由于此类移液工作站具备更大的操作台面和更为完善的软件和硬件接口功能，可以在台面内配置振荡器、金属浴、涂布器等微型设备，并集成真空、正压等功能模块，实现振荡、温育、质粒抽提、过纯化柱、简单的菌落涂布和挑克隆等操作。部分移液工作站的内置机械手可以伸展到工作台面之外，因此可以整合酶标仪、分液器、洗板机等小型设备，实现以移液工作站为中心的自动化整合系统。此类系统具有配置和操作简单、占地面积小、系统整合成本较低等优点，可满足移液、筛选等常用功能的自动化。但是，受移液工作站内置机械手伸缩范围限制，此类自动化系统存在整合设备数量少、型号受限制等缺点。

以机械臂为中心的自动化系统将机械臂作为整套自动化系统的操作中心，来统筹其他围绕机械臂的整合设备的运行。常用的机械臂包括协作机械臂和工业机械臂两种。协作机器臂顾名思义是和人一起工作的机械臂。其一般采用轻量化设计，结构相对简单，负载较低。协作机械臂具有安全程度高、部署简便、使用灵活、容易编程的特点，是实验室自动化系统最常用的机械臂。工业机械臂通常结构更为复杂，具备更多的关节和灵活度、负重大、运行速度快，但是编程和调试相对复杂，适合劳动强度高的重复操作流程。协作机械臂和工业机械臂都可以安装导轨，在桌面上移动，从而拓展其操作范围。以机械臂为中心的自动化系统可以整合大多数的微孔板处理设备，如 PCR 仪、酶标仪、分液器、洗板机、挑克隆仪、培养箱、封板机、标签机、载板架等，从而实现微孔板培养和筛选大部分操作的自动化。图 7-2 展示了位于德国 Greifswald 大学的自动化高通量筛选系统 Lara。该系统于 2010 年建成，可以实现生物催化剂的全自动培养和筛选。图 7-3 展示了位于中国医药工业研究总院系统生物合成研究中心的全功能自动化合成生物学工作站 Octopus 系统。该系统于 2022 年经自主设计建造完成，高度集成 20 余个自动化设备，可以无人值守自主完成基因工程操作、生物催化剂突变库构建和筛选、细胞工厂构建和适应性筛选、分子和细胞药理筛选等生物医药相关实验。

图 7-2　位于德国 Greifswald 大学的自动化高通量筛选系统 Lara

图 7-3　位于中国医药工业研究总院系统生物合成研究中心的全功能自动化合成生物学工作站 Octopus 系统

此外，不同设备或者多个工作站模块之间还可以使用流水线式自动化系统或者转运机器人连接，从而实现微孔板在设备和工作站模块间的传递。此类超大型自动化系统设备需要定制、占地面积大、造价高，适合多模块复杂操作流程、大型生物样本库和新药筛选等领域。

7.3 微孔板培养高通量筛选技术方案设计

7.3.1　微孔板培养操作流程

7.3.1.1　准备培养基

① 根据生物细胞的生长条件和细胞工厂的调控机制选择合适的培养基培养。对于模式生物，大肠杆菌可使用 Luria Bertani（LB）培养基或 Terrific Broth（TB）培养基。使用 TB 培养基可获得更多的生物量，酵母可使用酵母提取物蛋白胨葡萄糖（YPD）培养基。

② 按照培养基配方配制培养基，高温 120 ℃灭菌 20 min。如果培养基同时含有氮源和碳源，需分开灭菌，冷却后再混合。对温度敏感的外源添加物需过滤灭菌。

③ 将灭菌后的培养基和外源添加物混合，使用多通道移液枪、分液器或者移液工作站将培养基分装在微孔板中。液体体积一般不超过样品孔容积的 3/5，防止在振荡培养过程中培养基逃逸。

7.3.1.2　种子培养

① 在浅层微孔板的样品孔中加入 100 μL 培养基。

② 使用灭菌后的牙签或者挑克隆仪从琼脂板上挑取菌落到样品孔，或者使用多通道移液枪或移液工作站从甘油保藏板转移 5 μL 菌液到样品孔。

③ 用无菌半透膜密封微孔板。

④ 根据细胞最适生长特性，在合适的培养温度下 700 r/min 培养 12 ～ 16 h 或 24 h，至生物量达到饱和。

7.3.1.3 发酵培养

① 在深孔板的样品孔中加入 1 mL 培养基。

② 将种子板放在振荡器上充分重悬细胞。

③ 使用多通道移液枪或移液工作站从种子板转移 50 μL 菌液到深孔板样品孔。

④ 用无菌半透膜密封微孔板。

⑤ 在合适的培养温度下 900 r/min 培养，直至完成发酵。

7.3.1.4 甘油管保藏

① 在完成发酵接种后，种子板中还剩余 50 μL 菌液。

② 配制 40% 甘油并高温灭菌。

③ 使用多通道移液枪或移液工作站转移 50 μL 灭菌后的 40% 甘油到种子板样品孔，并吹打或振荡混匀。

④ 用无菌耐超低温透明膜密封微孔板。

⑤ 将甘油保藏板存储于−80 ℃超低温冰箱。

7.3.1.5 细胞裂解

① 细胞裂解有化学-酶法裂解、物理裂解等多种方法，可根据细胞特性选择。

② 大肠杆菌可使用化学-酶法裂解。配制细胞裂解液：0.5 mg/mL 溶菌酶、4 U/mL 核酸酶（Benzonase）、1/10 BugBuster、合适的缓冲液和 pH。在样品孔内加入合适体积的裂解液，900 r/min 振荡重悬细胞，室温下或者 30 ℃振荡 0.5 ～ 1 h 完成细胞裂解。

③ 酵母细胞破碎可使用冷冻研磨法。将含有细胞的深孔板浸入液氮，待细胞完全冷冻后，在样品孔内加入适量二氧化锆微球、石英砂或者钢珠，将深孔板放置在冷冻研磨机中，高速研磨 15 min。加入合适体积的缓冲液。

④ 细胞裂解后，将深孔板 4000 *g* 离心 30 min。吸取上清液作为样品液。

7.3.1.6 蛋白质纯化

① 微孔板蛋白质纯化主要应用于带有亲和标签的重组蛋白的纯化，有柱纯化法和磁珠法两种。

② 柱纯化法：将特制的多通道亲和柱放置在深孔板上，将细胞裂解后的上清液移取到亲和柱上。通过重力、离心或者正压使样品液流过亲和柱。使用 10 倍柱体积的上样缓冲液清洗亲和柱。更换深孔板，使用洗脱液将蛋白质从亲和柱上洗脱。使用超滤微孔板对蛋白质样品进行脱盐和浓缩操作。亲和柱可再生后保存在 20% 的乙醇溶液中重复使用。

③ 磁珠法：将细胞裂解后的上清液转移到新的深孔板中，根据蛋白质表达量加入适量带

有磁性的亲和微球。充分混匀振荡后置于 4 ℃下孵育 1 h。使用磁分离器吸取磁珠，放入盛有清洗缓冲液的深孔板中，充分振荡清洗，并重复清洗 2 次。使用磁分离器吸取磁珠，放入盛有洗脱缓冲液的深孔板中。充分振荡洗脱后，使用磁分离器移除磁珠。使用超滤微孔板对蛋白质样品进行脱盐和浓缩操作。磁珠可再生后保存在 20% 的乙醇溶液中重复使用。

7.3.1.7 培养结果评价

① 将同一细胞等量接种于深孔板内，在合适的温度和振荡转速下培养。

② 培养完成后，充分悬浮细胞，使用多通道移液枪或者移液工作站移取 100 μL 菌液至酶标板。

③ 充分振荡酶标板使细胞悬浮，测定 OD_{600} 吸光值。如果吸光值过高，可稀释菌液至合适浓度，重新测量。

④ 计算样品孔的细胞生物量平均值、误差和方差值。观察样品孔生物量是否有区域不一致性。

7.3.1.8 细胞收获

① 将深孔板转移到微孔离心机中，4000 *g* 离心 15 ～ 20 min。

② 撕除半透膜，将微孔板倒置倾倒培养基至收集容器。

③ 将微孔板倒置放在吸水纸上，并轻轻敲打，直至样品孔内无明显培养基残留。

7.3.2 微孔板筛选操作流程

7.3.2.1 基于pH变化的高通量筛选

① 在深孔板的样品孔中加入 1 ～ 1.5 mL 不含缓冲液的培养基。

② 将种子板放在振荡器上充分重悬细胞，使用多通道移液枪或移液工作站从种子板转移 50 μL 菌液到深孔板样品孔。

③ 用无菌半透膜密封微孔板，在合适的培养温度下 900 r/min 培养，直至完成发酵。

④ 将深孔板转移到微孔离心机中，4000 *g* 离心 15 ～ 20 min，撕除半透膜，弃去培养基。

⑤ 配制不含缓冲液的细胞裂解液，在样品孔内加入合适体积的裂解液，900 r/min 振荡重悬细胞，完成细胞裂解。细胞裂解后，将深孔板 4000 *g* 离心 30 min。吸取上清液作为样品液转移至酶标板。如果使用全细胞可省略这一步骤。

⑥ 加入含有 2 mmol/L 缓冲液的反应液，振荡混匀，在酶标仪中测定吸光值变化。根据反应曲线的斜率和标准曲线公式计算生物转化活性。

7.3.2.2 基于辅酶NAD(P)H检测的高通量筛选

① 将全细胞或者裂解后的上清液作为样品液转移至酶标板。

② 加入含有 100 μmol/L $NAD(P)^+$、10 μmol/L 1-甲氧基吩嗪甲硫酸盐（1-methoxy PMS，mPMS）、100 μmol/L WST-1 和底物的反应液，振荡混匀。

③ 在酶标仪中测定 450 nm 波长下吸光值变化。根据反应曲线的斜率和标准曲线公式计算生物转化活性。

7.3.2.3 基于色谱法的高通量筛选

① 将全细胞或者裂解后的上清液作为样品液转移至酶标板。

② 加入反应液，振荡混匀，在合适的温度下反应。

③ 反应结束后加入 1 ～ 2 倍反应体积的流动相，充分混合后 4000 *g* 离心 30 min。

④ 吸取上清液用 0.2 μm 有机膜过滤，去除固体杂质。

⑤ 将样品液转移到 96 孔色谱样品板上，使用硅胶膜密封。

⑥ 根据样品性质选择合适的色谱柱和流动相，预选平衡色谱柱。

⑦ 将样品板送入高效液相色谱仪或者气相色谱仪自动进样器进行检测。

7.3.2.4 热稳定性高通量筛选

① 在 PCR 微孔板中加入 20 μL 0.5 mg/mL 蛋白样本。

② 加入 5 μL Sypro Orange 染料，并混合均匀，短暂离心除去气泡。

③ 将 PCR 微孔板放入实时荧光定量 PCR 仪，设置激发波长为 470 nm，发射波长为 570 nm。

④ 设置 PCR 程序为 25 ～ 95 ℃，每分钟增温 1 ℃。

⑤ 记录全程荧光强度，通过实时荧光定量 PCR 仪的分析软件，计算熔解曲线 T_m 值。

7.4 微孔板培养高通量筛选常见问题和解决方案

理论上，微孔板的平行孔设计可以保证每个孔样本间的高度平行性。但是，受到微孔板的制造误差、操作人员熟练程度、设备物理条件限制、样本特殊性质等因素影响，在实际操作中往往存在诸多的问题。有些问题会直接影响微孔板培养和筛选的误差，甚至对测定结果产生决定性影响。

7.4.1 微孔板培养常见问题和解决方案

7.4.1.1 孔间交叉污染

微孔板虽然可以实现很高的样品处理通量，但各个样品孔挨得很近，特别是高密度的微孔板，样品孔之间只用很薄的一层隔板隔开。因此，在实际的培养操作过程中多种因素会导致孔间的不同细胞样品交叉污染。培养完成后，每个样品孔之间的细胞（特别是微生物细胞）会有大量扩增，即便是微小的污染都会造成最后的培养和筛选失败。因此，避免培养过程中的孔间交叉污染是微孔板高通量培养和筛选的关键之一。

（1）微孔板的加样和接种需要规范的操作

操作人员在实验前需要制定详细的加样和接种流程。在标记有微孔板的图纸上详细标注每个样品孔的样品内容和所加体积，并检查是否符合标准操作流程。良好的实验规范是避免交叉污染的前提。

（2）选择合适的加样和接种设备

微孔板加样和接种一般使用移液枪。根据样品的数量和储存方式可以选用单通道或者多通道移液枪，也可以使用移液工作站进行辅助移液。多通道移液设备的使用可以显著降低劳动强度，减少误操作。如果从琼脂平板挑取单克隆接种到微孔中，可以使用灭菌后的牙签或者自动化的挑克隆仪。

（3）避免产生气溶胶和液体飞溅

气溶胶和微量液体飞溅是导致孔间交叉污染的一大因素。由于气溶胶和小液滴肉眼不可见，操作人员很难判断是否已经产生了污染。这种情况主要在移液过程中产生。首先，移液过程中，液体进入移液吸头，在吸头内部产生涡旋，容易产生气溶胶而污染移液枪。因此，在进行接种操作时最好使用带滤芯的移液吸头，避免移液枪的重复使用导致污染发生。其次，在将液体排出时，过快的排液速度可能导致液体和微孔板之间碰撞，或者在液体排空时产生气溶胶和液体飞溅，从而污染相邻样品孔。因此，在排液操作时，往往需要将移液枪头深入样品孔，贴壁或者接触液面后再排液，可显著避免气溶胶和液体飞溅的产生。在使用移液工作站时还需要注意控制排液速度。

（4）减少边缘毛细管效应和静电效应

方形微孔板的样品孔夹角边缘可以导致毛细管效应，因此四个角的液面会显著高于中心。在培养过程中由于液体蒸发和振荡的产生，容易使液体到达样品孔口，增加孔间交叉污染的可能性。因此，在使用方孔板进行培养时，应控制孔内液面高度。使用圆孔的微孔板可避免边缘毛细管效应。此外，静电效应也会导致液体贴壁。所以培养时可以通过增湿减少微孔板表面所带电荷。

（5）选择合适的摇床和转速

微孔板作为培养容器时，需要根据培养细胞的形状和微孔板类型选择合适的微孔板摇床和转速。样品孔的密度越大，摇床的增幅越小，转速越高。98 孔板作为微生物培养载体时，一般使用 3 mm 增幅，转速达到 700 ～ 1000 r/min。此时，需要严格控制样品孔的样品体积，避免高转速情况下液体到达样品孔口，增加孔间交叉污染的可能性。

（6）正确操作微孔板顶盖或封板膜

用于培养的微孔板常使用顶盖或封板膜对微孔板进行保护。使用这两者时需要采用正确的使用方法，避免在打开顶盖或封板膜时造成孔间交叉污染。首先，顶盖或封板膜在覆盖微孔板时需要密封。硬聚合物材质的顶盖常用于哺乳动物细胞培养。由于动物细胞贴壁生长，在良好的培养条件下，此类顶盖不容易造成孔间交叉污染。硅胶材质的顶盖由于会嵌入每个样品孔，极易造成样品口附近残留的液体交叉污染，不推荐用于微生物培养。使用半透膜是微生物培养最佳的密封方式。半透膜可以实现气体交换，保证培养过程中充足的氧气或二氧化碳供应，同时又可以密封每个样品孔，达到隔离每个孔的效果。其次，打开顶盖和封板膜时需要防止液体飞溅。在培养和低温保藏的时候，样品孔内的液体会蒸发在顶盖和封板膜上形成冷凝水。此外，如果培养转速过高，液体也会沾到顶盖和封板膜上。在揭开顶盖和封板膜时，如果操作不当，液体会飞溅，导致孔间交叉污染。正确的操作是进行短暂的离心，使顶盖和封板膜上的液珠落到样品孔内，这样打开时可以避免液体飞溅。此外，静电也会使顶盖或封板膜吸附液体，可通过顶部加热使液体回到样品孔内。

（7）使用正确的运输方式和流程

微孔板培养的整个流程往往涉及多个设备。在各设备之间转运需要有标准化的流程，保持微孔板水平，并避免颠簸，防止样品溢出。

（8）排除可能的交叉污染

在怀疑出现孔间交叉污染时，可以使用带有醒目颜色染料的样品液进行全流程操作。这种方法可以指示潜在的导致交叉污染的流程，快速显示液体飞溅或者污染的位置，方便排除隐患。

7.4.1.2 环境污染

环境污染是导致微孔板培养失败的原因之一。微孔板培养操作过程中，需要保持全程无菌，避免实验室微生物污染培养物。培养使用的微孔板、顶盖和封板膜需要预先进行灭菌处理。市售的无菌微孔板和封板膜在出厂前由制造商使用 γ 射线辐照消毒，但使用时需要注意保质期。对于重复使用的深孔板，可以在清洗后高温高压灭菌。微孔板的移液和接种操作全程需要在超净工作台中完成。操作人员需受过无菌操作培训，熟悉无菌操作流程。操作过程中，尽量简化流程，减少从微板上取下盖子或封板膜的频率和持续时间。尽量使用自动化设备对微孔板进行操作。如果使用移液工作站等设备，尽可能使用配套的无菌罩，或将小型设备放置于超净工作台内操作。此外，根据具体的培养情况，可以在培养基中添加合适的抗生素，抑制其他微生物的生长。当不确定是否有环境微生物污染时，可以在微孔板中预留空白的样品孔作为对照。检查这些对照孔是否有微生物生长的迹象。如果对照孔也有微生物生长，则表示该微孔板可能受到污染，培养结果将不再可靠。一般来说，在遵循标准的无菌操作流程前提下，环境污染是可以避免的。

7.4.1.3 微孔板区域不一致

微孔板培养的区域不一致是培养过程中常见的问题之一，这表现在培养完成后部分样品孔的液体体积和细胞量不一致。区域不一致是由多种原因造成的。

① 使用移液枪或者移液工作站移液时，某个通道的 O 形密封圈损坏或者未和移液枪头

紧密贴合，导致移取液体时漏气，某些孔的液体体积低于其他样品孔。因此，在移液过程中需要仔细观察每个通道的移液液面高度。如果发现液面高度异常，需要立即停止移液，待故障排除后再进行下一步操作。有些移液工作站的移液头具有通道气压检测装置。当出现密封圈未完全封闭，通道内气压异常时会报警。这有助于减少移液误差和错误。在移液完成后，一般需要检查微孔板内液面高度是否一致，确保培养前每个样品孔的培养基等量。

② 培养过程中的液体蒸发是导致区域不一致的重要因素。虽然理论上微孔板的每个孔是平行的，但是由于培养箱通常为鼓风加热结构，靠近热风的一侧和微孔板周围一圈的样品孔的蒸发量会大于其他孔。如果培养时间很长，则会导致最终的液体体积出现差异。这种情况下需要选用带保湿功能的培养箱，通过增加培养湿度减少微孔板样品孔的液体蒸发。蒸发量还和顶盖或封板膜的密封程度有关。培养前需检查顶盖或封板膜是否密封完好。

③ 在振荡培养的过程中，如果液体的量太大、液面过高，会导致培养基溢出。虽然有顶盖或封板膜保护，但由于加热等因素影响，培养过程中样品孔内的气压一般大于外界气压，导致培养基损失并容易导致交叉污染。所以，培养基的量一般控制在样品孔额定容量的 1/3 到 1/2。

④ 菌体沉淀是导致孔间不一致的另一个常见因素。所谓菌体沉淀是指在振荡培养过程中，部分样品孔内的微生物并没有充分悬浮培养，微生物细胞逐渐沉淀在样品孔底部形成菌块。在培养过程中或者培养后观察微孔板底部可以发现这个问题。菌体沉淀的出现会导致每个样品孔的微生物细胞量出现差异，也会影响蛋白表达量，不利于保持筛选的平行性。出现这个问题主要是培养时培养箱的振荡转速不足。一般 96 孔深孔板的振荡速度需达到 800 r/min 以上，才可以保证样品孔内的微生物得到充分悬浮培养。

7.4.1.4 pH变化、溶氧和诱导表达

细胞在培养过程中会消耗培养基的营养物产生有机酸、二氧化碳等各种代谢物，因此在培养过程中培养液 pH 变化是经常发生的现象。由于微孔板的样品孔相对较小，考虑操作的便利性，无法使用 pH 计等在线检测设备对微孔板内的培养液进行监测。而过低或者过高的 pH 值会显著影响微生物的培养。因此，在实际操作中会适当提高培养基的缓冲液浓度，达到在培养周期内控制 pH 的目的。此外，也可以在培养基中添加不影响细胞培养的 pH 指示剂。通过 pH 指示剂颜色的变化来显示培养液中的 pH 值是否超过了细胞生长的最适 pH 范围。

溶氧是限制细胞生长的另一个重要因素。哺乳动物细胞培养需要二氧化碳，一般在二氧化碳培养箱中进行。而微生物培养一般需要足够的氧气，特别是一些好氧微生物（如解脂耶氏酵母）培养过程中需要消耗大量的氧气。当氧气含量不足时，这类微生物的生长、蛋白表达和次级代谢产物的生成都会受到显著影响。因此，微生物培养时需要使用半透膜作为封板膜，并打开培养箱的通气孔，保证培养过程中足够的气体交换。此外，条件允许的情况下还可以在培养箱内通一定比例的氧气。对于严格厌氧的微生物，可将微孔板密封在塑料袋内，或在厌氧工作站内进行振荡培养。

在某些情况下，需要在培养过程中添加合适的诱导剂，启动蛋白表达或调控代谢和合成

途径。但是反复打开和密封顶盖或封口膜容易导致污染。因此，需要合理地设计诱导流程，减少开合盖的次数，减少工作量。对于蛋白表达，可以使用自诱导培养基，或在培养开始时就添加诱导剂，这样可以避免在培养过程中额外添加。代谢和合成的调控可以使用针式移液枪头穿刺加液，避免打开封口膜。

7.4.2 微孔板筛选常见问题和解决方案

7.4.2.1 微孔板制造缺陷

微孔板是自动化生产的产品，受模具质量、原材料批次和制作工艺等因素的影响，不同制造批次的微孔板存在一定的差异，一定程度上会影响测定结果的准确性。用于检测的微孔板要求在检测面的各个方向上具有相同的光学特性，即光学各向同性。也就是说当光在光学各向同性材料中传播和偏振的各个方向上，光线的行为是一致的。相反，如果光的行为不一致则称作光学各向异性。这对基于成像的检测和涉及偏振光的检测来说是一个需要重点考虑因素。微孔板的光学各向同性不佳可能会产生某些基于光的干扰。在荧光偏振、荧光共振能量转移（FRET）和时间分辨 FRET 分析中衰减透射光和发射光。不同的聚合物材料光学性质不同。用 PS 等材料制作微孔板时，聚合物材料可能会随着成型过程的机械应力增加光学各向异性增强。而 COC/COP 等材料具有优异的光学各向同性性质。注射模具缺陷、不均匀辐照或表面处理也会导致微孔板的样品孔之间存在显著差异。在选用微孔板的时候，推荐使用具有口碑的公司产品，并提前进行质量确认。新购买的微孔板可以用相应的检测设备对孔板数据进行读取，并在样品孔中添加相同体积的同一样品液再次进行数据读取，计算两者的方差和最小显著差异，判断孔间是否有良好的一致性。对于同一批筛选检测，推荐使用同一厂家、同一型号、同一批次的微孔板，避免批次的不同导致数据出现误差。此外，对于重要的数据检测，需要在实验完成后预留同批次的微孔板，以便与下一次的检测进行比较测试。

7.4.2.2 移液误差

移液误差主要来自移液设备和移液的方法，是导致筛选出现不确定结果的重要原因。减少移液误差可以显著降低数据方差，提高数据的准确度和精确度。移液误差主要来自以下几个方面。

（1）移液设备带来的移液误差

移液设备在出厂时都经过调校，保证各个移液通道的一致性。但在长期使用的过程中，由于移液通道的污染、润滑油干涸、O 形密封圈破损、机械结构老化等原因，经常会出现移液精确度不一致的情况。因此，建议根据移液设备的使用频率每个月或每个季度进行一次量程校准。如果发现故障需要及时排除，保证每次移液的精确度。

（2）移液方式带来的移液误差

移液有两种基本方式。第一种是移取需要体积的液体，转移到目的样品孔后完全排空。

这种移液方式适合移取没有黏稠度的水溶液，但最好使用低吸附的移液枪头，或事先进行枪头润洗，减少液体在枪头壁上的吸附带来的误差。亦可通过移液后反复吹吸混合样品溶液达到混合和减少枪头壁上吸附的目的。第二种移液方式是吸取比需要体积更多的液体，转移到目的样品孔后排出需要体积的液体。这种移液方式适合移取所有的溶液，对黏稠度高的液体使用这种移液方式可以显著降低移液难度，也适合连续移液操作。但移液时需要注意排液的速度。过快的排液速度会导致液体流动惯性增加，在停止排液时会带出少量液体，从而增加移液的体积。选择何种移液方式需要根据实验的具体需要来设计。对于易挥发的有机溶剂，在移液的过程中，移液枪头内的有机溶剂挥发导致较高的内部气压，会将枪头内的液体挤出，造成移液体积不准确。这时候推荐使用具有移液通道气压平衡功能的移液工作站来完成移液工作。如果使用分液器进行分液，需要优化分液的速度，防止液体在注入微孔板时飞溅污染相邻样品孔。

（3）其他因素带来的移液误差

移液过程中出现的一些细节问题也可能导致检测误差。一是在移液完成后，移液枪头的末端有时会带有一个小液滴，导致部分样品孔的液体体积不足。这时候可以使用枪头贴壁的方式将液滴转移到样品孔中。移液工作站一般具有 Tip touch（吸头触碰）的功能，可以自动完成枪头贴壁动作。二是移液完成后有时会在样品孔壁上形成液珠，导致样品孔的样品量偏少。这时候可以通过振荡或短暂离心，将液珠混合进样品液中。此外，振荡可以充分混合样品溶液，并使每个样品孔的液面保持相同的边缘效应，减少测定的误差。三是移液误差和移液次数成正比例关系。因此，需要合理设计实验流程，尽量将移液次数控制在 3 次以内。对多种共同组分，可以预先配制混合液，一次移液可实现多组分的添加。

7.4.2.3 数据测量误差

仪器的测量误差是高通量筛选过程常见的问题之一。酶标仪是最常用的检测仪器，通常有单通道、8 通道和 96 通道三种检测方式。单通道常见于荧光酶标仪，通过一个光学检测头对每个样品孔依次进行读取。由于数据来源于同一检测器，孔间一致性较好，但读取速度慢，需要合理地设置检测时间保证筛选的高通量。8 通道是最常见的吸收光酶标仪的检测方式，可以一次读取一列样品的数据。这种结构的酶标仪一般配有 8 根光纤和 8 个检测器。96 通道的酶标仪则配有 96 根光纤和 96 个检测器。此类酶标仪读取速度快，适合跟踪样品孔反应过程，结果可靠性高。但是由于样品孔的光纤和检测器不同，会出现仪器误差，需要在检测前或定期进行空白校准，保证每个通道的数据一致性。此外，由于边缘效应，微孔板样品孔内的液体边缘高于中心，在数据读取时应选择多点进行数据读取，并取平均值作为最终数据。

7.4.2.4 微孔板清洗和重复使用

理论上微孔板是一次性耗材，用完后按生物废弃物 / 可回收垃圾丢弃。但在高通量培养和筛选实验中，由于大量使用微孔板，培养和筛选成本过高，部分实验室会尝试通过清洗和重复利用微孔板来降低成本。通常来说，培养用的 PP 材质深孔板是可以重复清洗利用的。

清洗前需要高温灭菌，防止生物逃逸。然后使用专用洗瓶机或洗板机进行清洗。如果发现一次清洗后仍有残留，可以进行第二次清洗。一般不建议使用毛刷手动清洗。毛刷会破坏微孔板孔内表面结构，导致第二次培养过程中微生物的过度吸附。检测用的微孔板可以使用高锰酸钾 / 浓硫酸洗液浸泡清洗。由于强酸仍能破坏微孔板表面结构，因此不建议多次重复清洗使用。此外，检测用微孔板不建议高温灭菌。高温会使微孔板变形，影响光学各向同性，导致检测数据出现误差。

7.5 微孔板培养高通量筛选技术的应用

微孔板培养高通量筛选技术在微生物筛选、蛋白质工程、生物催化和合成生物学领域有非常广泛的应用。色谱法、质谱法等基于仪器分析的方法主要依赖大型分析设备，此处不再赘述。这里主要介绍几种需要合理设计的基于比色和荧光方法的微孔板高通量培养和筛选方法。这些方法巧妙地通过酶、化学或信号关联，通过酶标仪实现快速高通量筛选。

7.5.1 基于 pH 变化的微孔板高通量筛选

基于 pH 变化的高通量筛选是常用的生物筛选方法。任何生成酸性离子或碱性离子的生物转化反应理论上都会改变反应体系的 pH 值，在低浓度的缓冲液体系中，这种 pH 变化很容易被外源添加的 pH 指示剂检测到。pH 指示剂价格低廉，在其 pK_a 附近会有显著的颜色变化，可以方便地使用酶标仪进行比色法测定，因此非常适合高通量筛选。

在生物合成的过程中，很多生物反应会直接释放质子，产生的氢离子使溶液的 pH 降低。寡糖的生物合成是一个多酶偶联的酶促级联反应过程。首先单糖在糖活化酶的作用下被尿苷三磷酸（uridine triphosphate，UTP）或胞嘧啶核苷三磷酸（cytidine triphosphate，CTP）活化，生成 UMP-单糖或 CMP-单糖，成为糖基转移酶的前体。在这个反应过程中，会释放焦磷酸氢根离子。焦磷酸氢根离子在水溶液中和焦磷酸根离子形成电离平衡，并释放氢离子。例如，唾液酸是一类酸性九碳糖，通常呈现在细胞表面寡糖链的顶端，具有多种生理学功能，是生物系统中细胞表面糖缀合物最重要的成分之一。唾液酸的活化由 Mg^{2+} 依赖的 CMP-唾液酸合成酶（E.C. 2.7.7.43）使用 CTP 为供体催化完成，释放氢离子。CMP-唾液酸合成酶的最佳 pH 值为 8.5，50% 活性范围在 pH 8.0 ～ 9.0 之间。pH 指示剂酚红 pK_a = 8.0，相应的 pH 范围（8.8 ～ 7.2）与 CMP-唾液酸合成酶（CSS）催化的适当 pH 范围一致，并且在 557 nm 处吸收系数可达 ε = 56000 L/（mol · cm），非常适合作为这个酶促反应的 pH 指示剂。测量需要在低浓度缓冲液存在的情况下进行。因为在没有缓冲液的条件下，反应体系的 pH 会发生快速的变化，供 pH 指示剂检测的颜色变化窗口会非常小，而高浓度缓冲体系会使反应体系的 pH 保持恒定，无法检测到 pH 变化。为了确保颜色变化与产生的氢离子数量成正比，指示剂染料的 pK_a 和缓冲体系的 pK_a 应尽可能相似。Tris 缓冲系统的 pK_a = 8.06，可以匹配酚红的 pK_a。在这些条件下，水解速率等于质子化指示剂和质子化缓冲液的组合形成速率，缓冲液和指示剂之间释放质子的分配取决于它们的浓度之比。因此，在低缓冲液浓度和高指示剂浓度下产生最高的灵敏度。经过优化发现 2 mmol/L Tris 缓冲液和 0.026 mmol/L 酚红浓度可以获得最佳的信号强度。标准曲线通过添加 0 ～ 1.3 mmol/L 的 HCl 作为阳性样本进行测定，可以涵盖测量中反应初始阶段质子浓度变化的全部范围。在唾液酸存在的情况下，反应曲线保持良好的直线关系，其斜率和空白对照有显著区别。通过这种方法可以准确地测定 CMP-唾液酸合成酶比活力和酶促动力学常数（He et al, 2011）。除了基本的酶学性质测定之外，这种检测方法还被用来筛选 CMP-唾液酸合成酶的突变库。唾液酸的 *N*-乙酰修饰物常含有大侧链基团。野生型的 CMP-唾液酸合成酶因为活性口袋的位阻效应无法接受此类底物。因此，在 CMP-唾液酸合成酶的 192 和 193 位的苯丙氨酸替换成小侧链氨基酸，通过 pH 检测筛选获得了活性提高 70 多倍的阳性突变，并合成了多个 CMP 活化的唾液酸 *N*-乙酰修饰物（Yi et al, 2013）。

基于 pH 的检测和筛选方法应用的另一个例子是转酮酶的活性检测和筛选。转酮酶（EC 2.2.1.1）参与戊糖磷酸途径，是所有生物体碳水化合物代谢中必不可少的酶。它可逆地将末端二碳羟基乙酰单元从供体酮糖磷酸转移到受体醛糖磷酸。转酮酶也接受非磷酸化的底物，可以使用转酮酶催化合成多手性羟基酮，后者是多种药物特别是抗病毒药物的重要中间体。当使用羟基丙酮酸（HPA）作为供体时，随着二碳单位的转移释放出一氧化碳，生成相应的碳酸氢根离子，并使酮醇转移不可逆。HPA 是一种中等强度的酸，pK_a < 2，而醛受体和产生的手性羟基酮都是中性的，在转酮酶的最适反应 pH（7.5）下不会影响反应体系的 pH 值。碳酸氢盐是两性的，在水中动态解离，其溶液由于氢氧化物的部分形成而 pH 升高。同样选择 0.028 mmol/L 酚红作为 pH 指示剂，其 pK_a = 7.4 和响应的 pH 范围（pH 6.8 ～ 8.2）与转酮酶催化的最佳 pH 值（约 pH 7.5）一致。由于 Tris 和 HPA 可以形成共价物，缓冲液选用 2 mmol/L 的三乙醇胺（TEA）缓冲液。选择 0.0 ～ 0.8 mmol/L 浓度在 560 nm 处绘制碳酸氢根离子的校准曲线，该标准曲线在整个浓度范围内显示出良好的线性，得出 HCO_3^- 的最小检测限（LOD）和最小定量限（LOQ）值分别为 0.04 mmol/L 和 0.11 mmol/L。1 U 活性被定义为以 HPA 为供体每分钟产生 1 μmol HCO_3^- 所需的酶量。该方法不仅可以测定转酮酶的酶促动力学常数，绘制转酮酶的底物谱，还可以用于转酮酶突变库的筛选。对大肠杆菌和酵母来源的两种转酮酶进行筛选测试，大肠杆菌来源的转酮酶的筛选 *Z* 因子达到 0.80，酵母来源的达到 0.52。这表明虽然该方法检测的是弱碱性离子，但基于 pH 的测定具有足够的精度，可用于高通量筛选（Yi et al, 2012）。通过这种筛选方法，实现对 α 位脱氧和非脱氧、D 构型和 L 构型全系列底物的转化，获得了一套完整的工具酶系统，为拓宽转酮酶在多羟基酮手性合成中的应用奠定了基础（Yi et al, 2014; Abdoul-Zabar et al, 2015）。

除了上述两个例子外，基于 pH 的高通量筛选方法可以应用于各种类型的水解酶（Whittaker et al, 1994）、脱羧酶（Rosenberg et al, 1989）、激酶（Chapman et al, 2002）、糖基转移酶（Deng et al, 2004; Persson et al, 2008）等多种生物反应和突变库筛选。这体现出基于 pH 变化筛选的高通量方法在酶工程改造和生物反应筛选领域有广泛的应用潜力。

7.5.2 基于辅酶 NAD(P)H 的微孔板高通量筛选

烟酰胺腺嘌呤二核苷酸和烟酰胺腺嘌呤二核苷酸磷酸 [NAD(P)H] 是氧化还原酶最常用的辅酶。还原态的 NAD(P)H 在 340 nm 处有光吸收，而氧化态的 $NAD(P)^-$则没有吸收，可以通过检测 340 nm 处的吸光度来检测还原态 NAD(P)H 的含量，因此常被用于氧化还原酶活性的测定。但是这种方法灵敏度较低，340 nm 靠近紫外光区，易受样品中类似紫外吸收物质的干扰，具有很大的局限性。

WST-1 是由日本同仁化学研究所（Dojindo）开发的一种水溶性四唑盐试剂，可接受电子形成还原态的甲臜染料（formazan），呈现橙黄色，在 455 nm 处吸收系数可达 $\varepsilon = 34660$ L/(mol · cm)，是一种理想的氧化还原指示剂。后继又开发出 WST-8 等产品，水溶解度更好，稳定性和灵敏度更高。NAD(P)H 可以 1-甲氧基 5-甲基吩嗪甲硫酸盐（mPMS）作为电子传递中介，还原 WST-1，从而通过吸光值的变化测定细胞内和细胞外的 NAD(P)H 浓度。这种化学偶联的检测方法灵敏度高，非常适合基于 NAD(P)H 的高通量筛选（图 7-4）。

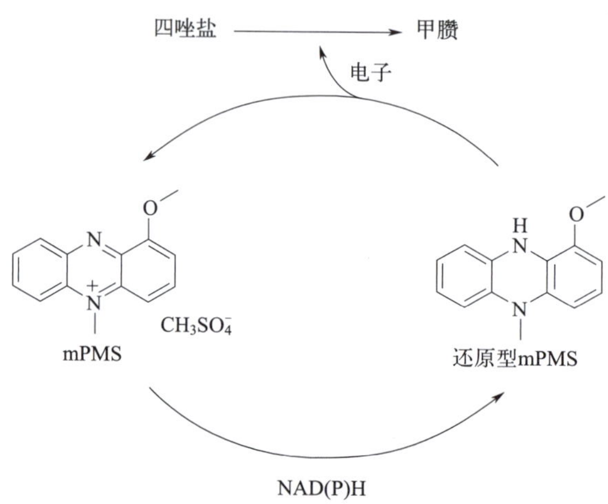

图 7-4　WST-1 偶联检测 NAD(P)H

在高通量筛选中，基于 NAD(P)H 的高通量筛选不仅可以直接筛选氧化还原酶的活性，还可以通过多酶偶联和化学偶联，检测其他类型生物催化反应，甚至直接检测产物的手性。例如，熊去氧胆酸是一种有重要临床应用价值的胆汁酸，具有抗炎、溶解胆固醇胆结石等药理作用，用于治疗胆囊炎、胆管炎、囊性纤维化等肝胆疾病。一种生物催化合成熊去氧胆酸的路线是从鹅去氧胆酸出发，经 7α-羟基类固醇脱氢酶（HSDH）催化氧化成石胆酸（LCA），再经 7β-HSDH 还原成熊去氧胆酸［图 7-5（a）］。该路线为两步酶法，并且由于 7α-HSDH 和 7β-HSDH 分别使用 NADH 和 NADPH 作为辅酶，需要额外的辅酶再生途径。一种新的生物酶促合成工艺是使用石胆酸为起始原料，在 P450 单加氧酶的作用下直接在 7β 位羟化［图 7-5（b）］。该方法只需要一步酶法，但对 P450 的区域和立体选择性要求高。自然界中尚未筛选到天然的单加氧酶可以将胆汁酸如石胆酸和脱氧胆酸的 7β 位置羟基化，但筛选获得的单加氧酶 CYP107D1 可以在 6β 位置羟基化。因此，通过半理性设计和定向进化改变 CYP107D1 的区域选择性是一条可行的路径。在突变库筛选的过程中，如何快速检测产物区域和立体构型是一个难题。野生型的 CYP107D1 可以催化石胆酸，但通过检测 NADH 的变化无法确定产物是 6β-构型还是 7β-构型。另外，突变后的酶的立体选择性可能发生变化，会导致 7α-产物的生成。因此，只能开发一种特异性识别 7β-产物的筛选方法。

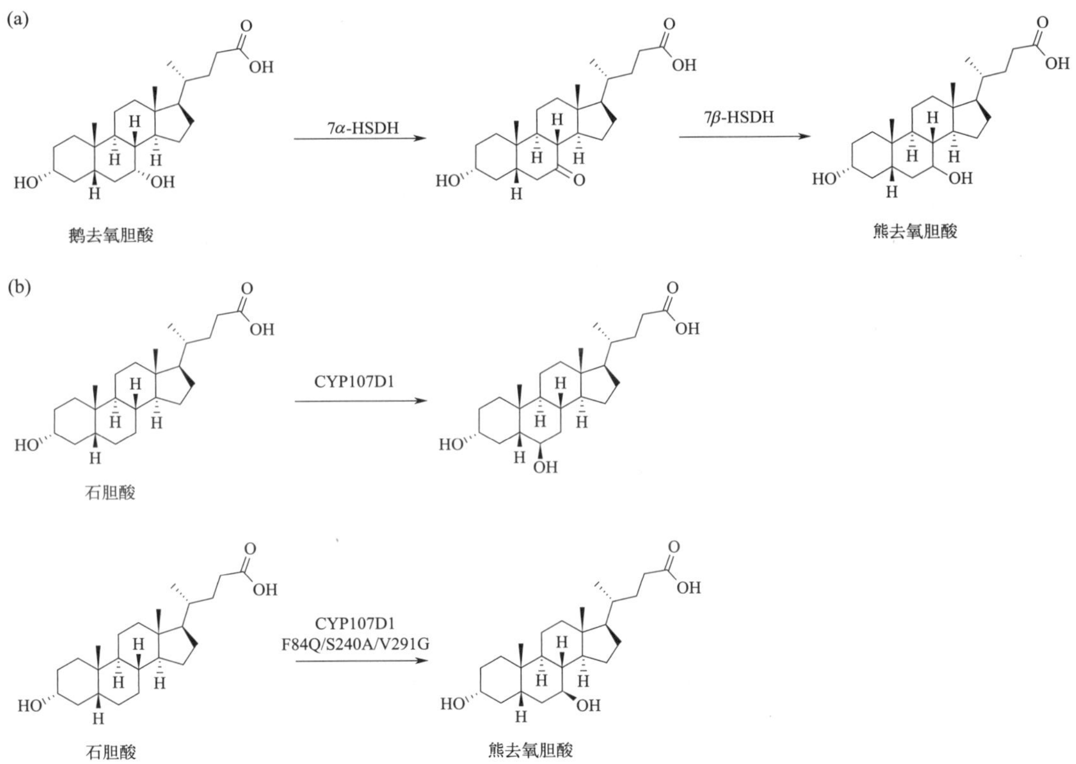

图 7-5　熊去氧胆酸酶促合成路线

色谱法是一种常用的方案，但是色谱法需要分别检测活性和立体构型，通量相对较小，筛选成本高。如果能开发基于比色法的微孔板筛选方法则更为经济高效。NADPH 依赖的 7β-HSDH 可以特异性识别 7β-产物并还原成相应的酮，在此过程中还原 NADP 生成 NADPH。而 NADPH 的生成可以通过 mPMS 偶联的 WST-1 显色来测定。这种酶和化学偶联的高通量筛选方法同时检测了产物的区域和立体构型，整个培养、转化和筛选操作都可在微孔板上进行。通过三位点突变库的构建和筛选，获得的 F84Q/S240A/V291G 阳性突变可以催化生成 67 μmol/L 的熊去氧胆酸，并放大到 500 mL 反应体积，实现了新生物合成路线的开发，也体现出合理的比色筛选模型和基于微孔板的高通量筛选方法在蛋白质工程和全新酶促反应的开发上的重要性（Grobe et al, 2020）。

7.5.3 基于化合物荧光的微孔板高通量筛选

基于化合物荧光的高通量筛选方法具有灵敏度高、不易受反应体系中其他化合物影响的特点，已得到普遍使用。对于自身带有荧光性质的底物或者产物，可以通过荧光法进行直接测定。但是绝大多数底物和产物化合物不具有荧光特性。一种常见的方法是对底物进行荧光基团修饰，检测生成产物的荧光产生或者猝灭。但是这个筛选方法有个显著的缺点，即底物分子结构变大，会导致生物催化剂无法识别底物或者活性降低。如果用于筛选突变库，就可能筛选获得对带有荧光基团底物有较高活性的阳性突变，但不一定对原始底物有同样的活性增强。加上荧光基团修饰的化合物需要额外化学合成，限制了这种高通量筛选方法的应用。

但在某些应用场景，定制的模拟底物结构的荧光化合物可以替代底物进行高通量筛选。例如，ω-转氨酶是磷酸吡哆醛依赖性酶，可将酮转化为手性胺，在药物中间体的合成中有非常广泛的应用。但是 ω-转氨酶具有较深的底物口袋，包含一个大口袋和一个小口袋，将底物完全包裹。这种位阻效应限制了底物的结构和大小，需要通过蛋白质工程进行酶的改造。工业生产西格列汀的 ω-转氨酶经过了 11 轮突变，通过“底物步进”的策略，逐步扩大 ω-转氨酶的底物口袋，最终实现了从完全没有活性到可工业化生产，替代和克服了铑基高压化学不对称氢化工艺产品对映选择性和化学纯度的不足（Savile et al, 2010）。ω-转氨酶的筛选方法有多种，包括使用模型底物 1-苯乙酰胺、基于 pH 值变化、金属络合或氧化还原引发的染料显色的动力学测定等比色法。Fessner 课题组（Scheidt et al, 2015）开发了基于萘基荧光基团的手性 6-甲氧基萘-2-氨基类底物。6-甲氧基萘基团相对庞大，可以作为 ω-转氨酶扩大口袋的筛选底物，同时手性荧光底物还可以筛选 ω-转氨酶的立体选择性。当具有活性时，生成的 6-甲氧基萘-2-羰基化合物产生蓝色荧光（图 7-6）。对于 0.7 mmol/L 的底物浓度，Z 因子为 0.95，而即使在较低的底物浓度（0.35 mmol/L）时，Z 因子仍然高达 0.80。因此，这种荧光分析方法非常适合 ω-转氨酶定向进化突变库的筛选工作，且只消耗非常小的底物量。使用

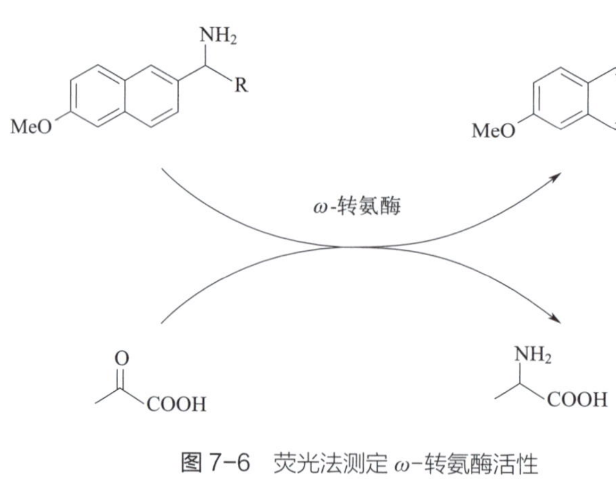

图 7-6 荧光法测定 ω-转氨酶活性

这种方法已经测定了多种微生物来源的ω-转氨酶的酶促动力学常数和立体选择性（Scheidt et al, 2015）。类似的对不同荧光基团的修饰可以生成底物的结构类似物，对于蛋白质工程前期的初步筛选具有广泛的应用前景。

7.5.4 基于生物传感器的微孔板高通量筛选

生物传感器通常由生物受体（例如酶、抗体、细胞、核酸或配体）、换能器组件和电子系统组成，电子系统包括信号放大器、处理器和显示器。出于生物筛选目的，大多数生物传感器采用荧光蛋白作为与多个生物受体偶联的信号发生器，其中最常用的是基于转录因子（transcription factor，TF）的生物传感器。TF 是一种具有小分子配体（ligand-binding domain，LBD）和 DNA 结合域（DNA-binding domain，DBD）的特定类型的蛋白质。LBD 可以与特异性靶标结合，引发 TF 蛋白的分子内构象发生较大变化，并引起 DBD 与 DNA 操纵子的结合或释放，从而调节下游基因的表达。这种转录调节机制广泛存在于细胞生物中，被认为是对细胞外环境变化和细胞内代谢调节的反应机制。但是，如果将下游表达基因人为地替换为荧光蛋白基因，TF 和配体的组合可以打开或关闭荧光蛋白的表达，从而实现配体分子的检测。因此，基于 TF 的生物传感器元件包括 TF 和荧光蛋白的完整表达基因，每个基因都包含独立的启动子、核糖体结合位点（ribosome binding site，RBS）和终止子。荧光蛋白表达的操纵子被设计为 TF 的特异性结合位点。同时，优化荧光蛋白表达的 RBS，使荧光蛋白的表达强度与配体浓度成正比，并且在可测量的范围内（图 7-7）。到目前为止，已经鉴定出各种 TF，它们可以组合几种类型的无机或有机化合物。蛋白质工程已被用于修饰 TF 的配体结合口袋，以增加其与靶标化合物的亲和力和特异性，从而拓宽了使用基于 TF 的生物传感器定量检测各种类型的化合物的应用范围。

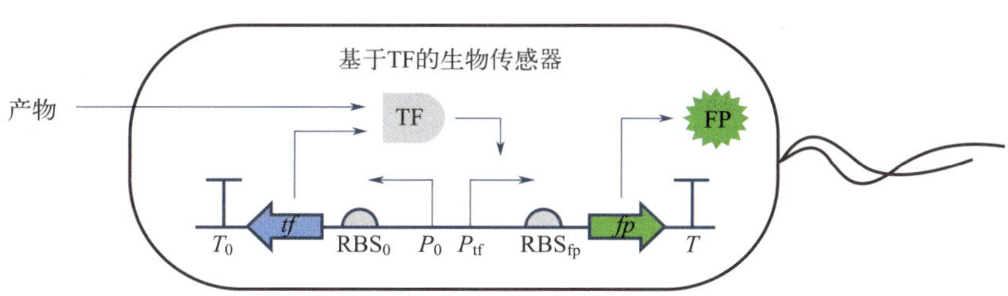

图 7-7　基于转录因子的生物传感器

TF—转录因子；P—启动子；T—终止子；FP—荧光蛋白

例如，已经确定几种 TF 在天然类黄酮降解中与类黄酮或中间体结合。FadR 是一种酚酸响应性转录调节因子，可负向控制酚酸脱羧酶的表达，以降解有害酚酸。来自各种微生物［如植物乳杆菌（*Lactobacillus plantarum*）、戊糖片球菌（*Pediococcus pentosaceus*）］的 FadR 已被鉴定为对羟基肉桂酸及其衍生物（例如香豆酸和阿魏酸）具有高亲和力。丙二酰辅酶 A 是脂肪酸生物合成和聚酮化物中链延长的关键中间体，在黄酮类化合物合成中具有类似的功能。从枯草芽孢杆菌鉴定的 FapR 可以响应细胞中的丙二酰辅酶 A 浓度的变化，从而调节参与脂肪酸和磷脂代谢的基因的表达水平。从织片草螺菌（*Herbaspirillum seropedicae*）SmR1 中鉴定出 FdeR，该转录因子对柚皮素有反应并控制操纵子基因 *fdeA* 的表达以激活柚皮素降解途径。来自恶臭假单胞菌的 TtgR 能够与结构不同的抗生素结合，如柚皮素、根皮素和染料木黄酮，其允许诱导 TtgABC 多药外排泵响应这些抗菌剂的表达。枯草芽孢杆菌的 QdoR 对槲皮素有识别功能并可阻断 QdoI（一种槲皮素 2,3-双加氧酶）的表达，这是潜在的槲皮素降解解毒途径的第一步。所有这些 TF 都已成功用作基于 TF 的生物传感器构建和筛选黄酮产生细胞。

在大多数情况下，含有 TF 生物传感器基因的质粒直接转化为重组细胞。表达的 TF 将与产物结合，从而启动荧光蛋白的表达，然后确定荧光强度并与产生的细胞内产物量相关。然而，许多产品化合物可以自由穿梭细胞膜或通过转运蛋白转移到细胞外部。在这种情况下，实际测得的细胞内产量与菌株的生产能力不匹配，除非还可以确定细胞外产物的量。为了解决这个问题，将一定数量的含有 TF 生物传感器基因的独立重组细胞（主要是大肠杆菌）添加到样品孔中进行检测。但该方法存在操作复杂和难以控制生物传感器细胞量的问题，导致测量误差增加。

除了上面基于 TF 的生物传感器外，还有其他一些基于 TF 和荧光蛋白融合的生物传感器，例如基于荧光共振能量转移（fluorescence resonance energy transfer，FRET）的生物传感器、基于萤光素酶（luciferase，Luc）的生物传感器和基于单荧光蛋白（single fluorescent protein，SFP）的生物传感器。FRET 是一种涉及能量从供体荧光基团到受体荧光基团的无辐射转移的过程。在基于 FRET 的生物传感器中，供体和受体荧光基团通常是分别与 TF 的 N 端和 C 端相连的荧光蛋白。TF 的 LBD 诱导构象变化，改变供体和受体荧光基团的距离，导致 FRET 信号变化。然而，基于 FRET 的生物传感器的构建需要优化 TF 和生物受体之间的连接子。获得的融合子通常具有相对较大的分子量，这可能导致在细胞中可溶性表达量降低。

基于 Luc 的生物传感器是纳米萤光素酶（NLuc）和 TF 的融合。NLuc 是一种具有两个亚基的工程化萤光素酶，当两个亚基分开时，几乎没有萤光素酶活性。然而，当它们相互结合形成二聚体时，它们组装成具有高活性的功能性萤光素酶，并且可以氧化荧光素发光。因此，这两个亚基可以连接到 TF 的 N 端和 C 端，类似于基于 FRET 的生物传感器。配体存在或不存在时发生的 TF 构象变化可能导致这两个亚基的结合和分离，从而实现萤光素酶活性的转换。基于该原理的生物传感器已经用 FapR 构建，它不仅适用于体外和体内丙二酰辅酶 A 的测量，还适用于测量不同亚细胞区室（包括细胞质、细胞核和线粒体）中丙二酰辅酶 A 浓度的变化。与基于 FRET 的生物传感器相同，基于 Luc 的生物传感器的构建也需要优化 TF 和生物受体之间的连接子，但分子量相对较小。此外，测定系统中需要荧光素。

与基于 FRET 和 Luc 的生物传感器不同，基于 SFP 的生物传感器是通过将荧光蛋白插入 TF 的蛋白质结构域来创建的，TF 的蛋白质结构域响应于靶标的结合而发生构象变化。LBD 的构象变化允许溶剂进入 β 桶并与发色团相互作用或改变发色团的质子化状态，从而直接导致插入荧光蛋白的荧光强度或激发 / 发射曲线的变化。基于 SFP 的生物传感器的概念最初是由诺贝尔奖得主 Roger Y. Tsien 提出的，尽管当时文献中没有成功的例子（Baird et al, 1999）。

从那时起，报道了一些基于 SFP 的生物传感器响应离子［例如钙离子（Nagai et al, 2001）］、营养物质和代谢物［例如麦芽糖（Marvin et al, 2011）、谷氨酸（Marvin et al, 2013）和 2-氧代戊二酸（Zhang et al, 2014）］、细胞毒素［例如过氧化氢（Belousov et al, 2006; Zhao et al, 2010）和一氧化碳（Wang et al, 2012）］和辅助因子［例如 ATP / ADP（Berg et al, 2012）、cGMP（Nausch et al, 2009）和 NAD^+/NADH（Zhao et al, 2016）］。这些基于 SFP 的生物传感器不仅可用于让哺乳动物细胞中的细胞内代谢或 / 和细胞成像可视化，在微生物和合成生物学中的应用也逐渐广泛。

参考文献

Abdoul-Zabar J, Lorilliere M, Yi D, et al, 2015. Engineering a thermostable transketolase for unnatural conversion of (2*S*)-hydroxyaldehydes[J]. Adv Synth Catal, 357:1715-1720.

Baird G, Zacharias D, Tsien R, 1999. Circular permutation and receptor insertion within green fluorescent proteins[J]. Proc National Acad Sci, 96:11241-11246.

Belousov V, Fradkov A, Lukyanov K, et al, 2006. Genetically encoded fluorescent indicator for intracellular hydrogen peroxide[J]. Nat Methods, 3:281-286.

Berg J, Hung Y, Yellen G, 2009. A genetically encoded fluorescent reporter of ATP:ADP ratio[J]. Nat Methods, 6:161-166.

Chapman E, Wong C, 2002. A pH sensitive colorimetric assay for the high-throughput screening of enzyme inhibitors and substrates: a case study using kinases[J]. Bioorg Med Chem, 10:551-555.

Deng C, Chen R, 2004. A pH-sensitive assay for galactosyltransferase[J]. Anal Biochem, 330:219-226.

Grobe S, Badenhorst C, Bayer T, et al, 2020. Engineering regioselectivity of a P450 monooxygenase enables the synthesis of ursodeoxycholic acid via 7*β*-hydroxylation of lithocholic acid[J]. Angew Chem Int Ed, 60:753-757.

He N, Yi D, Fessner W-D, 2011. Flexibility of substrate binding of cytosine-5′-monophosphate-*N*- acetylneuraminate synthetase (CMP-sialate synthetase) from *Neisseria meningitidis*: An enabling catalyst for the synthesis of neo-sialoconjugates[J]. Adv Synth Catal, 353:2384-2398.

Marvin J, Schreiter E, Echevarría I, et al, 2011. A genetically encoded, high-signal-to-noise maltose sensor[J]. Proteins Struct Funct Bioinform, 79:3025-3036.

Marvin J, Borghuis B, Tian L, et al, 2013. An optimized fluorescent probe for visualizing glutamate neurotransmission[J]. Nat Methods, 10:162-170.

Nagai T, Sawano A, Park E, et al, 2001. Circularly permuted green fluorescent proteins engineered to sense Ca^{2+}[J]. Proc Natl Acad Sci, 98:3197-3202.

Nausch L, Ledoux J, Bonev A, et al, 2007. Differential patterning of cGMP in vascular smooth muscle cells revealed by single GFP-linked biosensors[J]. Proc National Acad Sci, 105:365-370.

Persson M, Palcic M, 2008. A high-throughput pH indicator assay for screening glycosyltransferase saturation mutagenesis libraries[J]. Anal Biochem, 378:1-7.

Rosenberg R, Herreid R, Piazza G, et al, 1989. Indicator assay for amino acid decarboxylases[J]. Anal Biochem, 181:59-65.

Savile C, Janey J, Mundorff E, et al, 2010. Biocatalytic asymmetric synthesis of chiral amines from ketones applied to sitagliptin manufacture[J]. Science, 329:305-309.

Scheidt T, Land H, Anderson M, et al, 2015. Fluorescence-based kinetic assay for high-throughput discovery and engineering of stereoselective *ω*-transaminases[J]. Adv Synth Catal, 357:1721-1731.

Wang J, Karpus J, Zhao B, et al, 2012. A selective fluorescent probe for carbon monoxide imaging in living cells[J]. Angew Chem Int Ed, 51:9652-9656.

Whittaker R, Manthey M, Le Brocque D, et al, 1994. A microtiter plate assay for the characterization of serine proteases by their esterase activity[J]. Anal Biochem, 220:238-243.

Yi D, Davamani T, Abdoul-Zabar J, et al, 2012. A pH-based high-throughput assay for transketolase: Fingerprinting of substrate tolerance and quantitative kinetics[J]. ChemBioChem, 13:2290-2300.

Yi D, He N, Kickstein M, et al, 2013. Engineering of a cytidine 5′-monophosphate-sialic acid synthetase for improved tolerance to functional sialic acids[J]. Adv Synth Catal, 355:3597-3612.

Yi D, Saravanan T, Devamani T, et al, 2014. A thermostable transketolase evolved for aliphatic aldehyde acceptors[J]. Chem Comm, 51:480-483.

Zhang C, Ye B, 2014. A single fluorescent protein-based sensor for *in vivo* 2-oxoglutarate detection in cell[J]. Biosens Bioelectron, 54:15-19.

Zhao B, Liang Y, Song Y, et al, 2010. A highly selective fluorescent probe for visualization of organic hydroperoxides in living cells[J]. J Am Chem Soc, 132:17065-17067.

Zhao Y, Yang Y, 2016. Real-time and high-throughput analysis of mitochondrial metabolic states in living cells using genetically encoded NAD^+/NADH sensors[J]. Free Radical Bio Med, 100:43-52.

8

微流控培养高通量筛选技术

剪兴全，张翀

清华大学化学工程系

8.1 微流控培养高通量筛选技术概述

8.1.1 微流控培养高通量筛选技术的需求

各种生命体细胞，如动物细胞、植物细胞和微生物细胞等目前已经得到广泛研究和应用，以满足各类工业需求和应对社会挑战。然而，由于细胞的复杂性和多样性，单一方法通常很难产生理想结果或最佳结果，这促使研究人员探索组合策略对细胞进行筛选。目前人们可以很容易地采用合成生物学、代谢工程等多种技术来生成大型细胞筛选文库。然而面对庞大数量文库时，需要开发有效的高通量筛选（high-throughput screening，HTS）技术来识别拥有所需性能或某一性能最佳的细胞。目前实验室最常用的高通量筛选技术主要基于微孔板。微孔板技术通过增加孔的数量（24、48、96、384 孔板等）来提高通量，但由于空间和材料限制，其通量很容易达到上限（10^3 ～ 10^4）。基于微孔板的自动化操作往往需要集成移液工作站、菌落挑取仪、酶标仪等各类自动化仪器，带来了高昂的运行成本。同时，微孔板的孔间平行性也是不容忽视的问题。而近些年发展起来的微流控技术，具有通量高、试剂消耗少、易于小型化和自动化、平行性高等优势，为高通量筛选技术的创新和应用带来了新的机遇。本章将对微流控培养高通量筛选技术的基本概念、发展历史、技术原理、实施方案及各种应用场景进行介绍。

8.1.2 微流控培养高通量筛选技术的基本概念

微流控培养高通量筛选技术的核心主要是微流控芯片技术。微流控技术（microfluidic technology）是指在微尺度（几十到几百微米）集成通道内对微量液体（通常是 fL 到 μL）进行操控，使其按照预先设计的方式进行流动的技术。微流控技术的核心为微流控芯片（microfluidic chip），又称芯片实验室（lab on a chip），是指在小型化的芯片上构建生化实验室，通过微通道或特殊结构控制流体在系统内流动，将样品制备、分离、反应、检测、细胞培养、分选等多种基本单元操作集成于一体，以取代常规生化实验室的各种实验功能的一种技术平台。微流控技术具有操作简便、使用灵活、能耗低、重现性高等优势。

微流控培养高通量筛选技术是将微流控技术、高通量培养与筛选技术相结合的一种技术，它可用于对单细胞、单核酸序列、蛋白质等进行培养、检测和筛选。其基本原理是将样品与培养液、药物等混合，并在微通道中对细胞进行单元操作和高通量分析，可以实现样品的快速处理、精准分析和高通量筛选。微流控培养高通量筛选技术可以在许多生物和化学领域中应用，包括新药的发现和筛选、肿瘤细胞的检测和诊断、单细胞的培养和分析、基因测序、蛋白质与核酸的分子互作研究等。例如在药物研发中，微流控培养高通量筛选技术可为药物研发人员提供一种高效的实验方法，在短时间内进行大规模的小分子化合物筛选，大大缩短药物研发周期。

近年来，随着微流控技术和高通量筛选技术的不断发展和进步，微流控培养高通量筛选技术已经成为生物医学研究领域中具有广阔应用前景的新技术。在未来，它将继续发挥重要作用，并在更广阔的领域实现进一步发展。

8.1.3 微流控培养高通量筛选技术的发展历史和发展方向

微流控培养高通量筛选技术是近年来兴起的一种细胞分析技术，结合微流控技术和高通量筛选技术的优势，可以实现对高通量细胞分析和筛选。微流控技术的起源可以追溯到20世纪70年代，当时研究人员首次在微观尺度研究流体动力学，并试图在微米级别上控制并操作微流体。然而，由于制造技术和实验条件的限制，直至20世纪90年代，微流控技术才真正起步并被广泛研究。20世纪90年代初，Manz等人（1990）用微流控芯片实现了电泳分离，微流控芯片的概念被提出。早期微流控芯片平台主要是作为一种分析化学平台，通常被称为微全分析系统（micro-total analysis systems，m-TAS）。2000年，Whitesides课题组报道了使用聚二甲基硅氧烷（polydimethylsiloxane，PDMS）软刻蚀的方法制造微流控芯片，以及2002年Quake课题组基于微阀微泵控制实现了“微流控芯片大规模集成”，极大地推动了微流控技术的发展（McDonald et al, 2000; Thorsen et al, 2002）。2003年《芯片实验室》（*Lab on a Chip*）上刊登了第一个使用单分散液滴进行高通量微生物单细胞培养的研究成果，单细胞液滴微流控技术开始在微生物培养和筛选领域中得到应用（Martin et al, 2003）。而后液滴微流控技术在物理、化学、生物、医学等领域的多学科研究中都得到了充分的发展和应用。

微流控培养高通量筛选技术结合了微流控技术和高通量筛选技术的优势，是一种先进的细胞分析技术。该技术是在微观尺度上操作流体的新型技术，并使高通量处理和筛选成为可能。早期该技术主要应用于微通道芯片上对单细胞操作和分析的研究，如单细胞PCR、单细胞测序、单细胞培养等方面，但近年来，该技术被广泛应用于新药研发、蛋白质筛选、癌症检测等生物医学领域。

微流控培养高通量筛选技术的应用范围非常广，主要包括生物医学和化学领域。如在新药研发和筛选领域，传统的药物研究和筛选是个耗时费力的工作，需要耗费大量的资源。微流控培养高通量筛选技术可以缩短新药研发周期、降低研究成本，同时可以选择最有效的药物；在细胞分析和筛选领域，微流控芯片技术可以对细胞进行单元操作，从而实现单细胞特征的检测和筛选。这种技术能够在很短时间内实现大规模的细胞检测和筛选，能够在肿瘤研究和诊断中起到关键的作用；在蛋白质筛选领域，微流控培养高通量筛选技术可以在微流通道中实现对蛋白质和其他化合物的筛选和检测，这对研究生物大分子的功能和相互作用具有重要的意义。其不仅在药物研究和生物科学领域有应用，也在食品安全和环境检测等领域中有重要的应用价值。

在未来，为了进一步发展微流控培养高通量筛选技术，需要提升技术的精度和灵敏度，从而实现更高效的细胞分析和筛选。加强对微流控芯片的设计和制造过程的研究，以提高芯片的筛选效率和降低制造成本。扩大技术的应用领域，将技术应用到食品和环境检测等领域，并开展大规模临床病例检测。结合深度学习和人工智能技术，应用于细胞、化合物等数据挖掘，从而提高微流控培养高通量筛选技术的应用价值和意义。总之，微流控培养高通量筛选技术是一个有前途的细胞分析技术，它结合了微流控技术和高通量筛选技术的优势，并在药物研发、肿瘤筛选和蛋白质筛选等领域中得到广泛应用。未来，该技术将继续进步和发展，并为生物医学领域的发展发挥更大的作用。

8.2 微流控培养高通量筛选技术原理

8.2.1 微流控技术体系分类

微流控技术是一种流体处理技术，主要应用于生命科学、化学和环境科学等领域。它通过微米和纳米级别的管道及微小流道系统精确地驱动和控制微型流体，实现流体的混合、反应、处理、过滤等一系列烦琐的实验操作，从而提高实验的效率和准确性。根据微流控技术中涉及的液相（单相）和多相系统，微流控技术可以被划分为单相微流控技术和多相微流控技术两类。

8.2.1.1 单相微流控技术

在涉及不相溶或部分不相溶的流体形成液滴或气泡的液滴微流控出现之前，微流控通常使用可混溶的流体，这被称为单相微流控，以便与液滴微流控区分。单相微流控主要源于 20 世纪 90 年代初微全分析系统（m-TAS）的需求。自那以后，随着微加工技术，特别是光刻技术的进步，可以更高精度地制造微通道，该领域得到了快速发展。早期的工作主要致力于提高分离性能，例如在微通道中实现基于毛细管电泳（capillary electrophoresis，CE）的分离。当时毛细管电泳领域面临的主要挑战包括提高分离分辨率、检测灵敏度、分析通量以及与前后分离过程的集成。单相微流控通过利用其连续流动性和通道网络配置，展示了在一个单一平台上解决所有这些挑战的潜力。在单相微流控中，液相在微通道中流动的过程主要是由微通道壁面积（channel surface area）、微通道断面积（channel cross-sectional area）以及液相流速等控制的。液体首先通过微管道和微阀门，然后被驱动至不同形状和尺寸的微孔和 / 或微孔板中以分离和分析。单相微流控技术将工程学和科学的思想相结合，将液体以微尺度的方式输送和控制，从而实现高增益和高灵敏度的检测或反应。

单相微流控技术是通过微小通孔或微管道进行流体控制，利用微流体的惯性、表面张力和黏性等物理特性，将流体分割、混合和输送。在微通道中，微流体作为操作对象，表现出与毫升和升级的流体截然不同的流动行为。单相微流控技术利用微通道的特殊形态和材料性质，在几百微米以上的封装空间中发展了各种微型流控元件，包括通道、阀、泵和反应室等，形成了更加完善的控制系统。总的来说，单相微流控技术利用微型流控元件的微观流体力学，来对微米级别的液体进行准确的实验操作，实现对液态生物体系的快速检测、定量化分析、精确定位和精准操控。单相微流控技术的主要组成部分包括微流体芯片、检测设备和微机电系统（micro electro mechanical system，MEMS）。

① 微流体芯片可使用包括玻璃、聚酰亚胺、聚二甲基硅氧烷（PDMS）和石墨等多种材料制造，其中 PDMS 是最常用的材料。微流体芯片是单相微流控技术的核心，它可以将多个实验流程集成到一个单一的芯片上进行实验操作。微流体芯片主要包括微通道、微阀门和反应室。微通道是指芯片中的微型管道，通过几何设计和分叉控制从而达到混合和分离的效果。微阀门主要用于流体的停止和抑制，同时利用压缩气空气阀门也可以实现更高效的控制。反应室是芯片中的一个封闭式的用作化学反应的地方，其中可以控制温度和离子浓度。微流体芯片结构的精度和几何形态对单相微流控技术的精度和控制是非常重要的，因此微流体芯片的设计和加工具有重大意义。

② 单相微流控技术的检测设备包括光电传感器、电极、激光、图像采集器等。这些设备可以根据不同实验操作进行安装和使用。例如，电极可以用于电化学实验，光电传感器可用于蛋白质检测，图像采集器可用于细胞成像等。

③ 微机电系统（MEMS）是单相微流控技术中一个新兴的领域。这项技术的主要目标是将微处理器和微机电系统的元件安装到芯片表面上，以实现对微流体的控制。这项技术的应用范围非常广泛，主要包括制造化学反应器、筛选药物、组织工程等。

单相微流控技术被广泛应用于分子分析、生命科学、药物筛选、分子诊断等领域。

① 单相微流控技术在分子分析方面表现出色。基于其微小尺寸、快速试验、高效分离等特性，单相微流控技术被广泛应用于 DNA 测序、核酸标记、蛋白质定量、氨基酸分析、质谱检测、病毒检测等方面。例如，在 DNA 测序方面，单相微流控技术可以将多个嵌入硅片中的样本分离，实现对样本的高通量测序。

② 单相微流控技术在生命科学领域的应用范围非常广泛。例如，在细胞分析方面，单相微流控技术可以在微量细胞样品上进行异质性细胞分离和纯化，基于细胞尺寸、密度和形状等信息，很容易地分离细胞。此外，在细胞培养方面，单相微流控技术可以帮助快速制定实验方案并缩短操作周期等。

③ 药物筛选是单相微流控技术的另一重要应用领域。利用单相微流控系统，可以更快、更高效、更严谨地进行药物筛选。药物筛选试验的过程需要大量的抗体和样品的疏水作用，而微流控技术正好使用疏水通道从而避免了这种问题。此外，在微流控芯片上，药物可以快速地在这个小尺度下与蛋白质生物分子进行交互作用，从而在药物筛选中增加筛选的成功率

和特异性。

8.2.1.2 多相液滴微流控技术

多相微流控技术是指包含两种或两种以上液体的微流控技术。近年来，多相微流控技术已被广泛应用于药物发现、化学反应工程、生命科学、环境科学和食品科技等许多领域。多相微流控技术中含有气液相和液液相等多种液相体系，这里主要介绍液液相中的液滴微流控体系。

液滴微流控技术（droplet microfluidic technology）是微流控技术的一个分支，它是一种通过微通道内不相溶的多相流流动来产生和操控离散液滴的技术。液滴微流控技术是一种微型化、自动化和集成化的技术体系，因具有超高通量、高灵敏度、定量准确的优势被广泛应用（Teh et al, 2008）。

液滴微流控技术主要由微流体芯片、液滴生成和操控模块以及检测模块等部分组成。微流体芯片是液滴微流控技术最重要的部分之一，其主要作用是将样品引入芯片中，并形成微通道，使得样品可以在微通道的控制下形成液滴。在微流体芯片中，流体通过微通道在一个单一点处分割，形成液滴，利用液滴之间的相互作用和物理效应控制液滴形态、流动和反应。液滴的生成和操控模块是通过微流体芯片构建的，可以对液滴进行精确控制和引导，实现高效的实验操作。检测模块则检测液滴的物理特性或化学成分等。液滴微流控技术的检测设备一般包括光电传感器、电极、激光、图像采集器等，根据不同实验操作需要进行安装和使用。而液滴微流控技术也被广泛应用于化学反应、分子生物学、纳米颗粒制备、高通量细胞分析等领域。

① 液滴微流控技术是进行高速、高通量化学反应的理想方法，可以用于实现高效的药物设计和高度精确的生物反应。利用液滴微流控技术，可以在大规模化学反应中准确地调控反应事件，并将这些数据记录下来。例如，使用液滴微流控技术，可进行药物化学反应的高通量筛选，加快药物的早期研发速度。

② 液滴微流控技术不仅可以进行细胞的分析和检测，而且还可以用于分子生物学，包括 PCR 分析、单分子分析、肿瘤单细胞分析等。因其高通量分析能力、高精度和可重复性，液滴微流控技术对分子生物学研究的进步具有重要意义。

③ 实现纳米颗粒制备的技术有很多，但是液滴微流控技术是一种新的方式。液滴微流控技术结合化学反应，能够在微流控系统中形成精确的液滴，并将液滴转化为纳米颗粒。这种方法具有制备成本相对较低、颗粒大小和形状易于控制等特点。

④ 液滴微流控技术可用于高通量细胞分析，特别是用于肿瘤细胞的单细胞分析，以快速分离、分析和组合细胞。这种方法可分离与分析肿瘤细胞，然后确定肿瘤细胞的遗传和表观因素，从而为医疗诊断和治疗提供准确的信息。

综上所述，液滴微流控技术是一种创新的、高效的微流控技术，其在化学、生物学、物理等多个领域都有广泛应用。液滴微流控技术需要良好的芯片、合适的检测设备并对参数进行精密控制，希望未来随着科学技术的不断发展，在更多领域内实现更为广泛的应用。

8.2.2 微流控芯片内的流体控制原理

微流控芯片是一种基于微纳米加工技术制造的芯片，以微纳米结构构成的流道、流体的控制系统和通道之间的微型接头为基本组成结构单元。液体在微流控芯片内的流动机理受到许多因素的影响，通过调整工艺参数和芯片结构，可以实现流体的形成、分离、控制和传输。

8.2.2.1 单相流体系

从宏观世界到微观世界，流体的物理特性会产生显著变化。随着尺寸的变小，毛细效应开始变得重要，惯性、重力和扩散效应则逐渐变小，在一定条件下，毛细力将成为支配流体运动的主要因素。微小通道中，这些基本物理效应的相互作用和对微米尺度下液体流动的影响将决定流体流动的特性和行为。单相流微流控的流体以单相流态在微小通道中流动，通过优化调控微型通道结构、流体性质和工艺参数等来实现对微流体的控制和调节，从而实现高精度和可控性的液体流动。

在单相流微流控技术中，单相流指的是在某个温度和压力下，液体呈现的是单一相态，即不含任何固体颗粒或气体。不同于常规宏观尺度下的液体流动，单相流微流控技术在微通道中的液体流动受到多种因素的影响，包括流体的性质、通道的结构和特征等。在单相流微流控技术中，流体的运动受到黏性力、压力梯度和表面张力等多种力的作用，这些力会影响流体的运动状态和效率，从而对微流体的操控产生重要作用。

（1）液体性质

液体性质对微流控芯片中的单相流流动行为起着关键作用。液体性质包括液体的黏度、密度、表面张力等，这些参数的变化会改变液体的流速和分布。在微流控芯片中，液体的性质还包括液体与芯片壁面界面性质的影响，如界面张力、润湿性等。因此，液体性质的合理选择和控制是微流控芯片中单相流的有效控制手段。

（2）通道结构

微通道结构和几何形状对单相流流动的机理和流体特性也产生了显著影响。微通道结构影响了液体的流量、分布和驱动力。因此，在设计微通道结构时，需要充分考虑微通道尺寸、通道几何形状、表面性质等因素。微通道尺寸对单相流流动机理的影响非常显著。在微通道中，当通道宽度和深度减小到微纳米级别时，毛细效应的影响变得明显，可以轻松实现微小流动。在单相流微流控的应用中，不同的通道形状可以实现不同的流动特性。例如，矩形通道对产生液滴和反应物的混合具有重要作用，而三角形通道通常用于产生液滴和控制微流化反应。微通道表面的性质对单相流动也有很大影响。表面张力与壁面接触角度决定了液体流动的黏着性、润湿性和液体流动的误差等，这些性质将影响微通道中液体流动的速度和分布。流速是微流控芯片中单相流流动的基本参数，它决定了液体在通道内的流动行为。流速大小受到液体性质、通道结构、压力等因素的影响。

8.2.2.2 微通道内的液滴操控

液滴微流控技术是通过微流体芯片的微细结构控制液滴的形成和运动，利用液滴之间的相互作用和表面张力等物理性质，实现对液滴的交互作用及高通量的控制。在液滴微流控培养高通量筛选技术中，主要涉及液滴生成、液滴培养、液滴内检测试剂添加、液滴检测和液滴分选等操作控制。

（1）液滴生成

在液滴微流控中，液滴体系主要是由两种互不相溶的液体混合而成。两种液体被称为分散相和连续相，其中分散相以小体积分散于连续相中形成液滴。根据分散相和连续相的不同，液滴体系可分为水包油（O/W）液滴和油包水（W/O）液滴，复杂一些的体系还包括水包油包水（W/O/W）液滴和油包水包油（O/W/O）液滴。此外，为了进一步增加液滴的强度，也有一些体系加入了固相，例如凝胶状液滴和核壳结构液滴等。而在微生物培养和筛选中，由于培养基通常为水相溶液且液滴需要在培养过程中保持长期稳定，通常使用油包水液滴（W/O）体系，这种体系将水相均匀地分散在油相中形成液滴，两相之间通过表面活性剂分子（surfactant molecule）进行稳定（Hu et al, 2021）。

在液滴生成过程中，油水两相首先通过不同的驱动力被引入微流控通道中。为了保证整个系统的性能，驱动力应保证良好的稳定性和可测量性。常见的驱动力包括注射泵提供的液体压力、压力调节器控制和监测的空气压力、液体自身重力等。液滴的生成方式可分为主动生成方法和被动生成方法。在主动生成方法中，液滴生成主要由外力施加的局部效应（如电、磁、声、热和机械等作用）来驱动液滴的流动（Chong et al, 2016）。主动生成方法的优势在于不依赖微芯片的具体结构，对液滴的大小和频率的控制性能更好，但是生成液滴的速度较慢，一般不应用于微生物高通量培养与筛选中。

液滴被动生成方法主要通过压力驱动，不相溶的分散相流体和连续相流体在芯片上的某个通道交界处相遇，通过局部剪切力等效应造成界面的延伸与变形，进而形成液滴。根据不同的通道几何结构和流体配置情况，液滴被动生成方法可分为共流结构（coflow）、交叉流结构（cross-flow）和流动聚焦结构（flow-focusing）等类别（图 8-1）（Christopher et al, 2007）。被动生成方法的好处在于芯片结构简单，可快速高效生成大量液滴，但对液滴参数的控制性能不如主动生成方法。目前交叉流结构和流动聚焦结构在细胞培养领域应用更为广泛。

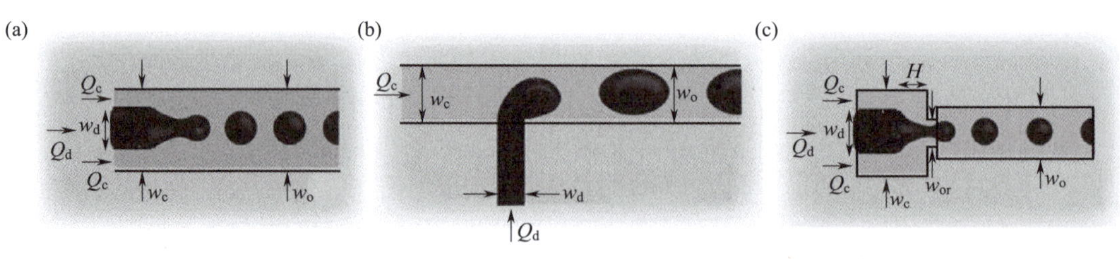

图 8-1　液滴被动生成方式的三种结构

（a）共流结构；（b）交叉流结构；（c）流动聚焦结构

Q_c 是连续相流速；Q_d 是分散相流速；w_c 是连续相的宽度；w_d 是分散相的宽度；w_o 是出口的宽度；w_{or} 是孔口的宽度；H 是分散相管道出口到孔口的距离

（2）液滴培养

液滴生成后，将作为微反应器进行细胞的培养。液滴培养可分为在芯片上原位培养的在线培养方式和在注射器、离心管、毛细管内培养的离线培养方式。在线培养方式的好处在于可以原位监测细胞的生长情况和代谢过程，但不利于将细胞取出用于后续的检测和分选，因此在微生物筛选中常使用离线培养的方式。然而由于液滴数量太多而体积太小，目前离线培养方式只能将液滴汇集在一起进行培养，这也使得内部大部分液滴缺乏充足的氧气供应，影响细胞内部的生理状态。

（3）液滴内检测试剂的添加

为了进行微生物的检测和筛选，有时需要向液滴内添加相应的检测试剂，如酶活反应底物、荧光反应试剂、染色剂、目标物质衍生反应试剂等，以对液滴内部的目标物质进行反应、检测和分析。检测试剂的添加时间点有两个，一个是在液滴生成时添加，另外一个是在细胞培养完成后添加。前者在液滴生成时同时将检测试剂引入液滴内，这种方式需要检测试剂在培养过程中不会发生失活或者降解，也不能对细胞生长产生明显的副作用，因此对培养和检测体系要求较高，适用性不强，在微生物培养和筛选中更多地使用第二种添加方式。

在细胞培养完成后引入检测试剂，通常使用液滴融合（droplet fusion）或皮升试剂注入（pico-injection）的方式。液滴融合的方式是指先生成试剂液滴，然后再将试剂液滴和细胞液滴融合。液滴融合也可分为被动融合方法和主动融合方法。被动融合方法通过设计特定的通道几何形状，来精确控制单个液滴的运动速度，以实现两个液滴的相对运动，促使两个液滴逐渐靠近，并最终融合在一起。不过这种依靠通道结构进行液滴融合的方式效率不高，因此也出现了一些主动融合方法。主动融合方法是指在外界施加电场、磁场、表面声波、激光聚焦等使得油水界面不稳定，从而促进液滴主动融合的方法。和被动融合方法相比，主动融合方法具有更高的融合成功率，不过主动融合通常需要一定的设备装置，且施加的外部作用有可能对细胞造成不良影响。相比较液滴融合，皮升试剂注入是一种更为实用的检测试剂添加方式。在电场作用下，液滴界面会不稳定，此时可以从垂直方向上将检测试剂注入液滴中（图 8-2）（Abate et al, 2010）。这种方式能以 10^3 个 /s 的速度向液滴内按顺序注入其他试剂，具有超高通量和高效率的优点，在微生物检测和筛选中应用最为广泛。

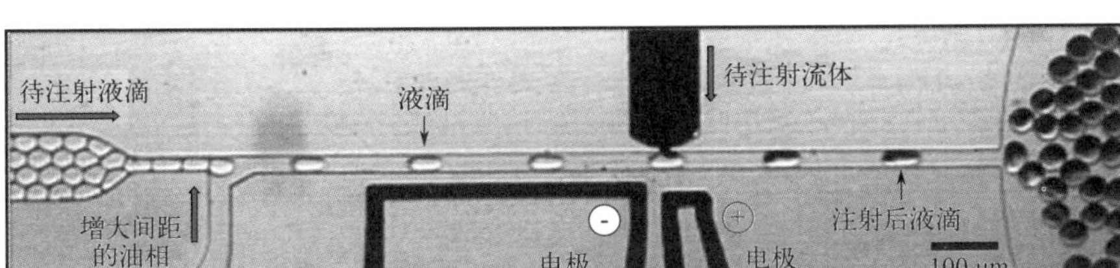

图 8-2　基于皮升试剂注入的液滴内检测试剂添加方式

（4）液滴检测

目前，针对液滴的检测方法十分多样，有光学检测方法，如明场 / 荧光显微镜成像、激光诱导荧光、吸收光或散射光、化学发光、拉曼或红外光谱等；也有非光学检测方法，如电化学、质谱、核磁共振光谱等。每种方法都有自己的优势和劣势，适用于不同的情况，在实际应用中应根据内在需要选择适当的检测方法。

在微生物培养和筛选中，液滴的检测方法主要基于光学检测方法。其中应用最为广泛的方法为激光诱导荧光（laser induced fluorescence，LIF）检测方法，它可以对液滴内容物进行高灵敏度、低检测限、高响应速度、大动态范围的定量检测。激光诱导荧光检测器结构主要由激光器、光学检测系统和信号采集器组成。在液滴微流控领域内，更多采用共聚焦型激光诱导荧光（confocal laser induced fluorescence）光路进行检测结构设计，以降低背景信号的干扰。不过基于荧光的检测方法要求检测目标能产生荧光信号，对于一种非荧光分析物，则需要特别设计相应的荧光标记方法，皮升级液滴有限的检测空间，为这种检测方法带来了一定挑战。

吸光度检测（absorbance detection）是检测细胞密度的最常用方法，具有适用范围广、结构简单等优点。但应用于液滴微流控芯片时，液滴体积太小，导致检测光程很短（一般为几十微米），降低了吸光度检测的灵敏度。为了解决由短光路引起的低灵敏度问题，可以开发一些方法来增加检测光路长度。例如，Noda 等人（2006）设计了一种镜面型微流控芯片，通过在微通道的两端制造两个平行的 45°镜面，使光被反射到通道内，再由镜面反射到检测器上，实现了 5 mm 的检测光路长度。不过这类方法通常使得芯片结构十分复杂，增加了芯片开发难度。

（5）液滴分选

液滴分选是基于液滴检测信号，将不同液滴驱动至芯片下游不同的通道的过程。通过这种方式对大量液滴进行选择并分离出所需的目标液滴，完成对微生物细胞的筛选过程。根据分选手段的不同，液滴分选可分为被动分选方式和主动分选方式。液滴的被动分选方式主要是基于芯片通道的几何形状与液滴自身的不同特性，例如尺寸、黏度、重力等，使得不同液滴被引导至不同的下游通道。这种方式虽然可以省去分选设备的配置，但由于分选过程不稳定，通常效率低、误差大，在实际应用中较少使用。

液滴主动分选方式主要是在外部作用力的影响下，依据液滴的物理或者化学差异对液滴进行分选。主动分选方式中应用最早且最广泛的方法就是基于电泳进行分选。后来，荧光激活液滴分选法（fluorescence activated droplet sorting，FADS）成为了最常用的方法，这种方法利用激光诱导荧光产生信号并进行检测，同时设定荧光分选范围，当液滴信号超出分选范围时对液滴施加电压，从而通过电泳实现差异化分选（图 8-3）（Bowman et al, 2020）。与 FADS 原理类似的还有经典的细胞分选方法——流式细胞分选法，也叫荧光激活细胞分选法（fluorescence activated cell sorting，FACS）。FACS 技术可以在单细胞水平上对目标细胞进行高通量筛选，如今已有一系列商业化的仪器，并成为基础生物研究和工业应用中必不可少的工具。FADS 与 FACS 的区别在于，FACS 只能根据细胞本身的荧光信号，如通过染色、荧光标记等手段使细胞内部或细胞表面产生荧光来对细胞进行分选，而 FADS 可以对液滴进行分选，不局限于细胞本身。FADS 的好处在于可以直接在液滴内部对细胞进行培养，并对细胞分泌到胞外的产物进行分析，而 FACS 需要结合微孔板培养才能实现这一点。虽然在 FACS 系统内可以使用 W/O/W 双乳化液滴体系实现对液滴的分选，但相比于 FADS 的 W/O 体系，稳定性较低；且 FADS 技术检测和分选都在微流控芯片通道内的油相中进行，电极被嵌入芯片，整个系统更加简化，因此更多使用 FADS 技术来进行液滴高通量筛选。

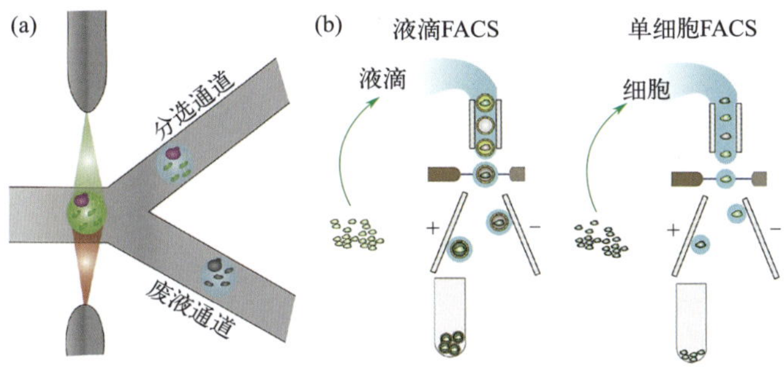

图 8-3 荧光激活液滴分选（FADS）和荧光激活细胞分选（FACS）示意图

（a）FADS；（b）液滴 FACS 和单细胞 FACS

除了电泳方法外，还可以通过磁场、电介质上的电润湿作用（electrowetting-on-dielectric，EWOD）引起的润湿性变化、热诱导的表面张力梯度等作用改变液滴运动路径，以实现液滴的主动分选。由于液滴主动分选方式与液滴可测定的参数之间较为独立，因此可根据多种检测参数的信号大小对不同特性液滴进行分选，具有很大的适用性，也成为了微生物高通量筛选中液滴分选的主要方式。

综上所述，液滴微流控技术借助微流体芯片实现液滴的各类操控，实现液滴的高通量和高速度的控制。液滴微流控技术在化学、生物、医学、材料等领域具有广泛的应用价值，将为实验室和工业带来更高效、更精确和更便利的实验和生产方式。

8.3 微流控培养高通量筛选技术方案设计

8.3.1 基于 DREM cell 的细胞培养和高通量筛选技术

液滴微流控细胞分选仪（droplet entrapping microfluidic cell-sorter，DREM cell）是基于液滴微流控技术开发而成的超高通量单细胞分选平台。通过使用最新的微流控技术，每秒可以产生成千上万的皮升级微液滴，细胞包裹于微液滴之中，可进行生长、裂解、代谢、反应等过程，并与液滴之中的荧光分子充分结合，产生不同强度的荧光信号；之后利用微液滴分选技术将低产出和高产出的细胞通过荧光信号分选出来，实现分选过程的高通量化。相比于传统孔板筛选体系，该系统筛选速率提高 10^4 倍，试剂消耗量下降至 $1/10^6$。相比于流式细胞仪，该方法可对酶的各种性质（表达量、活性、稳定性、底物特异性等）、代谢产物、抗体等靶标进行高效分选；仪器操作简单方便，对样本污染风险小，无损害，耗材随用随弃，无污染残留（Li et al, 2022; Ma et al, 2019）。

8.3.1.1　基于DREM cell筛选的技术原理

DREM cell 筛选技术主要基于皮升级液滴微流控技术。皮升级单细胞液滴微流控技术是现代生物医学基础研究中重要的技术之一，它可以在几百到几千万个细胞中分离出纯净的单个细胞，然后对它们进行高质量的分析。皮升级单细胞液滴微流控技术可以帮助研究人员在较短的时间内获取足够数量、高质量和不同类型的单个细胞。核心原理是利用微小液滴将单个细胞分离，然后在微型管道系统中实现对单个细胞的捕获、筛选、分类和分离。图 8-4 展示了 DREM cell 筛选技术的原理。首先在液滴生成芯片上生成液滴，对单个液滴进行封装，封装完成后对液滴进行培养，之后基于荧光信号对液滴进行分选，以此完成对细胞的高通量筛选。

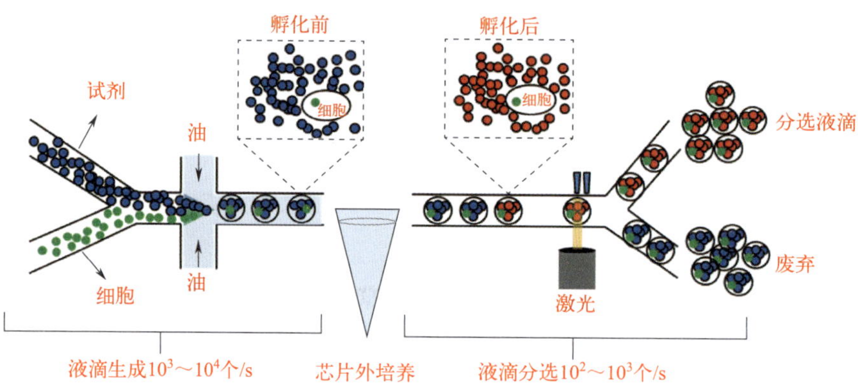

图 8-4　DREM cell 筛选技术的原理示意图

8.3.1.2　技术操作流程

（1）液滴生成

在液滴生成中，DREM cell 通过将单个细胞封装进单个液滴，形成单细胞液滴的形式来实现细胞的分离，这种封装方法基于泊松分布的原理。当细胞浓度很低时，细胞被封装进液滴的数量分布是随机的，其概率服从泊松分布（Köster et al, 2008; Mazutis et al, 2013）：

$$P(\lambda,x)=\frac{\lambda^{x}\mathrm{e}^{-\lambda}}{x!},x=0,1,\ldots \tag{8-1}$$

式中，λ 指的是每个液滴中的理论平均细胞数，即细胞总数与产生的液滴总数之比；x 指的是液滴中包裹的细胞数；P（λ，x）指的是液滴中含有 x 个细胞的概率。

用于生成单细胞液滴的菌液的目标浓度取决于 λ 值，可由式（8-2）计算：

$$c = \frac{1000}{V_{\text{drop}}} \times \lambda \tag{8-2}$$

式中，c 是细菌溶液的目标浓度，个 /mL；V_{drop} 是液滴的体积，μL。

可以采用极限稀释法处理细胞菌液，对泊松分布的参数 λ 进行优化（通常在 0.1 ～ 0.3 的范围内），来生成单细胞液滴占比较高、多细胞液滴占比较低的液滴群。

取对数期生长的菌液，500 g、4 ℃离心 10 min，弃上清液，用 50 mmol/L PBS（pH=7.4）重悬浮菌液。在这里，以液滴体积 8 pL、泊松分布 $\lambda = 0.3$ 为例，计算此时所需菌液浓度为 3.75×10^7 个 /mL，调整菌液至该浓度。

配制完菌液样品后，需要将进样瓶和液滴生成芯片连接。液滴生成芯片的结构如图 8-5 所示，每块芯片上含有 9 个重复的液滴生成单元，每个重复单元包含一个液滴油相入口、一个水相入口以及一个液滴收集口。使用前，用刀片和镊子除掉待使用液滴生成单元表面的贴膜，用镊子夹住进样瓶导管末端 2 ～ 3 mm 处，对准芯片上相应的孔道，垂直插入。用这种方法依次连接好油相进样瓶和水相进样瓶。使用同样的方法将液滴导出导管插入芯片上的液滴出口，另外一端插入液滴收集瓶中。使用移液器将液滴生成油添加至油相进样瓶，将所需体积的菌液添加至水相进样瓶。小心地拿起进样瓶、收集瓶及连好的芯片和导管，将进样瓶和收集瓶放在金属浴孔位里，将芯片放置在载物台的架子上。然后将油相气管连接油相进样瓶的气孔端，水相 / 液滴气管连接水相进样瓶的气孔端，以完成芯片和进样瓶的固定。调整视场亮度与载物台移动旋钮，使液滴生成位置位于视场的合适区域。

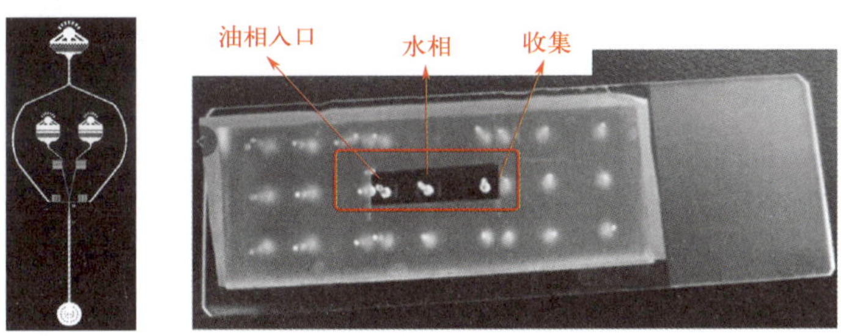

图 8-5　液滴生成芯片结构示意图

在 DREM cell 控制软件中分别设置连接油相进样瓶的通道压力值和连接水相进样瓶的通道压力值，来产生稳定的液滴。可以通过调节压力大小来生成不同速率、不同大小的液滴。液滴生成完成后，拔掉连接液滴收集孔处的导管，使其内的液滴流回到液滴收集瓶中，之后拧上配套的瓶盖。由于液滴发生油的密度大于液滴的密度，液滴会漂浮在液滴发生油的上面。

（2）液滴孵育

提前设置好恒温培养箱的温度，将装有液滴的收集瓶置于培养箱中，培养所需的时间。如果需要长时间孵育，可在液滴瓶周围加入蒸馏水，保持较高的湿度，防止液滴蒸发。图 8-6 展示了皮升级液滴内细胞的生长情况。如果液滴培养的温度超过 37 ℃，或者液滴培养的时间超过 48 h，建议做预实验，对液滴的完整性进行评估。

（3）液滴微注入（pico-injection）

液滴培养完成后，需要在液滴中添加荧光检测试剂，以对液滴进行分选。液滴微注入芯片每块芯片上含有 2 个重复的液滴微注入单元，每个单元包含一个油相入口、液滴入口、试剂注入入口和液滴出口。使用前，用刀片和镊子除掉芯片表面的贴膜，用镊子夹住进样瓶导管末端 2 ～ 3 mm 处，对准芯片上相应的孔道，垂直插入。用这种方法依次连接好油相进样瓶、液滴进样瓶。使用同样的方法将液滴导出导管插入芯片上的液滴出口。使用移液器将液滴分选油添加至油相进样瓶，并连接装有液滴的液滴进样瓶。小心地拿起进样瓶、收集瓶及连好的芯片和导管，将进样瓶和收集瓶放在金属浴孔位里，将芯片放置在载物台的架子上。然后将油相气管连接油相进样瓶的气孔端；液滴气管连接液滴进样瓶的气孔端，再将芯片的电极线和电极线插口连接到一起。

使用注射泵的进样针吸取适量待注入荧光检测试剂，小心地将进样针的针头插入连接的毛细导管，轻轻推动进样针，排净毛细导管内的空气。再将毛细导管的另一端连接到芯片内的试剂注入口。将进样针固定到注射泵的固定架上，扭紧固定旋钮。调整视场亮度与载物台移动旋钮，对好焦距，使液滴微注入芯片的液滴微注入口出现在视场中间，如图 8-7 所示。

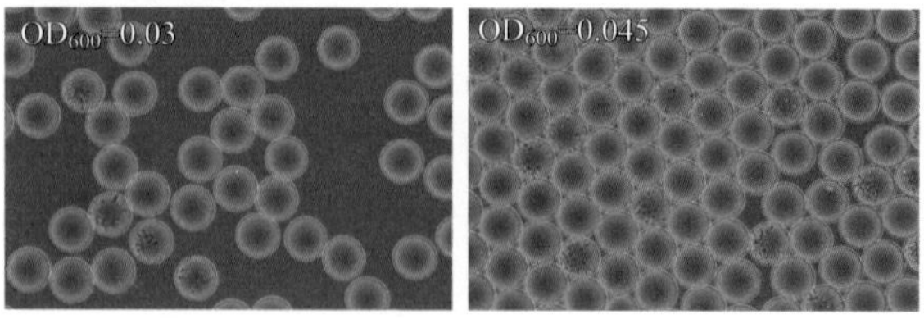

图 8-6　液滴内细胞的培养情况

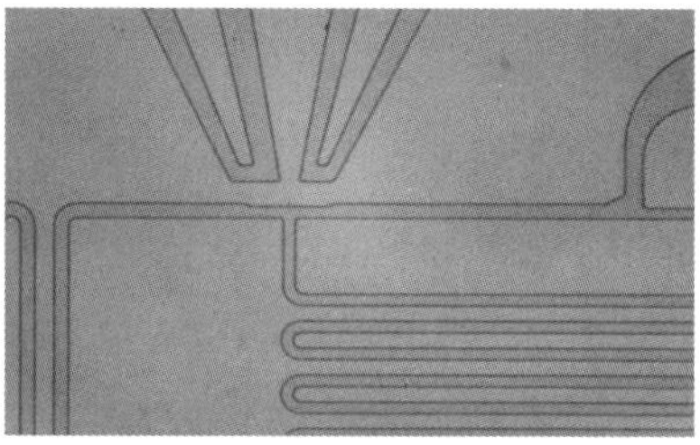

图 8-7　液滴微注入芯片试剂注入口成像区域

设置注射泵，使用合适的流速驱动试剂进入管道。在 DREM cell 控制软件中分别设置油相通道和液滴通道的压力值，来分别控制油相压力和液滴压力。同时开启微注入功能，完成微注入功能电场的开启。当注入试剂、液滴在电场区域发生融合时，观察液滴和注入试剂流速的快慢，必要时借助高速摄像机视频采集进行回放观察。当一方速度过快或者过慢时，加大或者减小另一方的压力（或者流速），直到两者匹配。

（4）液滴分选

液滴微注入完成后，孵育一段时间，然后进行液滴分选。液滴分选芯片包含一个油相入口、液滴入口、阳性液滴收集口和废液口。使用前，用刀片和镊子除掉芯片表面的贴膜，用镊子夹住进样瓶导管末端 2 ～ 3 mm 处，对准芯片上相应的孔道，垂直插入。用这种方法依次连接好油相进样瓶、液滴进样瓶。使用同样的方法分别将液滴导出导管插入芯片上的液滴收集口和废液口，另外一端分别插入阳性液滴收集瓶和废液瓶中。使用移液器将液滴分选油添加至油相进样瓶，并连接上装有微注入液滴的液滴进样瓶。小心地拿起进样瓶、收集瓶及连好的芯片和导管，将进样瓶和收集瓶放在金属浴孔位里，将芯片放置在载物台的架子上。然后将油相气管连接油相进样瓶的气孔端，液滴气管连接液滴进样瓶的气孔端，再将芯片的电极线和电极线插口连接到一起。打开激光器，调整视场亮度与载物台移动旋钮，对好焦距，使液滴分选位置和激光光斑位于视场的合适区域，如图 8-8 所示。

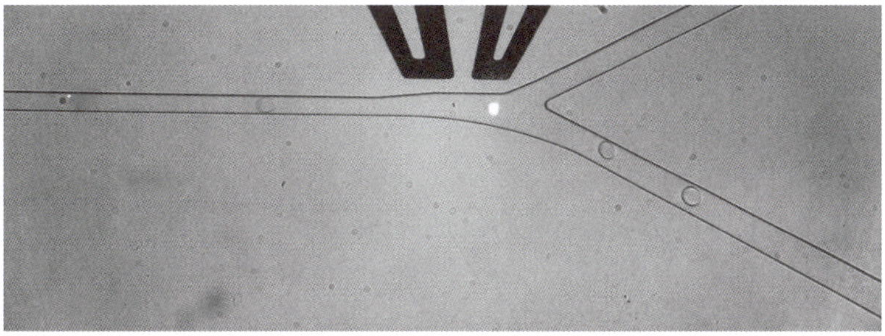

图 8-8 分选芯片分选口处显微成像图

在 DREM cell 控制软件中分别设置油相通道和水相 / 液滴通道的压力值来分别控制油相压力和液滴压力。当液滴逐个流经激光检测点时，进行信号采集。如果采集到的荧光信噪比过低，可通过增大激光器功率数值以及 PMT 增益电压数值来进行调节。

（5）液滴筛选结果

从相机视场中观察液滴分选情况，根据液滴的分选情况调整延时时间、分选时长以及电场强度等分选效果。图 8-9 展示了一种表达 GFP 的大肠杆菌在 DREM cell 中的分选结果。从结果中可以发现，经过 DREM cell 分选后，表达 GFP 的荧光大肠杆菌的比例显著提高，表明 DREM cell 分选起到了对阳性液滴的富集效果。

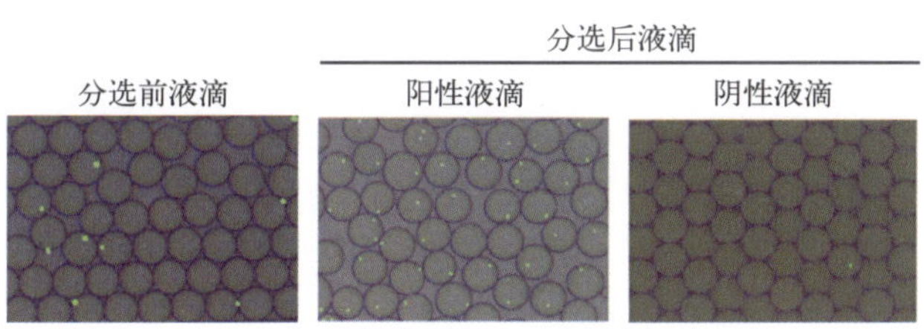

图 8-9 表达 GFP 大肠杆菌经 DREM cell 分选后的效果

8.3.2 基于 MISS cell 的细胞培养和高通量筛选技术

微升级微液滴单细胞分选系统（single-cell microliter-droplet screening system, MISS cell）是基于液滴微流控技术开发的微型化、高通量单细胞培养及分选设备，可以实现对环境菌群在单细胞水平上进行分离培养，并分选保存至多孔板中，形成双重备份。单次运行实验可以处理 5000 ～ 6000 个液滴（500 ～ 600 个单克隆），液滴生成后存储于高透气性管路中培养孵育（0 ～ 8 d），通过光密度（optical density，OD）进行检测，检测速率 3000 ～ 4000 个 /h，通过设置的阈值对液滴进行分选，分选速率 3000～4000 个 /h，分选后液滴收集至 96 孔板中，用于后续的实验（Jian et al, 2023）。

8.3.2.1 基于MISS cell筛选的技术原理

微生物单克隆菌落的分离、培养和挑取是微生物研究的重要操作，通过一定方式将单个细胞或菌落进行分离、纯化和培养，以便进行后续相关实验。目前实验室最常用的微生物单克隆分离和培养的方法为固体平板法，通过人工或者仪器在固态平板上蘸取菌液涂布或划线，培养后再进行菌落挑取。这种方式的操作通量较低，培养基利用率也较低，在面临高通量应用需求时通常需要消耗大量时间、人力和物力。虽然可以将一些自动化设备，如平板接种仪、菌落挑取仪和移液工作站等与机械臂整合来实现单克隆高通量自动化的培养和挑取，但通常配置难度很大，成本高昂。而微升级液滴微流控技术不仅通量高、试剂消耗少，而且可以很容易实现微生物单细胞的分离和培养，为开发一个简单、低成本的通用平台提供了可能。MISS cell筛选技术基于微升级液滴，整合微流控芯片与进样系统、基于光密度检测的液滴自动化分选技术以及标准容器对接的液滴自动化收集技术，实现了高通量自动化的单克隆培养和分选。

在 MISS cell 系统中，单克隆的培养和分选工作流程如图 8-10 所示。首先通过微升级单细胞液滴生成的方式，将单个细胞封装进微升级液滴中，实现单细胞的分离和接种，生成的液滴按序排列储存在微生物培养盘中。液滴生成完毕后，将培养盘拆卸，然后置于自定义的培养环境进行培养。培养盘使用的透气性特氟龙管道可以保证液滴与外界有良好的气体交换。液滴培养完成后，将培养盘安装回 MISS cell 系统，进行液滴的检测和分选。通过对液滴按序依次进行光密度检测，获取液滴的 OD 值，并根据液滴实际的 OD 值分布情况，设定合适的 OD 阈值来区分空液滴和含有微生物菌落的液滴。MISS cell 系统可以根据设定的 OD 阈值来对液滴进行自动化分选。对于分选出来的目标液滴，微升级单细胞液滴筛选系统可以通过实验室常用的容器，如 PCR 管、96 孔微孔板、96 孔深孔板，对单个液滴按序进行自动化收集，以进行进一步的分析或应用。目前 MISS cell 系统的液滴生成速度约为 2 个 /s，液滴分选速度为 0.5 ～ 1 个 /s，单批次液滴操作通量可达 5600，可获取的微生物的单克隆为 500 ～ 600 个。

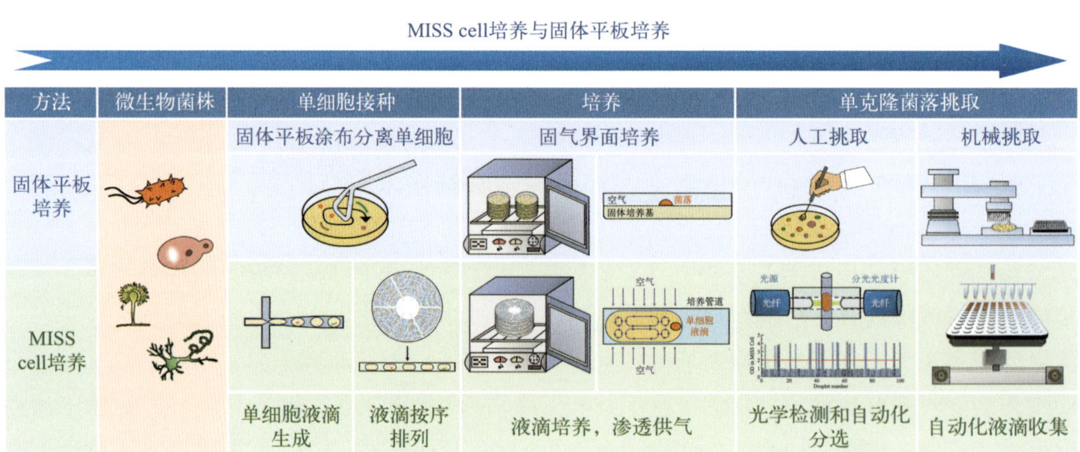

图 8-10 MISS cell 与传统固体平板方法的单克隆培养和分选工作流程对比

8.3.2.2 技术操作流程

（1）液滴生成与培养

MISS cell 系统中液滴的生成原理与 DREM cell 相同，都是基于泊松分布的原理将单个细胞封装进单个液滴，以形成单细胞液滴的形式来实现细胞的分离，因此可使用相同方法计算所需的菌液浓度。配制菌液时，取对数期生长的菌液，500 *g*、4 ℃离心 10 min，弃上清液，用 50 mmol/L PBS（pH=7.4）重悬浮菌液。在这里，以液滴体积 2 μL、泊松分布 $\lambda = 0.1$ 为例，计算此时所需菌液浓度为 50 个 /mL，调整菌液至该浓度。

配制完菌液样品后，需要完成进样瓶上样。MISS cell 采用基于液压方式的进样瓶进行系统的进样，进样瓶容积为 33 mL，由瓶身、瓶盖和两个快接头组成。将进样瓶使用去离子水清洗后，在 121 ℃下高压灭菌 15 min，之后在超净台中进行上样。上样前将进样瓶的瓶盖拧下，将稀释好的菌液倒入进样瓶至加样位，用移液枪吸取稀释好的菌液约 1 mL 加入进样瓶，盖上盖子并拧紧，完成装样操作，见图 8-11。

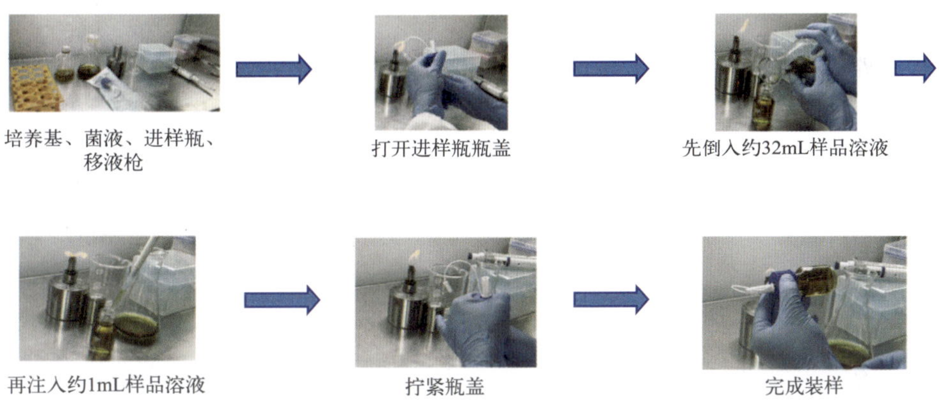

图 8-11　MISS cell 的进样瓶装样流程

上样完成后，将进样瓶放入进样槽内，再将进样瓶与 MISS cell 系统、液滴生成与培养卡盒相连，打开进样管路上的夹断器，关闭原位培养仓门。进样瓶安装完成后，开始液滴生成。液滴生成完毕后，即可在液滴生成与培养卡盒中对液滴进行控温培养。

（2）液滴分选

液滴培养完后，进行液滴的分选。MISS cell 系统可以基于光密度检测来对液滴进行自动化分选，其原理如图 8-12 所示。液滴内含有微生物浓度的高低会直接影响到液滴波形，例如微生物浓度越高，造成液滴光谱信号值越低，液滴的 OD 越大。因此可以直接设定 OD 阈值来区分空液滴和含有菌落的液滴。MISS cell 系统构建了一个固定臂和摆臂组合的液滴自动化分选装置，分选管道穿过固定臂检测孔，正对下方摆动臂中的废液通道入口。当分选管道中的液滴经过检测孔时，检测液滴 OD。当液滴 OD 小于 OD 阈值时（即非目标液滴），摆动臂不发生摆动，液滴直接滴入摆动臂的废液通道，进入废液瓶；当液滴 OD 大于 OD 阈值时（即目标液滴），摆动臂进行摆动，液滴则滴入下方的液滴收集容器中。通过此种方式，只要设定合适的 OD 阈值对液滴进行分选，即可实现微生物单克隆的自动化分选。

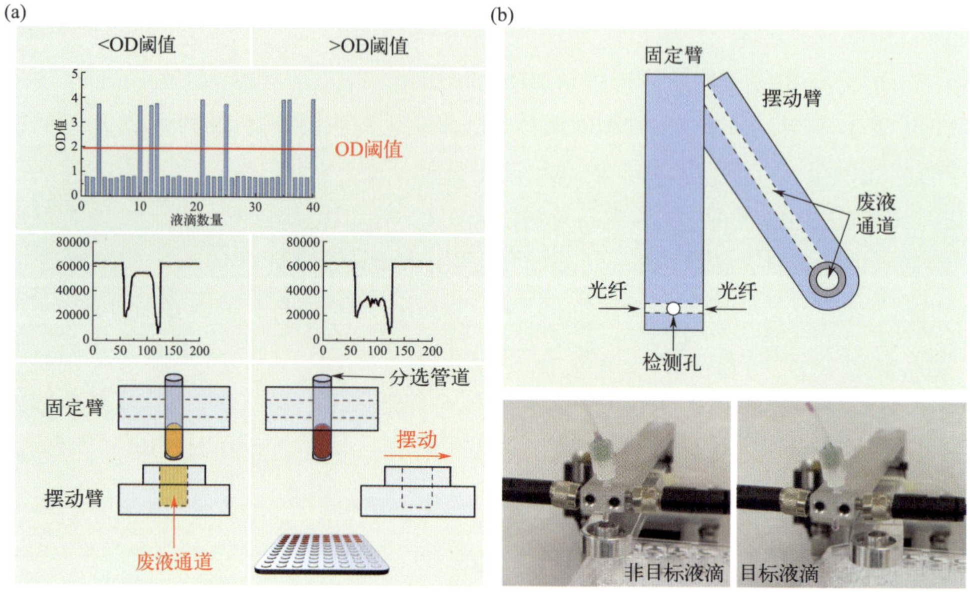

图 8-12　基于光密度检测的液滴自动化分选技术原理和装置

（a）设定 OD 阈值进行液滴分选；（b）基于摆臂结构的液滴分选装置

MISS cell 系统通过设定合适的 OD 阈值来分选液滴，当目标液滴从分选管道末端滴落后，可以使用实验室常用的标准容器进行收集。MISS cell 系统构建了一个通过 *X* 轴和 *Y* 轴滑轨控制的液滴自动收集装置（图 8-13）。以分选通道正下方为原点，构建了一个基于标准

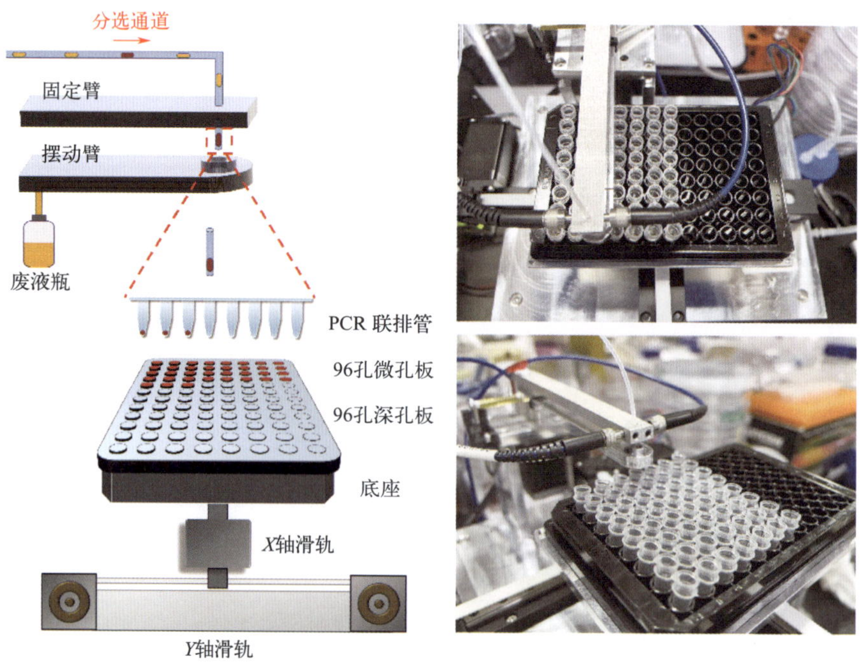

图 8-13　基于 *X* 轴、*Y* 轴滑轨控制的液滴自动化收集装置

尺寸 96 孔微孔板的坐标系统，并设定了微孔板 96 个孔位的固定坐标。使用两条由步进电动机驱动的滑轨作为 X 轴和 Y 轴的定位滑轨，X 轴和 Y 轴滑轨相互垂直，且共同承载一个底座，底座上面可以放置标准尺寸的 96 孔微孔板和 96 孔深孔板，而标准尺寸的 8 联排 PCR 管可以放置在 96 孔微孔板上来收集液滴。X 轴和 Y 轴滑轨可以控制底座进行移动，使得某一孔位移动至分选管道正下方。当一个孔位收集到一个液滴后，X 轴和 Y 轴滑轨会自动控制底座运动，使得下一个孔位移动至分选管道正下方收集下一个液滴。重复此操作，便可完成液滴的自动化收集。

在进行液滴分选时，提前打开紫外灯照射 30 min，关闭紫外灯。然后将孔板放置于液滴收集仓指定位置。设置合适的 OD 阈值后，即可开始进行液滴自动分选和收集。

液滴分选完成后，PCR 管和 96 孔板可以被取走进行后续操作。通过此种方式，可以实现对单个液滴的按序自动化收集，并可和实验室常用的标准容器进行对接，有利于进行后续如 PCR、扩大培养、加样检测等操作。

8.3.3 常见问题及解决方案

液滴微流控微生物高通量培养和筛选技术与传统的微孔板培养和筛选技术相比较，具有高通量、低成本、培养性能良好、易于自动化等显著特点。但由于液滴本身形式的限制，在应用中也会存在一些需要特别注意的问题，主要体现在以下几个方面。

（1）初始菌液样品的菌体浓度控制

液滴微流控技术基于泊松分布的原理将单个细胞封装进单个液滴中实现细胞之间的分离培养。为了使液滴的单细胞性更好，需要控制 λ 值在合适的范围内（对于皮升 / 纳升级液滴一般在 0.1 ～ 0.3，对于微升级液滴一般在 0.1 左右），需要对初始菌液样品的菌体浓度有较为严格的控制。

对于这一问题，建议针对不同菌株，测定稀释曲线以帮助制备目标浓度的菌液。稀释曲线反映了菌液样品的稀释倍数与菌体浓度之间的关系。从固体平板上挑取菌株菌落于摇瓶，培养至对数期，取菌液使用紫外可见光分光光度计测定 OD_{600}。使用 PBS 溶液将菌液稀释至 OD_{600} 为 0.1，再使用梯度稀释的方式将菌液稀释 10^3、10^4、10^5 等倍数后，吸取 100 μL 涂板培养再进行计数计算菌液浓度。以稀释倍数为横坐标，对应的菌液浓度为纵坐标绘制菌株的稀释曲线。后续进行微流控筛选，根据相应的稀释曲线来调整菌液浓度，然后在液滴生成平台上生成液滴。

（2）培养体系的适用性和稳定性

液滴微流控技术的反应体系限定在体积为皮升到微升级别的单个液滴中，由于空间限制和液体蒸发等影响，不利于微生物的长时间培养，也不利于培养一些增殖空间需求大的微生物，例如丝状真菌的菌丝延伸易刺破液滴。同时液滴通常为油包水（W/O）液滴体系，油水两相之间通过表面活性剂分子保持稳定。表面活性剂是一种含有亲水（hydrophilic）基团和疏水（hydrophobic）基团的两亲分子，这种两亲性质驱使表面活性剂分子在油水界面处聚集，可用于稳定液滴界面并防止液滴融合。若微生物在培养过程中产生的代谢产物包含表面活性剂，例如一些枯草芽孢杆菌会产生表面活性肽，这些表面活性剂产物会破坏油水界面的稳定性，从而破坏液滴体系，使得微生物不能在液滴中长时间培养。

因此，根据微生物对培养时间和空间需求的不同，应该选择合适的微流控筛选方法。一般皮升级液滴体系的连续培养时间不宜超过 7 天，微升级液滴体系的连续培养时间不宜超过 30 天。若微生物在生长过程中需要的空间范围比较大，例如丝状真菌和放线菌，建议选择微升级液滴体系进行筛选实验。而对于一些能破坏液滴稳定性的微生物，就不适合选择液滴微流控筛选方案。在进行微流控筛选实验前，最好先使用对应体系测试一下微生物的生长情况，观察液滴体系的稳定性是否满足微生物整个生长周期的需求。

（3）液滴检测体系的适用性

检测体系对于微生物筛选技术来说是直接决定筛选效率的关键所在。在微流控培养高通量筛选技术中，由于液滴有限的检测空间和信号强度，对检测反应体系和检测装置的灵敏度要求很高，因此需要选择合适的检测目标、检测反应和检测手段，以达到良好的筛选效果。

根据液滴内检测信号的来源和检测分选时液滴操作的差别，液滴检测的目标或反应可以分成基于细胞自身信号、基于荧光报告蛋白和基于外源添加反应底物（细胞封装时添加底物或者基于皮升注入添加底物）三种方式（涂然等 , 2022）。细胞自身信号可通过吸光度、浊度、荧光、拉曼光谱、细胞图像等检测手段检出；荧光报告蛋白可通过目标蛋白和外源荧光蛋白融合、待筛选菌自身含有生物传感器、待筛选菌和传感菌共培养等方式实现；外源添加反应底物可通过各种酶促反应实现。而目前针对液滴的检测方法也十分多样，每种方法都有自己的优势和劣势，适用于不同的情况，如表 8-1 所示。总的来说，针对具体的筛选体系，还是有许多可供选择的检测方案，因此在实际应用中应根据内在需要选择最合适的检测方法。而在筛选实验进行前，也需要做一些预实验来验证检测方法的可行性。

表8-1　常见液滴检测方法的优缺点

检测方法	结构	灵敏度 /（mol/L）	优点	缺点
明场 / 荧光显微镜成像	较复杂	—	表型鉴定；常见的工具；定时分析；大规模液滴阵列平行分析	低灵敏度；较难进行分子分析
吸收光或散射光	较复杂	10^{-7}	细胞密度检测；无标签；检测速度快	低检测灵敏度
激光诱导的荧光	较复杂	$10^{-12}\sim10^{-9}$	分析速度快；检测灵敏度高	高度依赖于荧光体系设计
化学发光	相对简单	10^{-8}	分析速度快；不需要光源，易于集成	要求检测目标能进行发光化学反应
拉曼或红外光谱	较复杂	10^{-12}	无标签；多参数分析	读取时间长；抗干扰能力较差；设备成本高
电化学检测	相对简单	10^{-8}	高选择性；检测速度快；设备简单	要求检测目标有电化学活性
质谱	复杂	10^{-12}	高灵敏度；无标签；高分子分辨率	对活细胞有破坏性；低通量；设备成本高

8.4 微流控培养高通量筛选技术应用

微流控高通量筛选技术由于具有优秀的微尺度流体操纵能力和足够的集成灵活性，与传统的高通量筛选方法相比较具有更高通量、并行化和多功能自动化的巨大优势。目前，微流控培养高通量筛选技术在化学、生物、医学等多个领域的应用十分广泛，下面将主要介绍其在加速生物过程开发、高通量细胞筛选和药物评价与筛选等研究中的应用。

8.4.1 加速生物过程开发

早期生物过程开发通常需要与过程变量相关的大量定量数据，以确定进料策略、培养基成分、菌种分泌生产力和生长条件等重要工艺参数。而集成度较高的微流控高通量培养系统能够在实现过程控制和可靠的信息数据采集的同时，最大限度地减少时间和劳动力成本。例如，Totaro 等人（2020）利用一种集成了溶解氧（DO）和生物量浓度传感器的多功能微流控器件，通过批次和灌流培养模式表征了酿酒酵母菌株的乳酸产量。由多个平行培养孔组成的全自动传感器集成的商业化微生物反应器系统 BioLector Pro 和 micro-Matrix 系统，也已经被商业化作为有效的工艺开发工具，例如应用于优化谷氨酸棒杆菌基于 pH 值的进料策略（Morschett et al, 2020），以及中国仓鼠卵巢（Chinese hamster ovary，CHO）细胞的灌流培养策略（Sewell et al, 2019; Wiegmann et al, 2020）。而在生物过程开发中，连续培养也引起了越来越多的关注，因为它具有更高的经济效率、更低的能耗和废料产生等优点。在这方面的工作中，Giulitti 等人开发了一种由注射泵控制的微流控器件，用于评估不同的培养基输送方案对人类和小鼠细胞系（HFF 和 C2C12）长期灌流培养的影响（Giulitti et al, 2013）。研究人员从细胞形态、表型和均质性的角度，对导致细胞因子不同时空轮廓的连续和定期喂养策略进行了研究。Mozdzierz 等人采用了一种能够对 OD、DO 和灌注速率进行闭环反馈控制的微流控系统，以评估表达 hGH 和 IFNα-2b 的毕赤酵母菌株的蛋白质产量（Mozdzierz et al, 2015）。结果表明不同的甲醇浓度、灌流速率和细胞密度可提高蛋白质滴度，同时也对细胞动态生长和代谢物的波动特征进行了分析，这对确定生物过程相关参数是非常有价值的。微流控系统还被用于确定低底物浓度和有氧培养条件下的酿酒酵母的动力学参数，其中报道的动力学值与之前发表的大规模生物反应器的培养效果相当（Krull et al, 2016; Oliveira et al, 2016）。还有一些更先进的微流控装置作为概念验证被报道，可用于哺乳动物细胞和微生物细胞的长期灌流培养，这些装置可以通过进一步实施程序化控制系统而具有很大的生物过程开发潜力。由此可知，集成微流控平台通过自动化、高通量地获取实验数据，显著节省成本和时间，以满足早期生物过程开发的需求。

8.4.2 高通量细胞筛选

微流控技术由于具有出色的高通量性能和检测效率，已成为从工程菌株库或已开发的细胞系中进行高产、稳健和理想表型筛选的一种前景广阔的筛选方法。特别地，在微升、纳升或皮升液滴或分隔的腔室中培养的细胞，可根据酶、胞内或胞外化合物、抗体等与可检测信号耦合的特性，以及适应性进化进行快速筛选。目前的技术已能以几千赫兹的频率筛选多达数百万个细胞。例如，研究人员利用电极集成装置，从 $10^4 \sim 10^5$ 个突变体库中分离出了可提高淀粉酶产量的丝状真菌黑曲霉和酵母菌株、生产特异性 L-乳酸的大肠杆菌菌株以及高木糖消耗的酿酒酵母（Beneyton et al, 2016; Sjostrom et al, 2014; Wang et al, 2014a）。通过将液滴操纵模块（如融合、荧光检测和分选）集成到一个平台上，扩大了其多功能性，以完成培养任务并测量代谢物的产生或消耗。通过将分泌抗体的细胞和癌细胞共封装在数百万个油包水液滴中，Shembekar 等人利用高通量筛选技术，从 80000 个克隆中成功富集了特异性结合抗体，富集效率达 220 倍（Shembekar et al, 2018）。Jang 等人建立了一个高效的液滴阵列筛选平台，该平台与人工核糖开关相结合，能对 L-色氨酸做出反应，以量化大肠杆菌的细胞内代谢物（Jang et al, 2016）。另一方面，Wang 等人在基于液滴的微流控系统中进行了甲醇必需型大肠杆菌菌株在葡萄糖酸盐压力逐渐降低的条件下的适应性进化实验，并在培养 50 天后获得了生长速率提高 3 倍、葡萄糖酸消耗率为 40% 的突变体（Wang et al, 2020）。该系统允许对所选菌株进行连续传代和适应性进化，通过精确的液滴操作改善所选菌株的特性。多路复用的 eVOLVER 系统还展示了基于生长速率反馈控制触发流体转移来进行自动化酵母细胞传代培养的方法（Wong et al, 2018）。商业化的集成微流控系统，例如 Cyto-Mine®，可以执行细胞分离、选择性筛选和验证，可用于细胞系开发和抗体发现。

有研究人员提出，在同一个微生物群落中，存在一些稀有的或生长缓慢的物种，其生长会被快速生长的物种所抑制，而微流控可实现腔室或液滴的封闭，提供独立的培养环境，有助于这些物种的生长和富集。微流控的这种应用主要出现在单细胞分析和基因组学等领域，以深入研究与细胞异质性相关的生物多样性。据报道，与平板培养相比，液滴培养具有更高的生物多样性和 CFU（菌落形成单位）浓度（Mahler et al, 2021; Villa et al, 2020），这有助于探索自然微生物群落的结构。Watterson 等人将肠道微生物随机封装在数百万个液滴中，成功地富集了稀有类群。在这项实验中，基于液滴的抗生素耐药性评估发现了 21 个种群，而这些种群在传统的平板培养中是无法发现的（Watterson et al, 2020）。Jiang 等人提出了一种简便的微流控划线平板（microfluidic streak plate，MSP）方法，可用于液滴阵列单细胞培养，以更好地覆盖稀有物种。他们获得了数百个分离株，包括可降解荧蒽的 *Blastococcus* 新物种，并展示了土壤群落的生物多样性（Jiang et al, 2016）。

8.4.3 药物评价与筛选

在药物筛选中，根据预定义和可靠的环境培养细胞对于剂量依赖性的细胞反应至关重要。由不同复用配置组成的微流控装置为构建稳定的组合药物梯度和具有可靠微环境（缺氧、间隙压力）的三维培养模型提供了一种高通量、高成本效益和高功能性的方法。一种典型的应用是将细胞限制在单分散液滴中，以增加细胞密度并大幅缩短达到检测阈值的时间，同时提供独特的分辨率以确定细胞的异质性。Kang 等人在超高通量微液滴对接阵列装置中对四种革兰氏阳性和阴性细菌（包括大肠杆菌、肺炎克雷伯菌、金黄色葡萄球菌、粪肠球菌）进行了抗菌药敏感性评估，该装置可同时处理四种药物组合，测试结果可以在 30 分钟内获得（Kang et al, 2019）。多药筛选在提高疗效的个性化抗菌和抗癌治疗中备受关注。一项研究利用可扩展的多重微流控芯片对 1032 个癌细胞球体同时进行了 172 种药物组合检测（Zhang et al, 2018）。最近，Lee 等人提出了一种气动微泵和微阀集成装置，用于在芯片上自动进行细菌分配、药物稀释和细菌-抗生素混合。通过检测耐甲氧西林金黄色葡萄球菌，验证了该装置的性能（Lee et al, 2019）。另一种集成液滴阵列微流控系统能够进行细胞培养、定时给药和细胞活力测定，用于进行药物组合筛选。这些报道的多种药物筛选微流控装置提供了简单的方案和快速的读数分析，从而显示出其作为个性化治疗临床诊断工具开发的巨大潜力。

在癌症治疗中，一些研究特别注重保留细胞与周围细胞外基质之间的相互作用，以获得更可靠的剂量数据。由于水凝胶具有可调节的理化性质，可以模拟体内细胞外基质（extracellular matrix，ECM）的特性，因此基于水凝胶的微液滴被用于 3D 培养模型。Wang 等人将 HeLa 细胞包裹在藻酸盐-基质凝胶混合水凝胶珠中 4 天，培养出均匀的多细胞球体，结果表明肿瘤球体细胞比传统的 2D 单层培养具有更高的长春新碱耐药性（Wang et al, 2014b）。另一方面，由于传统的细胞培养方式缺乏氧气控制，癌症治疗的效率通常低下。为此，研究人员构建了一个集成微流控培养系统，以评估不同抗肿瘤药对 A549 肺腺癌细胞（Wang et al, 2018）、人类子宫内膜癌细胞（Orcheston-Findlay et al, 2018）和人乳腺癌细胞系（Koens et al, 2020）的缺氧激活细胞毒性作用。此外，在一个集成微流控芯片中稳定地建立了多流体剪切应力条件，以研究人脐静脉内皮细胞（HUVEC）在存在模拟体内间质和淋巴流动的流体力学刺激时的药物毒性响应（Feng et al, 2019）。这些模型对于在真实微环境中获得更可靠的细胞反应非常重要。商业化的临床微流控装置包括用于无标记检测和分离循环肿瘤细胞（circulating tumor cells，CTCs）的 ClearBridge 和 Vortex 芯片。3D 细胞培养芯片（AIM Biotech）也被用于癌症治疗研究，如 T 细胞效率、转移和细胞迁移。总之，由于提高了药物评价过程的通量、灵敏度、剂量准确性、测试效率和精确工程化的微环境，集成微流控装置已被用于更可靠、更有效的床旁（point-of-care，POC）诊断系统或个性化疗法的开发。

参考文献

涂然，李世新，李昊霓，等，2022. 液滴微流控技术在微生物工程菌株选育中的应用进展 [J]. 合成生物学，3: 1-21.

Abate A R, Hung T, Mary P, et al, 2010. High-throughput injection with microfluidics using picoinjectors[J]. Proceedings of the National Academy of Sciences, 107(45): 19163-19166.

Beneyton T, Wijaya I P M, Postros P, et al, 2016. High-throughput screening of filamentous fungi using nanoliter-range droplet-based microfluidics[J]. Scientific Reports, 6(1): 27223.

Bowman E K, Alper H S, 2020. Microdroplet-assisted screening of biomolecule production for metabolic engineering applications[J]. Trends Biotechnol, 38(7): 701-714.

Chong Z Z, Tan S H, Gañán-Calvo A M, et al, 2016. Active droplet generation in microfluidics[J]. Lab on a Chip, 16(1): 35-58.

Christopher G F, Anna S L, 2007. Microfluidic methods for generating continuous droplet streams[J]. Journal of Physics D: Applied Physics, 40(19): R319.

Feng S, Mao S, Zhang Q, et al, 2019. Online analysis of drug toxicity to cells with shear stress on an integrated microfluidic chip[J]. ACS Sensors, 4(2): 521-527.

Giulitti S, Magrofuoco E, Prevedello L, et al, 2013. Optimal periodic perfusion strategy for robust long-term microfluidic cell culture[J]. Lab on a Chip, 13(22): 4430-4441.

Hu X P, Ma L, Chen D, et al, 2021. One cell at a time: droplet-based microbial cultivation, screening and sequencing[J]. Marine Life Science & Technology, 3(2): 169-188.

Jang S, Lee B, Jeong H H, et al, 2016. On-chip analysis, indexing and screening for chemical producing bacteria in a microfluidic static droplet array[J]. Lab on a Chip, 16(10): 1909-1916.

Jian X, Guo X, Cai Z, et al, 2023. Single-cell microliter-droplet screening system (MISS Cell): An integrated platform for automated high-throughput microbial monoclonal cultivation and picking[J]. Biotechnology and Bioengineering, 120(3): 778-792.

Jiang C Y, Dong L, Zhao J K, et al, 2016. High-throughput single-cell cultivation on microfluidic streak plates[J]. Applied and Environmental Microbiology, 82(7): 2210-2218.

Kang W, Sarkar S, Lin Z S, et al, 2019. Ultrafast parallelized microfluidic platform for antimicrobial susceptibility testing of Gram positive and negative bacteria[J]. Analytical Chemistry, 91(9): 6242-6249.

Koens R, Tabata Y, Serrano J C, et al, 2020. Microfluidic platform for three-dimensional cell culture under spatiotemporal heterogeneity of oxygen tension[J]. APL Bioengineering, 4(1).

Köster S, Angilè F E, Duan H, et al, 2008. Drop-based microfluidic devices for encapsulation of single cells[J]. Lab Chip, 8(7): 1110-1115.

Krull R, Peterat G, 2016. Analysis of reaction kinetics during chemostat cultivation of *Saccharomyces cerevisiae* using a multiphase microreactor[J]. Biochemical Engineering Journal, 105: 220-229.

Lee W B, Chien C C, You H L, et al, 2019. An integrated microfluidic system for antimicrobial susceptibility testing with antibiotic combination[J]. Lab on a Chip, 19(16): 2699-2708.

Li S, Liao X H, Yu X Y, et al, 2022. Combining genetically encoded biosensors with droplet microfluidic system for enhanced glutaminase production by *Bacillus amyloliquefaciens*[J]. Biochemical Engineering Journal, 186: 108586.

Ma C, Tan Z L, Lin Y, et al, 2019. Gel microdroplet–based high-throughput screening for directed evolution of xylanase-producing *Pichia pastoris*[J]. Journal of bioscience and bioengineering, 128(6): 662-668.

Mahler L, Niehs S P, Martin K, et al, 2021. Highly parallelized droplet cultivation and prioritization of antibiotic producers from natural microbial communities[J]. eLife, 10: e64774.

Manz A, Graber N, Widmer H M, 1990. Miniaturized total chemical analysis systems: A novel concept for chemical sensing[J]. Sensors Actuat. B: Chem., 1, 244-248.

Martin K, Henkel T, Baier V, et al, 2003. Generation of larger numbers of separated microbial populations by cultivation in segmented-flow microdevices [10.1039/B301258C] [J]. Lab on a Chip, 3(3): 202-207.

Mazutis L, Gilbert J, Ung W L, et al, 2013. Single-cell analysis and sorting using droplet-based microfluidics[J]. Nat Protoc, 8(5): 870-891.

McDonald J C, Duffy D C, Anderson J R, et al, 2000. Fabrication of microfluidic systems in poly (dimethylsiloxane) [J]. Electrophoresis: An International Journal, 21(1): 27-40.

Morschett H, Jansen R, Neuendorf C, et al, 2020. Parallelized microscale fed-batch cultivation in online-monitored microtiter plates: implications of media composition and feed strategies for process design and performance[J]. Journal of Industrial Microbiology and Biotechnology, 47(1): 35-47.

Mozdzierz N J, Love K R, Lee K S, et al, 2015. A perfusion-capable microfluidic bioreactor for assessing microbial heterologous protein production[J]. Lab on a Chip, 15(14): 2918-2922.

Noda T, Takao H, Yoshioka K, et al, 2006. Performance of absorption photometry microchip for blood hemoglobin measurement integrated with processing circuits and Si (110) 45 mirrors[J]. Sensors and Actuators B: Chemical, 119(1): 245-250.

Oliveira A, Pelegati V, Carvalho H, et al, 2016. Cultivation of yeast in diffusion-based microfluidic device[J]. Biochemical Engineering Journal, 105: 288-295.

Orcheston-Findlay L, Hashemi A, Garrill A, et al, 2018. A microfluidic gradient generator to simulate the oxygen microenvironment in cancer cell culture[J]. Microelectronic Engineering, 195: 107-113.

Sewell D J, Turner R, Field R, et al, 2019. Enhancing the functionality of a microscale bioreactor system as an industrial process development tool for mammalian perfusion culture[J]. Biotechnology and Bioengineering, 116(6): 1315-1325.

Shembekar N, Hu H, Eustace D, et al, 2018. Single-cell droplet microfluidic screening for antibodies specifically binding to target cells[J]. Cell reports, 22(8): 2206-2215.

Sjostrom S L, Bai Y, Huang M, et al, 2014. High-throughput screening for industrial enzyme production hosts by droplet microfluidics[J]. Lab on a Chip, 14(4): 806-813.

Teh S Y, Lin R, Hung L H, et al, 2008. Droplet microfluidics[J]. Lab on a Chip, 8(2): 198-220.

Thorsen T, Maerkl S J, Quake S R, 2002. Microfluidic large-scale integration[J]. Science, 298(5593): 580-584.

Totaro D, Rothbauer M, Steiger M G, et al, 2020. Downscaling screening cultures in a multifunctional bioreactor array-on-a-chip for speeding up optimization of yeast-based lactic acid bioproduction[J]. Biotechnology and Bioengineering, 117(7): 2046-2057.

Villa M M, Bloom R J, Silverman J D, et al, 2020. Interindividual variation in dietary carbohydrate metabolism by gut bacteria revealed with droplet microfluidic culture[J]. Msystems, 5(3): 10-1128.

Wang B L, Ghaderi A, Zhou H, et al, 2014a. Microfluidic high-throughput culturing of single cells for selection based on extracellular metabolite production or consumption[J]. Nature Biotechnology, 32(5): 473-478.

Wang J, Jian X, Xing X H, et al, 2020. Empowering a methanol-dependent *Escherichia coli* via adaptive evolution using a high-throughput microbial microdroplet culture system[J]. Frontiers in Bioengineering and Biotechnology, 8: 570.

Wang W, Li L, Ding M, et al, 2018. A microfluidic hydrogel chip with orthogonal dual gradients of matrix stiffness and oxygen for cytotoxicity test[J]. BioChip Journal, 12: 93-101.

Wang Y, Wang J, 2014b. Mixed hydrogel bead-based tumor spheroid formation and anticancer drug testing[J]. Analyst, 139(10): 2449-2458.

Watterson W J, Tanyeri M, Watson A R, et al, 2020. Droplet-based high-throughput cultivation for accurate screening of antibiotic resistant gut microbes[J]. eLife, 9: e56998.

Wiegmann V, Martinez C B, Baganz F, 2020. Using a parallel micro-cultivation system (micro-matrix) as a process development tool for cell culture applications[J]. Methods Mol Biol, 2095: 69-81.

Wong B G, Mancuso C P, Kiriakov S, et al, 2018. Precise, automated control of conditions for high-throughput growth of yeast and bacteria with eVOLVER[J]. Nature Biotechnology, 36(7): 614-623.

Zhang Z, Chen Y C, Urs S, et al, 2018. Scalable multiplexed drug-combination screening platforms using 3D microtumor model for precision medicine[J]. Small, 14(42): 1703617.

SYNTHETIC
BIOLOGY
ENGINEERING
TECHNOLOGY
SERIES

合成生物学
工程技术丛书

9
实验室适应性进化技术

袁姚梦，张翀
清华大学化学工程系

细胞特性表征与高通量筛选技术
CELL CHARACTERISTICS CHARACTERIZATION AND HIGH-THROUGHPUT SCREENING TECHNOLOGY

9.1
实验室适应性进化原理

9.1.1 实验室适应性进化（ALE）概述

微生物被广泛应用于食品发酵和高价值化学品（如生物燃料、药物、香料、颜料和散装化学品）的生产。由于微生物具有极快的生长速度、极高的代谢可塑性和易于控制的生长环境，实验室适应性进化（adaptive laboratory evolution，ALE）成为了一种历史悠久且极为有效的微生物性能改善方法。ALE 通过模仿自然选择过程，在特定环境中连续传代来富集具有特定表型的微生物，该方法所依据的原则的诞生时间可以追溯到安东尼·范·列文虎克、路易斯·巴斯德、罗伯特·科赫和查尔斯·达尔文等科学家的时代。在这一时期，人类发现了微生物并普遍接受了细菌理论以及自然 / 人工选择在生物育种中的重要性。

第一个微生物进化实验是在 19 世纪 80 年代由一位卫理公会牧师 William Dallinger 博士进行的。除了宗教职责之外，Dallinger 还担任皇家显微镜学会主席。作为一名进化论的支持者，为了研究是否可以在具有较短生命周期的生物体中引发热适应性变化，他在温度逐渐升高的环境中对原生动物进行了连续 7 年的培养，获得了能够耐受 70 ℃高温的原生动物。尽管缺少许多实验室适应性进化研究所必需的因素（如生物学重复、污染控制），但这个实验在当时被普遍认为是进化论的重要证明。

与依赖先验知识的理性代谢工程相比，ALE 在以下几个方面具有突出优势：①无需先验知识，可用于改造遗传背景不清晰或基因工具不成熟的微生物。通过鉴定优势菌株的关键因果突变，ALE 可以产生新的基因型-表型关联信息，增加人们对基因功能和微生物代谢的认知。② ALE 过程中出现的突变可以基于自发诱变而非基因工程工具，为非模式微生物的工程化提供了新途径，并将食品工业中使用转基因微生物的安全风险降至最低。③通过重复传代培养，ALE 能够以超高通量的方式生成大型突变体文库并实现最佳突变体的富集，该过程产生的突变体文库大小与培养时间和体积呈正相关，单次实验获得的突变体文库大小可能达到 10^{12} 数量级。

微生物的 ALE 工作流程包括：①构建多样化的基因型库；②传代过程中通过表型-生长耦合实现优势菌株的选择；③对进化菌株进行基因型分析。其中，稳健的表型-生长耦合策略是 ALE 成功开展的重要保障，而提高自发诱变频率的工具则大大降低了 ALE 的实施难度。目前，ALE 已经被广泛应用于构建底物利用速率更高、发酵条件和毒性物质耐受性更强的工业菌株。为了促进 ALE 在微生物育种中的应用，目前还开发了多种生长耦合策略以实现多种表型（蛋白质功能、代谢物生产）的优化，并建立了多种体内诱变方法和多重自动化培养平台以加速和简化 ALE 的工作流程。结合多组学分析和多重基因组工程，研究者能够通过不同水平的生理变化信息（基因组、转录组、蛋白质组、代谢组等）鉴定关键的因果突变并合理解释其中的生物学机理。

9.1.2 ALE 的开展基础——突变

突变是遗传变化的基础。自发突变率往往可以通过突变累积实验进行估算，通过在琼脂培养基上反复划线分离单克隆，可以简单地计算特定代数后独立进化的基因组中存在的突变数量。原核生物和单细胞真核生物每次复制的自发突变率为每碱基对 10^{-10} ～ 10^{-9}，而这些生物的基因组大小通常为 10^6 ～ 10^7 个碱基对，因此，每 10^2 ～ 10^3 个细胞进行一次细胞分裂，就能获得一个突变。对于大多数微生物，当 OD_{600} 达到 1 时（此时通常处于对数期），每毫升培养基中对应的细胞数量为 10^7 ～ 10^9 个。因此，尽管 DNA 复制本身是一个高保真过程，但在微生物培养过程中，庞大的种群规模仍然允许短时间内出现频繁的突变。

ALE 过程中检测到的突变类型一般包括单核苷酸多态性（SNP）、小片段插入和缺失（indel）、插入序列（insertion sequence, IS）移动、大规模染色体重排。其中，SNP 占突变的 61%（其中 G:C → T:A 的颠换异常频繁），小片段缺失约占 29%，其次是小片段插入（7%）和 IS 移动（3%）。与 SNP 类似，小片段的缺失、插入和 IS 移动能够增加或减少基因拷贝数、改变或损害基因功能以及改变基因调控模式。一些研究表明，大规模染色体的复制有利于提高基因拷贝数并进一步增加适应度。从纯粹的进化角度来看，大规模染色体的复制甚至更为重要，因为它们是开发新的分子功能的先决条件。

突变率会随着进化时间而改变。因此，了解遗传和环境因素如何影响突变率对 ALE 的开展具有指导意义。特别地，当突变导致正常 DNA 修复或校对功能损伤时，可能会出现突变率增加和突变谱高度偏倚的超突变谱系（hypermutator lineages）。例如，与野生型菌株相比，错配修复缺陷的大肠杆菌菌株的突变率增加了 138 倍。然而，较高的突变率只在一定程度上是有益的，因为它也会导致遗传负荷的出现。另外，超突变体通常不是性能优良的菌株，因为它们的基因型极不稳定，在长期的工业应用中很有可能出现性能退化。

9.1.3 ALE 的表征标准——适应度

在适应性进化过程中，某些性状的变化与适应度相关。因此，表型的改善常常体现为适应度的增加。在初始菌株和适应菌株的直接竞争中，适应菌株的适应度增加体现为其在整个种群中的频率增加，研究者可以使用合适的遗传标记轻松监测这种适应度的变化。对于微生物的适应性进化，最大比生长速率、某些化合物毒性浓度下的存活率和生物量等参数常常用于表征适应度大小。典型的 ALE 实验需要 100 ～ 1000 代的传代，这通常需要几周到几个月的时间。大多数情况下，在特定的选择环境中适应度较高的菌株通常会在其他环境中显示出显著的权衡（trade-off），即适应菌株在限制条件下具有较高的生长速率，但在非限制条件下具有更低的生长速率。例如，在 Dallinger 的实验中，适应了高温的原生动物被重新放回 16 ℃时无法存活，这表明低温生存与高温适应之间存在权衡。因此，考虑菌株的实际工业应用时，最好的表型不一定是在特定选择条件下具有最高适应度的表型，而是在其他环境条件下具有较少权衡的表型。

9.1.4 ALE 过程中的遗传动态

在进化过程中，整个种群的基因组并非时刻保持同质性，携带有益突变的个体会驱动遗传动态（genetic dynamics）的发生，这一过程可以通过适应度景观（fitness landscape）进行可视化。适应度景观是将基因型和适应度的关系进行可视化后得到的景观图，图中某一个点所在的位置表示一种基因型，其高度代表该基因型的适应度。遗传变化的进化轨迹可以用种群在适应度景观中“攀登”山脊和山峰的过程来描述。种群的进化机制一般可以分为梯度优化（gradual optimization）和不连续创新（discontinuous innovation）。

（1）梯度优化机制

在最简单的情况下，有益突变的出现频率非常低，以至于在某一时刻整个种群中最多只存在一个有益突变，如果这一突变体在遗传漂变引起的随机损失中幸存下来，那么它的频率将持续增加直至在种群中实现遗传固定（genetic fixation）。当新的有益突变出现时，这一过程将再次发生，这种遗传动态被称为周期性选择（periodic selection）。

然而，实际进化过程中的遗传动态似乎很少处于这种简单的状态，很多突变都有可能导致表型适应度增加，因此有益突变的出现频率通常比较高，以至于在一个有益突变实现遗传固定之前，另一个有益突变可能在一个独立的谱系中出现。在微生物种群中，这些有益突变之间的竞争意味着任何一种突变实现遗传固定的速度都会降低，因为它不仅需要淘汰其祖先，还需要取代其他有益突变，这种效应被称为克隆干扰（clonal interference）。

当中性和有害突变与上述有益突变共同出现时，遗传动态将变得更为复杂。在一个较大的种群中，有害突变的出现频率通常很低，而中性突变一般只会在很长的时间尺度内出现。然而，当中性甚至有害突变与有益突变出现在同一基因组中，它们可能会迅速通过“搭便车”的方式提高在种群中出现的频率。

在同一个基因组中，有益突变带来的适应性效益通常体现出收益递减的特性，也就是说，随着有益突变数量的增加，每一个新的有益突变带来的适应度增量将越来越小。进化早期影响最大的有益突变通常位于代谢网络的全局控制中心，它们可能通过降低在该条件下非必需功能基因的表达水平以减少能量消耗，从而提高菌株的适应度。后期的有益突变通常需要对这些代谢途径和网络进行更加精细的调节以提高整个系统的性能，而这种调节通常难以通过单个突变实现。

（2）不连续创新机制

某些新突变具有“改变游戏规则”的能力，这些突变能够导致基因出现一些新的分子功能并使菌株获得一些“创新”表型。例如，一项研究对进化的黄色黏球菌（*Myxococcus xanthus*）进行全基因组测序后发现，在液体培养基中复制1000代后，14个突变的产生导致菌株同时失去了进行社会性细胞行为和形成子实体的能力。后续进化中出现的一个新突变恢复了这些功能，该突变发生在一个未表征的小分子RNA中，并不是上述14个突变的回复突变（reverse mutation）。

一些早期的研究表明，微生物通常通过基因的连续突变获得使用新化合物作为营养来源的能力，这些突变能够在新的条件下激活基因的转录，提高相应蛋白质的整体表达水平或改变它们的底物特异性。例如，在一项历经15年的进化中，大肠杆菌获得了利用柠檬酸盐的新能力，这一创新表型的获得非常困难，因为它取决于一个或多个早期的有益突变，这些突变必须在基因组中同时存在，以便建立关键的“实现”突变（actualizing mutation）。在这个例子中，关键的“实现”突变是由大片段染色体复制事件引起的，该事件使得原本沉默表达的柠檬酸盐转运蛋白基因上游被插入了一个新的启动子，从而重新激活了这一基因的表达。

（3）实际进化过程的遗传动态可能是多种复杂过程相互交织的结果

例如，在进化过程中可能首先出现了若干中性突变，这些突变本身对表型影响很小或者几乎没有影响，但是这些突变的存在是后续某些“关键”突变产生创新表型所必需的。另外，一种创新表型的出现也可能是前期的周期性选择阶段出现的多种有益突变共同导致的。

9.2 实验室适应性进化的基本策略

稳健的表型-生长耦合策略是ALE成功的保障，它为ALE提供了不可或缺的驱动力，并决定了可以获得所需的表型。根据不同的机制，本节主要介绍3种主要的表型-生长耦合策略：经典ALE策略、基于代谢网络重编程的ALE策略和基于遗传编码生物传感器的ALE策略。这些策略能够实现多种表型的优化，包括压力耐受、营养利用、酶活性和代谢物的生产。

9.2.1 经典ALE策略

9.2.1.1 策略概述

经典ALE策略是最简单的ALE策略，它将微生物的整个代谢网络视作一个黑箱，以生长能力增强作为目标性状，通过不断增加生长压力实现优良菌株的选择。与其他ALE策略相比，该策略具有极高的可靠性和广阔的可应用宿主范围。自20世纪80年代第一次ALE实验被报道以来，该策略一直被广泛应用于各种模式或非模式微生物的表型优化，包括大肠杆菌、酿酒酵母、谷氨酸棒杆菌、恶臭假单胞菌等。可以使用该策略进行改善的表型通常包括增强底物利用效率、提高压力（如化学品、酸、高温和高渗透压）耐受性和其他有趣表型（例如絮凝、抗冻融性和高细胞生长密度）。其中，新型碳源的利用是近年来备受关注的表型，以甲酸、甲醇、甲烷、CO、CO_2 等廉价的一碳化合物替代传统的糖基碳源有望提高生物工业经济性和环保性。此外，经典 ALE 策略也常常被应用于提高微生物对高浓度的有毒中间代谢物和产物的耐受性，因为这些耐受性的改善通常也有利于最终产物产量的提升。最重要的是，对于具有重要价值但缺乏成熟基因操作工具的非模式微生物，这种经典的 ALE 策略是进一步加强其优势并使其实际应用成为可能的重要工具。

9.2.1.2 实施方法及常见问题

经典 ALE 策略的实施难度较低，常用的方法如图 9-1 所示。最常见的方法是连续分批培养，将一定数量的微生物在摇瓶中进行培养，使得微生物细胞能够在连续培养中不断繁殖。每隔一定时间（根据微生物的倍增时间决定，通常是 1 d），需要将特定数量的微生物收集起来并重新接种到含有新鲜培养基的摇瓶中，也可以取出大部分培养物并向剩余培养物中重新加入新鲜培养基，进行新一轮的培养。由于实施难度低，这种策略所需设备便宜，且易于进行大规模的平行培养。通过用培养体积更小的深孔板或微液滴代替摇瓶，可以实现数百种微生物的平行培养和进化。然而，分批培养也有一定的缺点，例如每次传代可能会观测到不同的种群密度、波动的生长速率以及不够稳定的环境条件（如环境 pH 值、溶解氧浓度、温度等等）。不过，在通常情况下，这些因素并不会给实验的开展带来重要的影响。

在生物反应器中进行连续培养（恒化器培养）是连续分批培养的一种替代方法。连续培养的特点如下：①在细胞培养过程中，新鲜培养基连续稳定地输入恒化器中，培养物（包含微生物细胞和培养基）亦以相同流速连续稳定地从恒化器中流出，因此，恒化器内培养物的体积保持恒定。②连续培养是在一个开放系统中进行的，由于新鲜培养基的不断加入和培养物的不断排出，恒化器中底物浓度和细胞浓度保持不变，种群的增长速率和种群密度被控制在一个恒定值，细胞反应在一个稳定的环境下进行，因此连续培养也有利于对培养过程进行动力学研究。③连续培养有助于实现对细胞培养过程的高效控制。例如，可通过调节营养物质的加入速率来控制细胞的浓度、调节细胞的生长速率和代谢产物的生成速率。此外，连续培养还可以实现营养供应和环境条件的严格控制，使整个 ALE 过程更加稳健。连续培养的一个主要缺点是恒化器的成本远高于摇瓶培养的成本，对于很多小型实验室来说难以接受。另一个缺点是在长期的培养中，培养物容易受到杂菌污染或出现菌种退化，用其进行长期进化并维持细胞活性存在困难。因此，它仅适用于遗传性能稳定、反应环境不易受到污染的 ALE 过程。

利用连续分批培养和连续培养进行 ALE 的一个主要区别是营养供给是否充足。连续分批培养往往在微生物的生长达到稳定期之前进行转接操作，因此，微生物的生长阶段主要被控制在营养充足的指数期。连续培养往往通过限制葡萄糖、氮源或磷酸盐等主要底物的供给速率，使得微生物的生长速率保持恒定并低于最大比生长速率。在某些实验中，研究者会根据实际需求调整底物进料速率，从而逐渐增加或降低生长速率。需要注意的是，在营养限制条件下进化得到的菌株可能在非限制条件下出现生长权衡现象。另外，如果筛选的目标表型是一些不依赖于生长速率或生物量增加的表型，如基因敲除或抗生素基因表达后的是 / 否存活表型，则可以直接结合平板涂布和液体培养来筛选目标突变株。

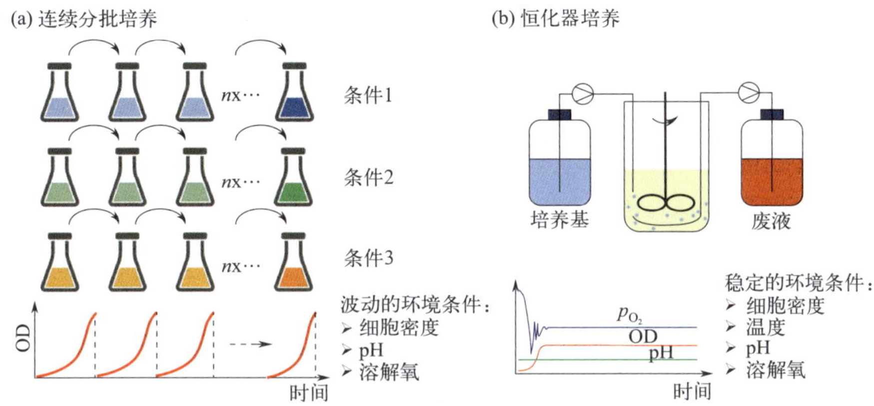

图 9-1 连续分批培养（a）和恒化器培养（b）

实施经典 ALE 时需要注意的问题如下。

① 使用适当的选择压力。如果进化的目标是获得表型改善最大的菌株，那么使用弱选择策略（筛选压力小）将会导致对压力具有最高耐受性的突变体不能被显著区分出来。但是，弱选择策略也有一定的优点。压力小的环境更有可能出现克隆干扰，这使得种群中的遗传多样性处于较高的水平，因此更有可能获得某些更优的突变组合。强选择策略（筛选压力大）有时可以将更有益和更有害的突变区分开来，从而促进最优突变株的获取。然而，如果筛选压力过高，种群在适应度景观中的进化轨迹可能会走向局部峰值，这使得全局最优突变体的获得更为困难。另外，过高的筛选压力也有可能导致整个微生物种群的死亡，导致 ALE 实验失败。一般而言，细胞在压力环境下的生长速度不高于无压力环境中的 50%。

② 微生物的放大过程通常也是一个重要障碍。在放大的过程中，环境条件和压力机制都会发生改变（例如不同的溶解氧浓度、更高的细胞密度、搅拌桨带来的机械损伤等等），在实际工厂中的发酵结果可能与摇瓶发酵结果差异很大。因此，使用孔板或摇瓶等小体积容器获得的进化菌株必须在更大规模的发酵罐中进行性能验证。根据发酵结果，需要对发酵过程中的多种参数进行优化，有时可能需要在不同的生长阶段使用不同的参数。调整工艺参数后，如果菌株的性能依旧不佳，可以通过实验确定放大过程中影响菌株表型的关键因素，以该因素作为筛选压力再次进行 ALE。

③ 进行连续分批培养时，应尽量在微生物生长进入稳定期之前进行转接。微生物长时间处于稳定期状态将导致稳定期生长优势（growth advantage in stationary phase，GASP）突变体的出现。GASP 是指将同一亲本菌株的 10 日龄培养液（老化菌株，长时间处于稳定期）与 1 日龄培养液混合后，老化菌株具有更高的适应度，并逐渐淘汰种群中的 1 日龄个体。这种表型的出现是因为营养匮乏条件下参与氨基酸分解代谢过程和应激反应的 α 因子 rpoS 发生了突变，由此产生的表型“改善”菌株在实际的工业应用中可能产生不良后果。

④ 进行连续培养时，需要格外小心杂菌污染。如果细胞密度或吸光度突然出现显著增加，应尽快确认培养物是否染菌。另外，如果培养物被噬菌体感染，可能造成细胞密度或吸光度突然下降，此时应对所有设备和材料进行彻底消杀，再继续进化。

⑤ 进化过程中，建议定期进行菌种保存，尤其是当表型出现一定改善时。定期保种有利于进化过程中遗传动态的追踪和关键因果突变的鉴定。同时，如果出现染菌或其他意外情况，定期保种能够尽可能降低损失。

9.2.2 基于代谢网络重编程的 ALE 策略

9.2.2.1 策略概述

基于经典的 ALE 策略，研究者随后提出了基于代谢网络重编程的 ALE 策略，该策略往往通过敲除微生物中的天然途径来强化目标表型与生长之间的偶联。例如，通过削弱生长必需的生物量合成模块或氧化还原辅因子生成过程构建营养缺陷菌株，可以实现缺陷修复关联表型与生长的耦合（图 9-2）。应用这类策略需要较为成熟的基因操作工具和对菌株代谢网络的清晰认知。

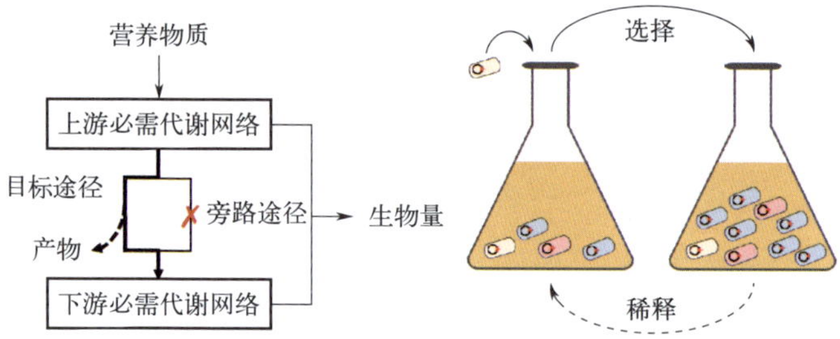

图 9-2 基于代谢网络重编程的 ALE 策略

通过敲除代谢旁路，目标途径被设计为与生物量合成相关的必需途径。ALE 可用于增强目标途径的代谢通量，从而增强底物同化速率或提高产物产量

该策略已经被应用于增强微生物的底物利用速率。一个典型的例子是甲醇必需型大肠杆菌的构建。为了构建能够高效利用甲醇的大肠杆菌，研究者将来源于天然甲醇营养微生物的甲醇同化途径引入野生型大肠杆菌。然而，由于异源的甲醇同化途径与大肠杆菌的内源代谢网络不适配，获得的工程菌株无法以甲醇为唯一碳源生长，尽管通过理性工程对代谢网络进行了额外的调节，甲醇的利用效率依旧非常低。为了提高甲醇的利用效率，研究者删除了大肠杆菌内源的磷酸葡糖酸脱水酶（*edd* 基因编码）和核糖-5-磷酸异构酶（*rpiAB* 基因编码），使得葡萄糖酸盐作为辅助碳源时，菌株必须利用甲醇才能合成生物量。连续传代后得到的突变株能够以与天然甲基营养菌相当的速率利用甲醇（Meyer et al, 2018）。随后，一些其他的甲醇必需型大肠杆菌和谷氨酸棒杆菌以类似的策略被构建并成功进化。最近，通过进一步的代谢网络改造和 ALE，第一个完全合成的甲醇营养型大肠杆菌被成功构建。

与经典的 ALE 相比，基于代谢网络重编程的 ALE 策略还可以用于代谢物产量的提升和代谢途径 / 生物酶的活性改善。NAD^+ 的再生是实现 ATP 循环和促进微生物生长的重要环节，因此，通过阻断内源的 NAD^+ 再生循环，使 NAD^+ 的再生与特定产物的合成途径相偶联，是通过 ALE 提高产物产量的另一种可行方法。自 2003 年以来，这种策略已经成功应用于乳酸、丙氨酸、琥珀酸、苹果酸、1-丁醇和其他高级醇的高产菌株构建。在代谢途径的活性改善方面，一项研究通过敲除 2-酮戊二酸（2-KG）合成基因，构建了一个 2-KG 营养缺陷型大肠杆菌，并将其用于筛选可将 D-木糖、L-阿拉伯糖或 D-半乳糖醛酸盐转化为 2-KG 的高活性非磷酸化途径（Tai et al, 2016）。在一项高活性生物酶的筛选中，研究者通过敲除丝氨酸乙酰转移酶阻断了内源半胱氨酸的合成，再引入异源的胱硫醚-β-合成酶和胱硫醚-γ-裂解酶将 *S*-腺苷蛋氨酸（SAM）循环中的高半胱氨酸转化为半胱氨酸，从而实现 SAM 循环活性与生长的偶联。该菌株可用于筛选 SAM 循环中的高活性酶（Luo et al, 2019）。

9.2.2.2 实施方法及常见问题

与经典 ALE 不同，基于代谢网络重编程的 ALE 策略需要首先对初始菌株的代谢网络进行改造，尽量实现目标表型与生长的强耦合，再进行传代和选择。因此，该策略的主要难点是确定复杂网络中哪些基因应该被敲除。基因组规模代谢模型（GEM）的建立和完善极大地推动了代谢网络的设计、调控和分析，当某一个代谢反应被扰动时，GEM 可以模拟并预测代谢网络中所有代谢反应的通量变化，并揭示生物量合成与目标代谢物的消耗或合成之间的关联。目前代谢工程领域已经开发了多种工具，如 FlexFlux、OptKnock、OptCouple、COBRA、OptFlux 等，可以用于设计生长耦合模型，尤其是产物-生长耦合模型。下文以 FlexFlux 工具为例，简述敲除（knock out，KO）分析的方法。FlexFlux 是一款用于代谢通量和调控网络分析的工具，支持简单的通量平衡分析（flux balance analysis，FBA）、通量变异性分析（flux variability analysis，FVA）、敲除分析等，读者可通过访问网站 http://lipm-bioinfo.toulouse.inrae.fr/flexflux/index.html 获取其使用手册。在最简单的情况下，使用 FlexFlux 进行 KO 分析的步骤简述如下。

① 输入目标菌株代谢网络模型文件。FlexFlux 可以读取由系统生物学标记语言（the systems biology markup language，SBML）注释的代谢网络文件，大多数 SBML 代谢网络模型均可在 BioModels 官方网站（https://www.ebi.ac.uk/biomodels）进行下载。注意，如果所使用的菌株引入了某些异源途径或已敲除某些内源途径，需要在下载的代谢网络文件中手动添加或删除相关的代谢反应。

② 输入限制文件。FlexFlux 可以为所有反应通量增加约束条件，在默认条件下，不可逆反应的通量下限为 0，上限为 999999，可逆反应的下限为−999999，上限为 999999。用户可以手动添加额外的通量约束条件，例如，模式生物大肠杆菌 K12 在摇瓶中生长时，其葡萄糖摄取速率通常设置为 7 mmol/（g · h）（以细胞干重计）。

③ 输入调控文件。调控文件用于定量描述多种状态下调控网络的变化信息，用户可在

BioModels 官方网站下载 XML 格式的 SBML-qual 文件。

④ 输入以下命令进行 KO 分析：FlexfluxKO -s network.xml -cons cons.txt -reg regNetwork.xml -plot -out out.txt -mode 1，其中 -s、-cons 和-reg 后面分别输入代谢网络文件、约束文件和调控文件的路径及名称，-plot 命令表示运行后输出结果图，-out 后面输入用户自定义的输出文件名称，-mode1 命令表示对代谢网络中所有基因依次进行敲除。该 KO 分析的目标函数为生物量合成反应通量最大化。运行结果中 Objective value 值为 0（或接近 0）所对应的基因可能为必需基因。

在前述的甲基营养大肠杆菌进化案例中，研究者以添加了甲醇同化途径的代谢网络模型为输入文件，利用 KO 分析确定了需要敲除的基因，使得甲醇同化成为敲除后菌株合成生物量的必需途径，从而建立了甲醇同化-生长耦合模型。

9.2.3 基于遗传编码生物传感器的 ALE 策略

9.2.3.1 策略概述

近年来，遗传编码的生物传感器逐渐被用于建立模式菌株中的代谢物生产-生长耦合模型。可用于建立生长耦合模型的生物传感器通常需要包括两个模块：响应目标代谢产物浓度的输入模块和在选择环境中调节生长必需基因 / 有害基因表达水平的输出模块。在某种程度上，代谢产物的细胞内浓度可以反映最终产量，应用这类生物传感器，可以实现高产菌株的富集。在早期的研究中，研究者在赖氨酸生产菌中构建了一个可响应赖氨酸的核糖开关，使得高产菌株在 Ni^{2+} 培养基中具有更高适应度，并证明了遗传编码生物传感器应用于 ALE 的巨大潜力。

9.2.3.2 实施方法及常见问题

利用遗传编码生物传感器进行 ALE 的步骤简述如下。

（1）获取可响应目标代谢物的遗传编码传感器

通过文献和数据库查找能够响应目标代谢物的转录因子、核糖开关或其他已开发的传感器（例如拟荧光蛋白），并根据实验需求将报告基因更换为抗生素抗性基因 / 毒性因子，可以获得候选传感器。如果缺少可响应目标产物的传感器，可以考虑选用响应目标产物合成前体的传感器。然而，由于合成前体浓度升高和目标产物的产量升高并不是严格的一一对应关系，因此，选用这种方法需要格外小心。

（2）调节传感器的响应性能

传感器的响应性能可以用剂量-响应曲线来描述，该曲线反映了目标代谢物（也称为诱导物）浓度和输出信号之间的关系，若输出信号强度随着诱导物浓度的增加而增加，则称这类传感器为诱导物激活型传感器，反之则为诱导物抑制型传感器。剂量-响应曲线包括四个关键参数：本底泄漏（basal leakage）、动力学范围（dynamic range）、工作范围（operation range）和响应灵敏度（response sensitivity）。本底泄漏是指无诱导物时激活型传感器的输出信号或极高诱导物浓度下抑制型传感器的输出信号。动力学范围一般指剂量-响应曲线的垂直变化幅度，常用最大输出信号和最小输出信号的比值来表示。工作范围是指传感器能够响应的诱导物浓度范围，即检测下限和检测上限。响应灵敏度是指曲线的陡度，陡度越高，传感器越灵敏。剂量-响应曲线的调控是使传感器能够满足 ALE 实际应用需求的前提，例如，当想要提高某种代谢物的产量时，其胞内浓度应该处于传感器的工作范围内。另外，与具有较小灵敏度或动力学范围的传感器相比，检测灵敏度较高的传感器可以在筛选条件中将产量差异不大的突变体区分出来。下面以最常用的转录因子型传感器说明剂量-响应曲线的调控方法。

① 调控转录因子的表达量能够对传感器的响应性能造成显著影响。对于转录抑制因子，当选用强启动子或核糖体结合位点（RBS）驱动转录因子基因表达时，能够保证诱导物不存在时传感器的低信号输出（较小的 P_{min} 值）；对于转录激活因子，研究者更倾向于选用较弱的启动子或 RBS 来驱动转录因子基因表达，因为较强的启动子或 RBS 会导致诱导物不存在时生物传感器输出信号过高（较大的 P_{max} 值），也可能延长微生物生长过程中的迟滞期。同时，转录因子的表达量还能影响传感器的工作范围。当转录因子的启动子或 RBS 较弱时，传感器的工作范围具有较低的上限，反之具有较高的上限。如果想要拓宽传感器的工作范围，也可以通过增加传感器的拷贝数实现。

② 报告基因的表达量也能显著影响传感器响应性能。一般而言，报告基因的启动子或 RBS 应具有足够的强度，保证输出信号能够检出，但是强度过高又会造成更高的本底泄漏。

③ 转录因子的结构以及与转录因子 DNA 结合域相互作用的 DNA 序列也是影响传感器性能的重要因素，它们对于转录因子和 DNA 的结合至关重要，能够显著影响传感器的工作范围、动力学范围和检测灵敏度。通过对转录因子的氨基酸序列进行突变，还可以将原有传感器从诱导物激活型传感器转变为诱导物抑制型传感器。

（3）进行 ALE

如图 9-3 所示，将编码传感器的遗传回路转化至宿主菌中进行适应性进化，可以获得胞内产物浓度升高的突变菌株。然而，在某些情况下，产物的胞内浓度并不能作为衡量微生物细胞工厂产能的真实指标。例如，当细胞工厂的产能提升时，产物在胞内的浓度可能会达到饱和；另外，当菌株的产物外排能力或分泌能力增强时，细胞工厂的产能提升了，但是产物的胞内浓度却可能出现下降。为了获取胞外产物浓度升高的菌株，可以使用双菌筛选体系进行进化，传感菌可响应生产菌的胞外产物，并合成生产菌生长所必需的某些物质，从而实现胞外代谢物浓度和生长的偶联。然而，双菌体系不适用于细胞膜通透性较好的胞外产物，因为这会导致高产细胞工厂的产物扩散入低产细胞工厂，造成假阳性。

使用该策略需要注意的主要问题如下。

① 传感器的底物特异性。某些传感器能够响应目标代谢物的同系物或结构类似物，从而干扰进化过程。因此，在使用传感器进行进化之前，有必要根据菌株的遗传背景，检测传感器对其他代谢物的响应情况。对传感器的诱导物识别区域进行突变，通过目标底物正向筛选、相似底物反向筛选交替进行的策略，可以获得目标底物响应特异性更高的新传感器。

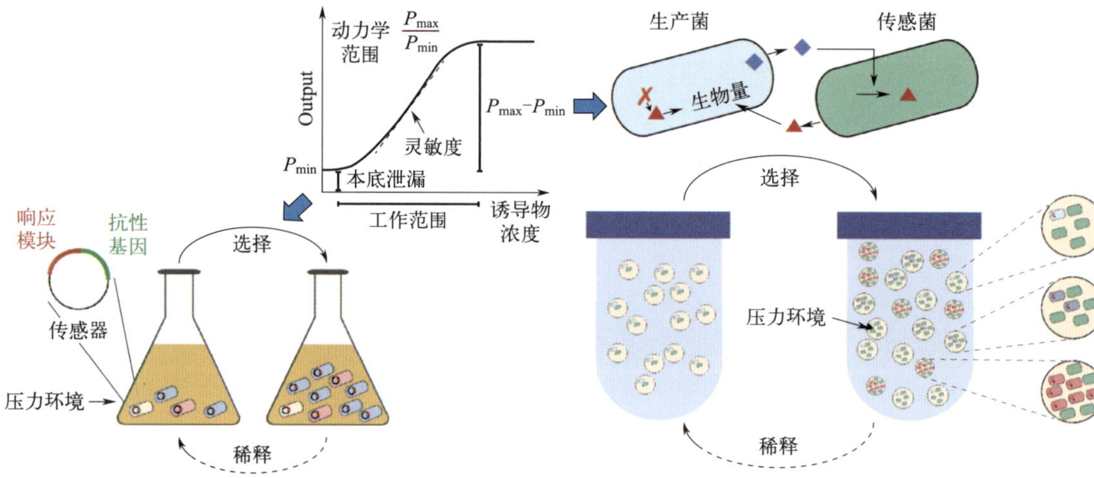

图 9-3 基于遗传编码生物传感器的 ALE 策略

在传感器的工作范围内，可以通过检测代谢物的胞内浓度（左）和胞外浓度（右）来使高产菌株进化

② 进化逃逸。截至目前，所有微生物适应性定向进化研究中常采用的进化策略均为抗毒物进化策略，在代谢物传感器的辅助下，高产细胞工厂在毒物环境中实现富集。然而，由于微生物强大的适应能力，现有 ALE 研究中都出现了产量没有提高但毒物抗性明显增强的菌。这种现象称为进化逃逸，逃逸菌代谢负担小，生长通常相对较快，其出现容易导致定向进化的减慢或失败。

从本质上讲，微生物进化结果是否出现逃逸主要由高产突变和逃逸突变产生概率的相对大小决定。现有抗毒物进化策略逃逸严重，因此主要应用于高产突变产生概率较高的体系，即对已知关键基因位点进行突变建库的体系。这弱化了定向进化挖掘稀有突变、发现基因组上新的全局优化位点的优势。为了克服这一局限，目前开发了三种与传感器响应模块优化相关的方法。第一种是双重选择流程，该流程需要使用两个以不同抗性基因为报告基因的生物传感器并在同时含有两种抗生素的培养基中进行进化。这种策略被证明能够将逃逸概率降低至 1/1000 甚至更低，因为一个抗性基因的意外突变并不会导致微生物在培养基中生长。类似地，也可以使用双拷贝的抗性基因作为响应模块，因为两个拷贝同时出现突变的概率远低于单个拷贝出现突变的概率。第二种是使用双向选择标记（如使用外膜外排泵基因 *tolC* 作为传感器的报告基因），当逃逸菌因自发突变造成回路上的 *tolC* 基因组成型表达时，菌株会获得 SDS 抗性，但也会对大肠杆菌素 E1 高度敏感。使用含有 SDS 的培养基进行正筛，再使用添加大肠杆菌素 E1 的培养基过滤菌群中的逃逸菌，通过若干轮反复的双向筛选，能够将逃逸率从 10^{-3} 降至 10^{-7}。第三种是使用基于碳源利用的进化策略，这种策略的依据是相比于毒物耐受性，微生物通过突变获得碳源利用能力的难度更大。麦芽糖水解酶（MalQ）的序列、功能保守性很高，基因组上其他基因很难突变成它的同工酶。在生理功能方面，MalQ 是大肠杆菌利用麦芽糖的必需酶，敲除了 *MalQ* 的大肠杆菌无法在仅以麦芽糖为碳源的培养基中生长。以 *MalQ* 基因作为传感器的报告基因，在以麦芽糖为唯一碳源的培养基中，高产菌在代谢物传感器的作用下能够表达更多 *MalQ*，具有更强的生长能力，可以在混合菌群中快速富集。这一策略具有更强的抗逃逸能力，在 32 d 内避免了逃逸菌的出现。

9.3 高效适应性进化新工具

原则上，使用适当的表型-生长耦合策略就可以实现适应性进化。尽管大多数 ALE 实验可以在 100 ～ 500 代进化中完成，但是一些难以获得的性状可能需要数千代的进化才能出现。为了进一步加速和简化 ALE 的实施，目前已经建立了多种新型体内诱变工具和用于表型选择的多重自动化培养平台。此外，多组学分析工具和多重基因组工程也被用于揭示进化菌株的基因型-表型关联机制。

9.3.1 基因型多样性：体内诱变工具

基因型多样性产生了 ALE 的候选突变体，更高的多样性在某种程度上可以加速 ALE 的进程。与体外诱变方法相比，体内诱变方法更适用于 ALE，因为这种方法不需要反复转化 DNA 序列多样性文库，并且可以在细胞传代过程中轻易生成更大的基因组突变文库。

9.3.1.1 全局体内诱变工具

传统的体内诱变方法包括使用化学诱变剂、碱基类似物、紫外线、常压室温等离子体等等。然而，化学诱变剂和碱基类似物已经被鉴定为人类致癌物，并且产生的突变类型较为狭窄。紫外线辐射虽然能够产生多样的突变类型，且具有较低的序列偏好性，但其细胞毒性大、效力低。尽管如此，这些策略一直被作为最有效的全局体内诱变方法沿用至今。近年来，常压室温等离子体（atmospheric room temperature plasma，ARTP）成为了一种具有较高应用潜力的体内诱变源，离子体射流中丰富的活性粒子能够实现对微生物的高强度遗传物质损伤和高效突变。基于上述特性，ARTP 在生物育种中已经得到广泛应用，清华大学邢新会教授团队研发的 ARTP 诱变育种仪具有突变效率高、突变类型丰富、突变遗传稳定性好、适用范围广、操作安全简便等优势，已经成功应用于包括细菌、放线菌、真菌、微藻等在内的 100 多种微生物诱变育种。

随着现代分子生物学的发展，目前还开发了多种基于基因操作的全局体内诱变新方法，几种典型策略描述如下。

① 增变质粒（mutagenesis plasmid，MP）系统（Badran et al, 2015）。细菌主要通过三种机制控制 DNA 的突变率：校对（将每一代每个碱基的突变率降低至约 1/100）、错配修复（将每一代每个碱基的突变率降低至约 1/1000）和碱基选择（将每一代每个碱基的突变率降低至约 1/100000）。基于此，研究者构建了一个增变质粒 MP6，该质粒能够表达上述机制中的

6 个基因：*dnaQ926*、*dam*、*segA*、*emrR*、*ugi* 和 *cda1*，其中 *dnaQ926* 是 DNA Pol Ⅲ 校对元件（*dnaQ* 基因编码）的显性负效应突变体。携带 MP6 质粒的大肠杆菌的背景突变率提高了 322000 倍，超过了大多数传统的体内诱变方法。

② 基因组复制工程辅助连续进化（genome replication engineering assisted continuous evolution，GREACE）（Luan et al, 2013）。GREACE 的设计核心是通过引入若干 *dnaQ* 基因的突变体，在微生物细胞中持续引入诱变，以加快应激条件下的进化速度。特别地，*dnaQ* 突变文库的多样性产生了具有不同突变率和突变类型偏好的细胞，从而确保了后代细胞的基因组多样性处于极高的水平。最重要的是，只要将携带 *dnaQ* 突变体的质粒从进化的菌株中消除，基因组复制过程就能恢复到正常状态，使其遗传背景和表型维持在稳定的水平。

9.3.1.2 靶向体内诱变工具

除了全局诱变工具，目前已经开发了若干靶向体内诱变工具来针对特定的 DNA 序列、基因或途径生成突变体文库，以下将详细介绍几种典型策略。

（1）易错 DNA 聚合酶 I （Pol Ⅰ）介导的随机诱变系统（Camps et al, 2003）

基于 Pol Ⅰ对 ColE1 质粒的偏好性，研究者使用一种易错 Pol Ⅰ（携带 I709N、A759R、D424A 突变）在大肠杆菌中对 ColE1 质粒上的目标基因序列进行高频诱变。该系统使目标基因的突变率提升了 80000 倍，且突变位置分布均匀，碱基突变类型以转换（transition）为主，突变窗口最长可达 3 kb。利用这一系统成功进化得到了能够赋予菌株氨曲南抗性的 TEM-1β-内酰胺酶突变体。

（2）将增变蛋白与 DNA 结合蛋白相融合构建诱变系统

这类策略的典型代表是 MutaT7 系统（Moore et al, 2018），它以 T7 RNA 聚合酶为 DNA 结合蛋白，以胞嘧啶脱氨酶（rApo7）为增变蛋白，胞嘧啶脱氨酶能够将 DNA 链中的胞嘧啶脱氨并转变为尿嘧啶，在大肠杆菌的 DNA 修复系统作用下，尿嘧啶被转化为胸腺嘧啶，从而实现 C → T 的突变。该系统能够特异性地在 T7 启动子驱动表达的基因中引入大量 C → T 和 G → A 突变。通过对大肠杆菌基因组的尿嘧啶 *N*-糖基化酶（UNG）基因进行敲除以抑制宿主的突变修复能力，可以进一步增加诱变率。为了进一步增加 MutaT7 的突变率，研究者开发了 eMutaT7（Park et al, 2021）系统，该系统将 rApo7 替换为大肠杆菌中编辑效率更高的七鳃鳗胞嘧啶脱氨酶（PmCDA1），并进一步融合尿嘧啶 *N*-糖基化酶抑制子（UGI）以提高突变率。类似的策略还包括 EvolvR（Halperin et al, 2018），该系统将易错 Pol Ⅰ与 Cas9 切口酶（nCas9）融合，通过设计靶向不同位点的 sgRNA 序列，nCas9 蛋白可以在靶标位点处造成 DNA 单链断裂，易错 Pol Ⅰ在随后的 DNA 修复过程中引入突变。该系统能够将突变率提高至野生型大肠杆菌的 7770000 倍，且突变窗口长达 350 bp。选用不同保真度的 Pol Ⅰ突变体能够实现突变率的调节，通过合成多条 sgRNA 还能够实现基因位点的多重突变。

酵母中第一个被报道的体内靶向诱变工具是 TaGTEAM（targeting glycosylase to embedded arrays for mutagenesis，靶向糖基化酶至嵌入式阵列的诱变）（Finney-Manchester et al, 2013），它以酵母的 3-甲基腺嘌呤 DNA 糖基化酶 Mag1p 为诱变蛋白，并将其与 tet 阻遏蛋白（TetR）

相融合。TetR 蛋白可以特异性识别并结合 tet 操纵子阵列（*tetO*），从而将 Mag1p 锚定到 *tetO* 附近的位点并引发突变。作为该技术的概念验证，研究者将 240 个 *tetO* 阵列（20 kb）插入酵母的 1 号染色体，并将乳酸克鲁维酵母的营养缺陷型标记 *URA3* 基因整合到该阵列周围的不同距离处，以分析突变率的距离依赖性特征。随机的背景突变率由酵母 5 号染色体上的 CAN1 标记表征。研究结果表明突变率与距离的关系呈现钟形分布，并在 *tetO* 阵列周围 *URA3* 标记的 0.3 kb 处达到峰值，比野生型细胞的自发突变率高 800 多倍。以 *tetO* 阵列为中心的 20 kb 区域内都检测到了显著增加的突变率，且背景突变与野生型细胞相比几乎保持不变。然而，这种策略的应用场景相当受限，因为将高度重复的 DNA 序列整合到基因组是非常费力的，并且这种插入对靶标位点附近的基因是否有害仍旧需要进一步评估。另外，该方法的突变窗口无法调整，因此不适用于目标基因的精细修饰。尽管该方法还有待优化，但它提供了一种在酵母体内进行靶向诱变的新思路。

近年来，快速发展的碱基编辑技术也被应用于工业微生物的进化。碱基编辑器将核酸酶失活 Cas9 蛋白（dCas9）或 nCas9 蛋白与胞嘧啶脱氨酶或腺嘌呤脱氨酶相融合，通过 sgRNA 的引导在靶标位点引入 C:G → T:A 或 A:T → G:C 突变。利用碱基编辑器生成大量核糖体结合位点（ribosome-binding site，RBS）、5′ 非翻译区（5′ untranslated region，5′ UTR）或启动子多样性序列的组合，研究者构建了一种基于碱基编辑器靶向和无模板表达调控工具（base editor-targeted and template-free expression regulation，BETTER）的定向进化平台，实现了谷氨酸棒杆菌和枯草芽孢杆菌中多达 10 个基因表达水平的原位调控，并获得了具有更高木糖同化、甘油同化速率和番茄红素产量的突变菌株。将胞嘧啶脱氨酶和腺嘌呤脱氨酶同时与 nCas9 蛋白融合，可以获得在突变窗口内同时引发 C:G → T:A 和 A:T → G:C 突变的双碱基编辑器，利用这一诱变工具，研究者实现了羊毛硫菌素 ATP 结合盒（lantibiotic ATP-binding cassette）的定向进化，成功使得枯草芽孢杆菌进化出抵抗乳酸链球菌素的能力。

（3）使用与突变靶标基因正交的增变蛋白构建诱变系统

尽管上述几种策略已经成功应用于微生物的体内定向进化，但是这些方法的一个潜在缺陷是增变蛋白也可以在其他位点引发意外突变。为了消除这些脱靶突变，可以使用正交的突变靶标基因-增变蛋白系统，这类策略的一个典型代表是噬菌体辅助连续进化（phage-assisted continuous evolution，PACE）（Esvelt et al, 2011）。M13 噬菌体侵染细菌需要蛋白Ⅲ（pⅢ，由 Gene Ⅲ编码），该蛋白的缺失将导致侵染活性降低为原来的 $1/10^8$。研究者将噬菌体载体（selection phage, SP）中的 Gene Ⅲ替换为想要进化的目标蛋白；此外，将 Gene Ⅲ构建到大肠杆菌体内的辅助质粒（accessory plasmid, AP）上，并通过设计使 Gene Ⅲ的表达与目标蛋白的活性相关（即目标蛋白活性越高，Gene Ⅲ的表达量越高）；大肠杆菌中还包含一个增变质粒（MP），该质粒可以在阿拉伯糖诱导下表达增变蛋白，从而产生目标蛋白的 DNA 序列多样性文库。在 PACE 中，大肠杆菌细胞以恒定的流速连续流过一个具有固定体积的容器，容器中的噬菌体载体将侵染大肠杆菌，其中携带高活性目标蛋白突变体的噬菌体将诱导辅助质粒表达更多 pⅢ并释放能够感染新宿主的后代噬菌体。大肠杆菌在容器中停留的平均时间小于它们复制一代所需的时间，因此，突变只会在噬菌体载体中进行累积。PACE 最为广泛的应用是蛋白质的定向进化，然而，通过设计合理的生物传感器，PACE 也成功应用于生物合成途径的进化。

2014 年，来自加州大学欧文分校的研究团队在酿酒酵母中开发了一种染色体外正交易错复制系统，该系统由与宿主复制机制正交的异源 DNA 聚合酶-质粒对组成，其中 DNA 聚合酶只能对质粒 DNA 序列进行复制。具体地，研究者使用了来自乳酸克鲁维酵母的能够在酿酒酵母细胞质中自主复制的线性高拷贝质粒 pGKL1，并筛选得到了一个携带 Y427A 突变的易错 Pol Ⅰ。在该正交易错复制系统中，正交质粒（pGKL1）上基因的碱基突变率比宿主基因组的突变率提高了约 400 倍。

（4）基于逆转录元件的诱变系统

2018 年，Anna J. Simon 等人在大肠杆菌中开发了一种基于 Retron 的基因组编辑系统（Simon et al, 2018），该系统由三个关键要素组成：与靶向序列部分重叠的引导序列（也称为 msr）、包含发夹结构的靶向序列（也称为 MSD）、逆转录酶。这三个部分以多顺反子的形式出现，当它们被转录后，编码逆转录酶的转录本将被翻译，而引导序列和靶向序列的转录产物则折叠成一个保守的发夹结构。随后，靶向序列在逆转录酶的作用下形成新生的 cDNA，并与引导序列通过互补配对形成 DNA-RNA 复合物，复合物中的 DNA 序列随后通过同源重组对基因组上的同源序列进行替换。因此，只需要在靶向序列中引入特定的突变，就能够使用该系统将这些突变引入宿主的基因组。若使用易错 RNA 聚合酶生成包含突变的靶向序列转录本，就能够使用 Retron 系统实现基因组序列的高频随机诱变。通过使用易错 T7 RNA 聚合酶，该系统将靶标基因的突变率提升了 10 倍，并成功进化得到了可耐受卡那霉素的大肠杆菌。

类似的策略在酿酒酵母中也被报道，该策略被称为酵母的体内连续进化（*in vivo* continuous evolution，ICE）（Crook et al, 2016），通过使用酵母内源的易错反转录转座子 Ty1，以每升培养基每轮 1.6×10^7 个突变的频率在 cDNA 中引入随机突变。与传统的易错 PCR 相比，这一方法能够更加快速、便宜、高效、简单地在酵母基因组内引入大型的多样化突变文库，并已成功应用于小分子转换酶、调节蛋白和代谢途径的体内定向进化。

9.3.2 表型选择：多重自动化培养平台

ALE 实验可以简单地通过在摇瓶中（体积：10 ～ 200 mL）连续分批培养或在恒化器中（体积：0.1 ～ 10 L）连续培养来进行。然而，这两种培养方法依旧存在一些局限性：①连续分批培养人力依赖严重、过程繁琐复杂、污染风险大，尤其在多个平行实验中，很难控制实验操作的一致性；②由于空间和成本原因，典型的连续培养系统难以实现并行化，为进化菌株中关键有益突变的鉴定和解释带来了困难。为了克服这些缺点，目前已经开发了多种多重自动化培养平台，以实现 ALE 的自动化和并行化。曾有研究者开发了一个名为 iBioFAB 的集成平台，可以容纳 500 多个 96 孔板，能够实现所有常规微生物工程相关实验的自动化。然而，对于大多数小型的实验室来说，这个平台在经济上并不可行。因此，能够使用体内诱变方法开展 ALE 的小型化多重自动化培养平台引起了更广泛的关注。

小型化连续分批培养的两个工业化代表平台是毫升级小型中试工厂（mini pilot plant，MPP）和微升级微生物液滴培养系统（microbial microdroplet culture，MMC）。MPP 是将液体处理机器人嵌入 BioLector® 培养装置中实现的，它可以实时监测专用 48 孔梅花板中培养物的 pH 值、溶解氧和生物量，并在用户定义的条件下自动将特定量的培养物从一个孔转移到另一个孔。该平台最多能够实现一个样品的 47 次转移或一块板中 6 个生物学平行样品的 7 次转移。MMC（Jian et al, 2020）的开发是为了使用芯片中的液滴实现高通量自动化的微生物 ALE。该平台具有非常出色的性能，可以在一个芯片上同时进行 100 个生物学重复实验。当液滴在芯片上来回移动时，该仪器能够在线监测液滴中微生物的生物量，当生物量达到用户设定的阈值时，通过将旧液滴分裂并将它们与新鲜培养基液滴融合来控制传代培养过程。理想情况下，利用该仪器可以实现培养物数百次的传代。

除了这两个平台外，目前还开发了一些可扩展的能够在小型容器中进行多重连续培养的小型化恒化器，如 Omnistat、eVOLVER。Omnistat 有四个培养室，培养体积为 20 mL，可以同时培养四个样品，每个重复有两个传感器和 7 个输入 / 输出端口，能够对多种运行模式（如 Turbidostat、pH-stat 和 Oxistat）进行精确控制。相比之下，eVOLVER 的培养体积只有 2 mL，由于小型培养室的表面积有限，每个培养室只有一个生物量检测传感器和两个输入 / 输出端口。然而，该平台具有更高的通量，每个操作单元具有 16 个培养室，每个培养室可以独立控制温度和搅拌速率。与其他平台相比，eVOLVER 最大的优势在于可以轻松开展数百个独立的 ALE 实验。

EVOL cell（Li et al, 2023）是最近新研发的全自动微生物适应性进化仪，能够实现微生物的连续分批培养和补料分批培养，其核心优势在于使用了一种微型管式生物反应器，以高透气性特氟龙微管路为材料，通过温和而高效的渗透方式进行无气泡供养，克服了传统生物反应器振荡、曝气、搅拌等氧气供应方式带来的气泡过多、损伤细胞等问题。该仪器的培养体积为 8 mL，最多可以开展 4 个独立的 ALE 实验。

下面将对两种商业化的培养平台使用方法进行详细介绍。

9.3.2.1 全自动高通量微生物液滴培养系统

全自动高通量微生物液滴培养系统（MMC）是基于液滴微流控技术研发而成的一款微生物培养系统，由清华大学前沿交叉技术转化而成，全球首创，具有高通量的特点，可进行自动传代、化学因子梯度添加、在线检测液滴光谱、微生物分选等。MMC 的微液滴培养体系能充分满足微生物生长过程中的溶氧、混合和质能交换等需求，可通过光谱检测指标对微液滴内的微生物进行传代、多梯度化学因子添加等多种操作，满足用户的多种需求，比如，菌种生长曲线测定、通过自动传代功能观察菌种的退化情况、通过自动梯度化学因子添加观察细菌耐药性状况、通过光谱阈值或时间设定进行不同培养基切换观察微生物生长状况、通过逐渐增加化学因子梯度用以完成菌种适应性进化实验、微生物恒浊培养等。MMC 产品功能在未来将进行持续升级，针对微生物领域的常用研究方法、流程定制化开发多种功能，实现更大的适用范围，比如，微生物响应面实验、正交实验、厌氧培养、底物和代谢物检测等等，力求为用户打造一个便捷、快速、精准、高效的微生物实验平台。关于该仪器的详细信息和操作手册，读者可以访问天木生物官网进行查询。

（1）MMC 安装环境要求

① 为防止环境中微生物对 MMC 实验产生影响，建议将该仪器放置在洁净或者无菌环境下使用（例如超净台或无菌室）；

② 该仪器使用时必须配备有单独的电脑，电脑配置必须满足：Windows7 以上、处理器主频不小于 2.4 GHz、内存不小于 4 G、硬盘容量不小于 100 G；

③ 该仪器中使用了高精密度的光学检测器件和进样装置，实验室温度必须控制在 20 ～ 30 ℃并且保证在每次的实验过程中环境温度相对稳定，变化范围在 5 ℃以内；

④ 该仪器为精密仪器，应远离强电场、磁场和强热辐射源的干扰，避免阳光直射，避免腐蚀性液体接触仪器，避免剧烈振动对仪器光学检测部件造成影响；

⑤ 仪器供电电源为：AC220 V，50 Hz，电源地线必须接触良好，根据仪器最大功率，合理选择供电线路。

（2）MMC 操作流程

MMC 操作软件设有 3 个功能页面，分别为生长曲线测定、适应性进化和自定义，其中包含了液滴生成、培养、传代、化学因子添加、液滴吸光度检测等功能。下面以大肠杆菌培养为例来介绍 MMC 的实验操作过程。

① 预准备。

仪器：MMC 仪器（配套电脑），双人超净台、酒精灯。

试剂菌种：MMC 专用油（50 mL）、培养基（LB）、菌种（大肠杆菌）。

耗材：MMC 芯片一套、MMC 进样瓶 1 个、10 mL 一次性注射器 2 支、进样针 1 个（含进样接头，可重复清洗灭菌使用）。

灭菌：将 LB 培养基、进样瓶（≥ 2 个）、进样针头（≥ 2 个）放入灭菌锅，121 ℃高压湿热灭菌 30 min；MMC 芯片、MMC 专用油、一次性注射器等提前放入超净台中，紫外照射 30 min 进行灭菌；开启 MMC 紫外灯照射 30 min。

② 芯片安装。打开舱门，拔下芯片底座上的两个小定位柱，抬起光纤头，对准电场孔，轻轻将芯片放上，磁力作用下会将芯片吸到对应位置，再将两个定位柱插入，放下光纤头；按位置编号（C1—O1、C3—O3、C5—O5、CF—OF、C2—O2、C4—O4、C6—O6），将芯片上快插头与操作台对应插头相连；完成安装，关闭操作室门。

③ 设备初始化 1。点击软件界面右上角按钮“初始化 1”，主界面上有弹窗提示“是否进行初始化 1？”，点击“是”，进入初始化 1 的动作选择界面，勾选全选，并点击“确定”执行。设备初始化 1 执行时间需≥ 6 h，建议过夜。

④ 菌液（2 号进样瓶）装样。初始化 1 步骤完成后，将准备好的种子液以一定接种量（建议≥ 5%）接入培养基，充分摇匀。用无菌注射器从侧端进样口注入 6 ～ 7 mL 油，旋转轻摇进样瓶，使油充分浸润内壁，以同样方式注入菌液 3 ～ 4 mL，最后注入油将进样瓶装满，拔出进样针及其相连接头，完成装样操作。将进样瓶放入 2 号进样瓶槽，进样瓶的侧管接头

与 C2 相连，中心顶管接头与 O2 相连，完成进样瓶安装，并关闭操作室门。

⑤ 设备初始化 2。点击界面右上角“初始化 2”按钮，有窗口弹出显示“初始化进行中……”即可，该过程大约 20 min，完成后有弹窗提示。

⑥ 实验运行。初始化 2 完成后，选择生长曲线界面，在左侧参数设置区域，设置所需液滴数量和检测波长（案例液滴数量 30，检测波长 600 nm），点击“运行”按钮，按钮由绿色变为橘色表示实验开始。

“液滴生成”步骤完成后，主界面有弹窗提示“液滴生成完毕，取下进样瓶 2”，此时需打开操作舱门取出进样瓶 2，并将芯片上的 C2 和 O2 接口相连，关闭操作室门，并点击弹窗中的“确定”按钮，实验继续进行。

注意：液滴的检测周期与液滴数量相关，液滴越多检测周期越长，将鼠标光标移动至“液滴数量”的输入框附件，软件会自动弹出当前液滴数量下仪器的检测周期。

⑦ 数据导出。仪器在培养过程中，可随时点击“数据导出”按钮，将当前液滴内的 OD 数据导出，选择数据保存路径，将培养期间检测记录的 OD 值以 .CVS 的格式导出，可通过 Excel 进行相关的数据分析。

⑧ 液滴提取与收集。在培养过程中可根据需要选择是否执行“液滴提取”，目前所有被提取的液滴从阀口（CF）管道中流出，使用 EP 管收集目标液滴即可。在液滴提取之后，仪器会继续对管道中剩余的液滴进行培养检测，如果需要终止培养，点击“停止”按钮直接终止培养。

⑨ 清洗。实验完成后，点击软件页面左下角的“清洗”按钮，清洗芯片及培养管路。

⑩ 芯片拆卸。实验后需要更换或者取下芯片，则需依次将芯片与设备连接的快接头拔下，每拔出一个接头需要将其管道打上死结，防止油从管口滴出，芯片拆下后，将台面接头用专用塞子保护，并用酒精棉擦拭操作室，打开紫外灯进行灭菌。

（3）MMC 应用案例

大肠杆菌适应性进化

① 预准备。

仪器：MMC 仪器（配套电脑），双人超净台、酒精灯。

试剂菌种：MMC 专用油（50 mL）、培养基（LB）、菌种（大肠杆菌）、胁迫因子（NaCl 浓度为 3.7% 的 LB 培养基）。

耗材：MMC 芯片 1 套、MMC 进样瓶 3 个、10 mL 一次性注射器 4 支、取样针 3 个。

灭菌：将培养基（LB）、胁迫因子、进样瓶（≥ 3 个，并编号 2、4、6）、进样针头（≥ 3 个）放入灭菌锅，121 ℃高压湿热灭菌 30 min，备用；MMC 芯片、MMC 专用油、一次性注射器等提前放入超净台中，紫外照射 30 min；开启 MMC 紫外灯照射 30 min。

② 培养基（4 号进样瓶）和化学因子（6 号进样瓶）装样。4 号、6 号进样瓶装样方式相同，具体操作如下：用无菌注射器从侧端进样口注入进样瓶中约 2 mL 油，旋转轻摇进样瓶，使油充分浸润内壁，以同样方式注入新鲜培养基 9 ～ 10 mL，最后再注入油将进样瓶装满，拔出进样针及其相连接头，完成培养基装样操作。

③ 芯片安装 + 样品装样 + 设备初始化。参考前文。

④ 实验运行。在软件中选择“适应性进化”页面，在左侧参数设置区域选择填写需要的参数。点击“运行”按钮，在软件弹出的对话框中输入 4 号、6 号进样瓶中化学因子的浓度，点击“计算”，勾选实验所需化学因子添加浓度，并点击“确定”，“运行”按钮由绿色变为橘色表示适应性进化或筛选实验开始。（案例参数设置：液滴数量 50 个，检测波长 600 nm，化学因子为 NaCl，按时间传代，传代时间为 8 h，梯度重复次数为 3。）

“液滴生成”步骤完成后，主界面有弹窗提示“液滴生成完毕，取下进样瓶 2”，此时需打开操作室门取出进样瓶 2，并将芯片上的 C2 和 O2 接口相连，关闭舱门，并点击弹窗中的“确定”按钮，实验继续进行。

⑤ 数据导出与液滴分选。参考前文。注意，数据导出与液滴分选必须在程序“运行”过程中进行操作。

⑥ 清洗及芯片拆卸。参考前文。

⑦ 大肠杆菌耐盐适应性进化案例。参数设置为液滴数量 50 个，检测波长 600 nm，化学因子为 NaCl，按时间传代，传代时间为 8 h，梯度重复次数为 3，实验结果如图 9-4 所示，随着培养基中盐浓度的增大，大肠杆菌的生长速度逐渐下降。

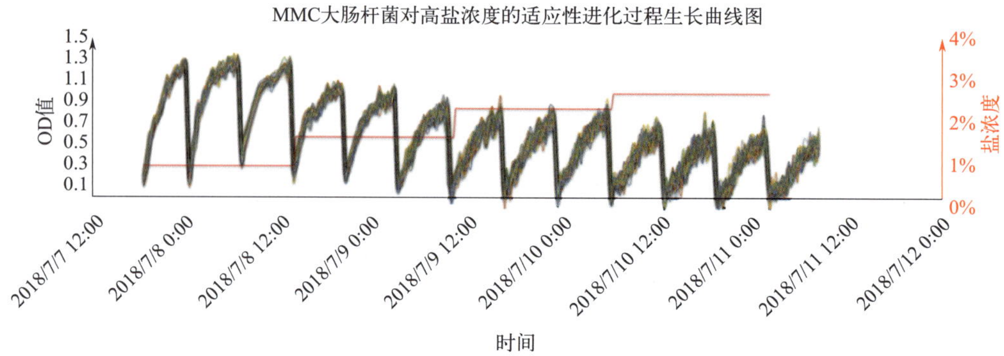

图 9-4　大肠杆菌耐盐适应性进化案例数据

（4）自定义功能

该功能界面集成了模块化的液滴操作 [液滴生成、培养和传代（含化学因子添加）] 功能，可单独或组合执行。用户可以根据实际使用情况，选择更换传代方式对上一组实验中的液滴进行继续培养。在自定义功能中，有“手动传代”功能，根据液滴内微生物的生长状态（OD 值），点击“手动传代”按钮，软件会在液滴下一次往复运行过程中进行传代操作。

（5）实验中的注意事项

① 进样瓶必须严格按照实验操作步骤中的要求操作，装样后保证进样瓶被填充至满，否则会影响到仪器系统稳定性，造成实验失败；

② 仪器在正常运行过程中不能停止，如果遇到软件故障或者机器运行异常，点击停止键，请断开电源并关闭软件，重新打开；

③ MMC 对温度要求极高，切勿用风扇、空调等对着仪器直吹；

④ 仪器运行过程中，须将超净台滑门打开拉至顶端，利于仪器散热；

⑤ 仪器运行过程中，请勿打开超净台的风机，风机的振动会影响 MMC 仪器的光谱检测精度，导致检测结果不准确；

⑥ 仪器运行过程中请勿打开仪器操作室门，否则会影响温控以及舱室里面的光学系统，导致实验失败；

⑦ 仪器更换耗材芯片时，注意避免管路中的残余液滴生成油流出，污染试验台、衣物等；

⑧ 注意液压瓶最大容积是 12 mL，装样需要装满，适应性进化实验培养基用量大，培养基装样量大些，菌液因为用量小，只在生成液滴时用到，所以菌液装样量小些；

⑨ 初始化 1 功能是给通道和液压瓶排气，时间较久，而菌液在进样瓶里放置过久易老化，需在生成液滴前再装菌液瓶，初始化 2 的功能是单独给菌液瓶排气；

⑩ 更换新的芯片后进行初始化 1 操作，初始化 1 的运行总时间必须大于 6 h；

⑪ 进样瓶 2（菌液瓶）需要在初始化 1 完成后才装样，装样完成后只需单独进行初始化 2 操作，当液滴生成完成后必须将进样瓶 2 取下才能点击软件上的“确认”按钮进行下一步培养操作。

9.3.2.2 全自动微生物适应性进化仪

全自动微生物适应性进化仪（EVOL cell）是基于高气体透过性微管路以及单向微流控技术开发而成的微生物驯化装备，具有微生物培养、自动传代、自动化学因子梯度添加、实时检测、氧分压控制等功能。EVOL cell 以高透气性液滴培养管路为反应器，可以快速与周围环境进行质能交换，对多种气体（氧气、氮气、二氧化碳等）具有良好的渗透性，充分满足了发酵过程气体交换需求。通过氧分压控制技术，可以灵活调控反应器周围气体环境，从而满足多种微生物的培养和适应性进化。

（1）EVOL cell 安装环境要求

① 放置仪器的实验室应保持洁净、温度和湿度适宜（室内空气相对湿度应≤ 80%，室内温度应控制在 15 ～ 35 ℃），为防止环境中微生物对 EVOL cell 实验操作的影响，建议将本仪器放置在无菌室或者在洁净、无菌环境下使用。

② 本仪器应远离强电场、磁场和强热辐射源的干扰，避免阳光直射，避免腐蚀性液体和水蒸气直接接触仪器，避免剧烈震动对仪器称重传感器、光学检测模块等精密部件造成影响。

③ 仪器供电电源为：220 V、50 Hz，在使用前检查电源插座电压是否符合本仪器电源要求，利用配送的品字电线将本仪器和插座进行连接；电源地线必须接线良好；检查各开关在通电之前的状态。

④ 放置仪器的实验场所应该水平，无坑洼，稳定。场所大小应不小于安装架尺寸（台架尺寸 540 mm×1550 mm×600 mm，长 × 高 × 深），以便于实验操作。

⑤ 本仪器在运行过程中需要一个可达 0.15 MPa 的压缩空气气源，建议空气压缩机配合本仪器使用。

⑥ 本仪器所配置工业平板电脑不得安装第三方软件（包括杀毒软件）以及连接网络。

（2）EVOL cell 开关机

首先检查 EVOL cell 设备（培养单元、主机、电脑）的电源线和通信数据线并重新拔插，以确保连接。EVOL cell 开机顺序为：打开培养单元开关；打开主机开关；打开电脑，点击桌面“EVOL cell”快捷方式打开软件。EVOL cell 关机顺序与上述开机顺序相反，依次为：关闭 EVOL cell 软件，关闭主机，关闭培养单元。

（3）预准备（以大肠杆菌耐盐适应性进化为例）

① 仪器：EVOL cell、恒温摇床、超净工作台。

② 试剂与菌种：菌种复壮培养液（例如大肠杆菌）、菌种培养基（例如 LB 液体培养基）、含化学因子培养基（例如含高浓度 NaCl 的 LB 液体培养基）、蒸馏水。

③ 耗材：EVOL cell 耗材、一次性滤膜、10 mL 一次性注射器、1 mL 枪头、1 mL 移液枪。

④ 灭菌：将培养基按照温度要求灭菌后备用；EVOL cell 耗材、1 mL 枪头、一次性滤膜，121 ℃高压湿热灭菌 30 min；1 mL 移液枪、一次性注射器等提前放入超净台中，紫外线照射 30 min 进行灭菌。

⑤ 建议在做适应性进化之前，先测菌种的生长曲线，确定传代时间范围。因为 EVOL cell 和摇瓶培养为两个不同体系，传代时间范围需要重新测定。

⑥ EVOL cell 培养单元中内含称重装置，对压力变化十分敏感，使用时应避免剧烈震动、碰撞，否则容易损坏仪器的称量稳定性。

（4）EVOL cell 耗材安装

EVOL cell 耗材安装如图 9-5 所示。

① 1 号插针与培养基管路相连、2 号插针与取样管路相连、3 号插针与试剂 1 管路相连，无需使用插针，使用硅胶管密封即可。

② 接头 A 上端与循环管路带蓝色胶圈一头相连，接头 B 上端与循环管路带红色胶圈一头相连。

③ 培养管路带黄色标签一头与接头 A 下端相连，另一端与缓冲瓶底下段的接头 D 相连；带红色标签的硅胶管路一端与接头 B 下端相连，另一端与缓冲瓶底上段的接头 C 相连。

④ 在 E 滤膜安装处安装上 0.22 μm 的滤膜。

⑤ 培养管路不能有弯折和折断情况，在安装过程中应当小心操作，避免因培养管路出现弯折导致液体不流通和折断导致的漏液现象。

⑥ 取样管路跟取样泵相连，位置不能移动，其余管路与培养基泵和试剂 1 泵、试剂 2 泵相连，顺序可根据实验需求调整。

（5）菌体 OD 对标

① 前期准备：对培养至中后期的大肠杆菌菌液，使用蒸馏水稀释后（参照日常菌种检测稀释手段），使用分光光度计对稀释样品进行 OD_{600} 检测，记录分光光度计测定的 OD 数值。（注意其中用于 OD 对标的待测样本数量应不少于 5 个。）

② 菌种名称、检测波长创建：在软件主界面点击“”按钮进入“标定”界面，对待测菌种进行 OD 对标，创建菌种名称和检测波长。

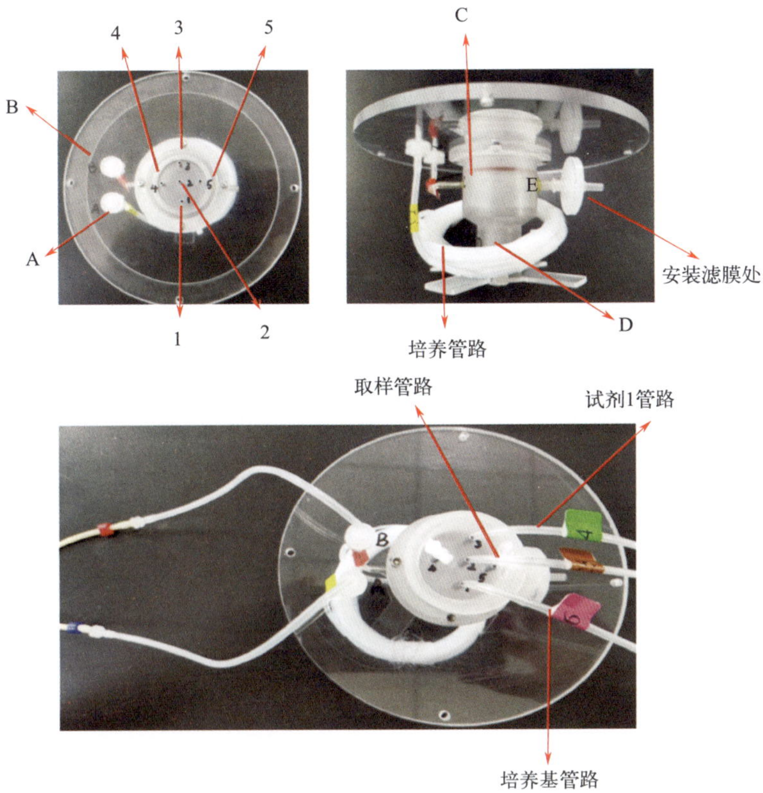

图 9-5 EVOL cell 耗材安装意图

③ 光度计 OD 值：将分光光度计所测得的样本的 OD 值按从小到大填入“光度计”菜单栏下。

④ 水基准光强值采集：连接 OD 检测管路至单元 1 取样泵上，将管子末端置于蒸馏水中，点击“开始”对水基准光强进行检测，待结束后点击“确定”获得水基准光强值。

⑤ 样本的设备 OD 值采集：将检测管路末端插入样本 1 中，点击“开始”进行检测，结束后点击弹框“确定”按钮获得样本 1 光强值和 OD 值，其他样本设备 OD 值采集同样本 1。

⑥ 线性回归方程计算：在“选择”菜单栏下勾选需要计算的样本名称后，点击“计算”按钮，会得到样本的设备 OD 值与分光光度计 OD 值的线性回归方程，其中 *X* 轴为设备 OD 数值，*Y* 轴为分光光度计 OD 数值。

⑦ 菌种数据库添加：选择“添加”按钮，将标定好的菌种线性方程添加至右侧数据库中，供检测时选择 OD 对标使用。

（6）装样与耗材安装

① 装样：将复壮好的对数期种子液以一定接种量（案例 2% 左右，视具体菌种以摇瓶最适接种量为准）接入培养基，充分摇匀备用。在超净工作台中使用 10 mL 无菌注射器吸取摇匀后接种量 2% 的菌液 8 mL 注入缓冲瓶中，盖上缓冲瓶盖子，调整好实验所需的接种量（案例接种量为 2%）。再根据对应管路连接补料培养基、试剂 1 培养基等以备耗材运行。

② EVOL cell 耗材安装：将装好样品的耗材按图 9-5 所示安装。注意接口 A 处相连的管路置于循环电机右侧，接口 B 处相连的管路置于循环电机左侧。保证运行过程中循环泵正转是从接头 A 往接头 B 方向运行，液体能通过循环泵蠕动进入特氟龙管内。

③ 取样管路与左定位块，取样管路、培养基管路、试剂 1 管路、试剂 2 管路与右定位块之间的距离应当适当，硅胶管路相对比较舒展，无扭曲、形变，防止硅胶管路的弹性形变对称重传感器的影响。

④ 硅胶管路一定要完全卡进左右定位块的卡槽中。

⑤ 循环泵泵管的限位胶圈，一定是左边是红色、右边是蓝色的，限位胶圈一定要紧挨着蠕动泵，否则蠕动泵会将泵管卷进蠕动泵内。

（7）培养菌体

① 基本参数设置：点击软件主界面单元 1“详细信息”进入单元 1“参数设置”界面，进行各项参数的设置：

A．温度：37 ℃；

B．接种总量（%）：2；

C．检测周期 /min：30；

D．传代类型：TIME；

E．传代时间：5 h；

F．菌种名称：大肠杆菌。

② 传代参数设置：在“参数设置”界面设置完成后，点击“传代梯度”按钮进入“单元 1 传代梯度”界面，进行传代梯度设置，注意化学因子浓度的设定。传代梯度设置完成后，点击“试算补料量”进行各类培养基的理论需要体积的计算，点击“保存”进行传代梯度的保存。注意梯度设置完成检查无误后，一定要点击“保存”按钮保存，否则该梯度设置失败。随后点击“返回”弹出警告框，主要警示传代梯度是否进行设定和保存，点击“是”返回至“参数设置”界面。

③ 开始运行：点击“运行信息”按钮，在弹出的界面点击“开始”按钮，弹出“单元 1 开始运行？”提示，点击“是”后，通道 1 即开始运行培养。在实验开始运行前，一定要保证压缩空气气压调到 0.15 MPa。“参数设置”“传代梯度”界面信息可在仪器运行过程中根据菌株生长状况进行修改，但“接种量”“菌种名称”“是否启用 OD 对标？”只能在仪器运行前开始设置，运行后不得更改。

④ 停止实验：实验结束后，点击运行信息界面“结束”按钮，结束仪器运行。将缓冲瓶耗材按安装相反的顺序，拿到超净工作台里取出驯化后的菌液。

⑤ 导出数据：仪器在运行过程中，可随时点击“运行信息”界面“导出数据”按钮，导出当前所在通道的全部 OD 数据，选择数据保存路径，将培养期间检测记录的 OD 值以 .CVS 的格式导出，可通过 Excel 进行相关的数据分析。

⑥ 实验结果：实验结果如图 9-6 所示，随着培养基中盐浓度的增大，大肠杆菌的生长速度逐渐下降。

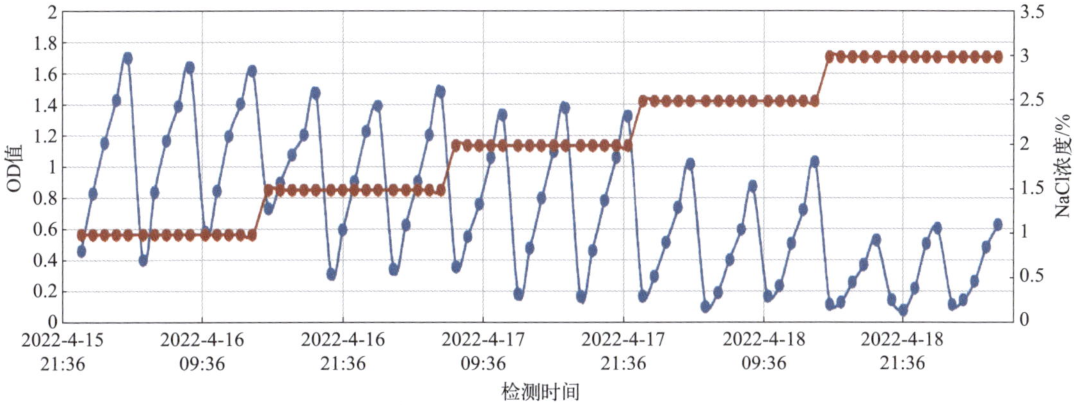

图 9-6　大肠杆菌耐盐适应性进化过程模拟图

（8）注意事项

① 使用仪器之前，请认真阅读仪器的说明书并按照说明书的指导进行实验，特别注意标注“⚠”和“ⓘ”的部分，操作不当不仅会对实验结果造成不良影响，甚至会引发仪器的损坏和人身伤害。

② 仪器运行过程中不能断电，如遇运行过程中异常断电或实验室停电，需更换新的耗材和培养基，重新实验；如有疑问，应及时联系技术工程师，指导操作。

③ 放置仪器的实验室应保持洁净、温度和湿度适宜（室内空气相对湿度应≤ 80%，室内温度应控制在 15 ～ 35 ℃），为防止环境中微生物对 EVOL cell 实验操作的影响，本仪器建议放置在无菌室或者洁净、无菌环境下使用。

④ 本仪器应远离强电场、磁场和强热辐射源的干扰，避免阳光直射，避免腐蚀性液体接触仪器。

⑤ 确保仪器所用电源接地良好，电源线与仪器间连接完好。

⑥ EVOL cell 培养单元中内含称重装置，对压力变化十分敏感，使用时应避免剧烈震动、碰撞，否则容易损坏仪器的称量稳定性，影响实验结果。

⑦ 调试手动操作过程中，切勿同时单击多个按钮选项，以免发生故障。

⑧ 蠕动泵管使用一段时间后建议更换，以免管路老化、破损，造成检测结果不准确。

9.3.3　基因型-表型关联：多组学分析和多重基因工程

在理想的 ALE 研究中，阐明因果突变和揭示潜在的基因型-表型关联是最后一个环节，这可以帮助研究人员更深入地了解微生物并为未来微生物细胞工厂的理性工程提供信息。近年来，高通量测序技术的发展使得全基因组测序被广泛应用于鉴定进化菌株基因组的突变。然而，进化菌株的基因组中可能携带大量“搭便车”的有害突变或中性突变，这使得关键因果突变的鉴定变得非常困难。特别地，当应用高效诱变工具开展 ALE 时，随着诱变率的增加，这个问题将更加严重。为了加快有益突变的锁定过程，目前常用的几种策略如下：①结合突变所在基因的功能进行预测。一般可以通过 NCBI、UniProt、BioCyc 等数据库查询相关基因和蛋白质的信息，也可以通过 KEGG 数据库查询该基因所在的代谢途径 / 网络进行辅助分析。②开展多个独立的 ALE 实验并对进化菌株进行全基因组测序，通过比较多个菌株基因组中的共同突变进行合理推测。这是目前 ALE 领域使用最为广泛的方法，也进一步突出了前述多重自动化培养平台的重要性。③将进化菌株与亲本菌株的基因组进行改组以产生新的突变组合，并通过后续的基因组测序为关键因果突变的推断进一步提供信息。通过上述策略锁定若干关键因果突变后，通常还需要进一步通过实验确认。一般而言，可以利用基因编辑工具在进化菌株中将候选突变恢复为野生型，检测改善的表型是否消失；或者在野生型菌株中重新引入候选突变，检测原始表型是否改善。多重基因组工程的发展大大降低了多重突变菌株的重构难度，并使得研究者能够更轻易地鉴定具有协同效应或上位效应的突变组合。为了促进 ALE 实验中的知识获取，目前已经建立了进化实验突变数据库（ALEdb1.0），该数据库整合了公开报道的 ALE 实验中已鉴定的因果突变信息。尽管研究者尝试利用该数据库中的数据进一步指导菌株工程的理性设计，但是取得的效果非常有限。

另一方面，除了检测生长速率或产量等能够明显观测的表型外，包括转录组学、蛋白质组学和代谢组学等在内的组学技术也被用于在分子水平对进化或重构微生物的表型进行分析。特定转录物、蛋白质或代谢物数量的改变可以破译表型改善的直接原因，并揭示进一步改善微生物表型的潜在靶标。随着系统和通路水平的基因型-表型关联数据的增加，机器学习技术将有助于发现不同表型之间的联系，帮助人们系统地获取微生物代谢和基因调控的知识。这些技术在一定程度上也能够促进基因工具较少的非模式微生物中相关生物学知识的挖掘。

9.4 实验室适应性进化技术在菌种选育中的应用

9.4.1 经典 ALE 策略

9.4.1.1 甲基营养型大肠杆菌的构建（Kim et al, 2020）

气候变化是人类面临的全球性重大挑战之一，其中由化石燃料燃烧产生的 CO_2 排放是全球变暖的主要原因之一。实现 CO_2 减排的一种方案是以其作为生产碳基增值化学品的主要原料，然而，这一目标的实现依旧面临极大阻碍。尽管植物和藻类能够通过光合作用实现大规模生物固碳，但是它们的固碳效率较低，且大量种植会导致对农业资源的挤兑和生物多样性的破坏。一种新兴的解决方案是将非生物和生物过程进行整合，利用物理化学方法实现 CO_2 的捕获并将其转化为多种一碳化合物，如甲酸盐和甲醇。这些物质成本低廉，易溶于水，避免了传质过程的限制，且具有较高的能量效率，是生物工程的优良底物。

尽管天然甲基营养微生物能够利用甲酸盐或甲醇，但是它们的基因操作工具不成熟、产品范围有限、培养难度大。因此，研究者通过在模式生物大肠杆菌中引入甲酸盐和甲醇的同化途径，并结合 ALE 策略，实现了甲基营养型大肠杆菌的构建。具体地，通过引入线性的还原甘氨酸途径（rGlyP），并利用理性的代谢工程调节代谢通量分布，成功获得了能够以甲酸盐为唯一碳源和能源的工程菌株。为进一步改善菌株在甲酸盐中的生长速率，研究者在甲酸盐浓度逐渐升高的培养基中对菌株进行了适应性进化，通过 13 次转接（约 40 代倍增），菌株在甲酸盐中的生长速率显著提高，倍增时间从开始的 65 ～ 80 h 下降至 10 h，甲酸盐的利用率（即每消耗 1 mol 甲酸盐产生的细胞干重）从 1.5 g/mol 提高至（2.3±0.2）g/mol。研究者从进化菌株中分离了多个菌落并对其进行基因组测序，发现所有菌落中都携带两个突变。第一个突变是 rGlyP 途径中甲酸脱氢酶（FDH）基因 5'UTR 的单碱基替换，使得 FDH 的转录水平提高了 2.5 倍，并导致细胞的甲酸盐氧化活性增加了 7.4 倍。第二个突变是 pntAB 启动子区域的单碱基替换，使得 pntAB 的转录水平提高了 13 倍。该基因编码 NAD（P）转氢酶，其转录水平的提升增加了 NADPH 的可用性，而 NADPH 是提高 rGlyP 活性的关键辅因子。将这两个突变重新引入出发菌株后，该菌株表现出与进化菌株几乎相同的生长曲线，因此，这两个突变是实现表型改善的关键因果突变。

9.4.1.2 L-丝氨酸高耐受大肠杆菌的构建（Mundhada et al, 2017）

L-丝氨酸是一种重要的化学品，可作为一些高值化学品和生物材料的合成前体。目前，L-丝氨酸主要用于化妆品和制药行业，年需求量约为 400 吨。尽管利用葡萄糖合成 L-丝氨酸的理论产量是所有氨基酸中最高的，但发酵得到的实际产量排名最低。阻碍产量提升的重要因素之一是 L-丝氨酸本身对细胞的生物毒性，一项重要证据是通过紫外线诱变获得的丝氨酸耐受性菌株在补料分批发酵过程中显示出更高的滴度和生长速率。已有研究表明，L-丝氨酸会阻碍许多不同的细胞过程，包括细胞分裂、肽聚糖合成和支链氨基酸合成过程，丝氨酸也可能转化为丙烯酸酯和其他中间代谢产物并影响细胞活力。

为了提高 L-丝氨酸的产量，研究者首先敲除了生产菌株的 L-丝氨酸代谢途径，并在 L-丝氨酸浓度逐渐增加的培养基中（3 g/L、12 g/L、24 g/L、50 g/L、75 g/L 和 100 g/L）进行了为期 45 d 的连续分批培养。实验设置五个生物学重复，所有转接操作均在指数生长期进行。当生长速率出现提高并在 2 ～ 3 代内保持稳定时，培养物被转接至 L-丝氨酸浓度更高的培养基中进行后续培养。对若干进化后的单克隆进行生长验证后，研究者获得了在 50 g/L L-丝氨酸下生长速率提高 7.5 倍的突变株，补料分批发酵实验，表明该菌株获得了 37 g/L 的 L-丝氨酸产量，比以往报道的生产水平提高了 3 倍。

9.4.1.3 CO高耐受黏真杆菌的构建（Kang et al, 2020）

合成气是化石燃料燃烧的主要副产物，主要成分包括 CO、CO_2 和 H_2，通常需要进一步净化以防止空气污染和温室效应。传统的热化学方法需要高温高压条件和较高的运行成本，相比之下，微生物发酵法有望以更低的成本和较高的催化特异性将合成气转化为其他工业化学品。在众多可用于合成气发酵的微生物中，黏真杆菌（*Eubacterium limosum*）具有将 CO 高效转化为生物质和各种化学品的能力，并被认为是替代传统热化学方法的新平台。黏真杆菌是一种以 CO 和 CO_2 为碳源的厌氧菌，通过 Wood-Ljungdahl 途径（WLP）合成乙酰辅酶 A 作为重要的代谢中间体，其中 CO 脱氢酶（CODH）和乙酰辅酶 A 合酶（ACS）分别能够实现可逆的 CO/CO_2 相互转化和乙酰辅酶 A 的合成，在黏真杆菌的自养生长中起着关键作用。研究者应用 ALE，在含有 44%CO 的合成气中对菌株进行连续传代，传代数达到 150 代时，进化菌株的生长速率不再增加，ALE 结束。从进化种群中分离获得若干生长显著改善的突变体后，研究者以 50 代为间隔对进化菌株进行基因组测序，并揭示了若干与表型改善关联的突变，其中携带 *acsA* 基因（编码 ACS）突变的进化菌株显示出比亲本菌株更强的 CO 同化能力，其 CO 利用速率提高了 37%，比生长速率提高了 90%，平台期的 OD_{600} 值增加了 41%。

9.4.2 基于代谢网络重编程的 ALE 策略

9.4.2.1 自养型大肠杆菌的构建（Gleizer et al, 2019）

将无机碳固定为有机化合物来产生生物质的自养生物是无机界和生物界之间的主要纽带，它们主宰着地球上的生物量，供应我们所有的食物和大部分燃料。因此，更好地理解自养生长的原理和增强自养生长的方法对于实现可持续发展至关重要。通过构建合成自养生物，可以了解天然自养生物生长的主要限制因素以及如何改善它们的中心代谢途径。因此，合成生物学的一大挑战是如何赋予模式异养生物自养能力。

具有完全自养能力的宿主必须满足下列条件：①在以 CO_2 为唯一碳源的环境中，通过 CO_2 固定机制将其转化为能够进入中心碳代谢并为细胞提供所有 12 种必需生物质前体的有机分子；② 表达相应的酶并通过利用非化学能（光、电等）或氧化不作为碳源的还原性化合物来获得还原力；③调节和协调能量供应和 CO_2 固定途径，以便它们共同支持以 CO_2 作为唯一碳源的稳态增长。为了在实验室中将大肠杆菌转化为自养微生物，研究者通过引入异源核酮糖-1,5-二磷酸羧化酶 / 加氧酶（RuBisCO）和磷酸核酮糖激酶（prk）构建了完整的 CBB 途径，并使用异源的 NAD^+ 依赖型甲酸盐脱氢酶（FDH）来氧化甲酸盐、提供还原力。然而，所得大肠杆菌依旧无法实现完全自养生长，这可能是因为大肠杆菌的中心代谢适应了异养生长，因此支持异养生长的通量分布可能被继续利用。为了实现代谢网络通量分布的重塑，研究者构建了一个 RuBisCO 依赖型的木糖代谢途径，通过 ALE 促使相关酶活的必要调整［图 9-7（a）］。

首先，通过敲除 *pfkA*、*pfkB* 和 *zwf* 基因实现 RuBisCO 依赖型木糖代谢途径的构建，在木糖作为辅助碳源的情况下，菌株只能通过 RuBisCO 催化的代谢途径利用木糖。接着，在含有低浓度木糖的恒化器中连续培养细胞，使细胞持续处于有机碳饥饿状态。恒化器中还含有过量甲酸盐和 10% 的 CO_2，与受木糖供应限制的原始细胞相比，具有更低木糖依赖性和更强

CO_2 同化能力的突变体将具有更高的适应度。恒化器中细胞的稀释速率被设置为 0.02 h^{-1}，经过约 200 d 的培养（传代数约 150 代），出现了能够在无木糖的培养基中生长的突变体；从第 350 d 开始，培养基中不再添加木糖，通过进一步进化，研究者成功获得了自养型大肠杆菌，其倍增时间约为（18±4）h，甲酸盐的生物质转化率为（2.8±0.8）g/mol，这一水平与天然甲酸营养型微生物相当。

9.4.2.2 1-丁醇高产大肠杆菌的构建（Pontrelli et al, 2018）

由于微生物系统的复杂性，利用理性工程对微生物进行改造可能会扰乱基本的生理过程并损害菌株的生长。例如，在一项研究中，为了构建高产 1-丁醇的大肠杆菌，研究者通过敲除乙醇脱氢酶基因（*adhE*）、乳酸脱氢酶基因（*ldhA*）和富马酸还原酶基因（*frdBC*）消除了细胞主要的 NADH 消耗途径，期望能够将节省的 NADH 用于 1-丁醇的合成。然而，由于敲除后的菌株在厌氧条件下没有可用的电子受体，这种策略导致过量 NADH 在胞内累积，菌株无法进行生长和发酵。于是，研究者将 1-丁醇合成途径修改为来源于梭菌的辅酶 A 依赖型 1-丁醇合成途径，该途径为敲除菌在厌氧条件下能够消耗过量 NADH 的唯一途径，所得菌株在丰富培养基中达到了较高的产量。然而，该菌株在基础培养基中生长较差、产量较低，利用其厌氧生长与 1-丁醇的合成相耦合的特性，研究者进一步通过 ALE 提高菌株在基础培养基中的发酵产量［图 9-7（b）］。

具体地，为了加快进化速度，研究者使用增变基因 *mut5D* 作为全局体内诱变工具。*mut5D* 是 *dnaQ* 基因的显性负效应突变体，过表达 *mut5D* 后基因组突变率与野生型菌株相比提高了（93±32）倍。通过将菌株在 LB 含量逐渐降低的 M9 基础培养基中连续培养，获得了在基础培养基中生长和产量显著改善的突变体。全基因组测序、代谢组学和蛋白质组学分析表明突变菌株通过降低质粒拷贝数、增强生物合成过程和糖酵解过程、调节氧化还原代谢过程来实现表型的改善。

9.4.2.3 游离脂肪酸高产酿酒酵母的构建（Yu et al, 2018）

游离脂肪酸（FFA）是制造洗涤剂、润滑剂、化妆品和药物成分的关键原料。酿酒酵母利用葡萄糖生产 FFA 可分为三个模块：葡萄糖转化为丙酮酸的上游模块，丙酮酸转化为乙酰辅酶 A 的中间模块，乙酰辅酶 A 合成 FFA 的下游模块。如图 9-7（c）所示，在野生型酿酒酵母中，“葡萄糖到乙醇”的代谢模式主导中心碳通量，这一过程也为细胞的生长提供能量。为了实现“葡萄糖到油”的代谢模式，研究者首先在酿酒酵母中构建了生产 FFA 的有效途径，该菌株在补料分批发酵中实现了 7 g/L 的 FFA 生产。随后，研究者过表达了 ATP 柠檬酸裂解酶（ACL）增强乙酰辅酶 A 的合成，并通过精细调节糖酵解、磷酸戊糖途径和三羧酸循环，使得用于 FFA 生物合成的 NADPH、ATP 和乙酰辅酶 A 的供应实现平衡，所得菌株 Y&Z036 的 FFA 产量达到 33.4 g/L。最后，研究者敲除了酒精发酵过程中起关键作用的丙酮酸脱羧酶（pdc），试图完全消除从葡萄糖到乙醇的代谢模式，将酿酒酵母转化为“产油”酵母。

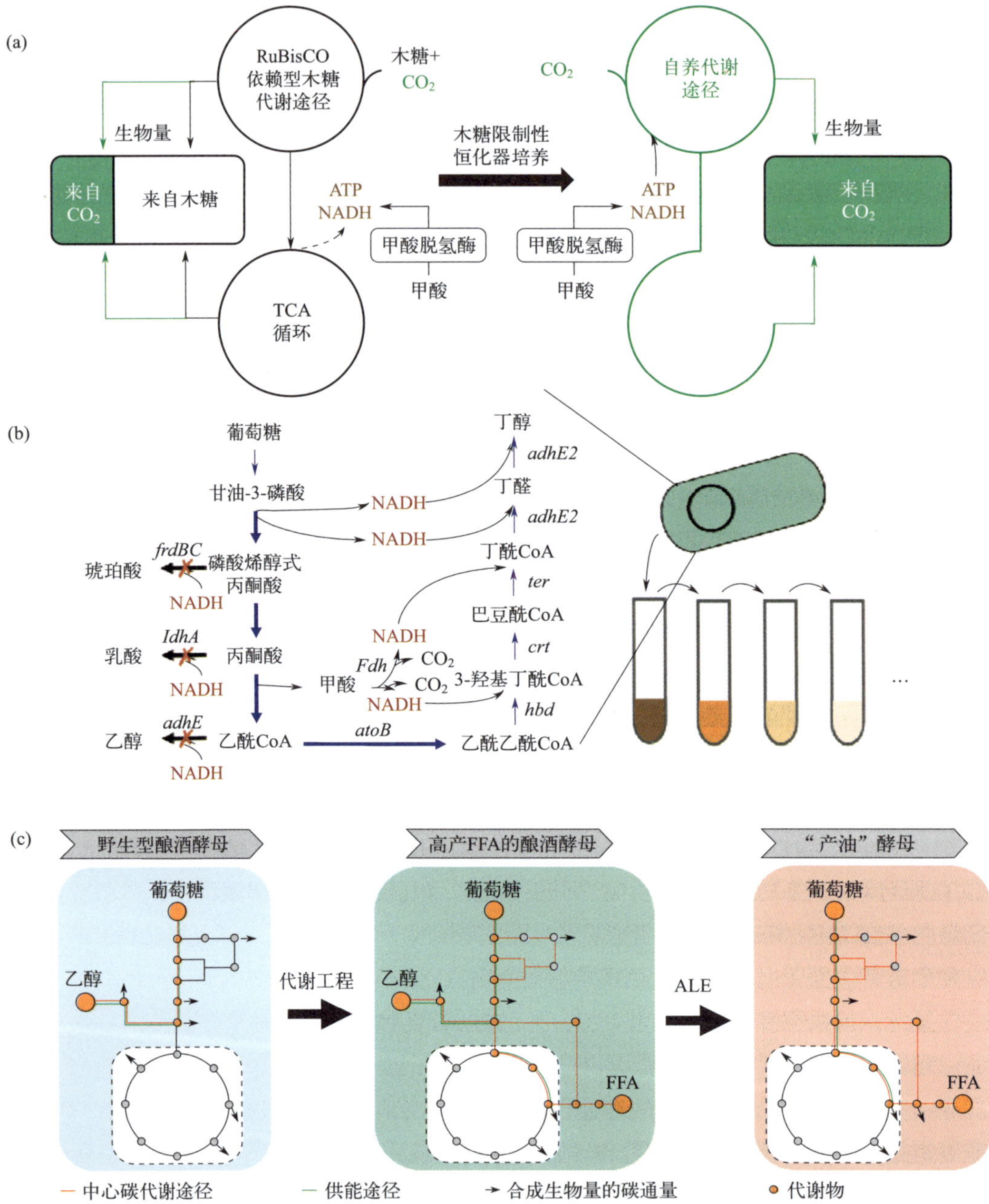

图 9-7 基于代谢网络重编程的 ALE 应用案例

（a）自养型大肠杆菌的进化；（b）基础培养基中 1-丁醇高产大肠杆菌的进化；（c）“产油”酵母的进化

在野生型酵母中，丙酮酸脱羧酶的敲除将导致菌株无法以葡萄糖为唯一碳源生长，这是因为 *pdc* 基因的敲除阻断了乙醇发酵过程中 NADH 的再氧化和胞质乙酰辅酶 A 的合成。在 Y&Z036 菌株中，ACL 的表达确保了胞质乙酰辅酶 A 的合成，对糖酵解、磷酸戊糖途径和三羧酸循环的微调策略保证了 NAD^+ 的再生，因此，敲除 *pdc* 基因后，细胞理论上可以在葡萄糖中生长，且其生长与 FFA 的合成偶联。然而，在 Y&Z036 中敲除 *pdc* 基因后，所得菌株在以葡萄糖为唯一碳源的培养基中依旧无法生长，这可能是由代谢通量失衡导致的。因此，研究者将菌株接种至含有乙醇的基础培养基中进行进化，通过逐渐增加葡萄糖的添加比例，经过大约200代的进化，菌株获得了以葡萄糖为唯一碳源进行生长的能力，且培养基中没有检测到乙醇的产生。这一具有“葡萄糖到油”的代谢模式的“产油”酵母在葡萄糖和氮源限制性补料分批发酵中具有与Y&Z036菌株相当的FFA产量。

9.4.3 基于遗传编码生物传感器的ALE策略

9.4.3.1 赖氨酸高产大肠杆菌的构建（Yang et al, 2013）

在自然界中，RNA片段用于感知细胞信息并根据这些信息在转录、翻译和RNA降解水平上调节基因的表达。核糖开关是一种在mRNA的5′UTR发现的非编码顺式调控元件，它通常通过适体结合域对细胞内代谢物进行响应，并通过构象变化将代谢物浓度信号转化为下游基因表达水平的变化。利用这一特性，研究者开发了可用于进化L-赖氨酸高产菌株的合成RNA装置Riboselecter。该装置由两个模块组成：一个是核糖开关模块（riboswitch module），用于检测L-赖氨酸的胞内浓度并将该信号转化为下游基因表达强度，另一个是可以进行高通量筛选的选择模块，该模块携带编码四环素/H^+反转运蛋白的*tetA*基因，*tetA*的表达能够赋予菌株在有毒金属盐（如Ni^{2+}）中生存的能力。因此，该RNA装置使得L-赖氨酸高产菌株具有更强的金属盐耐受性。

磷酸烯醇式丙酮酸羧化酶（*ppc*基因编码）的表达水平已被证明在L-赖氨酸的生产中至关重要。为了优化其表达水平，研究者构建了一个具有不同转录效率的大型启动子文库，用于驱动*ppc*的表达。引入Riboselecter后，研究者在含有90 μmol/L $NiCl_2$的培养基中对细胞文库进行了四轮富集，并通过二代测序发现赖氨酸产量显著增加的菌株占整个种群的75%，由此证明了Riboselecter驱动的策略可用于菌株的进化。

9.4.3.2 黏康酸高产酿酒酵母的构建（Snoek et al, 2018）

黏康酸是一种平台化学品，可用于生产己二酸或对苯二甲酸，并进一步聚合形成多种塑料。黏康酸的生物合成通常以大肠杆菌作为宿主，然而，从工艺角度考虑，使用酿酒酵母等具有较强耐酸能力的微生物作为底盘宿主是更好的选择。为了通过进化获得高产黏康酸的酿酒酵母，研究者设计了一个基于转录因子型传感器的选择系统。

首先，选用lysR型转录因子家族（LTTR）的转录因子BenM构建传感器的响应模块，黏康酸可以作为诱导物与BenM特异性结合，从而激活相关启动子下游基因的表达。以*kanMX*基因为报告基因，黏康酸的浓度可以被定量地转化为菌株对抗生素G418的耐受能力。通过选用*BenM*基因的突变体并进一步优化其启动子的强度，研究者构建了具有更大动态范围的传感器，能够实现黏康酸生产和宿主生长的偶联，但不会影响酵母在非选择性条件下的生长速率或细胞形态，也不会影响黏康酸的合成。随后，研究者创建了一个黏康酸生产菌株的突变文库，并将该传感器的基因回路整合到菌株基因组上，在含有 G418 的培养基中筛选高产黏康酸的突变体。经过 275 h 的培养，研究者分离得到了若干黏康酸生产能力改善的突变株，其中最优菌株在生物反应器中的黏康酸产量达到 2 g/L。

9.4.3.3 柚皮素高产大肠杆菌的构建（Raman et al, 2014）

柚皮素是一种二氢黄酮类化合物，具有抗菌、抗炎等多种药理作用。大肠杆菌利用葡萄糖合成柚皮素需要异源表达四种酶：酪氨酸解氨酶（TAL）、4-香豆酸辅酶 A 连接酶（4CL）、查耳酮合酶（CHS）和查耳酮异构酶（CHI）。利用通量平衡分析，研究者确定了糖酵解、TCA 循环和脂肪酸生物合成这三个关键途径，通过调节其中若干关键基因的表达水平，有望增加柚皮素合成前体丙二酰辅酶 A 和酪氨酸的供应，并提高柚皮素的产量。为了实现通量的精细调节，研究者使用多重自动化基因组工程（MAGE）对相关基因的表达水平进行了调控，包括：诱变 RBS 序列降低或提高目标基因的翻译效率；将起始密码子修改为其他起始密码子（CTG、GTG 或 TTG）实现翻译衰减；提前引入终止密码子或引入移码突变导致基因完全失活。为了实现高产突变株的筛选，研究者利用能够响应柚皮素的转录因子基因 *ttgR* 和外膜外排泵基因 *tolC* 构建了一个双拷贝 TtgR-TolC 传感器，结合双向选择策略，开发了一个具有低逃逸率的进化平台。经过 4 轮的定向进化（每轮为 15 个靶向诱变循环和一轮双向选择），最佳突变菌株的柚皮素产量达到了亲本菌株的 36 倍。应用同样的策略，还成功进化得到了葡萄糖酸产量提升 22 倍的突变菌。

参考文献

Badran A H, Liu D R, 2015. Development of potent *in vivo* mutagenesis plasmids with broad mutational spectra[J]. Nature Communications, 6:8425.

Camps M, Naukkarinen J, Johnson B P, et al, 2003. Targeted gene evolution in *Escherichia coli* using a highly error-prone DNA polymerase I[J]. Proceedings of The National Academy of Sciences of the united States of America, 100(17): 9727-9732.

Crook N, Abatemarco J, Sun J, et al, 2016. *In vivo* continuous evolution of genes and pathways in yeast[J]. Nature Communications, 7:13051.

Esvelt K M, Carlson J C, Liu D R, 2011. A system for the continuous directed evolution of biomolecules[J]. Nature, 472(7344): 499-503.

Finney-Manchester S P, Maheshri N, 2013. Harnessing mutagenic homologous recombination for targeted mutagenesis *in vivo* by tagteam[J]. Nucleic Acids Research, 41(9):e99.

Gleizer S, Ben-Nissan R, Bar-On Y M, et al, 2019. Conversion of *Escherichia coli* to generate all biomass carbon from CO_2[J]. Cell, 179(6): 1255.

Halperin S O, Tou C J, Wong E B, et al, 2018. Crispr-guided DNA polymerases enable diversification of all nucleotides in a tunable window[J]. Nature, 560(7717): 248.

Jian X J, Guo X J, Wang J, et al, 2020. Microbial microdroplet culture system (MMC): An integrated platform for automated, high-throughput microbial cultivation and adaptive evolution[J]. Biotechnology and Bioengineering, 117(6): 1724-1737.

Kang S, Song Y, Jin S, et al, 2020. Adaptive laboratory evolution of eubacterium limosum ATCC 8486 on carbon monoxide[J]. Frontiers in Microbiology, 11:402.

Kim S, Lindner S N, Aslan S, et al, 2020. Growth of *E. coli* on formate and methanol via the reductive glycine pathway[J]. Nature Chemical Biology, 16(5): 538.

Li R R, Guo X J, Xiong K, et al, 2023. Microbial micro-tube culture system: a miniature bioreactor for controllable bubble-free oxygen supply based on high gas-permeability teflon tube[J]. Biochemical Engineering Journal, 191:108789.

Luan G D, Cai Z, Li Y, et al, 2013. Genome replication engineering assisted continuous evolution (GREACE) to improve microbial tolerance for biofuels production[J]. Biotechnology for Biofuels, 6(1):137.

Luo H, Hansen A, Yang L, et al, 2019. Coupling *S*-adenosylmethionine-dependent methylation to growth: design and uses[J]. PLoS Biology, 17(3):e2007050.

Meyer F, Keller P, Hartl J, et al, 2018. Methanol-essential growth of *Escherichia coli*[J]. Nature Communications, 9(1):1508.

Moore C L, Papa L J, Shoulders M D, 2018. A processive protein chimera introduces mutations across defined DNA regions *in vivo*[J]. Journal of the American Chemical Society, 140(37): 11560-11564.

Mundhada H, Seoane J M, Schneider K, et al, 2017. Increased production of L-serine in *Escherichia coli* through adaptive laboratory evolution[J]. Metabolic Engineering, 39: 141-150.

Park H, Kim S, 2021. Gene-specific mutagenesis enables rapid continuous evolution of enzymes *in vivo*[J]. Nucleic Acids Research, 49(6):e32.

Pontrelli S, Fricke R, Sakurai S, et al, 2018. Directed strain evolution restructures metabolism for 1-butanol production in minimal media[J]. Metabolic Engineering, 49: 153-163.

Raman S, Rogers J K, Taylor N D, et al, 2014. Evolution-guided optimization of biosynthetic pathways[J]. Proceedings of the National Academy of Sciences of the United States of America, 111(50): 17803-17808.

Simon A J, Morrow B R, Ellington A D, 2018. Retroelement-based genome editing and evolution[J]. ACS Synthetic Biology, 7(11): 2600-2611.

Snoek T, Romero-Suarez D, Zhang J, et al, 2018. An orthogonal and pH-tunable sensor-selector for muconic acid biosynthesis in yeast[J]. ACS Synthetic Biology, 7(4): 995-1003.

Tai Y S, Xiong M Y, Jambunathan P, et al, 2016. Engineering nonphosphorylative metabolism to generate lignocellulose-derived products[J]. Nature Chemical Biology, 12(4): 247.

Yang J, Seo S W, Jang S, et al, 2013. Synthetic RNA devices to expedite the evolution of metabolite-producing microbes[J]. Nature Communications, 4:1413.

Yu T, Zhou Y, Huang M T, et al, 2018. Reprogramming yeast metabolism from alcoholic fermentation to lipogenesis[J]. Cell, 174(6): 1549.

SYNTHETIC BIOLOGY ENGINEERING TECHNOLOGY SERIES

合成生物学工程技术丛书

10 平行发酵与平行细胞培养技术

白仲虎[1]，聂简琪[1]，孙杨[2]，任和[1]

[1] 江南大学生物工程学院

[2] 河南大学生命科学学院

细胞特性表征与高通量筛选技术

CELL CHARACTERISTICS CHARACTERIZATION AND HIGH-THROUGHPUT SCREENING TECHNOLOGY

10.1 平行发酵（细胞培养）技术的工作原理与设计思想

10.1.1 平行发酵（细胞培养）技术出现的背景

随着近代基因组学（genomics）、蛋白质组学（proteomics）、生物信息学（bioinformatics）以及相关实验技术科学的飞速发展，现代生物科学的研究已进入了组学（-omics）的时代。各种组学正在引领生物技术向系统化研究方向发展。在组学驱动的生物科学研究中，由于被观察的目标数量级数增加，研究用的实验技术手段也随之进入了全自动操作的高通量（high throughput, THP）时代。以高通量筛选技术（HTP screening）为例，它以分子水平和细胞水平的实验方法为基础，以微板形式作为实验工具载体，以自动化操作系统执行实验过程，以灵敏快速的检测仪器采集实验结果数据，利用大数据算法处理实验数据，在同一时间检测数以千计的样品，从中挖掘到有价值的信息和规律。在工业生物技术领域，生物信息、基因编辑、全基因组测序以及合成生物学等技术的稳步进展，使计算机辅助设计、全基因组人工合成成为可能。工业生物技术产业有可能进入工程化与设计化的全新模式，即人们可以设计细胞工厂（cell factory），可以在前所未有的短时间内构建表达多层级异源生物合成途径的大型菌株库。工业生物技术的“设计—构建—测试—学习”（DBTL）周期中“设计（D）”和“构建（B）”的阶段显著加速，使得“测试（T）”和“学习（L）”阶段在细胞工厂开发中的速度越来越成为限制性因素。

要提高测试（T）与学习（L）阶段的效率和成功性，过程工艺开发的初始阶段就必须要开展充分的菌种筛选，并实施关键过程工艺参数的早期挖掘。目前在该阶段，使用简单微孔板（MTP）或摇瓶（SF）培养仍然普遍存在，因为与实验室规模的搅拌罐反应器相比，其成本相对较低，通量较高。然而，由于 MTP 和 SF 培养缺乏在线监测和控制的能力，菌种评价通常限于终点分析，限制了菌种过程表象的观察，最明显的问题是往往无法筛选到在规模化培养阶段表现最佳的菌种。为了克服这些问题，微型生物反应器（miniature bioreactor, MBR）系统正越来越多地应用于菌种的早期筛选与评价。微型生物反应器的体积通常为 0.5 ～ 25 mL，并配有内置传感器，用于在线监测关键工艺参数，如 pH、溶解氧（DO）、光密度（OD）和荧光。采用多个微型生物反应器平行培养的策略，可显著减少空间和资源需求，同时能有效模拟生产规模的生物反应器培养条件，这种技术可以实现所谓“过程工程导向”的高通量菌种筛选评价。

进一步，通过将 MBR 技术与实验设计（design of experiment，DoE）方法相结合，可以进一步最大化地研究多菌种的过程表象，进一步提高测试与学习的效率。DoE 有助于系统地评估交互作用中的因素，并有助于更深入地探索关键过程参数设计空间。为了确保筛选到在工业规模上表现最佳性能的菌种，通过基于微型生物反应器的平行培养技术，将 DoE 应用于生物工艺开发的早期阶段，可同时优化遗传（例如代谢途径优化）和环境（例如培养基成分、温度、pH、DO）因素。

另外，在生物医药创新研究领域，显著缩短“从 DNA 到上市的蛋白药物”的生物新药创制时间历程已成为一个共识，所以在候选分子的评价、生产用细胞株的过程工程导向的快速筛选领域，采用 HTP 技术提高效率和成功率也已成为了技术发展趋势。但是，无论是针对新靶点的蛋白质医药分子或人工设计的生物代谢途径，还是合成生物学研究中所构建的细胞株，有效开展 DBTL 循环，快速实现规模化生产，都归结到生物过程工程的研究。所以生物过程工程在菌种筛选评价和工艺开发中，在技术上要回答一系列科学技术问题，这包括：

① 如何高效、快速、高通量地表达与评价大量的候选医药蛋白分子的可生产特性以及生产菌种？

② 如何高通量地验证承载人工设计代谢路线的大量克隆细胞的工程表现？

③ 如何高通量地评价合成细胞克隆群的生物学功能和目标产品的合成效能？

④ 如何高通量地揭示细胞工厂的运行机理和构造原理，实现优化设计，提高元件、底盘细胞的合成能力和过程调控能力？

⑤ 如何在细胞克隆确定后能高效率地建立优化的生产过程参数？

上述问题是在以技术与产品创新为导向的合成生物学或生命科学基础科学研究中，原创成果向实际应用转化研究中必须面对的、亟待解决的瓶颈问题。要解决生物过程工程研究所面临的迅速增加的实验通量问题，基于可实施过程参数控制的微型 / 小型生物反应器的多反应器高通量平行细胞培养装置（in-parallel cell culture），或称之为平行发酵培养系统（in-parallel fermentation）成为现代生物过程工程研发的必要工具。需要澄清说明的是对于哺乳动物细胞培养过程，一般称之为“细胞培养”；对于微生物培养过程，往往描述为“发酵”。这种高通量平行发酵（细胞培养）技术在生物科学研究中，包括生物医药创新、代谢工程、合成生物学等领域基础成果向生产技术转化中的重要共性作用总结如图 10-1 所示。

10.1.2 平行发酵（细胞培养）的设计思想

（1）平行发酵（细胞培养）技术在现代生物过程工程开发流程中的位置

现代工业生物技术、合成生物学和生物医药技术的过程工程开发起始于高性能的菌种（或细胞株），其过程分为三段典型的操作流程（如图 10-2 所示）：①海量高通量菌种评价与筛选（特征筛选）；②多个候选菌种的性能评价筛选与生产菌种的确定（评价筛选与过程工程筛选）；③高性能工业菌种的优化工艺建立（过程开发）。三个不同目的的培养过程解决问题的侧重点不尽相同。由于真核哺乳动物细胞株的高通量筛选可以通过流式细胞仪技术开展，而且目前合成生物学多以微生物为出发底盘细胞，所以下面的讨论主要涉及微生物菌种。

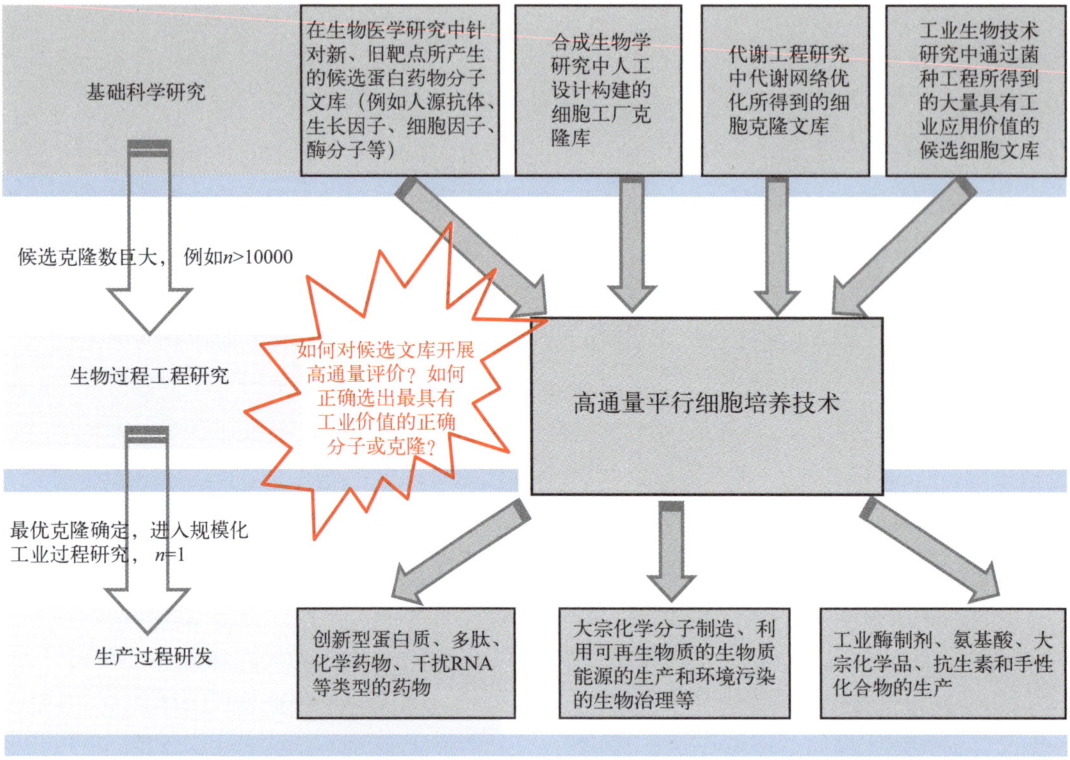

图 10-1　平行发酵（细胞培养）技术在生物科学成果向生产技术转化中的重要共性作用

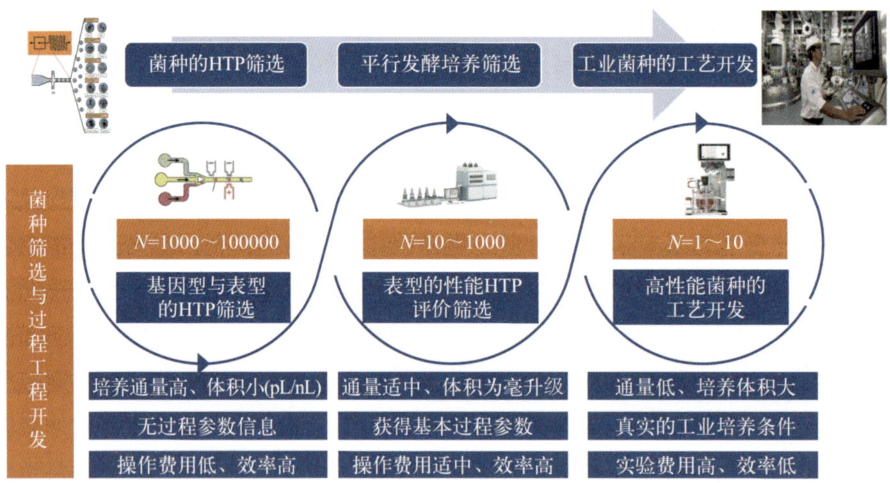

图 10-2　应用高通量培养技术的现代工业生物技术过程工程开发的三个典型的阶段

高通量微生物菌种筛选的目的是发现可以在规模化培养中实现稳定高产和低能耗的新菌株克隆。但高通量海量克隆筛选的培养过程与工业规模培养条件下的菌株表现是一个矛盾。原因是：高通量下微小体积的微生物培养往往要牺牲对过程参数的全面精准控制，无法模拟工业培养条件，筛选出的菌种未必符合规模化培养的要求；工业菌种潜能的实现往往与反应器过程参数的控制密切相关，需要在高通量筛选阶段开展过程工程驱动的筛选；如何在微小体积培养条件下发现菌种在反应器内的关键过程参数，对于实现高效低成本的过程工艺开发至关重要。

这个过程的第一步要解决数以万计（菌种数 $N = 10^3 \sim 10^4$）的多基因型菌种克隆的表型对比与性能定量评价，通过特征筛选，将候选菌种数量降低到可以开展模拟工业培养条件下的可控制培养的水平，即千百级菌种数量（N=100 ～ 1000）。这个阶段的工作对应于 DBTL 循环中的“设计”和“构建”。为实现高通量培养筛选，可以设计皮升、纳升、微升等不同体积级别的液滴作为微型反应器，将单细胞包裹其中实现超高通量的并行培养和测试，其培养效率高并可自动化操作。这个过程还面对诸多技术难题，包括海量克隆的平行培养通量，如何针对不同类型微生物，构建稳定的培养空间、底物、溶解氧等液滴环境；微液滴体系采用油包水结构实现微生物高通量平行培养，单克隆菌株、底物、代谢物均包裹于液滴之中，如何利用非侵入式光学检测方法实现对菌株生长和生产特征参数的检测；如何实现细胞生长、底物耐受、代谢物合成等工业表型的高效、稳定传感检测等关键科学难题（参考第 8 章）。

过程的第二步是评价筛选与过程工程筛选，要实现候选菌种在可控制的培养条件下，即工业规模培养条件下，或“工业相似”条件下的菌种表现评价，以及初步确定工业化培养过程关键参数及参数的操作范围（参考图 10-3）。这一阶段所处理的菌种数量分布范围从 10 到 1000 个，初步选定高性能工业菌种，对应于 DBTL 循环中的“测试”和“学习”环节。基于多个培养体积（毫升到升）的平行发酵（细胞培养）装置主要用于这个阶段的研发实验。通过使用微、小型的平行发酵生物反应器，针对候选高性能菌种，在完全模拟规模化培养的条件下，通过 DoE 开展以过程表现为筛选目标的过程驱动的高通量评价，筛选出工业性能最好的生产菌种（N=1）。同时通过对多变元过程参数的在线采集，建立过程大数据库与数据分析处理技术，建立培养过程模型，包括过程缩小模型、关键过程参数的设计空间，以及过程质量的多变元模型，以达到快速实现“从单克隆到规模化过程工艺”的开发过程的目的。

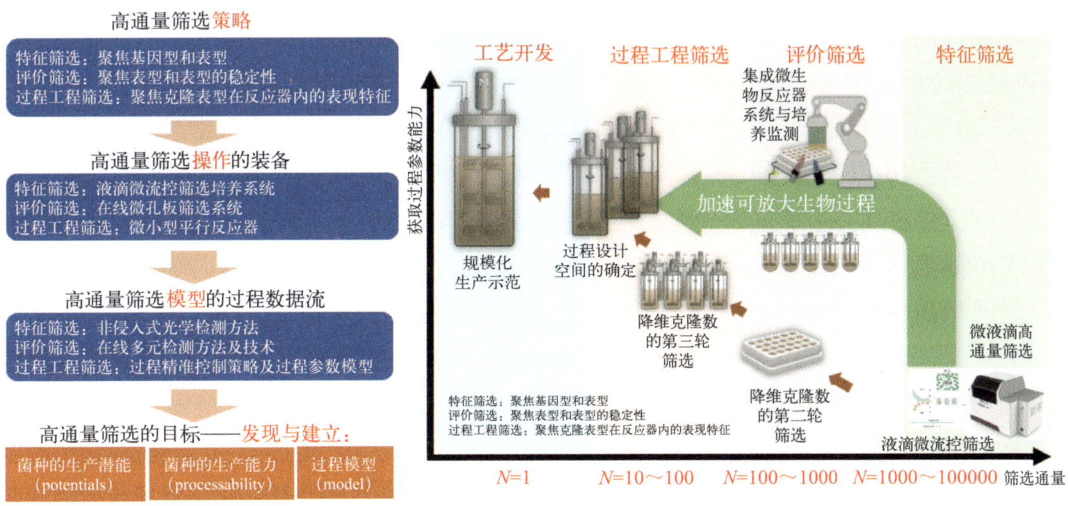

图 10-3　工业相似条件下的菌种表现评价的评价筛选与过程工程筛选

第三步是针对所选定的高性能工业菌种开展过程工程开发，确定关键过程参数、过程参数的设计空间等，是工业生物技术 DBTL 循环的最终出口。

（2）平行发酵（细胞培养）技术的功能需求

在上述第二步的评价筛选（N=100 ～ 1000）与过程工程筛选（N=10 ～ 100）中，我们所要处理的克隆数量不在一个数量级，因此平行发酵体积和微型反应器的数量与结构也有明显的不同。但是共性的要求是实现“工业相似”培养过程，即模拟工业规模下对过程参数的控制，甚至要实现营养物流加培养的模拟。

根据这个技术要求，对于评价克隆表型和表型的稳定性的“评价筛选”阶段，由于克隆数量在百千级别，所以要使用毫升级的培养体积，但是实现“工业相似”的培养条件挑战性较大。目前一般采用微孔培养板（microplate）结构，或者采用鼓泡式的多联培养管结构的毫升级体积培养，并开展在线监测与控制微孔内培养介质的 pH 和 DO。这种技术选择可以支持开展以目标产品产量和生物量为目标的高通量菌种性能评价筛选，并获得基本过程数据。降维筛选出一组 N=10 ～ 100 级的候选高性能菌种。

对于评价克隆表型在反应器内表现特征的“过程工程筛选”阶段，由于克隆数在百级以下，使用微小型平行生物反应器（100 mL 到 1000 mL 培养体积），针对候选高性能菌种（N=10 ～ 100），在完全模拟规模化培养的条件下，通过 DoE 开展以过程表现为筛选目标的过程驱动的高通量评价，筛选出工业性能最好的生产菌种（N=1）。同时要能够通过对多元过程参数的在线采集，建立过程大数据库，开展数据分析处理，支持建立培养过程的数学模型，包括过程缩小模型、关键过程参数的设计空间，以及过程质量的多变元模型，支持达到快速实现“从单克隆到规模化过程工艺”的高效开发过程的目的。

为了建立以目标产品产量和菌种性能在反应器内的实现能力为评价体系的高通量、高效率候选菌种筛选过程，需要解决多个微小体积平行发酵反应器间的过程参数一致性问题，装置设计中需要以降低反应器间变异系数（CV%）为目标参数的系统优化，解决准确微量加样、各反应器的流场特征参数一致性、微型生物反应器结构设计与精密制造工艺等一系列关键技术问题。为实现快速“从单克隆到规模化过程工艺”的生物制造过程开发理念，必须要：①解决平行反应器的多元过程参数的多罐平行在线检测装置集成技术难题；②在微小型生物反应器培养阶段，在模拟规模化培养的条件下，发现并积累影响培养过程质量目标参数的关键过程参数，建立过程大数据库，并针对每个有潜力的候选菌种建立可以指导工业规模过程工艺放大设计的关键参数的设计空间；③开发过程多元大数据的处理算法，实现“数据智能化处理与分析-可解释性强的数据驱动模型-数据模型驱动的过程优化”过程关键参数识别。

过程分析技术（PAT）是平行生物反应器设计的一个重要部分。多个平行微型生物反应器的中心控制单元要可以对多个反应器实施平行监测，目前一般可整合的检测单元有：物理参数，包括 pH、DO、温度、混合（搅拌）强度、培养液液位探测等；代谢物参数，包括尾气质谱分析 O_2、CO_2、甲醇、乙醇等；全过程光谱参数，包括 NIR、Raman 等光谱在线分析等。

（3）平行发酵技术的设计原则

平行发酵（细胞培养）系统就是一组由多个并行的实验室规模微型 / 小型生物反应器、

过程参数控制系统、多种在线传感器、生物过程数据处理与分析软硬件系统、实验设计（DoE）工具、样品自动采集等多个单元功能有机组成的细胞培养（发酵）系统。这个系统的基本原则就是要在高平行培养数量的情况下，最大化模拟工业规模培养条件，即实现高通量培养的“工业相似性”。根据反应器的培养体积可以分为两类。一类是微型反应器（miniature bioreactor，MBR）的平行发酵系统，反应器体积一般小于 50 mL。这种平行发酵系统由于培养体积小，平行操作的反应器数量大（≥ 24 个 / 单元），一般用于上述菌种克隆的“评价筛选”阶段。从使用目的上看，这个阶段的平行发酵是在“过程相似”的条件下，高通量地对菌种克隆对比排序（ranking）。虽然微型反应器培养通量高，但是由于培养体积小，在线、离线过程数据采集困难，可获取的过程数据少。所以除了解决过程参数的有效控制之外，该培养阶段的在线检测一般聚焦于菌种的关键目标函数——目标产品产量的定量在线检测。另外一类是小型生物反应器（micro-bioreactor，MBR）的平行多联罐发酵系统，反应器体积在 50 ～ 1000 mL 之间，反应器平行操作数量一般≥ 8 个 / 单元，主要用于前述“过程工程筛选”阶段。这个阶段的平行发酵目的是发现关键过程参数（critical process attributes, CPAs）并建立过程设计空间（design space）。小型生物反应器的培养体积增大，虽然培养通量有所降低，但是可承载的在线探头增加，培养条件也完全模拟规模化培养，所以在线、离线过程数据的采集能力也增加，过程数据丰富，可以支撑建立过程数据库和过程批次模型。不同平行发酵（细胞培养）阶段的数据获取能力侧重点的不同如图 10-4 所示。总结而言，鉴于使用目的的不同，微型高通量平行发酵和小型平行发酵装置的设计侧重点也多有不同。

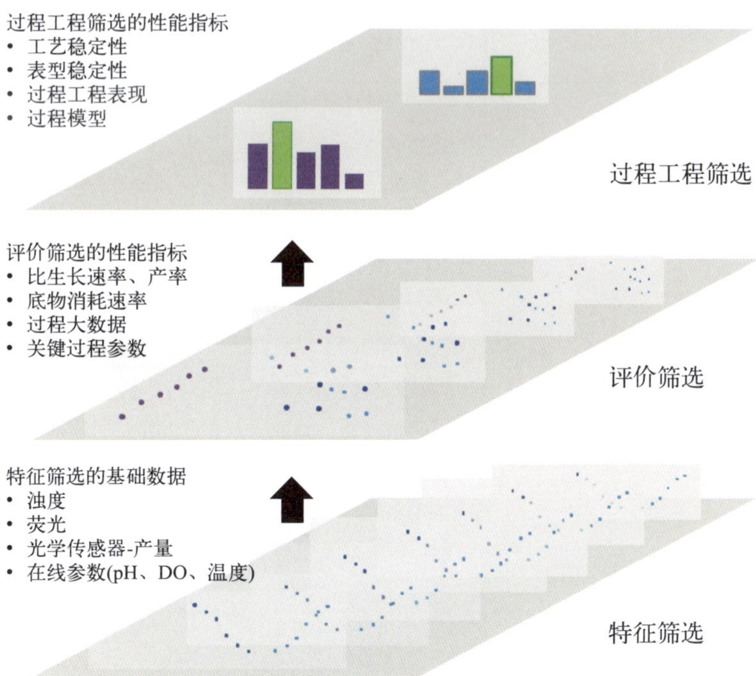

图 10-4　不同阶段平行发酵（细胞培养）的数据获取能力侧重点的不同

基于过程工程驱动的“工业相似”高通量菌种筛选和过程工艺开发理论及实际需求，平行发酵（细胞培养）技术装置的单元罐体的结构和功能，首先要和目前细胞培养与微生物发酵规模化生产装备尽量一致，能实施过程可控制的细胞培养工艺。在实现发酵（细胞培养）的核心功能基础上，根据培养通量的高低、培养体积的大小和平行培养的目标数据需求，围绕细胞平行培养的特征，对平行发酵装置的其他功能进行开发设计。

一个完整的平行发酵（细胞培养）系统，其功能可以分为三个模块：反应器模块、参数检测与控制模块，以及数据处理与管理软件模块等。用于评价筛选阶段的微型生物反应器，由于反应器体积小、通量高，所以多联平行反应器一般采用反应器集成在一个整体模块的设计，并且是无菌包装的一次性使用方式；控制单元和辅助的自动化接种、取样、补料等操作功能则集成为一个操作单元，由一个完整的仪器形式体现。这类平行反应器的典型代表是美国 Pall 公司的 Micro 24、荷兰 Applikon 公司的 Micro-Matrix、德国 PreSens 公司的 BioLector 等。用于过程工程菌种克隆筛选和关键过程参数挖掘 DoE 实验的小型化生物反应器，一般采用罐体独立形式，但是控制单元根据功能不同，可采用独立的模块化集成。这种控制功能模块化设计的主要优势是可以根据反应器的数量，进行必要的扩展，同时在装置的安装操作上也带来极大的便利。这类平行反应器的典型代表是德国 Eppendorf 公司的 Dasgip 平行发酵系统。另外一种也是反应器罐体独立，但是完整的控制单元也是独立的，伴随每个罐体，这种设计理念的代表是荷兰 Applikon 公司的 MiniBio 平行细胞培养装置。微型平行培养和小型化的平行发酵装置的技术特点总结如表 10-1 所示。

表10-1　微型和小型平行发酵（细胞培养）技术装置的特点对比

平行发酵（细胞培养）系统的功能要求	功能分类	微型生物反应器	小型生物反应器
反应器体积与平行培养的通量	基本硬件	反应器体积≤ 50 mL; 反应器数量≥ 24 个 / 单元。多联反应器集成	反应器体积≥ 100 mL, 反应器数量≥ 8 个 / 单元。反应器独立
培养过程参数的控制与操作	基本硬件	部分过程参数集成控制，比如温度、转速； 部分过程参数各反应器单独控制，例如 pH、DO	各反应器过程参数可独立设定与控制
过程参数的在线检测	基本硬件	有些在线检测技术不同于规模化培养过程，倾向于采用非接触式检测技术	完全模拟规模化培养过程，可以尽量多地采用侵入式在线监测探头
过程操作的自动化	基本硬件	采用自动液体处理系统实现接种、取样、流加等操作的自动化	结合外置的自动取样装置，实现取样的自动化。可以采用人工操作方式接种于培养基
DoE 实验设计	软件与数据功能	内置 DoE 实验设计功能	内置 DoE 实验设计功能。具备完善的 DoE 数据分析功能

续表

平行发酵（细胞培养）系统的功能要求	功能分类	微型生物反应器	小型生物反应器
培养过程操作软件	软件与数据功能	具备完善的过程控制功能	完全等同规模化细胞培养操作过程，可实现过程参数的预编程
过程大数据库与数据分析	软件与数据功能	等同规模化细胞培养操作过程，可适当简化	等同规模化细胞培养操作过程。可以实现过程培养多变元数据模型的建立
尾气在线分析	辅助硬件功能	一般不需要	可以选择性装备
一次性反应器与一次性相关耗材	辅助硬件功能	一次性微型反应器	可重复使用的玻璃材质生物反应器；可以采用一次性生物反应器
典型可商业化的型号	—	美国 Pall 公司的 Micro 24; 德国 PreSens 的 BioLector; 荷兰 Applikon 公司的 Micro-Matrix	德国 Eppendorf 的 Dasgip; 荷兰 Applikon 的 MiniBio

（4）平行发酵所需的高通量样本分析技术

平行发酵技术可以实现在微升、毫升和升培养体积水平上高通量多反应器培养操作，并能够定量获取细胞生长特性、代谢特征、产物生产等参数。然而，因为平行发酵的通量高、培养过程时间长，所以会产生大量的离线样本，需要合适的高通量分析手段，对样本开展实时分析。虽然这些高通量分析技术不属于本部分讨论的重点，但高通量分析技术的局限性会成为制约平行发酵技术有效实施的一个现实问题。因此这里对蛋白质高通量分析技术平台进行简要分析。

高通量蛋白定量检测对于细胞株筛选、关键工艺参数确定都是至关重要的。传统的分析方法包括 ELISA、HPLC、SDS-PAGE、毛细管电泳、光密度测定等。这些方法的缺点是工作量大、耗时、精确性较差。Criterion™Dodeca™Cell（Bio-Rad Laboratories, Inc.）、多毛细管液体色谱仪、Agilent 2100 生物分析系统（Agilent Technologies, Inc.）虽然可以增加通量，但是它们所能够达到的通量仍然无法满足对高通量培养物筛选的要求。微流体技术和无标签标记实验技术为打破高通量筛选的瓶颈提供了一些解决方法。

Octet ™ 平台（Pall ForteBio Corp）利用生物层干涉测量技术（BLI）在 96 孔板和 384 孔板微滴定盘中对生物分子相互作用进行测量。该方法不需要对蛋白质进行荧光或发色体标签标记，因此消除了由标记带来的信号干扰。它使我们在确定抗体亲和性、结合动力学的同时，对抗体蛋白浓度检测时可以在 15 ～ 30 min 内完成对整板实时地进行无标签分析。

基于微流控技术的 LabChip GXII（PerkinElmer Inc）为对高通量结果进行 DNA、RNA 和蛋白质分析提供了另一个强大的解决方案。LabChip GXII 分离方法基于蛋白质大小，分辨率从 14 ～ 300 kDa。该方法对每一个样本的分析非常快，一般在 40 s 之内，并且可以直接从 96 孔板中进行样品分析。它可以在 4 个 log 线性水平上对已进行标签标记的蛋白进行检测（检测范围最低值大概为 10 pg/μL）。用厂家提供的蛋白染料可以对蛋白质进行荧光标记。由于采集一个样本的时间短于 40 s，所以该系统可以在一个小时之内对 96 个蛋白样品进行分析。

E-PAGE™（Life Technologies Corporation）高通量预制电泳凝胶系统是 SDS-PAGE 的升级版，特别在对大量蛋白样品进行分析时具有优势。该系统的凝胶泳道包含 96 个样本泳道和 8 个标志物（marker）泳道，这些泳道交错分布，长度为 1.6 cm。在形式上与 96 孔板相匹配，可以用传统的多泳道枪或者 8 孔、12 孔、96 孔的自动移液器进行样品添加。因此这种方法跟常规 SDS-PAGE 相比能大大提高通量。

目前可商业化的高通量蛋白分析方法已经可以用于取代传统的劳动密集型 SDS-PAGE 方法。尽管如此，在使用任何一种刚出现的高通量分析技术时，我们在享受其高通量的同时必须首先考虑到它的鲁棒性和重现性。为了增强高通量数据的可信性，策略上，通常在第一轮高通量分析之后采用 HPLC 进行第二轮分析。同时可以利用液体处理工作站进行收获、超声破碎细胞、稀释、上样等来实现样本制备的自动化，以提高通量和确保分析过程的一致性。

10.1.3 微型生物反应器高通量菌种筛选培养的“工业相似性”

（1）实施“工业相似”的高通量发酵（细胞培养）的必要性

通过平行发酵技术，实现高通量菌种克隆筛选的挑战之一，是如何确保高通量培养的菌种基于克隆表型特征的排序（ranking），例如菌种的目标产品生产能力排序，与其未来在规模化培养条件下的表现一致。导致这个问题的原因是传统的摇瓶和多孔板高通量培养，无法实现培养条件的精准控制，比如 pH、DO 和底物浓度等，也就无法开展与规模化培养条件相似的高通量培养。高通量菌种克隆筛选的挑战之二，是如何在较短的时间内，高效率地挖掘出优良的候选菌株，并同步建立可以指导工业规模生产的过程工艺。导致这个挑战的主因也是高通量培养是否能够实现“工业相似”条件下的培养过程。工业菌种潜能的实现往往与反应器过程参数的控制密切相关，如果可以模拟工业培养条件，则在菌种克隆的高通量培养时，精准挖掘出可工业规模培养的菌种，并获得过程参数对目标函数的影响规律，发现关键过程参数，指导优化工艺过程。所以，基于微型 / 小型生物反应器的高通量平行发酵，能否实现“工业相似”的培养条件显得尤其关键。

传统的高通量筛选策略是基于多孔板和摇瓶培养，单个反应器的培养体积在毫升级，培养通量满足克隆数 $N \leqslant 1000$ 的筛选，但是过程操作复杂，且自动化程度低，导致筛选效率低下，满足不了合成生物学时代海量基因型克隆数量的“特征筛选”评价（克隆数 $N \geqslant 10000$）的硬性需求。皮升、纳升、微升等不同体积级别大小的液滴可以作为微型反应器，将单细胞包裹其中实现（超）高通量的并行培养和测试，其培养效率高并可自动化操作。但是对于海量克隆的平行发酵通量，如何针对不同类型微生物，构建稳定的培养空间、底物、溶解氧等液滴环境面临重要的挑战。微液滴体系采用油包水结构实现微生物高通量平行发酵，单克隆菌株、底物、代谢物均包裹于液滴之中，如何利用非侵入式光学检测方法实现对菌株生长和生产特征参数的检测，如何实现细胞生长、底物耐受、代谢物合成等工业表型的高效、稳定传感检测仍是亟须解决的关键科学难题。

基于液滴微流控技术的皮升、纳升、微升级“特征筛选”不在本章的讨论范畴，但是，基于微型生物反应器的“评价筛选”阶段，也面临同样的问题，即如何在微小体积（≤ 50 mL）的培养过程中，模拟规模化培养条件，确保可以在所谓“工业相似”条件下，开展对数以百计的菌种克隆的评价。伴随着微型 / 小型生物反应器技术的进步，小型平行发酵过程在升级的培养体积下，已完全解决“工业相似”的平行发酵问题，但是，在“特征筛选”和“评价筛选”阶段，培养通量越高，过程控制越差、工业相似性越差的情况依然存在。通过筛选过程的技术策略优化，可以解决至少是部分解决该问题。

（2）过程工程驱动的高通量快速筛选评价——工业相似性的策略

工业相似性的高通量筛选策略可以贯穿从菌种筛选到过程工程开发的整个流程，但是考虑现有技术可行性的问题，工业相似性策略可根据培养通量不同，通过过程工程驱动的“高通量菌种筛选三段论”来实践特征筛选、评价筛选和过程工程筛选三个阶段。在这三个筛选阶段中，工业相似性的“相似度”会随着培养通量的提高而降低（参见图 10-4）。

“特征筛选”聚焦克隆的基因型和表型，在微流控液滴高通量培养和高通量在线检测的技术手段基础上，将菌种克隆数从海量 N=1000 ～ 100000 级降低到 N=100 ～ 1000 级。在这个阶段平行发酵的逻辑是发现一组有成为优秀工业菌种潜质的“较”优秀候选克隆。这里有可能会错过在规模化反应器内表现最好的克隆，但是获得了极高的筛选效率。

“评价筛选”聚焦克隆表型和表型的稳定性：使用毫升级微孔培养板或者微型生物反应器的高通量平行发酵，并实现在线监测和（或）控制微型生物反应器内培养介质的 pH、DO 和底物浓度，开展以目标产品产量和生物量为目标的高通量菌种性能评价筛选，获得基本过程数据。从 N=100 ～ 1000 的候选菌种克隆中，降维筛选出一组 N=10 ～ 100 级的候选高性能菌种。在这个阶段平行发酵的逻辑是在一组“较”优秀的候选菌种中，实施（部分）“工业相似”条件下的高通量平行发酵，进一步筛选出有可能在规模化反应器内表现较好的潜在克隆，并获得了极高的筛选效率。

由于微生物菌种筛选有两个目的指标“生产潜力”与“生长能力”，其中工业菌种生产潜力要通过内因（基因型）和外因（培养过程条件）的协同作用，通过优秀的可生长性来实现。所以前述“特征筛选”和“评价筛选”仍有不可回避的关键问题：如何在筛选策略上解决“菌种培养通量越高，培养体积就越小，可检测和精准控制的过程参数数据越少、所获得的生长性能信息越少；如果培养体积增大，就越容易模拟规模化培养的条件开展菌种筛选，但是筛选培养通量就要降低”。工业环境下生产菌种的开发有较严苛的时效性和成本控制要求，如何在单位时间内完成筛选工作，并在筛选进程中以数据驱动的方式获取候选菌种在规模化反应器内的表现，也是一个提高筛选效率与成功性的技术策略问题。鉴于此，开展过程工程驱动的菌种筛选，使用小型化平行生物反应器，尽可能多地获得过程参数，在确定高效工业化生产用菌种阶段，显得尤为重要。

“过程工程筛选”聚焦在克隆表型在反应器内表现特征：使用小型平行发酵生物反应器，针对候选高性能菌种（N=10 ～ 100），在完全模拟规模化培养的条件下，通过 DoE 开展以过程表现为筛选目标的过程驱动的高通量评价，筛选出工业性能最好的生产菌种（N=1）。同时通过对多元过程参数的在线采集，建立过程大数据库与数据分析处理技术，建立培养过程模型，包括过程缩小模型、关键过程参数的设计空间，以及过程质量的多变元模型，以达到快速实现“从单克隆到规模化过程工艺”的开发过程的目的。

（3）过程缩小模型（scale down model）

基于微型 / 小型生物反应器的平行发酵装备和过程缩小模型是偶联在一起的两个技术，前者是指仪器装备，后者是技术方法，都是执行工业相似性高通量过程工程开发策略的一个必需要素。菌种筛选与过程工程研究通过高通量平行发酵生物反应器在实验室规模高效进行，但是确保微型 / 小型生物反应器规模培养的过程工艺可以直线快速地放大到规模化培养，是通过建立过程缩小模型来实现的。因此在工业相似的高通量培养理念下，建立一个具有代表性的规模缩小模型对高通量培养实现对规模化过程成功表征至关重要。

当代生物过程工程的过程缩小模型多过程的表征包括三个方面：①高通量微型平行生物反应器所建立的培养过程工艺与规模化培养下的工艺，在决定性影响过程目标参数的关键过程参数上能够保持统计学意义上的相似性；②如果在高通量培养下，建立了偏最小二乘-多变量分析批次模型（PLS–MVA batch model），那么它与规模化培养条件下的多变元批次过程模型，在多变元的主元分析上，要表现出一致性；③高通量平行培养与规模化培养的关键过程参数设计空间一致。

过程缩小模型的建立，首先要基于对同一种细胞的培养上，通过高通量培养的 DoE 实验，采集过程参数，建立过程 DoE 优化模型，进一步建立过程设计空间，并建立多变元过程模型。然后要在规模化培养上完成同样的工作。在对微型培养和规模培养的过程模型与设计空间进行数据的对比后，如果对比结果一致，就针对该细胞种类，在所使用的微型平行发酵装置上，建立了一个成功的过程缩小模型。如果改变细胞种类，过程缩小模型需要开展上述同样的研究，然后建立新的缩小模型。所以说过程缩小模型包括三个基本要素：细胞种类、平行发酵（培养）装置与规模化培养装置。

如果规模化培养装置要根据平行发酵结果进行选择与设计，这种情况下的过程缩小模型的建立，其技术策略与传统的过程放大没有差异。首先是线性放大与规模相关的操作参数，同时将与规模无关的参数保持在与高通量平行发酵工艺相同的控制设定点。对于发酵（细胞培养）过程，与规模无关的参数包括工艺温度、pH 值、DO、接种百分比（体积分数）以及流加培养基的时间与流加策略等。如果不同培养规模之间的氧气传输速率相等，则溶解氧控制设定值和罐压也应保持恒定。然后开展过程表征的研究，对比过程多变元模型，规模化培养与平行发酵模型匹配；对比“设计空间”，在该空间内，过程可以在产品目标和过程一致性方面以可接受的方式运行。完成了这个工作，就在规模化培养和平行生物反应器之间建立起了一个过程缩小模型。

10.1.4 商业化的平行发酵装置

目前，具有代表性的平行发酵（细胞培养）装置有德国的 BioLector、英国的 ambr15 和 ambr250、荷兰的 Applikon Micro-Matrix、德国的 Dasgip 等等。现有的较为成熟的微型生物反应器的性能和应用比较如表 10-2 所示。

表10-2　已商业化的基于微生物反应器的高通量细胞培养装置的结构、功能和应用范围对比

对比项目	Micro Flask	Sensor Dishes（24 孔和 6 孔）	BioLector	Micro-24	Micro-Matrix	ambr15
反应器基本特征	微孔板（方形深孔）	反应器：微孔板（孔）。 检测：微孔板中包被有预校准的氧电极和 pH 电极。应用荧光监测器连续测量。 在实时模式下仅能监测一个参数，pH 或 DO	反应器：微孔板（梅花型） 检测：基于微孔板形式且采用非侵入式光学传感器。进行实时 pH 和 DO 检测 BioLector 与全自动移液系统结合，升级成全自动化操作	反应器：24 个透明圆柱微生物反应器 24 个反应器同时操作，各反应器独立控制反应器的供气、温度和 pH 每个反应器独立开展实时监测	反应器：微孔板形式的 24 个反应器 可对 24 个反应器开展实时控制 可测量 pH、温度、DO。独立的液体添加	反应器：微型搅拌式生物反应器 独立的微型微生物反应器 每个容器通过独立控制 O_2 和 CO_2，进而对 pH 和 DO 进行闭合回路控制。全自动化移液
微反应器工作体积	24 孔方形深孔板：2.5 ～ 4 mL/ 孔	培养体积 0.1 ～ 6 mL，取决于微孔板的板孔数量	梅花形板：0.8 ～ 1.5 mL/ 孔	3 ～ 7 mL/ 柱形反应器	工作体积 :1 ～ 7 mL/ 孔	10 ～ 15 mL/ 微反应器
K_La 或氧传递速率 (OTR)	12 ～ 51 mmol/(L·h)，取决于培养体积、孔的形状和偏心距及转速	12 ～ 51 mmol /(L·h)，取决于培养体积、孔的形状、偏心距以及转速	＞ 600 h^{-1} [OTR ＞ 100 mmol/(L·h)]	＞ 300 mmol/(L·h)	＞ 300 mmol/(L·h)	无报道参数 带有搅拌桨，具备空气 / 氧气供应
补料可行性	否	否	可以，需要液体工作站进行补料操作	可以，每孔独立补料	可以，每孔独立补料	可以，自动化移液进行反应器的补料
克隆培养的通量	极高	通过配备酶标仪与摇床，平行发酵数目可达到较高水平	一个单元仅支持一个 48 孔花形培养板	一个单元支持一个 24 个柱型微反应器	一个单元只有一个 24 孔板微反应器	工作站控制 24 或 48 个一次性微生物反应器

续表

<table>
<tr><th>对比项目</th><th>Micro Flask</th><th>Sensor Dishes（24 孔和 6 孔）</th><th>BioLector</th><th>Micro-24</th><th>Micro-Matrix</th><th>ambr15</th></tr>
<tr><td>过程信息及控制能力</td><td>缺少过程信息，无过程参数控制</td><td>可检测培养 pH 或 DO，不能控制</td><td>在线监测过程参数，通过微流体技术实现过程控制</td><td>连续监测、记录、控制每个柱反应器的 DO、温度以及 pH</td><td>具有供气 :Air / O_2 / N_2 / CO_2 / NH_3
每孔的每个控制回路多达 5 个执行器</td><td>每个容器通过独立控制 O_2 和 CO_2 进而对 pH 和 DO 进行闭合回路控制</td></tr>
<tr><td>仪器成本</td><td>极低，使用方便，经济有效的技术平台</td><td>中等，易于使用</td><td>高，可结合工作站升级为全自动系统</td><td>高，可集成到一个工作站实现全自动化</td><td>高，可集成到一个液体工作站实现全自动化</td><td>高，本身就是一个集成的全自动工作站</td></tr>
<tr><td>运行成本</td><td>极低，一次性微孔板</td><td>中等，一次性微孔板</td><td>中等，一次性 48 孔梅花板</td><td>中等 / 高，一次性 24 孔柱反应器</td><td>中等 / 高，一次性 24 孔板反应器</td><td>高，一次性独立微生物反应器</td></tr>
<tr><td>应用</td><td colspan="2">培养 CHO 细胞及其他动物细胞系，E. coli 或酵母克隆文库的筛选，高活力或高生产力突变株的高通量筛选，生长培养基优化，培养参数优化，代谢的研究，毒性测试，等</td><td>克隆的高通量筛选，
适用于 QbD 驱动的细胞培养过程研究</td><td colspan="2">筛选哺乳动物细胞系、昆虫细胞、细菌以及酵母文库，可用于细胞表达系统的过程工程的研究</td><td>主要用于哺乳动物细胞系筛选及过程研究。
适用于采用 QbD 原则进行细胞培养过程开发</td></tr>
<tr><td>综合评价</td><td>市场上最便宜的高通量培养系统，在大量菌种细胞筛选工作中可取代摇瓶。适用于多种细胞克隆的初筛</td><td>需配备额外仪器，仅可检测一个过程参数，十分适用于培养策略的筛选，包括优化培养基，确定高通量培养方案</td><td>先进的微型培养技术，但不能实现过程参数的控制。
可用于细胞克隆第一轮筛选后的进一步克隆筛选 / 排序</td><td colspan="2">同时适用于菌种筛选与过程优化，通量较高。
可以实现过程参数的控制，模拟大型反应器的培养过程。
适用于多种细胞的培养</td><td>可以实现过程参数的控制，用于平行细胞培养，通量较高。
主要用于哺乳细胞的培养</td></tr>
</table>

（1）已商业化的高通量平行细胞培养装置（侧重高通量）

表 10-2 列举了几个目前已成功商业化的高通量平行细胞培养装置。这些装置在国外的合成生物学研究领域和生物医药创制研究机构得到了广泛的应用。它们的共同特点是细胞培养通量较高，但是在培养过程参数检测和过程参数控制方面却有很大的差别。

MicroFlask（Applikon）系统是最为简单的一种，采用精心设计的微深孔板（方形，10 mL 工作体积），配合以专利保护的“三明治”型盖板，可以实现极高的培养通量，成本低廉，能完全取代传统的摇瓶培养方式，如果与全自动液体移动设备配合可以部分实现自动化。但是，缺点是不能提供任何的细胞培养过程信息，更谈不上过程参数的控制。

BioLector（m2p-labs）是一个拥有 48 个微型生物反应器（2 ～ 4 mL 工作体积）的集成式平行细胞培养系统。它可以实现对 48 个反应器内的细胞培养液的 pH 和溶解氧（DO）的连续监测，但是除了培养温度外，该仪器不能实现对过程参数的控制。BioLector 的一个重要特征是它可以与多个标准仪器联合使用，实现培养过程的全自动化（如图 10-5 所示）。但由于单台设备价格较为昂贵，限制了其在实际应用中的培养通量。

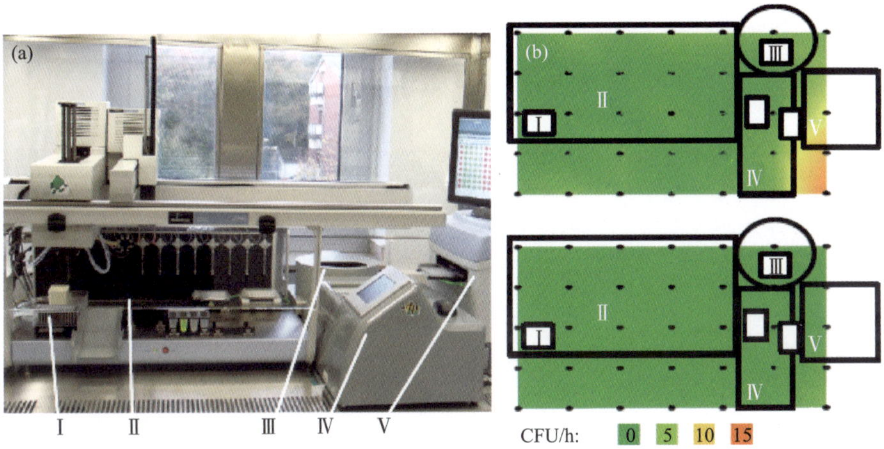

图 10-5 BioLector 与多个标准化设备联合使用实现操作自动化示意图

Ⅰ—接种单元；Ⅱ—全自动液体处理系统单元；Ⅲ—板式离心机单元；Ⅳ—BioLector 平行细胞培养装置；Ⅴ—读板仪器单元

Micro-24 是世界著名发酵装备生产商 Applikon 开发的一套包含有 24 个柱状（10 mL 工作体积）微型生物反应器的平行细胞培养集成装置。其基本原理如图 10-6 所示。该系统可以实现对每个微反应器内的细胞培养液实施温度、pH、溶解氧（DO）的控制，并且能够实现主动向反应器内供气。但是根据我们的实际使用经验，该系统尚不能完全模拟大体积（升级）细胞培养装置的培养条件。

（2）已商业化的平行发酵（细胞培养）装置（侧重过程控制与监测）

目前已商业化的高通量平行细胞培养装置在提高培养通量的同时，还不能够完全解决细胞培养过程的参数控制与实时测量问题，作为另外一种解决问题的方案，平行发酵（细胞培养）装置在实际应用中起到了举足轻重的作用，该种装置在结构上完全模拟工业生产上普遍采用的搅拌釜式生物反应器（stirred tank bioreactor，STR），但是反应器体积减少到 100 ～ 1000 mL 之间。其中的典型代表是德国的 Dasgip 平行发酵（细胞培养）系统、瑞士 Infors AG 公司的 Multifors 2 系统，以及荷兰 Applikon 的 MiniBio 微反应器系统。这些平行细胞培养装置的共同特点是完全模拟大规模 STR 反应器（实现工业相似性），可以实现过程参数的控制、在线测量多个过程参数甚至生物学参数，同时具有较广泛的应用范围，可实施多种类型的细胞培养过程，虽然反应器体积仍然较大，但是一个单元装置的反应器数量较低（4 ～ 8 个），所以一个实验批次内可以培养的细胞克隆数较低。

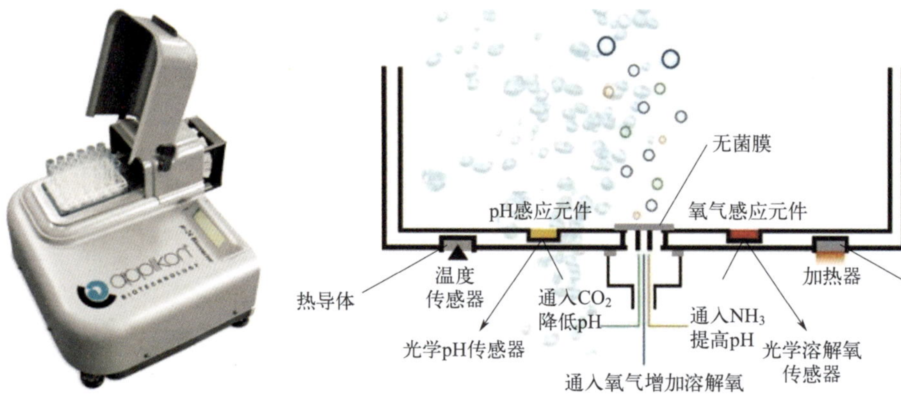

图 10-6　Micro-24 的外观和微反应器的简要原理图

摘自 www.applikon.com，温度控制由半导体元器件实施，pH 和溶解氧（DO）的检测通过非接触式荧光探头实现，采用底部压力供气方式，该供气方式起到搅拌的作用

10.2 平行发酵的实验设计（DoE）与数据处理软件

实验设计（DoE）是研究影响过程的因素与过程输出之间关系的一种方法，通过建立两者之间的数学关系来实现对过程的理解。尽管 DoE 源于 20 世纪 20 年代著名育种科学家 Ronald Fisher 的工作，但近年来被广泛应用于生物技术，对当前发酵工艺过程的高效开发发挥重要作用。发酵过程开发包括批次条件下进行初始菌种及培养基的初步筛选、摇瓶培养中进行二次筛选或工艺优化，最终将最佳条件放大到中试、生产规模（参见图 10-7）。在生物过程开发阶段，为实现对生物过程充分理解，需要对多个因素进行测试与分析。传统的单因素实验（one-factor-at-a-time，OFAT）简单易操作，但会增加实验次数，且无法评估因素之间的交叉作用。由于涉及大量的实验，生物过程的开发和优化消耗大量时间。为加速生物过程开发，可通过在早期阶段对发酵工艺过程进行最大程度的解析来减少步骤。在前期阶段使用实验设计（DoE）策略性地筛选多个影响因素，然后使用响应面方法进一步优化对响应值

有显著影响的因素，其核心是系统地研究关键过程参数（CPPs）与关键质量属性（CQAs）之间的关系。与 OFAT 方法相比，DoE 及其统计评估提供了更准确的结论。此外，DoE 的实施减少了实验尝试的次数，并提供了更多的统计学信息，可研究几个因素之间的相互作用，并对工艺条件进行优化以提高工艺性能。

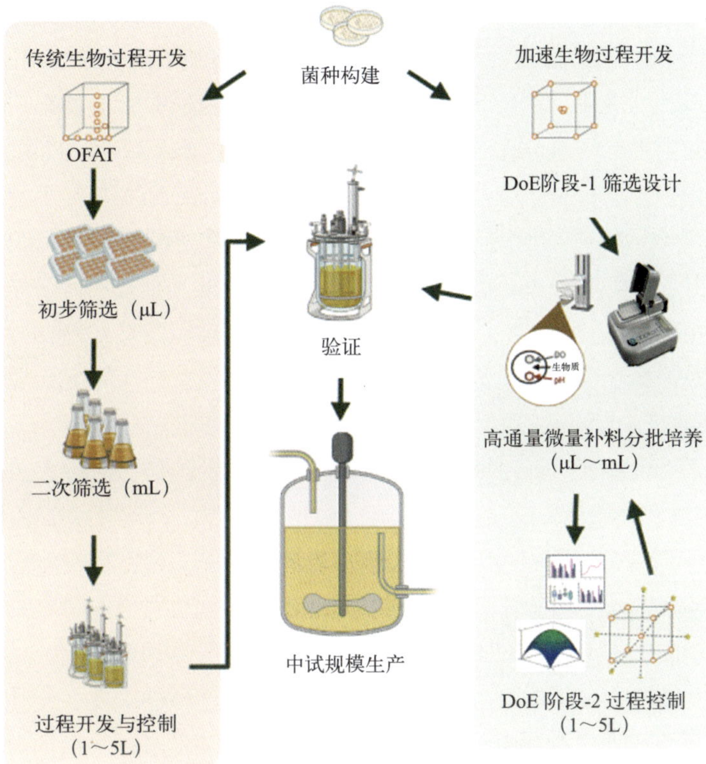

图 10-7 生物工艺过程开发流程概述

左侧：传统的 OFAT 策略；右侧：DoE 策略

摇瓶、深孔板、Tubespin 反应管等基础的培养方式可通过增加数量提高培养通量，但由于缺乏 pH 控制、DO 控制等无法进行工艺过程参数的评价，因此主要用于早期的细胞株筛选与评价、培养基的筛选与优化，也可用于培养温度、诱导时间、收获时间等参数的初步摸索及优化。结合摇瓶、深孔板、Tubespin 的高通量特性以及 DoE 实验设计，可以平行地开展多个参数的筛选与评价，有效提高了工艺的开发效率。Li 等人（2014）结合 24 孔板与 D-optimal DoE 对 *E. coli* 工程菌缬氨霉素生产的补料工艺进行了优化。为提升工业规模的培养性能，在工艺开发阶段需要对 pH、DO、搅拌转速、补料速度等过程工艺参数进行优化。具有在线监测和控制功能的台式生物反应器通常被用于工艺开发和优化研究。而使用微型平行反应器结合 DoE 实验方法，有助于对生物过程中普遍存在的相互作用因素进行系统评估并广泛地探索设计空间，对工艺过程进行最大程度理解的同时，最大限度地减少实验次数及实验负担。

随着平行发酵设备与技术的发展，实现了高通量地开展反应器水平的工艺研发过程，为后期规模放大提供更多的过程工艺参数。而如何选择与实施哪些工艺参数的评价，将决定工艺开发时间效率以及成本。DoE 实验已经成熟应用于平行发酵系统。例如 Sartorius 公司的 ambr250 系统已将 MODDE 软件内置到其控制软件中（Tai et al, 2015），通过平行系统的操作界面（图 10-8）可快速开展 DoE 实验条件的设置，并自动将设置的工艺参数下发到指定罐体，使得能够更加高效地开展通过 DoE 实验对过程工艺参数进行优化。在培养结束后，可通过软件对结果进行分析。但目前大多数商业化的平行发酵系统没有内嵌 DoE 功能模块，仍需借助第三方 DoE 软件进行实验方案的设计，并将所需实验条件手动设置到反应器控制软件。在实验过程中对数据进行收集，并录入软件进行分析。

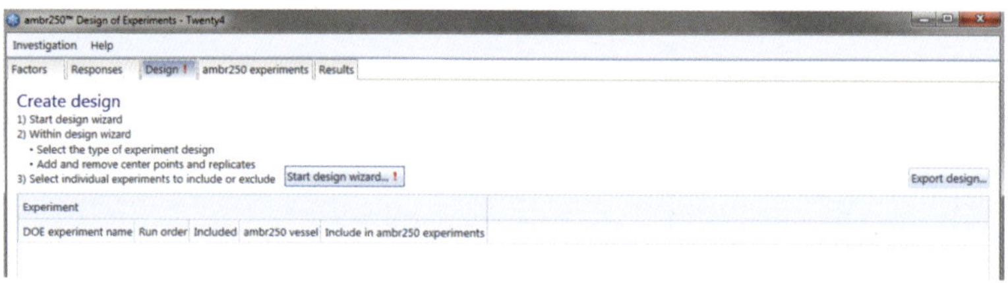

图 10-8 ambr250 平行生物反应器操作控制软件中的 DoE 模块

10.2.1 DoE 的方法学

在生物过程开发过程中，DoE 通过建立关键过程参数（CPPs）与关键质量属性（CQAs）之间的数学模型，并依据关键质量属性的接受范围，确定关键过程参数的鲁棒性设置点及设计空间，从而建立稳健的工艺过程。DoE 的实施主要包括以下步骤。

（1）选择过程参数（因素）并确定响应值

在实施 DoE 实验时，需要确认研究的过程工艺参数，被称为因素。而每个参数 / 变量的取值范围或者取值点，被称为水平。评价指标（通常为关键质量属性，例如产量、纯度、回收率等）被称为响应值。因素与水平的选择通常基于前期数据或经验，可初步通过筛选实验进一步确定关键影响因素。响应值通常选择最高值或最低值：对于产物产量、纯度等通常取最低值；对于杂质残留量、生产成本等通常选取最高值。在 DoE 实验开展过程中，进行研究的因素可以为定量变量，也可为定性变量。定量变量为可量化的变量，例如温度、pH、DO 等。定性变量为无法量化的变量，例如培养基种类、原料供应商等。对于定量变量，其水平的设置可设置为高水平值与低水平值，也可设置多个特定实验点。以温度为例，可将其水平设置高水平值 37 ℃与低水平值 35 ℃，软件基于所选择的实验设计生成包含 37 ℃与 35 ℃在内的多个温度设置点实验点；亦可将其水平设置为多个特定设置点，例如 35 ℃、36 ℃、37 ℃，软件生成的实验点仅包含此三个设置点。DoE 实验可设置多个响应值，在模型求解时对多个约束条件取交集。

（2）选择实验设计

利用 DoE 进行工艺参数优化通常需要两轮实验：首先，通过筛选（screening）实验从大量潜在的影响因素中筛选出对响应值起关键影响作用的因素；然后再通过优化（optimization）实验对关键影响因素的设定值范围进一步优化。筛选实验的理念是“广而糙”，即从多个因素中初步筛选出关键影响因素。由于因素数量较多，为了减少实验次数，筛选实验主要考虑主因素效应。优化实验理念是“窄而精”，即基于筛选实验获得的少数几个关键影响因素，建立与响应值之间精确的数学模型。为了提高模型预测精准度，优化实验不仅考虑主因素效应，还考虑因素之间的交互项以及因素的平方项，导致实验数量的急剧增加。为了缩减实验数量，应着重研究“关键”影响因素，因素的数量尽可能控制在 3 ～ 5 个。

当确定因素及水平后，选择合适的实验设计生成实验表。DoE 方法包含的实验设计包括析因设计（factorial design）、Plackett-Burman 设计、Box-Behnken 设计、中心组合设计（central composite design，CCD）、D-最优设计（D-optimal）、混料设计（mixture design）等。

（3）实验设计的实施

当确定因素、水平、响应值及实验设计后，软件将自动生成 DoE 实验表。DoE 实验表中的实验组按照随机顺序排列，保证实验误差的随机性。依据生成的 DoE 实验表中各实验组的实验条件，应尽可能采用足够数量的摇瓶、MTP 或平行发酵装置平行开展实验，以便排除由菌种代次、培养基批次、环境条件等因素引起的干扰。对于未在 DoE 实验表中体现的变量，需在各组实验中保持一致。在实验过程中或实验结束后，收集样品并检测响应值所对应参数 / 属性的数值。

（4）模型建立及结果分析

当获得实验数据后，将实验结果导入 DoE 软件并使用多元线性回归（MLR）或偏最小二乘法（PLS）对实验数据进行自动拟合，从而获得研究关键过程参数（CPPs）与关键质量属性（CQAs）之间的数学模型。当获得模型后需对模型质量进行评价，包括模型拟合性（R_2）、模型预测性（Q_2）、数据异常值检查、模型失拟显著性分析等。若实验数据存在异常值，需对异常值产生原因进行分析，并根据实际情况对异常值进行舍弃或补充实验对异常值进行修正。根据模型拟合结果，用户可对模型中不显著的项进行手动去除，通过对模型修改提高模型的拟合性与预测性（Islam et al, 2007）。通常拟合模型需要满足 R_2 与 Q_2 均大于 0.5，且 R_2 与 Q_2 的差值小于 0.3、无异常值、模型不失拟。通过相关系数图可判断各因素对响应值是否存在显著影响，对于显著影响的参数需着重考虑并可进一步优化。

（5）模型最优解及参数设计空间的确立

当模型拟合后，设置求解条件并对模型求解以获得模型最优解、参数的鲁棒性设置点以及设计空间。求解条件为对各个响应值设置取最高值、最低可接受的数值（或最低值、最高可接受的数值）。利用软件对模型进行求偏导数后获得线性方程组并求解，即可获得模型最优解下各参数的取值以及相应取值下响应值的模型预测值。若为获得鲁棒性工艺参数，需对求解结果进行蒙特卡罗模拟（Monte Carlo simulations）。根据设置蒙特卡罗模拟次数、可接受的失效概率，软件进一步探索出工艺参数的鲁棒性设置点及设计空间。

（6）DoE 实验结果的验证

模型求解出的最优解、鲁棒性设置点、设计空间均需要通过实验进行验证。通过实施实验并获得参数在相应条件下的响应值的实验值，并与响应值的模型预测值进行对比，确认实验值与预测值的差值在可接受范围内，即验证 DoE 实验结果的可靠性。

10.2.2 DoE 在平行发酵实验中的应用

平行发酵技术的发展使得在反应器水平的培养通量显著提高，这也使得在早期的工艺开发阶段可对更多的工艺参数进行评价。平行发酵技术多采用小培养体积，也使得实验人员操作更加便捷，降低实验者的工作强度，也使得在反应器水平平行开展多个微生物发酵过程成为可能。为了快速对过程工艺参数进行充分评价并进行工艺优化，使用平行发酵系统结合 DoE 实验成为最为有效的技术手段。Tai 等人（2015）利用具有 24 个生物反应器的 ambr250 系统实施 DoE 实验对大肠杆菌发酵生产治疗性蛋白质的 pH、DO、批次培养温度、甘油补料速率、酵母提取物补料速率等 10 个参数进行优化，并且优化后的工艺参数可放大至 415 L 的生产规模。Veiter 等人（2020）利用 Dasgip 迷你平行生物反应器结合 DoE 实验研究了产黄青霉菌发酵生产青霉素过程中输入功率、DO 以及比底物吸收率对产黄青霉菌的形态、存活率和产物产率的影响。实验结果显示在 1500 W/m^3 的输入功率下，可保持大量具有良好形态的菌丝团聚体，研发出高效且高产的补料分批工艺。

10.2.3 DoE 软件与应用

目前商业化的 DoE 软件主要包括：JMP（美国 SAS 公司）、Design-Expert（美国 Stat-Ease 公司）、Minitab（美国 Minitab 公司）、MODDE（瑞典 Umetrics 公司，已被德国 Sartorius Stedim 公司收购）等，这些软件各有自己的优势。其中 JMP 软件与 Minitab 软件是综合性的统计分析工具，软件提供多种强大的统计分析功能，同时提供了用于实验设计的 DoE 模块。而 Design-Expert 软件与 MODDE 软件为专业的实验设计软件，在操作方面可视化程度高，能更加便捷地设计出实验方案以及获得可视化的模型及优化结果。MODDE 软件内置于平行生物反应器 ambr250 中也使得在反应器水平开展 DoE 实验也更加便捷。上述 4 款软件均可实施 DoE 对发酵工艺过程进行优化，并得到广泛应用。用户可依据个人操作习惯选择适宜的 DoE 软件。

10.2.4 DoE 的实验数据分析

DoE 软件通常使用多元线性回归（MLR）对实验数据进行拟合，从而获得关键过程参数

（CPPs）与关键质量属性（CQAs）之间的数学模型。当进行筛选实验时，通常仅考虑主因素效应，拟合模型为一次函数：

$$y = \beta_0 + \sum_{i=1}^{k} \beta_i x_i + \varepsilon \tag{10-1}$$

式中，y 为响应值，β_0 为常数项，β_i 为因素 x_i 的相关系数，ε 为模型误差。

当进行优化实验时，通常不仅要考虑主因素效应，还需要考虑交互项以及二次项，拟合模型为二次函数：

$$y = \beta_0 + \sum_{i=1}^{k} \beta_i x_i + \sum_{i=1}^{k} \beta_{ii} x_i^2 + \beta_{ij} x_i x_j + \varepsilon \tag{10-2}$$

式中，y 为响应值，β_0 为常数项，β_i、β_{ii}、β_{ij} 分别为因素一次项（x_i）、二次项（x_i^2）、交互项（$x_i x_j$）的相关系数，ε 为模型误差。

拟合后的模型需要进行统计学评价，以确保模型的有效性。通常使用回归系数（R^2）、预测准确性（Q^2）、模型有效性（model validity）、重复性（reproducibility）等参数来评判模型的质量。在 DoE 实验过程中，需要基于实验数据建立可靠的模型来解释实验数据并准确预测数据。模型 Q^2 大于 0.7 表示模型的预测数据与实验数据偏差较小，模型的预测性能良好。模型 Q^2 大于 0.5 时表示拟合的模型为好的模型。通常一个好的模型需要同时满足 R^2 与 Q^2 均大于 0.5，且 R^2 与 Q^2 的差值小于 0.3。此外，模型有效性大于 0.25 表示模型不失拟，重复性大于 0.5 表示模型具有良好的重现性。通过观测值与预测值的对比图可以分析模型对各实验值（观测值）的拟合效果，远离 1∶1 相关系数线的点为异常点或模型拟合效果较差的数据点，通常也是导致 R^2、Q^2 降低的点。同时还需要借助模型的残差图、方差分析（analysis of variance，ANOVA）等对模型进一步分析。模型的残差呈线性且无偏离值表明实验残差呈正态分布。通过 ANOVA 分析确保模型拟合不失拟（lack of fit，$P > 0.05$），获得模型中对响应值具有显著影响（$P < 0.05$）的项次，即对响应值具有显著影响的关键参数。同时通过相关系数（β_i，β_{ii}，β_{ij}）可判断各项次对响应值的贡献度。由于相关系数经过缩放与中心化处理（scaled and centered），相关系数越大表明该项次对响应值影响越大，相关系数的正负表明该项次与响应值的相关性成正向或负向。

当模型建立后，可生成等高线图（或响应面图）查看响应值随着各个因素变化的走势，同时查看响应值的最大值（或最小值）是否落在所选取的因素取值范围内。对模型求偏导数后获得线性方程组并求解，即可获得模型最优解下各参数的取值，即理论上响应值获得最高值或最低值时所对应的参数设置点。DoE 实验另一重要作用是获得参数的鲁棒性设置点以及参数的设计空间。国际人用药品技术协调理事会（International Council on Harmonization，ICH）Q8 指南对设计空间的定义为：输入变量（比如物料属性）的多维组合和交互作用以及已被证明的能够为产品质量提供保证的工艺参数。只要是在设计空间内进行的操作，不认为是工艺的变更，并且仍可确保获得好的质量属性（Yu et al, 2014），只有在设计空间之外的工艺变化被认为是工艺变更，这使得工艺操作范围更加有灵活性。

通过对求解结果进行蒙特卡罗模拟，软件进一步探索出工艺参数的鲁棒性设置点及设计空间。

10.3 菌种保存、基础培养工艺和高通量分析检测技术

10.3.1 平行发酵实验中的海量菌种保存与设备

对微生物库进行平行发酵培养并对微生物优势菌株进行筛选，从而得到目标菌种，在进行平行发酵实验时需要对克隆进行保存，以便在筛选之后对优选菌种进行进一步的保存和应用。

高通量微生物保存技术的进步是可以实施平行发酵技术的一个必要条件。通常菌种保存与高通量菌种筛选体系一致，如通过多孔板技术进行高通量筛选过程，首先通过手工或自动化的方式从培养平皿上挑选克隆菌种到多孔板（24 孔、48 孔、96 孔），多孔板通过“三明治”覆盖后在多孔板振荡培养箱进行进一步振荡培养，需要注意的是，选取不同孔板需选择不同高通量振荡培养箱，如 96 孔选择高速（500 ～ 2000 r/min）振荡器进行培养，24/48 孔深孔板选择带有多孔板夹具的低速振荡摇床进行培养，培养一定时间后，重新从多孔板中“复制”相应的菌种接种到新的多孔板中，培养后加入保护剂并于 −80 ℃冰箱中进行保存。涉及此过程的自动化设备包括：①自动移液系统，实现多孔板间液体的转移、分装，取样等过程，如瑞士 Tecan Freedom EVO 全自动化液体处理工作站（Freedom EVO 100/150/200）、BeckmanCoulter Biomek 系列自动化液体处理工作站、Eppendorf epMotion 系列全自动移液工作站；②自动化菌种挑取仪，实现检测培养皿或培养板中目标菌落、挑取并将其接种到细胞培养的生长培养基中的功能，目前已有独立功能自动化菌种挑取仪（Hudson Robotics RapidPick）和集成功能自动化菌种挑取仪（如 Freedom EVO 系列）两种形式的自动化系统；③自动化培养基填充系统 Multidrop；④高通量培养箱等。基于微型生物反应器的平行发酵实验，Dasgip 系列生物反应器可用于菌种平行发酵，其中可以通过在线取样方式进行菌种的取样和保存（图 10-9）。

研究平行培养的微型化（miniaturization）、平行化（parallelization）以及自动化（automation），以适应生物过程工程研究的高通量需求，是近 10 年来生物过程工程学科内相关科学仪器研究的一个热点。目前国内外高通量平行细胞培养仪器研究主要集中在两个核心点：①为提高培养的通量，尽量减小反应器体积，即采用不同形式的微型（毫升甚至微升级）生物反应器；②为对细胞培养过程有深刻的理解，在高通量培养过程中，尽量完全模拟工业级生物反应器的条件，即实现微反应器的过程控制与参数检测。截至目前，国际上已有多个不同形式的高通量平行细胞培养系统被报道，或者已经成功商业化。

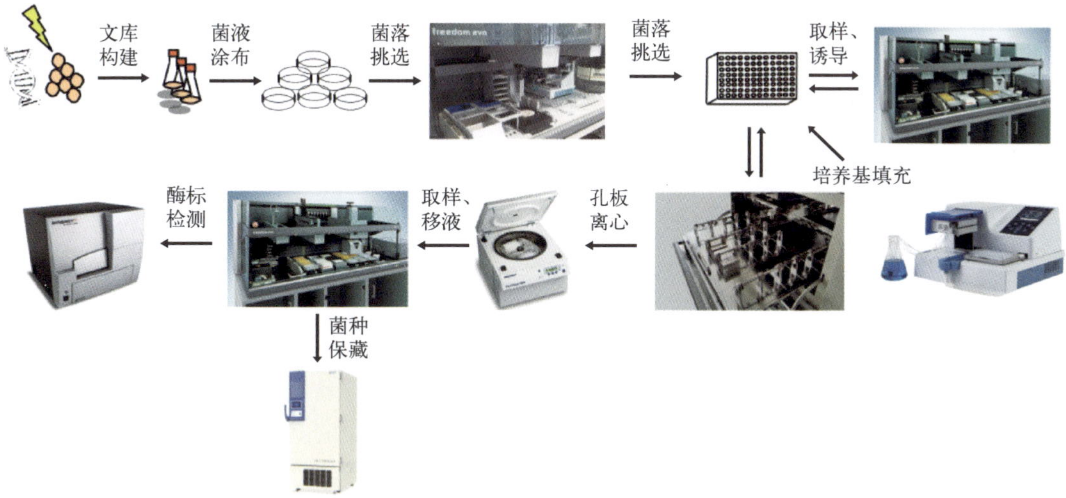

图 10-9　高通量微生物筛选及保存流程

10.3.2　平行发酵基础培养工艺库的建立

微生物发酵的生产水平不仅取决于生产菌种本身的性能，同时也要赋予合适的培养基以及过程工艺参数才能使其生产能力充分表达出来。尽管不同的菌种及发酵产物会导致发酵工艺上的区别，但无论是新产品工艺研发，还是对旧工艺的优化升级，通常都是从菌种筛选、培养基的筛选及优化、工艺过程参数的评价及优化三个层次开展。

（1）菌种筛选

菌种的质量对最终产品的产量起到至关重要的作用。无论是菌种构建还是诱变育种，均会产生庞大的菌种文库。为获得性能较佳的菌种，需要使用高通量筛选技术对菌种文库进行初步筛选。采用平行发酵技术可在模拟生产规模反应器的参数条件下对多个菌株同时开展性能评价，同时有效避免其他因素的干扰。通过在相同培养条件下对菌种的生长、产物产量以及细胞单产等多角度进行评价，从而筛选出性能优良的菌种。

（2）培养基的筛选及优化

补料分批培养是目前工业化微生物发酵的主要工艺，采用基础培养基与补料培养基配合使用策略。培养基为菌种的生长及产物合成提供丰富的营养物质，培养基的配方在很大程度上决定菌种密度以及产物产量。尽管目前有成熟的商业化培养基以及公开的培养基配方，但针对特殊菌种及表达产物，通常需要开发个性化培养基。培养基的开发主要分为两种：一种是对培养基组成进行种类划分，以成分种类［例如，碳源（葡萄糖、甘油等）、氮源（蛋白胨、硫酸铵等）］及浓度作为因素，在摇瓶及多孔板中高通量地开展培养基组成成分的筛选及优化，即可获得优良的培养基配方。Sun 等人（2022a）首先在 MTP 中对谷氨酸棒杆菌培养基的碳源、氮源进行筛选，进一步对筛选得到的麦芽糖（碳源）、大豆蛋白胨（氮源）的浓度进行优化，优化后的培养基最终将谷氨酸棒杆菌的 OmlA 抗原产量提高至 1.01 g/L。Lal 等人

（2022）首先采用 Plackett-Burman 设计（PBD）筛选了枯草芽孢杆菌培养基中碳源、氮源和无机盐等十种营养成分，然后将对甲萘醌-7 异构体浓度有显著影响的营养成分采用 CCF 设计和 RSM 来优化其浓度，最终开发出理想的发酵培养基，从而提高具有生物活性的全反式甲萘醌-7 的产量。另一种是采用 DoE 实验的混料设计进行培养基开发。通过选用几种相对成熟且具有良好培养性能的培养基进行混料设计，对营养成分进行互补，这种策略主要用于哺乳动物细胞培养基的开发。Sun 等人（2022b）通过使用混料设计将两种商业化培养基进行 1∶1 混合后显著提高 HEK293 细胞扩增倍数以及重组腺病毒载体疫苗的产量。

（3）工艺过程参数的评价及优化

通过在平行发酵系统中对过程工艺参数进行评级与优化，可以为工艺过程的规模放大至中试规模及生产规模提供指导。在反应器水平进行评价的工艺参数主要包括温度、pH、DO、搅拌转速、补料策略等。温度影响菌种的生长速度以及蛋白质的合成。大肠杆菌表达系统的低温诱导可降低外源蛋白合成的速率，给予更多时间用于蛋白质的折叠，从而使蛋白质得以正确折叠并利于可溶性表达，错误折叠的蛋白质大大减少，不容易形成包涵体。但当诱导温度过低，基因的转录和翻译速度减缓，不利于重组蛋白的分泌表达。微生物代谢葡萄糖或甘油产生有机酸导致 pH 降低，可通过补加碱液维持 pH 相对恒定。pH 值设定过高，将导致碱液消耗量的增加。DO 表征培养基中溶解的氧气含量。DO 设置过低，易导致微生物无氧呼吸以及氧应激。DO 设置过高，将导致反应器通气量增加，尤其是进行高细胞密度发酵时，对反应器的供气能力也提出巨大挑战。同时通气量增加也会导致泡沫增加引起消泡剂的消耗增加，以及泡沫破裂产生剪切力对细胞损伤的增加。转速对反应器内气液混合、氧气传质至关重要。转速过低，氧气传质效果差导致通气量增加。尽管提高转速可优化反应器的氧气传质效果并且降低通气量，但转速过高导致搅拌桨叶尖剪切力增加易对细胞产生损伤。Agbogbo 等人（2020）在反应器水平采用 DoE 实验对重组大肠杆菌的培养温度、pH、DO 进行评价与优化，结果表明发酵温度为影响蛋白滴度的主要影响因素，而 DO 对蛋白滴度没有影响。通过优化得到最佳的发酵温度为 33 ℃、pH 为 7.1、DO 为 40%。

10.3.3 高通量蛋白质和合成代谢产品的离线、在线检测

微生物代谢产品与蛋白质评价分析方法是实现克隆评价的重要方法。代谢过程产物和产品的分析可分为在线检测方法与离线检测方法。高通量筛选过程可提供大量微升级别的样品用于微生物生长和代谢产物的分析检测。细胞生长情况的评估以及底物消耗等是比较容易获得的参数，而蛋白质表达水平、酶活力、代谢流变化等对微生物高通量筛选评价也是至关重要的，然而，由于缺乏高通量的分析检测手段，高通量分析技术也成为制约高通量筛选的一个瓶颈。这里我们针对不同产品和产物的高通量检测方法进行了相关总结，高通量蛋白质和合成代谢产品的离线、在线检测技术可根据指标参数、物质类型和检测形式等，分为以下几

类：①过程参数的检测；②细胞质量的检测；③代谢产物的检测；④大分子蛋白质的检测；⑤生物反应器在线检测技术。

在线或离线高通量检测技术优劣的主要评价指标包括：①检测速度，是否能够实现高通量快速检测，理想状态每个样本检测时间小于 1 s；②自动化程度，是否可以结合移液工作站或机械臂实现样本全流程或半流程的自动化取样、离心、捕获等过程，实现检测样本处理自动化，提高检测速率；③精准度和稳定性，检测精准度直接影响筛选的可信度和样品评价准确度，而检测技术是否稳定，是否会出现大样本库检测过程发生设备故障等问题，将大大影响该技术的应用。

（1）高通量样本处理技术

对于细胞培养或发酵产物的分析，首先要进行培养物的样本处理，这里主要指的是：①菌体与培养液分离技术；②菌体的高通量破碎技术；③产物纯化技术。对于高通量样本处理时细胞和培养液分离可通过离心技术实现，目前已有的技术包括多种形式的高通量多孔板离心机，通过离心作用实现多孔板中样本的高通量分离。为了更好地分析细胞代谢效率，对细胞内物质进行分离检测需要高通量细胞裂解技术，实现胞内物质的释放。现有的方法有玻璃珠反复碾磨裂解法（高通量组织研磨仪）、高通量超声裂解法、酶解法、有机溶剂法，应根据不同检测物类型进行选择。Glauche 等（2017）研究了移液工作站平台下 96 孔板中裂解液 EDTA、溶菌酶、Triton X-100 和多黏菌素 B 组成优化，给高通量革兰氏阴性菌的裂解提供了一种新方法。高通量产物富集和纯化的方法也有多种，固相载体提取法（SPE）被应用到 96 孔板样本天蓝色链霉菌（*Streptomyces coelicolor*）次级代谢产物的高通量分离中，采用亲水亲脂的 SPE 成功对发酵样品进行了处理和提取（Li et al, 2014）。

（2）蛋白质的高通量检测技术

蛋白质传统分析检测方法有 HPLC、SDS-PAGE、ELISA、毛细管电泳等，然而，这些方法步骤繁琐，无法实现通量的增加。新技术如使用伯乐高通量电泳槽 Criterion™Dodeca™Cell 可实现 1 ～ 12 块蛋白胶的同时检测。安捷伦 2100 生物分析仪系统可及时提供数字化数据，对 DNA、RNA 和蛋白质的分子量、定量、完整性和纯度进行客观评价。获得准确结果只需极少量的样品，但无法实现高通量的筛选。基于色谱技术的高通量检测，可以实现多类型物质的检测，搭配自动化的进样系统可实现几分钟到几个小时的多个样本的检测。然而这种方法无法满足高通量筛选的需求。超高效液相色谱（UPLC）的发展，使用了更小粒径更大压力，使分析时间大大减少，通量提高 3 ～ 10 倍（Tai et al, 2015），对于易挥发、非极性物质利用气相色谱仪检测仍然是标准的检测方法，搭配低热容烤箱（limited thermal mass ovens，LTMs）可提高加热冷却速度，当搭配窄孔色谱柱分离效率可提高 60 倍。

（3）紫外-可见光吸收光谱和荧光光谱技术

该技术因其精度高、线性范围好、检测速率快、费用低等优点被广泛应用在高通量检测领域。Islam 等（2007）应用显色反应检测了 *E. coli* 过表达生产番茄红素。辣根过氧化物酶介导的显色试剂的氧化作用也被用于高通量酶活的检测。

（4）质谱技术

质谱技术的发展也使它成为进行有效高通量分析检测的一个平台，相关文章综述了高通量质谱检测平台的建立。Agilent RapidFire-MS 和 Sciex Echo-MS 是两个常用的商业化平台，这两种技术都使用串联质谱来通过质量和碎片模式分离目标，比其他检测方法提高了分析选择性。另外一个商业化系统 TriVersa NanoMate® 来自 Advion 生物系统公司，使用一次性带电吸头从 96 孔或 384 孔板中抽取 1 ～ 10 μL 样品，并将其在 ESI 芯片上的一次性进口喷嘴中电离，离子流直接进入 MS（Yu et al, 2014）。固体培养基上的克隆鉴定也可以使用 MALDI-MS 技术进行 10^3 ～ 10^4 通量的分析，但难以实现定量。

（5）拉曼光谱

是通过拉曼散射效应从而对不同物质进行鉴定的检测技术，几乎所有的有机物都有独特的拉曼特征，该技术具有适用性广、可在线非接触式检测的优点，目前可用于基于微流控技术的连续化单细胞筛选，可大大提高筛选通量。如 Wang 等（2017）通过自动化拉曼检测产虾青素细胞，达到 260 个 /min 检测速度。

（6）高通量分子相互作用分析技术

Sartorius ForteBio 公司开发的 Octet 系统可实现多种生物分子间相互作用的分析，它采用了生物膜干涉（bio-layer interferometry，BLI）技术，可实现分子质量为 1000 ～ 1000000 Da 的蛋白质与蛋白质、蛋白质与小分子、DNA 与蛋白质等分子间的相互作用分析。包括亲和力测定、结合特异性、蛋白质浓度定量等，并且 Octet 系统可在 15 ～ 30 min 内完成 96 个样品的检测，实现 8 ～ 16 个样品的同时检测，大大提高检测通量。Barnard 等（2010）也利用该系统进行了用于糖基化工程的巴斯德毕赤酵母抗体表达的高通量筛选，并与传统 ELISA 法进行了对比。

（7）创新微流控检测技术

PerkinElmer 公司利用创新的微流控专利技术开发了 LabChip GXII Touch 系统，用于对各种生物大分子样品（核酸、蛋白质等）进行快速、准确、高重复性、高分辨率的分离检测及分析。除应用于常规的生物学实验室、蛋白质组研究中心之外，更被广泛应用于生物大分子药物（包括 biosimilar 及 biobetter）以及生物制品的研发。该技术平台提供了一种传统平板电泳的自动化替代方案，在简化大量手工步骤的同时，还能提供生物治疗药物研发工作流程必不可少的高通量和数据。该技术平台适用于还原和非还原样品检测多项蛋白表征（纯度、滴度、片段化、单抗电荷异质性、多糖筛选）。每个样品的分析时间耗时少至 42 s，与传统毛细管电泳相比通量增加 70 倍。可依据通量需求，选择有效合适的高通量平台（样品最多 384 个 / 轮）或者低通量平台（样品最多 24 ～ 48 个 / 轮）。Vincentelli 等（2011）利用该系统开发了一种 *E. coli* 表达系统融合标签的高通量筛选方法。

（8）高通量凝胶电泳技术

E-PAGE 高通量预制胶系统是 ThermoFisher 开发的一种快速、无缓冲液的中、高通量蛋白质分析设备。Invitrogen E-PAGE 凝胶是独立包装的预制胶，包含凝胶基质和电极，包装在一次性凝胶盒中。E-PAGE 凝胶有 48 孔或 96 孔规格。每块预制胶都含有 48 条样本泳道或

96 孔样本泳道以及 8 条标志物泳道，搭配 E-Base™ 高通量凝胶电泳系统可实现蛋白样品的高通量分析。

（9）流式细胞术以及荧光激活细胞分选（FACS）技术

流式细胞术作为单细胞高通量筛选技术已经被广泛应用在菌种改造和酶工程方面。该技术结合不同染料可高通量地分析细胞的形状、大小、活力等参数。而 FACS 技术可根据胞内产物荧光的强度进行目标表型和基因型菌种的不断富集。而大分子生物传感器也因其优质的筛选特性被广泛应用到合成生物学中。Cheng 等（2012）研究了应用 FACS 技术改造代谢过程使大肠杆菌中多肽产量提升。

生物反应器平行发酵技术是高通量筛选工艺优化第二轮关键环节，而对于平行发酵过程生物反应器广泛采用过程分析技术（process analytical technology，PAT）以提高人们对反应器内复杂生物反应过程的及时、准确、深入的理解，进而达到控制生物过程质量的目的，是近年来全球范围内生物反应器技术的一个显著进步。过程分析技术在化学药物和生物医药生产过程中广泛采用的主要推动者是 FDA 和欧洲药品管理局（EMA）。FDA 和 EMA 对 PAT 的定义是：一种通过及时测量影响关键质量参数的关键过程参数（critical process attributes，CPA），来实现对制药过程的分析、设计和控制的技术。PAT 的概念实际上定位于关键过程参数的及时监测（在线、在位和离线），在生物反应过程中的最大价值是实现对生物反应过程本身的质量控制，而不是传统意义上的仅对最终产品的质量进行控制，以达到所谓设计决定质量（quality by design，QbD）的效果。所以可以这样认为：PAT 不单单是系列技术手段，它是一种以 QbD 为核心的技术理念。

目前最显著的发展趋势是使用光谱分析技术，在反应器内安置传感器，通过光纤传输光谱信号，实现对反应器内细胞的生长、代谢、生产的生理学状态参数的实时在线分析，应用最广泛的是拉曼光谱和近远红外光谱（NIR）。这两个 PAT 技术手段是以 QbD 为导向的生物过程研究与实际操作的重要支撑。

国际上主要的拉曼光谱在线检测装置供应商是 Kaiser Optical Systems 公司，产品为 RamanRxn3™。另一常用拉曼系统是 Sartorius Raman 在线检测系统（BioPAT®Spectro），BioPAT Spectro 每 15 s 间隔，在 950 ～ 1750 nm 波长范围内对生物反应器内培养液做一次扫描，再通过预先建立的数学模型对营养物、代谢产物、产品、细胞活性等过程参数实施实时监测。

NIR 光谱和拉曼光谱检测会产生巨大的数据，这些数据结合其他检测技术所获得的在线、在位、离线参数，作为输入变量组，输入多变元分析（MVA）软件（SIMCA，瑞典 Umetrics 公司），通过研发阶段的多次数据收集，建立过程批式模型和过程操作空间。在实际生产过程中，操作者可以通过实时 PAT 检测，通过 MVA 数据分析，对过程状态进行实时综合判断，并可以及时分析出导致过程偏差的原因。这种 PAT 技术加上多变元分析手段，可以使我们在实际生产中进行真正意义上的生物过程质量检测、分析与控制。多变元分析技术是 PAT 技术应用的数据处理基础。

各种高通量检测方法见表 10-3。

表10-3　高通量检测方法总结

检测环节	检测项目	检测方法	检测设备	检测通量	图片
样本处理	菌体分离	离心力	高通量孔板离心机（Eppendorf 5810）	384 个样本每批次	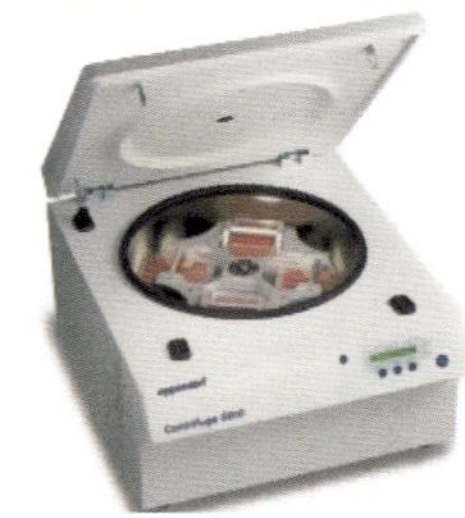
样本处理	菌体裂解	玻璃珠反复碾磨裂解法	OMNI Bead Ruptor 24 Elite 多功能生物样品均质器	96 个样本每批次	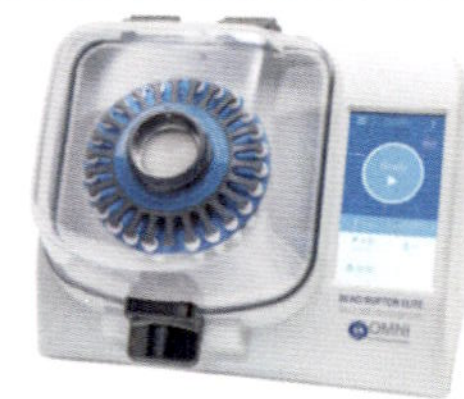
蛋白质分析	亲和力测定、结合特异性测定、蛋白质浓度定量	生物膜干涉 (Bio-Layer Interferometry，BLI) 技术	PALL ForteBio 公司开发的 Octet 系统	15 ～ 30 min 内完成 96 个样品的检测，并且可实现 8 ～ 16 个样品的同时检测	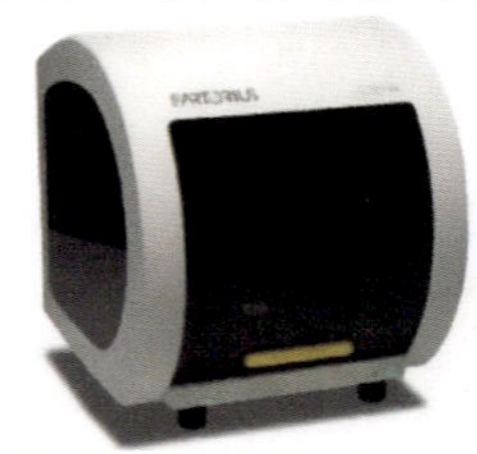
蛋白质分析	纯度、滴度、片段化、单抗电荷异质性、多糖筛选	微流控技术	PerkinElmer 公司 LabChip GXII Touch 系统	最多每轮 384 个样品	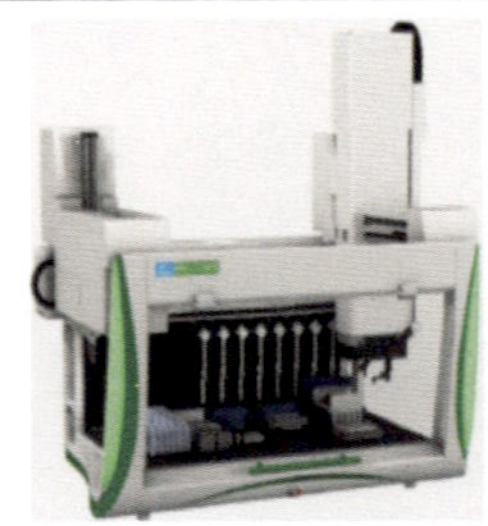

续表

检测环节	检测项目	检测方法	检测设备	检测通量	图片
蛋白质分析	快速、无缓冲液的中、高通量蛋白分析	蛋白质电泳	ThermoFisher E-PAGE 高通量预制胶系统（E-Base^{TM}）	48 孔或 96 孔；一次运行仅需 1 min，一天内可以处理 20000 份样品	
物质检测	物质定性或定量检测	基于质谱的 TriVersa NanoMate® 技术	TriVersa NanoMate 芯片多通道纳喷离子源质谱（Advion BioSystems 公司）	96 孔或 384 孔一次性进样 ESI 芯片	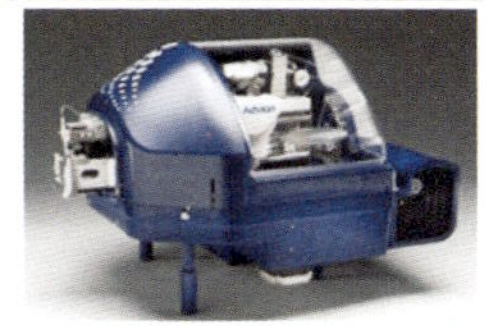
细胞分选	细胞分选，性能评估	流式细胞术	CytoFLEX LX 系列流式细胞仪	$10^6 \sim 10^9$	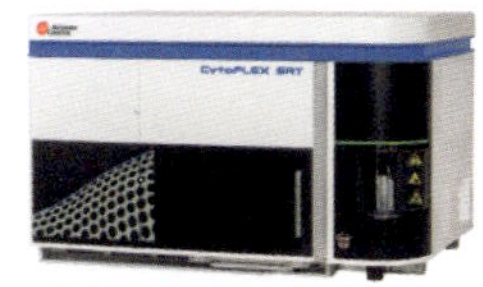
物质检测	物质定量检测	紫外、可见光、荧光光谱技术	多功能酶标仪 Synergy H4 (Biotek, Britain)	96 个样本每批次	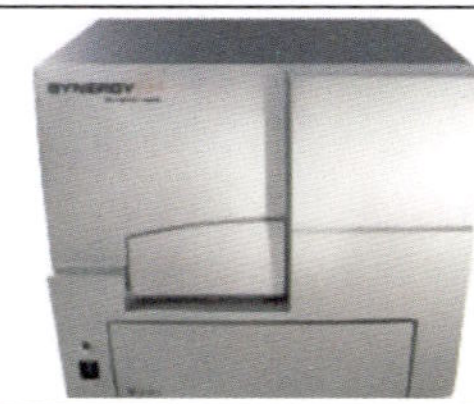
过程参数	温度	电阻技术	PT100/1000 电极	多孔板中实现统一温度控制，反应器中根据反应器平行个数可实现相应通量的检测	
过程参数	pH	荧光猝灭原理，实现非接触式 pH 检测	德国 PreSens 公司的 SP-HP5	0.01pH	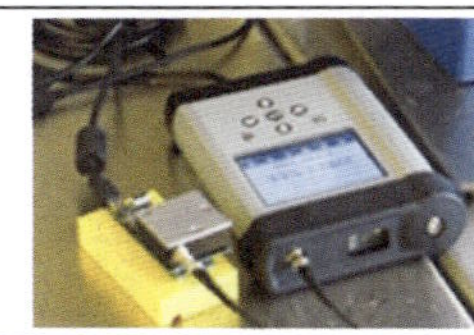

续表

检测环节	检测项目	检测方法	检测设备	检测通量	图片
过程参数	DO	荧光猝灭原理，实现非接触式 DO 检测	德国 PreSens 公司的 OXY-4SMA	$1\times10^{-9}\sim4.5\times10^{-5}$	
通过反应器内光谱分析，间接反映细胞在反应器内的生长、代谢、合成状态	在线检测反应器内培养液的全 NIR 波长波谱	近红外光谱在线分析技术（near infrared spectroscopy for process analytical）	AvaSpec-NIR256	所获得的数据一般要用多变元（MVA）分析方法分析，用于建立批次 MVA 模型	
	在线检测全波长拉曼光谱谱图，物质定量检测	过程拉曼光谱在线分析技术（process Raman spectroscopy）	Kaiser Raman	4 通道	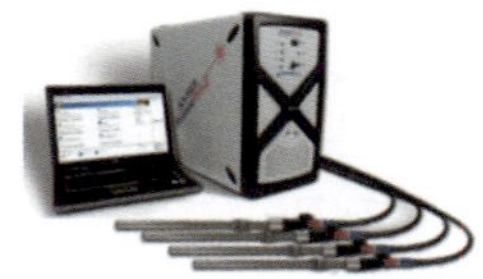
	在线检测活细胞数目	荧光在线检测技术 (fluorescence on-line monitoring technology）	Incyte Arc	跟反应器通量相关 检测细胞密度 $5\times10^{5}\sim8\times10^{9}$ 个 /mL	

10.4 平行培养的通量、培养体积与过程数据采集的平衡

10.4.1 平行培养筛选的目标与培养通量 / 体积的平衡

以某一个代谢工程研究为例，来分析平行发酵培养中，培养的通量、培养体积与过程数据采集三个方面在需求性和可操作性上的平衡考量问题。这个问题产生的原因来自高产基因型菌株的性能（即效价、产率和产量），其表型严重受到培养环境影响，也就是每一个发酵生产过程都是由表型菌株的生理状态和培养条件的协同作用决定。所以如何设计筛选方案，可以最有效地筛选出在工业培养条件下符合过程目标的最优高产菌株和过程工艺，是一个成功策略必须解决的问题。这个问题背后包含了两个方面：①能够有效地同时对大量菌种和过程变量进行采样分析，同时还要保持高的检测分析质量；②建立一个微型平行发酵技术，可以高通量地评价菌种在培养中的性能，即前文所说的过程工程驱动的菌种筛选。

图 10-10（a）表示一个目标产品 P 的生物合成途径，代谢途径中间体以绿色表示。蓝色条形框表示四种不同强度的可能启动子。图 10-10（c）表示（a）中的代谢途径长度的变化与所生成的菌种库大小的函数图。虚线显示了使用实验室规模平行培养生物反应器、微孔板培养，或基于液滴的微流体培养在一周内的极限培养筛选能力。图 10-10（b）表示蛋白质一部分一级结构，实施组合饱和突变。图 10-10（d）表示（b）中蛋白质分子在一次突变一个、两个或三个氨基酸时，所生成的菌种库大小与蛋白质长度的函数图。虚线显示了使用微板培养或基于液滴的微流体培养的一周筛选能力的近似极限。图（e）显示筛选和分析通量增加对菌株开发进度的影响。每个季度的样本分析数量计数显示为绿色。叠加的黄线指示了筛选通量与所获得的最优候选菌株的相对产量，筛选通量与分析通量增高，所获得的高产菌株产量显著提升。

所以，如果研究的目标是高产菌种，无论菌种库的构建方式如何（比如图 10-10 中的代谢途径改造和分子结构突变），菌种库数量决定了采用哪种高通量培养方式，比如平行生物反应器、微孔板培养、基于液滴的微流体培养等。培养体积从升级逐渐降到纳升级（参考 10.1.2 节）。另外一个角度就是如何结合培养条件，筛选出最优的规模培养条件的表型菌种，所以在一定培养体积下的过程控制能力与过程样本的分析通量也需要考虑。其实培养通量与培养体积、培养通量 / 体积与过程控制和数据采集是两对矛盾，即培养通量越高，培养体积越小；培养体积越小，过程控制越难，越难模拟工业培养条件。在这种情况下，目前一般采用一种筛选策略来平衡这两对矛盾。

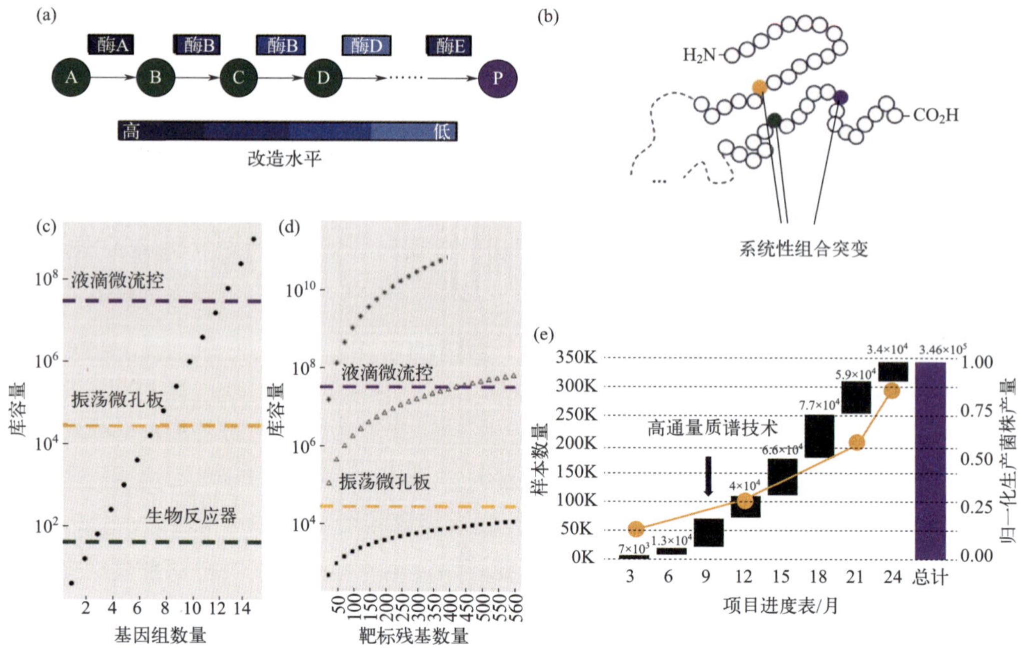

图 10-10　代谢工程高性能菌种筛选与评价的克隆培养通量与分析样本数量分析

10.4.2　培养通量 / 体积与过程控制和过程数据获取矛盾的解决方法

在现有的工程技术条件下，可以通过进一步降低单元培养体积来提高平行培养通量。根据目前已经商业化的高通量平行发酵（细胞培养）系统（参见表 10-2），从培养体积上，可以分为两大类，即 1 ～ 10 mL 级和 100 ～ 1000 mL 级。单台 10 mL 级平行生物反应器可以达到每批次培养通量 24-48，包括 amber 15、Micro-24。但是在该培养体积级别，过程参数的控制（实现工业相似性）与在线采集（建立过程批次模型）在技术上还存在挑战性，体现在过程参数控制精度、底物流加工艺的准确实施、反应器内传质效率与混合流体力学参数及多元过程参数在线获取的传感器技术等方面。另外，由于过程工程导向的微型生物反应器高通量培养需要建立过程缩小（scale down）模型、过程设计空间和过程多变元批次模型，所以对工业相似性的要求较高。鉴于此，如果平行培养优先考虑或主要关注细胞株在工业相似下的表型潜力，10 mL 级别的平行反应器是优选项。

如果平行培养的目的偏重菌种的过程工程表现，目前以 DASGIP 为代表的 1000 mL 级别的平行发酵系统，基本上是可以实现较高通量下的工业相似培养（如图 10-7 左侧所示流程），但是单台设备的通量限制在每批次 8 以下。考虑设备投入和实验运行成本，一次性多台设备的平行运转，虽然可以解决问题，但是高成本也限制了其应用范围。一次性技术的发展，提供了一个解决方案，即将培养体积降低到 100 ～ 250 mL, 比如 amber 250（德国 Sartorius 公司）和 DASbox（德国 Eppendorf 公司）。这些平行培养系统多采用一次性的反应器和部分传感器。amber 250 主要用于真核哺乳动物细胞的培养，DASbox 可用于原核和真核细胞的培养。

当然，人们的努力方向是同时做到高通量平行培养和过程数据采集的平衡。采用微流控技术、非接触式的传感技术和高精度微量加样技术等，在短期内有可能显著提高 10 mL 级别培养的过程控制精度和数据采集的丰度。如果在 10 mL 培养级别能够达到工业相似的高要求，将会解决培养体积 / 通量与过程数据采集与控制的矛盾，显著提高过程工程研发效率。

解决矛盾的另一个方式是在高通量实验策略上做优化。这个策略是在开始过程工程导向的菌种筛选阶段（克隆数量在 100 ～ 1000 之间），不刻意追求对所有候选克隆开展全面的工业相似培养。先采用类似于 BioLector 和 MicroFlask 的技术（参见表 10-2），在毫升级别的高通量培养条件下，聚焦关键的过程参数和目标参数的在线监测，而不是控制，获得初步的过程数据，比如溶解氧（DO）、pH 值、目标产物的产率等在平行培养中的过程变化规律。在这个阶段所获得的数据，要指导建立菌种培养的基础工艺模型，包括培养基构成、培养温度、关键底物浓度、pH 值等，以避免在下一步 1000 mL 级别平行培养时的工艺参数的显著变化，这种显著性的改变，有可能影响表型对培养条件的适应性差别，造成对高性能菌种筛选过程工程导向上的偏差。在选出一组表现好的菌种的基础上（克隆数量在 100 以下），再在 1000 mL 级别开展全面的工业相似的平行培养，确定这一组菌种中的最优克隆。这个策略有可能错失最优的菌种，但是提高了菌种筛选的工作效率，同时确保了在相对短的时间内找到相对好的一组菌种中最好的克隆，同时满足了过程工程评价的需要（图 10-11）。

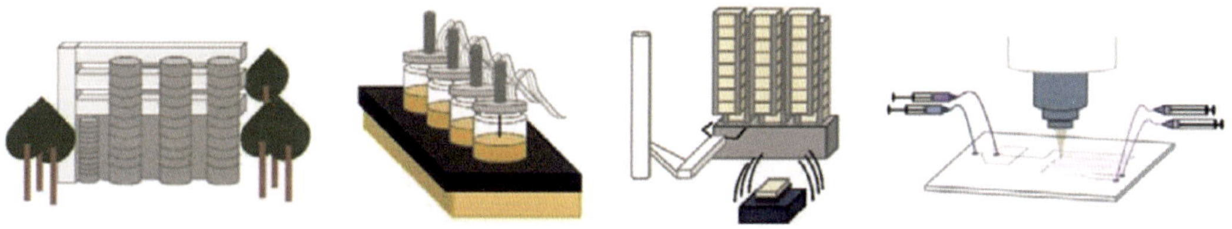

项目	中式规模的生物反应器	实验室规模的生物反应器	微孔板培养模型	微流控培养模型
体积	100～200000L	0.25～30L	0.1～1.0mL	<100nL
生产通量/(产品/年)	<10	约10^3	约10^6	约10^9
每批发酵花费/美元	10000～200000	约1000	<0.5	<0.0001
优势	面向成本效益产品生产的可扩展平台	在高度控制工艺条件的前提下，显著提高对菌株生产潜力的置信度	高并行化技术用于对基因型进行排序，以优化后续验证测试的效率	通过流体技术或数字细胞与液滴操控实现最高通量，在减少占地面积的前提下，对基因型的高并行化排序，以支持进一步的测试
缺陷	硬件限制制约了精细工艺控制的能力以及可达工艺参数值的范围	由于混合能力的差异，均质化学环境无法真实反映生产规模下的工艺条件	个体反馈的控制具有挑战性；批次培养的替代方法通常成本高、操作复杂。读取的数据多为终点数据，对产量估算不利	需定制设备以满足小样本量对灵敏度的要求，限制了处理选项，对于某些分子类别，产品在隔室内的效果可能不佳。基因型与表型的关联存在挑战，并非所有样本准备单元操作均得到支持
商业规模的预测能力	—	可信度高	变异性大	尚未证实

图 10-11　多种培养技术模式在培养通量 / 培养体积与过程控制 / 数据采集上的对比

10.4.3 平行发酵（细胞培养）过程多变元批次模型的建立

多变元数据分析（MVDA）在生物制药的 QbD 驱动的过程工程研发策略中的应用，在合成生物学过程工程导向的菌种筛选评价中发挥着越来越关键的作用。因为 MVDA 能够将过程分析技术（PAT）所生成的大量随发酵培养时间的各个时间节点的在线和离线参数检测结果，转换处理成分类的关键过程信息。采用了工业相似的早期平行发酵培养技术，就有可能在过程开发的早期，采集到 10 ～ 1000 mL 培养水平上的多元过程参数变化数据。但是由于在菌种克隆评价阶段，表型菌种克隆众多，过程数据将是海量的。而这些数据所描述的培养过程特征，往往又是所筛选高性能表型菌种在未来工业规模培养中实现能力的一个外部条件，即培养过程参数条件。现实情况是高通量平行发酵的培养条件与中试和生产规模培养条件总会发生有意或无意的变化。如何判断这些条件和参数的变化是否会影响到所筛选到的高性能菌种的表现，成为在高通量平行发酵培养阶段需要给出的答案。多变元数据分析与多变元过程批次模型（PLS-MVD batch model）是解决这个问题的一个有效方法。

在高通量平行发酵培养实验中，一般会有大量的实验设计（DoE）培养批次，多个过程参数会在一定范围内人为设计变化，所以在基于平行发酵的 DoE 实验批次上，采集尽量完善的多元过程参数数据，并实施 MVDA 分析，建立过程批次多变元模型，就可以在建立过程设计空间的同时，揭示多元过程输入参数和输出变量（培养的目标参数）之间相互作用的初步信息。对比“好”培养批次和“坏”培养批次的 PLS-MVD 模型，就可以发现过程参数在培养过程中某个节点的变化或者持续的变化对培养目标参数的影响。换言之，基于平行发酵培养的数据所建立的多变元批次数据模型，能够识别过程参数变化的极限范围和未来发生细胞培养过程事故的原因，这是进一步开发准确控制的规模化培养过程的关键过程信息。这里所描述的用于多变元分析和批次模型建立过程数据采集，过程和内容如图 10-12 所示。目前有多个商业化的软件，例如 SIMCA+，可以用于多变元的数据分析和模型建立。如何实施 MVDA 分析可参考软件使用手册。

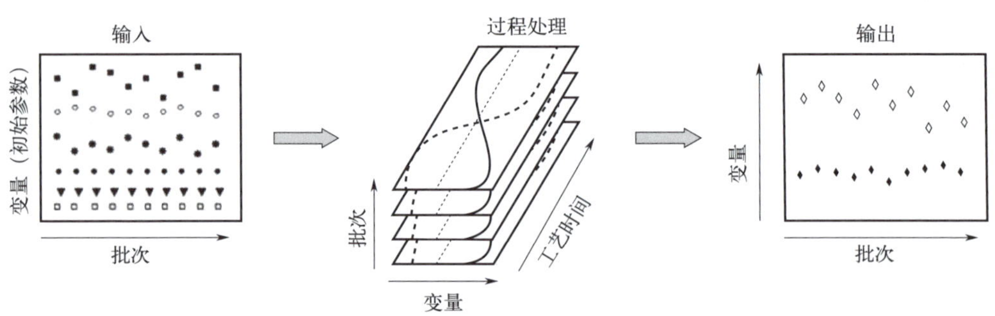

图 10-12　培养过程数据采集的示意图

过程参数的输入是在预定受控的设定点范围内运行，这些参数的变化可能导致培养目标参数输出（产量或质量）的显著变化

使用平行发酵技术，建立多变元过程批次模型的操作流程一般是：

① 批次输入变量（inputs）的收集：尽可能采用 PAT 技术，收集完善的每一批次的在线过程参数随时间变化的数据；收集起始批次数据，包括培养基、接种量、种子的质量指标等。

② 批次输出变量（outputs）的采集：建立完善的培养终点数据，包括产物浓度和质量指标参数、生物量、活细胞比例等。

③ 数据预处理和变量选择：所有输入与输出数据在 Excel 表格中进行处理，要规范化（normalization）处理，根据情况可以选择要输入 SIMCA+ 软件的数据。然后将数据导入软件。

④ 多变元分析和多变元批次模型的建立：在 SIMCA+ 软件中完成多变元分析和批次 MVD 模型的建立。多变元分析可以用于分析不同过程参数与过程输出参数的响应关系分类和程度排序。PLS-MVA 模型可以用于建立过程缩小模型，指导建立过程设计空间。批次 PLS-MVA 模型最主要的用途是可以实施对过程质量的实时监控，依据批次输出参数，分类“好”批次与“坏”批次，并发现“好、坏”批次的 MVA 特征，并能确定导致培养结果不同的根本原因。图 10-13 描述了这种“好”批次和“坏”批次的对比分析方式。

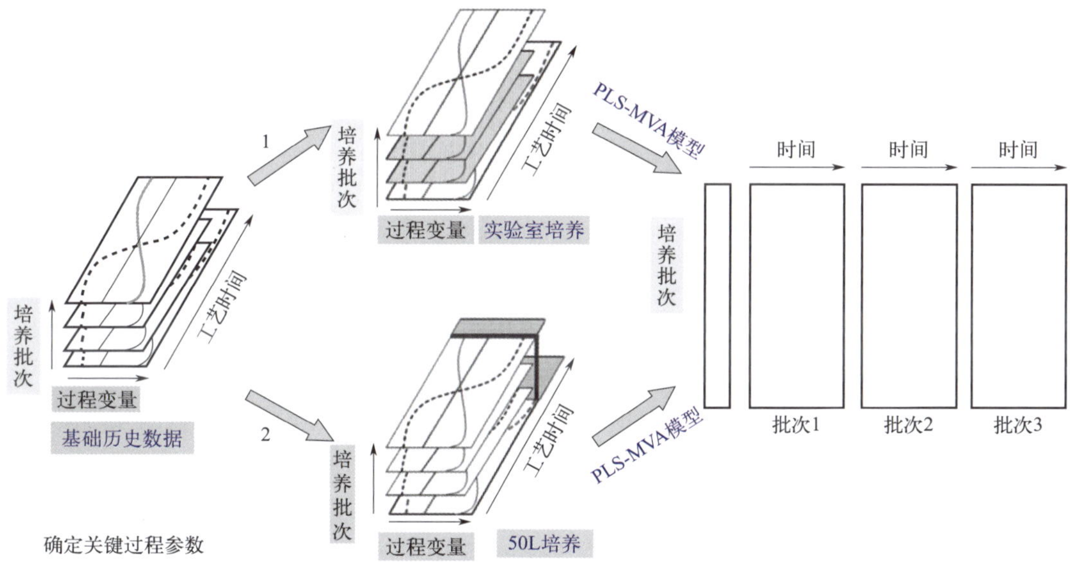

图 10-13　平行培养的批次数据的展开示意图

在选项 1 中，只保留符合目标参数要求的所谓“好”的批次。在选项 2 中，所有批次均表现出不符合目标参数要求的所谓“坏”批次。可以基于好的批次建立 PLS-MVA 批次模型，通过将坏批次的过程参数带入该批次模型，就可识别出坏批次发生问题的原因

10.5 平行发酵技术在菌种“工业相似”筛选中的应用

菌种的高通量筛选目的是获得能够在工业生产过程中具有优良表现的工业菌种，而由于

高通量筛选的量与工业场景相似性的矛盾的存在，在进行平行发酵技术应用时可以采用三阶段评价方法，即：

① 微升级培养的海量菌种“特征筛选”阶段（screening on strain characteristics/mutation）（*N*= 1000 ～ 100000）：通过液滴微流控培养技术和在线监测技术手段，以目标产品产量和生物量为目标的高通量筛选。

② 毫升级培养的高通量“菌种评价筛选”阶段（evaluation & ranking on strain potential performance）（*N*=100 ～ 1000）：通过可在线监测 pH 和 DO 的微孔培养板进行以目标产品产量和生物量为目标的高通量筛选，获得菌种生长过程的基本过程数据。

③ 百毫升级培养的“菌种过程工程”筛选阶段（process driven strain screening & ranking）（*N*=10 ～ 100）：通过完全模拟规模化培养过程的条件，以过程表现为筛选目标进行工业生产用优质菌种的高通量评价与研究，并建立培养过程模型（scale down, design space, CPAs, Batch MVA model）。

这里提出的分阶段降低筛选克隆数量的“三段论”技术策略，目的是快速实现“从单克隆到规模化生产工艺”的开发。即从聚焦克隆基因型和表型的“特征筛选”（*N*=1000 ～ 100000）到聚焦表型和表型稳定性的“评价筛选”（*N*=100 ～ 1000），再到聚焦克隆表型在生物反应器中表现的“过程工程筛选”（*N*=10 ～ 100），最终实现从海量菌种库到适用于工业放大生产需求的菌株的确定。具体的筛选过程为：首先通过 FACS 技术或微流控技术（Cihak et al, 2017）实现微升级或单细胞水平的菌种的高通量培养和筛选，并可同时进一步建立高通量微孔培养板的装置，并开展在微孔培养板水平（*N*=100 ～ 1000）上的克隆评价技术策略，实现克隆数进一步降维；其次，还需要建立数据驱动的微小型平行生物反应器装置，并开展在微小型平行生物反应器水平（*N*=10 ～ 100）上的过程工程驱动的克隆筛选，Riedlberger 等（2012）开发了一种总体积为 10 mL 的基于微孔板的 48 个平行搅拌式反应器并用于克隆筛选和工艺优化，Long 等（2014）也总结了多种微型生物反应器及其应用策略；最后，确定最优的工业菌种（*N*=1），并获得基础的过程大数据，建立数据库，通过研究建立大数据智能分析与应用的技术平台，在菌种筛选阶段就能够确定关键过程参数、建立过程参数的设计空间过程质量监控模型，以实现对过程质量的精准控制。

10.5.1 候选菌种根据目标产物产量的排序筛选

候选菌种特征筛选的主要条件是根据目标产物的产量的排序（ranking）筛选。对于基于高通量筛选技术的开发来说，产品产量高通量检测技术的开发为此步骤重点，首先，采用非侵入式光学检测技术，实现对 pH 和 DO 的非接触式实时监测，以在目标产量为目的的高通量菌种性能评价筛选（screening on strain performance）阶段，获得关键过程参数变化规律的基础数据。除了高通量检测技术，符合微生物生长需求条件的高通量筛选技术开发也是研究方向之一，如：①基于高通量筛选技术开发多种（12 孔、24 孔、48 孔）微型深孔板（方形、圆形、梅花形，3 ～ 10 mL 工作体积）微型反应器；②建立基于高传氧系数的微型深孔板开发，包括模拟生物反应器的挡板及半挡板孔板形式的优化；③开发高传氧能力的“三明治”形式多孔板盖［$K_La \geqslant 200\ h^{-1}$，OTR ≥ 100 mmol/（L · h）］；④开展适用于多孔板培养的高通量筛选培养摇床的开发，针对高偏心距、多孔板易固定、高容量等需求进行优化；⑤在此基础上结合全自动液体移动工作站可以实现接种、加样、取样过程的自动化。本团队已建立“三明治”形式的多孔板，将进一步开发应用性高、筛选通量大、可实现操作过程自动化的多结构形式的微孔生物反应器（培养规模 1 ～ 10 ml，板孔数 12、24、48、96）的微孔培养板集成，并在多种微生物培养体系中实施验证，包括大肠杆菌、谷氨酸棒杆菌、枯草芽孢杆菌、酿酒酵母、毕赤酵母等。

采用 pH 和 DO 的非接触式荧光监测技术，建立多孔培养板的培养过程 pH 和 DO 的在线监测，使高通量筛选过程中能获取关键过程参数变化规律。重点解决荧光激发与信号获取的检测器的研制、消除培养基基质对信号的干扰技术、在线定量数据的定标、多通道的荧光数据采集与算法处理技术等。最后要解决在满足培养通量要求的条件下，包被有信号膜片的微孔培养板与检测器和摇床培养箱的集成。在此基础上结合全自动液体移动工作站可以实现操作过程的自动化。通过开展该部分工作，可以在微生物菌种筛选中实现把克隆数从 1000 级降维到 10 ～ 100 级，并获得关键过程参数（pH/DO）的变化规律信息。

10.5.2 候选菌种以“过程驱动”为目的的高通量筛选

聚焦菌种过程工程驱动的高通量筛选（process driven strain screening）的需要，为能快速筛选出可在工业化培养条件下、在生物反应器内实现稳定高产的工业菌种，研发的 4 ～ 8 罐（50 ～ 1000 mL）的过程数据驱动型微小型平行生物反应器系统可快速实现对过程参数的评估和菌种性能评价。Sandner 等（2019）综述了利用 AMBER 系列微型平行生物反应器进行了符合 GMP 的生物过程缩小模型的建立和应用。平行生物反应器的单元模块包括：中央控制器模块、反应器阵列模块、蠕动泵集成模块、在线传感器数据传输模块、辅助单元模块（冷凝水和气体供应、尾气分析等）和管线束模块等。其中在线传感器模块可以集成多种类型的传感器，通过开展多元过程参数集成模块的开发，实现 pH、DO、温度、细胞数、尾气分析、代谢物分析、NIR、Raman 等线上（on-line）以及在线（in-line）检测模块的物理集成以及数据集成，以支持获得全面的过程参数数据；通过智能化过程大数据分析与处理，发现影响过程目标参数的相关关键过程参数、建立优化过程的批次质量多变元模型（MVA model）、建立过程设计空间（design space），以支持建立过程缩小模型与过程优化控制策略。实现在菌种筛选阶段就可以同步实现能够在工业规模培养条件下表现最优的高性能菌种筛选的新技术策略（Bicchi et al, 2004）。

在研究中重点解决微小体积平行培养下多个平行反应器间的参数一致性问题。装置设计中需要以降低反应器间变异系数（CV%）为目标参数的系统优化，要解决准确微量加样技术、流体混匀技术、微型生物反应器结构设计与制造工艺等一系列关键问题，并利用组合仿真理论进行反应器内流场力学的模拟仿真，以发现影响罐体间一致性偏差的罐体结构原因。

另外，为降低小体积反应器内结构差异对培养结果一致性的影响，Gebhardt 等（2011）应用了磁力驱动的 48 个平行搅拌系统，用于 12 mL 规模的反应器系统。应用新型磁力搅拌混合技术，并结合流体力学模拟，以实现对搅拌速度和搅拌子位置的实时精密可控，提高混匀效率。

通过开展该部分工作，可以在微生物菌种筛选中，实现从 10 ～ 100 克隆数的候选菌种中，明确最优的工业菌株（N=1），并在菌种筛选阶段完成对培养过程的科学理性理解，建立过程工艺开发的过程缩小模型。

10.5.3 候选菌种以建立过程缩小模型为目的的筛选

在微型平行生物反应器的菌种筛选中，完全模拟工业菌种规模化培养条件，在对菌种的工业化生产能力做高通量评估的同时，通过采集建立菌种在微型平行生物反应器内的过程大数据，建立以数据为纽带的“数据智能化处理与分析-可解释性强的数据驱动模型-数据模型驱动的过程优化”三层次过程关键参数识别与优化技术。实现在菌种的微型生物反应器培养阶段，就可以挖掘影响目标参数的关键过程参数，并建立关键参数设计空间和精准过程控制策略的过程特性智能分析系统。高通量地建立所筛选出的新菌种的最优过程工艺及批式过程的多变元（batch MVA model）模型，建立可靠的过程缩小模型（scale down model），支持规模化培养工艺的高效低成本建立。

在装置装备研发的基础上，开展微小体积菌种筛选培养过程的过程大数据智能分析与过程优化调控技术研究。建立过程的大数据智能分析与应用关键技术。

菌种筛选技术策略的第三阶段是过程工程驱动的菌株评价，并确定最优的工业菌种。该策略符合生物过程工程的技术发展趋势，也能提高工艺的开发效率和降低工艺开发成本。通过实施本部分的工作，可以在菌种筛选阶段就能够获得对培养过程的深刻理性理解。

本部分是建立在平行培养装置的在线数据采集能力和离线过程数据收集的基础上。通过建立过程大数据库，研究过程大数据的处理与算法，精准挖掘出关键过程参数组，并确定各个关键参数的最优操作范围，指导建立过程设计空间和操作空间。在过程大数据的智能分析基础上，可以建立培养批次过程数据的批次过程质量多变元模型（process batch MVA model），用于指导规模化生产的过程监控。

开展本部分工作将采用贝叶斯、主动深度学习、支持向量机、自动编码等机器学习方法构建过程大数据驱动模型；建立过程关键参数优化估计的非线性规划模型以获得关键动力学参数；通过解析机理模型和筛选所获得的大数据模型，建立可解释性强的混合智能过程模型；在此基础上开发批次（batch-to-batch）控制、迭代学习控制等优化控制系统，实现环境参数分阶段定值控制，实现被控变量对最优变化轨迹的跟踪，最终实现“数据智能化处理与分析-可解释性强的数据驱动模型-数据模型驱动的过程优化”过程关键参数识别与技术优化。

通过开展该部分工作，可以在微生物菌种筛选过程中，得到对最优候选工业菌株（N=1）的培养过程的科学理性理解，建立过程工艺开发的过程缩小模型和批次过程质量多变元模型。

参考文献

Agbogbo F K, Ramsey P, George R, et al, 2020. Upstream development of *Escherichia coli* fermentation process with phoA promoter using design of experiments (DoE)[J]. Journal of Industrial Microbiology & Biotechnology, 47(9-10): 789-799.

Barnard G C, Kull A R, Sharkey N S, et al, 2010. High-throughput screening and selection of yeast cell lines expressing monoclonal antibodies[J]. Journal of Industrial Microbiology & Biotechnology, 37(9): 961-971.

Bicchi C, Brunelli C, Cordero C, et al, 2004. Direct resistively heated column gas chromatography (Ultrafast module-GC) for high-speed analysis of essential oils of differing complexities[J]. Journal of Chromatography A, 1024(1-2): 195-207.

Cheng Q, Ruebling-Jass K, Zhang J, et al, 2012. Use FACS sorting in metabolic engineering of *Escherichia coli* for increased peptide production[J].Methods in Molecular Biology, 834: 177-196.

Cihak M, Kamenik Z, Smidova K, et al, 2017. Secondary metabolites produced during the germination of *Streptomyces coelicolor*[J]. Frontiers in Microbiology, 8:2495.

Gebhardt G, Hortsch R, Kaufmann K, et al, 2011. A new microfluidic concept for parallel operated milliliter-scale stirred tank bioreactors [J]. Biotechnol Prog, 27(3): 684-690.

Glauche F, Pilarek M, Bournazou M N C, et al, 2017. Design of experiments-based high-throughput strategy for development and optimization of efficient cell disruption protocols [J]. Engineering in Life Sciences, 17(11): 1166-1172.

Islam R S, Tisi D, Levy M S, et al, 2007. Framework for the rapid optimization of soluble protein expression in *Escherichia coli* combining microscale experiments and statistical experimental design[J]. Biotechnology Progress, 23(4): 785-793.

Lal N, Seifan M, Berenjian A, 2022. Optimisation of the fermentation media to enhance the production of the bioactive isomer of vitamin menaquinone-7[J]. Bioprocess And Biosystems Engineering, 45(8): 1371-1390.

Li J, Jaitzig J, Hillig F, et al, 2014. Enhanced production of the nonribosomal peptide antibiotic valinomycin in *Escherichia coli* through small-scale high cell density fed-batch cultivation[J]. Applied Microbiology And Biotechnology, 98(2): 591-601.

Long Q, Liu X, Yang Y, et al, 2014. The development and application of high throughput cultivation technology in bioprocess development [J]. J Biotechnol, 192: 323-338.

Riedlberger P, Weuster-Botz D, 2012. New miniature stirred-tank bioreactors for parallel study of enzymatic biomass hydrolysis [J]. Bioresour Technol, 106: 138-146.

Sandner V, Pybus L P, McCreath G, et al, 2019. Scale-Down Model Development in ambr systems: An Industrial Perspective [J]. Biotechnol J, 14(4): e1700766.

Sun M, Gao A X, Ledesma-Amaro R, et al, 2022a. Hypersecretion of Omla antigen in *Corynebacterium glutamicum* through high-throughput based development process[J]. Applied Microbiology and Biotechnology, 106(8): 2953-2967.

Sun Y, Huang L, Nie J, et al, 2022b. Development of a perfusion process for Serum-free adenovirus vector herpes zoster vaccine production[J]. Amb Express, 12(1):58.

Tai M, Ly A, Leung I, et al, 2015. Efficient high-throughput biological process characterization: definitive screening design with the ambr250 bioreactor system[J]. Biotechnology Progress, 31(5): 1388-1395.

Veiter L, Kager J, Herwig C, 2020. Optimal process design space to ensure maximum viability and productivity in *Penicillium chrysogenum* pellets during fed-batch cultivations through morphological and physiological control[J]. Microbial Cell Factories, 19(1):33.

Vincentelli R, Cimino A, Geerlof A, et al, 2011. High-throughput protein expression screening and purification in *Escherichia coli*[J]. Methods, 55(1): 65-72.

Wang X, Ren L, Su Y, et al, 2017. Raman-activated droplet sorting (RADS) for label-free high-throughput screening of microalgal single-cells[J]. Analytical Chemistry, 89(22): 12569-12577.

Yu L X, Amidon G, Khan M A, et al, 2014. Understanding pharmaceutical quality by design[J]. AAPS Journal, 16(4): 771-783.